廊坊水文水资源实用指南

◎ 刘同僧　柴文豪　何平　乔光建　等 编著

· 北京 ·

内 容 提 要

本书是根据廊坊地区水文资料及综合分析成果而汇编的工具书，内容包括基本概况、降水量、蒸发量、地表径流量、设计暴雨、设计洪水、河流泥沙分析、典型暴雨洪水分析、河道洪水调度方案、平原除涝设计、地下水动态、水环境评价、水资源量评价、雨洪资源利用、土壤墒情监测与预报、水资源利用评价及节水措施与效益等16章。通过地区综合，将水文计算所需的有关参数和特征值，用图、表、公式等形式给出，包括各种水文特征值的等值线图、分区成果表、关系曲线、计算公式及简要的计算方法等，还附有水文特征值的历年统计成果表，为区域水文研究提供系统的水文资料。可用于中小型水利水电工程的设计和计算，也可为城建、交通、铁路、工矿等部门的防洪、给排水工程提供水文数据及成果资料。

本书可作为水利工程技术人员、农业科技人员、防汛抗旱及水资源管理人员的工具书，也可作为相关科研或教育部门的参考用书。

图书在版编目（CIP）数据

廊坊水文水资源实用指南 / 刘同僧等编著. -- 北京：中国水利水电出版社，2016.12
ISBN 978-7-5170-5084-1

Ⅰ. ①廊… Ⅱ. ①刘… Ⅲ. ①区域水文学－廊坊－指南②水资源－廊坊－指南 Ⅳ. ①P344.222.3-62 ②TV211.1-62

中国版本图书馆CIP数据核字(2016)第323187号

审图号：冀S（2017）6号

书　名	廊坊水文水资源实用指南 LANGFANG SHUIWEN SHUIZIYUAN SHIYONG ZHINAN
作　者	刘同僧　柴文豪　何平　乔光建　等　编著
出版发行	中国水利水电出版社 （北京市海淀区玉渊潭南路1号D座　100038） 网址：www.waterpub.com.cn E-mail：sales@waterpub.com.cn 电话：(010) 68367658（营销中心）
经　售	北京科水图书销售中心（零售） 电话：(010) 88383994、63202643、68545874 全国各地新华书店和相关出版物销售网点
排　版	中国水利水电出版社微机排版中心
印　刷	北京博图彩色印刷有限公司
规　格	184mm×260mm　16开本　25印张　593千字
版　次	2016年12月第1版　2016年12月第1次印刷
印　数	001—800册
定　价	**145.00**元

《廊坊水文水资源实用指南》
编 辑 委 员 会

前言

水文是一项与水利工作和经济社会发展密切相关的基础性工作。在经济社会发展迅速、水资源条件深刻变化的背景下，水文的基础地位更加重要，已成为水利工作乃至经济社会发展的重要支撑。

廊坊素有“九河下梢”之称，境内河道之多，洼地之多，人均占有可利用地表水之少，地下水漏斗面积之大在河北省是少有的。特殊的地理位置和自然条件客观上造成了廊坊旱涝交加的不利环境，影响社会和经济的可持续发展。随着水利在国民经济建设中基础地位的不断提高，廊坊全面实施了“防洪保安，除涝减灾，抗旱增效，城镇供水”四大工程建设，使全市形成了一个防洪、除涝、抗旱、供水工程体系，防灾、减灾能力有了很大提高。

随着社会的飞速发展，水文服务功能也在不断扩大，不仅为防汛抗旱提供重要技术支撑和保障，还为水资源管理、水环境水生态建设提供科学依据，为应对突发水公共事件提供有力保障，为水利工程建设和运行奠定坚实基础，为社会经济建设提供全面服务等。为适应新形势下水文水利计算和水资源管理等方面的需要，河北省廊坊水文水资源勘测局组织有关技术人员，编写了《廊坊水文水资源实用指南》，内容包括基本概况、降水量、蒸发量、地表径流量、设计暴雨、设计洪水、河流泥沙分析、典型暴雨洪水分析、河道洪水调度方案、平原除涝设计、地下水动态、水环境评价、水资源量评价、雨洪资源利用、土壤墒情监测与预报、水资源利用评价及节水措施与效益等16章。

本书编写中所采用的水文资料系列一般截至2010年。本书中降水量、蒸发量、地表径流量、设计暴雨、设计洪水、河流泥沙分析等内容，是水文水利设计计算的基础内容；典型暴雨洪水分析、河道洪水调度方案、水资源量评价等内容突出了廊坊特有的地理位置和防洪及水资源特点；平原除涝设计、土壤墒情监测与预报、雨洪资源利用、水资源利用评价及节水措施与效益等内容，尽量满足新形势下社会经济发展的需求。编撰本书的目的是为廊坊的基础设施建设、防洪调度、环境生态保护、水资源管理等方面提供技术支撑。

本书的部分内容采用了有关科研单位的科研成果、论文和科技专著，在此对有关科研成果的单位和个人表示感谢。本书在编写过程中，得到了河北省水利厅、河北省水文水资源勘测局、廊坊市水务局、邢台水文水资源勘测局等单位的大力支持，有关专家学者提出了建设性建议，在此一并致谢。

由于书中涉及水文水利计算、水环境评价、水资源评价、水资源保护、墒情预报等多分支学科，限于技术能力和编写水平，难免有不妥之处，敬请指正。

作者

2016 年 9 月

目录

第一章　基 本 概 况

第一节　自 然 地 理 概 况

一、地理位置

廊坊市位于华北平原东北部，京、津两大城市之间，被誉为“京津走廊上的明珠”，介于北纬 38°30′～40°05′，东经 116°07′～117°15′。东临天津市的蓟县、宝坻区、武清区、西青区和静海县；南接沧州市的青县、河间市；西连沧州市的任丘市，保定市的雄县、高碑店市和涿州市；北与北京市的大兴区、通州区、顺义区、平谷区相邻。廊坊市区距北京天安门广场 40km，距天津中心区 60km，距北京首都国际机场和天津滨海国际机场均为 70km，距建设中的北京新机场 26km，距天津港 100km。廊坊市有 7 条高速公路，5 条铁路干线穿越境内，10 条国家级和 20 条省级公路纵横交错，是中国铁路、公路密度最大的地区之一。

二、面积人口

廊坊市是河北省直辖的地级市，辖两区、两市、六县，被北京、天津两市分割成南北不相连接的两部分。北部为三河市、大厂回族自治县（以下简称“大厂县”）、香河县，南部为广阳区、安次区、永清县、固安县、霸州市、文安县、大城县，共 90 个乡镇 3222 个行政村。全市国土面积 6429km^2，其中平原面积 6378km^2，山区面积 51km^2。人口为 435.9 万人（2010 年）。

三、地形地貌

受地质构造的影响，廊坊市大部处于凹陷地区，随着地壳下沉，地面逐渐被第四纪沉积物填平，致使新生界地层沉降厚度较大，廊坊市地貌比较平缓单调，以平原为主，一般高程在 2.50～30.00m 之间（黄海高程），平均海拔 13m 左右。由于洪积、冲积作用和河流多次决口改道淤积，沉积物交错分布，加上风力及人为活动的影响，境内地貌差异性较大，缓岗、洼地、沙丘、小型冲积堆等遍布，廊坊市地貌呈现大平小不平状态。

北部地区（包括三河市、大厂县、香河县），地势较高，北高南低，地貌类型较多，三河市东北隅有小面积低山丘陵，为燕山南侧余脉，面积为 51km^2，一般山峰海拔 200～300m。大岭后山海拔 521m，为廊坊市最高山峰；其次是龙门山，海拔 459m。在山地丘陵西部和南部，沿燕山南麓，呈东西带状分布着山麓平原，地势由北向南倾斜，海拔在 10～30m 之间，平均海拔为 18m 左右；再往南沿香河县中部和南部为冲积平原区，地势从西北向东南倾斜，坡度为 1/3000，海拔为 5～16m，平均海拔为 11m。

廊坊市中、南部地区（包括广阳区、安次区、固安县、永清县、霸州市、文安县、大城县等），全部为冲积平原区，地貌类型平缓单一，总面积5152km^2，占廊坊市总面积的80%。海拔在2.5～25m之间，坡度为1/2500～1/10000。大清河以北地势由西北向东南低平，大清河以南，地势由西向东北低平。著名的文安洼和东淀，分别处在大清河南北。文安洼平均海拔不到4.0m，马武营村北一带，海拔只有2.0m，为廊坊市最低点。东淀平均海拔5.0m左右，最低处2.5m。纵观全市地势，从北、西、南三面逐渐向天津海河下游低倾。

四、水文地质

（一）地下水含水岩组类型

依据廊坊市的地下水赋存条件和含水介质的孔隙特征，将廊坊市地下水划分为两大类含水岩组：松散岩类孔隙水含水岩组和碳酸盐岩类裂隙岩溶含水岩组。

1. 松散岩类孔隙水含水岩组

松散岩类孔隙水含水岩组主要由第四系松散沉积物组成，广泛分布在中南部平原地带。含水层多由亚砂土、砂、卵砾石所组成，粒度粗、厚度大，水动力特征为潜水、微承压水、承压水。含水层由西北向东南，粒度变小，厚度变薄，富水性变差。在大城县、文安县及安次区东南部有微咸水、咸水分布。

根据成因类型可将第四系地层自上而下划分为4个含水组。

第Ⅰ含水组（全新统Q_4）：该组底板平缓，埋藏深度为30～40m，局部为50～60m，含水层厚度一般为5～10m，局部大于10m，该层沉积较薄，颗粒较细。岩性以细砂、中细砂为主，单井单位出水量为2.5～5m^3/(h·m)，局部为5～10m^3/(h·m)。地下水水力特征为潜水。地下水矿化度一般小于2.0g/L。

第Ⅱ含水组（上更新统Q_3）：该组底板略显基底特征，南北两端底板深度为80～150m，中间底板深度为160～200m。含水层厚度为20～30m，局部为30～50m，含水层岩性以细砂及含砾中砂为主。该组全淡水区单井单位出水量为10m^3/(h·m）左右，有咸水区单位涌水量一般为2.5～5m^3/(h·m)。该组地下水水质较好，矿化度一般小于1.0g/L。水力特征属微承压水。

第Ⅲ含水组（中更新统Q_2）：该组底板形态明显继承基底特征，断凹区深，断凸区浅，起伏比较大，底板埋藏深度大城断凸为240～280m，冀中台陷断凹为380～400m。含水层厚度一般为40～60m，局部为60～130m。岩性以细、中砂及含砾粗砂为主，单井单位出水量为5～15m^3/(h·m)，局部为10～30m^3/(h·m)。地下水水质良好，矿化度小于1.0g/L。水力特征属承压水。

第Ⅳ含水组（下更新统Q_1）：底板埋藏深度北部为500～520m，南部为420～480m，含水层厚度为25～60m。岩性以含砾中砂及细砂为主，单井单位出水量为5.0～15m^3/(h·m)。地下水水质良好，矿化度小于1.0g/L。水力特征属承压水。

2. 碳酸盐岩类裂隙岩溶水含水岩组

此类含水岩组主要分布在三河市山前平原地带，岩性以奥陶系灰岩和寒武系、震旦系白云岩为主，裂隙岩溶发育。岩性以含砾中粗砂为主，富水性强，单井单位出水量一般为

6.0～150m³/(h·m)，但分布不均匀。含水层厚度为30～150m。

（二）地下水的补、径、排条件

地下水的补、径、排条件主要决定于水文地质条件、埋藏条件、开采情况等因素。

该区地下水按各含水组水力性质和开采条件划分为浅层地下水和深层地下水。

浅层水在全淡水区为Ⅰ＋Ⅱ含水组，有咸水分布区，为咸水体顶板以上的浅层淡水和微咸水。

深层水在全淡水区以第Ⅲ含水组为主，有部分第Ⅳ含水组，有咸水分布区，为咸水体以下的深层承压淡水，包括第Ⅱ含水组下部、第Ⅲ含水组和第Ⅳ含水组，以第Ⅲ含水组为主。

浅层地下水埋藏浅，主要接受大气降水补给，其次为地表水入渗补给。浅层地下水以人工开采消耗为主，其次为潜水蒸发消耗和侧向径流排泄。全淡水区地下水埋深均在4.0m以上，蒸发微弱，浅层地下水主要消耗于人工开采，地下水动态类型属降水入渗补给-开采消耗型；有咸水分布区的东部、东南部地下水埋深较浅，存在潜水蒸发，为降水入渗-蒸发开采消耗动态类型。

深层地下水主要为侧向径流补给和越流补给，消耗于人工开采。

五、土壤植被

廊坊市域内土壤以潮土为主，占土壤总面积的89.17％。在中南部地区的洼地分布有沼泽土，占土壤总面积的0.73％；洼地周边分布有盐土，占土壤总面积的0.45％；河流故道区分布有风沙土，占土壤总面积的0.3％。廊坊市的潮土、沼泽土、盐土、风沙土成为廊坊市的非地带性土壤。北部丘陵区的石质土占廊坊市土壤总面积的0.86％；台地、山麓平原上分布有褐土，占土壤总面积的6.23％。在山麓平原末端、指状缓岗之间分布有沙姜黑土，占土壤总面积的1.09％。石质土、褐土、沙姜黑土是在特定的气候环境条件下形成的地带性土壤。

廊坊市气候四季分明，生长着暖温带的植物类型，植被良好。由于土地利用，原生植被很少见，只有在丘陵区、田埂、路边及荒草地上生长有野生植物，而在广阔的原野上为农作物、果树、林木等栽培作物所取代。

六、气候条件

廊坊市地处北纬中纬度欧亚大陆的东部边缘，属温带大陆性季风气候，具有四季分明，春季干旱多风，夏季炎热多雨，秋季晴朗气爽，冬季严寒少雪的特点。

气温：廊坊市因系平原，各县（市、区）气候无明显差异，廊坊市年平均气温为11.9℃。1月最冷，月平均气温为－4.7℃；7月最热，月平均气温为26.2℃；多年最高气温达到过42℃，最低气温出现过－29.6℃。

无霜期：廊坊市早霜一般始于10月中、下旬，晚霜一般止于翌年4月中、下旬，年平均无霜期为183d左右。

降水量：廊坊市年平均降水量为554.2mm。降水年内分布不均，多集中在夏季，6—8月降水量一般可达全年总降水量的70％～80％。

日照：廊坊市年平均日照时数（1971—2000年）在2660h左右，每年5—6月日照时数最多。

风力：廊坊市属大陆性季风气候，冬季多偏北风，夏季多偏南风，年平均风速多在1.5～2.5m。

廊坊市光热资源充足，雨热同季，有利于农作物生长。但同时气象灾害较多，干热风、雷雨冰雹大风、连阴雨、寒潮等灾害性天气常给农业生产造成不利影响。

第二节 河 流 注 淀

一、河流分布

廊坊市地处海河流域中下游，潮白蓟运河水系、北运河水系、永定河水系、大清河水系、子牙河水系等五大水系汇聚于此，素有“九河下梢”之称。根据水利普查资料，河流统计按照流域面积大于50km^{2}标准进行统计，廊坊市有大小河渠112条，其中过境河流46条，境内河流66条。境内主要行洪河道有10条，其中泃河、引泃入潮、北运河、潮白河、青龙湾减河等5条河道流经廊坊市北部各县（市、区）；永定河、白沟河流经廊坊市中部地区；大清河、子牙河和子牙新河由廊坊市南部地区穿过。10条主要行洪河道境内总长598km。

另外，在廊坊市境内还分布着鲍邱河、凤河、龙河、天堂河、牤牛河、雄固霸新河、任文干渠、任河大渠、排干三渠、港河西支等10条骨干排沥河道。

（一）潮白蓟运河水系

流经廊坊市境内潮白蓟运河水系的河道主要有潮白河、青龙湾减河、泃河、引泃入潮、鲍邱河等。

1. 潮白河

潮白河始于北京市密云水库以下潮、白两河汇流处，下至天津市宁河县宁车沽，汇入永定新河后注入渤海，流经北京市、河北省、天津市11个县（市、区），全长514km，流域面积19354km^2。潮白河由潮河、白河汇流而成。

潮河发源于河北省丰宁县黄旗镇哈拉海湾村，东南流经丰宁县城大阁镇后向东南流，其间有黄旗西上沟、张百万沟、喇嘛山西沟、五道营沟、西南川、东河、后营子沟、窄岭西沟、石人沟、方营沟等汇入，于前沟门村入滦平县境内。在滦平县南流至虎仕哈，左侧有岗子川汇入，右侧有金台子川汇入，其后于马营子乡南大庙村右纳于营子川，下行至巴克什营镇下二寨村，左纳两间房川后经古北口入北京市密云水库，出库后与白河汇合后流入潮白河，全长159.1km，流域面积5276km^2。

白河发源于河北省沽源县九龙泉，南流至独石口乡北栅子村入赤城县，又南流汇入云州水库，马营河在库区西北汇入。出水库后东南流经云州镇至赤城县城东流纳汤泉河，至雕鄂镇隔河寨右纳红河，然后东流至河东村入北京市延庆区白河堡水库，沿途纳黑河、汤河等主要支流，出库后经张家坟于石城汇入密云水库，出库后与潮河汇流后流入潮白河，河道长275km，流域面积约9000km^2。

潮白河上游建有大型水库3座，分别为云州水库、密云水库、怀柔水库，总库容46.21亿m^3；中型水库6座，分别为白河堡水库、半城子水库、遥桥峪水库、沙厂水库、大水峪水库、北台上水库，总库容1.94亿m^3。

在密云水库上游的潮河和白河两大支流中，潮河上游设有大阁水文站、古北口水文站和下会水文站；白河上游设有云州水库水文站，白河中游设有白河堡水库水文站，白河下游设有张家坟水文站。潮河和白河两大支流汇入密云水库后，在密云镇南入潮白河，在潮白河下游的香河县淑阳镇吴村闸设有赶水坝水文站。

2. 青龙湾减河

青龙湾减河是清雍正七年（1729年）开挖的一条人工河道，是廊坊市境内分泄北运河洪水的一条减河，其作用是分泄北运河土门楼以上的洪水，减轻北运河防洪压力。河道起于香河县红庙村南，沿香河县南部边界于刘宋镇中营村东入天津界，于宝坻区大刘坡村北汇入潮白新河。河道全长53km，其中廊坊市境内长19km。设计防洪标准为20年一遇，设计流量为1330m^3/s，现状行洪能力为1100m^3/s。在河道始端建有青龙湾减河泄洪闸，并设有土门楼（青龙湾减河）水文站。

3. 泃河

泃河属蓟运河水系，发源于河北省兴隆县青灰岭南麓，南流经黄崖关进入天津市蓟县，南流至罗庄子转向西北，经桑园、泥河，于锯凿山入北京市平谷区，流入海子水库。出库后纳将军关石河、黑水湾石河，然后西南流至南独乐村，纳黄松峪石河、北寨石河，至西沥津纳鱼子山石河，至平谷城东纳马驮河、龙泉水，至城南纳逆流河、拉煤沟河，至前芮营纳错河，然后西南流至英城大桥北，右岸接纳金鸡河后出平谷区进入河北省三河市。在三河市流经孟各庄拦河闸、西小汪、刘里村至三河市城北，折向东流下穿102国道后，南流至错桥下穿京秦铁路，经达窝头庄过闵庄子扬水站，入红旗庄拦河闸，过桑梓扬水站，到辛撞村，右岸建有引泃入潮工程口门，东南流经侯家营，折向南至芮庄子村东有鲍邱河汇入，然后进入天津市蓟县，东流至宝坻区张古庄与州河汇流。河道全长176km，流域面积3278km^2。在三河市城区设有泃河三河水文站。

4. 引泃入潮

为了减轻蓟运河的防洪压力，解决泃河洪水下泄不畅的问题，1973年开挖了引泃入潮。引泃入潮上起三河市大掠马村东泃河右岸，下至宝坻区朱刘庄村西入潮白新河。河道全长20km，其中廊坊市境内长13km。河道设计流量830m^3/s，校核流量1080m^3/s，堤防设计标准为20年一遇。在引泃入潮与鲍邱河交汇处设有西罗村水文站。

（二）北运河水系

北运河水系位于永定河、潮白河两水系之间，为海河流域主要河系之一。北京市通州区北关闸以上称为温榆河，北关闸以下称为北运河，流域面积6166km^2，其中山区面积952km^2，平原面积5214km^2。

北运河通州区北关闸以下，历史上是京杭大运河的首段。沿河右岸有通惠河、凉水河、凤港减河、龙凤新河等平原排水河道汇入；左岸有运潮减河（北关闸上）、牛牧屯引河、青龙湾减河、筐儿港分洪水道等，至屈家店汇入永定河，于天津市大红桥入海河。自北京市通州区至天津市大红桥，河道全长147km，其中廊坊市境内长24km。

北运河干流自通州至土门楼区间分别建有通州北关枢纽、潞湾橡胶坝、榆林庄拦河闸、杨洼拦河闸、曹店（王家摆）橡胶坝、土门楼枢纽等水利工程设施，在土门楼枢纽处设有土门楼（北运河）水文站。

北运河水系廊坊市境内河道有北运河干流、凤港减河、牛牧屯引河、凤河等。

北运河干流起自北京市通州区北关闸，经通州区、香河县、武清区、北辰区至天津市大红桥入海河。干流河道全长147km，其中廊坊市境内长24km，为泄洪排沥河道。北运河干流北京段规划防洪标准为50年一遇，相应北关至甘棠设计流量为1766m^3/s，甘棠至杨洼闸设计流量为2410～2220m^3/s，杨洼闸至土门楼设计流量为2220～1980m^3/s。目前，北关至甘棠已按设计流量1766m^3/s进行了治理，甘棠至杨洼闸现状行洪能力为1000～1300m^3/s，杨洼闸至土门楼现状行洪能力为1000～1100m^3/s，木厂闸至筐儿港现状行洪能力为200m^3/s。

廊坊市北运河干流段按20年一遇防洪标准设计，木厂闸以上设计流量为1330m^3/s，木厂闸以下设计流量为225m^3/s。乔上至土门楼段现状行洪流量为1100m^3/s，土门楼至双街段现状行洪流量为200m^3/s。

（三）永定河水系

永定河水系位于东经112°～117°45′，北纬39°～41°20′，处于北运河、潮白河西南，大清河以北，流经内蒙古、山西、河北、北京、天津等5省（自治区、直辖市），永定河全长761km，流域面积47016km^2，山区面积占95.8%。其中官厅以上流域面积43480km^2，官厅至三家店区间流域面积1583km^2，三家店以下流域面积1953km^2。流经廊坊的永定河水系河流有永定河、龙河等。在永定河固安大桥设有固安水文站，龙河廊坊市城区段设有北昌水文站。

永定河上游由两大支流组成，一支为源于内蒙古高原的洋河，另一支为源于山西高原的桑干河，两河流经交替连接的盆地和峡谷，于怀来朱官屯汇合称为永定河。永定河在官厅附近纳妫水河，经官厅山峡于三家店入平原。永定河平原河道两岸有堤，卢沟桥枢纽设有小清河分洪道和分洪闸。下游从梁各庄进入永定河泛区，泛区内有天堂河、龙河汇入，泛区出口为屈家店枢纽。

（四）大清河水系

大清河水系位于东经113°40′～117°00′，北纬38°00′～40°00′，地处海河流域中部，西起太行山，东临渤海湾，北邻永定河，南界子牙河，流域面积43060km^2，占海河流域总面积的13.5%。该流域跨山西、河北、北京、天津4省（直辖市），其中河北省约占流域总面积的81%，在河北省流经石家庄、保定、廊坊、沧州、衡水、张家口等6市；山西省占流域总面积的8%；北京市占流域总面积的5%；天津市占流域总面积的6%。

大清河水系为扇形分布的支流河道，由南北两支和清南、清北平原组成。凡经新盖房枢纽流入东淀的支流为北支，其主要支流为拒马河，拒马河在北京市张坊镇出山后分为南、北拒马河。北拒马河在涿州二龙坑纳小清河、琉璃河后以下始称白沟河。南拒马河纳北易水、中易水后东流，在高碑店市白沟镇与白沟河汇流。北支洪水通过新盖房分洪道进入东淀，通过白沟引河与白洋淀相通。除白沟引河外，其他汇入白洋淀的支流为南支，包括潴龙河、唐河、清水河、府河、漕河、瀑河、萍河、孝义河等。南支经赵王新河与北支

在东淀汇流后，分别经海河和独流减河入海。清北平原指永定河以南，白沟河以东，东淀以北的平原三角地带，面积 2994km²，主要排水河道为中亭河，主要支流有雄固霸排干、牤牛河等，另有十多条支渠。清南平原系指子牙河、潴龙河、大清河之间的平原地区，面积 5237km²（包括文安洼面积），区内有小白河、古洋河、任河大渠、任文干渠、文安排干等骨干排水河道，各河排水入东淀。流经廊坊的大清河水系河流主要有白沟河、赵王新河、大清河。

1. 白沟河

白沟河又称为清河，以其河水清澈见底而得名，大清河北支的北拒马河、琉璃河、小清河等支流河道在涿州市龙坑汇流后称为白沟河。白沟河干流长 56km，在廊坊市境内长度为 12km，河道形式为复式河道，两岸堤距 300～1500m，河槽宽度为 150～250m，河底纵坡 1/3300～1/5000。廊坊市境内堤防设计标准为 20 年一遇，河道设计流量为 3200m³/s，现状最大行洪能力为 1800～2000m³/s。白沟河保定段设有东茨村水文站。

2. 赵王新河

赵王新河由赵王河、赵王新渠、赵王新河演变而来。

1956 年以前，赵王河是白洋淀洪水的唯一泄洪通道，上起白洋淀，沿千里堤过王村闸上至北舍兴村东北入大清河。为缓解洪水压力，1955 年在赵王河王村段修建王村闸，并于 1956 年开挖赵王新渠。赵王新渠上起王村闸，下至崔家坊东南入大清河，开辟了一条新的洪水通道。1969 年冬至 1970 年春，大清河中下游扩挖治理，将渠首改至史各庄大桥上游 750m 处与赵王新河相接。

1960 年开挖赵王新河，1962 年、1965 年两次扩挖疏浚，基本形成了上起枣林庄闸下至王村闸的河道。大清河中下游扩挖治理时，赵王新河下首改至史各庄大桥上游 750m 处与赵王新渠相连通，至此，赵王新河与赵王新渠成为一条河道。赵王河王村闸上至北舍兴段废弃，王村闸以上河道成为灌溉渠道。如今把赵王新河、赵王新渠通称为赵王新河。赵王新河为复式河道，史各庄大桥以上左岸为弃土堤埝，右岸沿赵王河有千里堤，中间为行洪滩地；史各庄大桥以下两岸有堤。赵王新河主槽河宽一般为 400～530m，在主槽内有宽 15m 的航道沟，河底纵坡 1/26600，10 年一遇设计洪水流量为 2700m³/s。在史各庄大桥处设有赵王新河史各庄水文站。

3. 大清河

南拒马河与白沟河汇合后称为大清河，流经容城、雄县、文安、霸州，入静海与子牙河汇流后东流入海，全长 110km，其中廊坊市境内长 62km。大清河河道上大下小，历史上疏于治理，一遇洪水非溃即决。1970 年，在大清河上游修建新盖房水利枢纽，遇较大洪水分流至溢流洼或白洋淀，自此大清河新盖房以下至王疙瘩段成为灌溉河道，设计流量 67.0m³/s。王疙瘩以下段经开卡治理、旧河疏浚，上首接赵王新渠下口，经安里屯至台头东，泄洪能力有所提高。

（五）子牙河水系

子牙河水系（包括黑龙港平原）位于东经 112°00′～117°35′，北纬 36°15′～39°30′。西起太行山东麓，东、南邻南运河，北界大清河，全长 465km，总面积 68908km²，其中山区面积占 50%。按行政区划分，河北省占总面积的 72.6%，山西省占总面积的 27.4%。

子牙河水系包括滹沱河、滏阳河和黑龙港及运东平原。滹沱河、滏阳河在献县汇合后称为子牙河。子牙河流域地势西高东低，流域西部为太行山山脉，高程一般为 1000.00～1500.00m，最高峰为五台山 3058m，中东部为地势低洼的平原地带，高程一般在 100.00m 以下，流域内有永年洼、滏阳河中游洼地、献县泛区等蓄滞洪区。

1. 子牙河

子牙河上游为滹沱河、滏阳河。滹沱河发源于山西省繁峙县五台山北麓，在河北省平山县小觉镇入境，下行至岗南水库，过岗南水库纳冶河，经黄壁庄水库调节后穿过京广铁路，向下经石家庄、衡水两市，在饶阳县大齐村进入献县泛区，至献县枢纽与滏阳河汇流。

滏阳河发源于太行山东麓磁县西北的釜山，经邯郸、邢台、衡水进入沧州市献县枢纽与滹沱河汇流。滏阳河上游有大小支流 20 余条，建有东武仕、朱庄、临城 3 座大型水库，沿途还有永年洼、大陆泽、宁晋泊 3 个滞洪洼淀。

滹沱河、滏阳河在献县汇流后称为子牙河。子牙河经献县、河间、大城在天津西河闸与南运河、大清河相交，由海河或独流减河入海。献县至海口全长 180km，廊坊段 50km。历史上子牙河洪水均经子牙河下泄进入大清河东淀，开挖子牙新河后，子牙河不再承担泄洪的主要任务，洪水顺子牙新河直接排入渤海。

2. 子牙新河

为减轻洪水对天津市的威胁，1965 年开挖了子牙新河，承担子牙河水系洪水下泄任务。子牙新河自献县起，在沧县兴济镇北面穿过南运河及京浦铁路，于天津市大港区马棚店入海，全长 152km，廊坊段 3.9km。子牙新河堤防设计标准为 20 年一遇，设计过水流量为 6700m^3/s，现状过水能力为 5000～6000m^3/s。

二、河流基本特征

河流按照流域面积大于 50km^2 标准进行统计，廊坊市境内及流经廊坊市的大小河渠有 112 条。其中，过境河流 46 条，廊坊市境内河流 66 条。廊坊市河渠基本情况统计见表 1-1。

表 1-1　　廊坊市河渠基本情况统计表

序号	水系	河流名称	河流长度/km	流经县（市、区）	廊坊市境内长度/km
1	潮白蓟运河	泃河	176.0	河北兴隆县、天津蓟县、北京平谷区、河北三河市、天津宝坻区	58.0
2	潮白蓟运河	潮白河	414.0	河北张家口市，北京市，河北大厂县、香河县	44.0
3	潮白蓟运河	幸福渠	20.0	河北三河市	20.0
4	潮白蓟运河	尹家沟	10.0	河北三河市、大厂县	10.0
5	潮白蓟运河	群英总干渠	4.9	河北大厂县	4.9
6	潮白蓟运河	群英一分干	9.1	河北大厂县	9.1
7	潮白蓟运河	群英三分干	16.0	河北大厂县	16.0

续表

序号	水系	河流名称	河流长度/km	流经县（市、区）	廊坊市境内长度/km
8	潮白蓟运河	鹋池河	18.0	河北大厂县、香河县、三河市	18.0
9	潮白蓟运河	老武河	12.0	河北香河县、三河市	12.0
10	潮白蓟运河	杨柏庄干渠	8.1	河北香河县	8.1
11	潮白蓟运河	梁家务干渠	16.0	河北香河县	16.0
12	潮白蓟运河	牛济河排干	13.0	河北香河县、天津宝坻区	11.0
13	潮白蓟运河	后独立庄排渠	14.0	河北香河县、天津宝坻区	12.0
14	潮白蓟运河	东干渠	20.0	河北香河县	20.0
15	潮白蓟运河	香绣渠	20.0	河北香河县、天津宝坻区	17.0
16	潮白蓟运河	香五自流渠	24.0	河北香河县	24.0
17	潮白蓟运河	五一劳动渠	23.0	河北香河县	23.0
18	潮白蓟运河	青龙湾减河	53.0	河北香河县，天津武清区、宝坻区	19.0
19	潮白蓟运河	潮白新河	100.0	河北香河县，天津宝坻区、宁河县、滨海新区	18.0
20	潮白蓟运河	引泃入潮	20.0	河北三河市、香河县，天津宝坻区	13.0
21	潮白蓟运河	鲍邱河	59.0	北京顺义区，河北三河市、大厂县、香河县，天津宝坻区	50.0
22	潮白蓟运河	引秃入泃	8.2	河北三河市、天津蓟县	2.5
23	潮白蓟运河	红娘港二支	7.2	河北三河市	7.2
24	潮白蓟运河	红娘港一支	27.0	北京顺义区、河北三河市	20.0
25	潮白蓟运河	三夏渠	8.6	河北三河市	8.6
26	北运河	凤河	49.0	北京大兴区、河北廊坊广阳区、北京通州区、天津武清区	8.1
27	北运河	牛牧屯引河	3.7	北京通州区、河北香河县	1.2
28	北运河	凤港减河	40.0	北京大兴区、通州区、河北香河县	3.0
29	北运河	廊大引渠	14.0	北京大兴区，河北廊坊广阳区、廊坊安次区	11.0
30	北运河	六干渠	12.0	河北廊坊广阳区、北京大兴区	12.0
31	北运河	七干渠	19.0	河北廊坊广阳区、北京大兴区	19.0
32	北运河	老龙河	19.0	河北廊坊安次区、天津武清区	9.5
33	北运河	五干渠南支	16.0	河北廊坊安次区	16.0
34	北运河	五干渠北支	8.8	河北廊坊安次区、廊坊广阳区，天津武清区	8.8
35	北运河	八干渠	22.0	河北廊坊广阳区、天津武清区	22.0
36	北运河	九干渠	23.0	河北廊坊广阳区、天津武清区	16.0
37	北运河	四干渠	6.2	河北廊坊广阳区	6.2
38	北运河	北运河	147.0	北京通州区，河北香河县，天津武清区、北辰区、红桥区、河北区	24.0
39	永定河	永定河	869.0	山西省，河北张家口，北京市，河北涿州市、固安县、永清县、廊坊广阳区、廊坊安次区，天津市	68.0

续表

序号	水系	河流名称	河流长度/km	流经县（市、区）	廊坊市境内长度/km
40	永定河	龙河	66.0	北京大兴区，河北廊坊广阳区、安次区，天津武清区	37.0
41	永定河	永北干渠	20.0	河北廊坊广阳区	20.0
42	永定河	四干渠	6.2	河北廊坊广阳区	6.2
43	永定河	三干渠	15.0	河北廊坊广阳区	15.0
44	永定河	旧天堂河	20.0	北京大兴区、河北廊坊广阳区	18.0
45	永定河	二干渠	19.0	河北廊坊广阳区	19.0
46	永定河	胜天渠	25.0	河北廊坊广阳区、廊坊安次区	25.0
47	永定河	故北机排渠	25.0	河北永清县、廊坊安次区	25.0
48	永定河	故道干渠	30.0	河北永清县	30.0
49	永定河	太平庄干渠	13.0	河北永清县、廊坊安次区	13.0
50	永定河	南泓故道	21.0	河北永清县、廊坊安次区，天津武清区	16.0
51	永定河	永南排干渠	18.0	河北廊坊安次区	18.0
52	永定河	南干渠南支	11.0	河北廊坊安次区	11.0
53	永定河	南干渠北支	8.5	河北廊坊安次区	8.5
54	永定河	中干渠	18.0	河北永清县、廊坊安次区	18.0
55	永定河	中泓故道	31.0	河北廊坊安次区，天津武清区、北辰区	11.0
56	永定河	北干渠	20.0	河北永清县、廊坊安次区	20.0
57	永定河	北邵庄干渠	6.2	河北廊坊安次区	6.2
58	永定河	丰收渠	19.0	河北廊坊安次区	19.0
59	永定河	北泓故道	16.0	河北廊坊安次区、天津武清区	8.0
60	永定河	安武排干	14.0	天津武清区、河北廊坊安次区	5.5
61	永定河	天堂河	37.0	北京大兴区、河北廊坊广阳区	9.0
62	大清河	白沟河	56.0	河北涿州市、固安县、高碑店市	12.0
63	大清河	东茨村排干	9.9	河北涿州市、固安县	3.0
64	大清河	任河大干渠	26.0	河北任丘市、大城县、文安县	21.0
65	大清河	阜草干渠	18.0	河北大城县	18.0
66	大清河	大保干渠	22.0	河北大城县、文安县	22.0
67	大清河	广安干渠	43.0	河北河间市、大城县	39.0
68	大清河	南赵扶干渠	19.0	河北大城县	19.0
69	大清河	安庆屯干渠	20.0	河北大城县	20.0
70	大清河	任文干渠	46.0	河北任丘市、文安县	15.0
71	大清河	长丰排渠	17.0	河北任丘市、文安县	8.8
72	大清河	小白河	154.0	河北保定市、沧州市、文安县	24.0
73	大清河	古洋河下段	25.0	河北任丘市、文安县	1.5

续表

序号	水系	河流名称	河流长度/km	流经县（市、区）	廊坊市境内长度/km
74	大清河	赵王新河	43.0	河北任丘市、文安县、霸州市	34.0
75	大清河	大清河	110.0	河北高碑店市、容城县、雄县、霸州市、文安县，天津静海县、西青区	62.0
76	大清河	排干二渠	13.0	河北文安县	13.0
77	大清河	滩里干渠	28.0	河北文安县	28.0
78	大清河	滩里新渠	16.0	河北文安县	16.0
79	大清河	排干三渠	8.5	河北大城县、文安县	8.5
80	大清河	中亭河	68.0	河北雄县、霸州市，天津西青区	60.0
81	大清河	中干渠	31.0	河北永清县、霸州市	31.0
82	大清河	百米渠	12.0	河北霸州市	12.0
83	大清河	煎台干渠	13.0	河北霸州市	13.0
84	大清河	王庄子干渠	4.2	河北霸州市	4.2
85	大清河	跃进渠	18.0	河北永清县	18.0
86	大清河	六号路干渠	4.5	河北霸州市	4.5
87	大清河	堂澜干渠	19.0	河北永清县、霸州市	19.0
88	大清河	清北干渠	6.7	河北霸州市	6.7
89	大清河	小庙干渠	15.0	河北廊坊安次区、霸州市	15.0
90	大清河	菜堡干渠	8.5	河北廊坊安次区、霸州市	8.5
91	大清河	雄固霸新河	25.0	河北雄县、霸州市	10.0
92	大清河	郑村干渠	20.0	河北高碑店市、固安县、雄县	15.0
93	大清河	牤牛河	51.0	河北固安县、霸州市	51.0
94	大清河	引清总干渠	7.4	河北固安县	7.4
95	大清河	东干渠	32.0	河北固安县、永清县	32.0
96	大清河	太平河	18.0	河北固安县	18.0
97	大清河	永固县界沟	32.0	河北永清县、固安县、霸州市	32.0
98	大清河	虹江河	18.0	河北固安县、霸州市	18.0
99	大清河	永金渠	28.0	河北永清县、霸州市	28.0
100	大清河	龙门口干渠	15.0	河北霸州市	15.0
101	大清河	王泊自排渠	28.0	河北永清县、霸州市	28.0
102	大清河	王泊机排渠	23.0	河北永清县、霸州市	23.0
103	大清河	黄泥河	12.0	河北霸州市、永清县	12.0
104	大清河	烟村干渠	21.0	河北大城县	21.0
105	大清河	黑龙港河西支	30.0	河北大城县、青县	17.0
106	大清河	幸福渠	11.0	河北大城县	11.0
107	大清河	百家洼排干	20.0	河北大城县	20.0

续表

序号	水系	河流名称	河流长度/km	流经县（市、区）	廊坊市境内长度/km
108	大清河	麻洼干渠	8.8	河北大城县	8.8
109	大清河	黑龙港河下段	68.0	河北青县、大城县，天津静海县	2.9
110	大清河	跃进渠	21.0	河北青县、大城县	1.7
111	子牙河	子牙新河	152.0	河北献县、河间市、大城县、青县，天津市	3.9
112	子牙河	子牙河	180.0	河北献县、河间市、大城县，天津静海县	50.0
合计					2027.0

廊坊市的112条河流分布于各县（市、区）。河流最多是安次区，境内或穿过境内的河流22条；河流最少的是大厂县，境内或穿过境内的河流7条。廊坊市各县（市、区）流域面积50km² 及以上河流统计见表1-2。

表1-2　　廊坊市各县（市、区）流域面积50km² 及以上河流统计表

行政区	河流数量/条	河流名称
广阳区	16	凤河、廊大引渠、六干渠、七干渠、五干渠北支、八干渠、九干渠、四干渠、永定河、龙河、永北干渠、三干渠、旧天堂河、二干渠、胜天渠、天堂河
安次区	22	廊大引渠、老龙河、五干渠南支、五干渠北支、永定河、龙河、胜天渠、故北机排渠、太平庄干渠、南泓故道、永南排干渠、南干渠南支、南干渠北支、中干渠、中泓故道、北干渠、北邵庄干渠、丰收渠、北泓故道、安武排渠、小庙干渠、菜堡干渠
三河市	12	泃河、潮白河、幸福渠、尹家沟、鹌池河、老武河、引泃入潮、鲍邱河、引秃入泃、红娘港二支、红娘港一支、三夏渠
大厂县	7	潮白河、尹家沟、群英总干渠、群英一分干、群英三分干、鹌池河、鲍邱河
香河县	18	潮白河、鹌池河、老武河、杨柏庄干渠、梁家务干渠、牛济河排干、后独立庄排渠、东干渠、香绣渠、香五自流渠、五一劳动渠、牛牧屯引河、凤港减河、青龙湾减河、潮白新河、引泃入潮、鲍邱河、北运河
固安县	10	永定河、白沟河、东茨村排干、郑村干渠、牤牛河、引清总干渠、东干渠、太平河、永固县界沟、虹江河
永清县	15	永定河、故北机排渠、故道干渠、太平庄干渠、南泓故道、中干渠、北干渠、跃进渠、堂澜干渠、东干渠、永固县界沟、永金渠、王泊自排渠、王泊机排渠、黄泥河
霸州市	21	赵王新河、大清河、中亭河、中干渠、百米渠、煎台干渠、王庄子干渠、六号路干渠、堂澜干渠、清北干渠、小庙干渠、菜堡干渠、雄固霸新河、牤牛河、永固县界沟、虹江河、永金渠、龙门口干渠、王泊自排渠、王泊机排渠、黄泥河
文安县	12	任河大干渠、大保干渠、任文干渠、长丰排渠、小白河、古洋河下段、赵王新河、大清河、排干二渠、滩里干渠、滩里新渠、排干三渠
大城县	16	任河大干渠、阜草干渠、大保干渠、广安干渠、南赵扶干渠、安庆屯干渠、排干三渠、烟村干渠、黑龙港河西支、幸福渠、白家洼排干、麻洼干渠、黑龙港河下段、跃进渠、子牙新河、子牙河

三、洼淀和滞洪区

廊坊市境内有由国家防汛抗旱总指挥部（以下简称“国家防总”）直接调度的四大蓄滞洪区，分别为永定河泛区、东淀滞洪区、文安洼和贾口洼。

（一）永定河泛区

永定河泛区位于永定河下游，地处京、津之间，是永定河系的重要缓洪区。永定河泛区是1939年大洪水时永定河在梁各庄决口改道后形成的，上起梁各庄、下至屈家店，由左右两条大堤及屈家店枢纽组成，东西长75km，南北宽一般为6～7km，最宽处为15km，总面积为522.7km^2，分属京、津、冀3省（直辖市）的大兴区、固安县、安次区、永清县、武清区及北辰区6个县（区），其中河北省面积为369km^2。50年一遇洪水屈家店闸上水位为5.75m，大北市水位为17.40m，梁各庄水位为23.00m。永定河泛区按30～50年一遇设计，设计蓄水位为17.40m，设计蓄水量为4.0亿m^3。

泛区内有234个行政村，耕地38.37万亩❶。泛区内有华北油田和向北京市供天然气的管道以及民营企业与厂矿。

永定河洪水从梁各庄进入泛区，区内各小埝纵横交错，均不同程度地影响泛区行洪。为保证泛区的滞洪作用，各小埝实行分级运用。经批准，1996年7月在泛区实施了固定口门分洪工程，包括北围埝茨坪、北前卫埝孟村、南前卫埝南石、南前卫埝池口、南小埝潘庄子、北小埝王码口门等6个分洪口门。根据各区退水要求，行洪时在围埝的末端设有退水口门，当退水口门前有一定水深时即临时扒开泄洪，另外在穿龙河左右堤各设有口门，大旺村为分洪口门，以便洪水威胁屈家店枢纽安全时及时向三角淀分洪。洪水经泛区调蓄后，从屈家店枢纽泄入永定新河。

（二）东淀滞洪区

东淀位于大清河中游，涉及河北、天津两省（直辖市），北靠中亭堤，南界大清河堤、开卡新堤、千里堤和子牙河右堤、西河堤，总面积377km^2，是大清河南北支洪水和清南、清北沥水汇流洼淀。洪沥水滞蓄后由独流减河和海河干流入海。东淀运用机遇为5～20年一遇。当第六堡水位为6.44m（大沽高程8.00m）时，相应滞洪量为10.25亿m^3。1963年洪水，第六堡最高滞洪水位为6.94m，滞洪量为11.2亿m^3。

东淀滞洪区涉及河北霸州市、文安县和天津静海县、西青区4个县（市、区），19个乡镇，100个村庄，耕地38.03万亩。淀内已开发出部分油气井，并设有向北京供气的苏-联油气加压站等。

大清河南支洪水由枣林庄枢纽下泄经赵王新河进入东淀，北支洪水由新盖房枢纽下泄经新盖房分洪道进入东淀，新盖房分洪道设计行洪流量为7700m^3/s。东淀分洪口门主要有滩里分洪口门和锅底分洪口门。滩里分洪口门位于文安县滩里村以东的隔淀堤上，为东淀向文安洼的分洪口门。锅底分洪口门是东淀向贾口洼分洪的口门。大清河洪水经东淀调蓄后，分别由独流减河进洪闸和西河闸泄入独流减河和海河入海。

---

❶ 1亩≈666.7m^2。

（三）文安洼

文安洼位于大清河下游，属天然洼地。既是大清河以南、子牙河以北地区沥水的归宿，又是大清河洪水的分洪洼淀。洼内地势西南高，东北低，地面坡降1/8000，最低高程为2.00～2.50m（黄海高程），是西三洼中最大的一个洼淀。文安洼西接自然高地，北靠千里堤，东倚子牙河左堤，南以津保公路为界，总面积1489.24km^2。运用机遇为20年一遇，设计水位为6.44m（大沽高程8.00m）时，相应滞洪量为33.87亿m^3。

文安洼蓄滞洪区涉及河北文安县、大城县、任丘市和天津静海县4个县（市），37个乡镇，554个村庄，125.2万亩耕地。洼内有华北油田和向北京供天然气的管道等设施。

文安洼进洪口门为王村分洪闸、滩里分洪口门、小关分洪口门。王村分洪闸设计分洪流量为1380m^3/s；小关分洪口门最大分洪流量为1070m^3/s。文安洼地势较低，一旦滞洪，其洪水不能自流消退，主要靠扬水站进行排泄。

文安洼历史上承纳清南地区沥水，又承担子牙河漫溢洪水和东淀、白洋淀向该洼分洪的洪水。新中国成立后1956年、1963年两次滞洪，特别是1963年洪水，东淀、文安洼、贾口洼三洼联合运用时，8月31日15时大赵水位站达到最高滞洪水位7.19m，持续时间将近16h，相应滞洪量为45.51亿m^3。对保卫天津市和京沪铁路的安全起到了极为重要的作用。

（四）贾口洼

贾口洼位于天津市静海县县城西部，黑龙港河两侧，辖旧时称谓的古城洼和金管洼。以子牙河右堤与南运河左堤为洼淀堤防，面积402km^2。贾口洼西部边缘，南起子牙河右堤的小河村，北至进洪闸，长42.24km；东部边缘，南起南运河左堤梁官屯村，北至进洪闸，长47.89km。贾口洼涉及河北省9个乡镇，118个村，耕地面积43.7万亩。洼内的排灌泵站为锅底扬水站、八堡扬水站、王口扬水站、大邀铺扬水站、流庄扬水站，可向子牙河排沥。纪庄子扬水站、城关扬水站，可向南运河排沥。

贾口洼西、北倚子牙河右堤，东靠南运河左堤，南临子牙新河左堤，地势南高北低，是一个东西窄而南北长的条形洼淀，洼底最低高程3.50～4.00m（大沽，下同）。设计滞洪水位为八堡8.00m，滞洪量为14.54亿m^3，受淹面积为770.15km^2。

历史上贾口洼是滞蓄黑龙港流域沥水和子牙河漫决洪水的天然洼淀。1967年根治海河开挖子牙新河时切断了黑龙港河，同时又修建了献县枢纽闸，控制子牙河洪水下泄，贾口洼便成为大清河蓄滞洪区之一，除承纳该区900km^{2}的沥水外，主要担负东淀超量洪水的分滞任务，是保卫天津市和京沪铁路防洪安全的滞洪缓泄洼淀。运用机遇为20年一遇。

1963年8月上旬海河南系发生特大洪水，8月15日东淀第六堡水位达到6.95m（大沽8.39m），开始提开滩里闸、锅底闸向文安洼、贾口洼分洪，东淀、文安洼、贾口洼三洼联合运用。8月17日子牙河系堤防漫决洪水涌入贾口洼，19日12时最大入洼流量达12000m^3/s，19—20日进入贾口洼的水量达16.7亿m^3，20日16时破南运河两堤，经京沪铁路25孔桥向团泊洼分洪，22时贾口洼八堡达到最高水位7.5m，持续2个小时，最高峰滞洪量约25.2亿m^3。通过贾口洼向团泊洼分洪，对保卫天津市和京沪铁路安全起了关键作用。

廊坊市河流洼淀分布见附图1-1。

第三节 水 利 工 程

一、涵闸

水闸是调节水位、控制流量的低水头水工建筑物。水闸枢纽工程是以水闸为主的水利枢纽工程，一般由水闸、泵站、船闸、水电站等水工建筑物组成，有的还包括涵洞、渡槽等其他泄（引）水建筑物。水闸枢纽工程主要依靠闸门控制水流，具有挡水和泄（引）水的双重功能，在防洪、治涝、灌溉、供水、航运、发电等方面应用十分广泛。

（一）水闸作用和分类

节制闸：拦河或在渠道上建造，用于拦洪、调节水位或控制下泄流量。位于河道上的节制闸也称为拦河闸。

进水闸：建在河道、水库或湖泊的岸边，用来控制引水流量。进水闸又称为取水闸或渠首闸。

分洪闸：常建于河道的一侧，用来将超过下游河道安全泄量的洪水泄入分洪区（蓄洪区或滞洪区）或分洪道。分洪闸是双向过水的，洪水过后再从此处将蓄水排入河道。

排水闸：常建于江河沿岸，用来排除内河或低洼地区对农作物有害的渍水。分洪（排水）闸也是双向过水的，当江河水位高于内湖或洼地时，排水闸以挡水为主，防止江河水流漫淹农田或民房；当江河水位低于内湖或洼地时，排水闸以排渍排涝为主。

挡潮闸：建在入海河口附近，涨潮时关闸，防止海水倒灌。退潮时开闸泄水，具有双向挡水的特点。挡潮闸类似排水闸，但操作更为频繁。外海潮水比内河水高时关闭闸门，防止海水向内河倒灌。

冲沙闸（排沙闸）：建在多泥沙河流上，用于排除进水闸、节制闸前或渠系中沉积的泥沙。

拦河闸等级是按照过闸流量大小划分的。表 1-3 为拦河闸等级划分标准。

表 1-3 **拦河闸等级划分标准** 单位：座

工程等别	Ⅰ	Ⅱ	Ⅲ	Ⅳ	Ⅴ
规模	大（1）型	大（2）型	中型	小（1）型	小（2）型
最大过闸流量/(m^3/s)	≥5000	5000～1000	1000～100	100～20	<20
防护对象的重要性	特别重要	重要	中等	一般	—

（二）廊坊市主要闸涵

按水闸承担的任务分为节制闸、进水闸、分洪闸、排水闸、挡潮闸、冲沙闸（排沙闸），此外还有为排除冰块、漂浮物等而设置的排冰闸、排污闸等。按闸室结构形式可分为开敞式、胸墙式和涵洞式等。按过闸流量大小可分为大型、中型和小型 3 种形式。过闸流量在 1000m^3/s 以上的为大型水闸，100～1000m^3/s 的为中型水闸，小于 100m^3/s 的为小型水闸。廊坊市水闸分类统计见表 1-4。

表 1-4　　廊坊市水闸分类统计表　　单位：座

行政区	过水流量分类			水闸作用分类				合计
	大型	中型	小型	分洪闸	节制闸	排水闸	引水闸	
三河市	0	7	18	0	6	17	2	25
大厂县	0	2	7	0	7	1	1	9
香河县	2	1	34	0	24	8	3	35
廊坊市区	0	0	4	1	5	0	0	6
安次区	0	2	19	0	14	3	4	21
广阳区	0	6	16	1	21	0	0	22
固安县	0	1	21	0	21	0	1	22
永清县	0	0	23	5	14	4	0	23
霸州市	0	6	8	0	8	0	6	14
文安县	1	3	11	1	12	1	1	15
大城县	0	3	35	0	38	0	0	38
合计	3	31	196	8	170	34	18	230

1. 大型闸涵

在廊坊市境内大型闸涵有王村分洪闸、土门楼枢纽—青龙湾分洪闸和吴村闸枢纽。

（1）王村分洪闸。王村分洪闸位于河北省文安县境内的赵王新河右堤（千里堤）上，史各庄镇韩各庄村村北，距白洋淀枣林庄枢纽 18km，是分减赵王新河洪水，控制向文安洼分洪的重要工程。

原王村分洪闸建于 1955 年。2000 年 10 月，经河北省水利厅组织专家鉴定，确定该闸为 4 类水闸，需报废重建。2006 年 7 月批准改建工程初步设计，总投资 2690 万元，2007 年 12 月工程开始动工，于 2010 年 5 月竣工，通过验收并移交运行管理单位使用。新建分洪闸位于原闸址下游 37.5m 处，为岸墙式水闸，设计分洪流量为 1380m^3/s，相应闸上水位为 8.90m。闸型为开敞式，采用两孔一联整体结构。闸室长 12m，闸室单孔净宽 12m，共 10 孔，闸室总宽 133m。闸底板顺水流方向 12m，闸底板高程 4.50m。工程设计等级为Ⅱ等工程，闸室等主要建筑物为 2 级建筑物，次要建筑物为 3 级建筑物。交通桥核载等级参照公路Ⅱ级，设计地震烈度为 7 度。

（2）土门楼闸枢纽—青龙湾分洪闸。土门楼闸枢纽—青龙湾分洪闸位于香河县钳屯乡红庙村南青龙湾减河上，是北运河的主要分洪闸。

该闸于 1973 年 3 月动工，1974 年 5 月竣工，共 10 孔，闸孔高 6.63m，单孔净宽 10m，平板翻转钢闸门，电动卷扬式启闭机 10 台，启闭力为 10t。该闸闸底高程 6.50m（黄海高程），设计闸上水位 12.27m，设计过闸流量 1330m^3/s，校核闸上水位 12.97m，校核过闸流量 1620m^3/s，为钢筋混凝土开敞式水闸。

（3）吴村闸枢纽。潮白河吴村闸枢纽工程位于香河县，包括吴村节制闸和牛牧屯防洪引水闸。主要任务是在枯水期节制密云水库下泄流量，通过牛牧屯防洪引水闸向天津市供给城市、工业用水，扩大潮白、北运两河农田灌溉面积；汛期联合牛牧屯防洪引水闸控制潮白河洪水，确保北运河、潮白河堤防安全。吴村节制闸为大（2）型水闸，工程于 1961

年 11 月动工兴建，1965 年 5 月竣工。吴村闸设闸门 42 孔，闸门宽 4m，设计闸上水位为 16.40m，闸下水位为 16.30m，过闸流量为 1847m³/s。

2. 中小型水闸工程

廊坊市位于各水系下游，河道较多，排水引水渠道上建设众多闸涵。根据水利普查资料统计，廊坊市中小型闸涵共计 272 座。表 1－5～表 1－14 为廊坊市各行政区中小型水闸工程明细表。

表 1－5　　廊坊市三河市中小型水闸工程明细表

水闸名称	位置	所在河渠	水闸类型	过闸流量/(m³/s)	工程规模	设计洪水(重现期)/a	校核洪水(重现期)/a
刘河闸	高楼镇	鲍邱河	节制闸	100.0	中型	10	20
北杨庄闸	高楼镇	幸福渠	引（进）水闸	20.0	小（1）型	3	5
北杨庄桥闸	高楼镇	鲍邱河	引（进）水闸	20.0	小（1）型	3	5
小崔闸	高楼镇	鲍邱河	节制闸	15.0	小（2）型	3	5
错桥闸	泃阳镇	泃河	节制闸	470.0	中型	20	50
李秉全闸	泃阳镇	红娘港一支	节制闸	59.5	小（1）型	3	5
夏口闸	泃阳镇	红娘港一支	节制闸	58.0	小（1）型	3	5
定福庄闸	泃阳镇	红娘港一支	节制闸	31.3	小（1）型	3	5
大丁河沟闸	泃阳镇	红娘港二支	节制闸	15.0	小（2）型	3	5
小朱庄闸	皇庄镇	鹧池河	节制闸	50.0	小（1）型	10	20
小薄各庄闸	皇庄镇	鲍邱河	排（退）水闸	10.0	小（2）型	3	5
东定福庄闸	皇庄镇	鲍邱河	节制闸	10.0	小（2）型	3	5
孟各庄闸	黄土庄镇	泃河	节制闸	373.0	中型	10	20
后沿口闸	黄土庄镇	泃河	排（退）水闸	16.8	小（2）型	3	5
东兴闸	李旗庄镇	幸福渠	节制闸	15.0	小（2）型	3	5
赵各庄闸	李旗庄镇	幸福渠	节制闸	9.2	小（2）型	3	5
周泗庄闸	齐心庄镇	红娘港一支	节制闸	31.3	小（1）型	3	5
中坛闸	齐心庄镇	红娘港一支	节制闸	17.3	小（2）型	3	5
小罗村闸	新集镇	鲍邱河	节制闸	178.0	中型	10	20
白庙桥闸	燕郊镇	潮白河	排（退）水闸	33.5	小（1）型	3	5
神威北路闸	燕郊镇	潮白河	排（退）水闸	15.0	小（2）型	3	5
盛屯闸	燕郊镇	幸福渠	节制闸	15.0	小（2）型	3	5
陵园闸	燕郊镇	潮白河	排（退）水闸	10.0	小（2）型	3	5
大曹庄枢纽闸	杨庄镇	三夏渠	进水闸	58.0	小（1）型	3	5
周庄子闸	杨庄镇	三夏渠	排（退）水闸	18.0	小（2）型	3	5
小窝头闸	杨庄镇	泃河	引（进）水闸	15.0	小（2）型	3	5
大曹庄东闸	杨庄镇	三夏渠	节制闸	15.0	小（2）型	3	5
大曹庄西闸	杨庄镇	三夏渠	节制闸	15.0	小（2）型	3	5
尹辛庄闸	杨庄镇	鲍邱河	节制闸	10.0	小（2）型	3	5

表 1-6 廊坊市大厂县中小型水闸工程明细表

水闸名称	位置	所在河渠	水闸类型	过闸流量/(m^3/s)	工程规模	设计洪水(重现期)/a	校核洪水(重现期)/a
东厂闸	陈府乡	群英三分干	节制闸	12.2	小(2)型	5	10
三分干尾闸	陈府乡	群英三分干	节制闸	12.2	小(2)型	5	10
芦庄闸	大厂镇	鲍邱河	节制闸	117.0	中型	5	10
东彭府闸	大厂镇	群英三分干	节制闸	8.0	小(2)型	5	10
西马各庄闸	大厂镇	群英三分干	节制闸	5.7	小(2)型	5	10
梁庄闸	大厂镇	鶴池河	节制闸	5.0	小(2)型	5	10
陈家府闸	祁各庄镇	潮白河	排(退)水闸	25.9	小(1)型	5	10
谭台进水闸	祁各庄镇	潮白河	引(进)水闸	15.0	小(2)型	5	10
柳甸洼闸	祁各庄镇	潮白河	排(退)水闸	7.6	小(2)型	5	10
三分干水闸	祁各庄镇	群英三分干	引(进)水闸	6.9	小(2)型	5	10
亮甲台闸	祁各庄镇	群英三分干	节制闸	5.7	小(2)型	5	10
一分干水闸	祁各庄镇	群英一分干	引(进)水闸	5.0	小(2)型	5	10
太平庄闸	邵府乡	群英一分干	节制闸	16.0	小(2)型	5	10
韩家府闸	夏垫镇	鲍邱河	节制闸	113.5	中型	5	10
夏垫闸	夏垫镇	鲍邱河	节制闸	96.2	小(1)型	5	10
一干尾水闸	夏垫镇	群英一分干	节制闸	13.3	小(2)型	5	10

表 1-7 廊坊市香河县中小型水闸工程明细表

水闸名称	位置	所在河渠	水闸类型	过闸流量/(m^3/s)	工程规模	设计洪水(重现期)/a	校核洪水(重现期)/a
韩营庄闸	安头屯镇	香绣渠	节制闸	10.0	小(2)型	8	20
兴隆庄闸	安头屯镇	东干渠	节制闸	6.0	小(2)型	8	20
领子进水闸	安头屯镇	梁家务干渠	引(进)水闸	12.0	小(2)型	8	20
杨簸箕庄闸	安头屯镇	梁家务干渠	引(进)水闸	10.0	小(2)型	8	20
三百户闸	安头屯镇	梁家务干渠	节制闸	10.0	小(2)型	8	20
五百户闸	安头屯镇	梁家务干渠	节制闸	10.0	小(2)型	8	20
庆功台六孔闸	刘宋镇	香五自流渠	排(退)水闸	36.0	小(1)型	10	30
北务屯闸	刘宋镇	五一劳动渠	节制闸	14.0	小(2)型	8	20
王务节制闸	刘宋镇	香绣渠	节制闸	10.0	小(2)型	8	20
马庄闸	刘宋镇	东干渠	节制闸	6.0	小(2)型	8	20
庆功台闸	刘宋镇	东干渠	节制闸	6.0	小(2)型	8	20
老武河首闸	钱旺乡	老武河	引(进)水闸	10.0	小(2)型	8	20
焦康庄闸	钱旺乡	梁家务干渠	节制闸	10.0	小(2)型	8	20
钱旺闸	钱旺乡	梁家务干渠	节制闸	10.0	小(2)型	8	20
梨元节制闸	渠口镇	梁家务干渠	节制闸	10.0	小(2)型	8	20

续表

水闸名称	位置	所在河渠	水闸类型	过闸流量 /(m^3/s)	工程规模	设计洪水(重现期)/a	校核洪水(重现期)/a
魏家滩闸	渠口镇	梁家务干渠	节制闸	10.0	小（2）型	8	20
石虎节制闸	渠口镇	老武河	节制闸	8.0	小（2）型	8	20
吴村闸枢纽-牛牧屯闸	淑阳镇	牛牧屯引河	节制闸	219.0	中型	20	50
潮南进水闸	淑阳镇	潮白河	引（进）水闸	20.0	小（1）型	10	30
赶水坝闸	淑阳镇	五一劳动渠	引（进）水闸	20.0	小（1）型	10	30
刘庄闸	淑阳镇	东干渠	节制闸	10.0	小（2）型	8	20
小店子闸	淑阳镇	香绣渠	节制闸	10.0	小（2）型	8	20
胜利渠闸	淑阳镇	香五自流渠	引（进）水闸	8.0	小（2）型	8	20
王庄子闸	淑阳镇	东干渠	节制闸	6.0	小（2）型	8	20
土门楼枢纽-木厂节制闸	五百户镇	北运河北三河下游区域	节制闸	225.0	中型	20	50
霍刘赵节制闸	五百户镇	香五自流渠	节制闸	24.0	小（1）型	10	30
八百户闸	五百户镇	五一劳动渠	节制闸	14.0	小（2）型	8	20
田各庄闸	五百户镇	五一劳动渠	节制闸	14.0	小（2）型	8	20
打卜户闸	现代工业园	鹳池河	节制闸	21.0	小（1）型	10	30
对嘴闸 1	现代工业园	潮白新河	节制闸	6.0	小（2）型	8	20
对嘴闸 2	现代工业园	梁家务干渠	节制闸	6.0	小（2）型	8	20

表 1-8　　廊坊市广阳区中小型水闸工程明细表

水闸名称	位置	所在河渠	水闸类型	过闸流量 /(m^3/s)	工程规模	设计洪水(重现期)/a	校核洪水(重现期)/a
廊孟公路闸	北旺乡	九干渠	节制闸	30.4	小（1）型	20	40
彭庄闸	北旺乡	八干渠	节制闸	22.0	小（1）型	10	30
小枣林庄闸	北旺乡	八干渠	节制闸	17.6	小（2）型	10	20
更生闸	九州镇	天堂河	节制闸	120.0	中型	30	50
九州北口闸	九州镇	旧天堂河	节制闸	50.5	小（1）型	20	40
八一闸	九州镇	天堂河	引（进）水闸	40.0	小（1）型	20	30
北寺垈闸	九州镇	北永干渠	引（进）水闸	40.0	小（1）型	20	35
北王力闸	九州镇	旧天堂河	节制闸	40.0	小（1）型	20	35
胜天渠闸	九州镇	胜天渠	引（进）水闸	25.0	小（1）型	15	30
永北干渠闸	九州镇	天堂河	引（进）水闸	25.0	小（1）型	20	30
赵各庄闸	九州镇	胜天渠	节制闸	24.6	小（1）型	15	30
火头营闸	九州镇	永北干渠	节制闸	18.5	小（2）型	10	20
三干进水闸	九州镇	三干渠	引（进）水闸	18.0	小（2）型	10	20

续表

水闸名称	位置	所在河渠	水闸类型	过闸流量/(m^3/s)	工程规模	设计洪水(重现期)/a	校核洪水(重现期)/a
毕各庄闸	九州镇	永北干渠	节制闸	18.0	小（2）型	10	20
大古营扬水站	九州镇	永北干渠	进水闸	17.0	小（2）型	20	30
南王力闸	九州镇	二干渠	引（进）水闸	15.0	小（2）型	10	20
一干扬水站	九州镇	天堂河	引（进）水闸	5.0	小（2）型	10	20
一干渠闸	九州镇	天堂河	节制闸	5.0	小（2）型	10	20
北甸西闸	南尖塔镇	廊大引渠	节制闸	32.9	小（1）型	10	30
大马房闸	南尖塔镇	六干渠	节制闸	14.0	小（2）型	10	20
东尖塔闸	南尖塔镇	八干渠	节制闸	8.0	小（2）型	10	20
大伍龙闸	万庄镇	龙河	节制闸	120.0	中型	20	50
齐营大闸	万庄镇	龙河	节制闸	120.0	中型	20	50
三小营闸	万庄镇	龙河	节制闸	112.0	中型	20	50
武营南闸	万庄镇	六干渠	引（进）水闸	21.0	小（1）型	10	30
中小营闸	万庄镇	六干渠	引（进）水闸	20.0	小（1）型	10	30
肖家务县界闸	万庄镇	廊大引渠	节制闸	20.0	小（1）型	10	35
石何营闸	万庄镇	四干渠	节制闸	14.0	小（2）型	10	20
肖家务闸	万庄镇	六干渠	节制闸	14.0	小（2）型	10	20
艾家务闸	万庄镇	四干渠	节制闸	12.0	小（2）型	10	20
侯孙洼南闸	万庄镇	六干渠	引（进）水闸	8.0	小（2）型	10	20
四干渠闸	万庄镇	四干渠	引（进）水闸	5.0	小（2）型	10	20
四干渠入龙河	万庄镇	龙河	引（进）水闸	5.0	小（2）型	10	20
艺术中心闸	新源道街道	八干渠	节制闸	12.1	小（2）型	10	20

表 1-9　　　　廊坊市安次区中小型水闸工程明细表

水闸名称	位置	所在河渠	水闸类型	过闸流量/(m^3/s)	工程规模	设计洪水(重现期)/a	校核洪水(重现期)/a
祖各庄闸	北史家务乡	廊大引渠	排（退）水闸	14.0	小（2）型	10	20
连庄子闸	北史家务乡	五干渠南支	节制闸	13.2	小（2）型	10	20
西辛庄闸	北史家务乡	龙河	节制闸	6.0	小（2）型	10	20
永丰闸	仇庄乡	龙河	节制闸	197.6	中型	30	50
南宫庄闸	仇庄乡	五干渠南支	节制闸	15.0	小（2）型	10	20
大王务闸	仇庄乡	丰收渠	分（泄）洪闸	13.5	小（2）型	10	20
小刘庄闸	仇庄乡	丰收渠	引（进）水闸	10.0	小（2）型	10	20
永丰进水闸	仇庄乡	丰收渠	引（进）水闸	10.0	小（2）型	10	20
东储闸	仇庄乡	丰收渠	节制闸	10.0	小（2）型	10	20
高圈自排闸	仇庄乡	龙河	排（退）水闸	5.0	小（2）型	10	20

续表

水闸名称	位置	所在河渠	水闸类型	过闸流量/(m^3/s)	工程规模	设计洪水(重现期)/a	校核洪水(重现期)/a
胜天闸	东沽港镇	小庙干渠	节制闸	40.0	小（1）型	20	30
廊东公路闸	东沽港镇	南干渠南支	节制闸	6.0	小（2）型	10	20
于堤闸	葛渔城镇	中泓故道	节制闸	28.0	小（1）型	20	30
葛西闸	葛渔城镇	中干渠	节制闸	12.0	小（2）型	10	20
下官村闸	葛渔城镇	永南排干渠	节制闸	12.0	小（2）型	10	20
葛北闸	葛渔城镇	中干渠	节制闸	6.0	小（2）型	10	20
葛东闸	葛渔城镇	中干渠	节制闸	6.0	小（2）型	10	20
张坨闸	葛渔城镇	南干渠南支	节制闸	6.0	小（2）型	10	20
东张务闸	落垡镇	龙河	分（泄）洪闸	203.0	中型	30	50
岳庄子闸	落垡镇	老龙河	分（泄）洪闸	40.0	小（1）型	20	30
苏庄子闸	落垡镇	老龙河	节制闸	19.5	小（2）型	10	20
落垡自流闸	落垡镇	五干渠北支	排（退）水闸	10.0	小（2）型	10	20
杨官屯闸	码头镇	永定河	排（退）水闸	12.0	小（2）型	10	20
妇女闸	码头镇	永南排干渠	节制闸	12.0	小（2）型	10	20
男豪闸	码头镇	北干渠	节制闸	6.0	小（2）型	10	20
南响口闸	码头镇	北干渠	节制闸	6.0	小（2）型	10	20
北马庄闸	调河头乡	永南排干渠	引（进）水闸	15.0	小（2）型	10	20
祁坨闸	调河头乡	永南排干渠	节制闸	12.0	小（2）型	10	20
丰西防洪闸	调河头乡	丰收渠	排（退）水闸	10.0	小（2）型	10	20
调河头闸	调河头乡	北干渠	节制闸	6.0	小（2）型	10	20
韩场闸	调河头乡	中干渠	节制闸	6.0	小（2）型	10	20
大麻村闸	杨税务乡	胜天渠	排（退）水闸	23.0	小（1）型	10	30
于常甫闸	杨税务乡	永定河	排（退）水闸	23.0	小（1）型	20	30
茨平闸	杨税务乡	胜天渠	节制闸	10.0	小（2）型	10	20
西储防洪闸	杨税务乡	胜天渠	节制闸	10.0	小（2）型	10	20

表 1-10　　廊坊市固安县中小型水闸工程明细表

水闸名称	位置	所在河渠	水闸类型	过闸流量/(m^3/s)	工程规模	设计洪水(重现期)/a	校核洪水(重现期)/a
高小营闸	东红寺乡	东干渠	节制闸	18.0	小（2）型	10	10
礼和务闸	东红寺乡	引清总干渠	节制闸	15.0	小（2）型	10	10
小中内闸	东红寺乡	引清总干渠	节制闸	15.0	小（2）型	10	10
减庄引水闸	东红寺乡	东干渠	节制闸	14.5	小（2）型	10	10
大韩寨闸	东红寺乡	东干渠	节制闸	10.0	小（2）型	10	10
苏桥节制闸	东湾乡	牤牛河	节制闸	39.6	小（1）型	10	10

续表

水闸名称	位置	所在河渠	水闸类型	过闸流量/(m³/s)	工程规模	设计洪水(重现期)/a	校核洪水(重现期)/a
公主府闸	公主府乡	引清总干渠	节制闸	15.0	小(2)型	10	10
太平庄闸	宫村镇	引清总干渠	引(进)水闸	35.0	小(1)型	10	10
北村节制闸	宫村镇	永北干渠	节制闸	20.0	小(1)型	10	10
郝家务闸	柳泉镇	太平河	节制闸	47.0	小(1)型	10	10
郑村节制闸	马庄镇	郑村干渠	节制闸	62.5	小(1)型	20	20
大吴村闸	牛驼镇	太平河	节制闸	65.1	小(1)型	20	20
石各庄闸	彭村镇	牤牛河	节制闸	55.0	小(1)型	10	10
渠沟节制闸	渠沟乡	牤牛河	节制闸	69.2	小(1)型	10	10

表1-11　廊坊市永清县中小型水闸工程明细表

水闸名称	位置	所在河渠	水闸类型	过闸流量/(m³/s)	工程规模	设计洪水(重现期)/a	校核洪水(重现期)/a
辛立村闸	别古庄镇	永定河	节制闸	27.0	小(1)型	10	30
辛务闸	别古庄镇	故北机排渠	节制闸	27.0	小(1)型	10	30
东贺闸	别古庄镇	故道干渠	引(进)水闸	18.0	小(2)型	10	20
辛立村旁开闸	别古庄镇	永定河	节制闸	12.0	小(2)型	10	20
于村一号闸	别古庄镇	故道干渠	节制闸	12.0	小(2)型	10	20
辛务村东南闸	别古庄镇	故北机排渠	节制闸	9.0	小(2)型	10	20
别古庄村南闸	别古庄镇	故北机排渠	节制闸	6.0	小(2)型	10	20
东贺西南闸	别古庄镇	故北机排渠	节制闸	5.0	小(2)型	10	20
眼兆屯闸	曹家务乡	故道干渠	引(进)水闸	54.0	小(1)型	10	30
减铺闸	曹家务乡	王泊自排渠	节制闸	30.6	小(1)型	10	30
永廊闸	曹家务乡	东干渠	节制闸	21.0	小(1)型	10	30
刘家务闸	曹家务乡	王泊自排渠	节制闸	18.0	小(2)型	10	20
纪庄子闸	曹家务乡	故道干渠	引(进)水闸	8.0	小(2)型	10	20
石各庄闸	后奕镇	王泊机排渠	节制闸	8.0	小(2)型	10	20
里澜城村闸	里澜城镇	堂澜干渠	节制闸	12.5	小(2)型	10	20
惠元庄东北闸	里澜城镇	跃进渠	节制闸	12.0	小(2)型	10	20
跃进闸	里澜城镇	堂澜干渠	节制闸	8.0	小(2)型	10	20
大沉庄闸	里澜城镇	跃进渠	节制闸	7.5	小(2)型	10	20
胡琏店一号闸	里澜城镇	南泓故道	节制闸	5.0	小(2)型	10	20
胡琏店村东闸	里澜城镇	南泓故道	节制闸	5.0	小(2)型	10	20
大辛庄闸	刘街乡	黄泥河	节制闸	24.0	小(1)型	10	30
李家口村北闸	刘街乡	中干渠	节制闸	21.0	小(2)型	10	30
杨青口东南闸	刘街乡	黄泥河	节制闸	14.0	小(2)型	10	20

续表

水闸名称	位置	所在河渠	水闸类型	过闸流量/(m³/s)	工程规模	设计洪水(重现期)/a	校核洪水(重现期)/a
李家口一号闸	刘街乡	中干渠	节制闸	12.0	小（2）型	10	20
渠头村北闸	刘街乡	王泊机排渠	节制闸	12.0	小（2）型	10	20
李家口二号闸	刘街乡	中干渠	节制闸	10.0	小（2）型	10	20
乔街闸	刘街乡	中干渠	节制闸	7.5	小（2）型	10	20
李家口旁开闸	刘街乡	中干渠	节制闸	6.0	小（2）型	10	20
徐街闸	刘街乡	王泊机排渠	节制闸	5.0	小（2）型	10	20
刘庄闸	龙虎庄乡	永金渠	节制闸	45.0	小（1）型	10	30
前店节制闸	龙虎庄乡	中干渠	节制闸	12.6	小（2）型	10	20
前店旁开闸	龙虎庄乡	中干渠	节制闸	6.0	小（2）型	10	20
四道横闸	三圣口乡	王泊自排渠	节制闸	54.0	小（1）型	10	30
辛安庄南闸	三圣口乡	堂澜干渠	节制闸	26.5	小（1）型	10	30
四道横西南闸	三圣口乡	王泊机排渠	节制闸	15.0	小（2）型	10	20
冰窖入西排渠	三圣口乡	堂澜干渠	节制闸	10.5	小（2）型	10	20
冰窖闸	三圣口乡	堂澜干渠	节制闸	10.5	小（2）型	10	20
东下七闸	永清镇	东干渠	节制闸	21.0	小（1）型	10	30
张迁务闸	永清镇	王泊自排渠	节制闸	18.0	小（2）型	10	20
东关闸	永清镇	王泊自排渠	节制闸	16.0	小（2）型	10	20
东下七西北闸	永清镇	永固县界沟	节制闸	15.0	小（2）型	10	20
南八里庄闸	永清镇	中干渠	节制闸	13.6	小（2）型	10	20
南八里庄旁开	永清镇	中干渠	节制闸	12.0	小（2）型	10	20
幸福闸	永清镇	永金渠	节制闸	8.0	小（2）型	10	20
贾家务闸	永清镇	跃进渠	节制闸	7.5	小（2）型	10	20
东下七 45 号渠	永清镇	东干渠	节制闸	6.0	小（2）型	10	20

表 1-12　　廊坊市霸州市中小型水闸工程明细表

水闸名称	位置	所在河渠	水闸类型	过闸流量/(m³/s)	工程规模	设计洪水(重现期)/a	校核洪水(重现期)/a
雄固霸新河	霸州镇	雄固霸新河	节制闸	100.0	中型	50	100
减庄伙南闸	霸州镇	大清河	引（进）水闸	15.0	小（2）型	10	20
减庄伙北闸	霸州镇	中亭河	引（进）水闸	13.0	小（2）型	10	20
旁开北闸	东杨庄乡	大清河	引（进）水闸	15.0	小（2）型	10	20
旁开南闸	东杨庄乡	赵王新河	引（进）水闸	15.0	小（2）型	10	20
高各庄闸	煎茶铺镇	中亭河	节制闸	224.8	中型	20	50
牤牛河闸	康仙庄乡	牤牛河	节制闸	163.3	中型	50	—
胜芳闸	胜芳镇	中亭河	节制闸	268.0	中型	20	50
王泊站闸	王庄子乡	中亭河	排（退）水闸	65.7	小（1）型	50	100

表 1-13 廊坊市文安县中小型水闸工程明细表

水闸名称	位置	所在河渠	水闸类型	过闸流量/(m^3/s)	工程规模	设计洪水(重现期)/a	校核洪水(重现期)/a
西码头枢纽闸	柳河镇	赵王新河	节制闸	700.0	中型	20	50
下口闸	柳河镇	排干二渠	节制闸	60.0	小(1)型	10	30
西码头护站闸	柳河镇	任文干渠	节制闸	50.0	小(1)型	10	30
西码头出水闸	柳河镇	任文干渠	节制闸	50.0	小(1)型	10	30
潘平闸	柳河镇	大清河	节制闸	30.0	小(1)型	10	30
西码头闸	柳河镇	赵王新河	引(进)水闸	7.0	小(2)型	5	20
高头双孔闸	大围河乡	赵王新河	节制闸	8.0	小(2)型	8	20
口上闸	史格庄镇	赵王新河	节制闸	10.0	小(2)型	8	20
南口闸	史格庄镇	小白河	节制闸	10.0	小(2)型	5	20
广陵城闸	苏桥镇	小白河	节制闸	70.0	小(1)型	10	30
老虎庄北闸	苏桥镇	赵王新河	节制闸	30.0	小(1)型	10	30
老虎庄南闸	苏桥镇	赵王新河	节制闸	20.0	小(1)型	10	30
三支渠北口闸	苏桥镇	赵王新河	节制闸	12.0	小(2)型	8	20
西滩护站闸	滩里镇	滩里新渠	节制闸	60.0	小(1)型	10	30
西滩出水闸	滩里镇	滩里新渠	节制闸	60.0	小(1)型	10	30
东滩护站闸	滩里镇	滩里新渠	节制闸	48.0	小(1)型	10	30
下口闸 2	滩里镇	子牙河西大清河平原区	节制闸	19.0	小(2)型	5	20
滩里船闸	滩里镇	滩里新渠	节制闸	12.0	小(2)型	8	20
曲店闸	文安镇	任文干渠	节制闸	233.0	中型	20	50
北口闸 2	文安镇	任文干渠	节制闸	46.0	小(1)型	10	30
赵么支渠闸	文安镇	任文干渠	节制闸	30.0	小(1)型	10	30
代庄子闸	新镇镇	赵王新河	节制闸	10.0	小(2)型	5	20
舍兴闸	新镇镇	赵王新河	节制闸	7.0	小(2)型	5	20
辛庄一号闸	赵各庄镇	任文干渠	节制闸	8.0	小(2)型	5	20
左各庄出水闸	左格庄镇	赵王新河	节制闸	45.0	小(1)型	10	30

表 1-14 廊坊市大城县中小型水闸工程明细表

水闸名称	位置	所在河渠	水闸类型	过闸流量/(m^3/s)	工程规模	设计洪水(重现期)/a	校核洪水(重现期)/a
韩庄闸	大尚屯镇	任何大区	节制闸	100.0	中型	20	50
冯各庄闸	大尚屯镇	阜草干渠	节制闸	37.5	小(1)型	5	10
千米渠闸	大尚屯镇	任河大干渠	节制闸	10.0	小(2)型	5	10
季村闸	广安镇	南赵扶干渠	节制闸	46.0	小(1)型	5	10
大广安闸	广安镇	广安干渠	节制闸	33.0	小(1)型	5	10

续表

水闸名称	位置	所在河渠	水闸类型	过闸流量 /(m^3/s)	工程规模	设计洪水 (重现期)/a	校核洪水 (重现期)/a
王屯闸	广安镇	广安干渠	节制闸	33.0	小（1）型	5	10
季村北闸	广安镇	南赵扶干渠	节制闸	16.0	小（2）型	5	10
九宫下口闸	广安镇	子牙河	节制闸	16.0	小（2）型	5	10
大沿村闸	里坦镇	百家洼干渠	节制闸	20.0	小（1）型	5	10
幸福渠闸	里坦镇	幸福渠	引（进）水闸	16.0	小（2）型	5	10
烟港闸	里坦镇	黑龙港西支	节制闸	15.0	小（2）型	5	10
九宫闸	留各庄镇	子牙河	节制闸	20.0	小（1）型	5	10
泊庄闸	南赵扶镇	子牙河	节制闸	300.0	中型	20	50
小李庄闸	南赵扶镇	黑龙港下段	节制闸	100.0	中型	20	50
东白洋闸	南赵扶镇	麻洼干渠	节制闸	20.0	小（1）型	5	10
郝庄闸	南赵扶镇	南赵扶干渠	引（进）水闸	14.0	小（2）型	5	10
朱家村闸	南赵扶镇	麻洼干渠	节制闸	12.0	小（2）型	5	10
泊庄引水闸	南赵扶镇	子牙河	节制闸	8.0	小（2）型	5	10
大里北闸	平舒镇	广安干渠	节制闸	33.0	小（1）型	5	10
兴庄闸	平舒镇	安庆屯干渠	节制闸	33.0	小（1）型	5	10
烟村渠上口	权村镇	烟村干渠	节制闸	18.0	小（2）型	5	10
烟村闸	权村镇	幸福渠	节制闸	12.0	小（2）型	5	10
于家务闸	权村镇	子牙河	节制闸	12.0	小（2）型	5	10
牛角闸	旺村镇	安庆屯干渠	节制闸	33.0	小（1）型	5	10
祖寺闸	旺村镇	广安干渠	节制闸	33.0	小（1）型	5	10
东方红闸	旺村镇	安庆屯干渠	节制闸	15.0	小（2）型	5	10
道彩闸	旺村镇	南赵扶干渠	节制闸	10.0	小（2）型	5	10
毕演马闸	藏屯乡	子牙河	节制闸	300.0	中型	20	50
骆贾村西闸	藏屯乡	烟村干渠	节制闸	32.1	小（1）型	5	10
骆贾村东闸	藏屯乡	子牙河	节制闸	24.0	小（1）型	5	10
苏庄闸	藏屯乡	烟村干渠	节制闸	17.0	小（2）型	5	10
安庆屯闸	藏屯乡	子牙河	引（进）水闸	15.0	小（2）型	5	10
纪庄闸	藏屯乡	百家洼干渠	节制闸	10.0	小（2）型	5	10

（三）平原河道闸涵功能

1. 拦蓄洪水

河道工程潜力包括抗洪能力和蓄水潜力，即在现有工程条件下考虑非工程措施，通过制定合理可行的防洪标准、防御洪水方案和洪水调度方案，向洪水调度要潜力。自 2002 年以来，河北省配合国家防总、海河水利委员会（以下简称“海委”），先后完成了《永定河防御洪水方案》《永定河洪水调度方案》《大清河防御洪水方案》等跨省市河系调度方案的制订、修订工作，与此同时，对境内其他河系的调度方案进行了修订完善。在方案编制过程中，将大洪水与中小洪水统筹考虑，实行水库、河道、蓄滞洪区联合调度，既保证防洪工程和重要目标的安全，又兼顾抗旱、生态及水资源改善等需要，突出增加了洪水资源利用的调度内容。

通过采取河网建设、河渠串联、河道建闸等措施，将各河系和灌排渠系连在一起，形成"库库串联、沟河相通、水系联网"的防洪补水网络，统一调度洪水，将汛期多水河道的来水调往少水河渠和干旱地区，实现防洪、排水与除害、兴利的有机结合。

2. 补充地下水

通过对河北省平原区水闸蓄水影响分析，平原水闸蓄水对两岸土壤和地下水有一定影响。

地下水水位与河水水位相关关系是十分密切的，它与距岸边的距离，河水位涨、退幅度，持续时间，地层岩性等因素有关。若河道蓄水位高，持续时间长，地层岩性渗透性能好，则影响范围大，地下水水位上升幅度大；反之，则影响范围小，地下水水位上升幅度小。

河水与地下水含盐量的变化也呈现明显的规律性。当河水水位与地下水水位由低水位到高水位时，涨水初期，地下水的矿化度值略有升高；当河水位继续上升，稳定一段较长的时间后，地下水不断地接受河水补给，水中含盐量明显降低，距岸边越近则降低幅度越大，越远则降低幅度越小。河水水位由高变低，即地下水向河道排泄时，也是一个排盐过程，河水的含盐量又明显地回升。

对紧靠河流两岸的地下水水位变化受降雨影响程度的研究表明，当地下水补给河水时，降雨影响不大，在制定水闸蓄水管理措施时可不予考虑；若是河水补给地下水，尽管降雨的影响远小于河水的影响，但在制定管理措施时，应分别对蓄水、用水情况适当加以考虑。

二、灌区

灌区一般是指有可靠水源和引、输、配水渠道系统及相应排水沟道的灌溉系统，是人类经济活动的产物，随着社会经济的发展而发展。灌区是一个半人工的生态系统，它是依靠自然环境提供的光、热、土壤资源，加上人为选择的作物和安排的作物种植比例等人工调控手段而组成的一个具有很强的社会性质的开放式生态系统。

根据我国水利行业的标准规定，控制面积在 30 万亩（$20000hm^2$）以上的灌区为大型灌区，控制面积在 1 万～30 万亩（$667～20000hm^2$）之间的灌区为中型灌区，控制面积在 1 万亩（$667hm^2$）以下的灌区为小型灌区。

廊坊市有十大灌区，分别为引潮灌区、谭台灌区、潮北灌区、潮南灌区、永北灌区、永南灌区、太平庄灌区、清北灌区、清南灌区和子牙河灌区。灌区的建设为促进农业发展发挥了重要作用。

（一）引潮灌区

引潮灌区在三河市境内，始建于 1958 年，控制面积 33 万亩，有效灌溉面积 20 万亩。受益范围为 12 个乡，314 个村庄。

1958年，三河市开挖引潮总干渠，西起北杨庄西潮白河岸，东至徐枣林村，总干渠长24.5km，动土245万m^3，投工110万工日，同时修建北杨庄引水闸1座，设计流量15.0m^3/s，相继完成荣家堡至昝辛屯、李旗庄至大堡庄、徐枣林至新集分干渠3条，总长57.8km。1958年7月开闸引水，潮白河水开始为三河市引潮灌区农业生产服务。与此同时，先后进行引潮灌区工程配套，兴建大小水闸涵洞84处（座），兴建大小桥梁百余座。

引潮灌区通过引水可自流灌溉，灌溉面积达20万亩，对灌区夏粮生产起到重要作用。经10年运用，河道淤积严重，加之潮白河水量减少，遂于1968年修建北杨庄渠道扬水站，扬水能力为3.0m^3/s，有效灌溉面积仅为3万亩。1974年，三河市深挖、扩挖引潮灌区，历时105天，完成主干渠、分干渠，总长72km，使引水流量达到15.0m^3/s，农田灌溉面积又恢复到20万亩。在扩挖渠道过程中，又增建配套桥、闸、涵30余处（座）。之后，一般年份可引蓄水5000万m^3用于农田灌溉。

引潮灌区经过多年的实际运用，先后进行4次较大规模的改建和扩建。1974—1976年，引潮灌区不断延伸或扩大，建成潮泃灌区，由单一的潮白河引水，改变成潮泃两河联合运用。

1981年后，潮泃灌渠因北京市顺义区在潮白河上游建拦河闸（向阳闸）后，将潮白河水源切断，潮泃灌区无水可引，三河市境内主体引水干渠工程及灌溉设施无法发挥效益，致使市西、西北部发生灌溉用水危机，农业生产受到干旱威胁。

为充分发挥引潮灌区的工程效益，三河市从1989年开始采取引、蓄、补等多项措施，扩建冯庄子扬水站，扬水站扬水能力由1.2m^3/s增加到3.0m^3/s。三河市组织发动民工开挖红娘港、三夏渠和冯庄子干渠，长7.35km，相继完成配套建筑物9处（座），引泃水西调，使沉睡10年的引潮灌区又发挥了灌溉效益，扭转了市境中西部水源缺乏的状况，使6个乡镇、19万亩耕地灌溉条件重新得到改善。灌区内近千眼机井由于灌区水源的补给，水位回升，冬小麦灌水次数增加1～2次，保浇范围不断扩大，灌水周期缩短。

（二）谭台灌区

谭台灌区位于大厂县境内，始建于1957年。1958年，在潮白河左岸谭台西北建谭台扬水站1座，安装8台机组，装机容量440kW，提水流量5.08m^3/s，控制面积6.3万亩，有效灌溉面积3.5万亩。灌区内开挖干渠3条，全长39km，开挖配套支渠40条。经实际运用，灌溉效益不大，有效灌溉面积只占控制灌溉面积的55%左右。1972年开始兴建陈家府扬水站，设计流量为3.0m^3/s，新开挖配套灌溉干渠3.8km，扩大有效灌溉面积2.0万亩。1974年开始将原有地上灌溉渠系改建为深渠河网，并改建干渠3条，全长29.3km，兴建进水闸1座，引水规模为15.0m^3/s，谭台扬水站停止使用。

在总干渠尾、二干渠首建谢町扬水站，设计规模为2.52m^3/s，控制灌溉面积2.08万亩。在改建深渠的总干、一分干、三分干3条骨干干渠上，又相应开挖支渠15条与3条干渠配套，同时兴建小型扬水站点6处，设计总提水流量为7.02m^3/s，灌区控制面积由原来的8万亩扩大到15万亩。

（三）潮北灌区

潮北灌区位于香河县潮白河以北，始建于1963年。灌区前身是1957年焦康庄扒堤引水，浇灌钱旺村一带土地，开挖梁家务干渠下段，1958 年梁家务村西建闸引水后，又开挖梁家务干段上段。1963 年始建灌区时范围较小，1965 年吴村闸和牛牧屯闸的兴建，使引水得到保证，灌区面积逐步扩大。1966 年建建各庄引水闸，并开挖梁家务干渠中段，连通上、下段后，灌区引水条件得到初步改善，促进了灌区发展。

1977 年为再次改善灌区灌溉条件，将梁家务干渠上段改线于梁家务村北，蒋辛屯一线，深挖、扩挖渠道，并在岭子村北新建引水闸（设计引水能力 16.0m^3/s），即形成有两个引水口的自流灌区，起到引、灌、蓄结合的重要作用，使灌区得到新发展。

潮北灌区控制面积为 13.5 万亩，有效灌溉面积达 7.8 万亩。受益范围包括：香河县潮白河以东，以北的梁家务、蒋辛屯、钱旺村、渠口、东鲁口、石虎等 6 个乡，104 个村。

灌区内现有干渠 11 条，长 8598km；支渠 59 条，长 135.84km；斗渠 132 条，长 114km；三级渠系配套，并分别建有闸、涵、桥等建筑物。渠道为灌排两用，由于地势西北高东南低，在灌区东南部建有东魏各庄、百家湾、田贾庄、西河头、掘井洼、后骆港、荣各庄等 7 处扬水站（点），共 43 台机组，排水能力为 37.4m^3/s。近年来地表水源不足，除开挖深渠、组织蓄水、汛储冬春利用外，积极开发地下水源，灌区内现有机井 1441 眼，单井控制面积 97.2 亩。大部分地区实现井、渠双灌。

（四）潮南灌区

潮南灌区控制范围是潮白河以南，北运河以东。灌区内有香河县城关、大罗屯、钳屯、五百户、香城、金辛庄、安头屯、刘宋 8 个乡镇，控制面积 222.75km^2，其中耕地 21.427 万亩。该灌区始建于 1961 年，自潮白河右岸赶水坝引水，设计引水流量 20.0m^3/s，建设干渠 3 条（总长 55.57km）、支渠 34 条（总长 102.85km）、主要闸涵 13 座，设计灌溉面积 20 万亩，实际达到 17.11 万亩，约占耕地面积的 80%。

五一渠是潮南灌区的骨干工程，南北走向，纵贯潮南灌区中部，全长 19.70km。该渠系于 1951 年开挖，是香河县境内最早的一条引水灌溉渠道。1957 年修建赶水坝扬水站，开始进行提水灌溉。1958 年又在郭辛庄建引水闸，改成自流灌溉。1965 年，随着赶水坝工程的扩建，渠首至大王庄段改线 1.5km。1975 年配合深渠河网实施，再次扩挖加深了五一渠，设计引水流量为 14.0m^3/s，排水流量为 29.4m^3/s，累计完成土方 208.67 万 m^3。1965 年冬至 1966 年春亦开始对灌区内东干渠进行清淤疏浚。1975 年至 1976 年春将东干渠再次挖深展宽，底宽 4.0m，边坡 1：2，引水能力达到 6.0m^3/s，完成土方 137 万 m^3。

受地形、气候诸因素影响，该灌区内规划为灌排一套系统，一般年份可引水 5000 万 m^3，远不能满足灌区内灌溉需要。为此在灌区内积极开发地下水源，实现井灌控制面积约 10 万亩，并在商汪甸、庆功台兴建扬水站（总排水能力 46.5m^3/s）汛期组织排沥，枯季引水灌溉。

（五）永北灌区

永北灌区位于廊坊市广阳区境内，南起永定河护路堤，北至大兴、通州区界，西自大兴区界，东至武清区界，主要地貌类型为永定河冲积缓岗、二坡地、洼淀、旧河故道、漫滩，土壤多为壤土、砂壤土，土质肥沃。灌区气候具有冬干夏湿、干寒同季、湿热同期、

雨量集中的特点，年平均降雨量为565.5mm，雨量多集中在7—9月，占全年总降雨量的79.9%，春季多干旱，夏秋易涝，晚秋又旱。

灌区内有永淀河、龙河及新、旧天堂河4条河流过境，其中龙河自2004年开始有近500万m^3的北京市中水通过，且连年持续增加。地下水资源年可开采量为8336.37万m^3，其他水资源无可供水量。多年来，灌区内主要通过每年开采近10000万m^3的地下水以满足工农业用水，造成地下水严重超采，而地表水却白白流失。

灌区内现有耕地22.7万亩，灌溉面积19.78万亩，土壤多为砂壤土，农作物以玉米、小麦、林果、瓜菜为主。年均种植粮食作物10万亩、瓜菜6.08万亩及林果5.25万亩。

（六）永南灌区

永南灌区位于安次区永定河以南，是1939年永定河改道形成的故道地区，包括永清县的曹家务、刘其营、别古庄、前第五、里兰城和安次区的调河头、马柳、葛渔城、东安庄、得胜口、东沽港等乡镇，面积230.60km^2。灌区内有耕地23万亩，地势西高东低，西部地面标高17.80m，东部为10.80m，中部受永定河变迁影响地势较南、北两侧高。耕层土壤多为粉砂、砂壤土相间分布，砂壤土居多。

1964年，在天津地区行政公署的主持下，以永定河为引水水源兴建永南灌区。灌区内有总干渠1条（长17km）、分干渠6条（长81.5km）、支渠45条（长110km）、新毛渠120条（长90km）。1980年后，由于连续干旱，永定河、龙河、凤河水源不足，永南灌区失去效能。

（七）太平庄灌区

太平庄灌区始建于1976年，设计灌溉面积71万亩，其中固安县35万亩，永清县20万亩，霸州市16万亩。

太平庄灌区的前身由金门渠灌区、北村灌区发展而来。金门渠灌区是水利部勘测、设计，河北省水利厅主持，于1950年在永定河右岸修建的大型灌溉工程。

渠首金门闸，灌溉渠系跨良乡、涿县、固安、永清4县，干、支渠总长84.04km，斗、农渠总长208.48km，有枢纽建筑物17座，引水流量为10.0m^3/s，主要浇灌固安、永清两县174个村的农田，设计灌溉面积35万亩，实际浇地面积12万亩。此外，还利用牤牛河、太平河及涿县淤灌区进行灌溉，共计可灌溉面积约15万亩。

太平庄灌区的兴建，历经10年，以总干渠和牤牛河、东干渠为骨架的深渠河网建设初具规模。从1977年1月开始引水，到1985年年底，总引水量为86779万m^3，年均引水9642.1万m^3，汛期一次性蓄水达500万m^3，其中霸州市引水量为11902万m^3，永清县引水量为10211万m^3。

汛储枯灌补充了地下水，基本保证了灌溉用水。但20世纪80年代以来，干旱日趋严重，太平庄灌区亦属季节性灌区，引水量时多时少，为补充地上水源不足，在引用地上水的同时，灌区内积极开发利用地下水源，区内共打机井16134眼，年开采水量达1.6亿m^3，有效补充了地上水源之不足。

（八）清北灌区

清北灌区位于霸州市中亭河以北，津保公路以南，京开公路以西。清北灌区始建于1975年。灌区控制面积33万亩，有效灌溉面积4万亩，受益范围为西到老堤，东到杨芬港，12 个乡，152 个村镇。

1970 年治理后的大清河南支，从西向东流入霸州市后，通过藏庄伙引渠、清中干渠（靳家堡连接渠）、石沟干渠引水入中亭河，利用中亭河北岸高各庄、胜芳、崔庄子、王庄子、辛章、蔡家堡等扬水站，分别提水导入干、支、斗三级渠道，提水能力达 204m³/s，从 1976 年到 1985 年的 10 年中，除 1981—1984 年的灌溉面积为 10 万～12 万亩，其余年份灌溉面积均为 22 万～24 万亩。

1955 年进行煎茶铺、王泊洼地改造时，在大高各庄村南和王泊村西的中亭堤上分别建高各庄和王泊引水排水涵闸（1959 年改为高各庄排灌站，1960 年改为王泊排灌站）。1965 年以后，由于大清河水系降水量偏少，且上游修建了西大洋、王快、龙门等水库，导致大清河基流减少，故每年秋后、春前只有在大清河河道内打坝拦蓄基流才能灌溉耕地。1970 年对大清河中下游河道治理后，大清河北支基流少部分经老大清河入境，但基流甚微。为保证农业生产的正常发展，利用赵王新渠基流和新大清河"倒漾水"发展灌溉。经省、地批准，疏浚老大清河及赵王河，上接赵王新渠航道沟，下通新大清河低水河槽，引赵王新渠和新大清河基流灌溉。1975 年 10 月，灌区内建成霸州市第一座中型水闸——下河口蓄水闸，蓄水位达到 6.00m。1982 年改建下河口蓄水闸，水位抬高到 7.00m，使大清河汛后基流通过藏庄伙小河引入中亭河，由沿中亭河各排灌站提水灌溉清北灌区耕地 20 万亩。

清北灌区建成后，虽由下河口拦蓄大清河基流入中亭河，但中亭河尚无拦蓄工程，灌溉时仍需在中亭河上筑坝抬高水位。为改善蓄水条件，充分发挥清北灌区灌溉效益，1978 年 11 月，霸州市建成中亭河上第一座中型水闸——胜芳蓄水闸桥，设计蓄水位 6.00m。

为解决清南灌区文安县灌溉引水和提高清北灌区霸州市的灌溉效益，经省、地批准，于 1984 年 11 月由文安县在大柳河乡西码头村北的赵王新渠上建成一座中型水闸——西码头蓄水闸桥，设计行洪流量 700m³/s，设计水位 7.25m，蓄水位 5.50m，可截蓄水量 2700 万 m³。为与西码头灌溉工程相配套，充分利用大清河系水源，提高清北灌区灌溉效益。霸州市于崔家坊村西的赵王新渠左堤至老大清河右堤间开挖旁开引水渠引水，引水入老大清河下河口闸上，设计引水流量 15m³/s。此项工程于 1984 年开工，工程分 3 次施工完成。

（九）清南灌区

清南灌区位于文安县大清河以南，该灌区是在不断引用大清河水灌溉的基础上，随着清南排水工程的逐步完善，深渠河网的实施，逐步建立起来的自流与提水灌溉相结合的灌区。

该灌区内共有耕地 80 余万亩，除去文安洼 30 万亩耕地外，灌区控制面积 50 万亩，有效灌溉面积 22 万亩，受益范围为文安县 22 个乡镇，383 个村庄。从 1972 年开始，在赵王新渠西码头处打坝蓄水，一般年份可蓄水 3000 万 m³，并可通过口上、西码头两处引水闸引水入灌区内深渠，由灌区内扬水站（点）抽水灌溉。为弥补地上水源不足，灌区内发展机井 4915 眼，形成地上地下水并用的新体系，为发展清南灌溉提供了保证。

（十）子牙河灌区

子牙河灌区在大城县境内子牙河两侧，水源为子牙河水，水源工程为黄壁庄水库和献

县子牙河枢纽。灌区范围包括王文、旺村、藏屯、大流漂、南赵扶、童子、大阜村7个乡115个村，设计灌溉面积为30万亩，拥有主干渠6条，配套支渠100余条，配套灌溉闸涵10座，引水有效灌溉面积为14万亩。进入20世纪80年代后期，由于水源不足，有效灌溉面积呈减少趋势。

三、扬水站（泵站）

扬水站是集防洪闸、渠道、机、电、油、汽、水于一体的重要水利工程建筑，是在特定地理环境与自然环境下的产物，如在平原区河网地区等自流灌溉不足的区域。

从社会生产方面来说，扬水站具有防御自然灾害的能力，是生产力发展到一定程度的产物，是水利基础产业先进生产力的一种表现形式。廊坊市特殊的地理环境，由于防洪排涝、农业灌溉的需要，扬水站是该地区一种重要的水利工程。

根据《泵站设计规范》（GB 50265—2010）将泵站类型统一为供、排两类。泵站的功能是提水，单位时间提水量即设计流量直接体现了泵站规模，是划分泵站的主要指标。装机功率大小表征动力消耗量的多少，同时还表示出提水扬程的高低，装机功率是划分泵站的重要指标。表1-15为灌溉排水泵站分等指标。

表1-15　　灌溉排水泵站分等指标

泵站等级	泵站规模	分等指标	
		装机流量/(m^3/s)	装机功率/万kW
Ⅰ	大（1）型	≥200	≥3
Ⅱ	大（2）型	200～50	3～1
Ⅲ	中型	50～10	1～0.1
Ⅳ	小（1）型	10～2	0.1～0.01
Ⅴ	小（2）型	<2	<0.01

（一）大型泵站

廊坊市有西码头泵站和西滩里扬水站两座大（2）型泵站，总装机流量为110m^3/s，装机功率为8525kW。

1. 西码头泵站

西码头泵站位于文安县大柳河镇西码头村西北、赵王新河南岸、董袭干渠下口，1978年7月建成，现有机房1座，总装机25台3875kW，外排流量50m^3/s。2007年对护站闸启闭机及启闭机梁进行了更新，对站内低压线路进行了改造，对电机启闭线路进行了更新。

2. 西滩里扬水站

西滩里扬水站为华北地区第一大站。该站位于文安县滩里镇西滩里村北、隔淀堤西侧、滩里新渠下口，滩里节制闸为其出口，排水能力为60m^3/s，受益范围为滩里、德归、黄甫、大柳河4个乡镇和清南地区，涉及排涝面积600km^2。

1988年对进水护站闸进行改造，将东侧5孔和西侧4孔进行堵闭；2008年对进水护站闸7台启闭机及启闭机梁进行了更新。

（二）中小型泵站

廊坊市共有中小型泵站147处，其中排水泵站85座，供水泵站36座，供排结合泵站26座。按类型分，中型泵站18座，小（1）型泵站105座，小（2）型泵站24座。表1-16～表1-24为廊坊市各行政区中小型泵站工程明细表。

表1-16　廊坊市三河市中小型泵站工程明细表

序号	泵站名称	位置	所在河渠	泵站类型	装机流量/(m^3/s)	装机功率/kW	设计扬程/m	泵站规模
1	北务村扬水	泃阳镇	泃河	供水	4.00	1120	12.2	中型
2	李秉全站	泃阳镇	红娘港一支	供水	3.20	380	6.9	小（1）型
3	大堡庄东站	皇庄镇	鲍邱河	排水	11.00	915	2.3	中型
4	马坊西站	皇庄镇	鲍邱河	排水	3.78	4800	1.3	小（1）型
5	洼子站	皇庄镇	鲍邱河	排水	3.15	400	2.5	小（1）型
6	大堡庄西站	皇庄镇	鲍邱河	排水	3.08	380	3.5	小（1）型
7	马坊东站	皇庄镇	鲍邱河	排水	1.54	190	2.5	小（1）型
8	闵庄子	黄土庄镇	泃河	供排结合	4.00	390	3.5	小（1）型
9	后沿口	黄土庄镇	泃河	供水	2.97	465	5.8	小（1）型
10	创业渠一站	黄土庄镇	泃河	供水	1.50	930	3.6	小（1）型
11	创业渠二站	黄土庄镇	泃河	供水	1.00	465	4.7	小（1）型
12	创业渠三站	黄土庄镇	泃河	供水	1.00	310	4.9	小（1）型
13	季辛屯电灌	黄土庄镇	泃河	供水	1.00	120	4.0	小（1）型
14	老辛庄电灌	黄土庄镇	泃河	供水	1.00	135	4.0	小（1）型
15	周泗庄灌站	齐心庄镇	红娘港一支	供水	2.70	285	3.7	小（1）型
16	王甫营东站	新集镇	泃河	排水	6.50	715	2.6	小（1）型
17	大掠马站	新集镇	泃河	排水	4.00	440	2.0	小（1）型
18	刘苑庄站	新集镇	引泃入潮	排水	2.31	285	3.5	小（1）型
19	王甫营西站	新集镇	泃河	排水	1.89	240	2.7	小（1）型
20	兴都新站	燕郊镇	潮白河	排水	10.65	775	2.0	中型
21	兴都站	燕郊镇	潮白河	排水	3.85	475	2.2	小（1）型
22	侯各庄站	杨庄镇	泃河	排水	3.08	310	1.2	小（1）型
23	大王各庄	杨庄镇	泃河	供水	1.20	135	4.0	小（1）型

表1-17　廊坊市大厂县中小型泵站工程明细表

序号	泵站名称	位置	所在河渠	泵站类型	装机流量/(m^3/s)	装机功率/kW	设计扬程/m	泵站规模
1	吴辛庄	陈府乡	鲍邱河	排水	4.00	320	2.7	小（1）型
2	陈家府	祁各庄镇	潮白河	供水	3.00	330	5.9	小（1）型
3	谢疃扬水站	祁各庄镇	群英总干渠	供水	2.52	320	5.6	小（1）型
4	牛万屯	邵府乡	群英一分干	供水	1.00	110	2.0	小（1）型

表 1-18　　廊坊市香河县中小型泵站工程明细表

序号	泵站名称	位置	所在河渠	泵站类型	装机流量/(m^3/s)	装机功率/kW	设计扬程/m	泵站规模
1	小友垡泵站	安平镇	北运河	排水	4.89	510	4.0	小（1）型
2	商汪甸	安头屯镇	潮白新河	排水	10.50	1085	7.8	中型
3	庆功台	刘宋镇	青龙湾减河	排水	36.00	3100	6.8	中型
4	牛槽洼	刘宋镇	香五自流渠	供排结合	1.50	110	4.3	小（1）型
5	田贾庄	钱旺乡	潮白新河	排水	6.00	550	5.6	小（1）型
6	荣各庄	渠口镇	潮白新河	排水	16.00	1320	5.4	中型
7	西河头	渠口镇	引泃入潮	排水	14.00	1500	6.7	中型
8	后骆驼港	产业园	鹔池河	排水	4.20	225	2.9	小（1）型
9	白家湾	产业园	潮白新河	排水	4.20	440	5.5	小（1）型

表 1-19　　廊坊市广阳区中小型泵站工程明细表

序号	泵站名称	位置	所在河渠	泵站类型	装机流量/(m^3/s)	装机功率/kW	设计扬程/m	泵站规模
1	大南旺泵站	北旺乡	九干渠	排水	1.80	165	3.0	小（1）型
2	大古营泵站	九州镇	天堂河	排水	1.20	110	3.0	小（1）型
3	北寺垡泵站	九州镇	天堂河	排水	0.63	80	3.6	小（2）型
4	提口泵站	开发区	凤河	供水	2.00	180	5.4	小（1）型
5	三小营泵站	万庄镇	龙河	供水	0.50	55	3.6	小（2）型
6	肖家务泵站	万庄镇	廊大引渠	供水	0.40	55	2.9	小（2）型

表 1-20　　廊坊市安次区中小型泵站工程明细表

序号	泵站名称	位置	所在河渠	泵站类型	装机流量/(m^3/s)	装机功率/kW	设计扬程/m	泵站规模
1	董常富	北史家务乡	龙河	排水	16.0	1500	4.5	中型
2	高圈扬水站	仇庄乡	龙河	排水	6.00	620	7.3	小（1）
3	大王务	仇庄乡	丰收渠	供排结合	0.60	55	5.4	小（2）
4	北田庄	仇庄乡	龙河	排水	0.60	55	6.0	小（2）
5	建国扬水站	东沽港镇	小庙干渠	供排结合	1.60	190	20.0	小（1）
6	榆树园	东沽港镇	小庙干渠	供排结合	1.30	155	20.0	小（1）
7	津保公路	东沽港镇	小庙干渠	供排结合	1.20	110	6.0	小（1）
8	磨汊港	东沽港镇	小庙干渠	排水	0.60	55	20.0	小（1）
9	葛渔城 2	东沽港镇	南干渠南支	排水	1.05	94	6.0	小（2）
10	万亩方	东沽港镇	永南排干渠	排水	0.55	57	6.0	小（2）
11	老提头	东沽港镇	南干渠南支	排水	0.50	55	6.0	小（2）
12	落垡扬水站	落垡镇	老龙河	排水	4.00	360	7.3	小（1）

续表

序号	泵站名称	位置	所在河渠	泵站类型	装机流量/(m^3/s)	装机功率/kW	设计扬程/m	泵站规模
13	东小营	落垡镇	龙河	排水	3.00	310	7.3	小(1)
14	丈方河	落垡镇	龙河	排水	3.00	285	7.3	小(1)
15	西马圈	落垡镇	老龙河	排水	2.40	220	6.0	小(1)
16	友谊扬水站	落垡镇	老龙河	排水	1.50	155	8.0	小(1)
17	东张务	落垡镇	龙河	排水	1.20	110	6.0	小(1)
18	后沙窝	码头镇	永定河	排水	6.00	520	7.3	小(1)
19	崔新屯	码头镇	永定河	排水	1.40	190	20.0	小(1)
20	朱官屯	调河头乡	永定河	排水	6.60	550	5.4	小(1)
21	丰西扬水站	调河头乡	永定河	排水	3.00	310	7.3	小(1)
22	北邵庄	调河头乡	永定河	排水	1.80	165	6.0	小(1)
23	西张务	杨税务乡	永定河	排水	1.80	165	6.3	小(1)

表 1-21　　　　廊坊市永清县中小型泵站工程明细表

序号	泵站名称	位置	所在河渠	泵站类型	装机流量/(m^3/s)	装机功率/kW	设计扬程/m	泵站规模
1	辛立村扬水站	古庄镇	故北机排渠	排水	12.00	1080	6.0	中型
2	四道横扬水站	三圣口乡	王泊自排渠	排水	6.0	760	4.4	小(1)型

表 1-22　　　　廊坊市霸州市中小型泵站工程明细表

序号	泵站名称	位置	所在河渠	泵站类型	装机流量/(m^3/s)	装机功率/kW	设计扬程/m	泵站规模
1	东城泵站	霸州镇	牤牛河	排水	8.13	725	6.1	小(1)型
2	城南泵站	霸州镇	中亭河	排水	7.78	680	4.5	小(1)型
3	南关泵站	霸州镇	中亭河	排水	2.99	245	4.5	小(1)型
4	污水厂	霸州镇	牤牛河	排水	1.09	90	5.3	小(1)型
5	东风扬水站	岔河集乡	中亭河	排水	1.50	165	5.0	小(1)型
6	黄庄子	岔河集乡	中亭河	排水	4.00	310	5.0	小(1)型
7	下段扬水站	岔河集乡	大清河	排水	2.70	310	4.0	小(1)型
8	十间房站	煎茶铺镇	中亭河	排水	6.00	620	5.0	小(1)型
9	台山站	煎茶铺镇	中亭河	排水	3.60	330	5.6	小(1)型
10	九间房	煎茶铺镇	中亭河	排水	1.50	165	5.0	小(1)型
11	龙门口	康仙庄乡	中亭河	排水	10.20	960	4.1	中型
12	栲栳圈	康仙庄乡	中亭河	排水	8.00	720	5.1	小(1)型
13	胜芳站	胜芳镇	中亭河	供排结合	12.90	840	2.5	中型
14	东畦田	胜芳镇	中亭河	排水	5.28	740	10.0	小(1)型

续表

序号	泵站名称	位置	所在河渠	泵站类型	装机流量/(m³/s)	装机功率/kW	设计扬程/m	泵站规模
15	北环路	胜芳镇	中亭河	排水	5.20	455	10.0	小（1）型
16	石沟扬水站	胜芳镇	中亭河	排水	4.00	475	5.0	小（1）型
17	崔庄子站	胜芳镇	中亭河	排水	3.60	330	5.1	小（1）型
18	胜利扬水站	胜芳镇	中亭河	排水	3.20	620	5.0	小（1）型
19	红旗扬水站	胜芳镇	中亭河	排水	2.80	305	5.0	小（1）型
20	胜中泵站	胜芳镇	中亭河	排水	2.64	380	10.0	小（1）型
21	东风扬水站	胜芳镇	中亭河	排水	2.30	230	5.0	小（1）型
22	穿心河泵站	胜芳镇	中亭河	排水	1.00	110	10.0	小（1）型
23	清北干渠	胜芳镇	中亭河	排水	0.66	111	10.0	小（1）型
24	胜利桥	胜芳镇	中亭河	排水	0.44	74	10.0	小（1）型
25	五明泵站	胜芳镇	中亭河	排水	0.44	74	10.0	小（2）型
26	新华泵站	胜芳镇	中亭河	排水	0.44	74	10.0	小（2）型
27	任庄子	王庄子乡	中亭河	排水	3.90	310	5.5	小（2）型
28	王庄子乡	王庄子乡	中亭河	排水	3.90	420	5.5	小（1）型
29	靳家堡南	王庄子乡	中亭河	排水	1.20	110	4.0	小（1）型
30	王疙瘩	王庄子乡	大清河	排水	1.00	220	5.5	小（1）型
31	任庄子排水	王庄子乡	大清河	排水	0.50	55	15.0	小（2）型
32	辛章扬水站	辛庄办事处	中亭河	排水	1.50	165	19.0	小（1）型
33	辛立庄	杨芬港镇	中亭河	排水	4.50	440	5.5	小（1）型
34	老龙湾	杨芬港镇	大清河	排水	4.00	310	4.5	小（1）型
35	蔡家堡站	杨芬港镇	中亭河	供排结合	4.00	330	6.3	小（1）型
36	三街村	杨芬港镇	中亭河	排水	3.00	155	2.0	小（1）型

表 1-23　　廊坊市文安县中小型泵站工程明细表

序号	泵站名称	位置	所在河渠	泵站类型	装机流量/(m³/s)	装机功率/kW	设计扬程/m	泵站规模
1	胡屯泵站	大柳镇镇	任文干渠	供水	1.89	240	5.0	小（1）型
2	石桥泵站	大柳镇镇	小白河	供水	1.26	160	5.0	小（1）型
3	东区泵站	大柳镇镇	小白河	供水	1.00	50	4.0	小（2）型
4	线庄泵站	大柳河镇	赵王新河	供水	1.26	160	5.0	小（1）型
5	南各庄泵站	大柳河镇	排干二渠	供水	0.63	80	3.5	小（2）型
6	西码头北站	大柳河镇	赵王新河	供水	0.63	80	3.0	小（2）型
7	西码头南站	大柳河镇	赵王新河	供水	0.63	80	5.0	小（2）型
8	毕家坊站	大围河乡	赵王新河	供水	16.00	1320	5.0	中型
9	三部泵站	大围河乡	小白河	供水	3.78	450	6.0	小（1）型

续表

序号	泵站名称	位置	所在河渠	泵站类型	装机流量/(m^3/s)	装机功率/kW	设计扬程/m	泵站规模
10	王黄甫	德归镇	排干三渠	供水	1.26	160	5.0	小（1）型
11	司吉城	德归镇	滩里新渠	供水	1.26	160	5.0	小（1）型
12	南河头	史各庄镇	赵王新河	供排结合	2.25	260	5.0	小（1）型
13	崔家坊1	苏桥镇	赵王新河	供水	0.63	80	3.5	小（2）型
14	崔家坊2	苏桥镇	赵王新河	供水	0.63	80	3.5	小（2）型
15	东滩里1	滩里镇	滩里干渠	供水	36.00	2970	6.0	中型
16	东滩里2	滩里镇	滩里干渠	排水	12.00	990	6.0	中型
17	安里屯1	滩里镇	大清河	供排结合	1.26	180	6.0	小（1）型
18	安里屯2	滩里镇	大清河	供排结合	1.26	180	6.0	小（1）型
19	安里屯小围子	滩里镇	大清河	排水	1.26	180	6.0	小（1）型
20	富营泵站	滩里镇	大清河	排水	1.26	90	6.0	小（2）型
21	中滩泵站	滩里镇	滩里干渠	供水	1.26	90	6.0	小（2）型
22	吕公务	文安镇	小白河	供排结合	2.00	310	5.0	小（1）型
23	曲店泵站	文安镇	任文干渠	供排结合	1.26	160	4.0	小（1）型
24	王庄子	新镇镇	大清河	排水	3.30	15	5.0	小（1）型
25	辛庄一号	赵各庄镇	任文干渠	供水	1.26	160	5.0	小（1）型
26	后杜泵站	赵各庄镇	任文干渠	供水	0.63	80	3.5	小（2）型
27	左各庄	赵各庄镇	赵王新河	排水	15.00	4000	6.0	中型
28	福新村	赵各庄镇	大清河	供水	0.80	74	5.0	小（2）型

表1-24 廊坊市大城县中小型泵站工程明细表

序号	泵站名称	位置	所在河渠	泵站类型	装机流量/(m^3/s)	装机功率/kW	设计扬程/m	泵站规模
1	杜庄子泵站	广安镇	子牙河	供排结合	6.00	660	5.6	小（1）型
2	张吉泵站	留各庄镇	子牙河	供排结合	4.00	440	5.3	小（1）型
3	南赵扶老站	南赵扶镇	子牙河	供排结合	10.26	1010	6.2	中型
4	杨家口泵站	南赵扶镇	子牙河	供排结合	6.50	545	4.9	小（1）型
5	南赵扶新站	南赵扶镇	子牙河	供排结合	6.00	620	4.8	小（1）型
6	白杨桥泵站	南赵扶镇	子牙河	排水	3.15	400	5.1	小（1）型
7	叶庄子	南赵扶镇	黑龙港西支	排水	1.26	160	4.8	小（1）型
8	九高庄泵站	权村镇	子牙河	供排结合	8.00	880	5.2	小（1）型
9	子牙泵站	旺村镇	子牙河	供排结合	18.00	1650	6.4	中型
10	流标扬水站	旺村镇	安庆屯干渠	供排结合	3.08	380	5.6	小（1）型
11	小崔四岳	旺村镇	排干三渠	供排结合	3.08	380	5.6	小（1）型
12	祖寺扬水站	旺村镇	广安干渠	供排结合	2.00	220	5.2	小（1）型

续表

序号	泵站名称	位置	所在河渠	泵站类型	装机流量/(m^3/s)	装机功率/kW	设计扬程/m	泵站规模
13	贾村新站	臧屯镇	子牙河	排水	15.60	1560	5.0	中型
14	贾村老站	臧屯镇	子牙河	供排结合	9.26	780	5.0	小（1）型
15	比道口泵站	臧屯镇	子牙河	供排结合	4.50	465	4.8	小（1）型
16	臧屯泵站	臧屯镇	子牙河	供排结合	3.15	400	5.7	小（1）型

四、机井

（一）机井分布

在平原区，地下水成为工业、生活和农业用水的主要水源。利用机井抽水是开采地下水的主要手段。截至2011年，廊坊市灌溉机井总装机容量达41.595万kW。根据2011年水利普查统计资料，廊坊市有机井64307眼，年开采地下水量为96146万m^3，其中农业灌溉用水66333万m^3，占地下水总开采量的69.0%；工业生产开采量11512万m^3，占地下水总开采量的11.2%。廊坊市机井数量及供水量统计见表1-25。廊坊市农业灌溉机井统计见表1-26。

表1-25　　廊坊市机井数量及供水量统计表

行政区	机井数量/眼	不同行业供水量/万m^3					合计/万m^3
		农业灌溉	工业生产	城镇生活	农村生活	生态环境	
三河市	5497	10143	2149	1851	1899	150	16192
大厂县	1528	2500	542	213	255	10	3520
香河县	6596	4250	1040	1100	605	30	7025
廊坊市区	1318	100	350	1706	100	50	2306
广阳区	5350	6075	1902	0	350	675	9002
安次区	3860	5223	974	1152	500	200	8049
固安县	11491	8250	300	280	1160	10	10000
永清县	9568	7930	960	340	780	50	10060
霸州市	11785	9510	2240	1000	1130	50	13930
文安县	5329	8070	717	360	860	50	10057
大城县	1985	4282	338	269	1104	12	6005
合计	64307	66333	11512	8271	8743	1287	96146

表1-26　　廊坊市农业灌溉机井统计表

行政区	灌溉机井数量/眼	灌溉配套机井	
		数量/眼	装机容量/kW
三河市	4800	4800	50300
大厂县	1518	1416	14770

续表

行政区	灌溉机井数量/眼	灌溉配套机井	
		数量/眼	装机容量/kW
香河县	6294	6294	34620
廊坊市区	1287	1195	6530
广阳区	5127	4886	31560
安次区	3574	3312	21400
固安县	11096	11096	58990
永清县	9172	8020	58180
霸州市	11603	11282	53490
文安县	5104	4059	42040
大城县	1634	1633	44070
合计	61209	57993	415950

（二）节水灌溉

节水灌溉是指以较少的灌溉水量取得较好的生产效益和经济效益。节水灌溉的基本要求，就是要采取最有效的技术措施，使有限的灌溉水量创造最佳的生产效益和经济效益。主要措施有渠道防渗、低压管灌、喷灌、微灌和灌溉管理制度。根据水利普查统计资料，廊坊市节水灌溉面积为182600hm^2。其中，低压管灌灌溉面积154101hm^2，占总节水灌溉面积的84.4%；喷灌灌溉面积26930hm^2，占总节水灌溉面积的14.7%。廊坊市农业节水灌溉设施分类情况见表1-27。

表1-27　廊坊市农业节水灌溉设施分类情况

行政区	节水灌溉面积/hm^2	节水灌溉设施分类面积/hm^2			
		喷灌	微灌	低压管灌	其他
三河市	21240	20700	0	540	
大厂县	5240	0	0	5240	
香河县	22080	250	20	21810	
廊坊市区	1170	280	0	890	
广阳区	12810	0	0	12810	
安次区	9050	460	100	8490	
固安县	17370	0	0	17370	
永清县	19030	1000	140	16590	1300
霸州市	29350	1980	0	27370	
文安县	17260	0	0	17260	
大城县	28000	2260	0	25740	
合计	182600	26930	260	154110	1300

第四节　水文监测站网

廊坊市境内水文观测始于1918年。1918年6月，由前顺直水利委员会在大清河新镇设立新镇水文站开展现代水文观测，成为廊坊市境内最早的水文站。经过近百年的发展，如今的河北省廊坊水文水资源勘测局是河北省水文水资源勘测局领导下行使水文行业管理职能的水文机构，设有河北省廊坊水平衡测试中心、河北省水环境监测中心廊坊分中心，负责廊坊市境内水文水资源勘测、水文情报预报、水资源分析评价及论证，收集、审查、提供水文水资源资料和成果，提供水文技术鉴定，指导、协调和监督检查廊坊市水文工作。河北省廊坊水文水资源勘测局拥有覆盖廊坊市全境的防汛抗旱雨水情及墒情监测网络、地表水及地下水水质水量监测网络，管辖境内9处国家基本水文站、3处国家水位站和6处地方专用水文站。9处国家基本水文站分别是三河水文站、赶水坝水文站、牛牧屯水文站、土门楼水文站、北昌水文站、固安水文站、金各庄水文站、胜芳水文站、史各庄水文站。3处国家水位站分别是大清河新镇水位站、文安洼大赵水位站、子牙河南赵扶水位站。6处地方专用水文站分别是鲍邱河西罗村水文站、天堂河更生水文站、任文干渠八里庄水文站、任河大渠孙氏水文站、排干三渠康黄甫水文站、子牙河九高庄水文站。

（一）三河水文站

三河水文站于1951年6月由河北省水利厅设立，位于河北省三河市泃阳镇北关村，是潮白蓟运河水系泃河控制站，为国家基本水文站，现由河北省水文水资源勘测局领导。该站负责三河市、大厂县境内地表水和地下水水量、水质监测及水文水资源调查等工作。该站主要观测项目有水位、流量、泥沙、水温、冰凌、降水、地下水埋深及土壤墒情等。

（二）赶水坝水文站

赶水坝水文站于1961年7月由原河北省天津专署水利局设立，位于河北省香河县蒋辛屯镇赶水坝村，是潮白蓟运河水系潮白河控制站，为国家重点水文站，现由河北省水文水资源勘测局领导。该站负责香河县境内地表水和地下水水量、水质监测及水文水资源调查等工作。该站主要观测项目有水位、流量、泥沙、水温、冰凌、降水、地下水埋深及土壤墒情等。

（三）牛牧屯水文站

牛牧屯水文站于1951年7月由河北省水利厅设立，位于河北省香河县淑阳镇凌家吴村，为牛牧屯引河控制站。该站主要观测项目有水位、流量、泥沙、冰厚等。

（四）土门楼水文站

土门楼水文站由土门楼（青龙湾减河）站和土门楼（北运河）站组成。土门楼（青龙湾减河）站于1924年由前顺直水利委员会设立，土门楼（北运河）站于1930年5月由前华北水利委员会设立，现土门楼水文站由河北省水文水资源勘测局领导。土门楼水文站位于河北省香河县钳屯乡红庙村南，是北运河水系北运河及潮白蓟运河水系青龙湾减河的控制站，为国家基本水文站。该站主要观测项目有水位、流量、泥沙、水温、冰凌、降水、蒸发等。

（五）北昌水文站

北昌水文站于1957年6月由河北省水利厅设立，位于河北省廊坊市安次区北昌村西，是永定河水系龙河控制站，为国家基本水文站，现由河北省水文水资源勘测局领导。该站负责广阳区、安次区境内地表水和地下水水量、水质监测及水文水资源调查等工作。该站主要观测项目有水位、流量、泥沙、水温、冰凌、降水、地下水埋深及土壤墒情等。

（六）固安水文站

固安水文站于1949年6月由原冀中水利局设立，位于河北省固安县固安镇新立村东，是永定河水系永定河控制站，为国家重点水文站，现由河北省水文水资源勘测局领导。该站负责固安县、永清县北部地表水和地下水水量、水质监测及水文水资源调查等工作。该站主要观测项目有水位、流量、泥沙、水温、冰凌、降水、地下水埋深及土壤墒情等。

（七）金各庄水文站

金各庄水文站于1965年6月由河北省水文总站设立，位于河北省霸州市南孟镇金各庄村，是大清河水系牤牛河控制站，为国家基本水文站，现由河北省水文水资源勘测局领导。该站负责霸州市西部、永清县南部地表水和地下水水量、水质监测及水文水资源调查等工作。该站主要观测项目有水位、流量、水温、冰凌、降水、地下水埋深及土壤墒情等。

（八）胜芳水文站

胜芳水文站于1984年6月由河北省水文总站设立，位于河北省霸州市胜芳镇胜芳大桥，是大清河水系中亭河控制站，为国家基本水文站，现由河北省水文水资源勘测局领导。该站负责霸州市东部地表水和地下水水量、水质监测及水文水资源调查等工作。该站主要观测项目有水位、流量、水温、冰凌、降水、地下水埋深及土壤墒情等。

（九）史各庄水文站

史各庄水文站于1950年5月由前华北水利工程局设立，位于河北省文安县史各庄镇秦各庄村，是大清河水系赵王新河控制站，为国家重点水文站，现由河北省水文水资源勘测局领导。该站负责文安县、大城县境内地表水和地下水水量、水质监测及水文水资源调查等工作。该站主要观测项目有水位、流量、泥沙、水温、冰凌、降水、地下水埋深及土壤墒情等。

廊坊市水文站网分布见附图1-2。

第二章　降　水　量

第一节　降水量监测站网

廊坊市地处北纬中纬度欧亚大陆的东部边缘，属于温带大陆性季风型气候区。四季分明，春季干旱多风，春季由于受大陆变性气团影响，降水不多，且盛行偏北或偏西风，蒸发量增大，往往形成干旱天气；夏季炎热多雨，夏季由于太平洋副热带高压脊线北移，促使西南和东南洋面上暖湿气流向该区输送，成为主要降水季节；秋季晴朗气爽，秋季东南季风减退，极地大陆气团逐渐加强，逐渐变为秋高气爽的少雨季节；冬季严寒少雪，冬季受极地大陆性气团控制，气候寒冷，雨雪稀少。

截至2010年，廊坊市有基本降水量站24处，测区降水量站40处。表2-1为廊坊市降水量站一览表。

表2-1　　廊坊市降水量站一览表

序号	河流	站名	所在县（市、区）	位　置	设站年份	测站高程/m	站网类型
1	泃河	三河	三河市	泃阳镇	1930	18.60（大沽）	基本站
2	泃河	新集	三河市	新集镇西门外村	1956	5.30（北京）	基本站
3	鲍邱河	军下	三河市	高楼镇军下村	1985	26.29（黄海）	基本站
4	鲍邱河	大厂	大厂县	大厂镇小务村	1957	12.30	基本站
5	鲍邱河	渠口	香河县	渠口镇王刘圈村	1962	8.31	基本站
6	潮白河	赶水坝	香河县	淑阳镇吴村闸	1961	14.67（假定）	基本站
7	北运河	土门楼	香河县	五百户镇土门楼村	1925	14.31（大沽）	基本站
8	龙河	北昌	安次区	北史家务乡北昌龙河大桥	1957	18.62（大沽）	基本站
9	永定河	白家务	广阳区	九州镇白家务村	1965	22.50（黄海）	基本站
10	永定河	固安	固安县	固安镇永定河大桥	1950	32.13（黄海）	基本站
11	永定河	后奕	永清县	三圣口乡东武庄	1959	19.26	基本站
12	永定河	别古庄	永清县	别古庄镇别古庄	1959	8.34	基本站
13	牤牛河	苏桥	固安县	东湾镇东湾村	1975	21.34（黄海）	基本站
14	牤牛河	渠沟	固安县	彭村乡滑外河村	1975	15.26	基本站
15	牤牛河	南赵各庄	固安县	牛驼镇南赵各庄	1962	10.36（黄海）	基本站
16	牤牛河	永清	永清县	永清镇四堡村	1950	12.35	基本站
17	牤牛河	金各庄	霸州市	南孟镇金各庄	1975	13.02（大沽）	基本站
18	中亭河	胜芳	霸州市	胜芳镇胜芳闸	1985	7.65（黄海）	基本站

续表

序号	河流	站名	所在县（市、区）	位置	设站年份	测站高程/m	站网类型
19	大清河	堂二里	霸州市	堂二里镇堂二里村	1965	7.20（黄海）	基本站
20	赵王河	史各庄	文安县	史各庄镇秦各庄	1951	11.42（大沽）	基本站
21	文安洼	孙氏	文安县	孙氏镇太子务村	1962	10.56（大沽）	基本站
22	文安洼	文安	文安县	文安镇八里庄村	1934	7.02	基本站
23	子牙河	九高庄	大城县	权村镇九高庄	1963	11.21（大沽）	基本站
24	子牙河	南赵扶	大城县	南赵扶镇南赵扶村	1942	6.23（黄海）	基本站
25	泃河	段甲岭	三河市	段甲岭镇八百户村	2010		汛期调查
26	泃河	李旗庄	三河市	李旗庄镇李旗庄村	2010		汛期调查
27	泃河	杨庄	三河市	杨庄镇杨庄村	2010		汛期调查
28	鲍邱河	齐心庄	三河市	齐心庄镇齐心庄卫生院	2010		汛期调查
29	鲍邱河	燕郊	三河市	燕郊镇马起乏村	2010		汛期调查
30	鲍邱河	皇庄	三河市	皇庄镇皇庄卫生院	2010		汛期调查
31	鲍邱河	西罗村	三河市	新集镇西罗村	2010		汛期调查
32	鲍邱河	夏垫	大厂县	夏垫镇夏垫村	2010		汛期调查
33	潮白河	祁各庄	大厂县	祁各庄镇政府院内	2010		汛期调查
34	潮白河	蒋辛屯	香河县	蒋辛屯镇政府院内	2010		汛期调查
35	潮白河	钱旺	香河县	钱旺乡政府院内	2010		汛期调查
36	潮白河	安头屯	香河县	安头屯镇政府院内	2010		汛期调查
37	青龙湾减河	刘宋	香河县	刘宋镇	2010		汛期调查
38	北运河	安平	香河县	安平镇政府院内	2010		汛期调查
39	北运河	钳屯	香河县	钳屯乡政府院内	2010		汛期调查
40	凤河	开发区	廊坊市	开发区桐柏村	2010		汛期调查
41	龙河	时代广场	广阳区	新华路时代广场	2010		汛期调查
42	龙河	金桥	广阳区	金桥小区	2010		汛期调查
43	龙河	万庄	广阳区	万庄镇李孙洼村	2010		汛期调查
44	龙河	落垡	安次区	落垡镇落垡村	2010		汛期调查
45	天堂河	更生	广阳区	九州镇更生闸	2010		汛期调查
46	永定河	码头	安次区	码头镇政府院内	2010		汛期调查
47	永定河	东沽港	安次区	东沽港镇	2010		汛期调查
48	牤牛河	宫村	固安县	宫村镇宫村	2010		汛期调查
49	牤牛河	柳泉	固安县	柳泉镇大留村	2010		汛期调查
50	牤牛河	马庄	固安县	马庄镇杨家圈	2010		汛期调查
51	牤牛河	霸州	霸州市	霸州市市区	2010		汛期调查
52	中亭河	东杨庄	霸州市	东杨庄乡政府院内	2010		汛期调查

续表

序号	河流	站名	所在县(市、区)	位　　置	设站年份	测站高程/m	站网类型
53	中亭河	煎茶铺	霸州市	煎茶铺镇煎茶铺村	2010		汛期调查
54	中亭河	杨芬港	霸州市	杨芬港大桥	2010		汛期调查
55	大清河	新镇	文安县	新镇政府院内	2010		汛期调查
56	大清河	左各庄	文安县	左各庄镇政府院内	2010		汛期调查
57	赵王河	大围河	文安县	大围河乡政府院内	2010		汛期调查
58	赵王河	兴隆宫	文安县	兴隆宫镇政府院内	2010		汛期调查
59	东淀	滩里	文安县	滩里镇政府院内	2010		汛期调查
60	小白河	赵各庄	文安县	赵各庄镇政府院内	2010		汛期调查
61	排干三渠	康黄甫	文安县	德归镇康黄甫村	2010		汛期调查
62	任河大渠	北魏	大城县	北魏乡政府院内	2010		汛期调查
63	广安干渠	广安	大城县	广安镇政府院内	2010		汛期调查
64	子牙河	大城	大城县	平舒镇	2010		汛期调查

第二节 降水量及时空分布

一、年降水量

廊坊市有基本降水量站 24 处，最早观测降水量的站从 1925 年开始，大部分降水量观测是从中华人民共和国成立以后开始的。为使用方便，列出廊坊市各县（市、区）典型降水量站年降水量系列。表 2-2 为廊坊市主要降水量站年降水量统计表。

表 2-2　　　　廊坊市主要降水量站年降水量统计表

年份	年降水量/mm										
	三河	大厂	赶水坝	土门楼	北昌	白家务[①]	固安	永清	霸州	文安	大城
1950	1173.5	—	1017.1	872.6	—	—	625.5	520.4	420.0	(108.2)	566.3
1951	381.1	—	365.5	407.5	—	—	439.1	118.5	411.8	401.2	340.4
1952	(362.2)	—	434.1	374.7	—	—	498.6	578.3	(120.9)	306.1	363.8
1953	452.1	—	652.3	727.6	—	—	595.0	781.1	(397.5)	515.7	576.1
1954	892.3	—	926.0	961.1	—	—	1012.4	660.5	(573.5)	1020.0	770.2
1955	979.5	—	869.5	996.3	—	—	800.7	—	627.7	(535.1)	633.8
1956	1100.5	1067.5	871.2	927.2	901.9	930.3	958.7	945.0	819.5	751.6	731.4
1957	653.1	633.5	538.9	659.4	502.7	416.3	329.8	333.1	377.2	334.7	278.3
1958	780.6	757.2	674.9	728.1	620.4	564.6	508.7	427.5	386.0	634.4	432.3
1959	997.4	967.5	1118.2	991.5	834.0	825.4	816.8	673.3	569.3	537.3	478.7

续表

年份	年降水量/mm										
	三河	大厂	赶水坝	土门楼	北昌	白家务①	固安	永清	霸州	文安	大城
1960	595.5	577.6	577.4	630.3	611.4	591.8	572.2	467.6	716.0	511.0	560.2
1961	568.7	551.6	525.5	728.2	613.4	595.8	578.1	533.6	522.7	507.3	506.1
1962	330.6	456.6	503.3	516.1	543.8	451.2	358.5	595.4	318.4	418.6	480.1
1963	464.5	444.5	368.9	460.9	491.2	599.7	708.2	359.6	399.4	707.4	599.6
1964	1022.0	977.1	968.5	785.0	863.4	878.6	893.8	829.6	834.8	860.9	997.0
1965	483.0	417.5	461.9	409.0	402.6	265.9	190.0	308.2	320.0	399.9	475.7
1966	736.5	664.1	586.1	539.2	548.7	601.8	555.3	514.8	601.1	583.7	831.6
1967	720.0	643.5	765.3	673.7	618.4	635.1	517.3	647.4	603.2	555.0	437.5
1968	475.4	443.7	351.3	292.6	346.9	332.8	412.1	365.2	380.2	332.3	243.0
1969	901.3	923.0	968.5	700.5	802.6	727.9	735.8	703.9	619.3	779.8	925.1
1970	684.2	531.3	607.1	547.3	604.4	657.9	607.3	520.3	559.4	542.3	433.3
1971	463.4	538.7	487.8	464.2	568.1	396.8	475.6	459.0	449.2	528.0	712.6
1972	477.0	399.4	341.2	256.4	281.1	343.1	358.4	366.0	411.6	361.5	591.8
1973	683.5	666.4	619.7	672.2	684.6	766.0	883.5	833.9	893.9	723.6	635.0
1974	539.0	465.4	417.9	465.5	512.5	470.9	443.0	442.4	565.5	571.7	554.9
1975	408.5	363.6	282.1	367.7	309.4	232.9	316.2	270.4	214.7	360.2	396.7
1976	742.9	682.3	602.3	616.6	620.6	659.4	671.0	550.6	682.8	539.9	459.0
1977	754.6	768.4	788.2	878.4	760.5	783.2	794.0	823.1	901.9	987.6	982.8
1978	864.6	836.8	670.6	755.7	916.0	929.2	785.6	704.5	545.9	731.7	570.4
1979	735.4	703.0	680.7	792.6	685.4	596.0	748.6	689.0	598.8	696.1	694.2
1980	458.5	523.1	518.8	506.2	467.4	458.9	378.0	448.9	346.4	448.6	386.8
1981	296.7	279.3	303.5	337.8	354.0	356.9	388.7	360.0	340.5	423.7	565.2
1982	588.4	679.7	621.8	653.1	445.3	499.7	455.5	480.0	370.1	348.1	437.7
1983	350.0	326.3	266.1	331.5	304.3	319.8	365.7	276.8	312.5	328.4	348.4
1984	610.0	665.9	559.9	532.7	572.6	521.2	501.9	549.7	357.6	490.0	422.8
1985	597.1	592.0	657.0	613.1	531.7	434.0	456.5	597.3	507.5	547.4	499.5
1986	578.0	598.0	509.4	590.1	497.1	320.9	370.4	331.4	373.6	398.5	376.5
1987	987.4	865.4	834.9	724.4	636.5	648.3	732.7	659.3	524.4	475.8	631.9
1988	532.6	621.9	617.8	940.3	857.8	823.8	708.7	902.0	899.2	862.4	647.4
1989	448.7	412.8	357.1	396.6	399.0	433.2	353.9	376.6	342.9	313.4	298.0
1990	654.7	725.1	599.8	582.1	624.0	585.3	624.0	632.1	544.5	709.5	797.5
1991	764.7	655.7	575.2	658.6	663.0	691.7	704.0	574.5	670.7	771.1	484.2
1992	464.3	484.9	358.1	480.2	370.3	324.4	408.7	388.2	407.3	505.9	345.7
1993	503.7	434.4	344.4	456.8	355.5	315.8	427.7	259.7	380.4	422.1	363.3

续表

年份	年降水量/mm										
	三河	大厂	赶水坝	土门楼	北昌	白家务①	固安	永清	霸州	文安	大城
1994	940.4	1070.2	824.7	900.7	1170.6	914.8	853.5	943.3	900.7	807.2	659.9
1995	653.6	663.3	694.4	649.8	597.5	605.0	780.3	648.6	608.0	753.0	750.4
1996	848.1	745.9	707.0	677.8	643.9	611.8	670.8	572.9	431.3	503.9	373.4
1997	479.9	443.9	447.4	449.2	438.2	472.9	549.5	430.4	337.8	316.6	216.6
1998	694.5	666.9	596.2	564.9	581.0	474.4	605.8	443.8	380.2	547.1	459.7
1999	346.7	394.0	329.4	432.9	355.9	377.7	369.5	310.4	341.8	228.9	218.6
2000	355.5	349.3	298.7	283.7	314.7	277.8	249.2	272.0	358.4	352.5	577.7
2001	536.8	469.0	346.7	466.8	515.2	497.2	410.7	515.7	452.4	410.4	389.4
2002	469.1	424.6	454.9	456.6	350.5	426.9	478.7	349.7	343.8	355.8	306.7
2003	439.6	550.2	521.5	375.2	365.6	398.0	407.5	412.4	614.7	480.0	577.7
2004	641.8	544.2	535.4	681.5	528.7	513.7	574.0	567.5	521.9	493.9	560.6
2005	667.9	566.4	522.0	607.4	329.9	327.4	335.2	352.2	415.8	421.7	658.0
2006	501.8	519.2	464.3	464.2	475.0	418.8	382.2	267.7	251.2	330.8	516.5
2007	608.2	561.8	613.3	535.7	559.8	591.3	613.9	533.0	695.2	508.5	597.8
2008	504.4	523.3	486.6	563.4	500.2	575.4	551.1	622.0	751.9	627.9	485.7
2009	555.3	502.8	537.9	562.3	496.7	535.7	513.1	467.9	508.9	500.7	467.5
2010	531.8	450.2	457.1	484.4	461.1	623.9	521.0	637.1	444.5	502.1	430.2

① 白家务降水量站为汛期站，枯季降水量依据相邻各站进行了插补。

利用各降水量站1956—2010年同步期系列采用矩法计算各参数，其均值为算术平均值，在同步系列适线时，均值未进行调整。偏差系数 C_s 的取值一般用 C_s/C_v 值来反映。C_s/C_v 的选用值以最佳适线值为准。大部分站的 C_s/C_v 值在3.0～3.5之间。表2-3为廊坊市各行政区年降水量参数统计表（与1956—2000年水资源评价系列有差别）。

表2-3　　　　廊坊市各行政区年降水量参数统计表

行政区	多年平均年降水量/mm	参数		不同频率年降水量/mm			
		C_v	C_s/C_v	20%	50%	75%	95%
三河市	605.7	0.30	3.0	745.6	578.4	473.1	360.4
大厂县	586.5	0.32	3.0	729.1	556.5	449.5	338.8
香河县	578.8	0.32	3.0	719.6	549.2	443.6	334.3
广阳区	549.0	0.35	3.5	689.3	512.5	406.8	310.7
安次区	538.3	0.31	3.5	661.8	508.3	414.8	324.7
固安县	524.5	0.36	3.0	664.2	490.5	384.8	282.8
永清县	526.2	0.34	3.0	662.2	497.6	395.6	290.0
霸州市	517.0	0.32	3.0	642.7	490.5	396.2	298.6
文安县	520.7	0.32	3.0	647.3	494.0	399.1	300.8
大城县	524.2	0.34	3.0	659.7	495.7	374.1	288.9
平均	539.7	0.30	3.5	659.5	510.6	419.9	332.5

廊坊市多年平均年降水量为 539.7mm（1956—2010 年系列），各县（市、区）年降水量相差较大，最大的是三河市，年降水量为 605.7mm，最小的是霸州市，年降水量为 517.0mm。

二、降水量年际变化规律分析

降水量受多变的气象因素和固定的地形等因素的综合影响，年际变化比较大。降水量年际变化的大小，可用变差系数或极值比（最大值与最小值之比）加以衡量。年降水量系列的 C_v 值越大，极值比越大，年降水量变化越不均匀。廊坊市年降水量变差系数 C_v 值的范围为 0.30～0.40。各站极值比大部分在 3.0 以上，其中牤牛河固安县苏桥站变化幅度最大，最大降水量为 1091.2mm（1956 年），最小降水量为 183.4mm（1975 年），极值比高达 5.9，变差系数为 0.40；子牙河大城县九高庄站次大，最大降水量为 1251.9mm（1964 年），最小降水量为 224.2mm（1996 年），极值比为 5.6，变差系数为 0.38。

各降水量站实测最小年降水量一般为 200～300mm，个别站小于 200mm，如苏桥站 1975 年降水量仅 183.4mm。各站实测最大年降水量相差也很悬殊，如泃河三河市新集站实测最大年降水量为 1408.7mm（1959 年），而牤牛河霸州站实测最大年降水量为 901.9mm（1977 年），前者是后者的 1.6 倍。

利用三河站 1956—2010 年降水量系列资料，分析其变化趋势。图 2-1 为三河站年降水量变化趋势图。从变化趋势线可以看出，年降水量呈递减趋势。

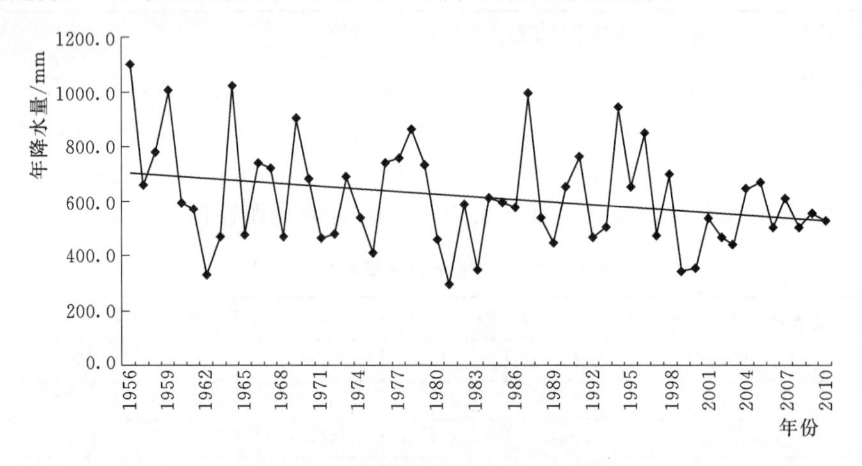

图 2-1 三河站年降水量变化趋势图

在廊坊市（1956—2010 年）降水量系列中，20 世纪 50 年代（1956—1959 年）全市处于丰水期，平均年降水量比 55 年系列均值偏大 18%；60 年代（1960—1969 年）全市处于平水期，平均年降水量比 55 年系列均值偏大 5%；70 年代（1970—1979 年）全市处于偏丰期，平均年降水量比 55 年系列均值偏大 10%；80 年代（1980—1989 年）全市处于偏枯期，平均年降水量比 55 年系列均值偏小 8%；90 年代（1990—1999 年）全市处于平水期，降水量接近多年平均值；进入 21 世纪全市进入枯水期，平均年降水量比 55 年系列均值偏小 12%。全市各年代年降水量均值与 1956—2010 年系列均值对比见表 2-4。

表 2-4 廊坊市各年代年降水量均值与 1956—2010 年系列均值对比表

年 份	均值 /mm	最大值 /mm	最小值 /mm	与多年均值相比 /%	丰枯等级
1956—2010	539.7	901.3	316.7		
1956—1959	635.2	857.7	402.2	18	丰水期
1960—1969	565.7	893.3	348.5	5	平水期
1970—1979	595.5	884.8	317.8	10	偏丰期
1980—1989	496.8	822.7	342.7	−8	偏枯期
1990—1999	547.0	901.3	316.7	1	平水期
2000—2010	472.9	590.8	359.6	−12	枯水期

三、降水量年内变化规律分析

利用廊坊市资料系列较长的三河站等 11 处主要降水量站 1956—2010 年降水量资料，计算各月降水量多年平均值，计算结果见表 2-5。

表 2-5 廊坊市主要降水量站月平均降水量及占全年降水量统计表

降水量站名称	项 目	1月	2月	3月	4月	5月	6月	7月	8月	9月	10月	11月	12月	全年 /mm
三河	降水量/mm	2.6	5.3	8.6	23.5	36.7	84.6	195.2	168.9	52.7	25.4	8.1	2.7	614.3
	百分比/%	0.4	0.9	1.4	3.8	6.0	13.8	31.8	27.5	8.6	4.1	1.3	0.4	100
大厂	降水量/mm	2.8	5.2	9.1	23.0	35.1	84.5	192.8	158.6	50.3	24.2	8.1	2.5	596.2
	百分比/%	0.5	0.9	1.5	3.9	5.9	14.2	32.3	26.6	8.4	4.0	1.4	0.4	100
赶水坝	降水量/mm	2.9	5.2	8.1	22.3	31.1	78.6	179.4	154.1	43.8	23.3	7.6	2.5	558.9
	百分比/%	0.5	0.9	1.4	4.0	5.6	14.1	32.1	27.6	7.8	4.2	1.4	0.4	100
土门楼	降水量/mm	2.5	6.6	7.3	21.5	33.1	80.5	189.4	158.2	44.4	24.2	8.2	2.6	578.5
	百分比/%	0.4	1.1	1.3	3.7	5.7	13.9	32.7	27.4	7.7	4.2	1.4	0.5	100
北昌	降水量/mm	2.8	5.5	8.1	23.8	30.1	71.8	177.3	150.9	46.8	25.3	7.7	2.7	552.8
	百分比/%	0.5	1.0	1.4	4.3	5.4	13.0	32.1	27.3	8.5	4.6	1.4	0.5	100
白家务	降水量/mm	2.6	5.3	8.0	23.2	28.5	71.6	172.6	147.2	46.0	24.7	7.5	2.4	539.6
	百分比/%	0.5	1.0	1.5	4.3	5.3	13.2	32.0	27.3	8.5	4.6	1.4	0.4	100
固安	降水量/mm	2.4	5.1	8.0	22.5	29.2	67.2	172.9	150.8	50.5	26.8	7.2	2.1	544.7
	百分比/%	0.4	1.0	1.5	4.1	5.4	12.3	31.7	27.7	9.3	4.9	1.3	0.4	100
永清	降水量/mm	2.9	5.3	9.2	21.9	27.7	70.5	166.2	136.6	44.8	22.6	8.7	2.7	519.1
	百分比/%	0.6	1.0	1.8	4.2	5.3	13.6	32.0	26.3	8.6	4.4	1.7	0.5	100
霸州	降水量/mm	2.3	5.0	7.3	20.9	26.5	69.5	165.9	134.6	44.5	22.0	8.2	2.7	509.4
	百分比/%	0.5	1.0	1.5	4.1	5.2	13.6	32.6	26.4	8.7	4.3	1.6	0.5	100

续表

降水量站名称	项　目	1月	2月	3月	4月	5月	6月	7月	8月	9月	10月	11月	12月	全年/mm
文安	降水量/mm	2.4	4.9	8.4	22.6	31.3	75.0	169.2	139.0	43.2	23.1	8.0	2.8	529.9
	百分比/%	0.4	0.9	1.6	4.3	5.9	14.2	31.9	26.2	8.2	4.4	1.5	0.5	100
大城	降水量/mm	3.5	5.0	8.2	19.0	31.4	67.6	176.7	133.0	41.6	26.7	8.6	3.4	524.7
	百分比/%	0.7	1.0	1.6	3.6	6.0	12.9	33.7	25.3	7.9	5.1	1.6	0.6	100
平均	降水量/mm	2.7	5.3	8.2	22.2	31.0	74.7	178.0	148.4	46.2	24.4	8.0	2.7	551.8
	百分比/%	0.5	1.0	1.5	4.0	5.6	13.5	32.3	26.9	8.4	4.4	1.4	0.5	100

廊坊市降水量具有年内分配非常集中，年际变化大、地区分布不均等特点。由表2-5中多年平均最大4个月降水量占年降水量的百分数可以看出，大部分站全年降水量的80%左右集中在汛期（6—9月），个别站点集中程度高达95%以上。非汛期8个月的降水量占年降水量的20%左右，而汛期的降水量又主要集中在7月、8月两个月，甚至更短时间之内。特别是一些大水年份，降水更加集中。图2-2为三河站降水量年内变化柱状图。通过图2-2可以看出，7月降水量占全年降水量的31.8%，7月、8月两个月的降水量占全年降水量的59.3%。

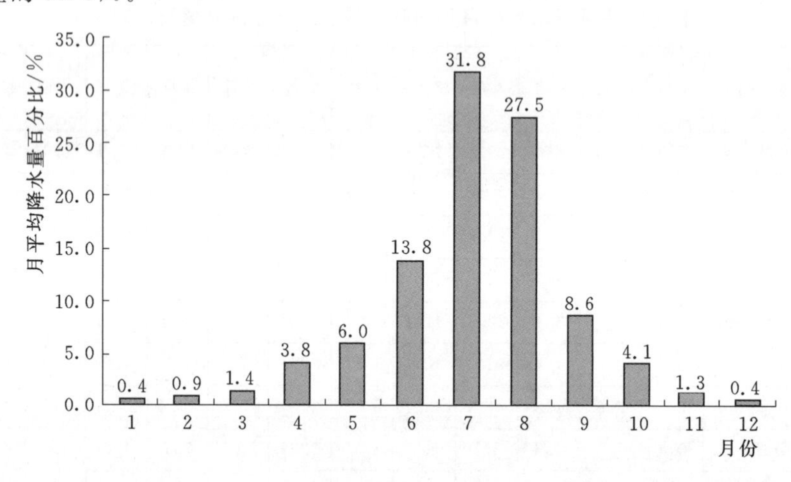

图2-2　三河站降水量年内变化柱状图

第三节　设计降水量

一、设计年降水量

设计年降水量计算公式为

$$X_{tp}=K_{p}P_{平均}$$

式中：X_{tp}为设计频率的年降水量（即多少年一遇的年降水量），mm；K_p为皮尔逊Ⅲ型频率曲线的模比系数，可从皮尔逊Ⅲ型K_p值表中查得，C_v值可从C_v等值线图查得；

$P_{平均}$为多年平均年降水量，可从多年平均年降水量等值线图查得，或直接采用实测降水量资料，mm。

廊坊市多年平均年降水量等值线见附图 2－1。廊坊市多年平均年降水量变差系数 C_v 等值线见附图 2－2。廊坊市多年平均年降水量 C_s/C_v 分区见附图 2－3。

应用举例：根据设计需要，欲求大城县 100 年一遇的年降水量。

（1）根据大城县实测年降水量资料，大城县多年平均年降水量为 524.2mm。

（2）查廊坊市多年平均年降水量 C_v 等值线图，大城县多年平均年降水量变差系数 C_v 值为 0.38。

（3）查多年平均年降水量 C_s/C_v 分区图，该区取 $C_s=3.0C_v$。

（4）按照 $C_v=0.38$，$P=1\%$，查皮尔逊Ⅲ型曲线的模比系数 K_p 值表，查得 $K_{1\%}=2.19$。

（5）该区 100 年一遇降水量 $X_{1\%}=2.19\times524.2=1148.0$（mm）。

二、设计月降水量

按照偏丰年、平水年、偏枯年和枯水年 4 种典型年情况，分别计算各县（市、区）代表站年内分配降水量。表 2－6 为廊坊市主要站典型年降水量年内分配表。

计算某一区域年内分配，可从表 2－6 中就近选取代表站，按相应频率代表年内的各月分配百分数分别乘以典型年的年降水量，即为所求各月降水量值。根据各县实测系列降水量资料，分别求得代表站典型年各月降水量及年内分配。

表 2－6　　廊坊市主要站典型年降水量年内分配表

行政区	站名	典型年	水平年	月降水量/mm												合计/mm
				1月	2月	3月	4月	5月	6月	7月	8月	9月	10月	11月	12月	
三河市	三河	偏丰年	$P=20\%$	0.0	8.6	11.9	2.4	5.5	225.9	199.9	216.9	23.6	44.8	3.2	2.9	745.6
		平水年	$P=50\%$	0.1	4.7	18.5	2.8	6.9	115.9	245.0	117.2	40.9	15.9	5.7	4.8	578.3
		偏枯年	$P=75\%$	1.2	0.0	3.3	15.1	6.8	27.9	182.1	135.0	31.8	53.1	9.5	7.3	473.1
		枯水年	$P=95\%$	0.0	2.1	2.9	88.1	15.5	36.5	53.4	94.8	35.9	27.6	3.6	0.0	360.4
大厂县	大厂	偏丰年	$P=20\%$	5.8	22.0	38.6	68.2	73.6	67.2	331.5	79.7	35.9	0.0	6.6	0.0	729.1
		平水年	$P=50\%$	0.0	0.0	47.4	1.0	51.7	127.0	137.8	73.1	47.1	66.0	0.0	5.4	556.5
		偏枯年	$P=75\%$	0.0	2.6	8.5	37.4	23.3	37.5	118.7	209.2	4.1	6.2	2.0	0.0	449.5
		枯水年	$P=95\%$	0.0	1.2	3.4	75.8	21.0	24.0	74.2	88.2	23.6	24.9	2.5	0.0	338.8
香河县	赶水坝	偏丰年	$P=20\%$	0.6	0.0	0.0	3.6	5.8	64.0	203.0	367.7	35.2	34.6	1.6	3.5	719.6
		平水年	$P=50\%$	0.0	0.1	0.0	17.3	23.0	70.5	77.3	306.0	33.0	6.8	6.6	8.6	549.2
		偏枯年	$P=75\%$	8.4	0.3	7.8	11.0	32.3	85.0	177.9	63.6	24.8	20.5	3.2	8.8	443.6
		枯水年	$P=95\%$	8.8	10.4	0.0	5.6	11.8	13.7	102.4	86.4	64.8	22.6	7.5	0.3	334.3
广阳区	北昌	偏丰年	$P=20\%$	26.1	2.2	6.1	14.7	11.5	47.8	198.6	276.4	48.9	39.1	17.9	0.0	689.3
		平水年	$P=50\%$	0.3	0.3	0.7	1.0	20.0	17.4	267.9	140.3	36.6	11.5	2.9	13.6	512.5
		偏枯年	$P=75\%$	0.0	5.9	1.1	19.7	0.1	18.1	86.7	205.2	44.1	22.9	3.0	0.0	406.8
		枯水年	$P=95\%$	0.0	0.0	1.1	1.4	23.5	50.6	171.2	32.8	27.6	0.8	0.9	0.8	310.7

续表

行政区	站名	典型年	水平年	月降水量/mm												合计/mm
				1月	2月	3月	4月	5月	6月	7月	8月	9月	10月	11月	12月	
安次区	后奕	偏丰年	P=20%	3.6	2.9	10.8	62.4	71.0	143.5	93.7	193.4	45.2	8.1	25.4	1.8	661.8
		平水年	P=50%	0.3	6.2	29.2	3.4	16.4	208.0	136.5	59.8	35.4	6.9	6.2	0.0	508.3
		偏枯年	P=75%	4.1	1.0	1.6	18.9	17.8	103.3	108.5	122.2	21.6	5.2	10.6	0.0	414.8
		枯水年	P=95%	2.2	0.0	0.5	30.1	20.4	61.4	75.2	46.0	74.3	10.9	3.6	0.1	324.7
固安县	固安	偏丰年	P=20%	0.0	0.0	2.5	5.5	4.2	20.1	203.6	325.3	72.4	28.3	0.8	1.5	664.2
		平水年	P=50%	0.0	0.0	0.4	9.4	45.2	70.4	66.3	237.9	20.9	28.9	6.2	4.9	490.5
		偏枯年	P=75%	0.0	2.3	13.7	6.2	23.7	23.5	173.3	113.9	8.1	11.6	4.1	4.4	384.8
		枯水年	P=95%	0.0	0.0	0.2	1.3	6.2	25.9	72.0	126.1	42.1	1.0	7.0	1.0	282.8
永清县	永清	偏丰年	P=20%	4.4	4.8	10.9	69.7	81.8	121.2	102.6	189.0	42.6	7.2	26.9	1.1	662.2
		平水年	P=50%	0.1	10.5	20.4	10.0	13.8	58.1	129.2	219.3	2.7	23.7	8.6	1.2	497.6
		偏枯年	P=75%	4.1	0.0	0.6	5.9	27.6	78.9	85.8	103.5	13.1	64.2	11.9	0.0	395.6
		枯水年	P=95%	0.0	3.7	0.1	20.9	3.8	31.6	45.3	154.9	14.7	14.2	0.8	0.0	290.0
霸州市	霸州	偏丰年	P=20%	0.0	0.0	6.6	42.5	58.2	91.0	335.3	19.8	74.3	9.1	2.7	3.2	642.7
		平水年	P=50%	0.5	2.0	7.7	10.8	20.7	31.4	124.1	202.9	67.6	13.0	6.3	3.5	490.5
		偏枯年	P=75%	0.0	1.0	8.6	23.4	36.0	7.7	111.8	159.2	37.5	7.7	3.1	0.2	396.2
		枯水年	P=95%	0.0	0.8	3.8	66.7	29.0	22.5	78.5	59.6	20.8	15.4	1.5	0.0	298.6
文安县	文安	偏丰年	P=20%	0.4	0.0	29.5	74.6	25.8	165.9	140.7	59.8	101.9	48.0	0.0	0.7	647.3
		平水年	P=50%	0.3	8.7	4.4	27.7	32.9	128.6	131.5	24.8	114.1	7.8	8.7	4.5	494.0
		偏枯年	P=75%	0.0	0.6	0.0	27.8	4.2	49.8	143.7	132.6	9.4	29.6	1.4	0.0	399.1
		枯水年	P=95%	2.7	0.0	0.8	31.7	27.1	64.7	103.7	14.8	48.7	4.5	1.2	0.9	300.8
大城县	南赵扶	偏丰年	P=20%	24.6	2.3	4.4	5.2	20.6	101.3	152.0	200.5	98.2	41.5	9.1	0.0	659.7
		平水年	P=50%	1.5	1.6	2.9	11.7	36.6	11.1	212.5	97.6	81.1	22.1	6.5	10.5	495.7
		偏枯年	P=75%	0.0	3.2	28.1	3.4	9.1	106.7	75.7	106.9	14.4	14.5	2.2	9.9	374.1
		枯水年	P=95%	2.6	0.0	2.6	3.3	24.4	50.9	155.7	7.8	30.0	6.5	3.8	1.3	288.9

应用举例：根据设计要求，求三河市某一区域枯水年降水量362.2mm的年内分配。

根据表2-6，查找三河市枯水年设计月降水量，求出该区域的枯水年降水量年内分配，见表2-7。

表2-7　计算区域枯水年降水量年内分配计算结果

月份	1	2	3	4	5	6	7	8	9	10	11	12	合计
比例/%	0.0	0.6	0.8	24.5	4.3	10.1	14.8	26.3	10.0	7.7	1.0	0.0	100
降水量/mm	0.0	2.1	2.9	88.6	15.6	36.6	53.7	95.2	36.1	27.7	3.6	0.0	362.2

参 考 文 献

[1] 中华人民共和国水利部．SL 21—2006 降水量观测规范 [S]．北京：电子工业出版社，2006.
[2] 河北省廊坊水文水资源勘测局．廊坊市水资源评价 [R]．2003.
[3] 王春泽，乔光建．河北水文基础知识与应用 [M]．北京：中国水利水电出版社，2012.

第三章　蒸　发　量

蒸发：液态或固态物质转变为气态的过程。气象学上主要指液态水转变成为水汽。

陆面蒸发（总蒸发）：流域内水面（冰雪）蒸发、土壤蒸发、散发（植物蒸腾）的总称。

水面蒸发：水面的水分从液态转化为气态逸出水面的现象。

土壤蒸发：土壤中的水分通过上升和汽化从土壤表面进入大气的现象。

潜水蒸发：潜水向包气带输送水分，并通过土壤蒸发和散发进入大气的现象。

蒸发能力：在一定的气象和下垫面条件下，有充分供水时，单位时段内蒸发的水量。

散发（植物蒸腾）：土壤中的水分经由植物叶面和枝干以水汽形式进入大气的现象。

蒸发量：在一定时段内，液态水和固态水变成气态水逸入大气的量，常用蒸发掉的水层深度表示。

蒸发量观测：采用蒸发器和雨量器测定同一时段的蒸发量和降水量，并选定部分测站进行气温、湿度、风速和蒸发器中水温的观测。

蒸发器：观测水面蒸发量或土壤蒸发量的标准器具。目前观测水面蒸发量的器具主要有 20cm 口径蒸发皿、E－601 型蒸发器等。

第一节　水面蒸发量观测

一、水面蒸发量测量方法

（一）20cm 口径蒸发皿

20cm 口径蒸发皿为壁厚 0.5mm 的铜质桶状器皿，其内径为 20cm，高约 10cm。口缘镶有 8mm 厚内直外斜的刀刃形铜圈。蒸发皿安装在支架上，器口距地面高约 70cm。蒸发量用专用台秤测定，日蒸发量按下式计算：

$$E=\frac{W_1-W_2}{31.4}+P$$

式中：E 为日蒸发量，mm；W_1、W_2 分别为上次和本次称得蒸发皿的重量，g；P 为日累计降水（雪）量，mm；31.4 为蒸发皿中每 1mm 水深的重量，g/mm。

表 3－1 为土门楼蒸发站 20cm 口径蒸发皿水面蒸发量统计表。

（二）E－601 型蒸发器

根据《水面蒸发观测规范》（SD 265—88）要求，水文部门从 1998 年起采用 E－601 型蒸发器测量水面蒸发量。20cm 口径蒸发皿只在封冻期观测蒸发量，作为 E－601 型蒸发器封冻期插补资料用。

表 3-1　　　　土门楼蒸发站 20cm 口径蒸发皿水面蒸发量统计表

年份	水面蒸发量/mm											
	1月	2月	3月	4月	5月	6月	7月	8月	9月	10月	11月	12月
1982	32.2	46.8	108.5	202.4	275.1	195.1	161.6	139.5	142.6	82.0	48.6	46.4
1983	38.9	54.4	117.6	173.3	177.9	250.1	209.1	168.6	143.1	82.7	73.0	51.1
1984	41.7	54.8	127.3	171.6	210.6	215.8	185.8	144.5	131.9	106.6	48.6	38.0
1985	32.1	36.6	105.1	194.1	162.3	207.3	142.3	127.3	103.6	97.3	57.8	40.4
1986	38.2	62.5	114.4	219.1	234.6	232.5	126.9	133.1	135.5	83.8	66.5	40.6
1987	26.8	57.1	96.1	139.8	186.6	172.7	166.1	129.9	136.7	97.6	59.5	33.7
1988	49.8	76.6	113.7	235.9	220.8	219.2	136.5	117.8	108.3	101.0	93.4	53.3
1989	32.2	72.7	151.5	192.4	232.9	228.4	171.5	175.3	124.3	112.6	59.2	42.7
1990	36.7	26.8	111.9	183.9	208.8	219.0	148.7	149.0	130.0	121.1	58.7	46.7
1991	44.3	67.1	87.8	172.1	197.5	224.4	163.6	182.3	112.9	120.5	72.5	24.1
1992	38.3	89.9	116.2	222.5	228.9	234.1	207.8	140.5	142.6	93.5	49.2	27.9
1993	34.4	76.1	144.1	188.0	245.3	226.3	149.2	160.4	163.4	114.8	45.5	48.1
1994	41.3	49.8	140.5	209.9	221.1	239.0	175.4	151.9	164.5	114.3	45.8	30.3
1995	50.5	59.6	129.0	211.4	211.7	165.5	114.5	92.7	78.1	80.9	69.7	33.0
1996	36.7	60.7	108.7	161.4	207.5	176.4	137.9	85.2	88.1	65.2	48.3	34.4
1997	26.0	49.5	102.3	164.2	197.5	219.7	175.5	143.5	123.5	129.2	41.7	25.6

E-601 型蒸发器由蒸发桶、水圈、溢流桶和测针组成。蒸发桶是一个器口面积为 $3000cm^2$ 的圆锥底圆柱桶。圆柱桶内径为 61.8cm，圆柱体高 60.0cm，锥体高 8.7cm，整个蒸发器高 68.7cm。水圈由 4 个形状和大小都相同的弧形水槽组成，水槽内壁所组成的圆与蒸发桶外壁相吻合。测针是专用于测量蒸发器内水面高度的部件。器外装有溢流桶。观测时用特制测针插在金属管上端，以观测器内的水面高度，并用下式计算器内蒸发量：

$$E=P+(H_1-H_2)$$

式中：E 为日蒸发量，mm；P 为日降水量，mm；H_1 为上日观测时水面蒸发器内水面高度，mm；H_2 为当日观测时水面蒸发器内水面高度，mm。

E-601 型蒸发器封冻期蒸发量的计算，用测针观测一次总量时，可按下式计算：

$$E_{总}=h_{前}-\sum h_{取}-h_{后}+\sum P+\sum h_{加}$$

式中：$h_{前}$、$h_{后}$ 分别为封冻前最后一次和解冻后第一次的蒸发器自由水面高度，如封冻期间出现融冰而加测时，则分段计算时段蒸发量，mm；$\sum h_{取}$、$\sum h_{加}$ 分别为整个封冻期（或相应时段）各次取出和加入水量之和，mm；$\sum P$ 为封冻期（或相应时段）的降水量之和，如雪后进行了清扫，则相应场次的降雪量不作统计，如从蒸发器中取出一定量雪，则应从降雪中减去取出雪量，mm。

E-601 型蒸发器遇上结冰时，各结冰日的蒸发量栏记结冰符号“B”，某日冰融化后，测出停测以来的总量，记在该日蒸发量栏内；如果结冰跨入下个月时，待下月融化时测出停测以来的总量，按天平均分配所得累计值，分别记到上月最末一天和本月融化日的蒸发量栏内，以求取完整的月统计值。

表3-2为土门楼蒸发站E-601型蒸发器蒸发量统计表。

表3-2　　土门楼蒸发站E-601型蒸发器蒸发量统计表

年份	蒸发量/mm												
	1月	2月	3月	4月	5月	6月	7月	8月	9月	10月	11月	12月	全年
1981	42.6	53.0	112.3	135.5	172.2	176.2	126.0	110.2	94.1	83.1	48.8	33.3	1187.3
1982	28.0	43.1	111.0	146.8	187.2	140.1	114.2	107.3	115.1	59.8	32.7	34.7	1120.0
1983	33.1	29.9	98.8	118.5	125.5	178.7	156.4	123.0	101.8	56.6	45.1	37.3	1104.7
1984	30.4	40.0	92.9	101.7	131.6	141.1	117.2	112.2	95.8	83.4	36.3	39.2	1021.8
1985	39.3	35.5	64.1	131.9	105.9	132.6	102.3	89.5	71.3	70.0	39.7	35.9	918.0
1986	27.9	45.6	64.1	139.1	155.9	173.1	98.7	100.9	100.3	67.7	53.3	29.6	1056.2
1987	19.6	41.7	77.6	99.8	135.0	129.7	131.5	103.7	104.6	86.1	53.9	24.6	1007.8
1988	36.4	55.9	63.5	171.5	169.4	169.6	106.0	92.5	91.4	85.6	66.1	38.9	1146.8
1989	23.5	53.1	122.1	141.8	173.5	171.4	130.0	130.0	101.7	77.4	42.3	31.2	1198.0
1990	26.8	19.6	66.0	111.5	140.7	152.5	106.2	104.2	98.9	81.4	38.3	34.1	980.2
1991	32.3	49.0	63.6	119.0	137.8	160.4	117.6	133.1	90.7	87.1	51.5	17.6	1059.7
1992	28.0	65.6	82.9	153.2	152.5	152.1	147.6	105.6	113.5	73.7	36.9	20.4	1132.0
1993	25.0	55.6	87.9	114.5	148.5	147.4	111.2	106.3	110.3	75.8	31.3	35.2	1049.0
1994	30.2	36.2	79.5	116.7	141.4	154.1	112.0	104.0	114.7	81.5	31.7	22.3	1024.3
1995	36.7	43.4	87.9	141.1	149.0	117.0	113.9	88.3	67.8	70.9	46.5	24.1	986.6
1996	26.6	44.1	83.2	115.4	155.0	136.7	118.8	73.2	73.0	52.4	37.5	24.9	940.8
1997	18.9	36.1	70.8	117.7	148.3	149.4	132.4	104.9	101.6	92.9	31.9	18.4	1023.3
1998	28.7	46.4	66.9	79.1	124.9	114.0	109.4	113.4	86.9	67.3	33.6	26.6	897.2
1999	38.9	65.6	52.4	94.5	123.7	149.9	130.4	108.1	80.8	70.6	32.2	27.0	974.1
2000	18.5	35.0	97.0	137.4	147.2	158.6	169.1	92.1	94.7	63.4	34.6	34.7	1082.3
2001	24.6	31.0	104.7	114.9	188.0	142.7	130.5	112.1	98.3	54.0	37.8	30.1	1068.7
2002	36.5	44.6	113.1	120.8	152.1	125.3	119.0	106.2	88.4	75.9	48.2	14.1	1044.2
2003	20.9	33.5	54.2	103.6	127.1	135.2	110.0	120.9	70.0	64.1	30.3	37.3	907.1
2004	28.9	58.8	86.5	121.1	137.2	120.2	98.1	87.4	72.4	58.4	42.8	19.7	931.5
2005	28.3	27.8	82.3	135.0	131.2	123.7	113.7	88.2	80.1	76.0	44.3	29.3	959.9
2006	19.1	35.4	92.1	120.7	110.1	123.3	97.4	92.2	82.5	60.0	50.5	27.5	910.8
2007	34.0	46.2	50.9	121.7	168.2	122.6	108.3	103.9	89.0	56.7	41.3	31.2	974.0
2008	33.4	62.5	69.8	85.8	116.6	103.7	99	98.4	87.3	60.7	41.4	31.8	890.4
2009	28.3	35.5	74.8	99.8	157.0	158.0	111.1	83.8	66.6	70.4	21.0	25.0	931.3
2010	33.5	29.5	67.4	97.1	130.1	112.2	103.3	100.4	73.9	57.3	42.3	35.4	882.4
平均	29.3	43.3	81.3	120.2	144.8	142.4	118.0	103.2	90.6	70.7	40.8	29.0	1013.7

二、不同蒸发器（皿）换算系数

各部门采用的蒸发器型式不同，水文部门资料全部采用E-601型蒸发器资料，气象部门资料均为20cm口径蒸发皿资料，为此，必须推求不同器皿所观测的水面蒸发量对标准蒸发器（E-601型蒸发器）的折算系数。

为便于资料分析，水面蒸发量均采用E-601型蒸发器观测值。对采用20cm口径蒸发皿观测的蒸发资料，须折算为E-601型蒸发器的观测值。根据《河北省水面蒸发研究报告》的研究结论，廊坊市E-601型蒸发器和20cm口径蒸发皿年平均折算系数为0.70，即

$$K_{年}=(E-601)/(20cm口径蒸发皿)$$

由于折算系数会随着季节的变化而变化，有时变化幅度会很大，采用年平均折算系数去折算也会出现偏差，因此更为合理的方法是采用逐月折算的方法推求E-601型蒸发器蒸发值。各月折算系数采用《河北省水面蒸发研究报告》的研究成果，廊坊市境内不同区域20cm口径蒸发皿与E-601型蒸发器年内各月折算系数见表3-3。

表3-3　　水面蒸发折算系数采用值（20cm口径蒸发皿与E-601型蒸发器）

月　份	不同分区折算系数		
	长城以南大清河以北、蓟运河以西	大清河水系	子牙河水系
1	0.70	0.63	0.72
2	0.59	0.53	0.54
3	0.57	0.52	0.59
4	0.64	0.68	0.63
5	0.66	0.65	0.59
6	0.67	0.65	0.65
7	0.69	0.65	0.65
8	0.74	0.70	0.65
9	0.77	0.70	0.69
10	0.77	0.70	0.69
11	0.75	0.68	0.69
12	0.69	0.62	0.68
年	0.63	0.62	0.65

根据河北省衡水实验站不同型号蒸发器观测资料，与20m^{2}蒸发池观测资料进行相关性分析，计算出20m^{2}蒸发池与其他各种型号蒸发器的折算系数。20m^{2}蒸发池与其他型号蒸发器各月折算系数计算结果见表3-4。

根据不同型号蒸发器观测资料，换算成20m^{2}蒸发池水面蒸发量，更接近实际水面蒸发量。日常工作中，水利部门通常采用E-601型蒸发器观测数据作为衡量蒸发能力的数据。

表 3-4 河北省实验站 $20m^2$ 蒸发池与其他型号蒸发器各月折算系数计算结果

月 份	E-601 型蒸发器		20cm 口径蒸发皿	
	相关系数	折算系数	相关系数	折算系数
1	0.32	0.86	0.35	0.61
2	0.53	0.84	0.82	0.44
3	0.76	0.82	0.83	0.47
4	0.86	0.78	0.83	0.46
5	0.82	0.83	0.74	0.49
6	0.82	0.86	0.74	0.49
7	0.92	0.92	0.74	0.52
8	0.89	1.00	0.80	0.60
9	0.94	1.02	0.87	0.65
10	0.95	1.01	0.84	0.64
11	0.65	1.11	0.66	0.72
12	0.56	0.99	0.37	0.60

第二节 水面蒸发量变化特征

一、蒸发量年内变化分析

根据廊坊市各地蒸发量资料，计算其各月的多年平均值，分析其蒸发量的年内变化。部分站只搜集到 1981—2003 年资料，因此分析资料全部采用 1981—2003 年资料进行分析。因为 E-601 型蒸发器观测值与天然水面蒸发值存在一定的误差，因此按照各月的折算系数换算成天然水面蒸发量。表 3-5 为廊坊市各典型站多年平均月水面蒸发量及占全年蒸发量百分比统计表。

表 3-5 廊坊市各典型站多年平均月水面蒸发量及占全年蒸发量百分比统计表

站名	项目	1月	2月	3月	4月	5月	6月	7月	8月	9月	10月	11月	12月	全年/mm
三河市	蒸发量/mm	27.2	28.8	62.3	94.1	117.2	124.5	111.7	105.3	100.4	82.4	50.0	26.7	930.6
	百分比/%	2.9	3.0	6.7	10.1	12.6	13.4	12.0	11.3	10.8	8.9	5.4	2.9	100
大厂县	蒸发量/mm	29.7	29.5	62.2	94.3	119.2	124.2	108.5	103.5	100.8	78.6	49.7	30.8	931.0
	百分比/%	3.2	3.2	6.7	10.1	12.8	13.3	11.7	11.1	10.8	8.5	5.3	3.3	100
香河县	蒸发量/mm	25.2	36.7	68.3	95.8	122.4	123.0	112.4	106.2	96.0	73.8	45.4	28.9	934.1
	百分比/%	2.7	3.9	7.3	10.2	13.1	13.2	12.0	11.4	10.3	7.9	4.9	3.1	100
廊坊市区	蒸发量/mm	25.1	27.3	63.0	97.4	120.8	125.0	108.0	103.9	97.1	74.5	46.2	24.7	913.0
	百分比/%	2.7	3.0	6.9	10.7	13.2	13.7	11.8	11.4	10.6	8.2	5.1	2.7	100

续表

站名	项目	1月	2月	3月	4月	5月	6月	7月	8月	9月	10月	11月	12月	全年/mm
固安县	蒸发量/mm	25.4	28.4	67.6	104.0	128.1	126.3	109.1	104.6	101.5	79.6	50.0	24.0	948.6
	百分比/%	2.7	3.0	7.1	11.0	13.5	13.3	11.5	11.0	10.7	8.4	5.3	2.5	100
永清县	蒸发量/mm	21.6	24.6	59.3	92.3	116.5	121.3	105.3	99.5	90.7	68.9	41.3	20.3	861.6
	百分比/%	2.5	2.9	6.9	10.7	13.5	14.1	12.2	11.5	10.5	8.0	4.8	2.4	100
霸州市	蒸发量/mm	20.1	24.4	58.7	91.3	115.1	119.9	103.1	94.5	91.2	66.7	39.5	18.2	842.7
	百分比/%	2.4	2.9	7.0	10.8	13.7	14.2	12.2	11.2	10.8	7.9	4.7	2.2	100
文安县	蒸发量/mm	23.4	24.3	57.0	94.2	123.9	130.8	110.8	102.8	98.4	72.9	39.3	21.6	899.4
	百分比/%	2.6	2.7	6.4	10.5	13.8	14.5	12.3	11.4	10.9	8.1	4.4	2.4	100
大城县	蒸发量/mm	24.6	27.6	64.1	104.1	131.6	136.5	112.3	109.3	103.4	77.0	42.8	22.0	955.3
	百分比/%	2.6	2.9	6.7	10.9	13.8	14.3	11.7	11.4	10.8	8.1	4.5	2.3	100
平均	蒸发量/mm	24.7	27.9	62.5	96.4	121.7	125.7	109.0	103.3	97.7	74.9	44.9	24.1	912.8
	百分比/%	2.7	3.1	6.9	10.6	13.3	13.8	11.9	11.3	10.7	8.2	4.9	2.6	100

为分析水面蒸发的年内分配，选取各行政区的水面蒸发站的月年蒸发资料作为代表站进行年内分配。廊坊市多年平均水面蒸发量年内分配变化趋势见图3-1。

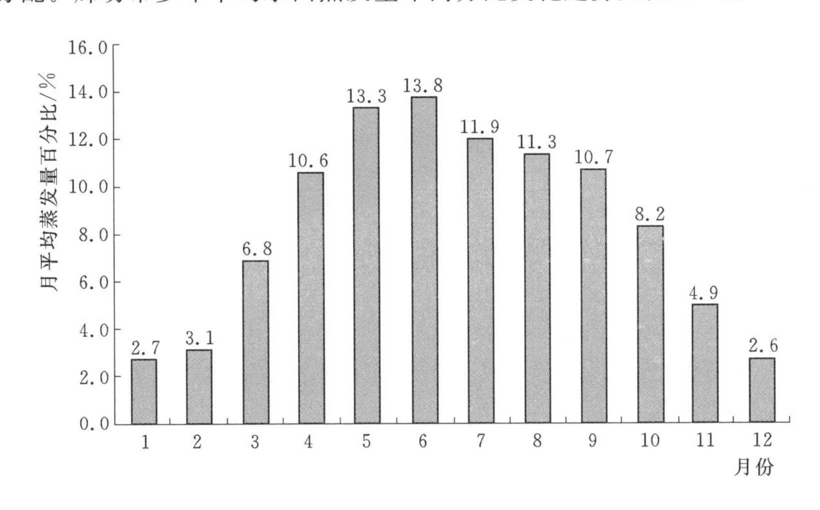

图3-1　廊坊市多年平均水面蒸发量年内分配变化趋势图

水面蒸发的年内分配受各月气温、湿度、风速等综合影响。廊坊市春季风大，干旱少雨，饱和差大；而雨季一般在6月下旬才开始，有时推迟到7月；初夏气温高、干热，有利于蒸发。通过年内分配成果可以看出，流域内5—6月蒸发量最大，两个月水面蒸发量约占全年的27.1%。全年1月和12月气温最低，蒸发量亦最小，两个月的蒸发量仅占全年的5.3%。

二、蒸发量变化趋势

采用廊坊市境内蒸发站土门楼站资料进行分析，利用该站1981—2010年水面蒸发观测资料，绘制出年蒸发量变化趋势图，通过变化趋势图可以看出，水面蒸发量的年际变化较大，但总的变化趋势呈递减趋势。廊坊市土门楼水文站水面蒸发量变化趋势见图 3-2。

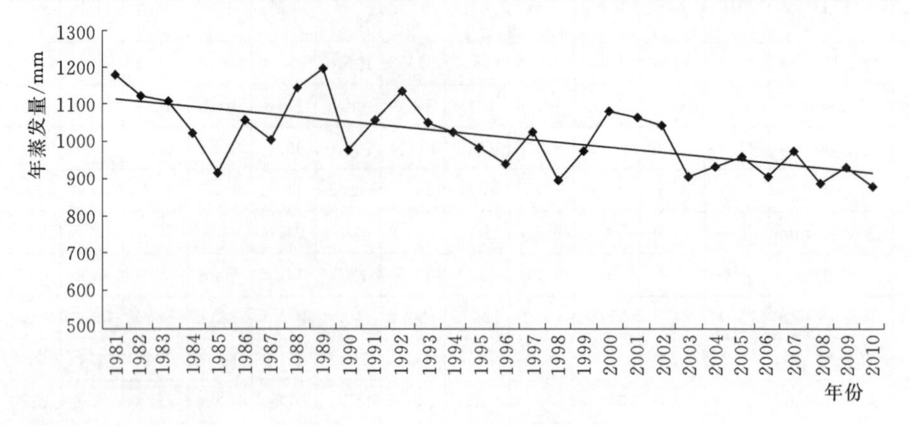

图 3-2 廊坊市土门楼水文站水面蒸发量变化趋势图

根据变化趋势方程分析，水面蒸发量平均每年减少 6.8mm。

廊坊市多年平均水面蒸发量等值线见附图 3-1。

第三节 干 旱 指 标

一、干旱指数分析

干旱指数是反映气候干旱程度的指标，通常定义为年蒸发能力和年降水量的比值，即

$$r=\frac{E_0}{P}$$

式中：r 为干旱指数；E_0 为年蒸发能力，常以 E-601 水面蒸发量代替，mm；P 为年降水量，mm。

选择有代表性的降水量站和蒸发站相同的站点 5 处，计算各站 1981—2000 年的多年平均年降水量，与折算后的多年平均水面蒸发量计算出同步期干旱指数。表 3-6 为廊坊市主要蒸发站干旱指数计算表。

表 3-6 廊坊市主要蒸发站干旱指数计算表

站　名	大厂	土门楼	永清	霸州	文安
年蒸发量/mm	1117.1	1045.5	1066.4	1059.1	1093.6
年降水量/mm	583.9	562.8	500.4	469.5	505.3
干旱指数	1.9	1.9	2.1	2.3	2.2

廊坊市各地多年平均干旱指数均在 1.9～2.3 之间，总的规律是：南部大于北部，西部大于东部。

多年平均年干旱指数 r 与气候分布有密切关系，当 $r<1.0$ 时，表示该区域蒸发能力小于降水量，该地区为湿润气候，当 $r>1.0$ 时，即蒸发能力超过降水量，说明该地区偏

于干旱，r 越大，即蒸发能力超过降水量越多，干旱程度就越严重。

廊坊市多年平均干旱指数分区见附图 3－2。

二、农业干旱指标

描述农业干旱现象有多种定性和定量指标，大体可分为单项指标和综合指标两类。目前，常用的单项指标有土壤含水量指标、作物旱情指标、降水量指标和受旱面积比率指标等。

（一）旱灾标准

旱情造成农业灾害的直接损失主要是粮食等作物的减产，以减产率作为旱灾指标，应是较直观、较合理的。可选用受旱（或成灾）率作为干旱等级划分标准。计算公式为

$$\alpha=\frac{A_z}{A_0}\times 100\%$$

式中：α 为受旱（或成灾）率，%；A_z 为某一地区的受旱成灾面积（指在遭受上述自然灾害的受灾面积中，农作物实际收获量较常年产量减少 3 成以上的播种面积），hm^2；A_0 为播种面积，hm^2。

考虑各类干旱事件发生概率的相对合理性，推荐按表 3－7 判估旱灾等级。

表 3－7　旱灾等级判估标准

旱灾等级	微旱或不旱	轻旱	重旱	特大干旱
受旱率/%	<10	$10\leqslant\alpha<20$	$20\leqslant\alpha<30$	$\geqslant 30$

（二）土壤相对湿度

土壤相对湿度是指土壤含水量与田间持水量的百分比：

$$R_w=\frac{W_c}{W_0}\times 100\%$$

式中：R_w 为土壤相对湿度，%；W_c 为当前的土壤含水量，%；W_0 为田间持水量，%。

土壤相对湿度与农业干旱等级划分见表 3－8。播种期土层厚度按 0～20cm 考虑，生长关键期按 0～60cm 考虑。

表 3－8　土壤相对湿度与农业干旱等级划分

干旱等级	轻度干旱	中度干旱	严重干旱	特大干旱
砂壤和轻壤土/%	55～45	46～35	36～25	<25
中壤和重壤土/%	60～50	51～40	41～30	<30
轻壤土到中黏土/%	65～55	56～45	46～35	<35

（三）作物受旱（水田缺水）面积百分比

$$S_i=\frac{A_1}{A_0}\times 100\%$$

式中：A_1 为区域内作物受旱（水田缺水）面积，hm^2；A_0 为区域内作物种植（水田）总面积，hm^2。

作物受旱面积占总作物面积的百分比与干旱等级划分见表 3－9。

表 3-9 作物受旱面积占总作物面积的百分比与干旱等级划分

干旱等级	轻度干旱	中度干旱	严重干旱	特大干旱
作物受旱面积比/%	10～30	31～50	51～80	>80

（四）成灾面积百分比

成灾面积百分比指成灾面积与受旱面积的比值。计算公式为

$$S_z=\frac{A_c}{A_1}\times 100\%$$

式中：S_z 为成灾面积百分比，%；A_c 为因旱农作物产量减少 3 成以上的面积，hm^2；A_1 为区域内作物受旱面积，hm^2。

成灾面积百分比与干旱等级划分见表 3-10。

表 3-10 成灾面积百分比与干旱等级划分

干旱等级	轻度干旱	中度干旱	严重干旱	特大干旱
成灾面积比/%	10～20	21～40	41～60	>60

（五）水浇地失灌率

水浇地是指旱地中有一定水源和灌溉设施（如机电井、喷灌、滴灌等机械装备），在一般年景下能正常进行灌溉的耕地。失灌率指某一时段内因干旱导致未能灌溉面积与计划灌溉面积的比率。水浇地失灌率计算公式为

$$R_i=\frac{I_m}{I_a}\times 100\%$$

式中：R_i 为水浇地失灌率，%；I_m 为区域内不能正常灌溉的面积，hm^2；I_a 为区域正常有效灌溉面积，hm^2。

水浇地失灌率与干旱等级划分见表 3-11。

表 3-11 水浇地失灌率与干旱等级划分

干旱等级	轻度干旱	中度干旱	严重干旱	特大干旱
水浇地失灌率/%	10～30	31～50	51～80	>80

三、气象干旱指标

（一）连续无雨日数

连续无雨日指作物在正常生长期间，连续无有效降雨的天数。该指标主要指作物在水分临界期（关键生长期）的连续无有效降雨日数（无有效降雨指日降水量小于 5.0mm）。

作物生长需水关键期连续无有效降雨日数与干旱等级关系参考值见表 3-12。

表 3-12 作物生长需水关键期连续无有效降雨日数与干旱等级关系参考值

干旱等级	轻度干旱	中度干旱	严重干旱	特大干旱
无有效降雨日数/d	15～25	26～40	41～60	>60

（二）干燥程度

用大气单个要素或其要素组合反映空气干燥程度和干旱状况。如温度与湿度的组合，高温、低湿与强风的组合等，可用湿润系数反映。湿润系数计算公式为

$$K_1=\frac{r}{0.10\sum T}$$

$$K_2=\frac{2r}{E}$$

式中：$\sum T$ 为计算时段 0℃以上活动积温，℃·d；r 为同期降水量，mm；E 为水面蒸发量，mm。

计算时，请参考当地的有关数据。干燥程度与干旱等级划分见表 3-13。

表 3-13　干燥程度与干旱等级划分

干旱等级	轻度干旱	中度干旱	严重干旱	特大干旱
湿润系数 K_1	1.00～0.81	0.80～0.61	0.60～0.41	≤0.40
湿润系数 K_2	1.00～0.61	0.60～0.41	0.40～0.21	≤0.20

四、水文干旱指标

水文干旱指标包括水库蓄水量、河道来水量和地下水埋深 3 项指标。

（一）水库蓄水量距平百分率

$$I_k=\frac{S-S_0}{S_0}\times 100\%$$

式中：I_k 为水库蓄水量距平百分率，%；S 为当前水库蓄水量，万 m^3；S_0 为同期多年平均蓄水量，万 m^3。

水库蓄水量距平百分率与干旱等级划分见表 3-14。

表 3-14　水库蓄水量距平百分率与干旱等级划分

干旱等级	轻度干旱	中度干旱	严重干旱	特大干旱
水库蓄水量距平百分比/%	−10～−30	−31～−50	−51～−80	<−80

（二）河道来水量（廊坊市境内较大河流）距平百分率

$$I_r=\frac{R_w-R_0}{R_0}\times 100\%$$

式中：I_r 为河道来水量距平百分率；R_w 为当前河流流量，m^3/s；R_0 为河流同期多年平均流量，m^3/s。

河道来水量距平百分率与干旱等级划分见表 3-15。

表 3-15　河道来水量距平百分率与干旱等级划分

干旱等级	轻度干旱	中度干旱	严重干旱	特大干旱
河道来水量距平百分率/%	−10～−30	−31～−50	−51～−80	<−80

（三）地下水埋深下降值

$$D_r=D_w-D_0$$

式中：D_r 为地下水埋深下降值，m；D_w 为当前地下水埋深均值，m；D_0 为上年同期地下水埋深均值，m。

地下水埋深下降程度见表 3-16。

表 3-16　地下水埋深下降程度

下降程度	轻度下降	中度下降	严重下降
地下水埋深下降值/m	0.10～0.40	0.41～1.0	>1.0

五、城市干旱指标

城市干旱是指因遇枯水年造成城市供水水源不足，或者由于突发性事件使城市供水水源遭到破坏，导致城市实际供水能力低于正常需求，致使城市实际供水能力低于10%，而使城市的生产、生活和生态环境受到影响的现象。缺水率指因干旱造成城市缺水总量与城市正常应供水总量的比率。可用缺水率来表示城市干旱指标，即

$$P=\frac{C_x-C_s}{C_x}\times 100\%$$

式中：C_x 为城市正常日供水量，万 m^3；C_s 为干旱时期城市实际日供水量，万 m^3。

城市干旱缺水程度见表 3-17。

表 3-17　城市干旱缺水程度

干旱程度	轻度干旱	中度干旱	严重干旱	特大干旱
缺水率/%	5～10	11～20	21～30	>30

参 考 文 献

[1] 中华人民共和国水利部. SL 630—2013　水面蒸发观测规范 [S]. 北京：中国水利水电出版社，2014.

[2] 亓来福，王继琴. 从农业需水量评价我国的干旱状况 [J]. 地球科学进展，2002，17 (3)：314-319.

[3] 宋连春，邓振镛，董安祥，等. 干旱 [M]. 北京：气象出版社，2003.

第四章　地 表 径 流 量

第一节　径 流 量 计 算

一、设计年径流量

设计年径流量的计算采用参数等值线图法，计算公式为

$$W_p=0.1K_pRF$$

式中：W_p 为欲求某一频率的年径流量，万 m^3；R 为多年平均径流深，mm；F 为流域面积，km^2；K_p 为模比系数。

利用廊坊市多年平均径流深资料，分别绘制廊坊市多年平均径流深等值线图、年径流深变差系数等值线图用于径流量计算。

廊坊市多年平均径流深等值线见附图 4-1。

廊坊市多年平均径流深变差系数 C_v 等值线见附图 4-2。

设计年径流量计算，包括以下步骤。

（一）径流深

根据年径流深均值等值线图，可以查得设计流域年径流深的均值。如果设计流域内通过多条年径流深等值线，可以用面积加权法推求流域的平均径流深（mm）。计算公式为

$$R=\frac{F_1R_1+F_2R_2+\cdots+F_nR_n}{F_1+F_2+\cdots+F_n}$$

式中：R 为流域平均径流深，mm；R_1、R_2、…、R_n 为相应于各部分面积的两条等值线间的平均径流深，mm；F_1、F_2、…、F_n 为等值线间的面积，km^2。

在小流域中，流域内通过的等值线很少，甚至没有一条等值线通过，可按通过流域重心的直线距离比例内插法，计算流域平均径流深。

（二）模比系数

年径流 C_v 值的估算：年径流深的 C_v 值，也有等值线图可供查算，方法与年径流均值估算方法类似，但可更简单一点，即按比例内插出流域重心的 C_v 值就可以了。

年径流 C_s 值的估算：年径流的 C_s 值，一般采用 C_v 的倍比。按照规范规定，一般可采用 $C_s=$（2～3）C_v。可由径流量（C_s/C_v）类型分布图确定其关系。由皮尔逊Ⅲ型曲线模比系数值表查得相应频率的 K_p 值。

（三）设计年径流计算

在确定了年径流的均值、C_v、C_s 后，便可借助于皮尔逊Ⅲ型频率曲线表确定设计频率的年径流值。

举例：求大城县区域面积为160km²，设计径流量相当于10年一遇的年径流总量。

首先从廊坊市多年平均径流深等值线图查得年径流深为50.0mm，由廊坊市多年平均径流深变差系数等值线图查得 $C_v=1.00$，按 $C_s=2.0C_v$ 查皮尔逊Ⅲ型曲线，模比系数 $K_p=2.30$。

计算面积较小，用点上资料即可代替面上平均值。由此计算出大城县区域面积160km²，10年一遇的径流总量为

$$W=0.1K_pRF=0.1\times2.30\times50\times160=1840(\text{万 m}^3)$$

二、设计径流量年内分配

通过实测资料选择的典型年（枯水年、平水年）年内分配与计算的设计年径流量有差别，设计时需要对典型年的径流分配过程进行缩放，常用的方法有同倍比法。

将典型年的径流分配过程按年径流量的倍比进行缩放，计算公式为

$$K=\frac{W_p}{W_m}$$

式中：K 为缩放系数；W_p 为设计频率为 P 的年径流量，万 m³；W_m 为典型年的径流量，万 m³。

设计径流年内分配过程按下式计算：

$$Q_p(t)=KQ_m(t)$$

式中：$Q_p(t)$ 为设计径流年内分配过程；$Q_m(t)$ 为典型年的径流年内分配过程；K 为缩放倍数。

举例：洵河三河水文站2006年实测径流量为4487.1万 m³。计算得到的10年一遇设计流量为5000万 m³，求设计年径流量的年内分配。

首先计算缩放系数：$K=5000/4487.1=1.114$。然后根据缩放系数，对典型年年内分配过程进行同倍缩放，计算成果见表4-1。

表4-1　设计年径流年内分配表

项目	径流量年内分配/万 m³												合计/万 m³
	1月	2月	3月	4月	5月	6月	7月	8月	9月	10月	11月	12月	
典型年	326.8	321.8	334.8	246.5	342.8	324.0	602.6	1224.0	252.7	135.3	177.6	198.2	4487.1
设计年	364.1	358.5	373.1	274.7	382.0	361.0	671.4	1363.7	281.6	150.8	197.9	220.9	4999.7

第二节　径流量变化特征

一、年径流系数

廊坊市多年平均年径流系数的地区分布与年径流深相似。在低洼易涝区的文安县、大城县年径流系数为大于0.08的高值地带。其中文安县最大，年径流系数达0.084以上；大城县次之，为0.081以上。原因是该区地势低平，地下水埋深较浅，埋深变化不大，产

流方式以蓄满产流为主，较其他两个降雨径流分区较易产流。在廊坊市中部平原地势较高区的广阳区、安次区、固安县、永清县一带出现了年径流系数为0.04左右的低值区，其中固安县最低，为0.038。廊坊市的燕山山前平原区的三河市、大厂县、香河县年径流系数在0.08左右。廊坊市多年平均年径流系数为0.062。不同流域分区及行政区域的年径流系数见表4-2和表4-3。

表4-2　廊坊市不同流域分区年径流系数成果表

流　域　分　区	年降水量/mm	年径流		径流系数
		径流深/mm	径流量/亿 m^3	
北四河下游平原	567.5	33.6	0.8274	0.059
大清河淀东平原	522.5	33.8	1.3407	0.065
多年平均	539.7	33.7	2.1666	0.062

表4-3　廊坊市不同行政区域年径流系数成果表

行　政　区	年降水量/mm	年径流		径流系数
		径流深/mm	径流量/亿 m^3	
三河市	605.7	47.3	0.3044	0.078
大厂县	586.5	46.3	0.0815	0.079
香河县	578.8	40.8	0.1867	0.070
广阳区	549.0	21.3	0.0901	0.039
安次区	538.3	21.1	0.1230	0.039
固安县	524.5	20.1	0.1401	0.038
永清县	526.2	22.5	0.1742	0.043
霸州市	517.0	32.0	0.2512	0.062
文安县	520.7	43.9	0.4306	0.084
大城县	524.2	42.4	0.3854	0.081
多年平均	539.7	33.7	2.1666	0.062

二、年径流量的区域变化规律

年径流的分布规律基本上与年降水一致，但地区分布变化更大，这是由于径流除了受降水分布不均的影响外，还要经过流域下垫面的调节，其地区分布的变化是降水和流域下垫面综合作用的结果。

从多年平均年径流深等值线图上可以看出，廊坊市径流深有两个高值区。一个是在廊坊市北部的三河市、大厂县一带，另一个是廊坊市南部的低洼易涝区的文安县、大城县一带。其中三河市、大厂县一带年径流深达45mm以上。文安县、大城县一带年径流深在40mm左右，年径流深在高值带向中部逐渐减小。在中部平原地势较高区出现了低值区，该区有两个低值中心：一个在固安县一带，另一个在安次区、永清县一带，包括其周围县乡，年径流深在20mm左右。廊坊市的香河县、文安县、大城县一带年径流深大多在40mm左右。

三、径流量年内分配

径流量年内分配的特点与降水年内变化的规律相似，但由于下垫面因素的影响，使径流的年内分配比降水更为集中。廊坊市径流量主要集中在汛期的6—9月，4个月多年平均径流深为31.7mm，占全年的93.7%。汛期又集中在7—8月，一般占全年的80%～90%，有的年份甚至达到100%。

径流的多年变化规律受降水的多年变化规律及下垫面因素等多种因素影响，年际变化程度比降水更为剧烈，年际变化更大，有相当一部分流域或区间枯水年份产流量很少甚至不产流。年最大径流深为328.1mm，发生在永清县（1994年），最小径流深为“0”，各县均有发生。

廊坊市各行政分区及流域分区多年平均径流深年内分配见表4-4和表4-5。

表4-4　　廊坊市各行政分区多年平均径流深年内分配表

行政区	项目	5月	6月	7月	8月	9月	10月	全年	汛期（6—9月）
三河市	径流深/mm	0.0	1.5	18.4	20.8	5.2	1.4	47.3	45.9
	百分比/%	0.0	3.1	38.9	44.0	11.0	3.0	100	97.0
大厂县	径流深/mm	1.7	4.7	16.0	16.8	4.5	2.6	46.3	42.0
	百分比/%	3.7	10.2	34.6	36.2	9.7	5.6	100	90.7
香河县	径流深/mm	0.0	2.7	19.5	18.6	0.0	0.0	40.8	40.8
	百分比/%	0.0	6.6	47.8	45.6	0.0	0.0	100	100
广阳区	径流深/mm	0.0	0.0	8.8	9.3	2.1	1.1	21.3	20.2
	百分比/%	0.0	0.0	41.3	43.7	9.8	5.2	100	94.8
安次区	径流深/mm	0.0	0.0	8.7	10.4	2.1	0.0	21.2	21.2
	百分比/%	0.0	0.0	41.0	49.2	9.8	0.0	100	100
固安县	径流深/mm	0.0	0.0	11.7	8.4	0.0	0.0	20.1	20.1
	百分比/%	0.0	0.0	58.2	41.8	0.0	0.0	100	100
永清县	径流深/mm	0.0	0.0	13.8	8.7	0.0	0.0	22.5	22.5
	百分比/%	0.0	0.0	61.3	38.7	0.0	0.0	100	100
霸州市	径流深/mm	0.0	0.0	19.8	12.2	0.0	0.0	32.0	32.0
	百分比/%	0.0	0.0	61.9	38.1	0.0	0.0	100	100
文安县	径流深/mm	2.2	4.6	13.2	16.0	4.7	3.2	43.9	38.5
	百分比/%	5.0	10.5	30.1	36.4	10.7	7.3	100	87.7
大城县	径流深/mm	3.5	3.9	13.2	14.2	4.3	3.2	42.3	35.6
	百分比/%	8.3	9.2	31.2	33.6	10.1	7.6	100	84.1

表 4-5 廊坊市各流域分区多年平均径流深年内分配表

流域分区	项目	5月	6月	7月	8月	9月	10月	全年	汛期（6—9月）
北四河下游平原	径流深/mm	0.1	1.2	14.3	14.7	2.5	0.8	33.6	32.7
	百分比/%	0.4	3.6	42.5	43.9	7.4	2.2	100	97.4
大清河淀东平原	径流深/mm	1.4	2.0	14.3	12.4	2.2	1.5	33.8	30.9
	百分比/%	4.0	6.1	42.2	36.7	6.5	4.5	100	91.5
平均	径流深/mm	0.9	1.7	14.3	13.3	2.3	1.2	33.7	31.6
	百分比/%	2.7	5.0	42.4	39.5	6.8	3.6	100	93.7

第三节 出入境水量

廊坊地处海河流域下游，北有潮白蓟运河、北运河、永定河，南有大清河、子牙河等水系。目前廊坊市入境河流主要有：北四河下游平原的泃河、鲍邱河、潮白河、北运河、龙河、天堂河、永定河，大清河淀东平原的子牙河、大清河、赵王新河。

一、入境水量

依据资料情况，采用不同的入境水量计算方法。若入境处有控制水文站，则直接采用该站的实测水量，作为入境水量；若入境河流上的水文站距边界有一定距离，则采用控制站径流量加上上游引水量、河道损失量，扣除区间产水量，作为入境水量。

根据实际情况，廊坊市一般年份区间产水量很少，甚至不产流，只有大水年份，才有区间水量流入河道。因此，区间产水量平水年份及枯水年份不予考虑，丰水年份区间产水量或采用区间面雨量乘该年径流模数再乘区间面积计算，或采用面径流量的百分比进行估算等。

（一）主要河道入境水量

1. 泃河

泃河发源于河北省兴隆县，由三河市进入境内。1971年以前，在泃河出境处有新集站，流域面积为2276km^2；1972年上迁至三河站，流域面积为2230km^2。廊坊市上游泃河入境口流域面积为2100km^2。因此，泃河入境水量1971年前采用新集站实测值加上上游引水量、河道损失量，扣除上游区间产水量等，1972年后采用三河断面实测值加上三河断面上游引水量、河道损失量，扣除上游区间产水量等。其中，区间产水量只有丰水年有一部分进入河道，其他年份区间产水量忽略不计。

1956—1971年入境水量：

$$W_{入境}=W_{新集实测}+W_{引水}+W_{损失}-W_{区间}$$

1972—2010年入境水量：

$$W_{入境}=W_{三河实测}+W_{引水}+W_{损失}-W_{区间}$$

式中：$W_{入境}$为河道入境水量，万m^3；$W_{新集实测}$为新集控制站实测径流量，万m^3；$W_{三河实测}$

为三河控制站实测径流量，万 m³；$W_{损失}$ 为控制站至上游境内河道损失量，万 m³；$W_{引水}$ 为控制站至上游境内引水量，万 m³；$W_{区间}$ 为控制站至上游境内区间产水量，万 m³。

2. 鲍邱河

鲍邱河发源于北京市顺义区李遂镇以东丘陵地带，流经顺义、三河、大厂、香河、宝坻等县（市、区），于三河市高老寨村汇入泃河。该河道 1985—1993 年在入境处建有军下小面积试验站。由于该河道境外河源较短，入境水量很小，且试验资料无代表性，于 1994 年撤站。另外，鲍邱河出口处建有西罗村水文站，控制鲍邱河流入泃河水量。因此，鲍邱河入境水量 1985—1993 年采用军下站实测值，其他年份采用西罗村断面实测值加上上游引水量、河道损失量，扣除上游区间产水量等，区间产水量只有丰水年有一部分进入河道，其他年份区间产水量忽略不计。

1985—1993 年入境水量：

$$W_{入境}=W_{军下实测}+W_{引水}+W_{损失}-W_{区间}$$

其他年份入境水量：

$$W_{入境}=W_{西罗村实测}+W_{引水}+W_{损失}-W_{区间}$$

式中：$W_{军下实测}$ 为军下水文站实测水量，万 m³；$W_{西罗村实测}$ 为西罗村水文站实测水量，万 m³；其他符号意义同前。

3. 潮白河

潮白河在廊坊市三河市西部入境，流经廊坊市三河市、大厂县、香河县，在香河县出境，流入天津市。1962 年以后在香河县赶水坝建有水文站，为减轻北运河负担，在赶水坝上游建有牛牧屯引河、运潮减河，分泄北运河洪水至潮白河，因此，1962 年后潮白河入境水量采用赶水坝实测值加赶水坝上游引水量、运潮减河实测值、河道损失量，扣除区间产水量等（由于牛牧屯引河出入境均在廊坊市境内，有时为倒流，故不予考虑）。1961 年前采用北京市出境水量成果。

1956—1961 年入境水量：

$$W_{入境}=W_{北京市出境}$$

1962—2010 年入境水量：

$$W_{入境}=W_{赶水坝实测}+W_{引水}+W_{损失}-W_{区间}$$

式中：$W_{北京市出境}$ 为潮白河北京市出境水量，万 m³；$W_{赶水坝实测}$ 为赶水坝水文站实测水量，万 m³；其他符号意义同前。

4. 北运河

北运河在廊坊市香河县入境，入境处有凤港减河汇入，为减轻北运河负担，在入境处建有牛牧屯引河，分泄北运河洪水至潮白河（倒流），出口处分为北运河和青龙湾减河，在两条河上均建有水量监测站，入境水量采用北运河土门楼和青龙湾减河土门楼实测水量之和加上上游引水量、河道损失量，扣除区间产水量等（由于牛牧屯引河出入境均在廊坊市境内，有时为倒流，故不予考虑）。

$$W_{入境}=W_{北运河实测}+W_{青龙湾减河实测}+W_{引水}-W_{区间}+W_{损失}$$

式中：$W_{北运河实测}$ 为土门楼水文站北运河实测水量，万 m³；$W_{青龙湾减河实测}$ 为土门楼水文站青龙湾减河实测水量，万 m³；其他符号意义同前。

5. 永定河

永定河在廊坊市固安县入境，流经廊坊市固安县、永清县、安次区，在安次区出境，进入天津市。在永定河入境处建有固安水文站，其中 1959 年前建有石佛寺站，1959—1978 年建有大北市站，1979 年水量监测站上迁到永定河入境处固安站。因此入境水量计算 1956—1958 年采用石佛寺站实测水量，1959—1976 年采用大北市站实测水量，1979—2010 年采用固安站实测水量。另外，在安次区境内有龙河、天堂河排沥河道。龙河发源于大兴区黄村一带，在东张务闸下游汇入永定河；天堂河发源于大兴区鹅房，于付各庄村南进入永定河泛区。龙河在境内上游建有北昌水文站，天堂河在入境处建有更生水文站，因此，该两站实测值基本能代替两河入境量。

6. 大清河

大清河在廊坊市文安县西北入境，入境后成为文安、霸州界河；赵王河起自白洋淀，在文安县西部入境，至舍兴与大清河汇流，汇流后沿文安、霸州界入东淀；赵王新河是 1968 年新开的一条人工河道，起自白洋淀枣林庄闸与赵王河并行至史各庄下接赵王新渠，在西码头北汇入东淀；另外有任文干渠、任河大渠、小白河、排干三渠 4 条排渠接收上游客水入文安洼，以上各河道、渠道在廊坊市入境处均建有水文站；此外，在霸州市境内有中亭河、牤牛河排沥河道，中亭河承接清北地区雄县、霸州市沥水，牤牛河源于固安县流经霸州市，向下游 6km 入中亭河，该河道上游固安县境内有清北引渠太平庄渠首闸引白沟河水入牤牛河。因此，大清河入境量为以上各河、渠道入境水量与清南、清北沥水汇入量之和，即

$$W_{\text{入境}}=W_{\text{史各庄实测}}+W_{\text{赵王新渠实测}}+W_{\text{渠道}}$$

式中：$W_{\text{史各庄实测}}$为史各庄水文站实测水量，万 m^3；$W_{\text{赵王新渠实测}}$为赵王新渠实测水量，万 m^3；$W_{\text{渠道}}$为其他渠道水量，万 m^3。

7. 子牙河

子牙河在廊坊市大城县入境，沧州市境内建有水文站，同时，境内有南赵扶站进行水位监测，其中南赵扶站 1944—1956 年有流量监测资料。1975 年在入境处建有九高庄水文站，1978 年在子牙河出境处建有泊庄闸，年蓄水 730 万 m^3。因此，子牙河入境水量 1975—2010 年采用九高庄实测值；1956—1974 年采用上下游径流量相关法，通过建立献县、九高庄 1975—2010 年径流相关关系，据此，推求出九高庄站 1956—1974 年径流量，作为入境水量。

（二）总入境水量

廊坊市 1956—2010 年多年平均入境水量为 33.052 亿 m^3，其中北四河下游平原和大清河淀东平原入境水量分别为 19.423 亿 m^3 和 13.630 亿 m^3。

廊坊市入境水量年际变化较大，1956 年入境水量最大，达 159.86 亿 m^3；1983 年最小，仅为 5.40 亿 m^3，极值比为 29.6。

从不同年代平均入境水量统计看，入境水量的衰减幅度可分为两个阶段，一是由 20 世纪 50 年代的 106.821 亿 m^3，到 60 年代的 60.383 亿 m^3，再到 70 年代的 32.550 亿 m^3，衰减幅度分别为 43%、46%。二是由于各水系上游外省市对地表水资源的开发利用，使 80 年代入境水量急剧减少，由 70 年代的 32.550 亿 m^3，降到 80 年代的 10.154 亿 m^3，衰

减幅度达69%。90年代入境水量为26.854亿m^3，比80年代有所增加，进入21世纪入境水量大幅度减少，仅为8.017亿m^3。

入境水量是廊坊市地表水资源的补充部分。廊坊地处海河流域下游，入境水量受上游地区水利工程和水资源开发的影响。20世纪50—60年代随着工业、农业发展，用水量不断增加，上游地区进行了大规模的水利工程建设，入境水量随之减少，使得入境水量有明显减少趋势，见表4-6。

表4-6　　**廊坊市入境水量统计表**　　单位：亿m^3

时间	平均值	北四河下游平原	大清河淀东平原
1956—2010年	33.052	19.423	13.630
20世纪50年代	106.821	68.009	38.812
20世纪60年代	60.383	25.061	35.322
20世纪70年代	32.550	21.756	10.794
20世纪80年代	10.154	8.620	1.534
20世纪90年代	26.854	15.135	11.718
21世纪	8.017	7.955	0.062

二、出境水量

廊坊市出境河流有泃河、北运河、青龙湾减河、潮白河、永定河、大清河、子牙河，均流入天津市。

各河出境水量计算方法视资料条件而定，其计算方法与入境水量计算方法相同。

（一）主要河道出境水量

1. 泃河

泃河流经廊坊市三河市，在三河市高老寨村有鲍邱河汇入，然后进入天津市，1971年前泃河在出境附近建新集站监测流量，1972—2010年由新集站迁至三河站进行监测，为减轻泃河负担，1978年在引泃入潮西罗村建有泄洪闸，分泄泃河洪水，分泄水量由西罗村（槽上）站监测；同时在鲍邱河建有西罗村站监测鲍邱河入泃河流量，因此，泃河出境水量1971年前采用新集站实测值减去新集断面下游引水量、河道损失量，加上区间产水量等；1972—1978年，采用三河站实测数值减去三河断面下游引水量、河道损失量，加上区间产水量等；1978年后，采用三河站实测数值减去三河断面下游引水量，河道损失量、加上区间产水量，再加上鲍邱河西罗村实测值等。

1956—1971年出境水量：

$$W_{出境}=W_{新集站}-W_{损失}-W_{引水}+W_{区间}$$

1972—1978年出境水量：

$$W_{出境}=W_{三河站}-W_{损失}-W_{引水}+W_{区间}$$

1978—2010年出境水量：

$$W_{出境}=W_{三河站}-W_{损失}-W_{引水}+W_{区间}+W_{西罗村站}$$

式中：$W_{新集站}$为新集站实测水量，万m^3；$W_{三河站}$为三河水文站实测水量，万m^3；$W_{西罗村站}$

为西罗村水文站实测水量，万 m^3。

2. 潮白河

潮白河流经廊坊市三河市、大厂县、香河县，在廊坊市香河县出境，进入天津市。香河县赶水坝建有水文站。此站于1962年建成，因此，1956—1961年出境水量采用潮白河入境量减去三河市、大厂县、香河等引水量及河道损失量，加上区间产水量等；1962—2010年出境水量，采用赶水坝实测值减去赶水坝下游引水量、河道损失量，加上区间产水量等。

1956—1961年出境水量：

$$W_{出境}=W_{入境}-W_{引水}-W_{损失}+W_{区间}$$

1962—2010年出境水量：

$$W_{出境}=W_{赶水坝站}-W_{引水}-W_{损失}+W_{区间}$$

式中：$W_{入境}$为北京市在潮白河的入境水量，万 m^3；$W_{赶水坝站}$为赶水坝水文站实测水量，万 m^3；其他符号意义同前。

3. 北运河

北运河在香河县出境进入天津市，出口处建有北运河土门楼（北）水文站，出境水量采用北运河土门楼（北）断面实测水量。

4. 青龙湾减河

青龙湾减河在香河县境内由北运河分出，为减轻北运河行洪压力而开挖的人工河道，在香河县出境进入天津市。该河上建有土门楼（青）水文站，出境水量采用青龙湾减河土门楼（青）断面实测水量。

5. 永定河

永定河进入廊坊市永清县后，即进入永定河泛区，水量损失较大，出境处无流量监测断面，因此，出境水量采用入境水量扣除50%河道调蓄、渗漏、蒸发等后，即为出境水量。

6. 大清河

大清河流经文安、霸州边界后与赵王河汇流，汇流后出境水量主要为西码头泄洪闸放水；文安洼出境水量主要为滩里扬水站排水。因此，赵王河出境水量采用赵王河入境水量扣除文安用水量、西码头闸蓄水量；文安洼出境水量采用滩里扬水站排水量计算；中亭河在胜芳设有胜芳水文站，集水面积为2200km^2，该站下游约20km进入天津市，因此，中亭河出境水量采用胜芳站实测数值减去胜芳断面下游引水量、河道损失量，加上区间产水量等。

7. 子牙河

子牙河在廊坊市大城县入境，境内河长46.6km，境内出境附近建有南赵扶水位站，其中南赵扶站1944—1956年有流量监测资料。1975年在入境处建有九高庄水文站，1978年在子牙河出境处建有泊庄闸，年蓄水730万 m^3。

子牙河出境水量：1975—2010年采用河道入境水量（九高庄实测值）扣除境内引水量、河道损失量、闸坝蓄水量，加上区间产水量等。1956—1974年出境水量：通过建立献县站、南赵扶站1944—1956年径流相关关系，据此，推求出南赵扶站1956—1974年径流量，因此，1956—1974年采用南赵扶站径流量资料扣除南赵扶站下游境内引水量、河道损失量等作为出境水量。

（二）总出境水量

廊坊市1956—2010年多年平均出境水量为23.57亿m^3，其中北四河下游平原和大清河淀东平原出境水量分别为14.75亿m^3和8.82亿m^3。出境水量年际变化大。廊坊市出境水量以1956年最大，为112.26亿m^3；1983年最小，仅为2.14亿m^3。年出境水量最大与最小比值为52.5，变化甚为剧烈。

出境水量的多年变化与入境水量的变化基本一致，从50年代到80年代出境水量一直都在大幅度减少。50年代平均为74.174亿m^3，到60年代的44.400亿m^3，再到70年代的24.811亿m^3，衰减幅度分别为40%、44%。80年代平均年出境水量继续减少是由于各水系入境水量急剧减少所造成的。由70年代的24.811亿m^3，到80年代的6.653亿m^3，衰减幅度达73%。90年代年出境水量为17.157亿m^3，比80年代有所增加，进入21世纪随着入境水量的急剧减少，出境水量相应减少，仅为6.025亿m^3。廊坊市出境水量统计见表4-7。

表4-7　　廊坊市出境水量统计表　　单位：亿m^3

时　间	平均值	北四河下游平原	大清河淀东平原
1956—2010年	23.572	14.749	8.824
20世纪50年代	74.174	47.788	26.386
20世纪60年代	44.400	20.225	24.175
20世纪70年代	24.811	17.173	7.638
20世纪80年代	6.653	5.895	0.758
20世纪90年代	17.157	11.752	5.405
21世纪	6.025	6.025	0.000

第四节　河流水文特征

河流的水文特征包括水量大小、汛期及水量季节变化、含沙量、流速、结冰期等。影响河流水文变化的最重要因素是河流的补给，即水源。廊坊市主要河流有泃河、鲍邱河、引泃入潮、潮白河、牛牧屯引河、北运河、青龙湾减河、永定河、龙河、天堂河、大清河、白沟引河、灌河、赵王河、文安洼、任河大渠、牤牛河、中亭河、排干三渠、子牙河、子牙新河等。

一、北三河水系河流水文特征

（一）泃河三河水文站

三河水文站为潮白蓟运河流域蓟运河水系泃河控制站。泃河发源于河北省兴隆县青灰岭南麓，上游为山区，北京市平谷区以下为平原，在平谷区附近有错河汇入，在三河市高老寨村有鲍邱河汇入，流经兴隆县、平谷区、三河市、蓟县、宝坻区等，在宝坻区张古庄

附近与州河汇流成蓟运河，流域形状系数约为 0.18，河网密度约为 0.11。主河道长 110km，流域平均宽度为 20.3km。

三河站上游 60km 处有海子水库汛期拦蓄洪水，海子水库有效库容为 1.21 亿 m^3，控制面积为 440km^2，灌溉面积约 1.0 万 hm^2。泃河中游有南周庄分洪闸，分泃河水入青甸洼，泃河口邵庄有退水闸，向泃河退青甸洼积水，在引泃入潮泄洪口左侧建有泃河辛撞节制闸，泃河下泄量在 830～1080m^3/s 时，由引泃入潮下泄入潮白河。三河站上游约 8km 处有孟各庄节制闸一座，下游 4km 处有错桥节制闸一座、11.3km 处有红旗庄拦河闸一座，两闸枯季蓄水灌溉。泃河流域内 1.0m^3/s 以下的扬水站共 97 处，年抽水量约 2800 万 m^3，1.0m^3/s 以上的有 2 处，年用水量约 500 万 m^3。

三河水文站上游流域共有 21 处雨量站，密度为 106km^2/站。该站多年平均年降水量为 614.4mm，建站以来多年平均径流量为 2.1780 亿 m^3，多年平均含沙量为 0.37kg/m^3，多年平均输沙量为 3.09 万 t。该站上游设有罗庄子水文站。泃河三河（二）水文站水文特征值统计见表 4-8。

表 4-8　　泃河三河（二）水文站水文特征值统计表

年份	年径流量 /亿 m^3	年最大流量 /(m^3/s)	发生时间 /(月-日)	年最小流量 /(m^3/s)	发生时间 /(月-日)	最高水位 /m	发生时间 /(月-日)
1972	—	106	7-20	0	6-9	12.18	7-20
1973	2.090	78.5	8-22	0	5-2	12.27	8-22
1974	3.732	190	8-2	0	5-26	13.63	8-2
1975	1.508	85.2	7-30	0.100	5-17	12.20	7-30
1976	2.110	76.8	6-30	0	5-11	12.08	1-13
1977	4.180	207	8-4	0	6-5	13.97	8-4
1978	6.310	429	8-29	0.029	7-20	15.48	8-29
1979	6.370	288	8-17	1.36	4-3	14.87	8-17
1980	1.550	19.5	6-6	0.750	5-22	11.57	3-23
1981	0.4240	5.10	7-8	0	5-25	11.17	2-20
1982	1.400	158	7-26	0	4-5	13.08	8-5
1983	1.190	91.6	8-6	0	12-19	12.26	8-7
1984	0.9820	150	8-11	0	9-24	13.32	8-11
1985	2.230	131	8-19	0.510	5-7	12.68	8-19
1986	1.850	54.7	7-19	0.250	5-18	11.79	12-7
1987	5.350	234	8-28	1.42	5-17	13.83	8-28
1988	2.800	88.7	8-9	2.02	5-18	12.04	8-9
1989	1.553	79.4	7-23	1.05	8-15	11.90	9-24
1990	2.556	88.2	6-28	0.590	6-27	12.83	3-8
1991	2.926	134	7-22	1.00	5-23	12.53	4-14
1992	1.747	41.1	8-4	0.780	5-5	11.76	12-31
1993	1.368	68.3	8-5	0.780	5-31	12.03	2-4
1994	6.139	809	7-13	0.590	2-20	16.30	7-13
1995	3.318	114	8-4	1.35	12-10	12.65	3-16

续表

年份	年径流量/亿 m³	年最大流量/(m³/s)	发生时间/(月-日)	年最小流量/(m³/s)	发生时间/(月-日)	最高水位/m	发生时间/(月-日)
1996	5.732	284	8-6	1.40	6-4	14.31	8-6
1997	2.347	90.0	8-1	2.70	9-10	13.29	11-2
1998	1.821	71.5	7-24	1.65	4-21	12.86	10-26
1999	1.377	45.7	7-13	0.930	8-13	12.72	5-11
2000	1.409	93.0	7-8	0.420	7-14	12.81	10-31
2001	1.244	58.0	9-8	0.574	5-31	12.90	3-31
2002	1.072	62.6	8-6	0.383	9-15	12.84	3-3
2003	0.7981	85.0	4-28	0	6-19	13.00	3-21
2004	0.5506	12.3	8-26	0.689	10-18	11.57	3-17
2005	0.6097	41.0	8-17	0.350	5-29	11.67	3-4
2006	0.4488	53.8	8-10	0.413	9-26	11.36	12-6
2007	0.3967	80.0	6-14	0.359	9-30	11.68	3-5
2008	0.4751	77.5	10-10	0.372	6-12	11.53	5-13
2009	0.4082	54.8	11-18	0.430	6-16	12.32	11-18
2010	0.3905	24.0	5-25	0.318	7-6	12.79	3-23

（二）鲍邱河西罗村水文站

西罗村水文站为鲍邱河流入泃河水量控制站，鲍邱河发源于北京市顺义区李遂镇以东丘陵地带，流经顺义区、三河市、大厂县、香河县、宝坻区等，于三河市新集镇芮庄子村东南汇入泃河。西罗村水文站位于鲍邱河入泃河出口处，控制鲍邱河流入泃河水量，该站建站以来多年平均径流量为 0.2417 亿 m³。鲍邱河西罗村水文站水文特征值统计见表 4-9。

表 4-9　鲍邱河西罗村水文站水文特征值统计表

年份	年径流量/亿 m³	年最大流量/(m³/s)	发生时间/(月-日)	年最小流量/(m³/s)	发生时间/(月-日)	最高水位/m	发生时间/(月-日)
1979	0.5986	88.8	8-16	0	1-1	10.58	8-16
1980	0.3408	13.3	6-6	0	1-1	7.60	2-3
1981	0.1080	5.90	1-5	0	3-23	7.68	7-27
1982	0.1200	29.3	8-16	0	1-1	6.74	8-5
1983	0.0126	3.00	8-8	0	1-1	5.82	1-7
1984	0.1160	51.6	8-11	0	1-1	8.26	8-11
1985	0.0279	22.5	7-14	0	1-1	7.74	11-8
1986	0.0898	26.1	7-25	0	1-1	7.59	9-14
1987	0.3590	36.4	8-23	0	1-1	8.02	8-19
1988	0.2530	35.9	8-16	0	1-1	7.97	12-31

续表

年份	年径流量/亿 m^3	年最大流量/(m^3/s)	发生时间/(月-日)	年最小流量/(m^3/s)	发生时间/(月-日)	最高水位/m	发生时间/(月-日)
1989	0.0118	3.00	7-22	0	1-1	7.90	1-1
1990	0.1889	25.5	8-3	0	1-1	7.36	8-2
1991	0.0971	18.7	7-30	0	1-1	7.28	3-2
1992	0	0	1-1	0	1-1	6.71	11-18
1993	0	0	1-1	0	1-1	6.45	1-1
1994	1.420	203	7-14	0	1-1	10.74	7-14
1995	0.1506	28.2	8-3	0	1-1	7.25	8-7
1996	0.3913	90.5	8-10	0	1-1	9.44	8-11
1997	0.0609	9.40	8-2	0	1-1	6.57	6-14
1998	0.2433	33.0	7-24	0	1-1	6.92	7-25
1999	0	0	1-1	0	1-1	河干	1.1
2000	0	0	1-1	0	1-1	河干	1.1
2001	0	0	1-1	0	1-1	河干	1.1
2002	0	0	1-1	0	1-1	河干	1.1
2003	0	0	1-1	0	1-1	河干	1.1
2004	0	0	1-1	0	1-1	河干	1.1
2005	0.3521	20.6	8-18	0	1-1	6.17	8-18
2006	0.5856	9.60	6-12	0	1-1	6.14	9-2
2007	0.5550	9.50	7-1	0	2-10	6.22	3-27
2008	0.5285	9.00	8-13	0	4-1	6.28	11-8
2009	0.7320	14.4	3-6	0.278	9-30	6.57	2-20
2010	0.3914	55.3	6-12	0.130	5-25	6.78	6-12

（三）引泃入潮西罗村（槽上）水文站

西罗村（槽上）水文站为引泃入潮控制站。引泃入潮为人工河道。为减轻泃河负担，在辛撞引泃入潮建有泃河闸，控制下泄量 830m^3/s，超过该值时由西罗村跨过鲍邱河倒虹吸导入潮白河，分泄泃河洪水。该站建站以来多年平均径流量为 0.6824 亿 m^3。引泃入潮西罗村（槽上）水文站水文特征值统计见表 4-10。

表 4-10　　引泃入潮西罗村（槽上）水文站水文特征值统计表

年份	年径流量/亿 m^3	年最大流量/(m^3/s)	发生时间/(月-日)	年最小流量/(m^3/s)	发生时间/(月-日)	最高水位/m	发生时间/(月-日)
1991	1.650	107	7-23	0	1-1	8.51	7-23
1992	0.3546	32.7	8-4	0	1-1	7.85	8-4
1993	0.3975	61.4	8-5	0	1-1	7.90	8-5
1994	4.408	594	7-14	0	1-1	10.67	7-14

续表

年份	年径流量/亿 m^3	年最大流量/(m^3/s)	发生时间/(月-日)	年最小流量/(m^3/s)	发生时间/(月-日)	最高水位/m	发生时间/(月-日)
1995	2.449	99.8	8-7	0	2-12	8.19	8-4
1996	4.157	287	8-6	0	1-1	9.31	8-6
1997	0.1962	77.8	8-2	0	1-1	8.10	8-2
1998	0	0	1-1	0	1-1	河干	1-1
1999	0	0	1-1	0	1-1	河干	1-1
2000	0	0	1-1	0	1-1	河干	1-1
2001	0	0	1-1	0	1-1	河干	1-1
2002	0	0	1-1	0	1-1	河干	1-1
2003	0	0	1-1	0	1-1	河干	1-1
2004	0	0	1-1	0	1-1	河干	1-1
2005	0	0	1-1	0	1-1	河干	1-1
2006	0	0	1-1	0	1-1	河干	1-1
2007	0	0	1-1	0	1-1	河干	1-1
2008	0	0	1-1	0	1-1	河干	1-1
2009	0	0	1-1	0	1-1	河干	1-1
2010	0.0366	5.10	6-18	0	1-1	7.49	7-13

（四）潮白河赶水坝水文站

赶水坝水文站为潮白蓟运河流域潮白河水系潮白河控制站。潮白河以上主要有潮河、白河两支，潮河发源于河北省丰宁县，白河发源于河北省沽源县，在北京市密云区境内汇合，建有密云水库，经由河北省三河市进入廊坊市境内。下游开挖了潮白新河，在大刘坡断面以上有青龙湾减河汇入，至宁车沽与永定新河汇合后在北塘入渤海。主河道长：密云水库白河坝至赶水坝 115km，潮河坝至赶水坝 125km。该站多年平均年降水量 558.9mm，建站以来多年平均径流量为 3.035 亿 m^3，多年平均含沙量为 0.309kg/m^3，多年平均输沙量为 13.2 万 t。

赶水坝水文站上游设有北京市苏庄水文站。苏庄水文站至赶水坝水文站断面之间建有北杨庄渠首闸、运潮减河师姑庄泄洪闸、谭台进水闸、岭子进水闸及苏庄、沮沟、白庙、兴各庄、于辛庄橡胶坝等闸坝。上游流域共有 111 处雨量站，密度为 164km^2/站。潮白河赶水坝（闸下）水文站水文特征值统计见表 4-11。

表 4-11　　潮白河赶水坝（闸下）水文站水文特征值统计表

年份	年径流量/亿 m^3	年最大流量/(m^3/s)	发生时间/(月-日)	年最小流量/(m^3/s)	发生时间/(月-日)	最高水位/m	发生时间/(月-日)
1961	—	61.8	7-24	3.18	11-6	11.88	12-13
1962	7.855	598	7-26	0	3-17	13.29	7-26
1963	7.092	659	8-10	1.34	6-10	13.33	8-10

续表

年份	年径流量 /亿 m^3	年最大流量 /(m^3/s)	发生时间 /(月-日)	年最小流量 /(m^3/s)	发生时间 /(月-日)	最高水位 /m	发生时间 /(月-日)
1964	—	—		—		12.68	8-6
1965	—	—		—		12.27	7-24
1966	—	—		—		12.71	8-17
1967	—	—		—		12.33	8-21
1968	—	—		—		11.88	7-17
1969	—	—		—		14.19	8-12
1970	—	—		—		12.40	8-1
1971	—	—		—		11.72	6-28
1972	1.739	828	7-29	0	1-1	13.59	7-29
1973	4.272	414	7-4	0	2-10	12.59	7-4
1974	6.915	414	7-26	0	3-2	12.66	7-26
1975	2.232	310	7-30	0	1-1	12.24	7-30
1976	12.29	696	8-8	0	1-1	13.25	8-8
1977	8.220	451	8-3	0	1-1	12.57	8-3
1978	4.760	363	8-28	0	1-1	12.20	8-28
1979	6.540	470	8-16	0	2-15	12.32	8-16
1980	0.4280	81.2	6-22	0	1-12	10.95	6-22
1981	0.1940	205	7-5	0	1-1	11.69	7-5
1982	0.5560	94.5	7-26	0	1-1	11.11	7-26
1983	0.2020	119	8-7	0	1-1	11.31	8-7
1984	0.3590	218	8-10	0	1-1	11.96	8-11
1985	1.040	96.0	8-26	0	1-1	11.24	8-27
1986	0.3920	60.4	6-28	0	1-1	10.96	6-28
1987	0.3210	17.2	9-6	0	1-1	10.63	9-6
1988	2.410	224	8-10	0	1-1	11.94	8-10
1989	0.5011	45.7	7-22	0	1-1	10.71	7-22
1990	0.7463	117	7-8	0	1-1	11.48	7-8
1991	1.216	197	6-11	0	1-1	11.75	6-11
1992	0.5829	80.5	8-3	0	1-1	11.09	8-3
1993	0	0	1-1	0	1-1	河干	1-1
1994	4.435	577	7-14	0	1-1	13.25	7-14
1995	2.444	158	6-9	0	1-1	11.35	6-9
1996	4.431	528	8-6	0	2-29	12.82	8-6
1997	3.042	228	7-20	0	6-27	11.69	7-20

续表

年份	年径流量 /亿 m^3	年最大流量 /(m^3/s)	发生时间 /(月-日)	年最小流量 /(m^3/s)	发生时间 /(月-日)	最高水位 /m	发生时间 /(月-日)
1998	5.927	585	7-25	0	3-22	12.80	7-25
1999	2.329	108	10-1	0	6-11	11.07	10-1
2000	2.812	92.9	8-28	0	3-25	10.88	8-28
2001	2.079	72.6	7-26	0	3-28	10.83	7-26
2002	1.856	46.1	8-22	0	3-3	10.65	8-22
2003	2.917	69.3	9-5	0	2-18	11.08	11-30
2004	3.172	152	11-30	0	3-4	10.91	8-9
2005	3.196	76.4	5-18	0	3-24	10.91	8-9
2006	3.544	111	7-25	0	1-12	11.07	7-25
2007	2.933	203	8-2	0	3-30	11.60	8-2
2008	2.735	216	8-11	0	3-24	11.65	8-11
2009	2.381	127	7-17	0	2-9	11.05	7-18
2010	3.347	101	7-10	0	4-13	10.95	7-10

(五) 牛牧屯引河牛牧屯水文站

牛牧屯水文站位于牛牧屯引河，为潮白河分水入北运河控制站。牛牧屯引河河长4.5km，天津市引滦工程实施前，为潮白河向天津市供水河道。该河枯季从北运河向潮白河引水，为倒比降；洪水期间从潮白河向北运河引水，为正流。测验河段位于凌家吴村西南牛牧屯节制闸附近。

1972年牛牧屯节制闸扩建后，由原6孔增至14孔，引河河槽左岸加宽约40m，河槽总宽约100m，河床为沙壤土，略有冲淤。闸下基本水尺断面距闸约300m，闸上基本水尺断面距闸约80m，上游1000m是牛牧屯引河入口，入口处在潮白河下游约4.0km有吴村节制闸（吴村闸），吴村闸闸门变动时对该站流量有影响。牛牧屯引河在断面下游约3.0km汇入北运河。流量出现负值是由于闸门启闭或河道调水引起河道流量反方向流动。该站建站以来多年平均径流量为1.658亿m^3。牛牧屯引河牛牧屯（闸上）水文站水文特征值统计见表4-12。

表4-12　　牛牧屯引河牛牧屯（闸上）水文站水文特征值统计表

年份	年径流量 /亿 m^3	年最大流量 /(m^3/s)	发生时间 /(月-日)	年最小流量 /(m^3/s)	发生时间 /(月-日)	最高水位 /m	发生时间 /(月-日)
1956	—	279	8-2	1.50	9-28	15.93	8-5
1957	—	113	8-13	0.100	9-18	13.62	8-13
1958	—	494	7-15	-8.30	9-14	14.98	7-15
1959	—	90.0	8-5	0	6-10	15.05	8-8
1960	—	18.4	7-21	0	7-5	13.30	7-17
1961	—	48.8	7-18	0	7-29	13.69	7-21

续表

年份	年径流量 /亿 m³	年最大流量 /(m³/s)	发生时间 /(月-日)	年最小流量 /(m³/s)	发生时间 /(月-日)	最高水位 /m	发生时间 /(月-日)
1962	0.8377	109	7-26	0	1-1	14.14	7-26
1963	1.387	53.5	6-11	0	1-1	15.07	8-11
1964	1.920	57.8	9-13	0	1-1	14.23	8-6
1965	8.850	109	7-21	0	6-26	14.12	7-23
1966	8.771	110	8-15	0	6-28	14.32	8-17
1967	5.778	121	5-24	0	6-10	13.76	8-21
1968	11.92	140	5-26	0	1-1	13.64	9-18
1969	5.562	160	8-12	−34.8	8-10	15.59	8-12
1970	8.786	133	5-24	−35.2	8-11	13.94	8-2
1971	8.016	142	5-27	0	2-11	13.85	5-1
1972	2.465	160	7-21	0	1-1	15.26	7-29
1973	1.374	130	9-3	−48.2	8-14	14.27	8-22
1974	6.843	175	6-1	0	1-1	14.25	7-26
1975	7.976	172	10-13	0	2-7	13.96	7-30
1976	3.344	157	6-30	0	1-1	14.7	8-8
1977	3.550	83.6	12-18	0	4-11	14.09	8-3
1978	2.870	90.0	1-14	−14.3	6-10	14.01	8-28
1979	2.730	77.0	6-15	0	1-1	14.07	6-6
1980	6.880	88.0	7-1	0	1-1	13.59	4-12
1981	2.620	115	7-8	0	7-12	13.46	7-5
1982	0.6840	56.4	8-7	0	1-1	13.48	8-5
1983	−0.0227	51.0	8-8	−36.5	11-30	13.60	8-7
1984	−0.4760	2.40	5-30	−44.6	1-26	14.17	8-11
1985	0	0	1-1	0	1-1	12.97	7-4
1986	0	0	1-1	0	1-1	河干	1-1
1987	0	0	1-1	0	1-1	河干	1-1
1992	0	0	1-1	0	1-1	河干	1-1
1993	0	0	1-1	0	1-1	河干	1-1
1994	0	0	1-1	0	1-1	河干	1-1
1995	−0.1790	17.0	11-8	−31.8	11-12	12.49	12-6
1996	−1.324	5.10	12-27	−45.4	11-21	13.38	12-5
1997	−1.609	5.10	1-1	−42.3	6-9	13.59	9-1
1998	−0.3055	24.7	8-29	−33.2	1-10	13.52	9-23
1999	−2.589	0	1-1	−53.5	12-11	(13.32)	(1-29)

续表

年份	年径流量/亿 m^3	年最大流量/(m^3/s)	发生时间/(月-日)	年最小流量/(m^3/s)	发生时间/(月-日)	最高水位/m	发生时间/(月-日)
2000	-3.670	84.2	8-28	-104	8-29	13.29	3-15
2001	-2.585	43.0	4-20	-59.7	10-2	13.33	8-21
2002	-2.671	17.7	8-4	-32.0	6-26	12.76	8-23
2003	-4.365	5.00	7-26	-70.1	10-12	13.00	6-15
2004	-3.107	16.7	12-10	-86.6	7-29	13.07	9-16
2005	-0.8592	23.8	5-17	-52.0	7-24	12.98	6-26
2006	-0.3377	28.7	8-28	-36.9	7-26	13.20	6-29
2007	0.0397	30.9	7-1	-40.6	11-12	13.05	7-1
2008	-2.303	20.7	8-1	-52.1	6-17	12.74	4-23
2009	-0.5140	32.5	7-18	-46.0	7-21	13.04	3-17
2010	-1.672	51.0	9-11	-82.3	7-10	12.88	7-10

注　1988—1991年停测。

（六）北运河土门楼水文站

土门楼（北运河）水文站为海河流域北运河水系北运河控制站。北运河系海河流域北运河水系的一条干流。发源于北京市昌平区居庸关附近山区，上游为山区河道，中下游干流为平原河道，走向由西北向东南。支流主要有温榆河、清水河、通惠河等，在通州北关闸上游汇合。北运河在下游屈家店汇入永定新河，由永定新河入海。流域河网密度为0.20km/km^2，主河长52km。该站多年平均年降水量为578.5mm。北运河［包括土门楼（青龙河湾减河）站］多年平均总径流量为7.756亿m^3，北运河断面多年平均含沙量为0.138 kg/m^3，多年平均输沙量为6.70万t。北运河土门楼（北）（闸下）水文站水文特征值统计见表4-13。

表4-13　　北运河土门楼（北）（闸下）水文站水文特征值统计表

年份	年径流量/亿 m^3	年最大流量/(m^3/s)	发生时间/(月-日)	年最小流量/(m^3/s)	发生时间/(月-日)	最高水位/m	发生时间/(月-日)
1949	—	581	8-2	1.36	5-25	14.17	8-2
1950	6.839	265	8-5	4.34	1-24	12.94	8-6
1951	3.284	51.1	7-3	4.00	11-26	10.80	5-31
1952	2.630	99.6	7-25	2.70	6-21	11.54	7-25
1953	2.759	51.6	8-29	3.80	6-13	10.78	8-29
1954	8.900	291	8-12	4.21	5-12	13.02	8-12
1955	9.077	341	8-19	9.10	6-26	13.36	8-20
1956	13.20	522	8-7	9.50	5-15	13.50	8-7
1957	8.736	88.0	8-13	11.0	2-10	11.13	8-13
1958	10.20	223	7-15	5.71	4-1	12.37	7-16

续表

年份	年径流量 /亿 m³	年最大流量 /(m³/s)	发生时间 /(月-日)	年最小流量 /(m³/s)	发生时间 /(月-日)	最高水位 /m	发生时间 /(月-日)
1959	14.18	330	8-8	2.95	5-12	12.69	8-8
1960	10.02	106	7-17	2.00	5-18	11.39	7-17
1961	—	117	7-23	11.1	6-12	11.76	7-23
1962	7.806	171	7-26	1.08	12-1	12.05	7-26
1963	6.045	304	8-12	1.46	12-23	13.04	8-12
1964	5.880	105	8-2	1.90	8-25	11.53	8-3
1965	7.943	70.2	7-27	3.42	8-17	10.93	7-27
1966	10.08	191	8-17	0	3-22	12.10	8-17
1967	9.968	116	8-20	0	5-7	11.54	8-20
1968	11.55	138	9-18	0	4-13	11.66	9-19
1969	9.095	224	8-12	0	5-19	12.20	8-12
1970	9.835	116	7-9	0	3-19	11.59	7-9
1971	7.032	136	6-27	0	1-1	11.64	6-27
1972	3.341	129	7-21	0	1-1	11.42	7-21
1973	3.892	182	7-3	0	1-1	11.22	7-4
1974	6.908	148	7-15	0	1-1	11.26	6-1
1975	7.348	127	8-8	0	3-2	10.83	3-30
1976	3.806	124	7-2	0	1-1	11.11	7-2
1977	4.170	149	6-26	0	4-12	11.10	10-30
1978	3.990	236	6-10	0	2-24	11.86	6-10
1979	3.400	76.3	6-18	0	4-15	10.71	6-18
1980	6.840	81.6	6-30	0	4-10	10.83	6-30
1981	2.520	78.7	7-9	0	7-12	10.75	7-9
1982	1.490	78.5	8-5	0	1-1	10.76	6-22
1983	0.4670	86.8	8-27	0	1-1	10.78	8-5
1984	0.5510	110	8-11	0	1-1	11.39	8-11
1985	2.530	121	8-26	0	1-1	11.07	8-29
1986	1.210	113	6-27	0	2-6	11.32	6-27
1987	2.100	68.7	8-19	0	3-12	10.74	8-19
1988	3.070	64.0	8-13	0	4-21	10.96	8-13
1989	1.533	32.4	8-21	0	4-1	9.84	8-21
1990	2.067	87.5	8-2	0	6-28	11.13	8-2
1991	0.4478	27.0	10-9	0	1-1	10.00	8-20
1992	0.4861	53.8	7-25	0	1-11	10.37	7-25

续表

年份	年径流量 /亿 m^3	年最大流量 /(m^3/s)	发生时间 /(月-日)	年最小流量 /(m^3/s)	发生时间 /(月-日)	最高水位 /m	发生时间 /(月-日)
1993	0.1737	73.7	9-12	0	1-1	10.54	9-12
1994	0.4977	189	7-13	0	1-1	12.59	7-14
1995	0.6059	82.5	5-19	0	1-1	10.66	5-20
1996	0.2529	11.3	5-7	0	1-1	9.35	2-2
1997	0.8546	42.4	10-14	0	1-1	10.71	9-1
1998	0.7954	44.1	9-23	0	1-1	11.13	9-24
1999	1.441	41.2	1-12	0	2-23	10.70	1-12
2000	0.4677	87.0	8-11	-5.52	8-12	11.22	8-12
2001	0.6369	52.0	8-20	0	3-24	10.76	8-20
2002	0.5008	114	8-4	0	1-1	11.42	8-4
2003	1.451	63.4	9-18	0	2-23	10.68	8-14
2004	0.4736	51.2	8-14	0	3-11	10.15	8-18
2005	1.617	53.7	8-17	0	1-1	10.15	8-18
2006	2.659	82.4	7-25	0	4-30	10.44	7-13
2007	2.921	74.5	7-2	0	4-24	10.66	7-2
2008	2.227	135	9-10	0	6-18	10.69	8-12
2009	3.690	59.6	8-18	0	1-1	10.29	8-18
2010	4.964	109	3-25	0	2-25	10.19	3-25

（七）青龙湾减河土门楼水文站

青龙湾减河系香河县境内第三大河流。青龙湾减河起于香河县红庙村南，流经钳屯、李庄、五百户、刘宋，从中营村东出境，河床宽100m，汛期最大流量为1330m^3/s，结冰期为90d。河上原有乾隆三十七年（1772年）建闸一座，名金门闸，有乾隆亲笔题诗一首，于1974年废，同年重建一闸，名为土门楼泄洪闸。

土门楼（青龙湾减河）水文站为潮白蓟运河流域潮白河水系青龙湾减河控制站。青龙湾减河系人工减河，是北运河主要减河之一，河口原系滚水坝。1926年在滚水坝的基础上改建为闸，青龙湾减河下口为七里海、大黄铺洼，系狼儿窝决口未堵所形成。土门楼闸以上洪水流量在900m^3/s及以下时，全部由青龙湾减河下泄。洪水经青龙湾减河导入潮白新河，在下游大刘坡断面上游附近汇入，然后经永定新河流入渤海。土门楼青龙湾减河以下至狼儿窝31km行洪能力为1200m^3/s，狼儿窝至潮白河为800m^3/s。在狼儿窝建有分洪闸（涵洞），过水量为430m^3/s，超过时由狼儿窝闸向大黄堡洼泄洪。大黄堡洼总面积为355km^2，洼底高程为0.90m，容积为4.1亿m^3。该站建站以来多年平均径流量为3.365亿m^3，多年平均含沙量为0.777kg/m^3，青龙湾减河断面多年平均输沙量为29.3万t。青龙湾减河土门楼（青）（闸下）水文站水文特征值统计见表4-14。

表 4-14　　青龙湾减河土门楼（青）（闸下）水文站水文特征值统计表

年份	年径流量/亿 m³	年最大流量/(m³/s)	发生时间/(月-日)	年最小流量/(m³/s)	发生时间/(月-日)	最高水位/m	发生时间/(月-日)
1949	—	1420	8-2	0.220	10-17	13.41	8-2
1950	—	469	8-6	0.710	11-1	10.94	8-6
1951	—	36.5	8-16	0.500	8-21	8.29	8-16
1952	—	235	7-25	0.500	7-21	9.69	7-25
1953	—	—		—		—	
1954	—	615	8-12	1.68	9-26	10.90	8-12
1955	—	808	8-28	1.00	8-14	11.60	8-20
1956	—	798	8-7	0	6-1	11.72	8-7
1957	—	122	8-13	0.093	9-15	9.04	8-13
1958	—	476	8-10	0	7-1	10.56	7-15
1959	—	640	8-8	0	7-1	10.65	8-8
1960	—	133	7-17	0	6-1	8.97	7-18
1961	0.7308	64.4	8-24	0	1-1	8.70	8-24
1962	0.8280	370	7-26	0	1-8	10.25	7-26
1963	2.764	496	8-12	0	1-8	11.23	8-12
1964	7.437	312	8-14	0	4-29	10.26	8-14
1965	5.930	71.2	3-20	0	8-3	8.95	1-14
1966	4.911	323	8-17	0	1-1	10.35	8-17
1967	4.102	185	8-21	0	3-14	9.44	8-20
1968	4.465	122	7-18	0	1-1	9.60	12-31
1969	—	620	8-12	0	4-1	11.29	8-12
1970	8.893	291	8-3	0	2-13	10.21	8-3
1971	5.102	273	6-27	0	4-14	9.81	6-27
1972	0.9980	458	7-29	0	1-1	10.80	7-29
1973	3.717	520	7-4	0	1-1	9.90	7-4
1974	7.538	660	7-26	0	1-1	10.32	7-26
1975	2.607	1000	7-30	0	1-1	11.10	7-30
1976	5.206	577	8-8	0	1-1	10.50	8-8
1977	4.850	676	8-3	0	1-13	10.65	8-3
1978	4.520	480	8-26	0	1-1	10.14	8-28
1979	5.700	884	8-16	0	1-1	11.38	8-16
1980	0.2450	151	6-23	0	1-1	9.49	6-8
1981	0.0694	85.5	7-12	0	1-1	9.14	7-12
1982	0.4080	123	7-26	0	1-1	9.70	7-26

续表

年份	年径流量/亿 m^3	年最大流量/(m^3/s)	发生时间/(月-日)	年最小流量/(m^3/s)	发生时间/(月-日)	最高水位/m	发生时间/(月-日)
1983	0.4610	381	8-5	0	1-1	10.85	8-5
1984	1.820	705	8-10	0	1-1	12.36	8-11
1985	1.600	231	8-26	0	1-4	10.13	7-3
1986	2.820	642	6-27	0	1-1	11.32	6-27
1987	1.760	174	6-23	0	1-1	9.26	6-23
1988	4.530	497	8-7	0	1-1	10.82	8-7
1989	0.8980	200	7-23	0	1-1	9.78	7-23
1990	2.396	338	8-2	0	1-1	10.36	7-8
1991	5.573	369	7-29	0	1-24	10.54	6-11
1992	2.594	359	8-3	0	1-1	10.56	8-3
1993	2.926	169	7-10	0	2-10	9.76	7-18
1994	7.671	1030	7-13	0	2-15	12.61	7-13
1995	9.713	405	7-15	0	2-7	10.62	7-15
1996	12.05	746	8-6	0	1-31	12.04	8-6
1997	5.060	525	7-20	0	2-1	11.22	7-20
1998	7.790	744	6-30	0	8-12	11.64	6-30
1999	2.903	174	1-12	0.006	5-10	9.63	7-13
2000	0.4163	358	7-5	0	1-11	11.37	7-6
2001	0.4373	165	8-19	0	1-15	9.46	7-25
2002	0.3147	95.7	8-6	0	1-1	9.06	8-6
2003	1.190	97.0	7-26	0	1-1	8.70	7-26
2004	1.724	302	7-11	0	1-1	10.12	7-11
2005	2.208	126	7-23	0	3-23	9.16	8-17
2006	0.5910	126	8-1	0	1-1	9.59	8-1
2007	0.4807	82.4	9-29	0	1-1	8.55	10-7
2008	2.053	523	6-18	0	1-1	10.17	7-5
2009	1.122	360	7-18	0	1-1	9.52	7-18
2010	0.7500	217	7-10	0	1-1	9.02	7-10

二、永定河水系河流水文特征

（一）龙河北昌水文站

北昌水文站为龙河控制站。龙河发源于北京市大兴区黄村一带，走向由西北向东南，支流主要有大、小龙河，在白塔闸上游汇合，进入安次区境内。龙河1975年6月截弯取直加宽，在东张务闸汇入永定河。主河道长37km，流域平均宽度为10.6km。该站多年

平均年降水量552.9mm，多年平均径流量为0.084亿m^3。龙河北昌水文站水文特征值统计见表4-15。

表4-15　　　　龙河北昌水文站水文特征值统计表

年份	年径流量/亿m^3	年最大流量/(m^3/s)	发生时间/(月-日)	年最小流量/(m^3/s)	发生时间/(月-日)	最高水位/m	发生时间/(月-日)
1972	—	34.2	7-20	0	6-1	—	
1973	—	14.6	7-3	0	6-1	—	
1974	—	54.7	8-8	0	6-15	—	
1975	—	100	8-8	0	6-15	—	
1976	—	23.1	8-12	0	6-15	—	
1977	0.4330	158	7-7	0	6-1	16.33	10-31
1978	0.5500	211	8-27	0	1-1	16.93	8-27
1979	0.8710	281	8-16	0	1-1	16.21	5-10
1980	0.2380	42.8	7-15	0	1-1	16.15	9-3
1981	0.0024	1.10	7-5	0	1-3	14.27	1-15
1982	0.0254	2.10	12-23	0	1-1	14.06	12-23
1983	0.0159	16.6	8-5	0	1-1	15.55	8-7
1984	0.0220	67.8	8-12	0	1-1	15.80	8-12
1985	0	0	1-1	0	1-1	14.11	1-1
1986	0	0	1-1	0	1-1	12.64	11-10
1987	0	0	1-1	0	1-1	12.67	2-3
1988	0	0	1-1	0	1-1	14.48	8-17
1989	0	0	1-1	0	1-1	河干	1-1
1990	0	0	1-1	0	1-1	河干	1-1
1991	0	0	1-1	0	1-1	河干	1-1
1992	0	0	1-1	0	1-1	河干	1-1
1993	0	0	1-1	0	1-1	河干	1-1
1994	0.0475	25.4	7-13	0	1-1	13.60	7-13
1995	0	0	1-1	0	1-1	河干	1-1
1996	0.0544	18.5	8-10	0	1-1	13.23	8-10
1997	0	0	1-1	0	1-1	13.36	8-3
1998	0.0081	0.600	7-25	0	1-1	13.30	1-3
1999	0.0023	3.80	7-22	0	1-1	13.70	12-25
2000	0	0	1-1	0	1-1	13.71	2-18
2001	0.0004	0.520	8-19	0	1-1	13.65	8-19
2002	0	0	1-1	0	1-1	13.23	1-1
2003	0.0099	0.117	7-7	0	1-1	13.24	10-11

续表

年份	年径流量/亿 m^3	年最大流量/(m^3/s)	发生时间/(月-日)	年最小流量/(m^3/s)	发生时间/(月-日)	最高水位/m	发生时间/(月-日)
2004	0.0213	5.94	5-11	0	2-20	13.32	3-10
2005	0.0268	0.36	8-5	0	5-7	13.10	9-8
2006	0.0205	4.65	7-13	0	5-10	14.05	7-31
2007	0.1891	24.2	10-1	0	4-30	14.35	11-13
2008	0.0628	12.6	5-24	0	1-1	14.21	5-24
2009	0.1303	6.27	2-17	0	4-12	13.17	2-17
2010	0.1306	13.1	5-6	0	3-31	13.43	5-6

（二）天堂河更生水文站

更生水文站为天堂河控制站。永定河水系天堂河为一平原排沥河道，源出北京市大兴区黄村镇立垡村附近，主河道流向由北向南至下游南各庄附近转向东，于安次区更生湾道以下汇入永定河。全流域大部分在大兴区境内，流域南西邻界永定河左堤，东北两侧与龙河流域相隔，上游有埝坛水库一座。主河道上在庞各庄和落垡各有节制闸一座，该站建站以来多年平均径流量为0.0221亿 m^3。天堂河更生水文站水文特征值统计见表4-16。

表4-16　　天堂河更生水文站水文特征值统计表

年份	年径流量/亿 m^3	年最大流量/(m^3/s)	发生时间/(月-日)	年最小流量/(m^3/s)	发生时间/(月-日)	最高水位/m	发生时间/(月-日)
1979	0.6223	130	8-16	0	6-15	(23.13)	(9-17)
1980	0.0682	34.5	7-15	0	6-15	23.57	8-30
1981	0	0	6-15	0	6-15	20.70	7-20
1982	0	0	6-15	0	6-15	21.59	8-19
1983	0.0042	20.3	8-5	0	6-15	23.39	8-6
1984	0.0010	7.80	8-12	0	6-15	22.68	8-12
1985	0	0	6-15	0	6-15	22.68	6-15
1986	0	0	6-15	0	6-15	河干	6-15
1987	0	0	6-15	0	6-15	河干	6-15
1988	0	0	6-15	0	6-15	河干	6-15
1989	0	0	6-15	0	6-15	河干	6-15
1990	0	0	6-15	0	6-15	河干	6-15
1991	0	0	6-15	0	6-15	河干	6-15
1992	0	0	6-15	0	6-15	河干	6-15
1993	0	0	6-15	0	6-15	河干	6-15
1994	0	0	6-15	0	6-15	河干	6-15
1995	0	0	6-15	0	6-15	河干	6-15
1996	0.0110	5.00	7-26	0	6-15	(20.99)	(7-27)

续表

年份	年径流量 /亿 m³	年最大流量 /(m³/s)	发生时间 /(月-日)	年最小流量 /(m³/s)	发生时间 /(月-日)	最高水位 /m	发生时间 /(月-日)
1997	0	0	6-15	0	6-15	河干	6-15
1998	0	0	6-15	0	6-15	河干	6-15
1999	0	0	6-15	0	6-15	河干	6-15
2000	0	0	6-15	0	6-15	河干	6-15
2001	0	0	6-15	0	6-15	河干	6-15
2002	0	0	6-15	0	6-15	河干	6-15
2003	0	0	6-15	0	6-15	河干	6-15
2004	0	0	6-15	0	6-15	河干	6-15
2005	0	0	6-15	0	6-15	河干	6-15
2006	0	0	6-15	0	6-15	河干	6-15
2007	0	0	6-15	0	6-15	河干	6-15
2008	0	0	6-15	0	6-15	河干	6-15
2009	0	0	6-15	0	6-15	河干	6-15
2010	0	0	6-15	0	6-15	河干	6-15

(三)永定河固安水文站

固安水文站为海河流域永定河水系永定河控制站。永定河发源于山西省马邑，主要支流有桑干河、洋河、妫水河，三支流汇入官厅水库，经官厅水库调节入官厅山峡至清白口纳入清水河，于三家店出山，至卢沟桥分为两支，一支为小清河，一支为永定河南下至固安，固安以下是泛区（泛区有天堂河、新龙河汇入），下至屈家店汇入永定新河分洪道（大洪水时分洪入大清河水系），由永定新河入海，河长761km。

该站上游有官厅水库，下游为永定河泛区。泛区位于安次区、固安县、永清县、武清县境内，北起梁各庄，南至东州村，长约50km。上游流域共有228处降水量站，密度为196km²/站。该站上游为卢沟桥水文站，下游为屈家店水文站。该站多年平均年降水量为544.7mm，建站以来多年平均径流量为0.1455亿m³。永定河固安水文站水文特征值统计见表4-17。

表4-17 永定河固安水文站水文特征值统计表

年份	年径流量 /亿 m³	年最大流量 /(m³/s)	发生时间 /(月-日)	年最小流量 /(m³/s)	发生时间 /(月-日)	最高水位 /m	发生时间 /(月-日)
1977	0.1360	41.4	8-4	0	1-1	28.88	8-4
1978	0.0006	0.700	8-27	0	1-1	27.87	8-27
1979	2.440	214	8-8	0	1-1	29.56	8-8
1980	0.5430	38.7	5-12	0	1-1	28.60	6-24
1981	0	0	1-1	0	1-1	河干	1-1
1982	0	0	1-1	0	1-1	河干	1-1

续表

年份	年径流量/亿 m^3	年最大流量/(m^3/s)	发生时间/(月-日)	年最小流量/(m^3/s)	发生时间/(月-日)	最高水位/m	发生时间/(月-日)
1983	0	0	1-1	0	1-1	河干	1-1
1984	0	0	1-1	0	1-1	河干	1-1
1985	0	0	1-1	0	1-1	河干	1-1
1986	0	0	1-1	0	1-1	河干	1-1
1987	0	0	1-1	0	1-1	河干	1-1
1988	0	0	1-1	0	1-1	河干	1-1
1989	0	0	1-1	0	1-1	河干	1-1
1990	0	0	1-1	0	1-1	河干	1-1
1991	0	0	1-1	0	1-1	河干	1-1
1992	0	0	1-1	0	1-1	河干	1-1
1993	0	0	1-1	0	1-1	河干	1-1
1994	0	0	1-1	0	1-1	河干	1-1
1995	0.1047	22.4	12-18	0	1-1	28.69	12-18
1996	1.722	73.5	8-28	0	1-31	28.88	8-26

注 1997—2010年河干。

三、大清河水系河流水文特征

（一）牤牛河金各庄水文站

金各庄水文站为海河流域大清河水系牤牛河控制站。牤牛河系大清河水系的一条支流，为平原河道，发源于固安县，流经霸州市，下游约6km入中亭河导入东淀。金各庄闸上70m左岸有永金渠汇入，上游3.5km左岸有永固排沟、4.5km右岸有虹江河汇入，再上游15km左岸有太平河汇入。流域北面与永定河金门渠相接，渠道纵横与河道相汇。流域形状近于狭长形，河网密度为0.14km/km^2。主河道长44km，流域平均宽度为16.5km。该站多年平均年降水量为515.0mm，建站以来多年平均径流量为0.0477亿m^3。牤牛河金各庄（闸下二）水文站水文特征值统计见表4-18。

表4-18　　牤牛河金各庄（闸下二）水文站水文特征值统计表

年份	年径流量/亿 m^3	年最大流量/(m^3/s)	发生时间/(月-日)	年最小流量/(m^3/s)	发生时间/(月-日)	最高水位/m	发生时间/(月-日)
1973	—	49.1	8-8	0	6-1	—	
1974	—	8.90	8-9	0	6-1	—	
1975	0	0	6-1	0	6-1	—	
1976	0	0	6-1	0	6-1	—	
1977	0.0361	29.8	8-4	0	6-1	—	
1978	0.2870	77.3	8-30	0	6-1	—	

续表

年份	年径流量/亿 m^3	年最大流量/(m^3/s)	发生时间/(月-日)	年最小流量/(m^3/s)	发生时间/(月-日)	最高水位/m	发生时间/(月-日)
1979	0.6140	135	8-16	0	1-1	8.89	8-16
1980	0.0703	22.9	2-24	0	1-7	6.74	3-10
1981	0.0017	0.900	8-11	0	1-1	4.97	8-11
1982	0.1030	18.2	8-6	0	1-1	8.37	8-10
1983	0	0	1-1	0	1-1	河干	1-1
1984	0.0042	5.00	8-12	0	1-1	5.69	8-13
1985	0.0183	11.4	8-29	0	1-1	6.46	8-30
1986	0	0	1-1	0	1-1	河干	1-1
1987	0	0	1-1	0	1-1	河干	1-1
1988	0.0410	21.5	8-4	0	1-1	10.28	8-12
1989	0	0	1-1	0	1-1	8.94	7-25
1990	0	0	1-1	0	1-1	9.80	8-4
1991	0.0094	114	7-21	0	1-1	9.94	8-19
1992	0	0	1-1	0	1-1	河干	1-1
1993	0	0	1-1	0	1-1	河干	1-1
1994	0.0668	26.0	7-15	0	1-1	6.87	7-15
1995	0	0	1-1	0	1-1	10.43	9-11
1996	0.0920	—	—	0	1-1	10.35	2-22
1997	0.0248	17.7	7-10	0	1-1	6.01	7-21
1998	0.2929	125	7-24	0	1-1	7.19	7-8
1999	0.0203	12.1	7-15	0	1-1	5.75	7-16
2000	0.0283	10.9	7-8	0	1-1	5.94	7-8
2001	0	0	1-1	0	1-1	河干	1-1
2002	0	0	1-1	0	1-1	河干	1-1
2003	0	0	1-1	0	1-1	河干	1-1
2004	0.0056	3.10	8-2	0	1-1	5.92	8-2
2005	0	0	1-1	0	1-1	5.20	9-13
2006	0.0003	0.042	5-31	0	1-1	5.21	5-31
2007	0	0	1-1	0	1-1	5.03	8-8
2008	0	0	1-1	0	1-1	5.05	3-11
2009	0	0	1-1	0	1-1	4.98	12-30
2010	0	0	1-1	0	1-1	5.01	3-29

（二）大清河新盖房水文站

新盖房水文站位于海河流域大清河水系大清河上游。测区分布在高碑店市、定兴县、容城县和雄县。流域平均宽度为120km。

大清河发源于河北省涞源县境内，穿行太行山脉间，经张坊附近分为两支进入平原。北拒马河在东茨村附近与琉璃河、小清河汇合称为白沟河；南拒马河在北河店附近与中易水、北易水汇合仍称为南拒马河。白沟河、南拒马河在白沟汇合后为大清河干流。该站主河道测验断面1970年前在白沟镇南，1970年迁至新盖房村北，下设闸上、白沟引河、灌河、分洪道4处基本水尺断面，白沟引河、灌河、分洪道3处测流断面。该站多年平均年降水量为514.2mm，多年平均径流量为7.3457亿m³。大清河新盖房（分洪道）水文站水文特征值统计见表4-19。

表4-19　　大清河新盖房（分洪道）水文站水文特征值统计表

年份	年径流量/亿m³	年最大流量/(m³/s)	发生时间/(月-日)	年最小流量/(m³/s)	发生时间/(月-日)	最高水位/m	发生时间/(月-日)
1974	0.2620	9.90	9-24	0	1-1	—	
1975	0.3283	13.8	7-4	0	1-1	—	
1976	0.2728	15.2	1-24	0	1-1	—	
1977	0.1900	35.8	8-4	0	1-2	—	
1978	0.1420	10.3	6-10	0	1-1	—	
1979	0.4460	288	8-16	0	1-1	—	
1980	0	0	1-1	0	1-1	—	
1981	0	0	1-1	0	1-1	—	
1982	0	0	1-1	0	1-1	—	
1983	0	0	1-1	0	1-1	—	
1984	0	0	1-1	0	1-1	—	
1985	0	0	1-1	0	1-1	—	
1986	0	0	1-1	0	1-1	—	
1987	0	0	1-1	0	1-1	—	
1988	0	0	1-1	0	1-1	—	
1989	0	0	1-1	0	1-1	—	
1990	0	0	1-1	0	1-1	—	
1991	0	0	1-1	0	1-1	—	
1992	0	0	1-1	0	1-1	河干	1-1
1993	0	0	1-1	0	1-1	河干	1-1
1994	0	0	1-1	0	1-1	10.11	8-15
1995	0	0	1-1	0	1-1	河干	1-1
1996	6.176	1160	8-6	0	1-1	13.23	8-7

注　1997—2010年河干。

（三）大清河新镇水位站

新镇水位站位于河北省文安县新镇镇，为大清河下游控制站，集水面积为30680km²，设站高程为大沽基面。1918年6月，由前顺直水利委员会设立新镇水文站，当时仅于汛

期测流。1921 年 9 月改为水位站，1924 年及 1927 年曾测汛期流量 2 个月。1929 年 4 月恢复为水文站，并加测气象，至 1937 年 9 月因抗日战争，除水位继续观测外，余均停测。1942 年 5 月隶属伪建设总署继续测流，至 1945 年 6 月全部停止观测。1949 年 6 月恢复为水文站。1956 年改为水位站，同年 7 月撤销，10 月恢复为水位站。大清河新镇水位站水文特征值统计见表 4-20。

表 4-20　　大清河新镇水位站水文特征值统计表

年份	最高水位/m	发生时间/(月-日)	年份	最高水位/m	发生时间/(月-日)	年份	最高水位/m	发生时间/(月-日)
1918	7.47	8-28	1951	9.40	8-17	1981	4.45	1-27
1919	8.36	7-22	1952	9.69	7-25	1982	5.22	8-20
1920	7.09	2-29	1953	9.51	8-29	1983	河干	1-1
1921	7.49	8-1	1954	9.66	8-14	1984	河干	1-1
1922	8.73	7-25	1955	9.70	8-26	1985	河干	1-1
1923	7.64	9-2	1956	9.97	8-7	1986	河干	1-1
1924	9.36	7-15	1957	7.53	8-19	1987	河干	1-1
1925	8.90	7-29	1958	9.45	7-8	1988	7.19	8-23
1926	7.53	1-1	1959	8.98	8-8	1989	5.69	2-19
1927	7.45	7-22	1960	8.57	1-22	1990	5.63	7-25
1928	8.23	8-17	1961	8.37	8-24	1991	6.80	7-30
1929	8.95	8-7	1962	8.51	7-10	1992	5.38	3-15
1930	8.11	3-16	1963	9.56	8-10	1993	河干	1-1
1931	7.99	7-12	1964	8.94	8-15	1994	7.04	9-1
1932	9.03	8-15	1965	7.46	2-8	1995	7.61	9-19
1933	8.70	8-21	1966	9.24	8-19	1996	9.62	8-10
1934	7.97	8-20	1967	9.11	8-22	1997	6.75	3-22
1935	7.43	1-15	1968	7.19	2-27	1998	4.90	7-27
1936	8.09	9-8	1969	8.47	8-19	1999	河干	1-1
1937	9.35	9-3	1970	7.31	2-14	2000	4.17	7-11
1938	8.92	7-25	1971	6.36	10-23	2001	河干	1-1
1939	9.31	7-30	1972	5.88	7-23	2002	河干	1-1
1940	8.33	11-21	1973	8.48	8-23	2003	河干	1-1
1941	8.09	3-29	1974	7.46	8-12	2004	河干	1-1
1942	8.46	8-6	1975	6.53	1-13	2005	4.75	12-29
1943	8.73	9-21	1976	6.82	10-3	2006	4.94	8-8
1944	9.68	8-22	1977	8.77	8-5	2007	4.36	8-3
1945	7.88	1-2	1978	7.69	9-8	2008	河干	1-1
1949	9.58	8-5	1979	9.10	8-17	2009	4.97	8-4
1950	9.15	8-4	1980	6.45	1-18	2010	4.73	6-2

（四）中亭河胜芳水文站

胜芳水文站位于中亭河中游。中亭河是大清河水系的一条支流，为平原河道，发源于保定市雄县陈家柳村，东行至梁庄村北入霸州市。东面汇入子牙河，东南与子牙河相隔有贾口洼，南面与文安洼相接。断面上游有牤牛河汇入，左岸沿河有众多渠道注入。

中亭河为地下河，高水时与东淀连成一片，形成东淀缓洪区。主河长55km。中亭堤与大清河右堤之间宽约7km，最窄处约2.5km（石沟—胜芳），该段为溢流堤。霸州市境内总面积为187.3km²，其西段称为溢流洼，东段称为东淀，容积为11.2亿m³。胜芳站以上流域面积约2200km²。该站多年平均年降水量为506.5mm，多年平均径流量为0.1541亿m³。中亭河胜芳（闸上）水文站水文特征值统计见表4－21。

表4－21　　中亭河胜芳（闸上）水文站水文特征值统计表

年份	年径流量/亿m³	年最大流量/(m³/s)	发生时间/(月-日)	年最小流量/(m³/s)	发生时间/(月-日)	最高水位/m	发生时间/(月-日)
1984	—	—		—		1.80	9－1
1985	0	0	1－1	0	1－1	河干	1－1
1986	0	0	1－1	0	1－1	河干	1－1
1987	0	0	1－1	0	1－1	河干	1－1
1988	0.2400	28.1	8－16	0	1－1	4.64	10－8
1989	0	0	1－1	0	1－1	3.82	2－21
1990	0.0198	19.9	10－21	0	7－23	3.60	10－21
1991	0.1161	33.0	7－28	0	1－1	4.09	7－31
1992	0.0439	20.9	3－12	0	1－1	2.56	3－12
1993	0	0	1－1	0	1－1	1.78	2－26
1994	0.7850	223	8－13	0	1－1	5.31	8－6
1995	0.5132	89.7	8－18	0	1－1	5.03	8－18
1996	2.226	117	8－12	0	1－1	5.62	8－12
1997	0.0016	39.7	8－14	0	1－1	4.47	1－1
1998	0.0280	53.5	4－18	0	1－1	3.90	7－21
1999	0	0	1－1	0	1－1	1.57	2－26
2000	0	0	1－1	0	1－1	1.47	1－16
2001	0	0	1－1	0	1－1	河干	1－1
2002	0	0	1－1	0	1－1	2.59	12－30
2003	0	0	1－1	0	1－1	3.59	10－12
2004	0	0	1－1	0	1－1	4.02	12－11
2005	0	0	1－1	0	1－1	4.14	11－6
2006	0.0224	68.5	8－4	0	1－1	5.41	12－18
2007	0.0061	22.1	8－15	0	1－1	5.75	9－30
2008	0.0039	5.90	3－20	0	1－1	5.94	10－27
2009	0	0	1－1	0	1－1	6.13	11－21
2010	0	0	1－1	0	1－1	6.30	8－22

（五）白洋淀引河枣林庄水文站

枣林庄水文站为大清河水系南支白洋淀出口控制站，上游有潴龙河、唐河、漕河、瀑河等9条河流汇入白洋淀，再由枣林庄枢纽工程泄洪。白洋淀东西长29.6km，南北宽28.5km，在水位9.10m时水面面积为366km^2，容积为10.7亿m^3。枣林庄水文站多年平均年降水量为516.6mm。

枣林庄枢纽为大型枢纽工程，主要包括枣林庄4孔闸、25孔闸、十方院溢流堰3处水利工程。4孔闸共4孔，每孔宽12.0m，闸底高程为4.10m；25孔闸共25孔，每孔宽10.0m，闸底高程为5.60m；十方院溢流堰长约605.0m，堰顶高程为7.60m。4孔和25孔闸同时提闸时，水流在测验断面下游约50m处汇流，常使4孔闸下断面出现死水或回流。

4孔闸、25孔闸下为白洋淀引河，十方院溢流堰下为赵王河，汇合后称为赵王新河。下游设有史各庄水文站。白洋淀引河枣林庄（4孔闸下）水文站水文特征值统计见表4-22。白洋淀引河枣林庄（25孔闸下）水文站水文特征值统计见表4-23。赵王新河十方院（赵）（堰下）水文站水文特征值统计见表4-24。

表4-22　白洋淀引河枣林庄（4孔闸下）水文站水文特征值统计表

年份	年径流量/亿m^3	年最大流量/(m^3/s)	发生时间/(月-日)	年最小流量/(m^3/s)	发生时间/(月-日)	最高水位/m	发生时间/(月-日)
1973	12.68	204	9-27	0	1-1	5.82	9-8
1974	5.040	245	8-28	0	1-1	6.27	8-15
1975	0.3638	41.5	4-18	0	1-1	3.97	4-18
1976	1.234	84.6	9-4	0	1-1	5.01	9-4
1977	11.70	278	7-29	0	1-1	7.84	8-7
1978	9.540	238	9-1	0	1-1	6.41	9-9
1979	11.50	446	8-25	0	1-1	8.03	8-21
1980	1.290	109	4-29	0	1-1	4.81	3-3
1981	0	0	1-1	0	1-1	河干	1-1
1982	0	0	1-1	0	1-1	河干	1-1
1983	0	0	1-1	0	1-1	河干	1-1
1984	0	0	1-1	0	1-1	河干	1-1
1985	0	0	1-1	0	1-1	河干	1-1
1986	0	0	1-1	0	1-1	河干	1-1
1987	0	0	1-1	0	1-1	河干	1-1
1988	5.480	351	8-25	0	1-1	7.20	8-21
1989	0.8407	245	8-1	0	1-1	河干	1-1
1990	1.854	106	7-13	0	1-1	5.26	10-5
1991	3.215	240	6-30	0	1-1	5.70	8-1
1992	0	0	1-1	0	1-1	河干	1-1

续表

年份	年径流量/亿 m³	年最大流量/(m³/s)	发生时间/(月-日)	年最小流量/(m³/s)	发生时间/(月-日)	最高水位/m	发生时间/(月-日)
1993	0	0	1-1	0	1-1	河干	1-1
1994	0	0	1-1	0	1-1	4.74	8-14
1995	9.860	212	9-11	0	1-1	6.25	9-13
1996	15.95	316	8-5	0	1-4	7.32	8-16
1997	3.897	99.2	1-27	0	5-3	5.38	1-28
1998	0.1910	46.2	8-6	0	1-1	4.70	8-7
1999	0	0	1-1	0	1-1	河干	1-1
2000	0	0	1-1	0	1-1	河干	1-1
2001	0	0	1-1	0	1-1	河干	1-1
2002	0	0	1-1	0	1-1	河干	1-1
2003	0	0	1-1	0	1-1	河干	1-1
2004	0	0	1-1	0	1-1	河干	1-1
2005	0	0	1-1	0	1-1	河干	1-1
2006	0	0	1-1	0	1-1	河干	1-1
2007	0	0	1-1	0	1-1	河干	1-1
2008	0	0	1-1	0	1-1	河干	1-1
2009	0.3264	30.8	12-17	0	1-1	4.68	12-17
2010	0.1217	22.8	1-5	0	1-7	4.58	1-5

表 4-23　白洋淀引河枣林庄（25 孔闸下）水文站水文特征值统计表

年份	年径流量/亿 m³	年最大流量/(m³/s)	发生时间/(月-日)	年最小流量/(m³/s)	发生时间/(月-日)	最高水位/m	发生时间/(月-日)
1973	0.4942	22.7	8-28	0	1-1	5.85	8-27
1974	0.6593	51.1	8-16	0	1-1	6.55	8-15
1975	0	0	1-1	0	1-1	河干	1-1
1976	0	0	1-1	0	1-1	河干	1-1
1977	6.460	536	8-7	0	1-1	7.85	8-7
1978	1.350	72.0	9-9	0	1-1	6.43	9-9
1979	7.960	402	8-20	0	1-1	8.06	8-22
1980	0	0	1-1	0	1-1	河干	1-1
1981	0	0	1-1	0	1-1	河干	1-1
1982	0	0	1-1	0	1-1	河干	1-1
1983	0	0	1-1	0	1-1	河干	1-1
1984	0	0	1-1	0	1-1	河干	1-1
1985	0	0	1-1	0	1-1	河干	1-1

续表

年份	年径流量 /亿 m^3	年最大流量 /(m^3/s)	发生时间 /(月-日)	年最小流量 /(m^3/s)	发生时间 /(月-日)	最高水位 /m	发生时间 /(月-日)
1986	0	0	1-1	0	1-1	河干	1-1
1987	0	0	1-1	0	1-1	河干	1-1
1988	1.040	182	8-19	0	1-1	7.24	8-21
1989	0.7335	44.9	1-24	0	1-1	河干	1-1
1990	0	0	1-1	0	1-1	河干	1-1
1991	0.1586	45.5	7-1	0	1-1	5.72	7-31
1992	0	0	1-1	0	1-1	河干	1-1
1993	0	0	1-1	0	1-1	河干	1-1
1994	0	0	1-1	0	1-1	河干	1-1
1995	0	0	1-1	0	1-1	河干	1-1
1996	4.606	273	8 16	0	1-1	7.37	8-17

注　1997—2010年河干。

表4-24　　赵王新河十方院（赵）（堰下）水文站水文特征值统计表

年份	年径流量 /亿 m^3	年最大流量 /(m^3/s)	发生时间 /(月-日)	年最小流量 /(m^3/s)	发生时间 /(月-日)	最高水位 /m	发生时间 /(月-日)
1974	0	0	1-1	0	1-1	河干	1-1
1975	0	0	1-1	0	1-1	河干	1-1
1976	0	0	1-1	0	1-1	河干	1-1
1977	0.3990	132	8-5	0	1-1	8.29	8-7
1978	0	0	1-1	0	1-1	河干	1-1
1979	1.210	270	8-25	0	1-1	—	
1980	0	0	1-1	0	1-1	河干	1-1
1981	0	0	1-1	0	1-1	河干	1-1
1982	0	0	1-1	0	1-1	河干	1-1
1983	0	0	1-1	0	1-1	河干	1-1
1984	0	0	1-1	0	1-1	河干	1-1
1985	0	0	1-1	0	1-1	河干	1-1
1986	0	0	1-1	0	1-1	河干	1-1
1987	0	0	1-1	0	1-1	河干	1-1
1988	0	0	1-1	0	1-1	河干	1-1
1989	0	0	1-1	0	1-1	河干	1-1
1990	0	0	1-1	0	1-1	河干	1-1
1991	0	0	1-1	0	1-1	河干	1-1
1992	0	0	1-1	0	1-1	河干	1-1

续表

年份	年径流量/亿 m^3	年最大流量/(m^3/s)	发生时间/(月-日)	年最小流量/(m^3/s)	发生时间/(月-日)	最高水位/m	发生时间/(月-日)
1993	0	0	1-1	0	1-1	河干	1-1
1994	0	0	1-1	0	1-1	河干	1-1
1995	0	0	1-1	0	1-1	河干	1-1
1996	0.0481	21.6	8-16	0	1-1	6.97	8-18

注　1997—2010年河干。

（六）赵王河史各庄水文站

史各庄水文站为海河流域大清河水系赵王河控制站。赵王河系海河流域大清河水系的一条人工河流。大清河发源于太行山区，有磁河、沙河、府河、瀑河、清水河汇于白洋淀，为大清河南支。南支经白洋淀调节过枣林庄闸和十方院流入赵王河；赵王河与东淀来水经东淀调节顺西河闸流入海河，一股顺独流减河闸经独流减河直接入海。赵王河河长37km，史各庄站以上流域面积为22600km²。

史各庄水文站断面上游约20km有枣林庄闸和十方院溢流堰，断面下游主要有东淀、文安洼、团泊洼、北大港。该站多年平均年降水量为520.2mm，建站以来多年平均径流量为2.961亿m³。赵王河史各庄（二）水文站水文特征值统计见表4-25。

表4-25　　赵王河史各庄（二）水文站水文特征值统计表

年份	年径流量/亿 m^3	年最大流量/(m^3/s)	发生时间/(月-日)	年最小流量/(m^3/s)	发生时间/(月-日)	最高水位/m	发生时间/(月-日)
1950	—	167	8-11	−58.6	8-4	9.64	8-12
1951	—	59.1	2-14	−127	8-17	9.18	8-17
1952	1.279	26.5	8-5	−161	7-26	9.37	7-26
1953	7.392	103	9-20	−133	8-27	9.70	9-3
1954	15.42	160	8-15	−136	6-26	10.10	8-13
1955	13.90	196	8-26	−170	8-19	10.26	8-26
1956	15.92	151	8-7	−88.5	7-1	10.24	8-7
1957	7.852	84.5	2-22	−26.7	8-19	8.70	2-9
1958	0.1347	35.0	9-9	−160	7-18	9.22	7-18
1959	1.507	96.0	3-23	−114	5-8	9.29	3-1
1960	2.667	46.8	2-16	−41.1	7-17	8.93	1-5
1961	−2.582	7.70	4-29	−81.8	8-24	7.92	8-24
1962	−1.068	8.40	11-21	−91.8	7-10	7.88	7-10
1963	3.972	267	8-21	−180	8-10	10.49	8-21
1964	−4.715	15.4	8-26	−129	8-14	8.61	8-20
1965	−1.446	13.8	2-16	−19.0	1-14	7.73	2-16
1966	−1.097	14.5	1-16	−158	8-19	8.23	8-19

续表

年份	年径流量/亿 m^3	年最大流量/(m^3/s)	发生时间/(月-日)	年最小流量/(m^3/s)	发生时间/(月-日)	最高水位/m	发生时间/(月-日)
1967	−2.072	17.0	7-17	−171	8-23	8.44	8-23
1968	0.2611	10.8	4-28	−31.4	9-20	7.47	2-28
1969	−1.322	6.10	7-18	−68.1	8-19	8.39	8-19
1970	5.305	131	8-16	0	1-1	5.34	8-16
1971	1.165	36.4	4-27	0	2-14	4.28	7-11
1972	0.1492	19.0	8-1	0	1-1	4.71	7-28
1973	13.02	189	8-26	0	1-1	6.35	9-6
1974	5.420	285	8-15	0	1-1	6.80	8-15
1975	0.2603	28.6	4-19	0	1-1	4.59	1-1
1976	0.4646	70.9	8-31	0	1-1	6.02	11-30
1977	18.70	923	8-8	0	11-28	8.10	8-8
1978	9.100	282	9-6	0	8-20	6.78	9-9
1979	19.10	694	8-23	0	1-1	8.37	8-22
1980	0.5890	86.8	5-1	0	1-1	6.06	3-31
1981	0	0	1-1	0	8-23	4.24	8-29
1982	0.0059	2.20	8-20	0	1-1	3.80	8-25
1983	0	0	1-1	0	1-1	河干	1-1
1984	0	0	1-1	0	1-1	2.96	5-11
1985	0	0	1-1	0	1-1	河干	1-1
1986	0	0	1-1	0	1-1	河干	1-1
1987	0	0	1-1	0	1-1	河干	1-1
1988	6.030	405	8-22	0	1-1	7.57	8-23
1989	1.216	249	8-2	0	1-1	6.07	8-5
1990	1.595	93.5	7-15	0	1-1	6.20	9-9
1991	2.989	123	6-30	0	1-1	6.24	7-31
1992	0	0	1-1	0	1-1	4.67	1-1
1993	0	0	1-1	0	1-1	河干	1-1
1994	0	0	1-1	0	1-1	6.10	8-13
1995	9.159	213	9-16	0	1-1	6.28	9-8
1996	20.45	514	8-18	0	1-4	7.80	8-15
1997	3.516	98.7	1-27	0	5-22	6.21	1-24

续表

年份	年径流量/亿 m^3	年最大流量/(m^3/s)	发生时间/(月-日)	年最小流量/(m^3/s)	发生时间/(月-日)	最高水位/m	发生时间/(月-日)
1998	0.1398	34.9	8-7	0	1-1	4.53	10-4
1999	0	0	1-1	0	1-1	河干	1-1
2000	0	0	1-1	0	1-1	河干	1-1
2001	0	0	1-1	0	1-1	河干	1-1
2002	0	0	1-1	0	1-1	河干	1-1
2003	0	0	1-1	0	1-1	河干	1-1
2004	0	0	1-1	0	1-1	河干	1-1
2005	0	0	1-1	0	1-1	河干	1-1
2006	0	0	1-1	0	1-1	河干	1-1
2007	0	0	1-1	0	1-1	河干	1-1
2008	0	0	1-1	0	1-1	河干	1-1
2009	0.2414	25.1	12-19	0	1-1	4.88	12-31
2010	0.0646	18.6	1-2	0	1-7	5.50	1-7

（七）文安洼大赵水位站

大赵水位站位于河北省文安县刘么乡马武营村，是文安洼水位控制站。文安洼位于大清河下游，属天然洼地，既是大清河以南、子牙河以北地区沥水的归宿，又是大清河洪水的分洪洼淀。文安洼地处河北省任丘市、文安县、大城县和天津市静海县境内。洼内地势西南高，东北低，地面坡降为1/8000，最低高程为2.00～2.50m（黄海高程），是西三洼中最大的一个洼淀。运用机遇为20年一遇，淹没时间约50d。

文安洼历史上承纳清南地区沥水，又承担子牙河漫溢洪水和东淀、白洋淀向该洼分洪的洪水。新中国成立后1956年、1963年两次滞洪，特别是1963年洪水，东淀、文安洼、贾口洼三洼联合运用时，8月31日15时大赵站达到最高滞洪水位7.19m，持续时间将近16h，相应滞洪量为45.51亿 m^3。对保卫天津市和京沪铁路的安全起到了极为重要的作用。

文安洼西接自然高地，北靠千里堤、隔淀堤，东倚子牙河左堤，南以津保公路为界。设计滞洪水位为6.56m，滞洪量为33.78亿 m^3，淹没面积为1453.78km^2。文安洼大赵水位站最高水位统计见表4-26。

（八）任河大渠孙氏水文站

任河大渠是位于子牙河与古洋河之间的骨干排沥渠道，为人工开挖的排沥渠道，流经任丘、河间、大城3县（市）后在文安县境内与任文干渠汇流，最后汇入大清河。该渠是1951年任丘、河间、大城3县（市）联合开挖的一条排水渠，南从河间起，沿大城、任丘界入大城县北魏乡，北出大城县阜草乡冯各庄后入文安县境大清河，因属任丘、河间、大城3县（市）合挖，又位于3县（市）交界处，排沥3县（市）之水，故名任河大渠。任河大渠为西南东北流向，始于河间，主要排泄任丘市东南部、河间市东部、大城县西北部沥水。

表 4-26　　　　文安洼大赵水位站最高水位统计表

年份	最高水位/m	发生时间/(月-日)	年份	最高水位/m	发生时间/(月-日)	年份	最高水位/m	发生时间/(月-日)
1955	5.82	9-22	1974	洼干	1-1	1993	洼干	1-1
1956	8.33	9-17	1975	洼干	1-1	1994	3.95	8-14
1957	6.48	1-1	1976	洼干	1-1	1995	3.77	8-17
1958	5.04	11-24	1977	5.67	8-5	1996	3.83	8-7
1959	5.32	2-25	1978	3.86	8-9	1997	洼干	1-1
1960	4.83	4-6	1979	4.15	7-27	1998	洼干	1-1
1961	4.57	2-16	1980	洼干	1-1	1999	洼干	1-1
1962	洼干	1-1	1981	洼干	1-1	2000	洼干	1-1
1963	8.63	8-30	1982	洼干	1-1	2001	洼干	1-1
1964	6.06	10-16	1983	洼干	1-1	2002	洼干	1-1
1965	5.07	1-1	1984	洼干	1-1	2003	洼干	1-1
1966	4.06	8-15	1985	洼干	1-1	2004	洼干	1-1
1967	3.82	8-26	1986	洼干	1-1	2005	洼干	1-1
1968	洼干	1-1	1987	洼干	1-1	2006	洼干	1-1
1969	4.59	8-23	1988	洼干	1-1	2007	洼干	1-1
1970	洼干	1-1	1989	洼干	1-1	2008	洼干	1-1
1971	3.78	7-8	1990	洼干	1-1	2009	洼干	1-1
1972	4.28	7-23	1991	洼干	1-1	2010	洼干	1-1
1973	洼干	1-1	1992	洼干	1-1			

孙氏水文站位于河北省文安县孙氏村，为任河大渠入文安洼水量水情控制站，集水面积为 851km^2。孙氏水文站位于任河大渠下游。该站多年平均年降水量为 528.4mm，多年平均径流量为 0.0288 亿 m^3。任河大渠孙氏水文站水文特征值统计见表 4-27。

表 4-27　　　　任河大渠孙氏水文站水文特征值统计表

年份	年径流量/亿 m^3	年最大流量/(m^3/s)	发生时间/(月-日)	年最小流量/(m^3/s)	发生时间/(月-日)	最高水位/m	发生时间/(月-日)
1979	0.2738	76.0	7-24	0	1-1	4.84	7-26
1980	0	0	1-1	0	1-1	2.90	7-1
1981	0.0241	19.9	8-17	0	1-1	3.04	8-19
1982	0	0	1-1	0	1-1	2.18	8-22
1983	0	0	1-1	0	1-1	渠干	1-1
1984	0	0	1-1	0	1-1	1.17	8-23
1985	0.0004	0.500	8-13	0	1-1	1.35	10-6
1986	0.0040	1.70	7-17	0	1-1	1.34	7-18
1987	0.0020	0.900	8-19	0	1-1	1.14	8-19

续表

年份	年径流量 /亿 m³	年最大流量 /(m³/s)	发生时间 /(月-日)	年最小流量 /(m³/s)	发生时间 /(月-日)	最高水位 /m	发生时间 /(月-日)
1988	0.0334	5.64	8-27	0	1-1	3.68	8-26
1989	0	0	6-15	0	6-15	3.44	7-24
1990	0.0375	7.70	7-16	0	6-15	3.75	9-15
1991	0.0465	11.0	7-29	0	6-15	3.94	7-29
1992	0	0	6-15	0	6-15	2.19	8-30
1993	0	0	6-15	0	6-15	渠干	6-15
1994	0.4398	75.0	8-7	0	6-15	4.50	8-13
1995	—	—		—		—	
1996	0.0310	—		—		—	
1997	0	0	6-15	0	6-15	2.32	6-15
1998	0	0	6-15	0	6-15	渠干	6-15
1999	0	0	6-15	0	6-15	渠干	6-15
2000	0	0	6-15	0	6-15	渠干	6-15
2001	0	0	6-15	0	6-15	渠干	6-15
2002	0	0	6-15	0	6-15	渠干	6-15
2003	0	0	6-1	0	6-1	渠干	6-1
2004	0	0	6-1	0	6-1	渠干	6-1
2005	0	0	6-1	0	6-1	渠干	6-1
2006	0	0	6-1	0	6-1	渠干	6-1
2007	0	0	6-1	0	6-1	渠干	6-1
2008	0	0	6-1	0	6-1	2.15	9-28
2009	0	0	6-1	0	6-1	渠干	6-1
2010	0	0	6-1	0	6-1	1.82	9-8

（九）任文干渠八里庄水文站

八里庄水文站为任文干渠入文安洼水量控制站，集水面积为 2650km²，始建于 1977 年 6 月。任文干渠为人工开挖排沥渠道，始于任丘市，主渠道间有小白河、古阳河汇入，主要排泄河间市、任丘市大部及肃宁县、献县、文安县部分地区沥水。区间任丘市境内建有东大坞闸一座。该站多年平均径流量为 0.1800 亿 m³。任文干渠八里庄水文站水文特征值统计见表 4-28。

表 4-28　　任文干渠八里庄水文站水文特征值统计表

年份	年径流量 /亿 m³	年最大流量 /(m³/s)	发生时间 /(月-日)	年最小流量 /(m³/s)	发生时间 /(月-日)	最高水位 /m	发生时间 /(月-日)
1977	2.850	298	8-3	-22.9	8-17	5.86	8-3
1978	0.4640	37.3	8-11	-30.6	8-9	4.08	8-9

续表

年份	年径流量/亿 m^3	年最大流量/(m^3/s)	发生时间/(月-日)	年最小流量/(m^3/s)	发生时间/(月-日)	最高水位/m	发生时间/(月-日)
1979	1.640	362	7-25	0	1-1	5.17	7-25
1980	0.0861	15.0	5-3	0	1-1	2.97	3-2
1981	-0.0072	6.20	8-16	-17.5	8-17	3.08	8-19
1982	0	0	1-1	0	1-1	2.24	8-23
1983	0	0	1-1	0	1-1	渠干	1-1
1984	0	0	1-1	0	1-1	1.22	8-23
1985	0.0017	2.10	7-9	0	1-1	1.29	9-28
1986	0	0	1-1	0	1-1	0.96	8-15
1987	0	0	1-1	0	1-1	1.02	9-9
1988	0.0048	6.10	8-20	0	1-1	3.65	8-26
1989	0.0824	30.0	7-24	0	6-15	3.45	7-24
1990	0.1070	32.5	7-15	0	6-15	3.72	9-15
1991	0.2088	35.8	7-13	0	6-15	3.89	7-29
1992	0	0	6-15	0	6-15	2.12	8-30
1993	0	0	6-15	0	6-15	渠干	6-15
1994	0.3427	73.8	8-14	0	6-15	4.44	8-14
1995	0	0	6-15	0	6-15	渠干	6-15
1996	0.3413	71.7	8-6	0	6-15	4.03	8-6
1997	0	0	6-15	0	6-15	2.29	6-22
1998	0	0	6-15	0	6-15	0.69	8-24
1999	0	0	6-15	0	6-15	渠干	6-15
2000	0	0	6-15	0	6-15	渠干	6-15
2001	0	0	6-15	0	6-15	渠干	6-15
2002	0	0	6-15	0	6-15	渠干	6-15
2003	0	0	6-1	0	6-1	渠干	6-1
2004	0	0	6-1	0	6-1	渠干	6-1
2005	0	0	6-1	0	6-1	渠干	6-1
2006	0	0	6-1	0	6-1	渠干	6-1
2007	0	0	6-1	0	6-1	渠干	6-1
2008	0	0	6-1	0	6-1	1.71	9-28
2009	0	0	6-1	0	6-1	渠干	6-1
2010	0	0	6-1	0	6-1	1.82	9-9

（十）排干三渠康黄甫水文站

康黄甫水文站位于海河流域大清河水系排干三渠上，始建于 1978 年 8 月，排干三渠为人工开挖排沥河道，始于大城县，主要排泄大城县大部及文安县西南部沥水。主渠道间有大广安干渠及子牙排干渠沥水汇入。下游经滩里扬水站排入大清河。该站多年平均径流量为0.0439亿m^3。排干三渠康黄甫水文站水文特征值统计见表4－29。

表4－29　　排干三渠康黄甫水文站水文特征值统计表

年份	年径流量/亿m^3	年最大流量/(m^3/s)	发生时间/(月-日)	年最小流量/(m^3/s)	发生时间/(月-日)	最高水位/m	发生时间/(月-日)
1979	0.3335	81.3	7－25	—		4.46	7－26
1980	0	0	1－1	0	1－1	2.92	3－3
1981	0.1380	52.6	8－17	0	1－1	3.36	8－17
1982	0.0778	27.6	8－20	0	1－1	2.64	8－21
1983	0	0	1－1	0	1－1	0.52	4－30
1984	0	0	1－1	0	1－1	1.21	8－28
1985	0.0040	2.68	7－23	0	1－1	1.32	10－16
1986	0.0048	1.86	8－2	0	1－1	1.30	8－3
1987	0	0	1－1	0	1－1	1.28	9－6
1988	0.3030	32.0	8－15	0	1－1	3.55	9－5
1989	0	0	6－1	0	6－1	3.19	7－25
1990	0.0261	13.7	7－21	0	6－1	3.68	9－15
1991	0.1197	28.3	7－28	0	6－1	3.72	7－29
1992	0	0	6－1	0	6－1	2.07	8－30
1993	0	0	6－1	0	6－1	渠干	6－1
1994	0.0391	16.9	8－12	－21.9	7－13	3.95	8－14
1995	—	—		—		—	
1996	0.0784	—		—		—	
1997	—	—		—		—	
1998	0	0	1－1	0	1－1	0.74	8－20
1999	0	0	1－1	0	1－1	渠干	1－1
2000	0	0	1－1	0	1－1	渠干	1－1
2001	0	0	1－1	0	1－1	渠干	1－1
2002	0	0	1－1	0	1－1	渠干	1－1
2003	—	—		—		—	
2004	0	0	1－1	0	1－1	1.55	8－3
2005	0.0620	5.55	8－18	0	1－1	1.54	8－18
2006	—	—		—		—	
2007	0	0	1－1	0	1－1	0.97	9－15
2008	0	0	1－1	0	1－1	1.51	8－27
2009	0	0	1－1	0	1－1	1.58	9－8
2010	—	—		—		—	

四、子牙河水系河流水文特征

（一）子牙新河献县水文站

献县水文站为献县泛区出口控制站。滏阳河、滏阳新河、滹沱河在该站汇流，各河均有渠道贯通。该站下游有子牙河、子牙新河，也有渠道相通。子牙河从献县枢纽至天津市区三岔河口，河道全长177km；子牙新河从献县枢纽至天津市大港区马棚口入海，河道全长143km，流域多年平均年降水量为540.0mm，多年平均径流量为42.0亿m^3，占河北省各河总径流量的17.5%。该站多年平均年降水量529.5mm。

子牙新河是子牙河系人工开挖的最大一条泄洪河道。子牙新河河道为复式断面，主槽设计行洪流量为300m^3/s、校核流量为600m^3/s。主槽和滩地合计设计行洪流量为6000m^3/s、校核流量为9000m^3/s。该站上游设有艾辛庄水文站、衡水水文站、北中山水文站，下游设有周官屯水文站。子牙新河献县（闸下）水文站水文特征值统计见表4-30。

表4-30　子牙新河献县（闸下）水文站水文特征值统计表

年份	年径流量/亿m^3	年最大流量/(m^3/s)	发生时间/(月-日)	年最小流量/(m^3/s)	发生时间/(月-日)	最高水位/m	发生时间/(月-日)
1967	—	454	8-8	0	8-8	11.86	9-11
1968	1.044	68.5	3-2	0	1-1	9.87	3-2
1969	4.622	254	7-30	0	1-1	10.76	7-30
1970	2.102	285	8-4	0	1-1	10.69	8-4
1971	1.034	115	7-14	0	3-20	9.39	7-20
1972	0.1345	91.8	7-22	0	1-1	9.46	7-21
1973	12.73	553	10-13	0	1-1	12.12	10-13
1974	1.943	247	8-11	0	1-1	10.49	8-10
1975	0.0170	64.1	7-30	0	1-1	8.71	7-30
1976	3.433	246	7-25	0	1-1	10.70	7-25
1977	20.80	683	8-10	0	1-1	13.34	8-11
1978	1.330	281	1-1	0	1-5	10.41	1-1
1979	2.890	181	8-6	0	1-1	9.40	8-6
1980	0.0377	142	11-16	0	1-1	8.64	11-16
1981	0.1030	150	7-5	0	1-1	8.99	8-18
1982	0.0132	32.3	8-6	0	1-1	8.64	8-6
1983	0.0608	50.4	6-3	0	1-1	8.82	6-3
1984	0	0	1-1	0	1-1	河干	1-1
1985	0.0211	33.0	1-3	0	1-1	8.62	1-3
1986	0.0156	23.8	4-26	0	1-1	8.38	4-26

续表

年份	年径流量/亿 m^3	年最大流量/(m^3/s)	发生时间/(月-日)	年最小流量/(m^3/s)	发生时间/(月-日)	最高水位/m	发生时间/(月-日)
1987	0.1650	23.5	7-15	0	1-1	8.42	7-15
1988	2.000	239	8-24	0	1-1	11.36	8-23
1989	0.0916	71.8	7-22	0	1-1	9.01	7-22
1990	0.1221	62.0	9-20	0	1-1	9.60	9-21
1991	0.5035	99.3	7-20	0	1-1	9.42	7-17
1992	0	0	1-1	0	1-1	河干	1-1
1993	0.1079	33.0	12-30	0	1-1	8.80	12-31
1994	0.0634	25.6	1-1	0	1-7	8.67	1-1
1995	0	0	1-1	0	1-1	河干	1-1
1996	16.28	999	8-10	0	1-1	14.78	8-12
1997	1.144	205	1-3	0	1-15	9.76	1-4
1998	0	0	1-1	0	1-1	河干	1-1
1999	0	0	1-1	0	1-1	河干	1-1
2000	0.1841	66.8	8-24	0	1-1	9.01	7-17
2001	0	0	1-1	0	1-1	河干	1-1
2002	0.0147	26.8	8-15	0	1-1	7.52	8-15
2003	0.7914	71.4	10-17	0	1-1	8.86	10-17
2004	2.106	48.7	7-15	0	1-15	8.03	7-16
2005	1.848	59.2	8-31	0	4-1	8.17	8-31
2006	1.735	56.1	10-4	0.719	4-6	8.51	10-4
2007	1.352	28.7	8-5	0.612	4-20	7.67	8-5
2008	2.682	49.9	7-12	0.904	4-25	8.39	7-23
2009	1.949	25.3	12-31	1.01	4-29	8.03	12-31
2010	2.438	42.8	9-15	0	3-17	8.36	9-15

（二）子牙河九高庄水文站

九高庄水文站位于河北省大城县权村乡九高庄村，为子牙河下游控制站。1975年6月，由河北省廊坊地区水利局设立为水文站。子牙河南起献县节制闸下，从河间市北司徒进入廊坊市市大城县，穿大城县东南部在徐村进入天津市静海县。子牙河在廊坊市境内河长46.6km，出境处建有南赵扶水位站，九高庄水文站为入境控制站，控制子牙河入境流量。1978年在子牙河出境处建有泊庄闸，年蓄水730m^3。九高庄水文站多年平均年降水量为533.4mm，建站以来多年平均径流量为0.1828亿m^3。子牙河九高庄水文站水文特征值统计见表4-31。

表 4-31　　子牙河九高庄水文站水文特征值统计表

年份	年径流量/亿 m³	年最大流量/(m³/s)	发生时间/(月-日)	年最小流量/(m³/s)	发生时间/(月-日)	最高水位/m	发生时间/(月-日)
1975		38.1	8-14	0	6-1	7.71	8-14
1976	0.8793	63.7	7-24	0	1-1	8.78	7-24
1977	2.840	190	8-4	0	1-1	10.90	8-4
1978	0.9530	78.1	1-7	0	1-1	8.90	1-15
1979	0.2780	33.5	3-3	0	1-1	7.90	3-3
1980	0	0	1-1	0	1-1	河干	1-1
1981	0.0300	21.9	7-20	0	1-1	7.99	8-18
1982	0.2020	50.9	8-20	0	1-1	8.84	8-20
1983	0	0	1-1	0	1-1	河干	1-1
1984	0	0	1-1	0	1-1	河干	1-1
1985	0.0141	8.40	8-16	0	1-1	7.49	8-16
1986	0.0051	14.1	7-6	0	1-1	7.54	7-6
1987	0.0045	1.59	8-27	0	1-1	6.76	8-27
1988	0.6020	55.6	8-29	0	1-1	9.00	8-29
1989	0.0235	27.2	8-1	0	1-1	7.83	8-1
1990	0.3613	39.6	8-30	0	1-1	8.16	9-4
1991	0.1848	44.8	7-25	0	1-1	8.64	7-25
1992	0	0	1-1	0	1-1	河干	1-1
1993	0	0	1-1	0	1-1	河干	1-1
1994	0.0197	17.8	7-20	0	1-1	8.04	7-23
1995	0	0	1-1	0	1-1	河干	1-1
1996	0	0	1-1	0	1-1	河干	1-1
1997	0	0	1-1	0	1-1	6.98	1-1
1998	0	0	1-1	0	1-1	河干	1-1
1999	0	0	1-1	0	1-1	河干	1-1
2000	0	0	1-1	0	1-1	河干	1-1
2001	0	0	1-1	0	1-1	河干	1-1
2002	0	0	1-1	0	1-1	河干	1-1
2003	0	0	1-1	0	1-1	河干	1-1
2004	0	0	1-1	0	1-1	河干	1-1
2005	0	0	1-1	0	1-1	河干	1-1
2006	0	0	1-1	0	1-1	河干	1-1
2007	0	0	1-1	0	1-1	河干	1-1
2008	0	0	1-1	0	1-1	河干	1-1
2009	0	0	1-1	0	1-1	河干	1-1
2010	0	0	1-1	0	1-1	河干	1-1

（三）子牙河南赵扶水位站

南赵扶水位站位于河北省大城县南赵扶镇南赵扶村，为子牙河下游控制站，集水面积为46200km²，设站高程为大沽基面。1942年5月，由伪建设总署设立，1945年8月停止观测。新中国成立后于1950年7月由河北省人民政府水利厅恢复观测并增加汛期流量测验，至1954年改为水文站，1956年6月改为水位站，1959年6月恢复为水文站，1962年改为汛期水位站，并上迁100m至南赵扶桥下观测。1963年1月收归河北省水利厅领导，仍为水位站，但临时加测流量。1970年改为汛期水位站，1980年6月后，隶属河北省水文总站，该站多年平均年降水量为524.7mm。子牙河南赵扶水位站水文特征值统计见表4-32。

表4-32　子牙河南赵扶水位站水文特征值统计表

年份	最高水位/m	发生时间/(月-日)	年份	最高水位/m	发生时间/(月-日)	年份	最高水位/m	发生时间/(月-日)
1962	8.82	8-7	1979	6.91	8-25	1996	7.56	9-30
1963	11.24	8-13	1980	河干	(6-1)	1997	河干	(6-1)
1964	10.26	5-26	1981	7.94	8-18	1998	河干	(6-1)
1965	8.69	1-12	1982	7.19	8-23	1999	河干	(6-1)
1966	10.27	9-2	1983	河干	(6-1)	2000	河干	(6-1)
1967	8.92	8-8	1984	河干	(6-1)	2001	河干	(6-1)
1968	7.40	5-31	1985	河干	(6-1)	2002	河干	(6-1)
1969	7.54	7-30	1986	河干	(6-1)	2003	河干	(6-1)
1970	7.15	8-11	1987	6.41	8-28	2004	河干	(6-1)
1971	7.17	7-4	1988	8.33	9-2	2005	河干	(6-1)
1972	6.81	7-22	1989	6.32	8-9	2006	河干	(6-1)
1973	7.48	7-15	1990	7.89	9-4	2007	河干	(6-1)
1974	6.65	8-11	1991	7.92	7-28	2008	河干	(6-1)
1975	4.92	8-18	1992	河干	(6-1)	2009	河干	(6-1)
1976	7.65	9-22	1993	河干	(6-1)	2010	河干	(6-1)
1977	9.05	8-3	1994	7.53	9-3			
1978	6.68	7-29	1995	河干	(6-1)			

参考文献

[1] 河北省廊坊水文水资源勘测局．廊坊市水资源评价［R］．2007.
[2] 梁忠民，钟平安，华家鹏．水文水利计算［M］．北京：中国水利水电出版社，2006.
[3] 水利部海河水利委员会．海河流域水文年鉴［R］．1950—2010.

第五章　设　计　暴　雨

第一节　设计暴雨计算

一、暴雨分类

暴雨是降水强度很大的雨。一般指每小时降雨量 16mm 以上，或连续 12h 降雨量 30mm 以上，或连续 24h 降雨量 50mm 以上的降水。

中国气象部门规定，24h 降水量为 50mm 或以上的雨称为“暴雨”。按其降水强度大小又分为 3 个等级，即 24h 降水量为 50～99.9mm 称“暴雨”，100～249.9mm 称“大暴雨”，250mm 及以上称“特大暴雨”。

预警信号：暴雨预警信号分 4 级，分别以蓝色、黄色、橙色、红色表示。

暴雨蓝色预警标准：12h 内降雨量将达 50mm 以上，或者已达 50mm 以上且降雨可能持续。

暴雨黄色预警标准：6h 内降雨量将达 50mm 以上，或者已达 50mm 以上且降雨可能持续。

暴雨橙色预警标准：3h 内降雨量将达 50mm 以上，或者已达 50mm 以上且降雨可能持续。

暴雨红色预警标准：3h 内降雨量将达 100mm 以上，或者已达 100mm 以上且降雨可能持续。

二、设计暴雨计算方法

设计面暴雨量指一定时段内、一定面积上符合设计标准的面平均雨量。小型工程也可近似地用设计点暴雨量代替。根据工程要求和暴雨资料条件，设计面暴雨量的计算方法有以下几种。

（1）在有较长系列的面暴雨量资料时，用数理统计方法直接计算。首先，选定不同统计时段。短历时一般取 1h、3h、6h、12h 为统计时段。长历时取 24h、3d、7d 为统计时段。特长历时可取 15d 和 30d 为统计时段，视工程要求和流域大小而定。然后，逐年选取每年中各时段的最大面暴雨量（称年最大选样法），组成面暴雨量系列，并审查系列的代表性。最后，分别对各时段暴雨量系列进行频率分析，并对频率分析成果作合理性检查，即可求得各时段的设计面暴雨量。

（2）在面暴雨量资料短缺时，可通过设计点暴雨和面暴雨的点面关系间接推算设计面暴雨量。点暴雨可从暴雨参数等值线图上选取，以流域重心点雨量或流域内有代表性的几个点的雨量平均值作为代表。

点面关系可用该地区定点定面的综合关系。各种历时设计点暴雨量也可以通过暴雨历时雨深关系或暴雨长短历时关系推算，一般以24h雨量为基础。

在需要估算可能最大暴雨时，设计面暴雨量主要用水文气象法估算，也可用统计方法估算。

第二节　长历时设计暴雨计算

根据实际需要，通常采用24h、3d、7d设计暴雨，就能满足中小流域工程设计的要求。

一、设计点暴雨量计算

根据降水量系列资料，分别绘制24h、3d、7d的多年平均暴雨量等值线图，并绘制相应的年最大暴雨量变差系数 C_v 等值线图。

各区域任一频率的长历时暴雨按下式计算：

$$H_{tp}=K_pH_t$$

式中：H_{tp} 为任一频率 t 时段暴雨量，mm；K_p 为模比系数，依据 C_v 和 $C_s=3.5C_v$，可由皮尔逊Ⅲ型曲线 K_p 值表查得；H_t 为多年平均 t 时段暴雨量，mm。

根据廊坊市暴雨分布、土壤、地形、河道等因素，廊坊市划分为6个区，即三河大厂区（Ⅰ区）、香河区（Ⅱ区）、廊坊区（Ⅲ区）、固安永清区（Ⅳ区）、文安洼区（Ⅴ区）和子牙河区（Ⅵ区），进行设计暴雨计算，附图5-1为廊坊市设计暴雨径流（平原区除涝）计算分区图。

各区域代表站多年平均24h、3d、7d时段设计暴雨量见表5-1。

表5-1　各区域代表站100年一遇设计暴雨量计算结果

分区	代表站	时段暴雨量/mm			C_v 值			模比系数			设计暴雨量/mm		
		24h	3d	7d	24h	3d	7d	24h	3d	7d	24h	3d	7d
Ⅰ	三河站	95.0	108.0	140.0	0.65	0.60	0.55	3.44	3.20	2.96	326.8	345.6	414.4
Ⅱ	赶水坝	93.0	108.0	138.0	0.52	0.50	0.50	2.83	2.74	2.74	263.2	295.9	378.1
Ⅲ	北昌站	87.0	107.5	130.0	0.55	0.50	0.52	2.96	2.74	2.83	257.5	294.6	367.9
Ⅳ	固安站	87.0	100.0	130.0	0.50	0.54	0.55	2.74	2.91	2.96	238.4	291.0	384.8
Ⅴ	史各庄	85.0	97.5	126.0	0.46	0.43	0.50	2.65	2.43	2.74	217.6	236.9	345.2
Ⅵ	九高庄	85.0	97.0	131.0	0.48	0.50	0.52	2.65	2.74	2.83	225.2	265.8	370.7

二、暴雨点面折算系数

水利工程设计中应用的暴雨是设计断面以上流域面积的具有一定机遇的暴雨量，一般称为面雨量。面雨量计算一般采用系数法。计算公式为

$$H_{面}=kH_{点}$$

式中：$H_{面}$ 为计算某流域的面雨量，mm；$H_{点}$ 为设计地点的暴雨量，mm；k 为点面折算系数。

折算系数随流域面积的增大而减小。不同流域面积的点面折算系数见表5-2。

表5-2　　暴雨点面折算系数表

流域面积/km²	<400	500	600	700	800
折算系数	1.000	0.998	0.993	0.990	0.987

三、设计暴雨时程分布

设计暴雨时程分布指设计暴雨总量在时间上的分配。总量相等的暴雨可有不同的雨量过程，应选择既满足工程设计要求又符合工程所在地区暴雨特性的雨量过程作为设计暴雨的时程分配，供推求设计洪水过程线之用。设计暴雨时程分配一般采用不同时段暴雨量同频率控制典型放大的方法确定。时程分配的典型（也称为设计雨型）可选择几次同类型大暴雨过程进行综合概化确定，也可以直接选用对防洪较为不利的某次实测大暴雨过程。

典型暴雨过程的缩放方法与设计洪水的典型过程缩放计算基本相同，一般均采用同频率放大法。放大系数计算如下。

最大1d的放大倍比：

$$K_1=\frac{x_{1P}}{x_1}$$

最大3d的其余2d的放大倍比：

$$K_{3-1}=\frac{x_{3P}-x_{1P}}{x_3-x_1}$$

最大7d的其余4d的放大倍比：

$$K_{7-3}=\frac{x_{7P}-x_{3P}}{x_7-x_3}$$

式中：x_1、x_{1P}分别为最大1d实测、设计暴雨量；x_3、x_{3P}为最大3d实测、设计暴雨量；x_7、x_{7P}为最大7d实测、设计暴雨量。

廊坊市六区域设计暴雨时程分配计算如下。

（一）三河大厂区（Ⅰ区）

已求得三河大厂区100年一遇1d、3d、7d设计暴雨量分别为326.8 mm、345.6 mm、414.4 mm。经对流域内各次大暴雨资料分析比较后，选定该区域三河站1994年的一次大暴雨作为典型，其暴雨过程见表5-3。按同频率控制放大法推求设计暴雨过程。

表5-3　　廊坊市三河雨量站1994年的一次暴雨过程

时段/d	1	2	3	4	5	6	7	合计
雨量 x/mm	45.0	17.3	0	18.5	14.8	253.1	3.6	352.3

计算典型暴雨各历时雨量：$x_{典,1d}=253.1$mm，$x_{典,3d}=286.4$mm；$x_{典,7d}=352.3$mm。计算各时段放大倍比如下。

最大1d的放大倍比：

$$K_1=\frac{x_{1d,P}}{x_{典,1d}}=\frac{326.8}{253.1}=1.29$$

最大 3d 的其余 2d 的放大倍比：

$$K_{3-1}=\frac{x_{3d,P}-x_{1d,P}}{x_{典,3d}-x_{典,1d}}=\frac{345.6-326.8}{286.4-253.1}=0.56$$

最大 7d 的其余 4d 的放大倍比：

$$K_{7-3}=\frac{x_{7d,P}-x_{3d,P}}{x_{典,7d}-x_{典,3d}}=\frac{414.4-345.6}{352.3-286.4}=1.04$$

对典型暴雨放大的设计暴雨过程见表 5-4。

表 5-4　　典型暴雨同频率放大推求设计暴雨过程

时段/d	1	2	3	4	5	6	7	合计
雨量 x/mm	45.0	17.3	0	18.5	14.8	253.1	3.6	352.3
放大倍比 k	1.04	1.04	1.04	0.56	0.56	1.29	1.04	414.4
设计暴雨量/mm	47.0	18.1	0.0	10.4	8.3	326.8	3.8	414.4

（二）香河区（Ⅱ区）

香河区 100 年一遇 1d、3d、7d 设计暴雨量分别为 263.2mm、295.9mm、378.1mm。经对流域内各次大暴雨资料分析比较后，选定该区域赶水坝站 1994 年的一次大暴雨作为典型，其暴雨过程见表 5-5。按同频率控制放大法推求设计暴雨过程。

表 5-5　　廊坊市赶水坝雨量站 1994 年的一次暴雨过程

时段/d	1	2	3	4	5	6	7	合计
雨量 x/mm	31.0	18.3	0	6.2	14.7	299.5	1.3	371.0

计算典型暴雨各历时雨量：$x_{典,1d}=299.5$mm，$x_{典,3d}=320.4$mm，$x_{典,7d}=371.0$mm。计算各时段放大倍比如下。

最大 1d 的放大倍比：

$$K_1=\frac{x_{1d,P}}{x_{典,1d}}=\frac{263.2}{299.5}=0.88$$

最大 3d 的其余 2d 的放大倍比：

$$K_{3-1}=\frac{x_{3d,P}-x_{1d,P}}{x_{典,3d}-x_{典,1d}}=\frac{295.9-263.2}{320.4-299.5}=1.56$$

最大 7d 的其余 4d 的放大倍比：

$$K_{7-3}=\frac{x_{7d,P}-x_{3d,P}}{x_{典,7d}-x_{典,3d}}=\frac{378.1-295.9}{371.0-320.4}=1.62$$

对典型暴雨放大的设计暴雨过程见表 5-6。

表 5-6　　典型暴雨同频率放大推求设计暴雨过程

时段/d	1	2	3	4	5	6	7	合计
雨量 x/mm	31.0	18.3	0	6.2	14.7	299.5	1.3	371.0
放大倍比 k	1.62	1.62	1.62	1.56	1.56	0.88	1.62	
设计暴雨量/mm	50.2	29.6	0.0	9.7	22.9	263.6	2.1	378.1

(三) 廊坊区 (Ⅲ区)

廊坊区 100 年一遇 1d、3d、7d 设计暴雨量分别为 257.5mm、294.6mm、367.9mm。经对流域内各次大暴雨资料分析比较后，选定该区域北昌站 1994 年的一次大暴雨作为典型，其暴雨过程见表 5-7。不再推求设计暴雨过程。

表 5-7　　廊坊市北昌雨量站 1994 年的一次暴雨过程

时段/d	1	2	3	4	5	6	7	合计
雨量 x/mm	66.9	20.1	0	6.2	28.9	238.7	0.2	361.0

(四) 固安永清区 (Ⅳ区)

固安永清区 100 年一遇 1d、3d、7d 设计暴雨量分别为 238.4 mm、291.0 mm、384.8 mm。经对流域内各次大暴雨资料分析比较后，选定该区域固安站 1994 年的一次大暴雨作为典型，其暴雨过程见表 5-8。不再推求设计暴雨过程。

表 5-8　　廊坊市固安雨量站 1994 年的一次暴雨过程

时段/d	1	2	3	4	5	6	7	合计
雨量 x/mm	10.9	126.4	27.2	0	0.5	7.9	152.6	325.5

(五) 文安洼区 (Ⅴ区)

文安洼区 100 年一遇 1d、3d、7d 设计暴雨量分别为 217.6 mm、236.9 mm、345.2 mm。经对流域内各次大暴雨资料分析比较后，选定该区域史各庄站 1994 年的一次大暴雨作为典型，其暴雨过程见表 5-9。不再推求设计暴雨过程。

表 5-9　　廊坊市史各庄雨量站 1994 年的一次暴雨过程

时段/d	1	2	3	4	5	6	7	合计
雨量 x/mm	9.6	4.6	80.1	0	23.2	7.1	162.2	286.8

(六) 子牙河区 (Ⅵ区)

子牙河区 100 年一遇 1d、3d、7d 设计暴雨量分别为 225.2 mm、265.8 mm、370.7 mm。经对流域内各次大暴雨资料分析比较后，选定该区域南赵扶站 2000 年的一次大暴雨作为典型，其暴雨过程见表 5-10。不再推求设计暴雨过程。

表 5-10　　廊坊市南赵扶雨量站 2000 年的一次暴雨过程

时段/d	1	2	3	4	5	6	7	合计
雨量 x/mm	2.4	1.3	130.8	0	50.2	2.0	3.8	190.5

廊坊市多年平均最大 7d 暴雨量等值线见附图 5-2。

廊坊市多年平均最大 7d 暴雨量变差系数 C_v 等值线见附图 5-3。

廊坊市多年平均最大 3d 暴雨量等值线见附图 5-4。

廊坊市多年平均最大 3d 暴雨量变差系数 C_v 等值线见附图 5-5。

廊坊市多年平均最大 24h 暴雨量等值线见附图 5-6。

廊坊市多年平均最大 24h 暴雨量变差系数 C_v 等值线见附图 5-7。

四、设计面暴雨分布

设计面暴雨分布指设计暴雨总量在流域或地区上的分布，常用设计暴雨的等雨量线图表示。总量相等的暴雨可有不同的地区分布，应拟定既满足工程设计要求又符合该地区暴雨特性的设计暴雨地区分布，供推求设计洪水过程线和分析设计洪水地区组成之用。

设计暴雨的地区分布的推求方法一般是选择典型暴雨图，并把它放置在流域的适当位置，然后按设计面雨量把典型暴雨图放大而求得。当流域内有较长期暴雨资料时，可选该流域内对工程安全不利的实测大暴雨等值线图作为典型暴雨图。当流域内暴雨资料短缺时，可移用暴雨特性相似的邻近地区大暴雨等值线图作为典型暴雨图；移用时应考虑对工程安全的不利影响、暴雨中心经常出现的位置、暴雨走向和雨轴方向等，合理放置典型暴雨等值线图。

第三节　短历时设计暴雨计算

通过对短历时暴雨资料系列进行分析，绘制成不同时段的暴雨量等值线图和不同时段暴雨量变差系数等值线图，可直接使用。

各区域的多年平均最大24h、12h、9h、6h、3h、2h、1h暴雨量，可直接从相应等值线图上查得。

短历时暴雨主要解决面积小于300km^{2}以下的各流域工程设计，或城市暴雨计算等问题，可以直接以点设计暴雨量代替面设计暴雨量。

一、短历时设计暴雨

任一频率的短历时暴雨，按下式计算：

$$H_{tp}=K_pH_t$$

式中：H_{tp}为任一频率t时段暴雨量，mm；K_p为模比系数，依据C_v和$C_s=3.5C_v$，可由皮尔逊Ⅲ型曲线K_p值表查得K_p；H_t为多年平均t时段暴雨量，mm。

计算100年一遇6h设计暴雨量：首先在多年平均最大6h暴雨量等值线图上查得最大6h暴雨量，再在最大6h暴雨量变差系数等值线图上查得C_v值；依据C_v和$C_s=3.5C_v$，由皮尔逊Ⅲ型曲线K值表（$C_s=3.5C_v$），查出1%的K_p值，按$H_{tp}=K_pH_t$计算出100年一遇6h设计暴雨量。

应用举例：由多年平均最大6h暴雨量等值线图查得固安最大6h暴雨量为63.0mm。由最大6h暴雨量变差系数等值线图上查得C_v值为0.55。根据皮尔逊Ⅲ型曲线K值表（$C_s=3.5C_v$），查出1%的$K_p=2.96$。按下式计算出100年一遇6h设计暴雨量：

$$H_{tp}=K_pH_t=2.96\times63.0=186.5(\text{mm})$$

计算结果：固安100年一遇6h设计暴雨量为186.5mm。

二、暴雨时程分布

用典型暴雨同倍比放大法推求设计暴雨时程分布，首先计算出放大倍数，计算公式为

$$k=\frac{H_{设计}}{H_{实测}}$$

固安雨量站 2002 年 7 月 22 日最大一次降水过程，2：00—8：00 总降水量为 68.2mm。固安雨量站 100 年一遇 6h 设计暴雨量为 186.5mm，则放大系数为

$$k=\frac{H_{设计}}{H_{实测}}=\frac{186.5}{68.2}=2.735$$

由同倍比放大系数，分别求得各时段设计暴雨量，设计暴雨总量为 186.5mm 。表 5-11 为典型暴雨同倍比放大推求设计暴雨过程表。

表 5-11　　典型暴雨同倍比放大推求设计暴雨过程

时段	2：00—3：00	3：00—4：00	4：00—5：00	5：00—6：00	6：00—7：00	7：00—8：00	合计
降雨量/mm	0.2	20.6	14.8	3.0	1.0	28.6	68.2
放大倍比 k	2.735	2.735	2.735	2.735	2.735	2.735	
设计暴雨/mm	0.5	56.4	40.5	8.2	2.7	78.2	186.5

廊坊市多年平均最大 12h 暴雨量等值线见附图 5-8。

廊坊市多年平均最大 12h 暴雨量变差系数 C_v 等值线见附图 5-9。

廊坊市多年平均最大 6h 暴雨量等值线见附图 5-10。

廊坊市多年平均最大 6h 暴雨量变差系数 C_v 等值线见附图 5-11。

廊坊市多年平均最大 3h 暴雨量等值线见附图 5-12。

廊坊市多年平均最大 3h 暴雨量变差系数 C_v 等值线见附图 5-13。

廊坊市多年平均最大 1h 暴雨量等值线见附图 5-14。

廊坊市多年平均最大 1h 暴雨量变差系数 C_v 等值线见附图 5-15。

参　考　文　献

[1]　叶守泽．水文水利计算［M］．北京：中国水利水电出版社，1992.

[2]　陈昌伟．对设计暴雨重现期的探讨［J］．给水排水，2008（S2）：50-51.

[3]　河北省水文总站．河北省设计暴雨图集［R］．1979.

[4]　河北省水文总站．河北省短历时设计暴雨图集［R］．1984.

第六章 设 计 洪 水

第一节 平原区设计洪水计算

一、设计暴雨量计算

根据理论频率曲线（皮尔逊Ⅲ型曲线）设计年降水量用下列公式计算：

$$H_p = K_p \overline{H}$$

式中：H_p 为某时段设计频率暴雨量，mm；K_p 为设计频率模比系数，查皮尔逊Ⅲ型曲线 K_p 值表可得，其中 C_v 值由相应频率的 C_v 等值线图查得，该区采用 $C_s = 3.5C_v$；$\overline{H}$为相应时段多年平均年最大暴雨量（查相应等值线图可得），mm。

河北省平原除涝水文分析采用均值的点面关系，即流域年最大 3d 点平均雨量和面平均雨量的比值，与相应流域面积建立相关图，其关系式如下：

$$K_F = \frac{H_{面F}}{H_{点F}}$$

式中：$H_{面F}$ 为流域面雨量（年最大 3d 面雨量多年平均值），mm；$H_{点F}$ 为相应流域面积的年最大 3d 点雨量多年平均值，mm。

根据公式分析的黑龙港流域点面折算系数见表 6－1，河北省平原区点面折算系数见表 6－2。

表 6－1　　黑龙港流域点面折算系数表

流域面积/km^2	≤500	1000	1500	2000
点面折算系数	1.0	0.957	0.929	0.909

表 6－2　　河北省平原区点面折算系数表

流域面积/km^2	≤300	400	500	1000	1500	2000
点面折算系数	1.0	0.988	0.980	0.950	0.930	0.910

根据河北省雨型特点，采用年最大 3d 暴雨量计算设计暴雨，但在较小流域内，汇流历时一般小于 24h，造成一次洪峰的多为 24h 暴雨。在实际计算中，流域面积小于 400km^{2}时采用年最大 24h 暴雨进行计算。

二、前期影响雨量

设计前期影响雨量是指当设计流域发生降雨时，可能出现的、基本上能反映流域前期下垫面干湿程度的一个指标。在采用设计暴雨推求径流时要考虑前期设计条件。河北省平

原区设计前期影响雨量经验公式为

$$P_a=\frac{140}{F^{0.092}}$$

式中：P_a 为设计前期影响雨量，mm；F 为流域面积，km^2。

为使用方便，计算出不同面积的设计前期影响雨量 P_a 值，成果见表 6－3。

表 6－3　　河北省平原区设计前期影响雨量值表

面积/km^2	100	150	200	250	300	350	400	450	500	550
前期影响雨量/mm	91.6	88.3	86.0	84.2	82.8	81.7	80.7	79.8	79.0	78.3
面积/km^2	600	650	700	750	800	850	900	950	1000	1050
前期影响雨量/mm	77.7	77.2	76.6	76.1	75.7	75.3	74.9	74.5	74.2	73.8
面积/km^2	1100	1150	1200	1250	1300	1350	1400	1450	1500	1550
前期影响雨量/mm	73.5	73.2	72.9	72.6	72.4	72.1	71.9	71.7	71.4	71.2
面积/km^2	1600	1650	1700	1750	1800	1850	1900	1950	2000	2050
前期影响雨量/mm	71	70.8	70.6	70.4	70.2	70.1	69.9	69.7	69.6	69.4

三、暴雨径流关系

根据廊坊市暴雨分布、土壤、地形、河道等因素，廊坊市划分为 6 个区，即三河大厂区（Ⅰ区）、香河区（Ⅱ区）、廊坊区（Ⅲ区）、固安永清区（Ⅳ区）、文安洼区（Ⅴ区）和子牙河区（Ⅵ区）。廊坊市平原区排涝计算分区见附图 5－1（廊坊市设计暴雨径流计算分区图）。

根据上述计算结果，分别建立廊坊市各分区的降雨径流关系。此次成果是采用 20 世纪 80—90 年代资料，流域面积按实际产流面积计算，绘制降水量＋前期影响雨量-径流深关系图，见图 6－1。

流域径流深按实际产流面积计算，为一次洪水总水量除以测站以上实际产流面积，计算公式为

$$R=\frac{W}{F'\times1000}$$

式中：R 为流域一次总径流深，mm；W 为一次洪水总量，m^3；F' 为实际产流面积，km^2。

四、设计洪水流量

从峰量关系出发，采用模数经验公式的形式计算最大流量，是目前普遍采用的方法，一般形式为

$$M=KR^mF^n$$

$$Q=MF=KR^mF^{n+1}$$

式中：M 为设计排水模数，$m^3/(s\cdot km^2)$；Q 为设计排水流量，m^3/s；F 为排水河道设计断面控制的排水面积，km^2；R 为设计径流深，mm；K 为综合系数，反映河网配套程

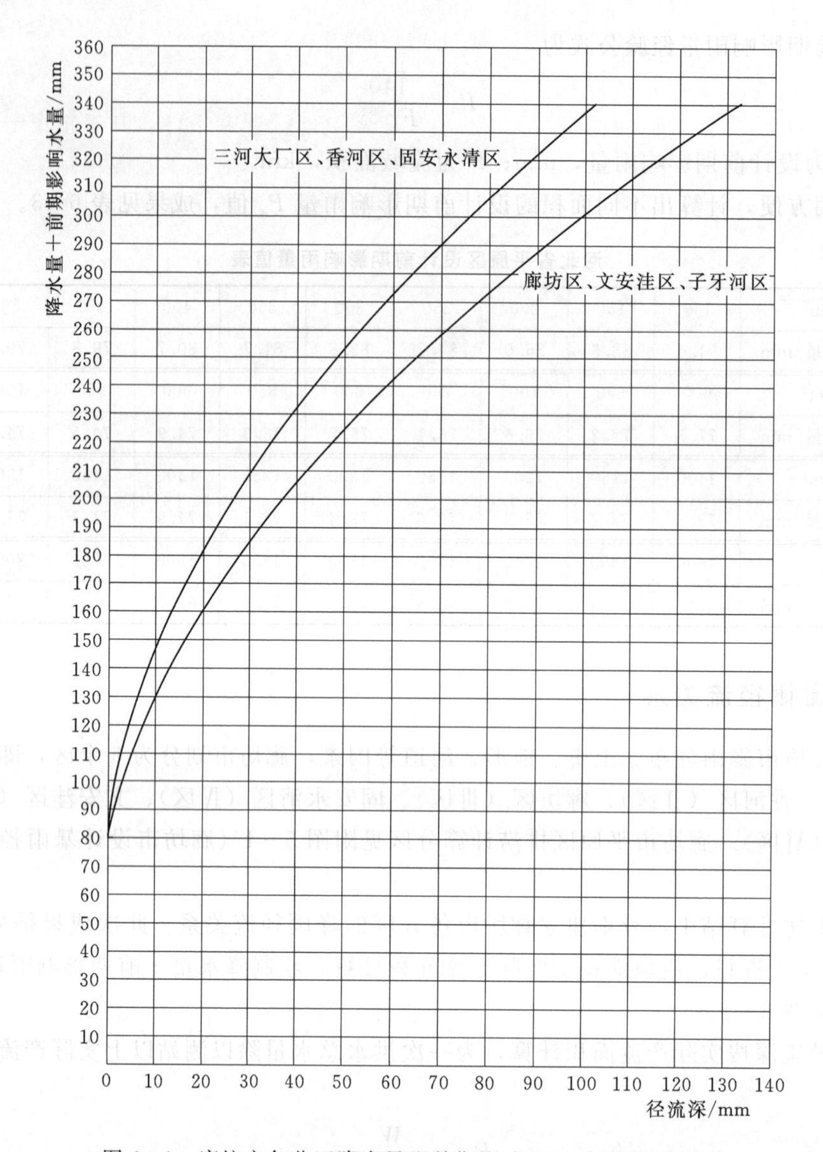

图 6-1 廊坊市各分区降水量＋前期影响雨量-径流深关系图

度、排水河道坡度和流域形状等因素；m 为峰量指数，反映洪峰与洪量的关系；n 为递减指数，反映模数与排水面积的关系。

峰量指数 m 反映流域滞蓄、河道排水能力等因素对最大排水量的影响，当排水河道排水条件好时，m 值大；当排水河道排水条件差时，m 值小。河道开挖后排水条件有所改善，m 值一般比开挖前增大。根据河北省平原区实测资料分析，m 值取 0.92 较合适。

在峰量指数 m 确定后，根据实测资料，即可进一步求 n、K 值，则河北省平原区设计最大排水流量公式为

$$Q=0.022R^{0.92}F^{0.80}$$

当设计流域跨越两个或两个以上分区时，可分别查出各分区最大排水流量，按面积加权计算全流域面积上最大排水流量。计算公式为

$$Q_m=k_1Q_{m1}+k_2Q_{m2}$$

其中
$$k_1=\frac{A_1}{A}$$
$$k_2=\frac{A_2}{A}$$

式中：Q_m 为全流域最大排水流量；k_1 为第Ⅰ分区面积权重系数；Q_{m1} 为第Ⅰ分区最大排水流量，m^3/s；k_2 为第Ⅱ分区面积权重系数；Q_{m2} 为第Ⅱ分区最大排水流量，m^3/s；A 为全流域面积，km^2；A_1 为第Ⅰ区流域面积，km^2；A_2 为第Ⅱ区流域面积，km^2。

计算实例：已知 $A=300km^2$，$A_1=100km^2$，$A_2=200km^2$，$Q_{m1}=42.6m^3/s$，$Q_{m2}=52.8m^3/s$。求全流域最大排水流量。

计算面积权重系数：

$$k_1=\frac{A_1}{A}=\frac{100}{300}=0.333$$
$$k_2=\frac{A_2}{A}=\frac{200}{300}=0.667$$

全流域最大排水流量：

$$Q_m=k_1Q_{m1}+k_2Q_{m2}=0.333\times42.6+0.667\times52.8=49.4\ (m^3/s)$$

五、设计洪水过程线

（一）洪水总量推求

若设计流域跨两个以上分区，应将各分区的 R 值乘以各分区所占面积，累加为一次洪水总量，再被全流域面积除为流域平均 R 值。

洪水总量计算公式为

$$W_p=0.1RF$$

式中：W_p 为某一重现期的设计一次洪水总量，万 m^3；R 为径流深，mm；F 为流域面积，km^2。

（二）洪水过程线

因为将 3d 雨量分为两次暴雨，由次暴雨产生二次洪水，为此，应先分别计算各次洪水的流量过程线，然后，将其叠加为复合洪水过程线，该过程线的最大流量即为所求的设计最大流量。根据河北省雨型，洪峰流量主要由 24h 降雨产生（第二次），第一次可叠加的附加流量很小，对洪峰流量影响不大。

概化过程线的计算公式为

$$T=0.278\times\frac{RF}{\eta Q_{max}}$$
$$Q_i=yQ_{max}$$
$$T_i=xT$$

式中：y、x 分别为概化过程线纵、横坐标比例，%；Q_{max} 为次洪水最大排水流量，m^3/s；R 为次洪水径流深，mm；F 为流域面积，km^2；η 为面积系数；T 为概化过程线纵底宽；Q_i、T_i 为概化过程线纵、横坐标值。

平原区或低洼易涝区的面积系数可用经验公式计算：

$$\eta=0.267F^{0.057}$$

为使用方便，计算出不同的面积系数，见表6-4。

表6-4　面积系数值表

面积/km²	10	30	50	100	200	300	400
面积系数 η	0.304	0.324	0.334	0.347	0.361	0.370	0.376
面积/km²	500	600	700	800	900	1000	1100
面积系数 η	0.380	0.384	0.388	0.391	0.396	0.393	0.398
面积/km²	1200	1300	1400	1500	1600	1800	2000
面积系数 η	0.400	0.402	0.403	0.405	0.407	0.409	0.412

根据实测资料分析出平原区洪水概化过程线，按照流域面积不大于1000km² 和流域面积大于1000km² 两种情况计算，见表6-5。图6-2为不同面积流量概化过程线。

表6-5　概化过程线纵、横坐标比例表

$F\leqslant1000\text{km}^2$		$F>1000\text{km}^2$	
横坐标 x/%	纵坐标 y/%	横坐标 x/%	纵坐标 y/%
0	0	0	0
5	19	5	12
10	49	10	30
15	82	15	55
19	100	20	80
30	74	25	100
40	56	30	92
50	37	35	79
60	25	40	69
70	16	45	60
80	10	50	52
90	5	60	38
100	0	70	26
		80	14
		90	6
		100	0

（三）应用举例

求某一流域10年一遇流量过程线。

已知流域面积 $F=75\text{km}^2$，则面积系数取值为0.341；最大洪峰流量 $Q=45.2\text{m}^3/\text{s}$；径流深 $R=69\text{mm}$。计算概化过程线底宽：

$$T=0.278\times\frac{RF}{\eta Q_{\max}}=0.278\times\frac{69\times75}{0.341\times45.2}=93.3(\text{h})$$

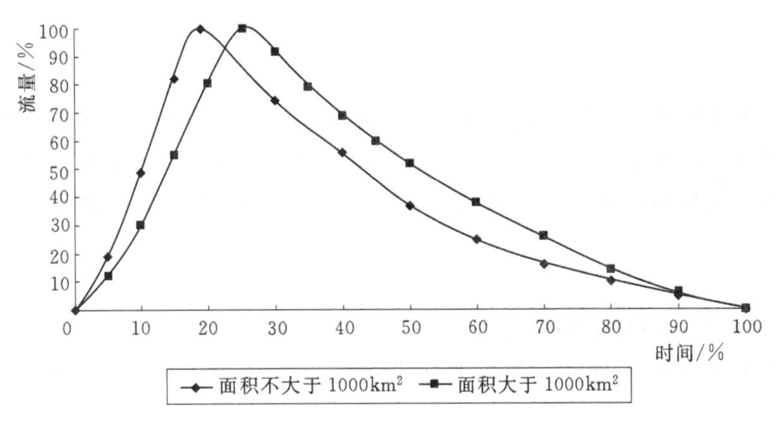

图6-2　不同面积流量概化过程线图

利用公式 $Q_i=yQ_{max}$ 和 $T_i=xT$，分别计算出时间序列和流量过程，计算结果见表6-6。

表6-6　设计流量过程线

历时/h	0	4.7	9.3	14.0	17.7	28.0	37.3	46.7	56.0	65.3	74.6	84.0	93.3
流量/(m^3/s)	0	8.59	22.15	37.06	45.20	33.45	25.31	16.72	11.30	7.23	4.52	2.26	0

根据计算结果，绘制设计流量过程线，最大流量为45.2m^3/s，出现在17.7h。图6-3为设计流量过程线。

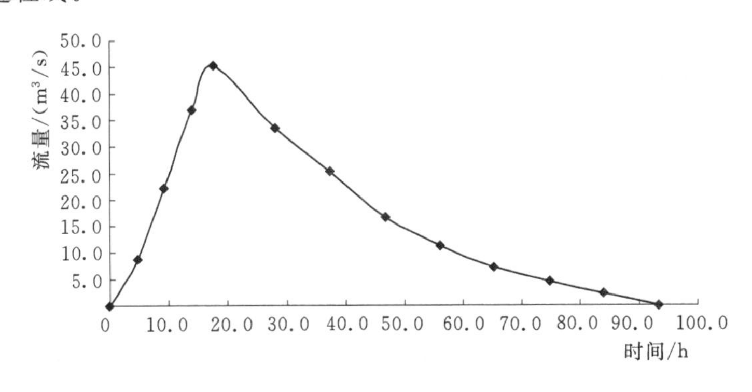

图6-3　设计流量过程线

第二节　城市设计洪水计算

我国城市雨水管道计算模型主要用于城市雨水管道的设计。模型包括设计暴雨、城市产流、地面汇流、管道汇流、雨水管道设计等5个子系统。其中，设计暴雨模型包括暴雨总量和时程分配计算；地面产流子系统包括不透水区产流和透水区产流两部分，不透水区产流采用变径流系数法计算，透水区采用下渗曲线法计算；地面汇流采用变动等流时线法计算；管渠产流采用时间漂移法和运动波法计算；雨水管道设计部分可进行圆形、矩形或梯形等多种管渠的设计计算。此外，还可对已经修建的排水系统进行校核，确定各部分输水能力是否满足要求和不满足要求的堤防溢流量等。

一、城市设计暴雨

在城市防洪和排水工程的规划设计中，首先需要解决安全性和经济性的关系。以往都用超过某一量级的洪水流量发生的频率或重现期作为设计标准。近年来的研究认为，设计标准不仅要考虑重现期，而且要考虑风险率和可靠度。风险率是某一重现期的水文要素在工程运行期间可能出现的概率。可靠度可用安全因素来反映，安全因素为设计值与实际观测值之比。

（一）建立雨量、历时、频率关系

根据自记雨量资料，独立选取不同时段最大雨量。统计时段为1h、2h、3h、6h、12h、24h。

1. 统计参数

资料系列的数量水平和变化幅度等情况的综合特征值称为统计参数。绘制频率曲线，除了需掌握系列各项的经验频率之外，还须了解系列的统计参数。水文频率分析中，常用3个统计参数，即均值（算术平均值的简称）、离差系数 C_v（也称为变差系数）和偏差系数 C_s。

均值是集中表示系列数量级大小或水平高低的指标，如对于降雨系列，均值大的表示雨量充沛，反之表示雨量稀少。均值计算公式为

$$\overline{X} = \frac{1}{n}\sum_{i=1}^{n} x_i$$

离差系数是表示系列中各项值对其均值的相对离散程度的指标，它是系列均方差与均值之比。如果离差系数 C_v 较大，则系列的离散程度较大，即系列中各项的值对均值离散较大；如果 C_v 较小，则系列的离散程度较小，即系列各项的值同均值相差较小。离差系数计算公式为

$$C_v = \sqrt{\frac{\sum_{i=1}^{n}(K_i - 1)^2}{n-1}}$$

偏差系数是表示系列中各项值偏于均值左右的情况的相对指标。如果大于均值的各项值占优势则称为正偏（$C_s>0$）；若小于均值的各项值占优势则称为负偏（$C_s<0$）；当大于均值和小于均值的各项值都不偏时称为对称（$C_s=0$）。偏差系数计算公式为

$$C_s = \frac{\sum_{i=1}^{n}(K_i - 1)^3}{(n-3)C_v^3}$$

其中

$$K_i = \frac{x_i}{\overline{x}}$$

根据全国地表水资源数量评价细则要求，采用矩法计算降水量统计参数，再进行适线调整确定。

2. 计算方法

矩法是用阶矩来估计频率曲线统计参数的方法，矩的阶数同统计参数的个数相同。

适线法：在概率格纸上用频率曲线去配合样本系列的经验频率点据，取用配合较佳时的统计曲线。这种方法常用的有目估适线法和优化适线法。目估适线法是通过工作者的目

测，以他认为曲线与点据配合较佳时的曲线为准；这种方法具有一定的任意性，不同工作者会得到不同的结果，但它能照顾精度较高或占重要位置的点据。优化适线法要用一定形式的目标函数，使其最小而得，最小二乘法和离差绝对值之和最小法属于此类；这种方法可以避免适线的任意性，在统计试验法中应用较好，而在实测资料的分析中，难以照顾精度较高或占重要地位的点据。

3. 计算结果

对各时段的年最大暴雨系列进行频率计算。对不合理部分进行调整，在经调整的频率曲线上读取各种历时不同频率的暴雨量。重现期计算结果有 100 年、50 年、20 年、10 年、5 年、2 年一遇共 6 种情况的设计暴雨，分别对廊坊市各县（市、区）城区短历时暴雨进行频率计算。

设计暴雨主要参数有多年平均值，离差系数 C_v（也称为变差系数）和偏差系数 C_s。根据廊坊市区域降水特性，一般取 $C_s=2.5C_v$。表 6-7 为廊坊市各县（市、区）城区雨量站主要参数统计表。

表 6-7　廊坊市各县（市、区）城区雨量站主要参数统计表

雨量站	参数	设计暴雨统计参数					
		1h	2h	3h	6h	12h	24h
三河	多年平均年降水量/mm	35.8	49.8	57.9	71.1	85.3	96.1
	变差系数 C_v	0.40	0.43	0.45	0.44	0.47	0.46
大厂	多年平均年降水量/mm	38.1	49.4	57.5	71.2	84.7	96.2
	变差系数 C_v	0.41	0.45	0.47	0.49	0.54	0.57
赶水坝（香河）	多年平均年降水量/mm	35.9	50.2	57.5	69.9	85.3	97.3
	变差系数 C_v	0.34	0.39	0.41	0.45	0.52	0.53
北昌（廊坊市区）	多年平均年降水量/mm	36.6	50.6	59.1	72.3	82.6	92.7
	变差系数 C_v	0.47	0.49	0.52	0.58	0.58	0.52
固安	多年平均年降水量/mm	34.3	47.6	55.5	70.8	85.7	95.2
	变差系数 C_v	0.46	0.47	0.50	0.59	0.53	0.51
永清	多年平均年降水量/mm	35.0	46.5	53.5	70.8	84.4	90.7
	变差系数 C_v	0.45	0.47	0.49	0.53	0.55	0.53
霸州	多年平均年降水量/mm	39.7	52.4	58.0	70.4	80.6	88.2
	变差系数 C_v	0.41	0.39	0.38	0.37	0.37	0.38
文安	多年平均年降水量/mm	40.6	53.2	58.9	69.8	78.0	85.2
	变差系数 C_v	0.38	0.38	0.37	0.41	0.41	0.39
南赵扶（大城）	多年平均年降水量/mm	36.7	44.1	52.2	65.1	57.3	82.8
	变差系数 C_v	0.32	0.41	0.46	0.48	0.46	0.46

根据频率计算结果，分别绘制各城区雨量站不同频率设计暴雨关系图。图 6-4～图 6-12 分别为廊坊市各县（市、区）城区不同时段不同频率设计暴雨关系图。

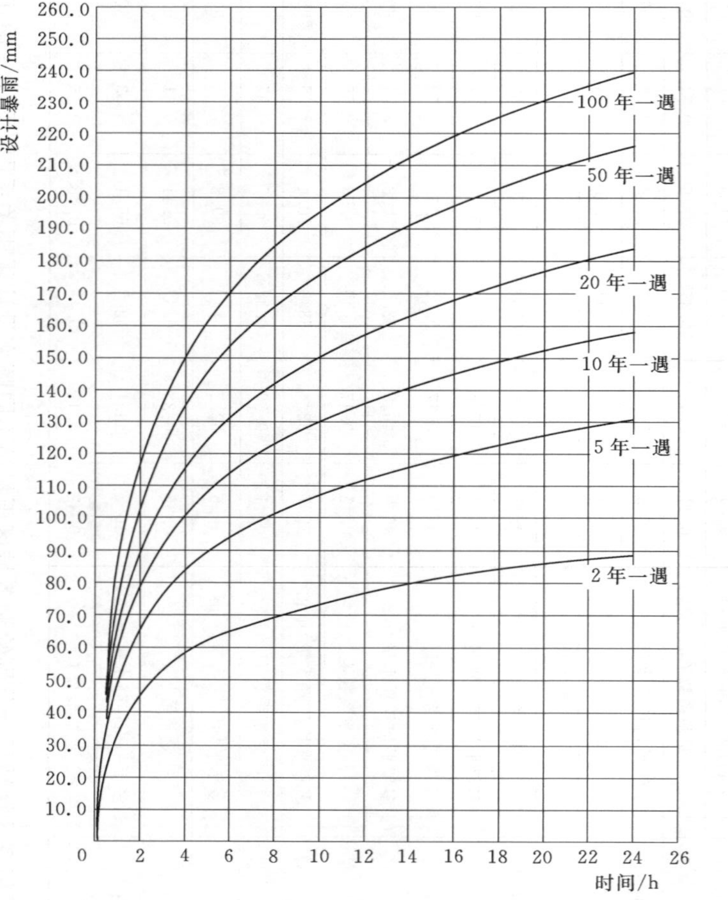

图 6－4　三河雨量站不同时段不同频率设计暴雨关系图

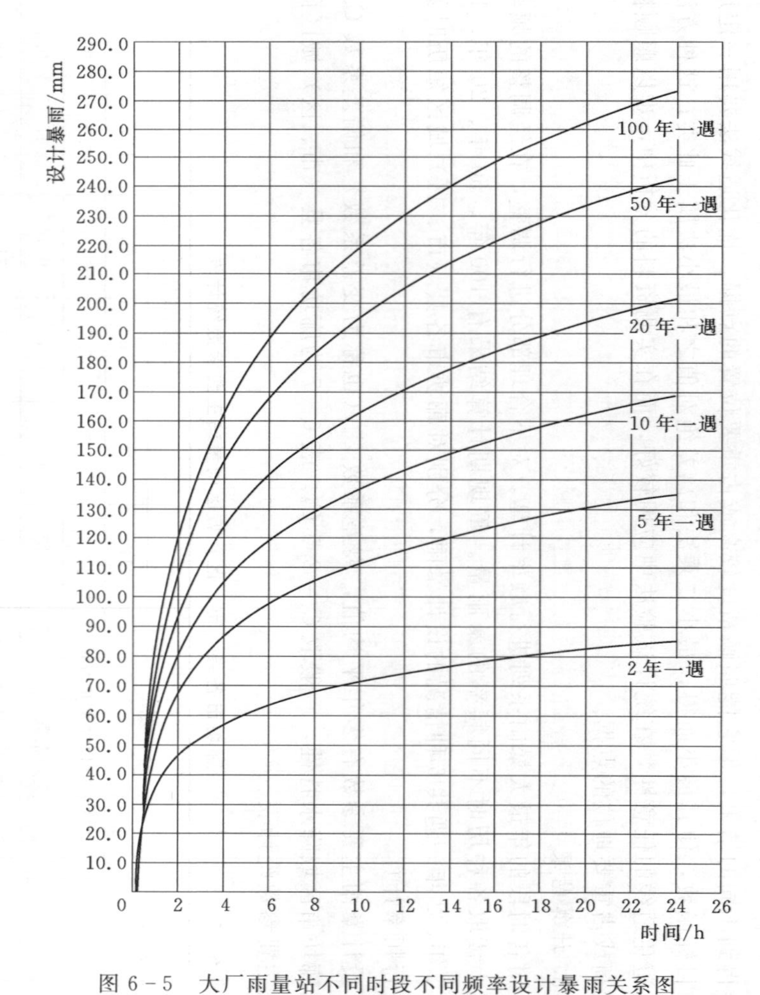

图 6－5　大厂雨量站不同时段不同频率设计暴雨关系图

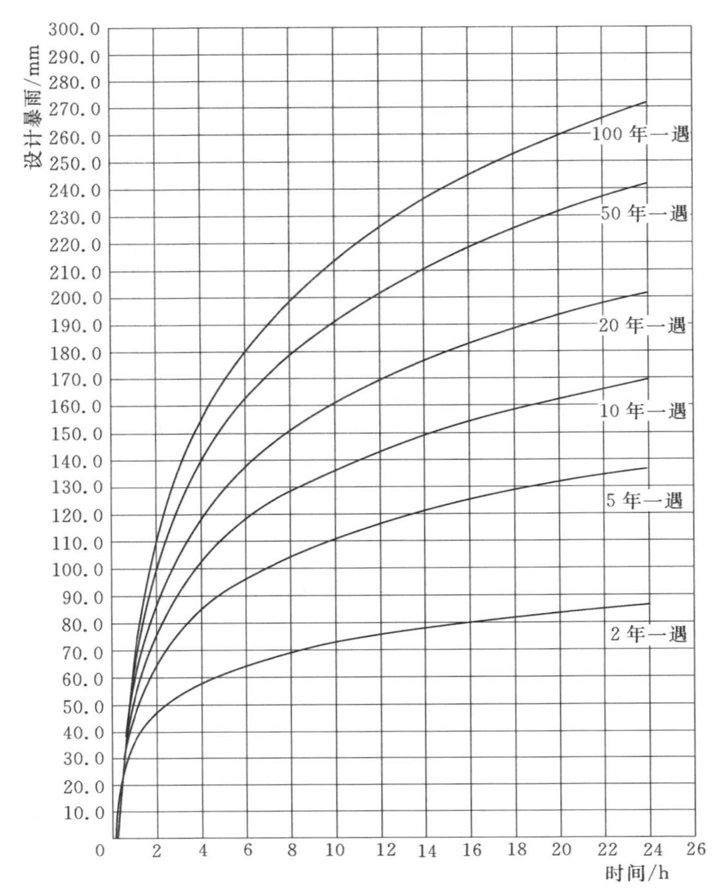

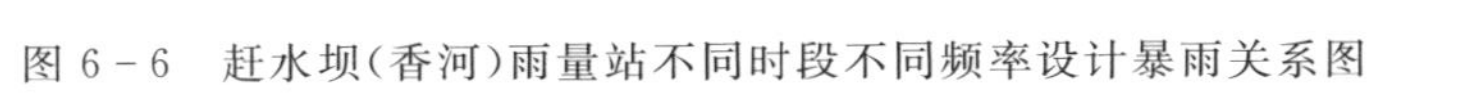

图6-6　赶水坝（香河）雨量站不同时段不同频率设计暴雨关系图

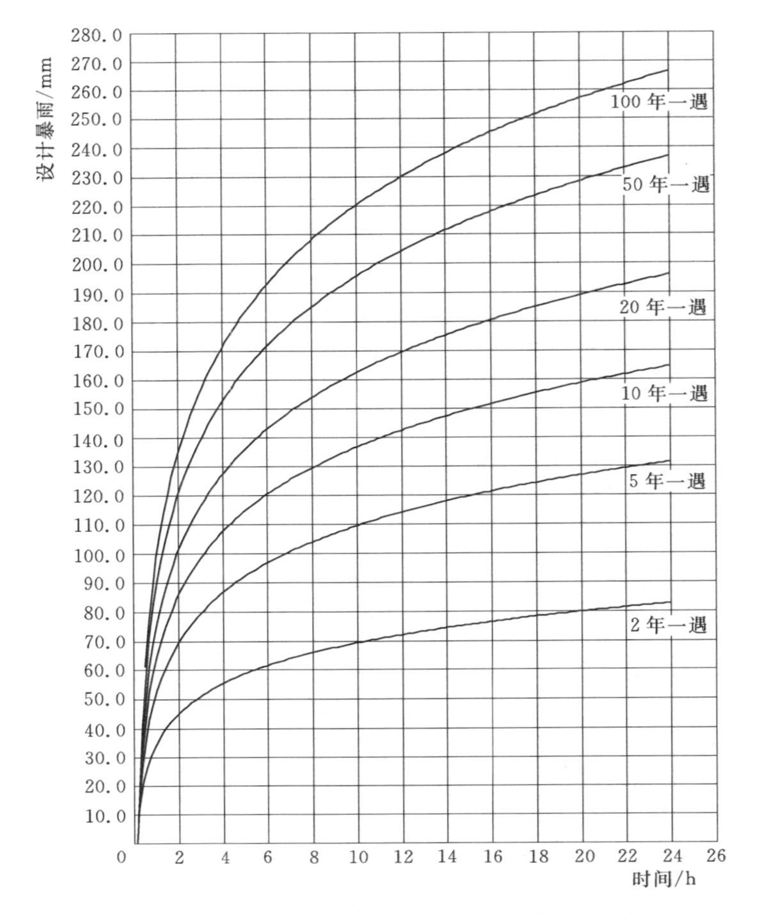

图6-7　北昌（廊坊市区）雨量站不同时段不同频率设计暴雨关系图

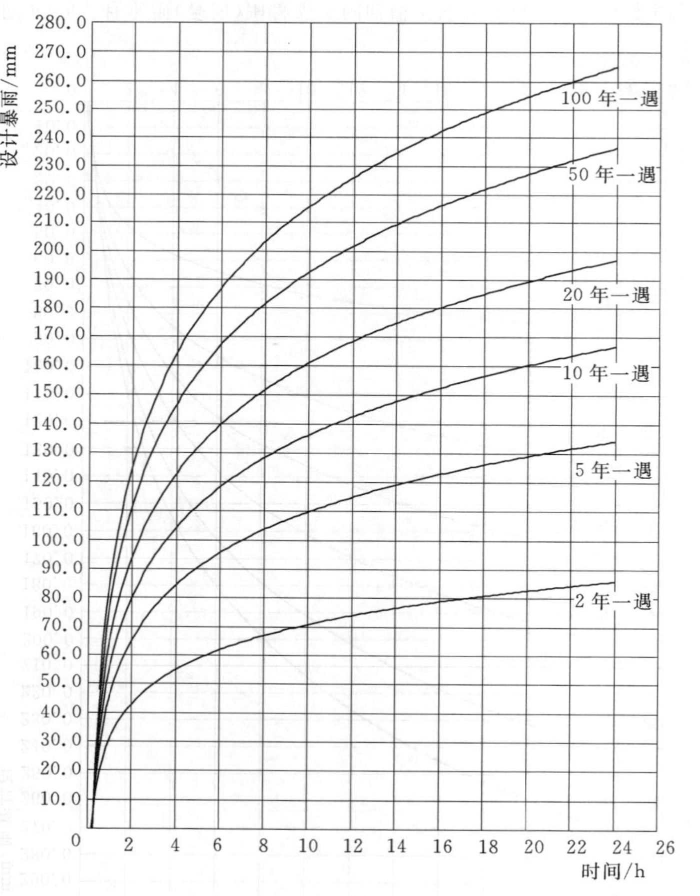

图 6-8　固安雨量站不同时段不同频率设计暴雨关系图

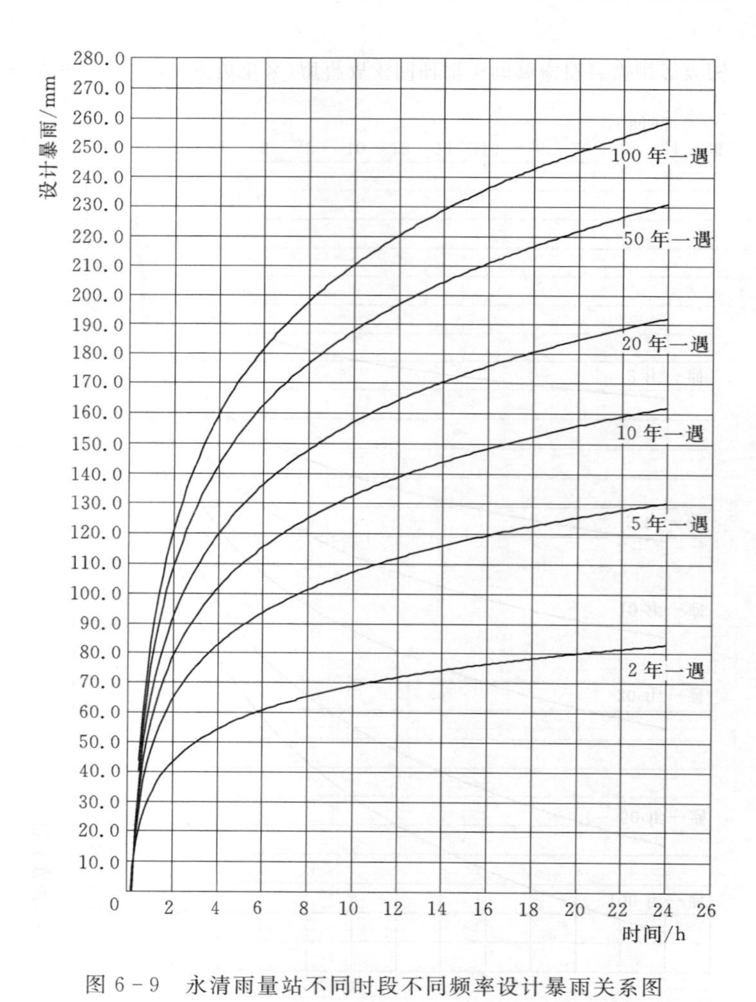

图 6-9　永清雨量站不同时段不同频率设计暴雨关系图

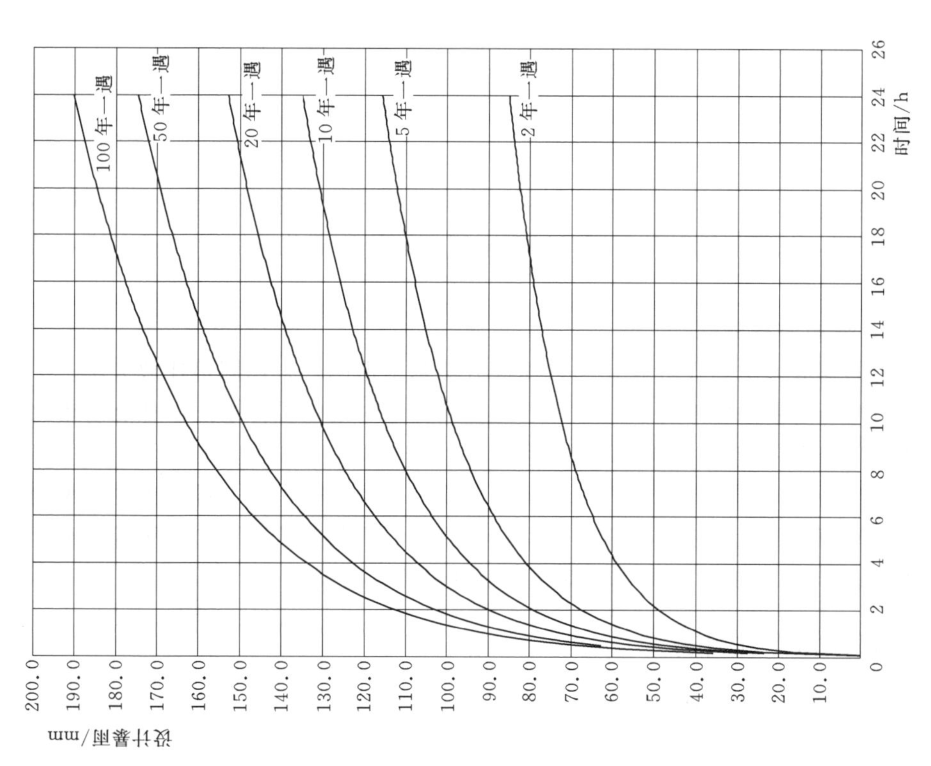

图 6-10　霸州雨量站不同时段不同频率设计暴雨关系图

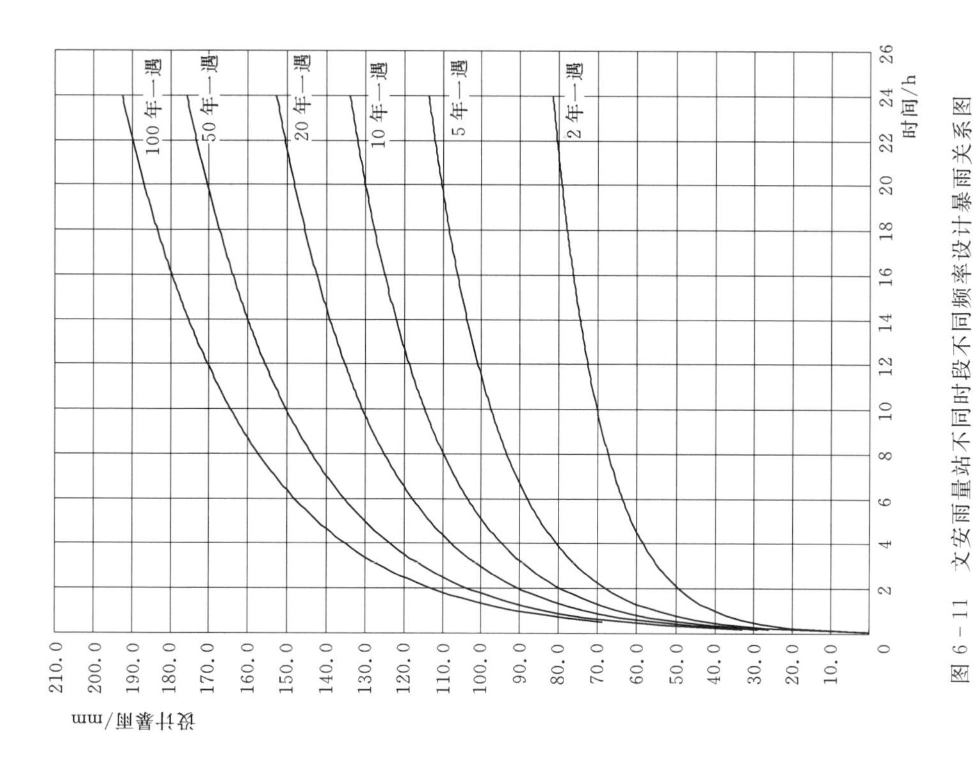

图 6-11　文安雨量站不同时段不同频率设计暴雨关系图

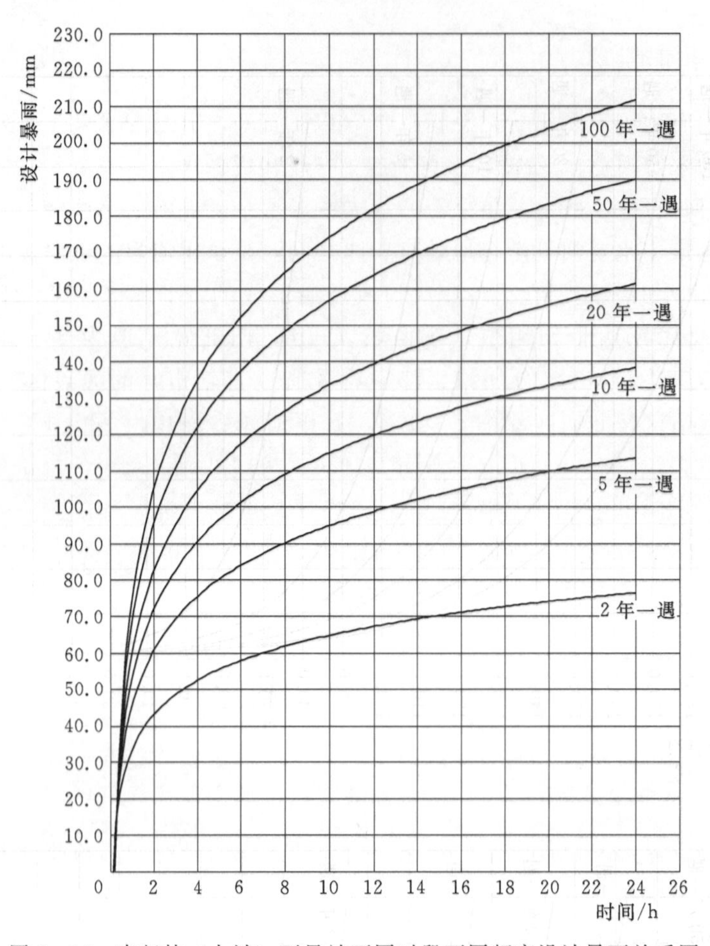

图6-12　南赵扶（大城）雨量站不同时段不同频率设计暴雨关系图

由设计暴雨关系图，可以查出不同频率的设计暴雨。如欲求霸州市城区10年一遇最大6h的设计暴雨，从霸州雨量站不同时段不同频率设计暴雨关系图中，可直接查得设计暴雨量为104mm。

（二）设计暴雨时程分配

典型暴雨的缩放方法与设计年径流量缩放方法基本形同，采用同倍比放大法。

通过城市短历时暴雨频率计算结果，可以查出任意时段的设计暴雨。如廊坊市北昌站20年一遇最大24h降雨量为198.5mm。

选择北昌站2006年7月31日一场降水过程作为典型暴雨过程，计算设计暴雨的时程分配。以设计暴雨总量除以实测暴雨过程总量，求得放大倍数为1.219，然后分别计算时段设计暴雨。表6-8为廊坊市北昌站设计暴雨过程计算结果。

二、城市流域产流计算

（一）城市化对径流影响因素

随着城市化进程，城市土地利用情况发生改变，对径流量产生影响。主要表现在以下方面。

表 6-8　　廊坊市北昌站设计暴雨过程计算结果

2007年7月31日	典型暴雨过程/mm	放大倍数	设计暴雨过程/mm	设计暴雨时程分配/%
9：00—10：00	13.2	1.219	16.1	8.1
10：00—11：00	114.4	1.219	139.5	70.3
11：00—12：00	29.6	1.219	36.1	18.2
12：00—13：00	3.6	1.219	4.4	2.2
13：00—14：00	1.8	1.219	2.2	1.1
15：00—19：00	0.0	1.219	0.0	0.0
19：00—20：00	0.2	1.219	0.2	0.1
合计	162.8		198.5	100

不透水面积增加：城市化进程增加了城市不透水表面，使相当部分的流域为不透水表面所覆盖，如屋顶、街道、人行道、停车场等。不透水区域的下渗几乎为零，洼地蓄水量减少，造成产流速度和径流量都大大增加。

城市不透水面积可分为楼房区、平房区、高校区、工厂区、仓库区等。城市地区不透水面积百分比经验值见表 6-9。

表 6-9　　城市地区不透水面积百分比经验值表

地块性质	楼房区	平房区	高校区	工厂区	仓库区	河道	绿地区	湖泊
不透水面积百分比/%	77	80	60	84	92	50	0	100

对于城市不同的地面种类，降雨产生的径流系数也不一样，如混凝土路面径流系数为 0.9 左右，而公园绿地径流系数仅为 0.15。表 6-10 为不同地面种类的径流系数。

表 6-10　　不同地面种类的径流系数

地 面 种 类	径流系数	地 面 种 类	径流系数
屋面，混凝土、沥青路面	0.90	干砌碎石和砖石路面	0.40
大块石块砌路面和沥青表面处理的碎石路面	0.60	非铺砌土地面	0.30
级配碎石路面	0.45	公园和绿地	0.15

不透水面就是硬化表面，被水泥之类的硬化物覆盖均为不透水面，而农地、绿地、水面都属于透水面。表 6-11 为城市综合径流系数经验值表。

表 6-11　　城市综合径流系数经验值表

区 域 情 况	不透水覆盖面积比例/%	综合径流系数
建筑稠密的中心区	>70	0.6～0.8
建筑较密的居住区	50～70	0.5～0.7
建筑较稀的居住区	30～50	0.4～0.6
建筑很稀的居住区	<30	0.3～0.5

因为不透水面积比重很大，径流系数明显偏高，降雨大部分直接进入河床和汇流时间很短这两点区别，城市水文的运作管理也有别于江河水文，必须完全自动化才能发挥效

益，即必须建立城市水文模型，根据自动采集的降雨径流实时信息，由计算机模拟迅速作出淹没状况预警和排涝调度决策。

汇流时间缩短：排水管道系统完善，如设置道路边沟、密布雨水管网和排洪沟等，增加了汇流的水力效率。导致径流量和洪峰流量加大，出现洪峰流量的时间提前。

由于不透水面积百分比对城市雨洪过程影响很大，因此城市地区下垫面分析的主要因子是不透水面积，主要依据流域内的实测现状地形图或卫星遥感图以及城市土地使用功能规划图来确定。计算时可将建设区划分为楼房区、高校区、工厂区、平房区、仓库区、河道、湖泊、绿地区等8种地块，并量取其面积，乘以相应不同性质地块的不透水面积百分比（表6-9），再相加即得该汇水区的不透水面积，最后除以汇水区面积即得不透水面积百分比。建成区不透水率计算公式为

$$I=\frac{F_{不透}}{F_{城市}}\times 100\%$$

式中：I 为建成区不透水率，%；$F_{不透}$ 为建成区不透水面积，km²；$F_{城市}$ 为建成区总面积，km²。

（二）降雨径流关系

城市中的道路、屋面和飞机场跑道都是不透水的，因此处理这些地区的降雨损失比较简单。城市排水系统一般由管网和排水河网组成。城市面积上产生的暴雨洪水通常先排入管网，然后排入河网，排水系统较为优良。用于城市流域暴雨洪水计算的模型可分为3类：第一类只给出洪峰流量，如合理化公式；第二类既给出洪峰流量又给出洪水过程线，如芝加哥方法；第三类是多用途模型，如美国环保局暴雨径流管理模型（SWMM）。

廊坊市城区城镇暴雨设计计算，采用《北京市实验小区雨洪关系的分析研究》成果。廊坊市位于京津两个国际都市之间，所辖10个县（市、区）全部与京津接壤。市区距北京天安门广场40km。地理位置与地形地貌与北京市完全一致，城镇设计暴雨采用北京市城市设计暴雨经验公式，公式为

$$R=0.527PI^{0.886}-4.5I^{4.4}-1.07$$

式中：R 为时段径流深，mm；I 为不透水面积比，%；P 为时段降水量，mm。

公式的适用范围为：$15\%\leqslant I\leqslant 86\%$，$15\text{mm}<P<100\text{mm}$。

根据不同区域的不透水面积、降水量以及实测的径流量，计算其径流深。城市降水-不透水面积比-径流量关系见表6-12。

表6-12　　城市降水-不透水面积比-径流量关系表

降水量/mm	径流深/mm								
	I=15%	I=20%	I=30%	I=40%	I=50%	I=60%	I=70%	I=80%	I=85%
20.0	0.89	1.46	2.53	3.53	4.42	5.16	5.68	5.89	5.86
25.0	1.38	2.09	3.44	4.70	5.85	6.83	7.60	8.06	8.14
30.0	1.87	2.73	4.35	5.87	7.27	8.51	9.52	10.22	10.42
35.0	2.36	3.36	5.26	7.04	8.70	10.19	11.44	12.38	12.70
40.0	2.85	3.99	6.16	8.21	10.12	11.86	13.36	14.54	14.98

续表

降水量/mm	径流深/mm								
	I=15%	I=20%	I=30%	I=40%	I=50%	I=60%	I=70%	I=80%	I=85%
45.0	3.35	4.62	7.07	9.38	11.55	13.54	15.28	16.70	17.26
50.0	3.84	5.26	7.98	10.55	12.98	15.21	17.20	18.87	19.55
55.0	4.33	5.89	8.88	11.72	14.40	16.89	19.12	21.03	21.83
60.0	4.82	6.52	9.79	12.89	15.83	18.56	21.05	23.19	24.11
65.0	5.31	7.16	10.70	14.06	17.25	20.24	22.97	25.35	26.39
70.0	5.80	7.79	11.60	15.23	18.68	21.92	24.89	27.52	28.67
75.0	6.29	8.42	12.51	16.40	20.10	23.59	26.81	29.68	30.95
80.0	6.78	9.06	13.42	17.57	21.53	25.27	28.73	31.84	33.23
85.0	7.27	9.69	14.32	18.74	22.96	26.94	30.65	34.00	35.52
90.0	7.76	10.32	15.23	19.91	24.38	28.62	32.57	36.17	37.80
95.0	8.25	10.96	16.14	21.08	25.81	30.29	34.49	38.33	40.08
99.0	8.64	11.46	16.86	22.02	26.95	31.64	36.03	40.06	41.91

举例：三河市城区5年一遇最大6h降水量为90.0mm，不透水面积比按60%计算，由表6-12可以查得径流深为28.6mm。

三、城市雨洪汇流计算

规定城市雨水管渠规划重现期的选定原则和依据，根据规划的特点，宜粗不宜细，应根据城市性质的重要性，结合汇水地区的特点选定。排水标准确定应与城市政治、经济地位相协调，并随着地区政治、经济地位的变化不断调整。重要干道、重要地区或短期积水能引起严重后果的地区，重现期宜采用3～5年，其他地区可采用1～3年，在特殊地区还可采用更高的标准。在一些次要地区或排水条件好的地区重现期可适当降低。

（一）推理公式计算设计洪峰流量

当已知净雨过程时，即可求出流域出口断面的流量过程线。在生产上常用等流时线的汇流原理，分析洪峰流量的形成，建立计算洪峰流量的推理公式。

在一个小流域中，设流域的最大汇流长度为 L，流域汇流时间为 τ。根据等流时线原理，当净雨历时 t_c 不小于汇流历时 τ 时称为全流域汇流，即全流域面积 F 上的净雨汇流形成洪峰流量；当 t_c 小于 τ 时，称为部分汇流，即部分流域面积 F_{tc} 上的净雨汇流形成洪峰流量，也即形成最大流量的流域面积为部分流域面积 F_{tc}。

当 $t_c \geqslant \tau$ 时，根据小流域特点，就可以设定 τ 历时内净雨强度均匀，流域出口断面的洪峰流量为

$$Q_m = 0.278\frac{h_\tau}{\tau}F$$

式中：Q_m 为洪峰流量，m^3/s；h_τ 为 τ 历时内的净雨深，mm；F 为流域面积，km^2；τ 为历时，h；0.278为单位换算系数。

当 $t_c<\tau$ 时，只有部分流域面积 F_{tc} 上的净雨产生出口断面最大流量，计算公式为

$$Q_m=0.278\frac{h_R}{t_c}F_{tc}$$

式中：h_R 为次暴雨产生的全部净雨深，mm；t_c 为净雨历时，h；其他符号意义同前。

为简化计算，洪峰流量公式可简化如下。

当 $t_c\geqslant\tau$ 时：

$$Q_m=0.278\frac{h_\tau}{\tau}F$$

当 $t_c<\tau$ 时：

$$Q_m=0.278\frac{h_R}{\tau}F$$

其中

$$\tau=\frac{0.278L}{mJ^{1/3}Q_m^{1/4}}$$

式中：J 为流域平均坡度，以小数计；L 为流域汇流最大长度，km；m 为汇流参数，与流域及河道情况有关。

（二）径流系数法计算洪峰流量

在城市雨水量估算中宜采用城市综合径流系数。全国不少城市都有自己在进行雨水径流量计算中采用的不同情况下的径流系数，我们认为在城市总体规划阶段的排水工程规划中宜采用城市综合径流系数，即按规划建筑密度将城市用地分为城市中心区、一般规划区和不同绿地等，按不同的区域，分别确定不同的径流系数。在选定城市雨水量估算综合径流系数时，应考虑城市的发展，以城市规划期末的建筑密度为准，并考虑其他少量污水的进入，取值不可偏小。雨水量应按下式计算确定：

$$Q_m=0.278i\psi F$$

$$W_p=0.1RF$$

其中

$$\psi=\frac{R}{P}$$

式中：Q_m 为城市径流洪峰流量，m^3/s；i 为降雨强度 mm/h；ψ 为径流系数；F 为汇水面积，km^2；R 为径流深，mm；W_p 为洪水总量，万 m^3。

举例：廊坊市区 20 年一遇最大 1h 降水量为 74.2mm，不透水面积比按 60%计算，由表 6-12 可以查得径流深 $R=22.19$mm。城市某区域面积 $F=12.5km^2$，降水强度 $i=$ 67.5mm/h。

径流系数为

$$\psi=\frac{R}{P}=\frac{22.19}{74.2}=0.299$$

则该区域洪峰流量为

$$Q_m=0.278i\psi F=0.278\times67.5\times0.299\times12.5=70.1\ (m^3/s)$$

洪水总量为

$$W_p=0.1RF=0.1\times22.19\times12.5=27.7\ (万\ m^3)$$

四、排水管网设计

排水管网承担着雨水和污水的收集与输送任务，包括庭院小区内部和外部的排水管道，由户管、支管、干管、总管等组成。根据排水规划所确定的排水体制，分为合流制和分流制两大类。

提出城市排水管渠应以重力流为主的设计要求和满足压力流使用的条件。

排水管道宜沿规划道路敷设的要求。污水管道通常布置在污水量大或地下管线较少一侧的人行道、绿化带或慢车道下，尽量避开快车道。根据《城市工程管线综合规划规范》（GB 50289）中的规定，当规划道路红线宽度不小于50m时，可考虑在道路两侧各设一条雨、污水管线，便于污水收集，减少管道穿越道路的次数，有利于管道维护。

明确了管渠穿越河流、铁路、高速公路、地下建（构）筑物或其他障碍物时，线路走向、位置的选择既要合理，又要便于今后管理维修。倒虹管规划应参照《室外排水设计规范》（GBJ 14）有关章节的规定。

截流式合流制截流干管设置的最佳位置。沿水体岸边敷设，既可缩短排水管渠的长度，使溢流雨水很快排入水体，同时又便于出水口的管理。为了减少污染，保护环境，溢流井的设置尽可能位于受纳水体的下游，截流倍数以采用2～3倍为宜，环境容量小的水体（水库或湖泊）其截流倍数可选大值；环境容量大的水体（海域或大江、大河）可选较小的值。具体布置应视管渠系统布局和环境要求，经综合比较确定。

排水管道在城市道路下的埋设位置应符合《城市工程管线综合规划规范》（GB 50289）的规定要求。

排水管渠断面尺寸确定的原则。既要满足排泄规划期排水规模的需要，又要考虑城市发展水量的增加，提高管渠的适用年限，尽量减少改造的次数。据有关资料介绍，近30年来我国许多城市的排水管道都出现了超负荷运行现象，除注意在估算城市排水量时采用符合规划期实际情况的污水排放系数和雨水径流系数外，还应给城市发展及其他水量排入留有余地，因此应将最大充满度适当减小。

五、城市内涝治理措施

近年来，随着城市建设的高速发展，导致城市水文特性发生了变化，由强降水引起的城市内涝现象日益加剧。城市内涝已经越来越成为城市发展的一大疾患。住房和城乡建设部2010年曾在全国范围内组织过一次城市调研，了解各地出现内涝的现象。调研结果显示，全国2/3的城市都曾发生过内涝事件。一些城市还曾发生过人员伤亡事故，城市内涝的发生严重影响了城市居民的生产秩序和生活质量，给社会造成了巨大的经济损失。

（一）开展城市水文监测的必要性

随着经济、科技的飞跃，城市发展迅速，由此暴露出一系列涉及城市水文方面的问题，城市内涝的发生，是当前城市发展中突出的问题。要解决这一问题，就需要从观测积累城市降水资料、掌握城市产汇流规律、提高城市排水设计标准等方面采取措施，由此可看出开展城市水文监测势在必行，是城市发展的必然需求。

1. 开展城市水文监测是提高居民生活质量的需要

我国现在正处在城市化的高峰期，人口和财富不断向城市集中，城市面积越来越大。在原来城市规模下设计的城市排水系统、城市防洪排水设施远远滞后于城市发展速度，难以承受成倍于设计面积产生的水量，造成城市内涝。由于积水较深，致使城市交通堵塞或中断，交通事故比平时明显增加，甚至造成人身伤亡，引起社会秩序混乱惊慌。

现代城市建设在空间上立体开发，一旦洪涝发生，不仅各种地下设施易遭侵袭，引发城市水电、通信、地下线缆故障；高层建筑由于交通、供水、供电、供气、通信等系统瘫痪，损失亦在所难免。一方面民宅、工厂、商店和仓库等被水淹，破坏了城市的正常生产和生活秩序，造成了直接和间接经济损失；另一方面由于长时间大面积的积水，造成了严重的环境污染，影响城市人民的身心健康。

开展城市降雨监测，可以及时准确地提供市区范围内的降雨状况，确定暴雨中心、降雨强度，及时提交相关部门，为城区防汛应急提供决策依据；建设城区排涝河道水位监测站点，全面控制城区暴雨期排涝河道的运行状况，与降雨相对照，分析和研究城市暴雨中心位置、降雨强度与河道径流的关系，可以为城市防洪提供及时、准确、翔实的水文情报预报，为城市抗洪减灾服务。

2. 开展城市水文监测是城市科学规划与发展的需要

由于城市地区空间和时间的尺度都较小，使其水文要素的响应过程十分敏感；此外，城市化使环境的改变十分显著。这两方面原因要求在制定城市发展规划和排水系统设计中水文计算更要精准，且须考虑过程中所涉及的各项影响因素及其相互之间的作用，这就需要建立具有物理基础的、分布式的模拟模型来替代在流域水文学中常用的、经验性的和集总式的模型。

由于城市下垫面的特殊性，从屋顶、路面和一些铺砌面上产生的径流，进入地下管网或渠道，再汇入城市排水系统。这个过程可概化为产流和汇流两个阶段。城市雨洪产汇流过程的分析计算，由于没有城市水文监测资料，只能采用经验公式进行计算。采用经验公式进行排水设计，受城市化多项因素的影响，计算精度远远不能满足设计要求。例如，城区规模扩大，城市改造、调整城市布局、交通道路的改造等都会影响产汇流计算公式中主要因素（或变量）的大幅度变化，使用经验公式计算的结果与实际情况存在较大的差异。开展城市水文监测，积累水文数据，为城市防洪除涝规划设计提供科学依据，是解决上述问题的根本措施。

（二）开展城市水文监测的内容

1. 城市水文监测基本任务

开展城市水文监测，对城市的管理、规划设计以及居民生活等有重要作用，但是，目前在我国城市中，绝大多数还没有开展城市水文监测，因此，建议城建、水文等部门，要创造条件尽快开展城市水文监测，以适应城市发展的要求。

城市化的过程是一个不断发展的过程，水及其环境都处在“动态”中，分析研究城市地区的径流量、水质及雨洪过程都需要考虑这种动态性。具体来说，必须考虑在资料观测期间内城市环境已有的变化，及其对各种水文要素响应过程的影响。开展城市水文监测同时量测或调查与城市化有关的资料，并不断更新。此外，还得考虑城市化以后的发展趋

势，分析环境演变的规律，作为建立各种预测模型的基础。因此，开展城市水文理论研究与基础应用研究，建立城市水文模型，研究减少雨洪灾害和开展雨洪资源利用的方法和措施，研究城市化进程中水生态的变化以及人类活动导致的水文系列变异规律等，都应列入城市水文监测的基本任务。

2. 开展城市水文监测要考虑城市水文要素的特殊性

城市水文计算中所需要的降水量资料分为两类：第一类是用于建立、率定和检验城市水文模型的降水资料，一般是集中在研究区域，要求与其他水量、水质资料配套观测，观测年限并不要求很长，但观测要求比较精准；第二类是用于进行长期模拟需要的长期降水量资料，这部分资料可通过设立城市雨量站来获取。

城市水文监测中的流量测验，不仅要求精度高、时间性强，而且要与降水时间、降水过程、产流过程、流量过程线及产汇流小区的面积等各有关因素相匹配，利用该实验小区降水量资料、流量资料、地面积水资料以及现有排水管道的实际排水过程，确定其降雨径流关系，作为该区域内产流计算的依据。

在城市地区，产汇流的流域边界是根据地形和城市排水管网情况划分的。城市排水系统由管网和河网组成，城市面积上产生的径流先排入管网，然后排入河网。受城市改造和发展的影响，集水区面积也成了一个变量，计算时应与城市现状相吻合。

城市不透水面积对径流过程影响很大，随着城市的改造与发展，几乎每天都在发生变化，这个数值的大小直接影响着产汇流的规律，而且，不同类型的城区（如居民区、工业区等）的不透水面积的比例不同，使城市排水中最重要的参数——径流模数的计算变得非常复杂，进而对城市排水设计计算结果影响很大。

城市水文监测站网的布设、监测方法和监测频次，要充分考虑城市水文要素的特殊性，采用机动灵活的监测方法，经济、合理、准确的原则，适应城市动态多变的现状，控制城市水文产汇流全过程。

（三）城市水文监测基本方法

开展城市水文监测应当坚持逐步发展的原则，监测范围要由点到面，由稀到密，由小区到全流域；观测项目要个别项目先上、实时服务项目先上，由少数项目到齐全，逐步发展。为提高城市水文监测的时效性，更好地为城市建设和发展提供高效的信息服务，在有条件的城市可以规划建设城市水文巡测基地，充分利用遥测遥感、卫星通信、计算机网络等先进技术，装备建设一支城市水文专业化队伍。

由于城市水文观测受自然、人为两种因素的作用，收集资料的对策必须适应当地城市水文状态。一是要求观测及时，精确掌握降雨、径流形成、地面积水、排水等变化的全过程；二是要适应城市水文要素多变的现状，采取自动监测为主，人工观测为辅的原则，科学合理地布设监测点，自动记录降雨、积水、管道排水量的变化过程。

随着城市建设进程加快，城市内涝引起了社会的广泛关注，城市水文工作也提到了政府议事日程上，同时也给各级水文部门提出了新的任务和课题，水文部门应该立即涉足城市水文领域，投身解决城市排涝难题之中。然而，城市水文工作不仅仅局限于城市防洪和排涝，还有城市综合规划、市政建设、生态建设、水污染防治、地下水开采、城市雨水利用等。为适应城市水资源管理需要，城市水文工作应围绕城市发展积极开展城市水文监测工作。在市区建立雨量、水位、流量、水质等各类水文监测站点，积极探索城市水文运行规律。根据需要，个别城市也要在市区开展水功能区及重点污染源、地面沉降等项目的监测。

参考文献

[1] 郝树堂. 工程水文学 [M]. 北京：中国铁道出版社，2009.

[2] 拜存有. 城市水文学 [M]. 郑州：黄河水利出版社，2009.

[3] 鲜思东. 概率论与数理统计 [M]. 北京：中国科学技术出版社，2010.

[4] 中华人民共和国建设部. GB 50318—2000　城市排水工程规划规范 [S]. 北京：中国建筑工业出版社，2001.

[5] 成都科技大学，华东水利学院，武汉水利电力学院. 工程水文及水利计算 [M]. 北京：水利出版社，1981.

第七章　河流泥沙分析

第一节　河流泥沙特性

一、泥沙分类

河流泥沙除了按照颗粒大小分类以外，还可以根据泥沙的运动状态和泥沙的冲淤情况、补给条件分类。

（一）按照颗粒大小分类

目前我国水文部门常用的分类为：粒径大于200mm为顽石，粒径在20～200mm之间为卵石，粒径在2.0～20mm之间为砾石，粒径在0.05～2.0mm之间为砂，粒径在0.005～0.05mm之间为粉砂，粒径小于等于0.005mm为黏土。河流泥沙粒径分类见表7-1。

表7-1　河流泥沙粒径分类

粒径分类	黏土	粉砂	砂	砾石	卵石	顽石
泥沙粒径/mm	≤0.005	0.005～0.05	0.05～2.0	2.0～20	20～200	>200.0

（二）床沙、推移质及悬移质

按照泥沙运动状态的不同，可将泥沙分为床沙、推移质及悬移质3类：床沙是组成河床表面静止的泥沙，又称为河床质。一般颗粒较推移质、悬移质为粗；推移质是沿河床滑动、滚动及跳动前进的泥沙，它是由底层水流在绕流运动过程中所产生的水流作用力对床面颗粒推动的结果，其运动范围都在床面或床面附近2～3粒倍径的区域，因而有时也称其为底沙；悬移质是被水流挟带，远离床面，悬浮于水中，随水流向前运动的泥沙，一般粒径较小。

河流中的泥沙，从水面到河床是连续的。在靠近河床附近，各种泥沙在不断地交换。悬移质和推移质之间在不断地交换，推移质与床沙之间也在不断地交换。

（三）床沙质和冲泻质

按照泥沙的冲淤情况和补给条件的不同，可将泥沙分为床沙质和冲泻质。

天然河流中的泥沙，悬沙质、推移质、床沙是由粗细不同的颗粒组成的。一般悬移质的组成最细，推移质次之，床沙最粗。但是悬移质中较粗的部分，常在床沙中大量出现，而较细的部分很少出现，或基本不存在。由于这两部分泥沙在冲淤情况、补给条件等方面具有不同的特点，因而将悬移质中较粗的部分，又在河床中大量存在的称为床沙质，而悬移质中较细的部分称为冲泻质。

在不冲不淤的相对平衡状态下，悬移质中床沙质部分的数量决定于河床的组成及水流条件，它与流量的关系较为密切。床沙质在河床冲淤过程中起到塑造河床的作用，因而有时也称其为造床泥沙。

悬移质中的冲泻质的实际数量主要决定于上游流域的来量，而不取决于河段的水力条件及河床的组成，它与流量的关系较为散乱。从床沙中没有或很少有冲泻质的事实，也说明这部分泥沙对于河床的调整和塑造不起或很少起作用，故冲泻质有时也称为非造床泥沙。

二、泥沙干容重

泥沙干容重是指一定容积的泥沙（包括土粒及粒间的孔隙）烘干后的重量与同容积水重的比值。它与包括孔隙的 1cm² 烘干土的重量用克来表示的土壤容重，在数值上是相同的。一般含矿物质多而结构差的土壤（如砂土），泥沙容积比重在 1.4～1.7t/m³ 之间；含有机质多而结构好的土壤（如农业土壤），在 1.1～1.4t/m³ 之间。不同粒径和特性的泥沙干容重见表 7-2。

表 7-2　　　泥 沙 干 容 重

泥沙类型	黏土	淤泥	中、粗砂	砾石、粗砂	卵石
粒径范围/mm	≤0.005	0.005～0.05	0.01～0.5	0.5～10	>10
稳定干容重/(t/m³)	0.8～1.2	1.0～1.3	1.3～1.5	1.4～1.8	1.7～2.1

第二节　河流输沙量计算

输沙率：一定水流和床沙组成条件下，水流能够输移的泥沙量。可用单位时间内通过河流断面的干沙质量 Q_s（kg/s）表示。

含沙量一般是单位体积的浑水中所含的干沙的质量，而输沙量一般更强调总量，单位是 kg/m³ 或 g/m³，用 C_s 表示。

输沙量：一定时段内通过河道某断面的泥沙数量称为该时段的输沙量，单位为 kg 或 t。河流输沙量的大小主要决定于水量的丰枯和含沙量的大小。含沙量大的河流输沙量不一定大，含沙量小的河流输沙量不一定小。

侵蚀模数：每年每平方千米面积上的土壤侵蚀量，以 t/(km² · a) 表示。

一、悬移质多年平均输沙量计算

（一）具有长期资料情况时的计算方法

当河流的某一断面具有长期实测的流量及悬移质含沙量资料时，可直接用资料进行统计，计算公式为

$$W_s = Q\rho_s t$$

$$W_{s0} = \frac{1}{n}\sum_{i=1}^{n} W_{si}$$

式中：W_s 为悬移质年输沙量，kg；Q 为年平均流量，m³/s；ρ_s 为悬移质年平均含沙量，kg/m³；t 为一年的时间，s；W_{s0} 为悬移质多年平均输沙量，kg；W_{si} 为各年悬移质输沙

量，kg；n 为资料年限。

（二）资料不足时的计算方法

河流悬移质年输沙量与年径流量之间相关关系一般较好，当设计断面的悬移质输沙量资料不足时，可利用这种相关关系，根据长期的年径流量资料插补展延悬移质年输沙量资料系列，然后求其多年平均输沙量。若当汛期降水侵蚀作用强烈且河流泥沙集中在汛期时，悬移质年输沙量与汛期径流量的关系较好，则可建立悬移质年输沙量与汛期径流量的相关关系，来插补展延悬移质年输沙量系列。

除利用上述相关关系外，若设计断面的上游（或下游）水文测站有长系列输沙量资料，也可绘制设计断面与上游（或下游）测站悬移质年输沙量相关图，如相关图较好，即可用于插补展延系列。

如悬移质实测资料很短，不足以绘制上述几种相关关系时，则可最粗略地假定悬移质年输沙量与年径流量的比值为常数，于是悬移质多年平均输沙量可由多年平均径流量推算：

$$W_{s0}=\frac{W_{si}}{W_i}W_0$$

式中：W_{s0} 为悬移质多年平均输沙量，kg；W_{si} 为某一实测年的悬移质年输沙量，kg；W_i 为相应年份的年径流量，万 m^3；W_0 为多年平均径流量，万 m^3。

若年输沙量与汛期径流量的关系比较好，或该站输沙量和邻近测站输沙量关系较好，也可最粗略地界定它们的比值为常数，用上述方法推求悬移质多年平均输沙量。

由于逐年的比值并不稳定，以固定比值求得的输沙量成果未必可靠，必须注意分析论证实测年份的代表性。

（三）资料缺乏时的计算方法

当缺乏实测悬移质资料时，多年平均输沙量只能做粗略的估计，利用多年平均侵蚀模数分区图或多年平均含沙量分区图进行估算。

在各省或市水文手册中，设计流域的多年平均侵蚀模数可以从图上所在的分区查出，将查出的侵蚀模数乘以该河流设计断面以上的流域面积，即为设计断面的悬移质多年平均输沙量：

$$W_{s0}=M_sF$$

式中：W_{s0} 为悬移质多年平均输沙量，kg；M_s 为悬移质多年平均侵蚀模数，kg/km^2；F 为设计流域面积，km^2。

二、悬移质输沙量年内分配

悬移质输沙量的年内分配可用汛期输沙量或各月输沙量占全年输沙量的相对百分数表示。悬移质输沙量的年内分配与年径流量的年内分配情势有一定的关系，但也不尽相似，少数河流有显著差别，主要是由各流域沙量来源和侵蚀程度不同。

有长期资料时，可选出丰沙年、平沙年和枯沙年的典型年份，分析各典型年的悬移质的年内分配情况。

在资料不足或资料缺乏时，可用水文比拟法，移用参证流域的分配情况，粗略估算悬移质年内分配情况。

廊坊市各监测断面典型年悬移质输沙率年内分配实测成果见表 7－3。

表 7-3 各监测断面典型年悬移质输沙率年内分配实测成果表

监测断面	月份	平均悬移质输沙率/(kg/s)								
		1970 年	1975 年	1980 年	1985 年	1990 年	1995 年	2000 年	2005 年	2010 年
蓟运河水系 泃河 三河（二）站	1	0	0	0	0	0	0	0	0	0
	2	0	0	0	0	0	0	0	0	0
	3	0	0	0	0	0	0	0	0	0
	4	0	0	0	0	0	0	0	0	0
	5	0	0	0	0	0	0	0	0	0
	6	0	0.120	0.040	0	2.90	0	0	0	0.027
	7	27.1	6.79	0.020	0.070	5.20	3.21	0	0	0.015
	8	25.2	2.23	0.090	11.0	5.72	8.43	0	0.380	0
	9	2.99	0	0	0.030	1.17	1.91	0	0	0
	10	0	0	0	0	0	0	0	0	0
	11	0	0	0	0	0	0	0	0	0
	12	0	0	0	0	0	0	0	0	0
	年总数	1711	283	4.61	344	461	418	0	11.8	1.28
潮白河水系 潮白河 赶水坝 （闸下）站	1	0	0	0	0	0	0	0	0	0
	2	0.090	0	0	0	0	0	0	0	0
	3	0.150	0	0	0	0	0	0	0	0
	4	0	0	0	0	0	0	0	0	0
	5	2.52	0	0	0	0	0	0	0	0
	6	1.66	0	0	0	0	9.43	0	0	0
	7	21.2	8.26	0	0.620	0.740	0.683	0.230	0	0
	8	44.2	37.10	0	1.00	0	0.190	0.048	0	0
	9	0.030	0	0	0	0	0	0	0	0
	10	0	0	0	0	0	0	0	0	0
	11	0	0	0	0	0	0	0	0	0
	12	0	0	0	0	0	0	0	0	0
	年总数	2163	1406	0	50.2	22.9	310	8.62	0	0
潮白河水系 青龙湾减河 土门楼（青） （闸下）站	1	0	0	0	0	0	0	0	0	0
	2	0	0	0	0	0	0	0	0	0
	3	0	0	0	0	0	0	0	0	0
	4	0.010	1	0	0	0	0	0	0	0
	5	5.24	0	0	0	0	0	0	0	0
	6	7.26	0	0	0	0	0	0	0	0
	7	20.7	225	0.650	25.7	15.6	108	15.2	0	0
	8	87.0	189	0.170	32.8	29.3	44.5	0.290	0	0
	9	0	0	0	0	5.39	61.7	0	0	0
	10	0	0	0	0	0	0	0	0	0
	11	0	0	0	0	0	0	0	0	0
	12	0	0	0	0	0	0	0	0	0
	年总数	3719	12864	25.4	1814	1554	6579	480	0	0

续表

监测断面	月份	平均悬移质输沙率/(kg/s)								
		1970年	1975年	1980年	1985年	1990年	1995年	2000年	2005年	2010年
北运河水系 北运河 土门楼（北） （闸下）站	1	0	0	0	0	0	0	0	0	0
	2	0	0	0	0	0	0	0	0	0
	3	0	4.05	1.61	0	0	0	0	0	0
	4	1.04	5.83	3.75	0	0	0	0	0	0
	5	34.6	12.9	7.57	0	0	0	0	0	0
	6	30.5	6.84	7.49	0	0	0	0	0	0
	7	30.7	0.88	1.43	1.78	7.46	0	0.140	0	0
	8	20.1	11.4	1.69	12.6	5.55	0	0.350	0	0
	9	1.89	0	0.670	0.33	2.20	0	0	0	0
	10	0	2.97	0	0	0	0	0	0	0
	11	0	0	0	0	0	0	0	0	0
	12	0	0	0	0	0	0	0	0	0
	年总数	3650	1378	739	456	469	0	15.2	0	0
永定河水系 永定河 固安站	1	0	0	0	0	0	0	0	0	0
	2	0	0	0	0	0	0	0	0	0
	3	0	0	0	0	0	0	0	0	0
	4	0	0	1.37	0	0	0	0	0	0
	5	0	0	13.6	0	0	0	0	0	0
	6	0	0	5.76	0	0	0	0	0	0
	7	33.2	1.85	0	0	0	0	0	0	0
	8	26.9	7.28	0	0	0	0	0	0	0
	9	0.460	0	0	0	0	0	0	0	0
	10	0	0	0	0	0	0	0	0	0
	11	0	0	0	0	0	0	0	0	0
	12	0	0	0	0	0	0.043	0	0	0
	年总数	1877	283	636	0	0	1.33	0	0	0
大清河水系 赵王河 史各庄（二）站	1	0	0	0	0	0	0	0	0	0
	2	0	0	0	0	0	0	0	0	0
	3	0	0	0	0	0	0	0	0	0
	4	0	0	0	0	0	0	0	0	0
	5	0	0	0	0	0	0	0	0	0
	6	0.980	0	0	0	0	0	0	0	0
	7	4.61	0	0	0	0.120	0	0	0	0
	8	2.50	0	0	0	0	0	0	0	0
	9	1.69	0	0	0	0	0	0	0	0
	10	0	0	0	0	0	0	0	0	0
	11	0	0	0	0	0	0	0	0	0
	12	0	0	0	0	0	0	0	0	0
	年总数	301	0	0	0	3.72	0	0	0	0

三、主要河道输沙率

一定时段内通过河道某断面的泥沙数量称为该时段的输沙量，单位为 kg 或 t。河流输沙量的大小主要决定于水量的丰枯和含沙量的大小。

通过对廊坊市主要河道输沙率的分析，20 世纪 70—80 年代以前，在汛期部分河道有输沙率。随着上游水利工程建设，河道拦蓄洪水，一般年份，天然径流量几乎很难流入该区域，大部分水量是通过人工调节，或通过污水处理后的水量。

第三节　河流泥沙颗粒分析

泥沙颗粒的大小，通常用泥沙的直径来表示。但由于泥沙形状不规则，直径不易直接测定，理论上采用等容粒径，即与泥沙颗粒体积相等的球体直径来表示。等容粒径简称粒径，常用单位为 mm，较大的用 cm。单位体积泥沙的重量称为容重，单位为 t/m^3 或 g/cm^3。

泥沙在静水中下沉到一定程度，泥沙重力等于阻力时，泥沙会匀速下沉。泥沙在静水中均匀沉降的速度称为泥沙的水力粗度，单位为 cm/min 或 cm/h。泥沙的颗粒组成特征可用泥沙的粒配曲线表示。此曲线的横坐标表示泥沙颗粒直径，纵坐标表示小于此种粒径的泥沙在全部泥沙中所占的百分数，常绘在对数概率坐标纸上。

赶水坝站年平均悬移质颗粒级配见表 7－4。

表 7－4　　　　赶水坝站年平均悬移质颗粒级配表

年份	平均小于某粒径的沙重百分数/%								中数粒径/mm	平均粒径/mm	最大粒径/mm
	<0.007mm	<0.010mm	<0.025mm	<0.050mm	<0.10mm	<0.25mm	<0.50mm	<1.0mm			
1972	24.5	32.0	53.5	75.5	96.0	99.7	100		0.0221	0.0337	0.350
1973	17.5	22.0	35.0	52.0	88.0	99.8	100		0.0472	0.0524	0.500
1974	11.0	15.5	29.0	45.5	86.0	98.0	100		0.0557	0.0634	0.500
1975	18.5	24.5	42.5	66.0	92.5	99.9	100		0.033	0.0419	0.444
1976	9.2	12.6	24.9	47.3	85.8	99.2	99.9	100	0.0521	0.061	0.814
1977	11.1	15.3	28.2	47.0	81.0	99.1	99.9	100	0.054	0.064	0.798
1978	21.5	28.1	45.3	66.4	91.1	99.9	100		0.030	0.042	0.442
1981	12.4	15.3	29.5	53.1	89.3	99.8	100		0.046	0.054	0.387
1982	34.0	41.3	65.6	86.7	96.4	99.5	100		0.015	0.027	—
1983	4.4	5.0	9.0	18.5	73.1	99.2	100		0.079	0.085	—
1984	27.6	39.0	73.7	91.2	97.5	99.4	99.9	100	0.014	0.024	0.795
1986	20.0	29.1	56.1	81.8	94.7	99.7	100		0.021	0.033	0.388

参　考　文　献

[1]　中华人民共和国水利部 .GB/T 27991—2011　河流泥沙测验及颗粒分析仪器基本技术条件 [S]. 北京：中国标准出版社，2011.

[2]　中华人民共和国水利部 .GB 50159—92　河流悬移质泥沙测验规范 [S]. 北京：中国计划出版社，2011.

第八章 典型暴雨洪水分析

第一节 北三河水系典型暴雨洪水

北三河历史上是多发洪水的河流，新中国成立后治理了下游河道，上游修建了密云水库、怀柔水库、海子水库等多座大中型水库，使北三河发生水患的机遇大大降低。但由于北京市城区面积不断扩大，流域下垫面不透水面积不断增加，北运河水系发生暴雨洪水的概率也越来越大。

一、"1994·7"暴雨洪水

1994年7月12—13日，北运河、潮白河、泃河上游普降大暴雨和特大暴雨，流域最大雨量412.9mm（鲍邱河夏垫），流域平均降雨量275mm，致使泃河、北运河、鲍邱河等相继发生特大洪水。

（一）泃河洪水

7月12—13日，泃河上游普降大暴雨和特大暴雨，流域最大雨量405mm（大孙各庄），流域平均雨量275mm，泃河上游全流域产流。泃河三河站最大洪峰流量808m^3/s（13日20时），是新中国成立以来出现的第二大洪水（1958年最大洪峰流量826m^3/s）。泃河1994年7月洪水过程见图8-1。

"1994·7"暴雨洪水，泃河两岸洪水漫滩，52个村街被水围困，35个村街室内水深1.0m左右。三河市北套（泃河湾）淹没水深1～2m。洪水总量1.18亿m^3。泃河洪水由引泃入潮下泄，引泃入潮罗村渡槽7月11日14时洪水开始起涨，7月14日8时渡槽上最高水位10.67m，相应渡槽下水位10.45m，渡槽下最高水位10.54m（14日14时）（大沽），最大流量549m^3/s，引泃入潮洪水总量1.14亿m^3。渡槽上、下水位差一般为0.10～0.20m，7月17日以后流量小于100m^3/s，渡槽上、下水位差为0.60m左右。引泃入潮1994年7月洪水过程见图8-1。

（二）鲍邱河洪水

鲍邱河流域一般降雨300mm，最大412.9mm（夏垫），全流域产流，地面严重积水，一片汪洋。由于地形坡度较大，地面普遍汇流，鲍邱河满溢，两岸行洪，鲍邱河两岸水深1.0～2.0m。大厂县7月12日11时刘河闸两岸决口，13日6时鲁庄闸决口。三河市7月13日11时小崔各庄、西定福的司庄武河故道大米庄决口，13日14时小崔各庄、洼子、桥河决口，鲍邱河下游被淹，洼子等6个村积水达十日之多，最大积水深2.5～3.0m。

鲍邱河最高水位7月14日2时10.73m（大沽），倒虹吸最大过水流量202m^3/s，7月12—21日，实测洪水总量4750万m^3。

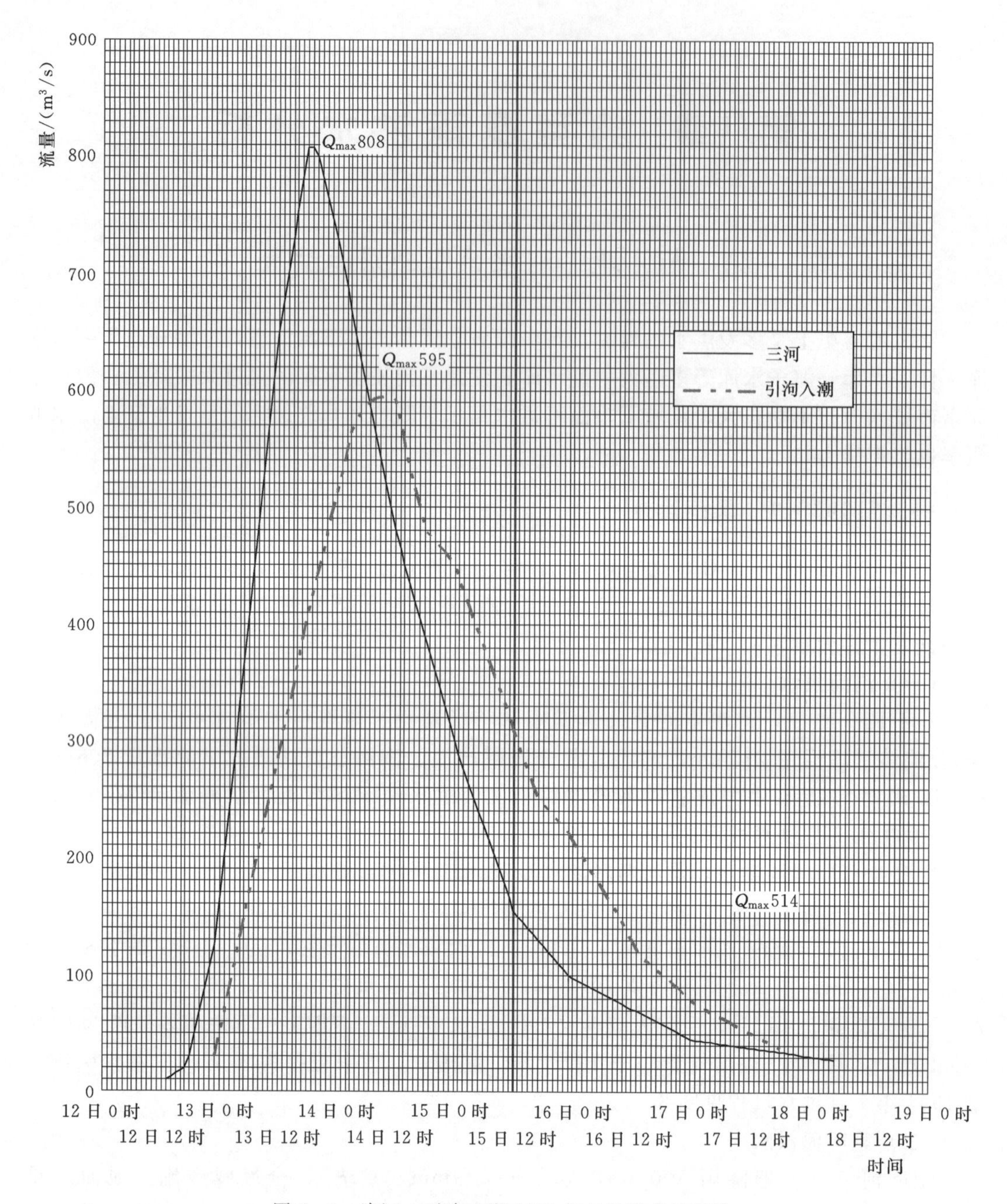

图 8-1　泃河、引泃入潮 1994 年 7 月洪水过程线

（三）引泃入潮与鲍邱河洪水的遭遇

根据水文实测资料分析，7 月 13 日 6 时以前，引泃入潮水位高于鲍邱河水位，高差 1.00～1.30m，鲍邱河水无法向引泃入潮泄洪。7 月 13 日 6 时以后，鲍邱河水位高于引泃入潮，到 7 月 14 日 8 时两河水位相平，时差 26h，此间两河平均水位差 0.50～0.60m。按工程设计，26h 鲍邱河向引泃入潮的泄洪量为 225 万 m^3，占鲍邱河洪水总量的 4.7%，占鲍邱河下游淹没区蓄水量的 15.5%，蓄水区仍有 1225 万 m^3 滞蓄，蓄水位 10.62m，比

最高蓄水位降低 0.11m。

（四）潮白河洪水

潮白河洪水因受上游各闸控制，加之前期比较干旱，流域下垫面缺水严重，所以该河未发生超标洪水，赶水坝水文站最大洪峰流量只有 $577m^3/s$。

（五）北运河洪水

受上游及本地降水影响，北运河 7 月 13 日发生洪水。北运河洪水通过青龙湾减河下泄，13 日，青龙湾减河土门楼站洪峰流量达到 $1030m^3/s$（重现期约为 20 年一遇），根据洪水调度规程，启用北运河木厂闸分洪，最大分洪流量达到 $189m^3/s$。

二、"2012·7"暴雨洪水

（一）暴雨

2012 年 7 月 21—22 日，保定北部、北京中西部、廊坊中北部地区出现特大暴雨。此次暴雨具有持续时间长、强度大、总量大的特点，且高强度降雨覆盖范围之广历史罕见。北京部分地区最大 1h 雨量达 100mm 以上，强降雨持续长达 10h，场次降雨极端天气站点数历史最大，超过 1/6 的地区最大 1h 降雨量达到 70mm 以上。平均雨量及单点雨量均突破新中国成立以来的历史极值，北京市平均雨量达到历史最高水平，1/3 以上面积降雨达 200mm 以上。河北镇日雨量 541mm，创历史纪录。

北三河水系 7 月 21 日 13 时部分地区开始出现降雨，三河市西部的燕郊、高楼等地出现较强降雨，16 时雨区扩大到廊坊及以北地区。21 日 19 时至 22 日 3 时出现较强降雨过程。此次降雨空间分布不均，出现了两个暴雨中心，分别位于永清县北部和固安县柳泉镇，暴雨中心最大 6h 降雨量分别为 326.7mm、347.2mm，最大 12h 降雨量分别为 354.2mm、361mm。廊坊市北三县降雨量超过 100mm，三河市中北部及南端至香河县北端一带降雨量在 180mm 以上，香河县西北部降雨量较小，降雨量在 100mm 左右，其他大部分地区降雨量在 140～180mm 之间。

廊坊中部广阳区、安次区、固安县、永清县降雨量较大，均在 140mm 以上，雨量以两个暴雨中心为原点向南逐渐减小，最南端降雨量在 120mm 左右，固安县南部马庄、安次区南部码头出现两处超过 180mm 的暴雨中心。廊坊南部霸州市、文安县、大城县降雨量较小。总趋势为自北向南逐渐减小，降雨量由北部的 120mm 以上下降到 20mm 左右。霸州市大部降雨量均在 60mm 以上，文安县、大城县部分地区降雨量不足 40mm。此次降雨暴雨中心固安市柳泉镇最大 6h 降雨量为 347.2mm，相当于 300 年一遇。

此次暴雨北运河流域平均降水量 178mm，北京市区平均降水量 200mm，廊坊市城区降水量 242mm，其总量之大，强度之强亦为新中国成立以来所罕见。

（二）流域产流情况

北运河干流左侧全部为减河或连接河道，所以北运河洪水均来自上游支流及干流右侧支流。具体组成为：北运河洪水由温榆河洪水、通惠河洪水、凉水河洪水、凤港减河洪水组成。

温榆河洪水和通惠河洪水由通州北关拦河闸和分洪闸控制（其中拦河闸洪水下泄至北运河，分洪闸洪水下泄至潮白河）。根据报汛资料，北关拦河闸最高水位 19.79m，最大洪峰流量 $1200m^3/s$，北关分洪闸最高水位 20.09m，最大洪峰流量 $390m^3/s$。根据北京市"7·21"

暴雨洪水调查评价结果，通惠河乐家花园站最高水位 34.30m，洪峰流量 440m^3/s。

凉水河洪水：根据报汛资料，凉水河张家湾站最高水位 19.22m，洪峰流量 555m^3/s。

凤港减河洪水：根据资料分析计算，凤港减河军屯站最大洪峰流量 142m^3/s。

（三）洪水过程

温榆河上游产生洪水总量为 8929 万 m^3。其中，北关拦河闸从 7 月 21 日 17 时 50 分开始涨水，7 月 22 日 1 时出现最大洪峰流量 1200m^3/s，至 23 日 0 时闭闸，向北运河下泄洪水总量为 4011 万 m^3。北关分洪闸 7 月 21 日 17 时 30 分开始向运潮减河下泄，7 月 22 日 1 时出现最大洪峰流量 390m^3/s，至 7 月 25 日 8 时，下泄洪水总量为 4918 万 m^3；支流凉水河榆林庄站从 7 月 21 日 20 时开始涨水，7 月 22 日 6 时出现洪峰流量 555m^3/s，至 25 日 8 时，洪水总量 4743 万 m^3；支流凤港减河没有实测流量过程资料，由降雨量资料根据洪水预报方案推出凤港减河军屯站最大洪峰流量为 142m^3/s，至 7 月 24 日洪水总量为 1600 万 m^3。北运河水系 2012 年“7·21”洪水洪峰流量统计见表 8-1。

表 8-1　　北运河水系 2012 年“7·21”洪水洪峰流量统计表

河名	站名	洪峰流量/(m^3/s)	洪水总量/万 m^3	河名	站名	洪峰流量/(m^3/s)	洪水总量/万 m^3
凉水河	榆林庄	555	4743	青龙湾减河	土门楼（青）	998	9313
温榆河	北关拦河闸	1200	4011	北运河	土门楼（北）	148	459
运潮减河	北关分洪闸	390	4918	牛牧屯引河	牛牧屯	44.8	142
凤港减河	军屯	142	1600				

温榆河北关拦河闸从 7 月 21 日 17 时 50 分开始涨水，7 月 22 日 1 时北关拦河闸闸门 7 孔提出水面，最大泄洪 1200m^3/s，产生洪水总量为 4011 万 m^3。洪水过程线见图8-2。

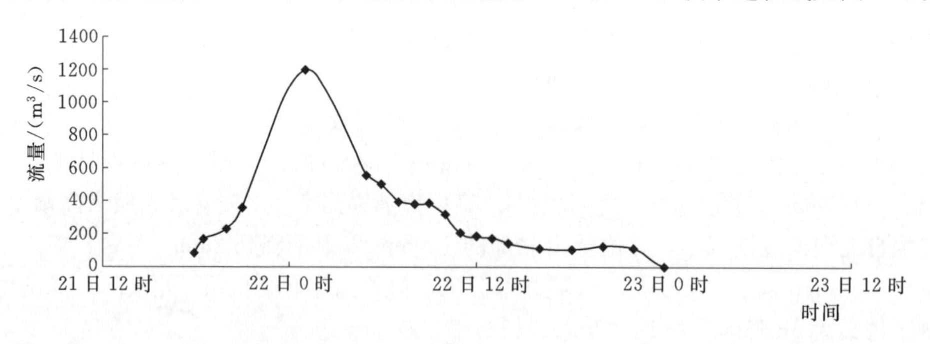

图 8-2　温榆河北关拦河闸 2012 年“7·21”洪水过程线

7 月 22 日 1 时运潮减河北关分洪闸闸门 10 孔提出水面，最大泄洪 390m^3/s，产生洪水总量为 4918 万 m^3。洪水过程线见图 8-3。

青龙湾减河：北运河下游土门楼站 7 月 21 日 22 时开始涨水，北运河土门楼控制闸闸上水位 9.46m，流量 23.9m^3/s，7 月 21 日 23 时北运河土门楼控制闸全闭，7 月 21 日 20 时 20 分青龙湾减河土门楼控制闸 10 孔全提开始泄洪，闸上水位 9.43m，流量 350m^3/s，到 7 月 22 日 8 时出现洪峰流量 998m^3/s，超过 20 年一遇，闸上最高水位 12.07m。至 7 月 24 日产生洪水总量为 10090 万 m^3。洪水过程线见图 8-4。

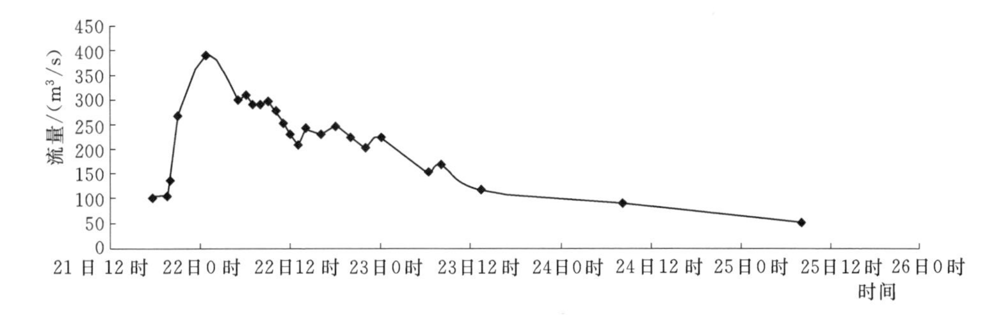

图 8-3　运潮减河北关分洪闸 2012 年“7·21”洪水过程线

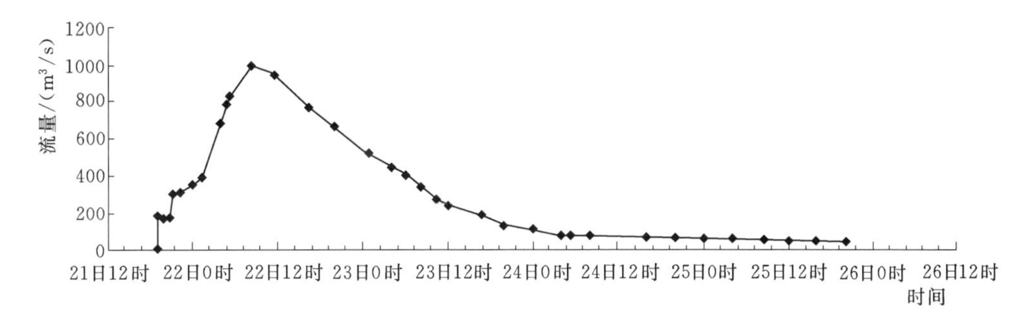

图 8-4　青龙湾减河土门楼水文站 2012 年“7·21”洪水过程线

北运河：为了减轻青龙湾减河行洪压力，7 月 22 日 8 时 50 分北运河土门楼（北）控制闸提闸泄洪，到 7 月 22 日 16 时出现最大流量 148m^3/s，产生洪水总量为 459 万 m 3；牛牧屯引河向潮白河过水，牛牧屯站最大泄量 44.8m^3/s，产生洪水总量为 142 万 m^3/。7 月 22 日 15 时北运河出现最大合成流量 1180m^3/s。洪水过程线见图 8-5。

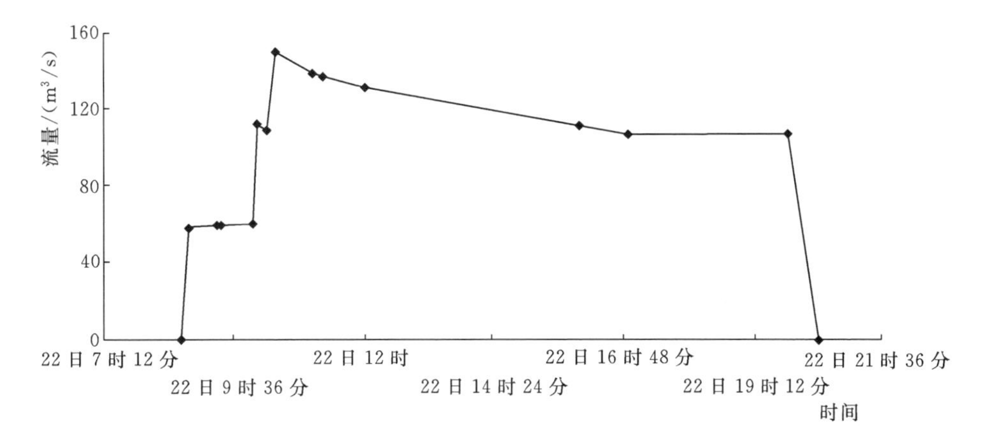

图 8-5　北运河土门楼水文站 2012 年“7·21”洪水过程线

第二节　永定河水系典型暴雨洪水

历史上，永定河洪水多发生在 4 月和 7—8 月两个时期。4 月上游河道解冻期冰溶化成水形成的洪水，称为凌汛，7—8 月为暴雨洪水。官厅水库建成运用后，4 月的凌汛水都拦蓄在水库，下游不再发生凌汛洪水。7—8 月的洪水，上游一般年份都拦蓄在官厅水库以上，永定河下游的洪水主要来自官厅山峡。发生大洪水的年份为 1929 年、1939 年、1950 年、1956 年、1958 年，据统计，80%以上的洪水来自官厅山峡地区。

一、1939 年暴雨洪水

1939 年 7 月 25 日，永定河流域日平均降雨量 170mm，官厅洪峰流量 4000m^3/s，7 月 26 日，三家店最大洪峰流量 4465m^3/s，卢沟桥最大洪峰流量 4390m^3/s，小清河分洪 2850m^3/s，其余洪水全部由永定河主槽下泄，洪水总量 4.9 亿 m^3。

此次洪水淹了北京市广安门外大部分地区，冲毁了京广、京山铁路，中下游多处决口。7 月 26 日，永定河左堤固安梁各庄漫溢决口，冲走刘庄、洪辛庄、蔡家务 3 个村和梁各庄的半个村，洪水任意漫延，廊坊市南门外进水，水深 1.8m 左右，平地行船。泛区上口河滩淤积严重，永清县泥安村淤积达 1.2m 左右，梁各庄口门当年堵闭，1942 年春又被日本侵略者扒开，洪水改由梁各庄口门下泄，致使河道改道。1949 年筑起新北堤，形成现在的永定河泛区。

二、1956 年暴雨洪水

（一）降雨

1956 年永定河流域降雨较多，官厅水库以上年降雨 550mm，官厅山峡降雨 700～1100mm。山峡地区 6 月降雨量 250～400mm，超 6 月正常雨量 1 倍多，官厅山峡 6 月降雨量使土壤达到饱和状态。在 7 月 29 日以前，降雨较少，土壤含水量蒸发一部分，29—31 日连续降雨，一般降雨量 80 mm 左右，最大降雨量上苇甸 118mm，土壤又达到饱和状态。8 月 2—3 日官厅山峡的暴雨中心在王平口村，暴雨中心降雨量 434.8mm，流域平均降雨量 260mm，降水总量 4.16 亿 m^3，造成全流域产流。

（二）洪水

1. 官厅水库泄洪

1956 年官厅水库泄洪有两次：一次是 7 月 1—10 日，最大流量 574m^3/s；另一次是 8 月 2—7 日，水库最大放水流量 627m^3（8 月 5 日）。8 月 2—7 日放水正遇官厅山峡发生洪水，2 日 2 时放水 250m^3/s。3 日山峡发生大暴雨，洪水猛涨。为了错峰，17 时水库闸门全部停止下泄。4 日 13 时山峡洪峰过梁各庄进入永定河泛区，水库又开始泄洪，5 日下泄流量 600m^3/s，6 日，卢沟桥至梁各庄主河道坍滩，堤岸发生了严重险情，为了支援抗洪抢险，6 日 2 时水库闸门全闭，到 8 时水库又 8 孔放水洞闸门全堤，放水 600m^3。

2. 官厅山峡洪水

官厅山峡洪水出口为三家店，三家店由 8 月 2 日 6 时开始起涨，流量 41.4m^3/s，到 3 日 22 时涨至最大洪峰流量 2640m^3/s。8 月 2—8 日洪水总量达 4.82 亿 m^3。其中，官厅山峡暴雨洪水总量 3.17 亿 m^3，径流深 198mm，径流系数为 0.76，平均含沙量 30.1kg/m^3，输沙量 1449 万 t，山峡区间增加泥沙量 1019 万 t。

三家店从洪水起涨至洪峰出现的时差为 18h，洪水从涨到落全部过程为 5d，洪水陡涨陡落，峰高量小。

官厅山峡最大支流清水河，从2日起涨，3日9时开始陡涨，3日21时出现最大流量$602m^3/s$，2—7日洪水总量6400万m^3。

清水河洪水汇入永定河后，汇合点出现最大洪峰流量$1590m^3/s$，出现时间为3日19时30分，洪水下泄到三家店用了2.5h，3日22时三家店出现最大洪峰。

3. 永定河卢沟桥、梁各庄段洪水

卢沟桥8月2日开始起涨，4日0时出现最大洪峰流量$2450m^3/s$，3—8日洪水总量4.498亿m^3，平均含沙量$15.57kg/m^3$，输沙量884万t。

3日20时卢沟桥小清河分洪过水，分洪流量$100m^3/s$左右，分洪水量约150万m^3。西麻各庄决口后，8月中旬组织堵口，为配合堵口，15日永定河卢沟桥截流和小清河引洪，20日土坝合龙将永定河水引入小清河，西麻各庄口门堵闭后，29日夜，扒开卢沟桥截流坝，同时筑小清河土埝一道，永定河水归主槽。

永定河洪水8月4日0时30分到金门闸，洪峰流量$2150m^3/s$，洪水总量4.252亿m^3。

8月6日2时，官厅水库闭闸，下游流量由$1000m^3/s$左右减至$400m^3/s$左右，西麻各庄险工点迅速上提了1000m，滩地掏刷加快，6日10时，滩地还剩不足100m，傍晚开始堤防坍塌，夜12时塌堤约100m。由于水深（5～7m）流急，控制不住险情发展，到7日0时40分，堤防溃决，口门宽300m，最大下泄流量$860m^3/s$，洪水以4.5km的宽度向廊坊流去，西麻各庄决口。

1956年8月，永定河洪水传播时间很短，三家店至卢沟桥仅2h，卢沟桥至梁各庄仅4.5h，山峡出口至泛区入口（梁各庄）只有6.5h，洪水传播速度之快给抗洪抢险带来严重困难。

4. 泛区洪水

泛区入口梁各庄8月3日洪水起涨，4日4时30分出现最大洪峰，洪峰流量$2060m^3/s$，最高水位28.90m（大沽），年输沙量1860t。

洪水入泛区后，4日7时左右南北小埝卡口处（大北市至姜志营）出现最高水位。永清县柳元村南前卫埝决口两处，南前卫埝以南地区受淹。继而永清县南小埝姜志营决口，口门宽50m，水深1.0m左右，别古庄以北地区淹没。8月6日大北市村西北小埝坡有漏洞出水，由一个洞发展到几个洞，天亮时即有几个七八米的口门，当天口门扩大到200m宽，北小埝以北地区被淹。

泛区洪水到大北市分3股，一是姜志营决口，洪水顺南小埝南流向西张务。二是主河道在南北小埝之间下泄，到8月4日16时，东储最高水位13.45m，老安次县城淹没，大水过后，县城淤平不复存在；主河道茨平以下又分两股，一股顺北前卫埝东下，一股从茨平南下至北遥堤，然后顺北遥堤东下，两股汇合于刘七堤。三是由大北市决口的洪水东流冲向周元子，顺护路堤下泄。8月6日16时至7日2时，落垡水位10.51m。

泛区出口屈家店8月7日16时26分最大实测洪峰流量$594m^3/s$，其中北运河来量$81m^3/s$，永定河来量$514m^3/s$。泛区调节能力达到75%左右，洪峰削减了75%。

5. 西麻各庄洪水

大兴区西麻各庄8月7日0时40分决口，最大流量达$860m^3/s$，8月29日口门堵闭，过水22d（麻各庄永定河下游断流）。通过麻各庄口门下泄流入河道以北的洪水量为2亿m^3。

麻各庄决口洪水以4～5km的宽度顺永定河左堤下泄，廊坊市的白家务、万庄、史家务、北旺、落垡等近百个村庄被淹。8 月 8 日夜，廊坊市铁路以南的南门外地区进水，8 月 9 日 1 时洪水到于常甫，京津铁路与北大堤之间一片汪洋，一般水深 1.0m，局部水深 2.0m 左右，水势较凶。8 月 10 日 4 时，京津铁路落垡段有 200m 宽过水，水深达 5～10cm。龙河落垡实测最大流量 280m³/s，最高水位 10.26m。

图 8-6 为永定河 1956 年 8 月洪水过程线。

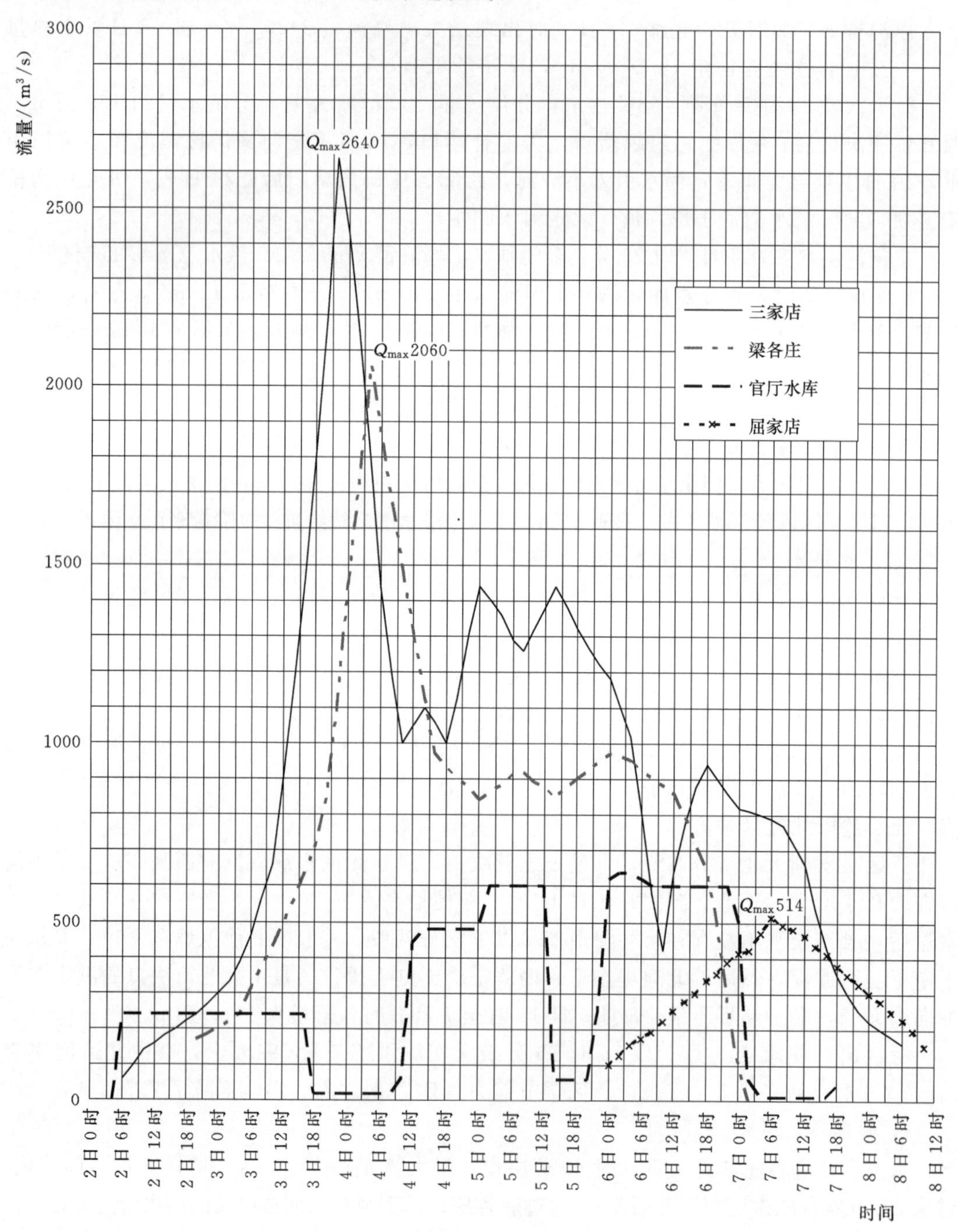

图 8-6　永定河 1956 年 8 月洪水过程线

第三节　大清河水系典型暴雨洪水

大清河西部山区是暴雨多发区，历史上暴雨洪水很多。新中国成立后的1954年、1956年、1963年、1964年、1977年、1979年、1996年、2012年都发生了较大洪水，其中以1963年、1996年、2012年洪水最大，造成极大的损失。

一、“1963·8”暴雨洪水

（一）南支暴雨洪水

大清河南支1963年8月2—9日流域平均降雨量595mm。暴雨中心司仓最大日降雨704mm，最大每小时降雨105mm。2—9日降雨1309mm，是大清河流域少见的暴雨。

暴雨发生后，山区发生特大洪水，总洪峰流量达3万m^3/s，大部分由瀑河、龙门、西大洋、王快、口头、横山岭等水库拦蓄，最大拦蓄水量18.27亿m^3（瀑河0.70亿m^3、龙门0.92亿m^3、西大洋6.50亿m^3、王快7.79亿m^3、口头0.53亿m^3、横山岭1.83亿m^3），经过水库调节，下泄洪峰流量也大大减少。水库入库最大洪峰流量为26518m^3/s，水库下泄流量为8060m^3/s，占入库的30%，水库发挥了巨大的防洪效益。

由于暴雨中心地带没有大型水库拦蓄洪水，完县、望都、满城、曲阳、定县一带洪水泛滥。刘家台等水库失事，垮坝流量23000m^3/s，洪水到处漫溢，决口280处，一时间平原地区一片汪洋，顿成泽国，洪水汇入白洋淀，淀外水位比淀内水位高很多。8月8—9日相继扒开四门堤、障水埝、淀南新堤等隔淀堤，使平原洪水从淀外涌入淀内。

白洋淀以上各主河道的洪水于8月8日陡涨，潴龙河北郭村洪水总量（8月5—17日）21.28亿m^3，洪峰流量5380m^3/s（历史最大洪峰流量为3440m^3/s，1958年），府河东安洪水总量（8月5—17日）9亿m^3，洪峰流量5660m^3/s（府河3470m^3/s、新府河2190m^3/s），龙门库洪水总量（8月5—17日）3.4亿m^3，洪峰流量3250m^3/s，瀑河库洪水总量（8月5—17日）1.3亿m^3，洪峰流量664m^3/s。

主河道洪水与平原诸小河以及平原漫流的洪水相继流入白洋淀，白洋淀水位猛涨，10日一天水位猛涨2.70m，最大入淀流量11594.0m^3/s，8月8—19日入淀总水量47亿m^3。8月11日夜入淀流量开始减少，14日在3000m^3/s左右。

（二）北支暴雨洪水

1963年8月2—9日，北支发生特大暴雨，流域平均降雨量达418mm。暴雨中心大良岗总降雨1110mm，暴雨中心最大日降雨590mm（大良岗）。

拒马河张坊8月6日20时洪水起涨，8月8日12点最大洪峰流量9920m^3/s，洪水总量7.64亿m^3（6—20日），拒马河张坊洪水到落宝滩分为两股。一股南下汇入南拒马河，8日13时34分出现最大流量3200m^3/s；一股东下汇入北拒马河，9日13时34分出现最大流量4420m^3/s。南拒马洪水总量2.2亿m^3，北拒马洪水总量5.3亿m^3，南北拒马最大合成流量7600m^3/s。洪水到东茨村传播时间为30～35h，洪峰调节系数为0.63（落宝滩北4420m^3/s、东茨村2790m^3/s）。漫水河（琉璃河）洪峰流量1280m^3/s，8月8日夜入白沟河，9日夜白沟河主要承受琉璃河洪水，由于流域面积小，洪水历时不足一日，先期下泄。漫水河平均降雨量382mm，洪水总量1.08亿m^3。白沟河东茨村8月7—15日洪水总量6.9亿m^3。

南拒马河落宝滩以下，有中易水汇入，中易水有安各庄水库。1963年安各庄水库上游发生特大暴雨，流域平均降雨量986mm。8月8日安各庄入库最大洪峰流量6320m^3/s，洪水总量3.2亿m^3。

安各庄水库以下至北河店区间流域面积1510km^2，有暴雨洪水纳入。暴雨洪水与南落宝滩和安各庄水库下泄洪水汇合形成南拒马总出流，北河店5日起涨，最大洪峰流量4770m^3/s。洪水总量7.5亿m^3。张坊至北河店洪水传播时间为10h。

北河店和东茨村洪水汇合于新盖房，由新盖房分洪道入溢流洼。新盖房分洪道最大流量3540m^3/s（9日22时），8月6—22日洪水总量15.4亿m^3。张坊至新盖房传播时间为34h。

图8-7为大清河北支1963年8月洪水过程线。

（三）文安洼洪水

1963年文安洼及上游地区降雨不多，年降雨一般在500～600mm，为正常年雨量。只有窝北8月降雨多些，8月总降雨量391mm，最大日降雨量152mm，平原地区产流很少，文安洼来水基本上是洪水分洪所致。

1963年8月7日凌晨，滹沱河下泄流量超过泄洪能力，下泄最大流量6000m^3/s，滹沱河北大堤深县彭赵庄、安平县刘门口、杨各庄3处决口，口门总宽达1000m，总流量近3000m^3/s，总水量约3亿m^3，从西南直奔文安洼。

8月14日12时，提滩里闸向文安洼分洪，分洪流量500m^3/s左右。

8月14日18时，隔淀堤大湾开始扒口，15日5时口门宽200m，过水流量1400m^3/s。

8月15日赵王新渠右堤扒口，3时口门宽170m，流量1600m^3/s，后扩大到280m，流量1800m^3/s。

8月15日东西南北洪水汇合于十马干渠。

8月17日文安县除牛角洼外全部进水。

8月19日子牙河破王口向文安洼分洪，贾口洼水位暴涨，水位日涨3.20m。

8月25日分洪口门由598m扩大到2700m，流量达3700m^3/s。

（四）东淀来水量

1963年8月6日大清河北支洪水入溢流洼，水势涨的很猛，8月9日出现最大流量3540m^3/s。东淀水位8月10日开始上升，并使赵王新河倒灌。

8月11日东淀水位上涨很快，日涨1.64m，日增蓄水量3.5亿m^3，8月12日开始，大清河南支洪水大量下泄，水位日涨1.22m，日增水量3.76亿m^3。15日出现最高水位8.39m（第六埠），西河闸泄量1530m^3/s，独流闸泄量858m^3/s，两闸最大泄量2988m^3/s。

1963年8—9月，大清河径流总量95.86亿m^3（大清河南支70.80亿m^3、大清河北支19.38亿m^3、清南4.20亿m^3、清北1.48亿m^3）。另外，滹沱河决口汇入清南2.49亿m^3，洪水总量98.34亿m^3。

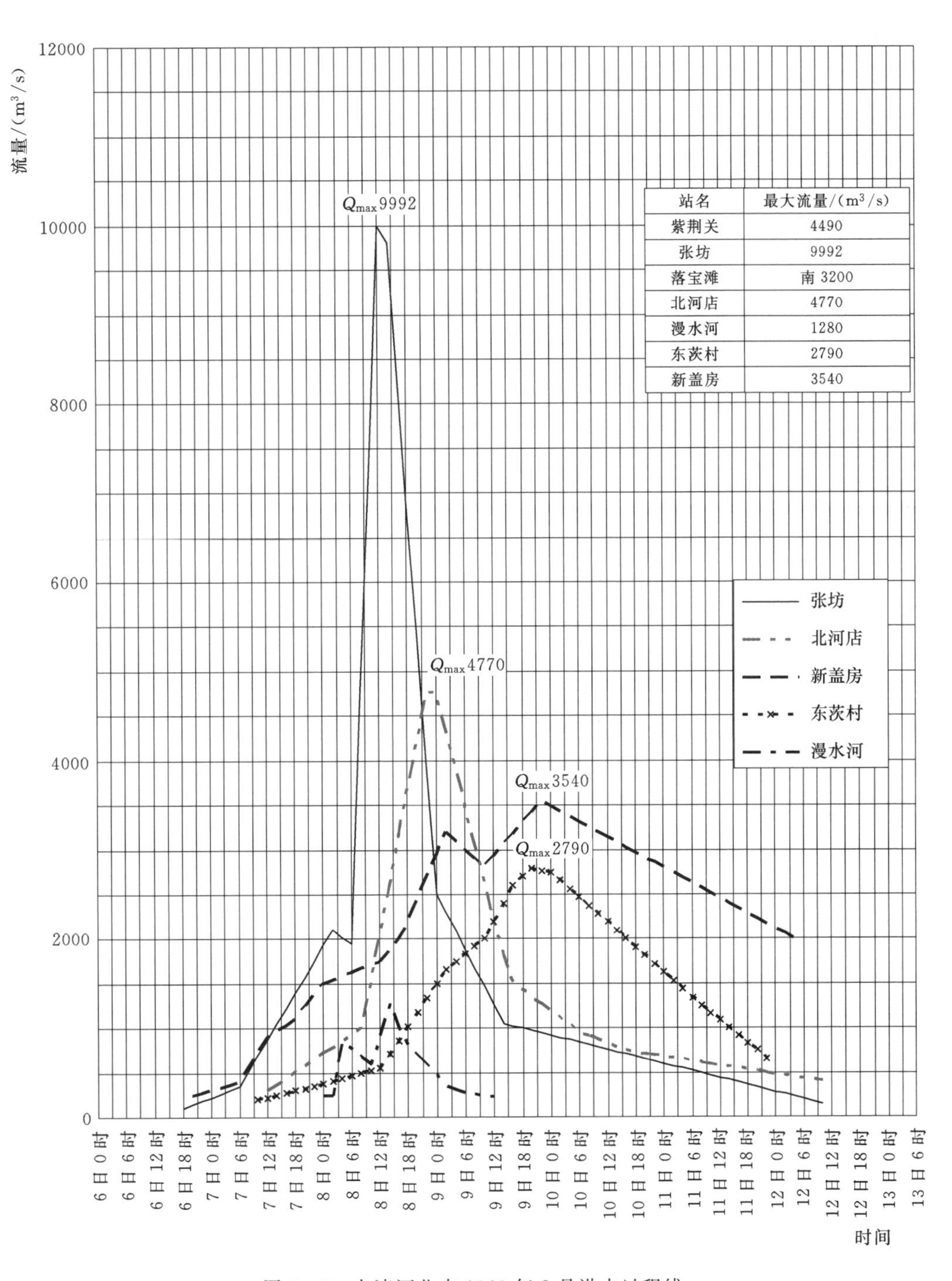

站名	最大流量/(m³/s)
紫荆关	4490
张坊	9992
落宝滩	南 3200
北河店	4770
漫水河	1280
东茨村	2790
新盖房	3540

图 8-7　大清河北支 1963 年 8 月洪水过程线

二、“1996·8”暴雨洪水

1996 年大清河南支 7 月降雨 250mm，8 月 1—3 日降雨 50mm 左右，地面土壤水分饱和，4 日平均降雨 130mm，全流域产流。

大清河北支7月降雨250mm，8月1—3日降雨30mm左右，地面土壤水分饱和，4日平均降雨130mm，全流域产流。

大清河南支4日发生暴雨洪水，瞬时合成最大总入库流量5144m³/s，瞬时合成最大总出库流量1297m³/s（水库削峰率75%），新盖房白沟引河闸5日泄洪流量500m³/s入白洋淀，白洋淀的上游各河入淀总流量1800m³/s。5日洪水入淀，8日关闭白沟引河闸停止向白洋淀泄洪，14日白洋淀水位9.00m，枣林庄溢流堰溢流，16日白洋淀出现最高水位（十方院）9.15m，最大蓄水量5.61亿m³。白洋淀最大出流量505m³/s，5—19日白洋淀泄水总量4.67亿m³，5—19日入淀总量6.48亿m³。

北支拒马河张坊5日出现洪峰流量1720m³/s，北拒马河纳琉璃河水入白沟河，6日东茨村最大流量890m³/s，南拒马河纳北易水与安各庄水库泄流汇合入北河店，安各庄水库最大入流524m³/s，6日最大泄流294m³/s，8月5—30日进库水量1.4亿m³，水库下泄水量1.45亿m³，北河店5日出现洪峰1330m³/s。南北拒马河洪水汇于新盖房，6日新盖房出现最大洪峰流量1560m³/s，其中分洪道1100m³/s、引河闸460m³/s。8月5—19日白沟河新盖房来水总量6.06亿m³，其中引河入白洋淀1.6亿m³，分洪道下泄4.46亿m³。

6日8时东淀洪水到雄霸边界，东淀溢流洼蓄水。8日关闭了新盖房引河闸，白沟河入白洋淀500m³/s的洪水汇入分洪道，分洪道流量达到920m³/s。9日牛角洼开卡溢洪，牛角洼被洪水淹没，15日洪水到第六埠，洪水由新盖房分洪道到第六埠用了10d，19日淀内最高水位6.40m，蓄水3.87亿m³。淀内洪水中亭河下泄1.4亿m³（包括一部分清北排水），19日和25日老龙湾和水高庄等4处扒口分洪，23日河淀水位基本持平，水位5.99m左右。

白洋淀下泄洪水纳子牙河洪水（0.6亿m³）和清南少量排水进独流减河下泄入海，西河闸13日前闭闸。图8-8为大清河南支1996年8月洪水过程线，图8-9为大清河北支1996年8月洪水过程线。

三、“2012·7”暴雨洪水

（一）暴雨

受冷空气和副热带高压外围暖湿气流共同影响，2012年7月21—22日河北省发生“1996·8”以来最大一次暴雨洪水过程。保定北部、廊坊北部、承德南部、唐山北部降特大暴雨，暴雨中心最大日降雨量王安镇349mm。

大清河水系保定西南7月21日0时开始降雨，而后向东北方向移动，在涞源、易县、涞水山区维持不动，21日13—19时暴雨中心王安镇最大6h降雨量274.6mm。此后山区降水逐步减弱，暴雨中心移到平原区，21日19时涿州市区开始降暴雨，19—22时最大3h降雨量220.8mm。平原区暴雨中心在保定市东部由北向南移动，高碑店市区、雄县新盖房相继出现暴雨，最大1h（21日21—22时）降雨量分别为61.8mm、90.4mm。降雨于22日3时后逐渐停止，保定中南部降水较小。

降雨强度之大历史罕见，暴雨中心王安镇最大6h（21日13—19时）降雨量274.6mm，超200年一遇；最大24h（21日0时至22日0时）降雨量378.6mm，涿州市

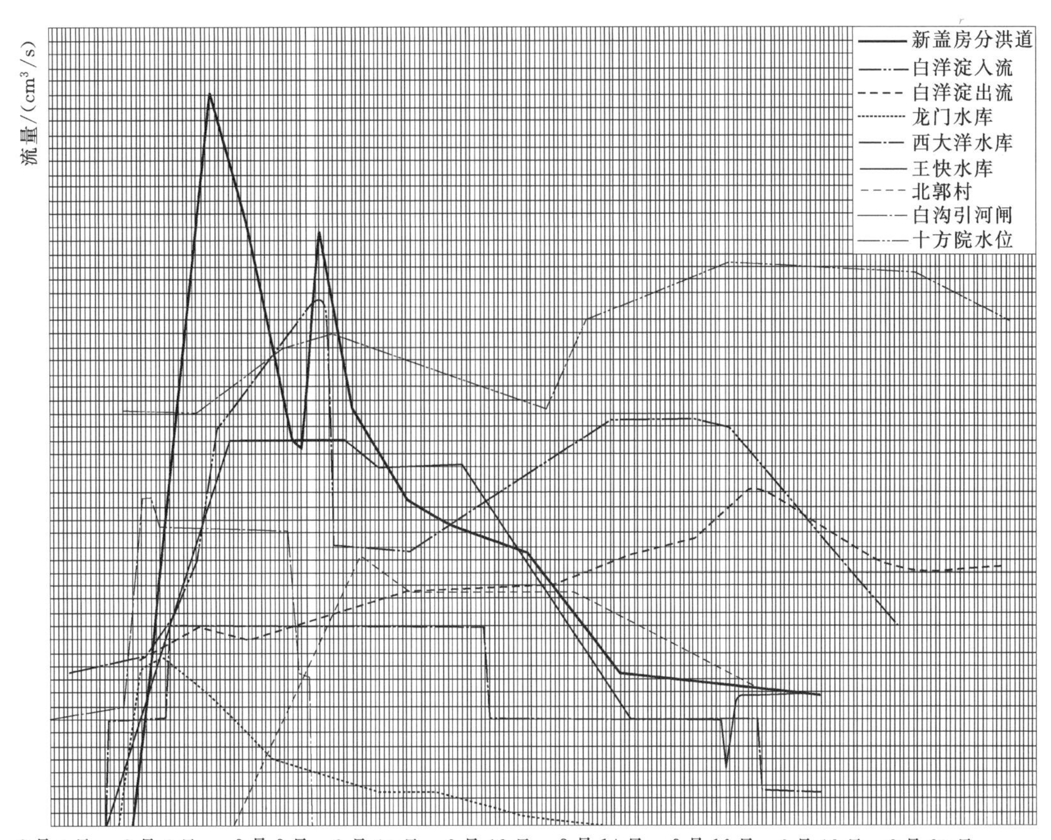

图 8-8　大清河南支 1996 年 8 月洪水过程线

区最大 3h 降雨量 220.8mm。

张坊以上流域平均降水量为 176.1mm。降水量大于 300mm、200mm、100mm 的笼罩面积分别为 396km²、1548km²、3419km²。

（二）洪水

1. 拒马河

拒马河上游紫荆关水文站于 7 月 21 日 12 时开始涨水，7 月 21 日 21 时到达峰顶，峰顶水位为 522.13m，河道洪峰流量达 2130m³/s，超过 20 年一遇；下游都衙水文站于 7 月 21 日 19 时开始涨水，7 月 22 日 4 时 20 分达到峰顶，峰顶水位为 103.06m，洪峰流量达 2980m³/s；

拒马河紫荆关站 2012 年 7 月洪水过程线见图 8-10，拒马河都衙站 2012 年 7 月洪水过程线见图 8-11。

拒马河张坊水文站（北京市水文总站管辖）于 7 月 21 日 17 时 30 分开始涨水，7 月 21 日 20 时出现第一次洪峰，洪峰流量为 850m³/s，7 月 22 日 7 时 20 分出现第二次洪峰，洪峰流量为 2570m³/s，至 8 月 1 日 13 时 26 分，洪水总量为 13190 万 m³。

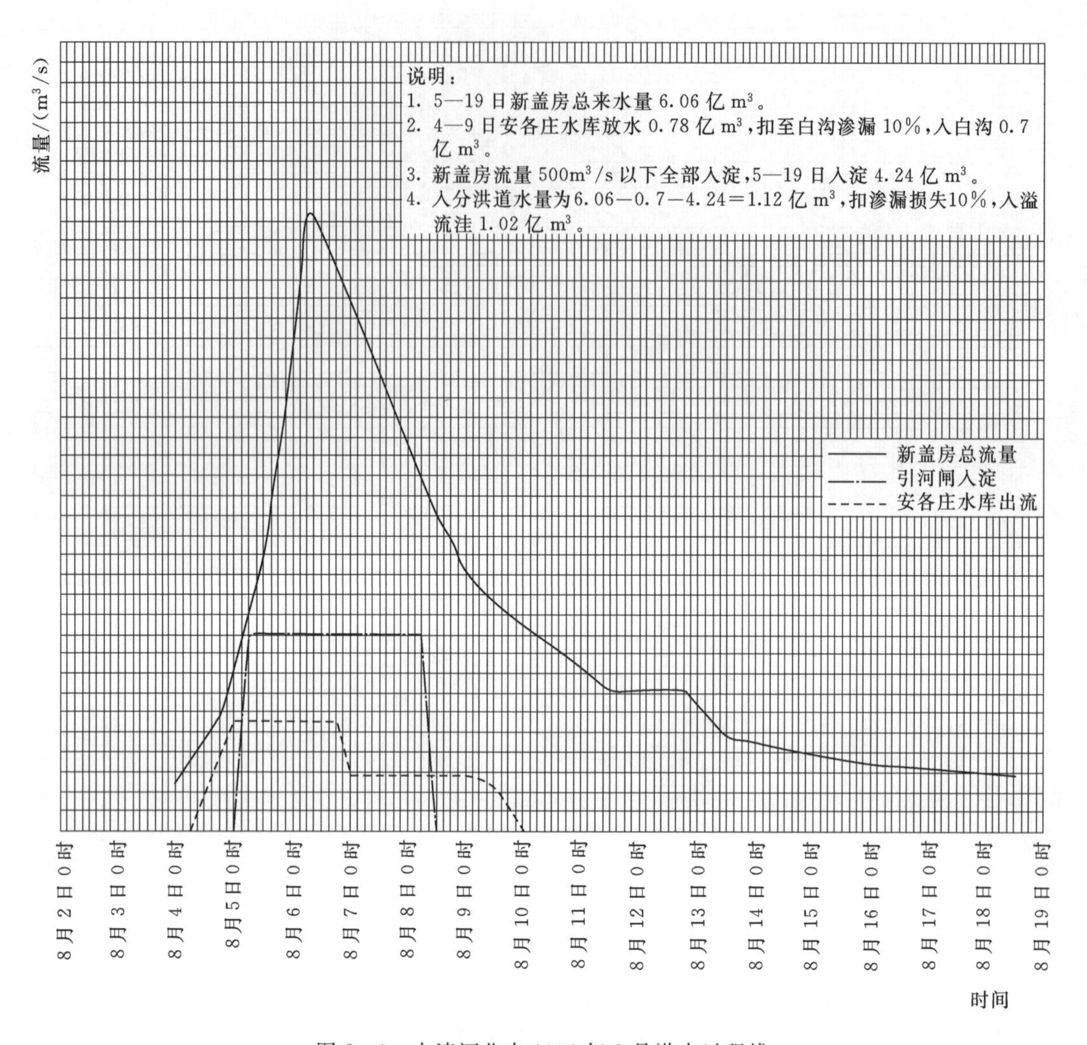

图 8-9　大清河北支 1996 年 8 月洪水过程线

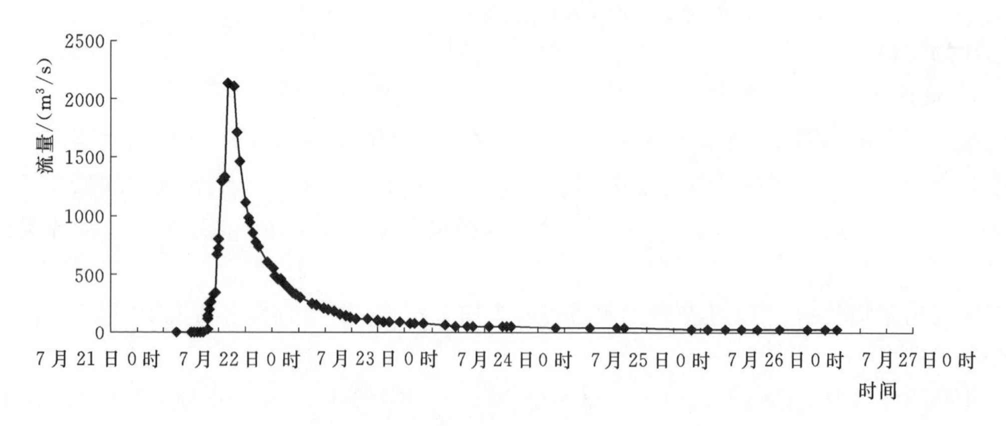

图 8-10　拒马河紫荆关站 2012 年 7 月洪水过程线

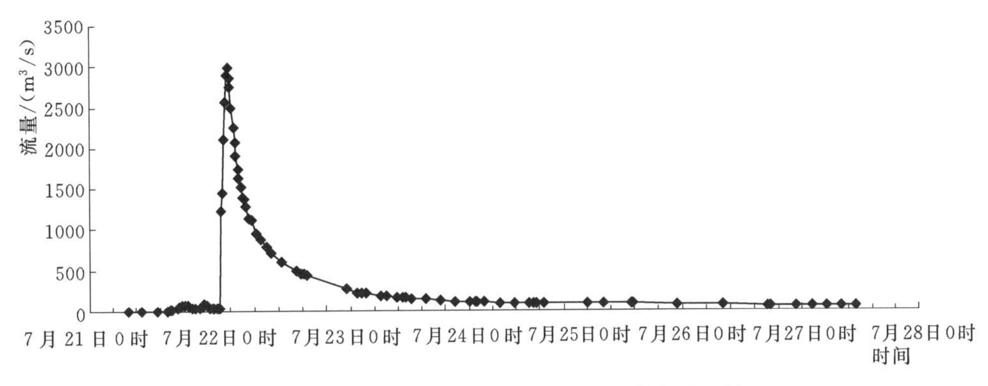

图 8-11　拒马河都衙站 2012 年 7 月洪水过程线

2. 南拒马河

拒马河在张坊站下游分成南拒马河和北拒马河，南拒马河落宝滩水文站于 7 月 21 日 19 时开始涨水，第一次洪峰出现在 7 月 21 日 21 时 33 分，实测水位 98.80m，洪峰流量 918m^3/s，第二次洪峰出现时间为 7 月 22 日 7 时 22 分，实测水位 99.83m，洪峰流量 1430m^3/s，为 30 年一遇。南拒马河北河店水文站于 7 月 23 日 3 时 40 分开始涨水，7 月 23 日 16 时 35 分达到峰顶，峰顶水位为 19.74m，实测洪峰流量为 118m^3/s。

拒马河落宝滩水文站于 7 月 21 日 19 时 10 分起涨，21 时出现首次洪峰流量 1080m^3/s，22 日 6 时回落至 209m^3/s，到 8 时又出现最大洪峰流量 2510m^3/s，产生洪水总量为 7841 万 m^3。南拒马河落宝滩站 2012 年 7 月洪水过程线见图 8-12。

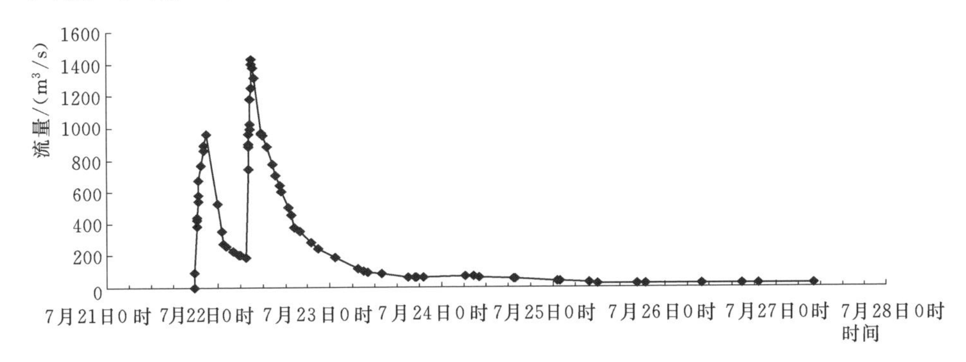

图 8-12　南拒马河落宝滩站 2012 年 7 月洪水过程线

北河店水文站于 7 月 23 日 3 时 40 分开始涨水，7 月 23 日 16 时 25 分达到峰顶，峰顶水位为 19.74m，实测洪峰流量为 118m^3/s，至 27 日 16 时，洪水总量为 1263 万 m^3。南拒马河北河店站 2012 年 7 月洪水过程线见图 8-13。

3. 白沟河

白沟河上游支流琉璃河漫水河水文站（北京市水文总站管辖）于 7 月 21 日 18 时 8 分开始涨水，7 月 21 日 22 时 48 分达到峰顶，洪峰流量为 1090m^3/s。

白沟河东茨村水文站于 7 月 21 日 22 时 10 分开始涨水，7 月 22 日 19 时达到峰顶，峰顶水位为 24.86m，实测洪峰流量为 379m^3/s。白沟河东茨村站 2012 年 7 月洪水过程线见图 8-14。

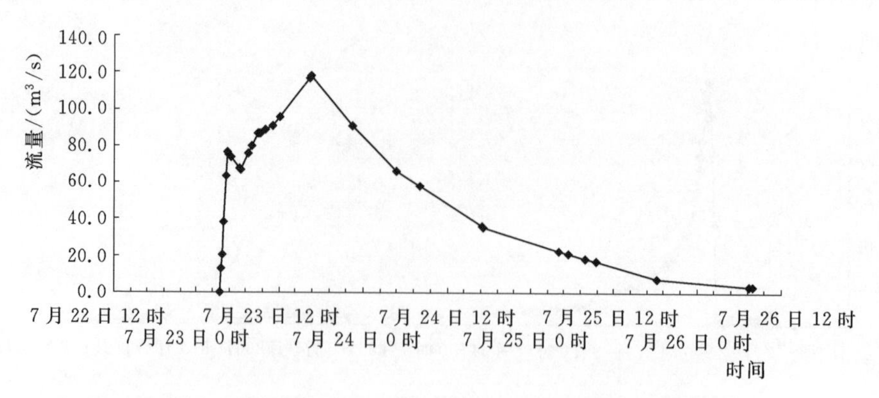

图 8-13　南拒马河北河店站 2012 年 7 月洪水过程线

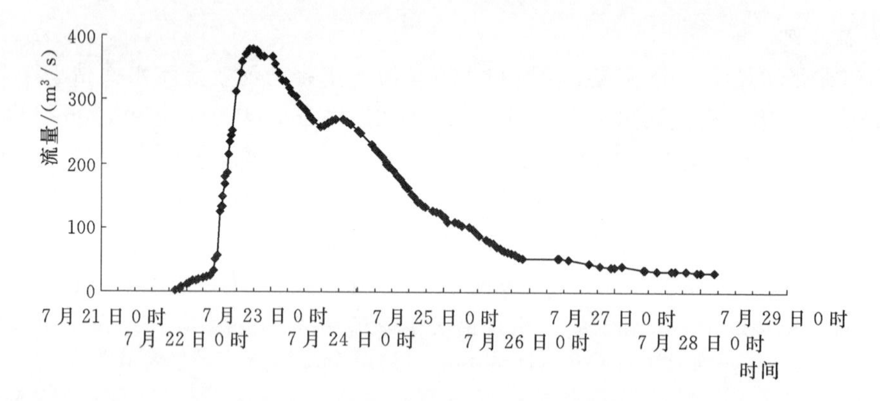

图 8-14　白沟河东茨村站 2012 年 7 月洪水过程线

南拒马河与白沟河汇集后入白沟引河，白沟引河新盖房水文站于 7 月 23 日 15 时 20 分开始涨水，7 月 24 日 5 时 30 分出现第一次洪峰，峰顶水位为 10.14m，实测洪峰流量为 190m^3/s；7 月 24 日 19 时出现第二次洪峰，峰顶水位为 10.47m，洪峰流量为 208m^3/s，7 月 23 日 15 时 20 分至 8 月 1 日 8 时，洪水总量为 6211 万 m^3。白沟引河新盖房站 2012 年 7 月洪水过程线见图 8-15。

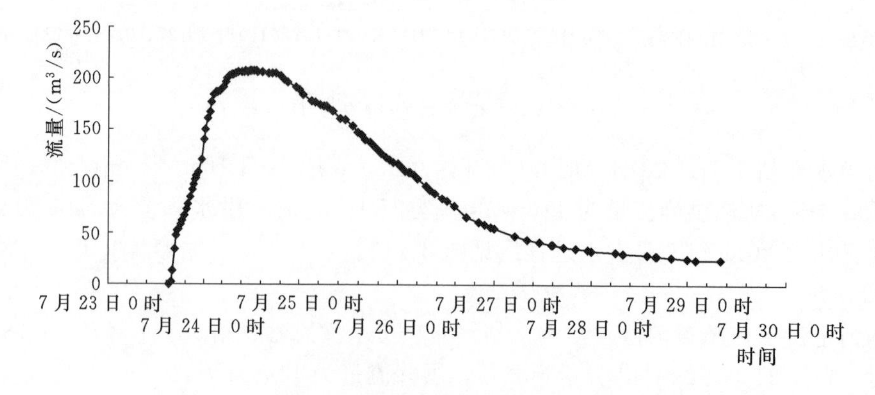

图 8-15　白沟引河新盖房站 2012 年 7 月洪水过程线

洪水过后，对拒马河源头区河段（原石门水文站）、上游的王安镇河段、拒马河的河北省与北京市出入水量控制监测站都衙段、北拒马河北京市境内镇江营站以及汇入北拒马

河的胡良河西鹿头村、小清河在北京市和河北省交界处的码头等6处过水断面进行了洪水调查，调查数据详见表8－2。

表8－2　　　　大清河拒马河水系2012年7月洪水洪峰流量统计表

河　名	站　名	洪峰流量/(m^3/s)	洪水总量/万m^3	河　名	站　名	洪峰流量/(m^3/s)	洪水总量/万m^3
拒马河	石门	230	—	北拒马河	镇江营	1820	—
拒马河	王安镇	2180	—	胡良河	西鹿头	99.3	—
拒马河	紫荆关	2130	6315	琉璃河	漫水河	1090	4046
拒马河	都衙	2980	9150	小清河	码头（东）	289	—
拒马河	张坊	2800	12594	白沟河	东茨村	379	8286
南拒马河	落宝滩	1430	7952	大清河	新盖房	208	8346
南拒马河	北河店	118	1260				

据初步分析，此次洪水南拒马河落宝滩—北河店段洪水沿程损失达79.9%，白沟河东茨村—新盖房段沿程损失为30.0%。

第四节　子牙河水系典型暴雨洪水

子牙河西部山区是暴雨多发区，历史上暴雨洪水很多。新中国成立后的1956年、1963年、1996年发生了较大洪水，其中以1963年洪水为最大。

一、“1963·8”暴雨洪水

（一）雨情

1963年8月上旬，海河流域处于较深的低压控制之下，冷暖空气在这一地区不断交绥，且受太行山地形抬升的影响，产生强烈的辐合作用，加之西南连续产生的低压接踵北上叠加，更加强了这一过程，形成了此次特大暴雨。

此次暴雨过程的绝大部分降雨集中在2—8日。2日，暴雨中心在淮河上游和海河流域南部，日降雨量一般在100mm以下，个别地区超过100mm。3日，暴雨区北移，主要分布在太行山迎风山区；暴雨中心在邯郸附近，日暴雨量达466mm。4日，暴雨区北移，暴雨强度和暴雨范围显著增大，基本笼罩了海河南系；暴雨中心獐么站日降雨量达865mm。5日，暴雨中心北移，黄北坪站日暴雨量达500mm。6日，暴雨区略向北扩展，暴雨强度减弱，以正定日暴雨量290mm为最大。7日，暴雨区又向北扩展，暴雨强度再度增大，为此次降雨过程的第二次高峰，暴雨中心位于大清河，司仓站日降雨量达704mm，日降雨总量达122亿m^3。8日，雨区略向东移，滏阳河、大清河日暴雨量显著减少，但卫河又出现一新雨区，暴雨中心位于安阳河附近小南海，日暴雨量达365mm。9日，太行山区先后雨停，暴雨区东移至平原东部静海县，静海县日降雨量为235mm。

这些暴雨的强度之大、时间之长、雨量之集中、分布面之广、降雨量之大在国内均属罕见。主要暴雨区在太行山东侧的山丘地区，暴雨区分布大致与太行山平行，7d 暴雨大于 400mm 的雨带南北长 520km，东西宽 120km，东部地区津浦铁路线两侧雨量较小，仅为 100～200mm。滨海地区大都在 100mm 以下。表 8－3 为子牙河水系“1963·8”暴雨笼罩面积统计表。

表 8－3　　　　子牙河水系“1963·8”暴雨笼罩面积统计表

日期	暴雨中心		暴雨笼罩面积/km²				
	地点	雨量/mm	≥50mm	≥100mm	≥200mm	≥500mm	≥1000mm
8 月 2 日	象河关	374	22400	4600			
8 月 3 日	邯郸	466	49800	23800	8160		
8 月 4 日	獐伀	865	58000	32700	11200	990	
8 月 5 日	黄北坪	500	59600	26600	5760		
8 月 6 日	正定	290	76400	40500	3800		
8 月 7 日	司仓	704	80800	31400	9260	900	
8 月 8 日	来广营	464	67200	21000	3600		
8 月 3—5 日	獐伀	1457	119000	79400	45700	9150	970
8 月 5—7 日	司仓	1130	167000	95400	53700	9050	220

（二）水情

8 月 3—7 日，由于沿太行山自南向北的特大暴雨，源出太行山东侧的各河流普遍暴发山洪。山区水库虽拦蓄了大量的洪水，但由于暴雨强度高，降雨量大，河道宣泄不了如此之大的洪水，各河上游在京广铁路以西即已漫溢。子牙河流域内主要河流洪水情况见表 8－4。

表 8－4　　　　子牙河“1963·8”暴雨洪水要素表

河　名		铭河	沙河	泜河	槐河	滏阳河	滹沱河	冶河	滹沱河
水文站		临铭关	朱庄	西台峪	马村	衡水铁路口	小觉	平山	北中山
控制面积/km²		2300	1220	127	937	—	14000	6420	23900
洪峰流量/(m³/s)		12300	9500	3990	3580	14500	872	8900	4870
洪量/亿 m³	1d	3.14	3.46	0.79	2.25	12.01	0.64	5.52	4.09
	3d	7.96	10.25	1.34	5.34	31.80	1.65	10.74	9.98
	7d	10.08	12.34	1.50	7.52	54.30	2.67	14.67	16.24
	15d	10.74	14.61	1.58	7.82	70.32	3.12	16.36	18.11
	30d	11.17	15.19	1.62	8.01	82.81	3.47	17.71	20.02

二、“1996·8”暴雨洪水

（一）雨情

1. 暴雨强度大

“1996·8”暴雨为河北全境内降水，中南部地区降水量较大，降水量大于 200mm 的

笼罩面积为 17800km²；大于 300mm 的笼罩面积为 9280km²；大于 400mm 的笼罩面积为 4820km²；大于 500mm 的笼罩面积为 1100km²。3d 降水主要集中在 24h 之内，平山雨量站最大 24h 雨量为 455.2mm，野沟门雨量站 24h 雨量为 588.7mm。表 8-5 为子牙河水系“1996·8”暴雨部分雨量站不同时段降水量。

表 8-5　子牙河水系“1996·8”暴雨部分雨量站不同时段降水量

雨量站	开始日期	不同时段降水量/mm		
		最大 24h	最大 1d	最大 3d
岗南	8月4日	421.6	327.7	475.6
吴家窑	8月3日	511.6	353.4	583.6
衡水	8月4日	446.9	313.6	522.7
南西焦	8月4日	530.6	415.5	650.7
平山	8月3日	455.2	349.1	522.4
八一水库	8月4日	431.5	322.9	462.3
柏塔	8月3日	573.2	449.0	613.2
西枣园	8月3日	579.6	434.2	618.4
石家栏	8月3日	575.5	449.6	613.2
河下	8月4日	597.6	426.6	639.4
坡地	8月3日	376.8	217.1	426.0
野沟门	8月4日	588.7	317.0	618.8

2. 暴雨梯度大

此次暴雨由暴雨中心向东西两侧雨量递减很快，如沙河野沟门站与浆水站相距 10km，雨量差 317mm，递减率为 31.7mm/km；沙河野沟门站与路罗站相距 20km，雨量相差 324mm，递减率为 16.2mm/km；石家庄西焦与桃王庄仅距 17km，雨量相差 234mm，递减率为 13.8mm/km。暴雨梯度大，使得京广铁路以东雨量骤减至 200mm 以下。

3. 雨区集中

“1996·8”暴雨虽为河北全省降雨，但主要集中在邯郸至石家庄京广铁路以西的太行山迎风坡，高程 300.00～600.00m 的带状区域。

（二）洪水

“1996·8”洪水京广铁路以西各河洪水峰高量小，洪水进入铁路以东大量渗漏，洪峰流量明显减小。各河流量变化情况如下。

1. 滹沱河

岗南水库上游小觉站 4 日 14 时 42 分洪峰流量 2370m³/s，4 日 21 时出现入库洪峰流量 7020m³/s，5 日 19 时 55 分水位 203.13m，为建库以来的最高蓄水位。其支流冶河平山水文站于 4 日 22 时 30 分出现洪峰流量 13000m³/s，下游黄壁庄水库 4 日 17 时最大入库流量 12900m³/s，5 日 5 时水库最高蓄水位 122.97m。下游北中山水文站 5 日 16 时洪峰流量 3500m³/s。

2. 滏阳河

槐河马村水文站4日17时洪峰最大流量4520m³/s。泜河临城水库4日12时最大入库流量3480m³/s，5日0时最高蓄水位达128.39m，同时出现最大下泄流量1020m³/s。沙河朱庄水库4日17时出现最大入库流量9390m³/s，22时出现最大下泄流量6600m³/s，4日19时15分，最高水位达258.34m。下游端庄水文站5日0时出现6100m³/s的洪峰流量。

邯郸西部各河支流于4日凌晨开始涨水，上游3座中型水库（口上、车谷、青塔）拦蓄水量达0.31亿m³，并相继溢洪，下游临洺关水文站4日21时出现3460m³/s的洪峰流量。

西部山区洪水遭遇后涌向大陆泽和宁晋泊，由于下游河道狭小，难以容纳汹涌的洪水，致使各河决口漫溢。当时平原降水量较小，未产流，山区下来的大量洪水耗于渗漏与蒸发。经大陆泽、宁晋泊滞洪调蓄后，艾辛庄滏阳河最大过水流量为9日8时的131m³/s，滏阳新河最大过水流量为7日0时的320m³/s。

3. 子牙新河

滹沱河洪水经献县泛区调蓄后和滏阳河洪水汇入子牙新河。子牙新河献县7日20时30分开始见水，12日11时达到最大流量2020m³/s。下游周官屯水文站于8日8时开始见水，16日5时出现最大流量2560m³/s。

参 考 文 献

[1] 于京要．河北省防洪规划与防洪体系建设研究［J］．水科学与工程技术，2006（增刊）：53－55.

[2] 刘惠霞，韩家田．河北省中南部96.8暴雨洪水特性分析［J］．河北水利水电技术，1998（3）：40－43.

[3] 耿俊华，薛冰．廊坊市2012年“7·21”暴雨洪水分析及建议［J］．中国水利，2013（B06）：91－94.

第九章　河道洪水调度方案

第一节　北三河水系洪水调度方案

海河流域北三河水系包括北运河、蓟运河、潮白河，涉及京、津、冀3省（直辖市）。根据《海河流域综合治理规划》和防洪工程现状，在水利电力部批准的《海河流域各河防洪调度意见》[（82）水电水管字第65号]和中央防汛总指挥部发布的《海河流域防御特大洪水方案》[（87）中汛字第12号]的基础上，修订北三河洪水调度方案。国家防总2011年5月24日正式批复海河流域《北三河洪水调度方案》。该方案充分体现了北三河防洪调度正努力践行控制洪水向洪水管理转变、防洪应急管理向防洪风险管理转变的防汛抗洪新理念。

北三河洪水调度原则上按照国家防总《关于北三河洪水调度方案的批复》（国汛〔2011〕8号）执行。

一、防洪工程

北三河（指北运河、蓟运河、潮白河）跨越京、津、冀3省（直辖市），上游山区建有云州、密云、怀柔、海子、于桥、邱庄等6座大型水库，中下游设有大黄铺洼、黄庄洼、青甸洼、盛庄洼等4处滞洪洼淀，开挖疏浚了北运河、潮白新河、运潮减河、牛牧屯引河、引泃入潮、青龙湾减河、蓟运河及还乡河分洪道等，初步形成了水库、河道、堤防、蓄滞洪区、闸涵组成的防洪体系。防洪体系标准基本达到20年一遇。

（一）水库工程

邱庄水库设计标准为100年一遇，校核标准为5000年一遇。汛限水位64.00m（大沽高程），正常蓄水位66.50m，设计洪水位70.13m，校核洪水位74.60m，总库容2.04亿m^3。

云州水库设计标准为100年一遇，校核标准为2000年一遇。汛限水位1029.78m，正常蓄水位1030.93m，设计洪水位1035.50m，校核洪水位1039.50m，总库容1.02亿m^3。

（二）河道堤防

北运河干流全长142.7km。河北省境内长21.7km（乔上—双街），乔上—土门楼段现状行洪流量为1000～1100m^3/s，土门楼—双街段现状防洪标准不足5年一遇。

青龙湾减河是承泄北运河洪、沥水的主要河道，土门楼—潮白新河河口段长52km。河北境内长18.2km（红庙—中营东），现状行洪流量为950m^3/s。

潮白河干流长192km。河北境内长59.5km（三河北杨庄—香河荣各庄），现状行洪流量白庙以下为2260～2600m^3/s，大厂局部段行洪能力为2000m^3/s。

蓟运河干流全长157km（天津市宝坻区九王庄—入海口）。新安镇—江洼口段长

60.4km，是津、冀的界河，现状行洪流量为400m³/s。

（三）水闸枢纽

吴村枢纽包括吴村节制闸及牛牧屯引水闸。节制闸设计闸上水位14.85m，相应过闸流量1847m³/s，校核闸上水位15.47m，相应过闸流量2365m³/s。牛牧屯引水闸设计引水流量219m³/s。

土门楼枢纽包括土门楼泄洪闸和木厂节制闸。土门楼泄洪闸设计闸上水位12.27m，相应过闸流量1330m³/s，校核闸上水位12.94m，相应过闸流量1620m³/s。木厂节制闸设计闸上水位13.50m，相应过闸流量225m³/s，校核闸上水位13.70m，相应过闸流量309m³/s。

（四）蓄滞洪区

北三河水系用于蓄滞洪水的主要洼淀有大黄铺洼、青甸洼、黄庄洼和盛庄洼。大黄铺洼、青甸洼和黄庄洼均在天津市境内，盛庄洼位于河北省玉田县和天津市宁河县的交界处。

盛庄洼设计滞洪水位2.93m，滞洪面积12.5km²，运用机遇为10～20年一遇，滞洪量0.218亿m³。区内有玉田县11个村庄、8221人、耕地1.82万亩。

二、设计洪水

采用2006年编制的《北三河流域防洪规划报告》中的设计洪水成果，北三河控制站设计洪水成果见表9-1。

表9-1　北三河控制站设计洪水成果

河道名称	控制站或位置	控制面积/km²	项目	均值	C_v	C_s/C_v	不同频率设计值				
							$P=1\%$	$P=2\%$	$P=5\%$	$P=10\%$	$P=20\%$
北运河	通州	2650	Q_m/(m³/s)	400	1.42	2.0	2660	2195	1550	1080	660
			W_{7d}/亿m³	1.42	1.40	2.0	9.32	7.61	5.42	3.83	2.33
			W_{30d}/亿m³	2.90	1.40	2.0	19.02	15.00	11.06	7.80	4.77
潮白河	苏庄	17595	Q_m/(m³/s)	1450	1.36	2.5	9720	7790	5350	3650	2120
			W_{7d}/亿m³	3.52	1.30	2.2	21.89	17.82	12.71	9.02	5.57
			W_{30d}/亿m³	5.00	1.20	2.2	36.15	31.10	23.02	17.06	11.30
泃河	三河	1822	Q_m/(m³/s)	420	1.38	3.0	2974	2323	1523	984	536
			W_{7d}/亿m³	0.78	1.10	2.5	4.17	3.44	2.51	1.82	1.18
			W_{30d}/万m³	1.42	0.88	2.5	6.05	5.13	3.93	3.02	2.14
还乡河	小定府	1230	Q_m/(m³/s)	440	1.50	2.5	3280	2590	1730	1130	620
			W_{7d}/亿m³	0.42	1.20	2.5	2.46	2.01	1.43	1.01	0.63
			W_{30d}/亿m³	0.88	1.03	2.5	4.39	3.66	2.70	2.00	1.34

三、调度方案

（一）洪水调度原则

遇设防标准以下洪水，保三河市、唐山市丰润区等重要城镇及群众的防洪安全。

保护京山铁路、京秦铁路、京沈高速、京津塘高速等的防洪安全。

（二）洪水调度方案

北运河土门楼闸上保证水位 12.23m，当土门楼闸上来水小于 900m^3/s 时，全部由青龙湾减河下泄；当来水超过 900m^3/s 时，青龙湾减河应充分泄洪，北运河木厂闸相机分洪。

潮白河密云水库 50 年一遇以下洪水限泄流量 550m^3/s，当密云水库以下出现暴雨时，建议密云水库闭闸错峰。保证水位白庙 20.12m，相应流量 2600m^3/s。

泃河来水 830m^3/s 以下时，全部由引泃入潮下泄；洪水流量达到 830～1080m^3/s 时，充分利用引泃入潮下泄，必要时开启辛撞闸下泄部分洪水；洪水流量达到 1080～1330m^3/s 时，辛撞闸最大下泄 250m^3/s，其余洪水由引泃入潮下泄；当辛撞闸下洪水与鲍邱河沥水遭遇，辛撞闸下洪水流量超过 250m^3/s 时，开启南周庄闸向青甸洼分洪。

蓟运河九王庄保证水位 7.41m，相应流量 400m^3/s，超过时利用泃河左堤邵庄闸向青甸洼分洪。玉田小河口保证水位 4.41m。为保证左堤安全，建议国家防总决定利用于桥水库错峰减少泄量。

当还乡河小定府站流量为 691m^3/s（10 年一遇）时，全部由还乡河分洪道下泄；当还乡河小定府站保证水位为 11.88m，相应流量为 914m^3/s（20 年一遇）时，保证九丈窝至蛮子营两堤安全；当还乡河九丈窝分洪闸上流量大于 670m^3/s 或水位达到 4.88m 且继续上涨，充分利用还乡河分洪道行洪，非分洪不可时，开启九丈窝分洪闸向盛庄洼分洪。

（三）超标准洪水措施

当北运河（土门楼以上）发生 20 年一遇以上洪水，来水大于河道最大泄量时，弃守北运河左堤，由潮白河、北运河夹道下泄至里自沽洼地，破青龙湾减河大堤入大黄铺洼滞洪区。

泃河遇 20 年一遇以上洪水，当辛撞闸上流量大于 1330m^3/s 或辛撞闸上水位达到 12.34m，且继续上涨，危及两堤防洪安全时，建议国家防总在辛撞和桑梓之间扒开泃河左堤向青甸洼分洪。

当蓟运河干流发生 20 年一遇以上洪水且与涝水遭遇时，限制两岸机排涝水。在河道充分行洪、青甸洼和盛庄洼充分滞洪的情况下，视水情，必要时在江洼口附近破蓟运河右堤，向黄庄洼分洪。

邱庄水库下游发生暴雨，在确保水库大坝安全的前提下，充分利用邱庄水库拦洪错峰。当还乡河发生超标准洪水，盛庄洼九丈窝分洪闸下水位达 2.93m 且继续上涨时，在李家选以下扒开还乡河右堤，分洪入还乡河与双城河之间的于蛮洼滞洪。

（四）责任与权限

廊坊市、唐山市负责本行政区域内的抗洪抢险、人员转移安全和救灾工作。

云州、邱庄水库分别由张家口市防指、唐山市防指调度。

吴村枢纽、土门楼枢纽由廊坊市提出建议，河北省防指调度。辛撞闸以上扒口向青甸洼分洪，由廊坊市防指提出建议，河北省防指报请国家防总决定。

盛庄洼由唐山市防指提出建议，河北省防指调度。

潮白河、蓟运河内村庄人员安全转移由廊坊市防指、唐山市防指负责。

铁路、公路、通信、电力等单位做好自保措施。

为防汛调度临时设置的水位、流量站，由河北省水文局负责巡测。

第二节　永定河水系洪水调度方案

依据国务院批复的《永定河防御洪水方案》，结合永定河防洪工程体系现状，在原《永定河洪水调度方案》的基础上，提出此方案。

一、防洪工程

目前，永定河已形成了由官厅水库、大宁水库、永定河滞洪水库，440km干流堤防，卢沟桥、屈家店等水闸枢纽，小清河分洪区、永定河泛区、三角淀分洪区等蓄滞洪区组成的防洪工程体系，防洪标准基本达到100年一遇的设计标准。

（一）水库工程

官厅水库已达到1000年一遇洪水设计、可能最大洪水保坝的防洪标准，设计洪水位484.84m（大沽高程，限本库），校核洪水位490.00m，正常蓄水位479.00m。

大宁水库设计总库容0.36亿m^3，设计洪水位61.01m（北京高程，限本库），校核洪水位61.21m。

永定河滞洪水库由稻田、马厂两座水库组成，设计总库容0.44亿m^3，其中稻田水库设计洪水位53.50m（北京高程，限本库），马厂水库设计洪水位50.50m。

（二）水闸枢纽

卢沟桥水闸枢纽由卢沟桥拦河闸和小清河分洪闸组成。卢沟桥拦河闸设计泄量2500m^3/s，最大泄量6890m^3/s；小清河分洪闸设计泄量3730m^3/s，最大泄量5660m^3/s。

屈家店枢纽（包括北运河节制闸、新引河进洪闸和永定新河进洪闸）设计水位5.75m（黄海高程，下同），设计总泄量1800m^3/s，校核水位6.50m，校核总泄量2200m^3/s。

（三）河道堤防

直接保护北京市区的卢沟桥以上左堤已达到防御可能最大洪水（流量16000m^3/s）的标准。三家店至卢沟桥段右堤已达到100年一遇（流量6200m^3/s）的防洪标准，设计超高1.0m。右堤下段预留刘庄分洪口门，按100年一遇洪水位设计，口门高程为66.83m（北京高程）。2014年工程尚未实施，现状口门底高程为64.79～69.93m，口门前小埝顶高程为65.56～67.07m，口门底宽400m，上口宽700m。

卢沟桥至屈家店永定河左右堤已基本达到100年一遇洪水（流量2500m^3/s）的设计标准，左堤设计超高2.5m，目前梁各庄至屈家店尚有部分堤段超高不足；右堤设计超高2.0m，卢沟桥至梁各庄堤段现状超高1.5m。

永定新河设计流量1400m^3/s，校核流量1800m^3/s。永定新河泥沙淤积严重，尾闾不畅，尚未立项治理，近年虽进行了应急清淤整治，但仍达不到设计行洪能力。其右堤是天津市城市防洪圈的组成部分，设计超高3.0m，53＋000断面以上基本达到设计标准；左堤设计超高2.0m，14＋000断面以上达到设计标准，14＋000断面以下尚未治理，现状堤顶超高严重不足。北运河已达到400m^3/s的设计行洪能力。

（四）蓄滞洪区

小清河分洪区位于大宁水库以下，涉及北京、河北两省（直辖市），总面积424.3km²，设计滞蓄水量4.08亿m³，区内有人口33.03万人、耕地30.37万亩。

永定河泛区上起梁各庄、下至屈家店，总面积约522km²，设计滞蓄水量4亿m³，区内有人口18.77万人、耕地38.37万亩。由于历史原因，永定河泛区内修建了一些民埝，形成了分区滞洪的格局。在民埝上设置了进洪口门，各进洪口门设计指标见表9-2。高程采用黄海高程。

表9-2　　永定河泛区各民埝进洪口门设计指标表

进洪口门名称	设计进洪水位/m	埝顶高程/m
北围埝茨平口门	15.40	15.90
北前卫埝西孟村口门	16.90	17.40
南前卫埝池口口门	21.60	22.10
南小埝南石口门	17.50	18.00
南小埝潘庄子口门	21.00	21.50
北小埝王码口门	17.80	19.20

三角淀分洪区位于天津市辖区内，总面积约50km²，设计蓄水量0.54亿m³，区内有人口1.74万人、耕地6.57万亩。

遇超标准洪水，在北运河左堤汉沟至朗园处扒口分洪，涉及天津市北运河以东、永定新河以北的淀北区域，总面积约215km²，分洪水量3.86亿m³，区内有人口9.02万人、耕地17.31万亩。

七里海临时滞洪区位于北京排污河以下、永定新河以北的天津市辖区内，总面积192.25km²，设计蓄水量3.26亿m³，区内有人口5.13万人、耕地8.15万亩。

二、设计洪水

此方案中官厅水库采用1981年设计洪水成果，官厅山峡采用1984年设计洪水成果，三家店采用1993年设计洪水成果，见表9-3～表9-5。三家店（卢沟桥）设计洪水组合为：三家店洪水与官厅山峡洪水同频率，官厅水库以上洪水相应。

表9-3　　官厅水库设计洪水成果表（1981年）

项目	不同设计频率的流量和水量						
	$P=0.01\%$	$P=0.1\%$	$P=0.2\%$	$P=1\%$	$P=2\%$	$P=5\%$	$P=10\%$
Q_m/(m³/s)	16100	11460	10110	7020	5730	4090	2920
W_{5d}/亿m³	28.512	19.800	17.226	11.448	9.126	6.192	4.158
W_{9d}/亿m³	33.504	23.544	20.616	13.992	11.280	7.824	5.424
W_{15d}/亿m³	39.091	28.086	24.800	17.360	14.299	10.230	7.378

表 9-4　　官厅山峡设计洪水成果表（1984年）

项目	不同设计频率的流量和水量						
	$P=0.01\%$	$P=0.1\%$	$P=0.2\%$	$P=1\%$	$P=2\%$	$P=5\%$	$P=10\%$
$Q_m/(m^3/s)$	15276	10300	8860	5630	4330	2740	1700
W_{24h}/亿 m^3	—	3.446	2.930	1.874	1.450	0.926	0.585
W_{3d}/亿 m^3	7.916	5.44	4.708	3.084	2.424	1.596	1.036
W_{7d}/亿 m^3	11.286	7.80	6.768	4.464	3.528	2.346	1.548
W_{15d}/亿 m^3	13.536	9.45	8.248	5.528	4.416	3.008	2.024

表 9-5　　三家店（卢沟桥）设计洪水组合成果表（1993年）

项目	不同设计频率的流量和水量								
	$P=0.01\%$	$P=0.1\%$	$P=0.2\%$	$P=0.5\%$	$P=1\%$	$P=2\%$	$P=5\%$	$P=10\%$	$P=20\%$
$Q_m/(m^3/s)$	17600	10800	9400	7500	6230	4330	2740	1700	820
W_{24h}/亿 m^3	10.148	4.007	3.336	2.740	2.305	1.642	1.169	0.829	0.534
W_{3d}/亿 m^3	21.657	9.634	8.593	5.326	4.647	3.756	2.893	2.332	1.822
W_{5d}/亿 m^3	27.271	14.311	12.921	7.813	6.384	5.352	4.322	3.637	2.388
W_{7d}/亿 m^3	31.909	18.235	14.681	9.433	7.904	6.777	5.620	4.750	2.713

三、调度方案

（一）洪水调度原则

确保北京、天津等城市城区的防洪安全，保证官厅水库、卢沟桥以上永定河左堤、卢沟桥枢纽、屈家店枢纽、永定新河右堤的防洪安全。当官厅水库水位在482.30～484.04m（500年一遇洪水位）之间时，官厅水库下泄流量按600～2000m^3/s分级控制运用，最大下泄流量不超过2000m^3/s。当官厅水库水位超过484.04m时，溢洪道敞泄。

当发生设计标准（100年一遇）以下洪水时，确保防洪工程安全。视洪水情况，合理运用大宁水库、永定河滞洪水库，永定河泛区分区运用，减少淹没损失，兼顾洪水资源利用。

当发生超标准洪水时，合理调度洪水，确保重点，兼顾一般，尽最大可能减轻灾害损失。当卢沟桥发生流量为6200～7500m^3/s（200年一遇）洪水时，采取措施，加强防守，确保永定河堤防安全；当卢沟桥发生流量大于7500m^3/s洪水时，弃守卢沟桥以上右堤；当卢沟桥发生流量大于10000m^3/s洪水时，弃守卢沟桥至金门闸段右堤。

在确保工程安全的前提下，充分发挥官厅水库拦洪错峰作用。

充分发挥永定新河和北运河的泄洪能力；尽量减少小清河分洪区、三角淀分洪区、七里海临时滞洪区等蓄滞洪区的运用概率，减少灾害损失。

（二）洪水调度方案

1. 官厅水库

官厅水库汛期控制运用指标：6月15日至8月10日，水库汛限水位476.00m；8月

11日至9月15日，水库汛限水位479.00m。

当官厅水库水位低于482.30m（100年一遇洪水位）时，最大下泄流量不超过600m^3/s。

在官厅水库泄流期间，当官厅山峡发生洪水，卢沟桥流量达700m^3/s且继续上涨时，官厅水库关闸错峰。当官厅水库水位达到482.00m且将继续上涨时，水库不再错峰。

2. 卢沟桥枢纽

（1）当卢沟桥洪峰流量不大于500m^3/s时，洪水原则上由卢沟桥拦河闸下泄，适当考虑少量洪水入大宁水库和永定河滞洪水库，以利洪水资源利用。

（2）当卢沟桥洪峰流量为500m^3/s以上且小于2500m^3/s时，根据官厅水库的运用情况，采取相应的调度方式。

1）在官厅水库下泄流量小于100m^3/s且官厅山峡未来3d内没有降雨过程情况下：

a. 当卢沟桥流量不大于300m^3/s时，洪水全部由卢沟桥拦河闸下泄。

b. 当卢沟桥流量为300～500m^3/s时，卢沟桥拦河闸控制泄量不小于300m^3/s，其余洪水利用小清河分洪闸分洪入大宁水库和永定河滞洪水库。

c. 当卢沟桥流量为500～1500m^3/s时，卢沟桥拦河闸控制泄量不小于500m^3/s，其余洪水利用小清河分洪闸分洪入大宁水库和永定河滞洪水库。

d. 当卢沟桥流量大于1500m^3/s且小于2500m^3/s时，卢沟桥拦河闸控制泄量不小于800m^3/s，其余洪水利用小清河分洪闸分洪入大宁水库和永定河滞洪水库。

e. 永定河滞洪水库退水闸具备退水条件时，及时开闸退水，腾空库容。退水流量与退水闸处河道流量（卢沟桥下泄流量）叠加后不超过卢沟桥拦河闸实际发生的最大下泄流量。

2）在官厅水库泄流大于100m^3/s或官厅山峡未来3d内有较大降雨过程时，洪水全部由卢沟桥拦河闸下泄。

（3）当卢沟桥发生流量为2500～6200m^3/s的洪水时，卢沟桥拦河闸最大下泄流量2500m^3/s，其余洪水经小清河分洪闸入大宁水库和永定河滞洪水库。

（4）当卢沟桥发生流量为6200～7500m^3/s洪水时，卢沟桥拦河闸下泄流量不超过3000m^3/s，其余洪水经小清河分洪闸入大宁水库。当大宁水库水位达到61.21m且继续上涨时，在水库泄洪闸充分敞泄情况下，运用刘庄口门分洪，确保水库安全。卢沟桥拦河闸下泄的洪水，已超过河道设计行洪能力，需加强堤防防守。

（5）当卢沟桥发生流量大于7500m^3/s的洪水，且已经运用刘庄口门分洪时，卢沟桥拦河闸、小清河分洪闸敞泄，弃守卢沟桥以上永定河右堤。当卢沟桥流量大于10000m^3/s时，弃守卢沟桥至金门闸段永定河右堤。

3. 大宁水库和永定河滞洪水库

当大宁水库水位达到49.00m时，开启永定河滞洪水库进水闸，同时开启稻田水库与马厂水库间的连通闸。当马厂水库水位达到设计水位50.50m时，关闭连通闸。当稻田水库水位达到设计水位53.50m时，关闭永定河滞洪水库进水闸。

当大宁水库水位达到60.01m且继续上涨时，开启大宁水库泄洪闸向小清河分洪区分洪，分洪流量不超过214m^3/s。当大宁水库水位达到61.21m且将继续上涨时，大宁水库泄洪闸加大泄量直至敞泄。

4. 永定河泛区

当卢沟桥拦河闸下泄流量不大于 500m³/s 时，洪水全部由河道下泄。

当卢沟桥拦河闸下泄流量大于 500m³/s 时：①泛区北围埝茨平口门前水位达 15.40m 且将继续上涨时，运用北围埝茨平口门进洪；②泛区北前卫埝西孟村口门前水位达 16.90m 及南前卫埝池口口门前水位达 21.60m 且将继续上涨时，运用北前卫埝西孟村、南前卫埝池口口门进洪，同时河北省适时将丈方河村北龙河左、右埝各扒开 200m 口门行洪；③泛区南小埝南石口门前水位达 17.50m 且将继续上涨时，运用南小埝南石口门进洪；④泛区南小埝潘庄子口门前水位达 21.00m 且将继续上涨时，运用南小埝潘庄子口门进洪；⑤泛区北小埝王码口门前水位达 17.80m 且将继续上涨时，运用北小埝王码口门进洪。

当卢沟桥拦河闸下泄流量达到 2500m³/s 时，永定河泛区充分滞洪。

5. 屈家店枢纽

屈家店枢纽永定新河进洪闸、新引河进洪闸充分泄洪。北运河节制闸视大清河来水及天津市区排沥情况，相机分泄洪水，最大下泄流量不超过 400m³/s。

当屈家店枢纽闸上流量不超过 900m³/s 时，充分利用永定新河、北运河下泄。

当屈家店枢纽闸上流量大于 900m³/s 时，充分利用永定新河、北运河下泄，不足部分向七里海临时滞洪区分洪。

6. 七里海临时滞洪区和三角淀分洪区运用、北运河左堤汉沟至朗园处扒口分洪

当永定新河 28＋192 处水位达到 4.78m（黄海高程）且继续上涨时，向七里海临时滞洪区分洪。

经永定河泛区调蓄后的洪水，在永定新河、北运河充分泄洪且七里海临时滞洪区已分洪运用的情况下，当屈家店闸上达到校核水位 6.50m（黄海高程）且继续上涨威胁天津市城区防洪安全时，如运用三角淀分洪区可以滞蓄超额洪量，则运用大旺村或北排干口门向三角淀分洪区分洪；如运用三角淀分洪区不能滞蓄超额洪量，则在北运河左堤汉沟至朗园处扒口分洪。

（三）调度权限

永定河右堤的弃守，由国家防总提出意见，报国务院决定。

当官厅水库发生 100 年一遇以下洪水时，官厅水库由北京市防汛抗旱指挥部商海委同意后实施调度，报国家防总备案；当官厅水库发生超 100 年一遇洪水或遇特殊情况时，由北京市防汛抗旱指挥部商海委提出官厅水库调度意见，报国家防总批准后实施。

卢沟桥洪峰流量不大于 500m³/s 的情况下，卢沟桥拦河闸、小清河分洪闸的运用由北京市防汛抗旱指挥部提出意见报海委决定，并报国家防总备案。其他情况下，卢沟桥拦河闸、小清河分洪闸、刘庄口门、大宁水库泄洪闸的运用由北京市防汛抗旱指挥部商海委提出意见，报国家防总决定。

永定河滞洪水库由北京市防汛抗旱指挥部负责调度，其中退水调度需商海委同意后实施。

永定河泛区的运用由河北省防汛抗旱指挥部负责，报国家防总、海委备案。

屈家店枢纽由海委负责调度。

七里海临时滞洪区、三角淀分洪区的运用由天津市防汛抗旱指挥部决定，北运河左堤汉沟至朗园处扒口分洪由天津市防汛抗旱指挥部报国家防总决定。

海委负责有关省（直辖市）永定河洪水调度运用的监督、检查、指导。

第三节　大清河水系洪水调度方案

一、防洪工程

“63・8”洪水后，大清河流域进行了大规模治理。目前，大清河水系已形成了横山岭、口头、王快、西大洋、龙门、安各庄等6座大型水库，潴龙河、南拒马河、白沟河、新盖房分洪道、赵王新河等5条主要行洪河道，千里堤、白沟河左堤等371km主要堤防，枣林庄、新盖房枢纽，小清河分洪区、兰沟洼、白洋淀、东淀、团泊洼、文安洼、贾口洼等蓄滞洪区组成的防洪工程体系。

（一）水库工程

大清河流域6座大型水库特征指标见表9-6。

表9-6　　大清河流域6座大型水库特征指标表

项　　目	水　库　名　称					
	横山岭	口头	王快	西大洋	龙门	安各庄
设计标准/a	100	100	500	500	100	100
校核标准/a	2000	2000	10000	10000	2000	2000
汛限水位/m	232.00	199.00	193.00	134.50	120.00	154.00
正常蓄水位/m	235.15	201.00	200.40	140.50	123.60	160.00
设计洪水位/m	241.39	202.27	208.36	147.53	128.22	161.92
校核洪水位/m	244.99	205.18	214.36	152.96	131.27	168.71
总库容/亿 m^3	2.43	1.056	13.89	12.58	1.267	3.09
水准基点	大沽	黄海	大沽	大沽	黄海	大沽

注　西大洋水库除险加固期间汛限水位为132.00m。

（二）河道堤防

大清河水系有：5条主要行洪河道，即潴龙河、南拒马河、白沟河、新盖房分洪道、赵王新河，总长232.8km；5条主要堤防，长371km，其中大清河千里堤长189km，是河北省分区防守、分流入海的第三道防线，是河北省4条确保堤防之一。

潴龙河北郭村至白洋淀长81km，设计标准20年一遇，相应流量北郭村4200m^3/s，陈村以下2300m^3/s，陈村分洪道1900m^3/s。现状北郭村1500m^3/s，陈村以下1000m^3/s，陈村分洪道800m^3/s。

南拒马河北河店至新盖房枢纽长32.7km，设计标准20年一遇，京广铁路北河店以东段设计流量3500m^3/s，以西段设计流量2000m^3/s，现状行洪能力基本达到设计标准。

白沟河二龙坑至白沟镇长 53km，设计标准 20 年一遇，相应流量 3000m³/s。河道现状行洪能力为 2000m³/s。

新盖房分洪道是北支洪水经新盖房枢纽进入东淀的分洪河道，长 32km。设计标准 20 年一遇，相应流量 5000m³/s。现状行洪能力为 2500m³/s。

赵王新河枣林庄枢纽至西码头闸长 43km。原设计标准 10 年一遇，设计流量枣林庄至苟各庄段 2300m³/s，枣林庄至苟各庄段以下 2700m³/s。现状行洪能力为 2000m³/s。

（三）蓄滞洪区

白洋淀是大清河水系中游缓洪、滞沥的大型平原洼淀，周边堤防东有千里堤、北有新安北堤、西有障水埝和四门堤、南有淀南新堤，堤防总长 203km。设计运用标准 20 年一遇，周边滞洪区启用标准 10 年一遇。设计滞洪水位 9.00m 时，淀内滞洪面积 366km²，淀内人口约 10 万人；相应滞洪量 10.7 亿 m³，向周边分洪后，滞洪总面积 987km²，区内人口 38.23 万人、耕地 46.99 万亩。

东淀是大清河南北支洪水和清南、清北沥水汇流的洼淀，北界东淀北大堤，南界千里堤。设计运用标准 20～50 年一遇，启用标准 3～5 年一遇，设计滞洪水位 6.44m，相应滞洪量 12.88 亿 m³，滞洪面积 377km²，其中河北省滞洪面积 333km²。河北省境内人口 9.11 万人、耕地 26.4 万亩。

小清河分洪区地跨北京市及河北省，位于北京大宁水库以下，东以永定河右堤及高地为边，西以山前高地为界，南至古城小埝和小营横堤。设计运用标准 50 年一遇，启用标准 10 年一遇，设计滞洪水位 27.21m，相应滞洪量 4.08 亿 m³，滞洪总面积 424km²，其中河北省滞洪面积 204.3km²。河北省境内人口 14.66 万人、耕地 17.4 万亩。

兰沟洼滞洪区是由白沟河、南拒马河两河大堤围绕形成的封闭洼地。设计运用标准 50 年一遇，启用标准 10～20 年一遇，设计滞洪水位 17.40m，相应滞洪量 3.23 亿 m³，最大滞洪水深 4.50m，滞洪面积 228km²。区内人口 20.09 万人、耕地 33.1 万亩。

文安洼承接大清河超标准分洪洪水和清南地区沥水，西接自然高地，北靠千里堤，东倚子牙河左堤，南以津保公路为界。设计运用标准 50 年一遇，启用标准 20 年一遇，设计水位 5.94m，滞洪量 34.63 亿 m³，总淹没面积 1557km²，其中河北省滞洪面积 1438km²。河北省境内人口 55.02 万人、耕地 124.52 万亩。

贾口洼位于子牙河与南运河汇流处的三角地区。设计运用标准 50 年一遇，启用标准 20 年一遇，设计滞洪水位 5.94m，滞洪量 16.89 亿 m³，总淹没面积 745km²，其中河北省淹没面积 374.3km²。河北省境内人口 15.1 万人、耕地 39.7 万亩。

（四）水闸枢纽

枣林庄枢纽由 4 孔闸、25 孔闸、船闸和赵北口溢流堰等建筑物组成。当淀水位为 9.00m 时，4 孔闸、25 孔闸、溢流堰设计泄量分别为 460m³/s、1840m³/s、400m³/s；枢纽总设计泄洪能力为 2700m³/s。

新盖房枢纽由分洪闸、溢流堰、白沟引河进水闸和老大清河灌溉闸组成。分洪闸和溢流堰闸上校核水位 15.36m，总泄洪量 5000m³/s，其中溢流堰 3964m³/s、分洪闸 1036m³/s。

二、设计洪水

大清河流域洪水采用2006年《大清河流域防洪规划报告》成果，见表9-7。

表9-7　　大清河控制站设计洪水成果表

河道名称	控制站或位置	控制面积/km²	项目	不同频率设计值				
				P=1%	P=2%	P=5%	P=10%	P=20%
大清河南支	白洋淀	21054	W_{6d}/亿 m³	48.35	37.24	23.54	14.41	7.04
			W_{15d}/亿 m³	73.40	57.30	37.40	23.90	12.50
			W_{30d}/亿 m³	83.00	66.75	46.00	31.30	18.30
南拒马河	北河店	—	Q_m/(m³/s)	7464.00	5688.00	3512.00	2096.00	984.00
			W_{6d}/亿 m³	10.45	8.16	5.33	3.41	1.78
			W_{15d}/亿 m³	15.62	12.38	8.21	5.42	2.96
			W_{30d}/亿 m³	18.70	14.90	10.20	6.80	3.90
白沟河	东茨村	—	Q_m/(m³/s)	6614.00	5066.00	3168	1913.00	913.00
			W_{6d}/亿 m³	14.06	10.87	6.95	4.32	2.16
			W_{15d}/亿 m³	18.98	14.74	9.52	6.03	3.08
			W_{30d}/亿 m³	21.58	17.05	11.34	7.48	4.09
拒马河	张坊	4820	Q_m/(m³/s)	13900.00	10540.00	6450.00	3792.00	1726.00
			W_{3d}/亿 m³	12.80	8.39	5.21	3.14	1.50
			W_{6d}/亿 m³	13.63	10.58	6.83	4.31	2.20

三、调度方案

（一）洪水调度原则

发生设计标准以内洪水时，确保天津、保定等城市、重要地区的防洪安全，保证京广、京九、京沪、朔黄铁路和京珠、京沪、津保高速及华北油田等防洪安全。

发生设计标准以内洪水时，确保重点防洪工程安全。在保障工程安全前提下，充分发挥横山岭、口头、王快、西大洋、龙门、安各庄水库拦洪错峰作用，充分发挥潴龙河、南拒马河、白沟河、新盖房分洪道、赵王新河的泄洪能力，合理运用小清河分洪区、兰沟洼、白洋淀、东淀、团泊洼、文安洼、贾口洼蓄滞洪水，减少淹没损失。遇一般洪水，相机做好洪水资源利用。

（二）洪水调度方案

1. 大清河南支

（1）河道。潴龙河保证水位：北郭村28.20m、陈村19.70m、东绪口16.50m。超过保证水位时，要全力抢护，力保两堤。当陈村水位超过19.10m且水位继续上涨时，利用陈村分洪道分洪；分洪后如水位继续上涨，则在仉村扒口扩大分洪范围。水势仍上涨超过19.70m时，在陈村以上潴龙河左堤董庄、呈各庄附近分洪。上述口门分洪后，汛情得不到缓解，另选适当地点扒口分洪，确保千里堤安全。

赵王新河保证水位：枣林庄闸下 8.88m、王村闸上 8.29m。当枣林庄泄量超过 700m³/s 时，扒开赵王新河下口任庄子堤埝向东淀分洪。

（2）枣林庄枢纽。当白洋淀十方院水位超过 6.80m，水位上涨并预报有较大洪水时，枣林庄泄洪闸提闸泄水。白洋淀中低水时，可由 4 孔闸泄水，中高水时 25 孔闸参加泄洪，水位超过 7.50m 时赵北口溢流堰溢洪。

（3）白洋淀。白洋淀汛限水位 6.50～6.80m，警戒水位 7.50m，防洪保证水位 9.00m，汛后蓄水位 7.30～7.50m。十方院水位达到 9.00m 时，力保周边堤防安全，确保千里堤安全。

十方院水位超过 7.50m 时溢流堰泄洪。

当十方院水位超过 9.00m，水势仍继续上涨，威胁到千里堤安全时，周边堤防分洪调度以十方院水位、分洪口门前水位及白洋淀上游流域洪水预报等因素作为白洋淀周边分洪的判定条件。

当白洋淀十方院水位超过 9.00m，分洪口门前水位超过下表水位且继续上涨时，开始扒口分洪，口门启用的顺序为障水埝大石桥口门或淀南新堤高楼口门、南四门堤同口口门、北四门堤关城口门。当上述口门均已运用，白洋淀水位仍上涨，预报上游发生 20 年一遇以上洪水时，再启用新安北堤北六村口门、新安北堤留村口门。

保定市要按照河北省防指的指令及时分洪，确保千里堤安全。白洋淀各口门基本情况一览见表 9－8。

表 9－8　　白洋淀各口门基本情况一览表

口门位置	大石桥	高楼	同口	关城	北六	留村
所在堤防	障水埝	淀南新堤	南四门堤	北四门堤	新安北堤	新安北堤
分洪水位/m	9.20	9.70	10.00	9.90	9.20	9.30

2. 大清河北支

（1）河道。南拒马河北河店保证水位 24.80m，相应流量 3500m³/s。超过保证标准时，两岸要全力抢险；当威胁堤防安全时，在左岸北田附近向兰沟洼分洪，保右堤安全。

白沟河东茨村保证水位 27.11m，相应流量 2000m³/s。超过保证标准时，要全力防守两堤；当危及堤防安全时，在右堤田宜屯、东务、朱庄附近及小营横堤扒口向兰沟洼分洪，确保左堤安全。

新盖房分洪道保证水位：分洪闸闸下 14.70m、津保高速公路 13.80m、刘家铺 9.70m。牛角洼上下游开卡段堤防原设计标准为 1500m³/s，现状保证标准为 800m³/s。

在大清河水系北支防洪工程未按规划标准实施前，当水位超过牛角洼上下游开卡段现状堤顶高程时，牛角洼自由漫溢行洪，廊坊市提前做好洼内群众转移安置工作；大清河水系北支防洪工程按规划标准实施后，当新盖房分洪道流量达到 1500m³/s 且水势仍上涨时，牛角洼开卡段参加泄洪，廊坊市要及时扒除大清河上下两段护麦埝参加泄洪。

（2）新盖房枢纽。当新盖房枢纽引河闸上水位低于 12.40m 或上游来水小于 500m³/s，且白洋淀十方院水位低于 9.00m 时，利用白沟引河向白洋淀泄洪。

当新盖房枢纽引河闸上水位超过 12.40m 或上游来水大于 500m³/s 时，若白洋淀十方

院水位低于9.00m，视白洋淀上游来水情况相机利用白沟引河分洪入白洋淀；若白洋淀十方院水位超过9.00m时，关闭引河闸，洪水全部由新盖房分洪道下泄。

当新盖房枢纽引河闸上水位回落至12.40m以下或上游来水小于500m³/s时，视白洋淀和东淀的汛情灵活调度。

3. 东淀、贾口洼、文安洼、小清河分洪区

按国家防总文件规定执行。

（三）雨洪资源利用

当南支遇中小洪水时，可通过王大引水线路，将水相机引至清南地区、黑龙港地区及大浪淀水库。

当北支遇中小洪水时，可利用太平庄闸相机向清北地区引水。

当白洋淀十方院水位在7.50～9.00m时，可相机利用周边闸涵引水。

（四）超标准洪水措施

当大清河北支发生超标准洪水时，为了尽量减少洪灾损失，首先利用兰沟洼滞洪，若兰沟洼东马营最高滞洪水位超过17.40m，且继续上涨危及白沟河左堤安全时，视洪水情况，破白沟河左堤向清北地区的白沟河与牤牛河之间夹道分洪。新盖房分洪道遇超标准洪水，全力防守，力保左堤安全。

当大清河南支发生超标准洪水时，白洋淀及周边蓄滞洪区已充分运用，且赵王新河泄量不足，在已运用王村分洪闸及滩里隔淀堤分洪口门向文安洼分洪的情况下，如白洋淀十方院水位达到10.15m（相应小关分洪口水位11.15m）且继续上涨威胁千里堤安全时，则在小关扒口向文安洼分洪。

当东淀、文安洼、贾口洼已充分运用，东淀水位超过6.44m时，独流减河要充分泄洪，同时扒开南运河左右堤，利用津浦铁路25孔桥行洪，分洪洪水经北大港南侧、子牙新河北堤之间夹道（沙井子行洪道）入海。

（五）责任与权限

石家庄市、廊坊市、保定市、沧州市、衡水市、华北油田管理局，负责本行政区域内和管辖工程的抗洪抢险、蓄滞洪区运用、人员安全转移和救灾等工作。

东淀、文安洼、贾口洼的调度运用，由海河防总提出意见，报国家防总决定，河北省防指根据国家防总决定下达指令，由廊坊市防指、沧州市防指、保定市防指负责实施。

小清河分洪区分泄永定河超标准洪水由海河防总提出意见，报国家防总决定。

白洋淀、兰沟洼由河北省防指调度，保定市防指负责实施。

白沟河、潴龙河、赵王新河内村庄人员的安全转移由保定市防指、廊坊市防指负责。

白沟河、南拒马河、潴龙河分洪由河北省防指下达命令，保定市防指负责实施。

溢流洼、大清河任庄子分洪由河北省防指下达命令，廊坊市防指负责实施。

千里堤小关分洪，由河北省防指提出意见，报国家防总、海河防总决定，根据国家防总决定河北省防指下达命令，由沧州市防指负责实施。

枣林庄、新盖房枢纽、王村分洪闸由河北省防指调度，河北省大清河务处负责实施。

中小洪水资源调度由市县调度，河北省大清河务处协调。

油田、铁路、公路、电力、通信等单位负责所属设施的防洪安全。

为防汛调度临时设置的水位、流量站，由河北省水文局负责巡测。

第四节　子牙河水系洪水调度方案

一、防洪工程

目前，子牙河水系已形成了由岗南、黄壁庄、临城、朱庄、东武仕等5座大型水库，滹沱河北大堤、子牙新河左堤、滏阳新河两堤等484km主要堤防，艾辛庄、献县、穿运、海口枢纽，宁晋泊、大陆泽、献县泛区、永年洼等蓄滞洪区组成的防洪工程体系，防洪标准基本达到50年一遇。

（一）水库

子牙河流域共有岗南、黄壁庄、临城、朱庄、东武仕等5座大型水库，各水库特征指标见表9-9。

表9-9　子牙河流域大型水库特征指标表

水库名称	东武仕	朱庄	临城	岗南	黄壁庄
设计标准/a	100	100	100	500	500
校核标准/a	2000	1000	2000	10000	10000
汛限水位/m	104.00	242.00	120.00	192.00	115.00
正常蓄水位/m	109.68	251.00	125.50	200.00	120.00
设计洪水位/m	107.27	255.30	129.37	204.51	125.54
校核洪水位/m	110.31	258.90	131.96	209.59	127.95
总库容/亿 m^3	1.615	4.162	1.713	17.04	12.10
水准基点	黄海	大沽	大沽	大沽	大沽

注　朱庄水库除险加固期间汛限水位为239.00m。

（二）河道堤防

滹沱河自黄壁庄水库至献县枢纽长194km，防洪标准黄壁庄水库以下为50年一遇，相应流量黄壁庄水库至北中山为3300m^3/s，北中山以下为3000m^3/s。滹沱河北大堤自无极东罗尚至献县枢纽长101.2km，为河北省分区防守、分流入海的第二条防线，是河北省4条确保堤防之一，目前已达到100年一遇防洪标准，相应流量13700m^3/s。

滏阳新河自艾辛庄枢纽至献县枢纽长132.4km，防洪标准50年一遇，相应流量2800m^3/s，校核流量5700m^3/s（“63·8”洪水校核）。

子牙新河自献县枢纽至海口长143km，河北省境内长113.4km，防洪标准50年一遇，相应流量5500m^3/s，校核流量8800m^3/s。子牙新河左堤长143.3km，河北省境内长113.9km，与滹沱河北大堤共同构成分区防守、分流入海的第二道防线。

（三）水闸枢纽

艾辛庄枢纽由滏阳河节制涵闸和滏阳新河深槽橡胶坝组成。节制涵闸闸上设计水位29.26m，设计流量150m^3/s；橡胶坝上游设计水位23.50m，坝袋塌平后设计流量250m^3/s。

献县枢纽是承接滹沱河、滏阳新河来水的大型控制工程，包括主槽进洪闸、滩地溢流堰、子牙河节制闸等。进洪闸闸底高程7.20m，设计闸上水位16.30m，设计流量943m³/s，校核闸上水位17.40m，校核流量1130m³/s；节制闸闸底高程7.00m，设计闸上水位16.30m，流量600m³/s，校核闸上水位17.40m，校核流量800m³/s；溢洪堰堰顶高程13.50m，堰长1000m，设计过堰流量5050m³/s，校核过堰流量7870m³/s。

穿运枢纽包括子牙新河主槽穿运涵洞、南运河跨子牙新河主槽渡槽、南运河节制闸、北排河穿运涵洞、南运河跨北排河渡槽、滩地平交埝等工程。子牙新河主槽穿运涵洞为井柱桩式涵洞，共30孔，设计上游水位8.49m，设计过洞流量1750m³/s，校核过洞流量2590m³/s。

海口枢纽由子牙新河深槽挡潮闸（主槽闸）、原北大港泄洪闸（滩地泄洪闸）、2100m滩地挡潮泄洪堰、青静黄排水渠挡潮闸（青静黄闸）、北排河挡潮闸（北排闸）组成。工程作用为挡潮、防咸、泄洪、排沥和蓄淡灌溉。子牙新河挡潮闸为宽顶堰式，共3孔，闸上设计水位4.22m，设计过闸流量864m³/s，闸上校核水位4.66m，校核过闸流量972m³/s。

（四）蓄滞洪区

宁晋泊与大陆泽即滏阳河中游洼地蓄滞洪区，位于邢台市中部，50年一遇洪水设计，“63·8”洪水校核，设计滞洪水位宁晋泊29.50m（艾辛庄）、大陆泽31.50m（邢家湾），设计滞洪量29.23亿m³，设计滞洪面积1297km²，人口117万人，耕地207万亩。

献县泛区位于滹沱河下游，西起饶阳县大齐村，东至献县枢纽，南北以滹沱河南堤、北大堤为界。设计标准为50年一遇设计，“63·8”洪水校核，5年一遇洪水启用。设计滞洪水位16.37m，相应滞洪量5.0亿m³，面积312km²，人口15.5万人，耕地43.37万亩。

永年洼位于邯郸市滏阳河下游，永年县东南部，为自然形成的洼淀，东、南两侧紧靠滏阳河左堤，西、北两侧有围堤连接。设计启用标准3年一遇，设计滞洪水位44.53m，相应滞洪量0.54亿m³，面积16.0km²，人口1.48万人，耕地2.2万亩。

二、设计洪水

子牙河流域洪水以滏阳河艾辛庄、子牙河献县为控制，采用2006年编制的《子牙河流域防洪规划报告》中的设计洪水成果。滏阳河艾辛庄、子牙河献县设计洪水成果分别见表9-10和表9-11。

表9-10　　艾辛庄设计洪水成果表

洪水项目		原规划采用成果/亿m³		1990年海委审查成果/亿m³	
		W_{6d}	W_{30d}	W_{6d}	W_{30d}
重现期/a	5.0	7.5	11.7	5.6	9.4
	10.0	15.7	21.9	12.3	18.3
	20.0	26.0	33.7	20.9	29.0
	50.0	41.6	51.2	34.2	44.9
	100.0	54.4	65.2	45.1	57.8
	200.0	67.8	79.2	56.7	71.2
	500.0	86.3	99.5	72.6	89.6
	1000.0	100.5	114.8	85.0	103.7

表 9-11　　献县设计洪水成果表

洪水项目		原规划采用成果/亿 m^3		1990 年海委审查成果/亿 m^3	
		W_{6d}	W_{30d}	W_{6d}	W_{30d}
重现期/a	5	13.4	24.6	10.2	20.9
	10	26.2	40.3	20.4	34.2
	20	41.4	57.8	32.8	49.0
	50	64.1	82.0	51.4	69.6
	100	82.5	101.0	66.5	85.7
	200	101.7	120.3	82.2	102.1
	500	128.0	146.9	103.9	124.6
	1000	148.2	167.0	120.5	147.7

三、调度方案

（一）洪水调度原则

遇设计标准（50 年一遇）以内洪水，确保天津、石家庄、邯郸、邢台、衡水、沧州等城市、重要地区的防洪安全，保证京广、京九、京沪、石德铁路及京珠、京沪、石黄高速等主要设施防洪安全。

发生设计标准以内洪水时，确保防洪工程安全。在保障工程安全前提下，充分发挥东武仕、朱庄、临城、岗南、黄壁庄水库拦洪错峰作用，充分发挥滹沱河、滏阳新河、子牙新河的泄洪能力，合理运用大陆泽、宁晋泊、献县泛区、永年洼蓄滞洪区滞洪，减少淹没损失。遇一般洪水，相机做好洪水资源利用。

发生超标准洪水（50～100 年一遇）时，合理调度洪水，确保重点，兼顾一般，最大限度地减少灾害损失。宁晋泊可在东围堤分洪口门向黑龙港流域分洪。滹沱河南堤在饶阳、安平境内先下后上分洪。滏阳新河、子牙新河可按 5700m^3/s、8800m^3/s 校核流量强迫行洪。确保滹沱河北大堤安全。

发生“63·8”以上特大洪水时，力保滹沱河北大堤和子牙新河左堤安全。

（二）洪水调度方案

1. 滏阳河

永年洼启用标准为 3 年一遇。滏阳河莲花口节制闸下保证水位 45.07m，超过时向永年洼分洪。永年洼滞洪水位 42.97m，遇超标准洪水要抢护围堤强迫滞洪；当威胁到围堤安全时，报请河北省防指批准在借马庄闸以西永年洼北围堤适当地点扒口分洪，使洪水在留垒河与沙洺河区间泄洪入大陆泽。滏阳河莲花口节制闸以下原则上不参加泄洪。

宁晋泊与大陆泽蓄滞洪区实行分区滞洪。当来水不大于 20 年一遇洪水时，利用滏阳河以西滞洪；当来水超过 20 年一遇洪水、滞洪水位达到滏阳河右堤固定分洪口门高程 29.40m 且水位仍上涨时，向滏阳河与小漳河之间分洪；当来水超过 30 年一遇、洪水位达到小漳河右堤固定分洪口门高程 29.40m 且水位仍上涨时，整个洼地全部滞洪；当来水超过 50 年一遇洪水、老小漳河区间滞洪水位达到 29.50m 时，视上游来水情况和天气预报，

报请河北省政府确定是否从东围堤口门分洪。同时，邢台市组织力量堵闭北围堤口门。

艾辛庄枢纽调度：当滏阳河上游洪水与滹滏区间沥水相遇时，滏阳河首先满足滹滏区间排沥要求，相机泄洪。泄洪时，节制涵洞下泄流量不超过 $100m^3/s$。上下游水位差不得大于 5.50m。

2. 滏阳新河

艾辛庄枢纽以上来水主要通过滏阳新河下泄。滏阳新河深槽行洪能力上小下大，保证流量为 $150\sim250m^3/s$。

滏阳新河各段的保证水位：艾辛庄闸下 29.47m、新河县城 28.57m、大赵闸 24.57m、武邑县城 21.57m、贾庄桥 16.71m、献县枢纽闸上 16.37m。

3. 滹沱河

岗南水库汛限水位 192.00m，库水位 192.00～203.00m 时：当黄壁庄水库水位为 115.00～116.77m（5 年一遇）时，与区间凑泄 $400m^3/s$；当黄壁庄水库水位为 116.77～119.17m（10 年一遇）时，与区间凑泄 $800m^3/s$；当黄壁庄水库水位为 119.17～125.27m（50 年一遇）时，与区间凑泄 $3300m^3/s$。洪水位高于 203.00m 时，岗南敞泄。

黄壁庄水库汛限水位 115.00m，5 年一遇限泄 $400m^3/s$，保献县泛区行洪道两堤安全。10 年一遇限泄 $800m^3/s$，保滹沱河南小堤安全，超过时自下而上依次在东草芦、张池、耿各庄附近扒口漫滩行洪。50 年一遇限泄 $3300m^3/s$，姚庄保证水位 20.97m，相应流量 $3000m^3/s$。超过时，可视具体情况在南堤故城村东、罗屯、东呈干扒口向滏滹地区分洪，确保北大堤安全。

献县泛区启用标准为 5 年一遇。滹沱河来水超过 $400m^3/s$ 时，充分利用泛区行洪道行洪，当超过行洪道行洪能力时，在大齐口门附近适当位置分洪启用北泛区，再用南泛区。泛区设计滞洪水位 16.37m，相应滞洪量 5.0 亿 m^3。泛区全部滞洪后，沿长城堤各排水闸要严加控制，防止洪水浸出泛区。

4. 子牙新河

当献县枢纽以上来水小于 $900m^3/s$ 时，由子牙新河主槽和子牙河相机分泄；当献县枢纽闸上水位高于 13.47m 时，洪水主要从子牙新河下泄，子牙新河现状在原设计水位条件下，行洪能力为 $5000m^3/s$。子牙新河遇特大洪水时要保证左堤安全。按右堤超高 1.0m，献县进洪闸下游控制水位 16.07m，郑孔务 12.27m，穿运下游 10.67m。

当预报子牙新河穿运涵洞上游水位超过 9.46m 时，河北省防指下达命令，沧州市负责扒除南运河平交埝，在滩地行洪。

穿运枢纽汛期要严格按设计条件运用，保证渡槽和节制闸的稳定安全。

当预报海口枢纽子牙新河主槽挡潮闸上游水位达到 3.00m 时，破除挡潮埝泄洪。

子牙河控制流量 $300m^3/s$。

（三）雨洪资源利用

艾辛庄枢纽以上来水小于 5 年一遇、流量小于 $400m^3/s$ 时，利用商店、孙家口、北陈海等涵洞相机引水入滏东排河、老盐河、衡水湖等清凉江以西的黑龙港地区；艾辛庄枢纽以下中小洪水可利用滏东排河，将水输入南排河及北排河，本着先下后上的原则相机拦蓄。

滹沱河上游遇中小洪水时，可通过里榭涵洞相机引水入清南地区。

子牙河系的中小洪水可利用子牙河相机为沿河各县引蓄水。

（四）超标准洪水措施

当宁晋泊、大陆泽遇超50年一遇设计洪水，上游预报仍有较大汛情时，由河北省政府决定利用东围堤口门向黑龙港流域分洪，洪水沿滏东排河、老盐河下泄，同时堵闭北围堤口门。遇“63·8”校核洪水时，滞洪水位31.37m，强迫滏阳新河泄洪，泄洪流量5700m³/s。

当滹沱河遇超标准洪水（50～100年一遇）时，应确保滹沱河北大堤安全，弃守南堤或在滹沱河南堤饶阳、安平境内先下后上分洪，退守石津干渠或石黄高速公路。为减轻洪水对北大堤的压力，献县闸前水位控制在18.00m，超过时在滏阳新河下游扒开右堤导洪入黑龙港地区。

当子牙新河遇超标准洪水（50～100年一遇）时，应确保左堤安全，利用老盐河、南排河与子牙新河、南运河之间地区临时滞洪，再扒开南运河及京沪铁路向东导洪入海。

（五）责任与权限

邯郸市、邢台市、衡水市、石家庄市、沧州市、廊坊市，负责本行政区域内的抗洪抢险、蓄滞洪区运用、人员安全转移和救灾等工作。

岗南、黄壁庄水库由河北省防指调度。

永年洼由邯郸市防指调度。

宁晋泊、大陆泽、献县泛区，由河北省防指调度，邢台市防指、沧州市防指、衡水市防指负责实施。

艾辛庄、献县、穿运、海口枢纽，由河北省防指调度，市防指省子牙、南运河务处负责实施。

东围堤、北围堤口门、滹沱河右堤分洪，由河北省防指决定，邢台市防指、衡水市防指负责实施。

穿运平交埝扒除由河北省防指决定，沧州市防指负责实施；海口挡潮埝扒除，由河北省商天津市实施。

滹沱河、子牙新河内的村庄人员转移由石家庄市防指、衡水市防指、沧州市防指负责实施。

油田、铁路、公路、电力、通信单位负责所属设施防洪工作。

雨洪资源的引蓄利用，由河北省子牙、南运河务处负责调度。

为防汛调度临时设置的水位、流量站，由河北省水文局负责巡测。

参　考　文　献

[1] 廊坊市防汛抗旱指挥部．廊坊市主要行洪河道洪水调度方案［R］．2014.

[2] 国家防汛抗旱指挥部．大清河洪水调度方案［R］．2008.

[3] 国家防汛抗旱指挥部．永定河洪水调度方案［R］．2004.

[4] 国家防汛抗旱指挥部．北三河洪水调度方案［R］．2011.

第十章　平原除涝设计

第一节　平原除涝水文计算

一、最大排水量计算

平原除涝河流是在泛区蝶形地貌和原生沼泽地带上人工开挖形成的，河道宽浅，常有几个能部分滞蓄洪涝的小洼地串联、并联。由于坡面平缓，因此农作物的阻水作用明显。影响平原河流最大流量的主要因素是河槽的排泄和调蓄作用。这些作用对洪峰流量的影响过程极其复杂，难以直接用数理方法表达，只能采用半推理半经验的方法近似地推求。从峰量关系出发，采用模数经验公式的形式计算最大流量，是目前普遍采用的方法，一般形式为

$$M=KR^{m}F^{n}$$

$$Q=MF=KR^{m}F^{n+1}$$

式中：M 为设计排水模数，$m^3/(s \cdot km^2)$；Q 为设计排水流量，m^3/s；F 为排水河道设计断面控制的排水面积，km^2；R 为设计径流深，mm；K 为综合系数，反映河网配套程度、排水河道坡度和流域形状等因素；m 为峰量指数，反映洪峰与洪量的关系；n 为递减指数，反映模数与排水面积的关系。

峰量指数 m 反映流域滞蓄、河道排水能力等因素对最大排水量的影响，当排水河道排水条件好时，m 值大；当排水河道排水条件差时，m 值小。河道开挖后排水条件有所改善，m 值一般比开挖前增大。根据河北省平原区实测资料分析，m 值取 0.92 较合适。

在峰量指数 m 确定后，根据实测资料，即可进一步求 n、K 值，则河北省平原区设计最大排水流量公式为

$$Q=0.022R^{0.92}F^{0.80}$$

根据廊坊市暴雨分布、土壤、地形、河道等因素，廊坊市划分为 6 个区，即三河大厂区（Ⅰ区)、香河区（Ⅱ区)、廊坊区（Ⅲ区)、固安永清区（Ⅳ区)、文安洼区（Ⅴ区）和子牙河区（Ⅵ)，廊坊市平原区排涝计算分区见附图 5－1（廊坊市设计暴雨径流计算分区图)。

廊坊市平原区各分区不同面积最大排水量计算成果见图 10－1～图 10－6。

二、设计排水量过程线

因为将 3d 雨量分为两次暴雨，由次暴雨产生二次洪水，为此，应先分别计算各次洪水的流量过程线，然后，将其叠加为复合洪水过程线，该过程线的最大流量即为所求的设计最大流量。

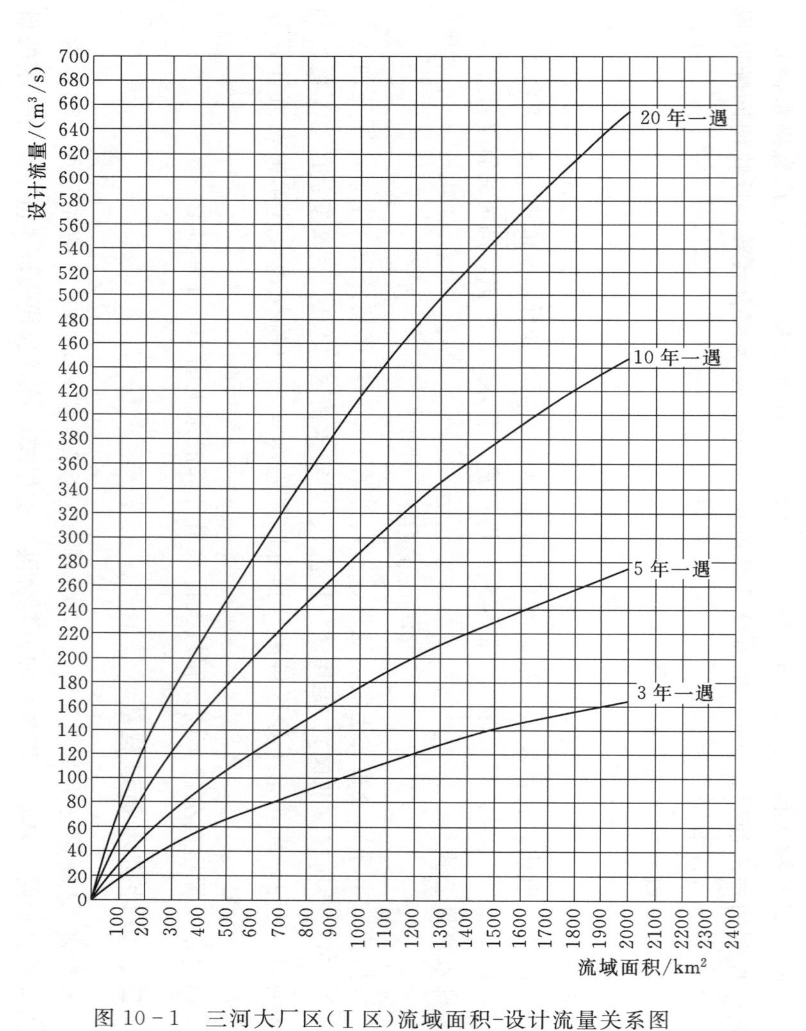

图 10-1　三河大厂区(Ⅰ区)流域面积-设计流量关系图

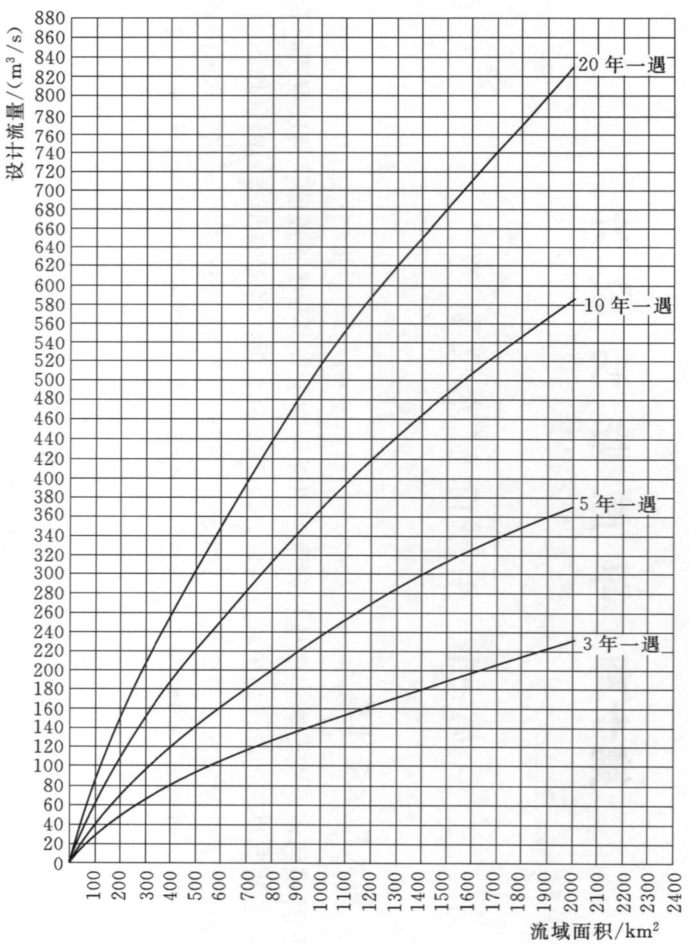

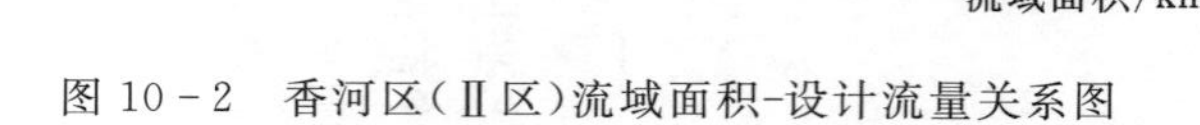
图 10-2　香河区(Ⅱ区)流域面积-设计流量关系图

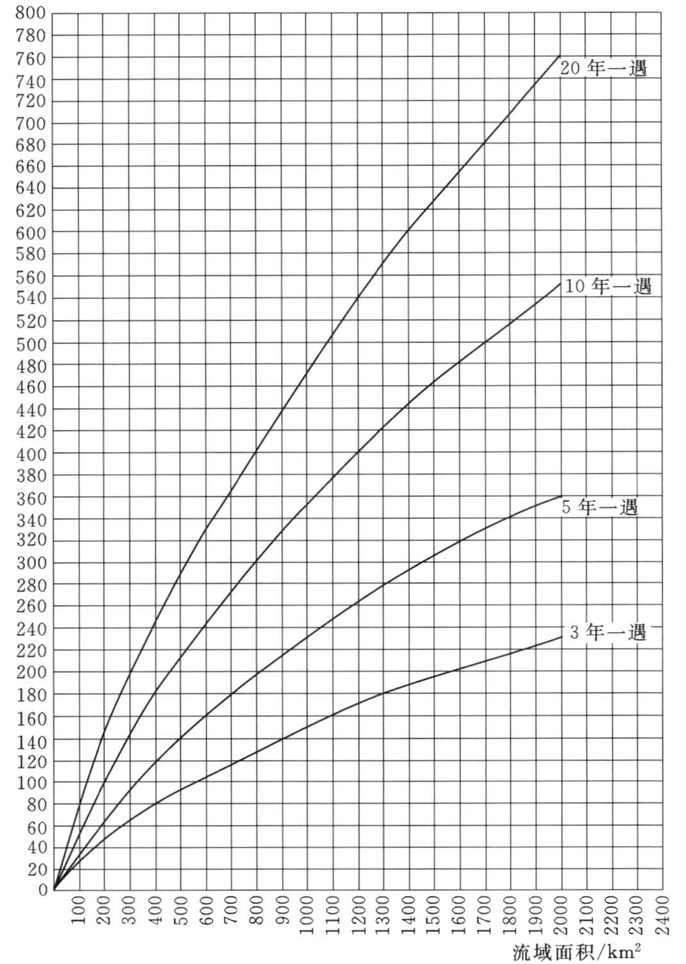

图 10－3　廊坊区（Ⅲ区）流域面积-设计流量关系图

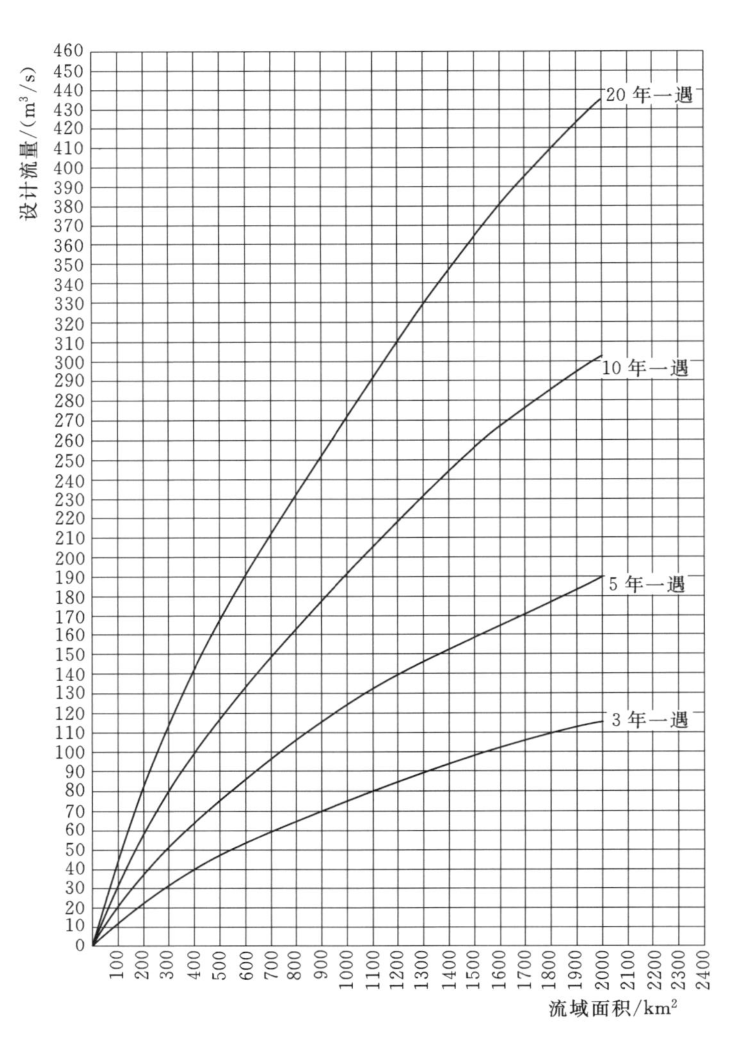

图 10－4　固安永清区（Ⅳ区）流域面积-设计流量关系图

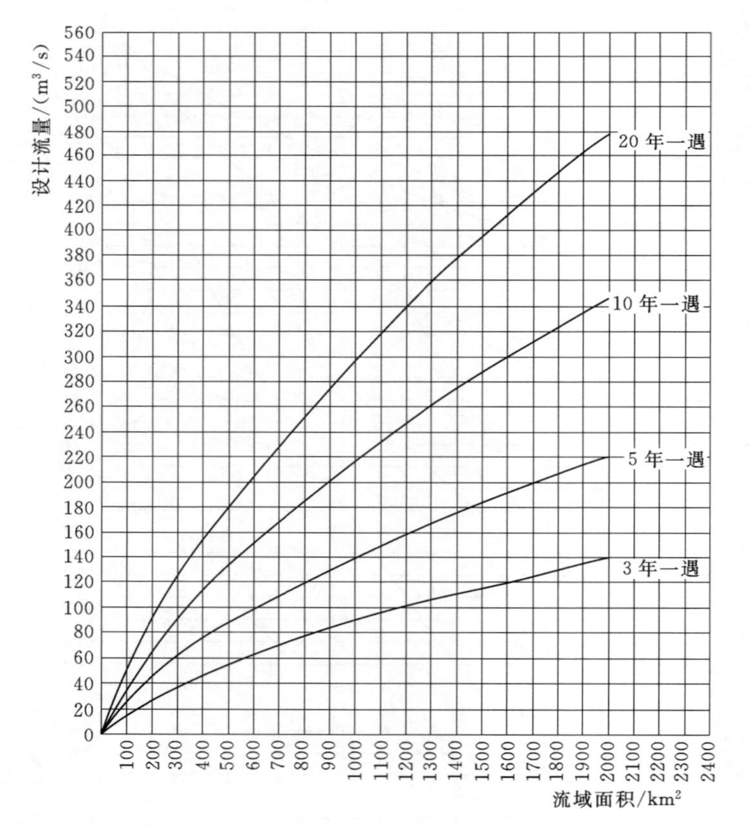

图 10－5　文安洼区（Ⅴ区）流域面积-设计流量关系图

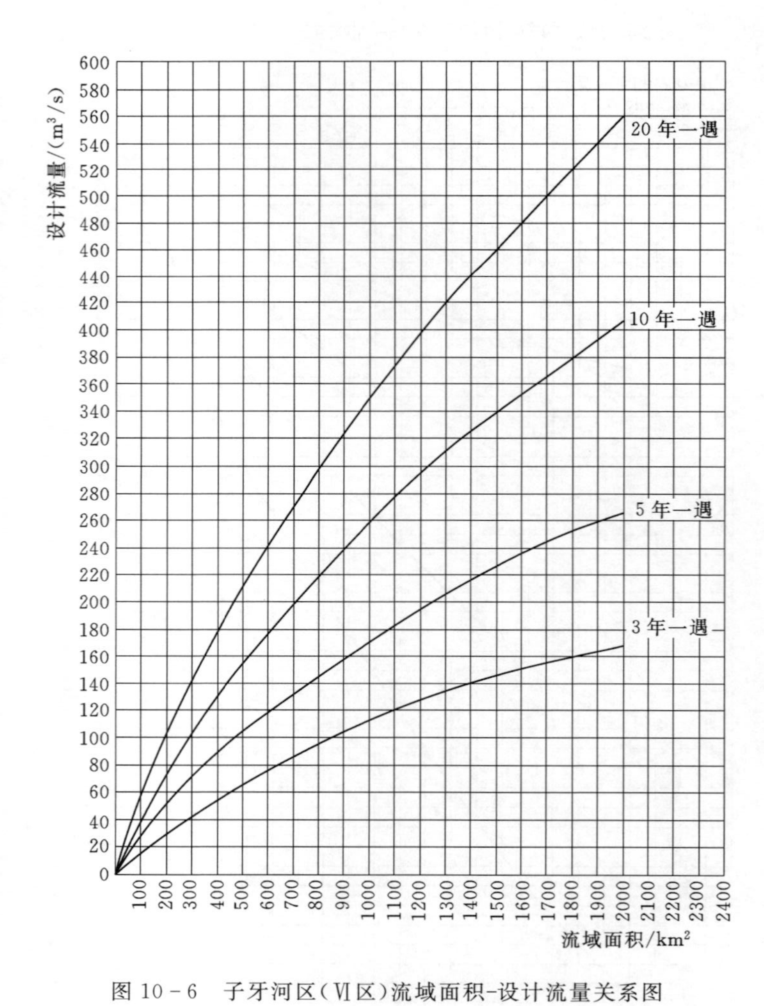

图 10－6　子牙河区（Ⅵ区）流域面积-设计流量关系图

概化过程线的计算公式为

$$T=0.278\times\frac{RF}{\eta Q_{max}}$$

$$Q_i=yQ_{max}$$

$$T_i=xT$$

式中：y、x 分别为概化过程线纵、横坐标比例（表 10-1），%；Q_{max} 为次洪水最大排水流量，m^3/s；R 为次洪水径流深，mm；F 为流域面积，km^2；η 为面积系数，不同面积的 η 值见表 10-2；T 为概化过程线纵底宽；Q_i、T_i 分别为概化过程线纵、横坐标值。

表 10-1　　概化过程线纵、横坐标比例表

流域面积小于 1000km²		流域面积大于 1000km²	
横坐标 x/%	纵坐标 y/%	横坐标 x/%	纵坐标 y/%
0	0	0	0
5	19	5	12
10	49	10	26
15	77	15	43
19	100	20	85
30	74	25	100
40	63	30	92
50	37	35	79
60	25	40	69
70	16	45	60
80	10	50	52
90	5	60	38
100	0	70	26
		80	14
		90	14
		100	0

表 10-2　　面积系数 η 值表

面积/km²	100	300	400	500	1000	1500	2000
面积系数 η	0.34	0.37	0.37	0.38	0.39	0.41	0.41

第二节　排涝渠道设计

农田排涝工程包括排水干（支）沟、小型河流和田间排水系统，是农田水利工程的重要组成部分，是改善农业生产条件、增强抗御自然灾害能力、提高农业综合生产能力、保证农业增产增收、保障粮食安全的重要措施之一。

一、排涝渠道断面计算

对于天然河道，只有河槽而没有滩地的河流断面，称为单式河流断面；既有河槽，又有滩地的河流断面，称为复式河流断面。在平原区，单式河槽主要有矩形河槽和梯形河槽。

河道基本流量计算公式为

$$Q=AC\sqrt{Ri}=\frac{1}{n}\times AR^{2/3}i^{1/2}$$

对于梯形渠道断面（包括矩形），在已知流量 Q、河底坡度 i（河道纵坡）、糙率 n 和断面形状及有关尺寸，可求渠道的水深 h_0。由河道基本流量公式得到一个 h_0 的非线性方程：

$$\frac{Qn}{\sqrt{i}}=\frac{[(b+mh_0)h_0]^{5/3}}{(b+2h_0\sqrt{1+m^2})^{2/3}}$$

式中：h_0 为正常水深，m；m 为边坡系数；Q 为渠道设计流量，m^3/s；n 为渠道的糙率；i 为渠道的底坡；b 为渠道的底宽，m。

如果用迭代法计算梯形渠道断面的正常水深，可取如下 h_0 的迭代计算式：

$$h_{0,k+1}=\frac{Qn}{\sqrt{i}}\frac{(b+2h_{0,k}\sqrt{1+m^2})^{2/5}}{b+mh_{0,k}}$$

式中：$h_{0,k}$、$h_{0,k+1}$分别为 h_0 的第 k 步和第 $k+1$ 步迭代计算值，m；其他符号意义同前。

对于复式断面河道，深槽与浅滩的流速可能相差很大，不能按单一断面计算，而应将断面依滩、槽分成若干子断面，各自作为独立的水流，分别计算过水断面面积、湿周和水力半径（子断面之间的界面不计入湿周），并认为各股水流的水力坡度相同，计算公式为

$$Q=\left(\frac{A_1R_1^{2/3}}{n_1}+\frac{A_2R_2^{2/3}}{n_2}+\cdots\right)\times i^{1/2}$$

式中：A_i 为各子断面的过水断面面积，m；R_i 为各断面的水力半径，m；n_i 为各过水断面糙率；Q 为流量，m^3/s；i 为河底坡度。

对于排涝渠道设计，可根据设计保证率的最大流量，利用该区域河道的糙率值和对应断面的水力半径，采用试算法求出所对应的河道断面的水力要素。

（一）水力半径

水力半径是水力学中的一个重要概念，指某输水断面的过流面积与输水断面和水体接触的边长（湿周）之比，与断面形状有关，常用于计算渠道、隧道的输水能力。过水断面面积与湿周之比即为水力半径。

矩形断面水力半径：

$$R=\frac{bh}{b+2h}$$

式中：h 为水深，m；b 为河底宽度，m。

梯形断面水力半径：

$$R=\frac{(b+mh)h}{b+2h\sqrt{1+m^2}}$$

式中：b 为河底宽度，m；h 为水深，m；m 为边坡系数。

（二）渠道糙率

糙率又称为粗糙系数，是表征河渠底部和岸壁影响水流阻力的综合因素的系数，通常以 n 表示。其值一般由实验数据测得，使用时可查表选用。在河流或管渠已有流速资料的情况下，也可以由谢才-曼宁公式反求 n 值，与查表所得的 n 值相互验证而加以选定。表 10－3 为渠道糙率经验值。

表 10－3　　渠道糙率经验值

渠道流量/(m^3/s)	渠槽特征	灌溉渠道	泄（退）水渠道
>20	平整顺直，养护良好	0.0200	0.0225
	平整顺直，养护一般	0.0225	0.0250
	杂草丛生，养护较差	0.0250	0.0275
20～1.0	平整顺直，养护良好	0.0225	0.0250
	平整顺直，养护一般	0.0250	0.0275
	杂草丛生，养护较差	0.0275	0.0330

（三）渠道岸顶超高

为保证排水安全，渠道岸顶应比最大流量时的水位高出一定高度，称为岸顶超高，一般渠道的岸顶超高可按下式计算确定：

$$F_b=0.25h_b+0.2\text{（经验公式）}$$

式中：F_b 为渠道岸顶超高，m；h_b 为设计最大流量时计算的水深，m。

（四）明沟排水系统

排水明沟通常可分为干、支、斗、农 4 级固定沟，各级沟道的控制面积各地差异很大，一般为：干沟 30～100km^2，支沟（大沟）10～30km^2，斗沟（中沟）1～10km^2，农沟（小沟）0.1～1.0km^2。大面积的治理区或大型灌区可增设总干、分干、分支等沟道，其中总干沟的控制面积大于 100km^2。在涝、渍、盐碱严重地区，还可增设毛沟及临时性的垅沟或墒沟等。

灌排渠沟相间的双向灌排形式，具有减少土方和建筑物、节省工程占地和投资等优点，并有利于工程养护和综合利用，应结合地形条件优先选用。当必须布设成渠沟相邻的单向灌排形式时，宜采用沟-路-渠布设，可加长渗径以减少渠道渗漏，在沙质土地区尚有减轻排水沟塌坡的效果。

北方地区轻质土分布较多，深明沟极易塌淤变浅，且清淤工作难度大、用工多、费用高，严重制约排水效果的稳定和持久。因此，各级明沟线路应选取在有利于沟坡稳定的土质地区，若必须通过不稳定土质地带时，应提出防塌措施。由于斗沟与农沟量大、面广，只宜采用简易的防塌措施以控制工程投资，或通过技术经济比较，改用其他排水措施，如暗管排水或井排井灌结合浅明沟排涝等。

排水系统的承泄区主要有河流、湖泊、平原洼淀和沿海滩涂等，不论选择何种承泄区，排水明沟均可作为排水出口与承泄区的连接方式。

二、最佳断面设计

（一）水力最佳断面

水力最佳断面是指在流量、底坡、糙率已知时，具有最小过水断面面积的渠道过水断面形式；或者在过水断面面积、底坡、糙率已知时，使渠道通过的流量为最大的渠道过水断面形式。

各种渠道断面形式中最好地满足这一条件的过水断面为半圆形断面，实用渠道中断面形式与之比较接近的是U形断面。

在梯形断面渠道设计中，边坡系数 m 已确定（取决于土质条件），满足最佳断面条件的宽深比条件为

$$\beta_m=\frac{b_m}{h_m}=2(\sqrt{1+m^2}-m)$$

相应的水力半径为

$$R_m=\frac{h_m}{2}$$

流量计算公式改写为

$$Q=4(2\sqrt{1+m^2}-m)\frac{\sqrt{i}}{n}\left(\frac{h_m}{2}\right)^{8/3}$$

式中：Q 为设计流量，m^3/s；m 为渠道边坡系数；i 为渠道底坡；n 为渠道糙率；h_m 为水力最佳断面的水深，m；R_m 为水力最佳断面的水力半径，m；b_m 为水力最佳断面的底宽，m；β_m 为水力最佳断面的宽深比。

进行水力最佳断面计算时，可先计算出 β，再利用下式计算水深和底宽：

$$h_0=\left(\frac{nQ}{\sqrt{i}}\right)^{3/8}\frac{(\beta+2\sqrt{1+m^2})^{1/4}}{(\beta+m)^{5/8}}$$

$$b=\beta h_0$$

对于矩形断面，$m=0$，得 $\beta_m=2$，或 $b_m=2h_m$，其底宽为水深的两倍为最佳设计断面。

（二）实用经济断面

实用经济断面是一种宽深比 β 大于水力最佳断面宽深比 β_m 的断面形式，以满足实际工程需要。虽然它比水力最佳断面宽浅很多，但其过水断面面积仍然十分接近水力最佳断面面积 A_m。两者的断面参量之间的关系如下：

$$\frac{A}{A_m}=\left(\frac{R_m}{R}\right)^{2/3}$$

$$\frac{h}{h_m}=\left(\frac{A}{A_m}\right)^{5/2}\left[1-\sqrt{1+\left(\frac{A_m}{A}\right)^4}\right]$$

$$\beta=\left(\frac{h_m}{h}\right)^2\frac{A}{A_m}(2\sqrt{1+m^2}-m)-m$$

式中：A、R、h 分别为实用经济断面的过水断面面积、水力半径、水深；A_m、R_m、h_m 分别为水力最佳经济断面的过水断面面积、水力半径、水深；m 为边坡系数；β 为实用经济断面的宽深比。

为使用方便，分别计算出实用经济断面的宽深比和 h/h_m 值，见表 10－4。

表 10－4　　实用经济断面的宽深比

A/A_m	1.00	1.01	1.02	1.03	1.04
h/h_m	1.000	0.823	0.761	0.717	0.683
边坡系数	实用经济断面宽深比				
0.00	2.000	2.985	3.525	4.005	4.463
0.25	1.562	2.453	2.942	3.378	3.792
0.50	1.236	2.091	2.559	2.977	3.374
0.75	1.000	1.862	2.334	2.755	3.155
1.00	0.828	1.729	2.222	2.662	3.080
1.25	0.702	1.662	2.189	2.658	3.104
1.50	0.606	1.642	2.211	2.717	3.198
1.75	0.531	1.654	2.270	2.818	3.340
2.00	0.472	1.689	2.357	2.951	3.516
2.25	0.424	1.741	2.463	3.106	3.717
2.50	0.385	1.806	2.584	3.278	3.938
2.75	0.352	1.880	2.717	3.463	4.172
3.00	0.325	1.961	2.859	3.658	4.418
3.25	0.301	2.049	3.007	3.861	4.673
3.50	0.280	2.141	3.162	4.070	4.934
3.75	0.262	2.237	3.320	4.285	5.202
4.00	0.246	2.337	3.483	4.504	5.474

（三）排水沟设计有关参数

排水沟的断面尺寸通过水力计算确定。排水沟边坡由于有地下水逸出，容易坍塌，因而常采用较缓的边坡。由于排涝历时短，沟坡容易长草，沟床糙率大，因而耐冲能力强，可以选用较陡的纵向坡降。排水沟设计参数包括土质沟道糙率和土质沟道最小边坡系数等。

新挖的排水沟道，其糙率与灌溉渠道相同。排水沟排涝时流量较大，排渍及降低地下水位时流量较小，所以容易滋生杂草，使糙率增大。因此，为设计安全，排洪沟道和排水沟道采用的糙率是不同的。表 10－5 为土质沟道不同用途的糙率值。

表 10－5　　土质沟道不同用途的糙率值

流量/(m^3/s)		>25	25～5.0	5.0～1.0	≤1.0
糙率	排水沟道	0.0225	0.0250	0.027	0.030
	排洪沟道	0.0250	0.0275	0.030	0.035

当排水沟挖深大于5m，且土层结构比较复杂时，边坡系数应根据具体的实验研究资料来确定。对于深挖的排水沟，为便于施工和加强断面的稳定，应在沟底上每隔3.0～5.0m设宽度不小于0.8m的戗道。当排水沟挖方深度小于5.0m，且校核水位不超过3.00m时，最小边坡系数可参考表10-6。

表10-6　　土质沟道的最小边坡系数值

沟道土质	最小边坡系数			
	开挖深度小于1.5m	开挖深度为1.5～3.0m	开挖深度为3.0～4.0m	开挖深度>4.0m
黏土、重壤土	1.0	1.2～1.5	1.5～2.0	>2.0
中壤土	1.5	2.0～2.5	2.5～3.0	>3.0
轻壤土、砂壤土	2.0	2.5～3.0	3.0～4.0	>4.0
砂土	2.5	3.0～4.0	4.0～5.0	>5.0

（四）应用举例

某一流域，设计流量$Q=60.0\text{m}^3/\text{s}$，渠道边坡为1/3，渠道底坡为1/3000，渠道糙率取0.0225，计算排涝设计断面尺寸和面积。

首先计算最佳断面条件的宽深比：

$$\beta_m=2(\sqrt{1+m^2}-m)=2\times(\sqrt{1+3^2}-3)=0.325$$

根据已求得的宽深比，计算设计断面的最大水深：

$$h_0=\left(\frac{nQ}{\sqrt{i}}\right)^{3/8}\frac{(\beta+2\sqrt{1+m^2})^{1/4}}{(\beta+m)^{5/8}}=\left(\frac{0.0225\times60.0}{\sqrt{1/3000}}\right)^{3/8}\times\frac{(0.325+2\sqrt{1+3^2})^{1/4}}{(0.325+3)^{5/8}}=3.81(\text{m})$$

渠道底宽为

$$b=\beta h_0=0.325\times3.81=1.24(\text{m})$$

安全超高为

$$F_b=0.25h_b+0.2=0.25\times3.81+0.2=1.15(\text{m})$$

则设计渠道深度为

$$h=3.81+1.15=4.96(\text{m})$$

梯形断面渠道上口宽度为

$$a=2\times(4.96\times3)+1.15=30.91(\text{m})$$

断面面积为

$$A=\frac{30.91+1.24}{2}\times4.96=79.73(\text{m}^2)$$

则设计渠道梯形断面尺寸为：底宽1.15m；渠道深度4.96m，渠道上口宽度30.91m。断面面积为79.73m^2。

如果采用实用经济断面取$A/A_m=1.01$。查表10-4，实用经济断面的宽深比β为1.961。根据已求得的宽深比，计算设计断面的最大水深：

$$h_0=\left(\frac{nQ}{\sqrt{i}}\right)^{3/8}\frac{(\beta+2\sqrt{1+m^2})^{1/4}}{(\beta+m)^{5/8}}=\left(\frac{0.0225\times60.0}{\sqrt{1/3000}}\right)^{3/8}\times\frac{(1.961+2\sqrt{1+3^2})^{1/4}}{(1.961+3)^{5/8}}=3.13(\text{m})$$

渠道底宽为

$$b=\beta h_0=1.961\times 3.13=6.14(\mathrm{m})$$

安全超高为

$$F_b=0.25h_b+0.2=0.25\times 3.13+0.2=0.98(\mathrm{m})$$

则设计渠道深度为

$$h=3.13+0.98=4.11(\mathrm{m})$$

梯形断面渠道上口宽度为

$$a=2\times(4.11\times 3)+6.14=30.8(\mathrm{m})$$

断面面积为

$$A=\frac{(30.8+6.14)}{2}\times 4.11=75.9(\mathrm{m}^2)$$

则设计渠道梯形断面尺寸为：底宽 6.14m；渠道深度 4.11m，渠道上口宽度 30.8m。断面面积为 75.9m^2。

第三节 涝区排水设计

一、农作物耐淹水深和耐淹历时

农作物的耐淹水深和耐淹历时，应根据当地或邻近类似地区的农作物耐淹试验资料分析确定，无试验资料时可按表 10－7 选取。一般情况下，耐淹水深较大、耐淹历时较小的作物通常习惯于干旱条件，耐淹水深宜取较小值。

表 10－7　　农作物耐淹水深和耐淹历时

作物种类	生育期	耐淹水深/cm	耐淹历时/d
棉花	开花结铃期	5～10	1～2
玉米	苗期-拔节期	2～5	1～1.5
	抽穗期	8～12	1～1.5
	孕穗灌浆期	8～12	1.5～2
	成熟期	10～15	2～3
甘薯	全生育期	7～10	2～3
春谷	苗期-拔节期	3～5	1～2
	孕穗期	5～10	1～2
	成熟期	10～15	2～3
高粱	苗期	3～5	2～3
	孕穗期	10～15	5～7
	灌浆期	15～20	6～10
	成熟期	15～20	10～20
大豆	苗期	3～5	2～3
	开花期	7～10	2～3

续表

作物种类	生育期	耐淹水深/cm	耐淹历时/d
小麦	拔节-成熟期	5～10	1～2
水稻	返青期	3～5	1～2
	分蘖期	6～10	2～3
	拔节期	15～25	4～6
	孕穗期	20～25	4～6
	成熟期	30～35	4～6

二、机排流量计算

当需要机排地区的最大排水设计流量时，首先推求出该区自排最大设计流量及过程线，然后根据机排地区主要农作物类型，确定允许积水天数。

（一）坡度改正系数

洪峰流量公式适用于流域坡度小于1/1000，若坡度大于1/1000时，需要将计算出的洪峰流量乘以改正系数进行修正。表10-8为不同流域坡度情况下的流量改正系数。

表10-8　　不同流域坡度情况下的流量改正系数

流域坡度/‰	1.1	1.2	1.3	1.4	1.5	1.6	1.7	1.8	1.9	2.0
改正系数	1.00	1.01	1.05	1.09	1.13	1.17	1.21	1.24	1.27	1.30

流域坡度可以用下式近似计算：

$$J=\frac{H_{max}-H_{min}}{\sqrt{F}}$$

式中：H_{max}和H_{min}分别为流域内最高点和最低点的高程，m；F为流域面积，m^2。

（二）机排折扣系数

若流域内无自流排水条件，需要用扬水站进行排水，则应按机排情况计算扬水站的设计最大流量。首先计算最大洪峰流量，如坡度大于1/1000时需要进行修正，再根据作物种类确定允许积水天数，按表10-9乘以机排折扣系数即为扬水站设计最大流量。

表10-9　　折扣系数采用表

允许积水天数/d	2	3	4	备　注
折扣系数	0.85～0.80	0.75～0.65	0.65～0.55	小面积采用稍小值，大面积采用稍大值

（三）机排流量计算

机排流量由自排流量乘以折扣系数求得

$$Q_{机排}=kCQ_m$$

式中：$Q_{机排}$为设计机排流量，m^3/s；k为折扣系数；C为坡度改正系数；Q_m为最大排水流量，m^3/s。

举例：某区域集水面积为 $75km^2$，计算 10 年一遇的机排流量。

根据已经计算出的该区 10 年一遇最大洪峰流量为 $50m^3/s$，此处坡度为 2.0‰，坡度改正系数为 1.30；作物允许积水 2d，机排折算系数为 0.80。故设计机排最大流量为

$$Q_{机排}=0.80\times1.30\times50=52.0(m^3/s)$$

三、除涝工程

"除涝分区"根据地形及已有工程控制的实际现状划分。"排水类别"一般都沿用以根治海河工程中的大河设计水位为依据。能自流排沥入大河的划为"自排区"，不能自流入河的划为"机排区"，河槽滩地划为"未控区"。

廊坊市总计承担除涝排水面积 $11204.0km^2$，其中市域内面积 $6429.0km^2$，承担上游外地区除涝排水面积 $4774.6km^2$。客水面积占总面积的 42.6%，在市域内总面积中，自排面积 $2603.2km^2$，占总面积的 40.5%，机排面积 $3826.2km^2$，占总面积的 59.5%。在客水面积中，自排面积 $658.1km^2$，机排面积 $4116.5km^2$。表 10-10 为廊坊市除涝分区表。

表 10-10　　廊坊市除涝分区表

流域	河流	主客水面积/km²			市域内面积/km²			客水面积/km²		
		合计	自排	机排	合计	自排	机排	合计	自排	机排
北三河	鲍邱河	465.8	331.7	134.1	410.8	276.7	134.1	55.0	55.0	0.0
	泃河	344.7	257.8	86.9	315.3	231.4	83.9	29.4	26.4	3.0
	潮白河	302.7	68.0	234.7	298.1	68.0	230.1	4.6	0.0	4.6
	北运河	454.2	190.0	264.2	443.7	188.5	255.2	10.5	1.5	9.0
	小计	1567.4	847.5	719.9	1467.9	764.6	703.3	99.5	82.9	16.6
永定河	新龙河	477.3	467.3	10.0	221.5	211.5	10.0	255.8	255.8	0.0
	泛区	402.3	147.7	254.6	400.9	147.7	253.2	1.4	0.0	1.4
	永南	351.9	298.4	53.5	339.7	295.2	44.5	12.2	3.2	9.0
	小计	1231.5	913.4	318.1	962.1	654.4	307.7	269.4	259.0	10.4
大清河	清北	2509.6	1317.7	1191.9	1855.2	1001.5	853.8	654.3	316.2	338.1
	中干之间	390.9	14.3	376.6	390.9	14.3	376.6	0.0	0.0	0.0
	清南	5078.2	128.0	4950.2	1465.8	128.0	1337.8	3612.4	0.0	3612.4
	黑龙港河	426.4	40.4	386.0	287.4	40.4	247.0	139.0	0.0	139.0
	小计	8405.1	1500.4	6904.7	3999.4	1184.2	2815.2	4405.7	316.2	4089.5
合计		11204.0	3261.3	7942.7	6429.4	2603.2	3826.2	4774.6	658.1	4116.5

现有流量 $1m^3/s$ 以上的扬水泵站 215 座，其中国家管理站 94 座。总提水能力为 $952.09m^3/s$，装机 921 台共 9.54 万 kW。廊坊市建有自排口门 9 处，设计总排水规模为 $1137.8m^3/s$，日排水能力为 9831 万 m^3。

廊坊市主要排涝河道有10条，分别为鲍邱河、凤港减河、凤河、天堂河、新龙河、牤牛河、雄固霸新河、任河大渠、任文干渠、港河西支等，表10－11为廊坊市主要排沥河渠情况表。

表10－11　　　　廊坊市主要排沥河渠情况表

序号	河　名	河长/km	市内起止	设计流量/(m^3/s)
1	鲍邱河	—	程官营—西罗村	178
2	凤港减河	2.9	堡上—甘露寺	200
3	凤河	7.9	堤上营—奶子房	126
4	天堂河	8.5	付各庄—更生	120
5	新龙河	35.0	三小营—倪官屯	203
6	牤牛河	47.8	北马—龙门口	190
7	雄固霸新河	—	东善庄—前卜庄	100
8	任河大渠	22.9	杜各庄—邹庄	11～21.7
9	任文干渠	16.28	阎家务—邹庄	181～187
10	港河西支	38.4	于远头—小李庄	40～100

参　考　文　献

［1］ 雷志栋，胡和平，杨诗秀．土壤水研究进展与评述［J］．水科学进展，1999，10（3）：311－318.
［2］ 张展羽，赖明华，朱成立．非充分灌溉农田土壤水分动态模拟模型［J］．灌溉排水学报，2003，22（1）：22－25.
［3］ 于艳玲，熊耀湘．降雨条件下旱地土壤水分运动的数值模拟［J］．农村水利水电，2003，（11）：19－21.
［4］ 杨文智，邵明安．黄土高原土壤水分研究［M］．北京：科学出版社，2000.
［5］ 汪慧帧，李宪法．北京城区雨水径流及控制［J］．城市环境与城市生态，2002，15（2）：16－18.
［6］ 李恩羊，袁新．土壤入渗空间变异性研究［J］．水利学报，1990，21（10）：35－42.
［7］ 徐英，陈亚新，魏占民，等．土壤水空间变异尺度效应的研究［J］．农业工程学报，2004，20（2）：1－5.
［8］ 薛禹群．地下水动力学原理［M］．北京：地质出版社，1986.
［9］ 黄振平．水文统计原理［M］．南京：河海大学出版社，2002.
［10］ 王大纯，张人权．水文地质学基础［M］．北京：地质出版社，1995.
［11］ 徐恒力．水资源开发与保护［M］．北京：地质出版社，2001.
［12］ 水利部河北水利水电勘测设计研究院．河北省平原区中小面积除涝水文修订报告［R］．1999.
［13］ 王春泽，乔光建，等．水文知识读本［M］．北京：中国水利水电出版社，2011.

第十一章　地 下 水 动 态

第一节　地下水监测站网

平原地区松散岩层中的主要含水层为浅层水和深层承压水。浅层地下水指地表以下的潜水和潜水-微承压水，可以直接接受大气降水和地表水的补给。深层承压水指埋藏在深部弱透水层间含水层中的承压水。

廊坊市自20世纪60年代开始设站进行地下水观测和资料积累，只不过当时观测站数目较少。随着社会发展，地下水资源紧缺，国家对地下水动态观测越来越重视，监测站网逐渐发展，到现在廊坊市地下水站网已发展到78个监测站，其中承压水井监测站15个、潜层地下水监测站48个、混合水井监测站15个。廊坊市地下水水位测井基本情况一览见表11－1。附图11－1为廊坊市地下水监测站网分布图。

表11－1　　廊坊市地下水水位测井基本情况一览表

序号	县（市、区）	站名	测井位置	设立日期	测井分类	井深/m	地下水类型
1	三河市	大罗庄	齐心庄乡大罗庄村内	1982年1月	基本	18.7	潜水
2	三河市	八百户	段甲岭镇八百户村西南	1977年2月	基本	60.0	混合水
3	三河市	韩家庄	高楼镇韩家庄村内	1977年2月	重点	30.0	潜水
4	三河市	大枣林	泃阳镇大枣林村南	1982年1月	重点	125.0	混合水
5	三河市	马起乏	燕郊镇马起乏村	1992年1月	基本	47.5	潜水
6	三河市	大枣林	泃阳镇大枣林村南	1986年3月	开采	118.0	混合水
7	三河市	大枣林	泃阳镇大枣林村南	1986年3月	开采	121.0	混合水
8	三河市	东套	泃阳镇东套村	2000年4月	基本	29.0	潜水
9	三河市	新集	新集镇新集村内	2004年1月	基本	57.0	潜水
10	三河市	西南各庄	高楼镇西南各庄村西南	2010年7月	基本	76.0	混合水
11	大厂县	陈辛庄	夏垫镇陈辛庄村内	2010年7月	基本	10.8	潜水
12	大厂县	小务	大厂镇小务村内	1976年6月	重点	25.0	潜水
13	大厂县	谭台	祁各庄乡谭台村	1976年1月	基本	30.0	潜水
14	香河县	四百户	蒋辛屯镇四百户村内	1982年1月	基本	14.3	潜水
15	香河县	大鲁口	渠口镇大鲁口村内	1976年1月	重点	19.0	潜水
16	香河县	东延寺	钳屯乡东延寺村南	1980年1月	重点	17.6	潜水
17	香河县	淑阳	淑阳镇北吴村闸所院内	2011年3月	基本	300.0	承压水
18	香河县	万福辛庄	淑阳镇万福辛庄内	1988年5月	基本	24.0	潜水
19	香河县	程辛庄	蒋辛屯镇程辛庄村西	1961年7月	基本	25.0	潜水

续表

序号	县（市、区）	站名	测井位置	设立日期	测井分类	井深/m	地下水类型
20	香河县	程辛庄	蒋辛屯镇程辛庄村东	2002 年 3 月	开采	90.0	混合水
21	香河县	程辛庄	蒋辛屯镇程辛庄村东	2002 年 3 月	开采	90.0	混合水
22	香河县	红庙	钳屯乡红庙村南	2009 年 3 月	基本	35.0	潜水
23	广阳区	草厂	万庄镇草厂村内	1980 年 4 月	重点	100.0	混合水
24	广阳区	桐柏	南尖塔镇堤口村内	1976 年 4 月	基本	21.0	潜水
25	广阳区	白家务	旧州乡白家务村东北	1976 年 4 月	基本	60.0	混合水
26	广阳区	旧州	旧州乡旧州村东	1977 年 2 月	基本	59.0	潜水
27	广阳区	北旺	北旺乡北旺村内	1977 年 2 月	基本	30.0	潜水
28	广阳区	物探所	广阳区物探所院内	2006 年 1 月	基本	500.0	承压水
29	安次区	后南昌	杨税务乡后南昌村内	1977 年 2 月	重点	20.0	潜水
30	安次区	蔡营	仇庄乡蔡营村北	1976 年 1 月	基本	9.0	潜水
31	安次区	北昌	北史家务乡北昌村西	1983 年 5 月	基本	28.0	潜水
32	安次区	于堤	葛渔城镇于堤村	2006 年 1 月	基本	56.0	潜水
33	安次区	光明西道	安次区光明西道路边	2011 年 1 月	基本	300.0	承压水
34	安次区	西麻各庄	安次区仇庄乡西麻各庄内	2008 年 1 月	重点	20.0	潜水
35	安次区	西麻各庄	安次区仇庄乡西麻各庄西	2008 年 1 月	重点	300.0	承压水
36	广阳区	芒店	旧州乡芒店村北	2002 年 3 月	开采	200.0	混合水
37	永清县	韩村	韩村镇韩村内	1976 年 5 月	基本	60.0	潜水
38	永清县	曹家务	曹家务乡曹家务村内	1982 年 1 月	基本	50.0	潜水
39	永清县	刘其营	永清镇刘其营村内	1979 年 4 月	基本	25.0	潜水
40	永清县	别古庄	别古庄镇别古庄村内	1976 年 4 月	基本	20.0	潜水
41	永清县	刘靳各庄	刘靳各庄乡刘靳各庄村内	1976 年 1 月	基本	30.0	潜水
42	永清县	三圣口	三圣口乡三圣口村	2001 年 3 月	重点	13.0	潜水
43	永清县	大朱庄	三圣口乡大朱庄村	2007 年 1 月	基本	300.0	承压水
44	固安县	新立村	固安镇新立村东水泥管厂	1977 年 2 月	重点	100.0	混合水
45	固安县	东湖庄	固安镇东湖庄村西	1977 年 2 月	基本	80.0	混合水
46	固安县	大留村	固安镇大留村	1979 年 4 月	基本	70.0	混合水
47	固安县	滑外河	彭村乡滑外河村内	1987 年 1 月	基本	40.0	潜水
48	固安县	滑外河	彭村乡滑外河村南	1991 年 6 月	开采	70.0	混合水
49	固安县	杨家圈	固安县马庄镇杨家圈村	2001 年 4 月	重点	80.0	混合水
50	固安县	大留村	固安镇大留村南	2002 年 3 月	开采	45.0	潜水
51	固安县	东湾	东湾乡东湾村内	2005 年 1 月	基本	45.0	潜水
52	霸州市	香营	南孟镇香营村东	1979 年 4 月	基本	45.0	潜水
53	霸州市	西煎茶铺	煎茶铺镇西煎茶铺村内	1977 年 2 月	重点	27.5	潜水
54	霸州市	西煎茶铺	煎茶铺镇西煎茶铺村西	1982 年 1 月	重点	260.0	承压水

续表

序号	县（市、区）	站名	测井位置	设立日期	测井分类	井深/m	地下水类型
55	霸州市	西褚河港	杨芬港乡西褚河港村西	1977 年 2 月	重点	19.0	潜水
56	霸州市	尚家堡	胜芳镇尚家堡村南	2010 年 7 月	开采	40.0	潜水
57	霸州市	香营	南孟镇香营村东	2002 年 3 月	开采	40.0	潜水
58	霸州市	尚家堡	胜芳镇尚家堡村南	2010 年 7 月	基本	40.0	潜水
59	霸州市	东沙城	康仙庄乡东沙城村南	2006 年 1 月	基本	50.0	潜水
60	霸州市	霸州	霸州市金各庄水泥管厂院内	2006 年 1 月	基本	350.0	承压水
61	霸州市	东沙城	康仙庄乡东沙城村	2007 年 1 月	开采	50.0	潜水
62	文安县	界围	苏桥镇界围村东	1982 年 1 月	基本	46.8	潜水
63	文安县	秦各庄	史各庄镇秦各庄村南	1982 年 1 月	基本	11.7	潜水
64	文安县	西滩里	滩里镇西滩里村南	1977 年 2 月	基本	30.0	潜水
65	文安县	富各庄	大柳河镇富各庄村东南	1988 年 6 月	基本	9.3	潜水
66	文安县	二合庄	史各庄镇二合庄村西南	2002 年 3 月	开采	300.0	承压水
67	文安县	秦各庄	史各庄镇秦各庄村南	2002 年 3 月	开采	300.0	承压水
68	文安县	八里庄	文安镇八里庄水文站院内	2012 年 7 月	基本	300.0	承压水
69	文安县	八里庄	文安镇八里庄村	2007 年 8 月	基本	28.0	潜水
70	文安县	朱何村	兴隆宫镇朱何村内	2009 年 6 月	重点	50.0	潜水
71	文安县	史各庄	史各庄镇史各庄村	2009 年 6 月	重点	300.0	承压水
72	大城县	王庄	平舒镇王庄村内	1982 年 1 月	重点	14.1	潜水
73	大城县	后烟村	权村乡后烟村内	1987 年 1 月	重点	30.0	潜水
74	大城县	后烟村	权村乡后烟村北	1987 年 1 月	重点	205.0	承压水
75	大城县	九高庄	权村乡九高庄水文站	2003 年 12 月	基本	30.0	潜水
76	大城县	九高庄	权村乡九高庄水文站	2007 年 1 月	开采	280.0	承压水
77	大城县	机井公司	平舒镇机井公司	2007 年 1 月	基本	250.0	承压水
78	大城县	大广安	大广安镇大广安	2007 年 1 月	基本	300.0	承压水

第二节 浅层地下水动态

浅层地下水的补给和消耗包括：①地区内部的垂向补给和消耗，补给包括降雨补给、河流和渠道渗漏补给、田间灌溉水补给、越层补给；消耗包括人工开采、潜水蒸发、越层消耗。②来自地下水侧向补给和排出区外的地下水排泄。③开发利用过程中由于水位下降，含水层疏干而动用的地下水储存量（这部分不能作为可持续利用的地下水资源量）。

单位面积上由于水位下降而释放的水量为

$$W=\mu S$$

式中：W 为释放水量，m^3；μ 为含水层给水度；S 为单位面积上水位下降深度，m。

浅层地下水的特点是：可以直接接受大气降水、地表水体和地下径流的垂直及侧向补给，开采利用后可以不断得到恢复和补偿，因而是可以持续利用的；含水层埋藏浅，可用浅井开采，工程造价低；浅层地下水的给水度远大于深层承压水含水层给水度，相同开采水量条件下水位下降小，运行费用低于深层承压水。

在补给量和水质有保证的条件下，浅层地下水可作为农业用水的主要水源和城市工业、生活用水的后备或辅助水源。

一、浅层地下水年际变化

廊坊市浅层地下水的时空变化，分为全淡水区和咸水区。据廊坊市10个县（市、区）1980—2010年有连续资料的浅层地下水水位观测井资料统计，选取各县（市、区）典型站每年1月1日地下水埋深资料，分析其年际变化过程。表11-2为廊坊市各县（市、区）典型站浅层地下水埋深统计表。

表11-2　　廊坊市各县（市、区）典型站浅层地下水埋深统计表

年份	各地下水监测井1月1日浅层地下水埋深/m									
	三河市 韩家庄	大厂县 小务	香河县 东延寺	广阳区 草厂	安次区 后南昌	永清县 韩村	固安县 东湖庄	霸州市 西煎茶铺	文安县 界围	大城县 王庄
1980	1.59	3.25	2.20	1.86	2.14	2.01	2.95	0.43	1.70	2.05
1981	1.99	2.55	2.00	2.03	2.60	2.50	2.76	1.59	1.70	2.76
1982	6.50	2.75	3.27	3.30	4.24	3.15	3.10	3.58	2.48	2.00
1983	5.49	4.90	3.10	3.84	4.32	5.01	3.52	5.31	3.46	2.47
1984	7.89	7.74	2.97	4.80	4.88	5.26	7.67	6.23	6.49	2.56
1985	6.94	6.13	3.50	4.84	4.22	5.34	5.14	6.67	7.12	2.15
1986	5.57	4.26	2.54	5.34	4.55	5.20	5.44	6.43	2.90	1.65
1987	6.90	3.68	3.48	6.55	4.94	6.05	5.57	8.04	4.65	2.59
1988	3.94	1.79	2.28	7.06	4.83	5.70	6.27	7.72	3.89	1.98
1989	4.72	2.05	1.27	8.42	2.43	2.50	5.40	1.74	1.98	1.69
1990	6.53	4.39	2.08	7.77	3.99	3.70	6.63	3.12	3.20	2.59
1991	4.13	3.10	2.10	7.43	4.41	3.70	6.24	1.03	1.90	1.80
1992	4.38	2.86	1.81	7.41	4.03	3.40	5.75	1.20	2.05	2.20
1993	5.39	4.03	2.67	9.60	4.65	5.70	6.31	2.65	2.82	2.67
1994	6.58	6.13	3.79	9.59	4.95	7.00	7.84	3.81	3.58	2.84
1995	4.34	3.12	2.76	9.56	2.48	3.35	7.35	1.25	1.62	1.60
1996	3.48	2.43	2.28	9.31	2.63	3.10	5.44	0.97	1.72	1.35
1997	4.04	2.27	2.04	8.38	2.41	2.88	7.58	1.09	1.77	1.64
1998	7.53	3.87	2.73	7.92	3.55	4.60	5.48	1.95	2.46	3.23
1999	9.14	3.44	2.99	8.95	3.74	5.00	6.48	1.54	4.51	3.40
2000	11.88	5.95	2.74	10.73	4.41	6.50	7.08	3.71	6.39	3.68
2001	14.95	7.11	3.35	12.70	5.14	6.95	8.35	4.20	7.57	2.87

续表

年份	各地下水监测井1月1日浅层地下水埋深/m									
	三河市韩家庄	大厂县小务	香河县东延寺	广阳区草厂	安次区后南昌	永清县韩村	固安县东湖庄	霸州市西煎茶铺	文安县界围	大城县王庄
2002	14.12	5.99	3.00	14.02	5.00	8.10	8.20	4.47	7.69	3.50
2003	17.03	7.24	4.63	15.76	5.19	8.75	9.54	4.49	9.01	3.85
2004	16.05	6.85	4.99	15.87	5.04	9.12	10.60	2.79	8.10	3.01
2005	17.34	7.85	5.19	16.67	4.93	9.24	11.34	3.71	8.58	2.98
2006	18.67	5.52	4.83	17.00	5.09	9.92	12.01	4.24	8.96	2.71
2007	20.02	6.61	3.77	18.02	4.77	10.48	13.50	4.42	10.06	1.20
2008	20.04	7.45	4.14	19.78	5.06	10.47	12.48	4.80	9.65	2.60
2009	19.94	8.54	4.24	19.46	4.94	10.03	12.95	3.70	8.87	2.71
2010	20.16	9.03	3.44	19.62	4.93	10.08	13.45	3.24	7.75	3.21
平均	9.59	4.93	3.10	10.11	4.21	5.96	7.50	3.55	4.99	2.50

廊坊市北部3县（市）、固安县及中南部（广阳区、永清县、霸州市、文安县）的西部地区属于全淡水区，浅层地下水富水性强、易开采。依据代表站地下水水位监测井（如韩家庄、草厂、东湖庄观测井）31年来的监测数据分析，1980—1996年多为丰水年份，地下水水位下降缓慢，1997年以后多为枯水年份，地下水埋深不断增大，水位呈现出一种持续下降的趋势，年均下降速率为0.43m/a，表明该区浅层地下水水位与降水及开采密切相关。三河市韩家庄站、固安县东湖庄站、广阳区草场站地下水埋深度变化过程线分别见图11-1～图11-3。

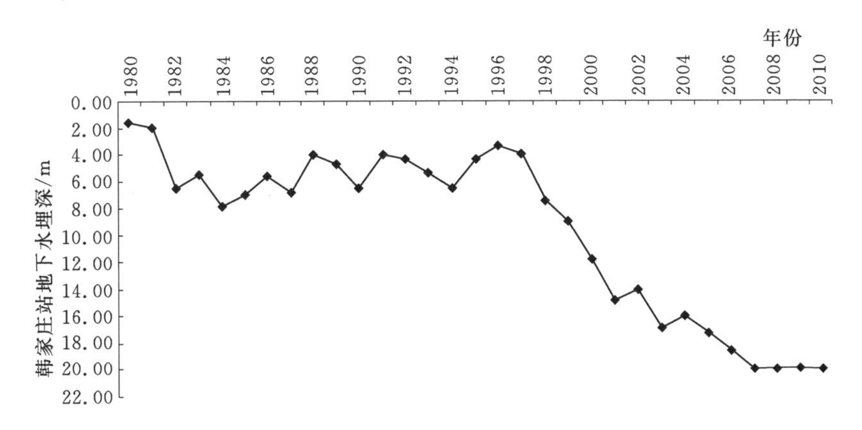

图11-1　三河市韩家庄站地下水埋深变化过程线

廊坊市南部6县（市、区）的中东部及中南部地区属于有咸水区，由于受水文地质条件差、浅层含水层薄、单井出水量小、水质较差等因素的影响，浅层地下水开采强度小，主要开采深层水用于农业和生活用水。从地下水动态上看，有的年份受降水量的影响，地下水水位有大幅度上升过程，枯水年份地下水水位下降也比较明显。多年来浅层地下水水位呈现缓慢下降趋势，年均下降速率在0.06m/a。

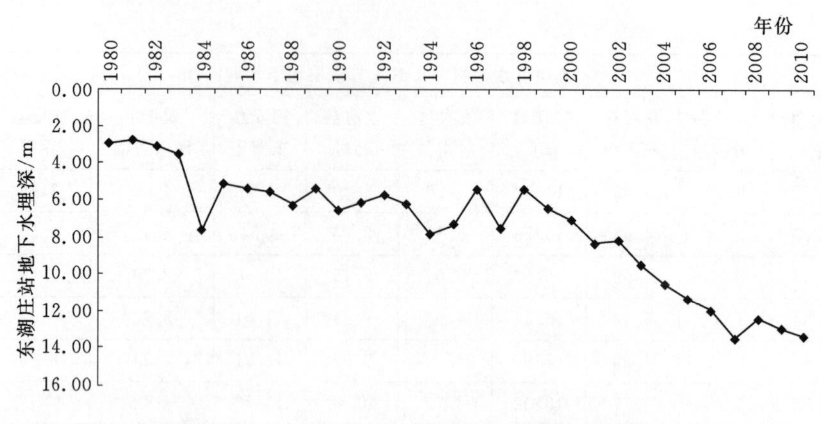

图 11-2　固安县东湖庄站地下水埋深变化过程线

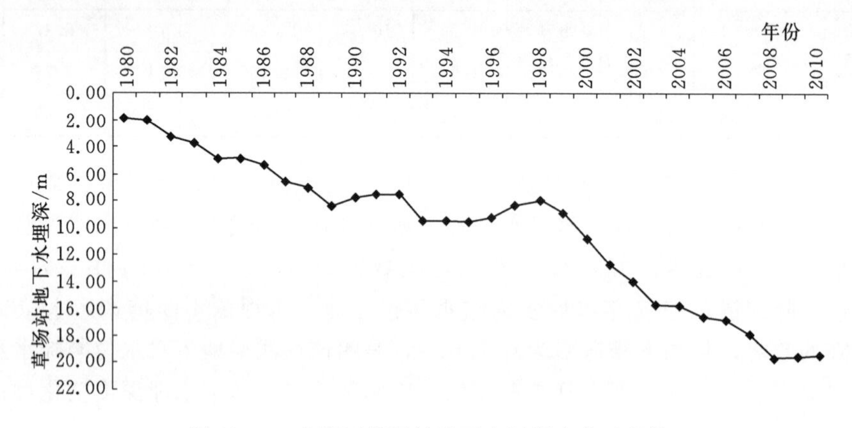

图 11-3　广阳区草场站地下水埋深变化过程线

二、浅层地下水年内变化

利用观测的1980—2010年地下水水位资料，分别计算各月平均值。选择三河市韩家庄站、大厂县小务站、香河县东延寺站、广阳区草厂站、安次区后南昌站、永清县韩村站、固安县东湖庄站、霸州市煎茶铺站、文安县界围站、大城县王庄站分别进行计算，并绘制年内变化过程线，见图 11-4～图 11-13。

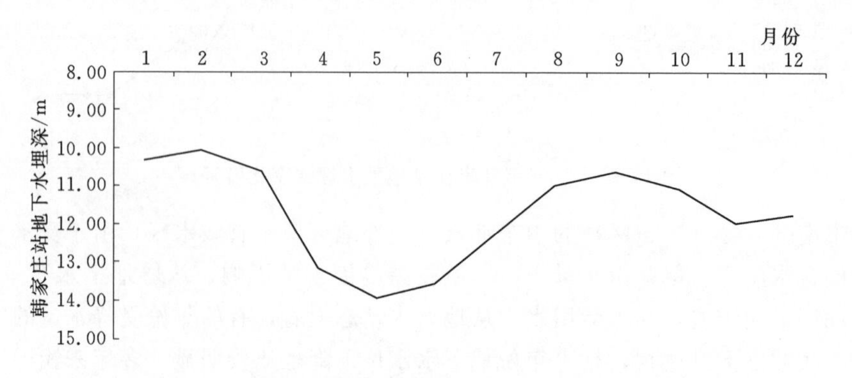

图 11-4　三河市韩家庄站地下水年内变化过程线

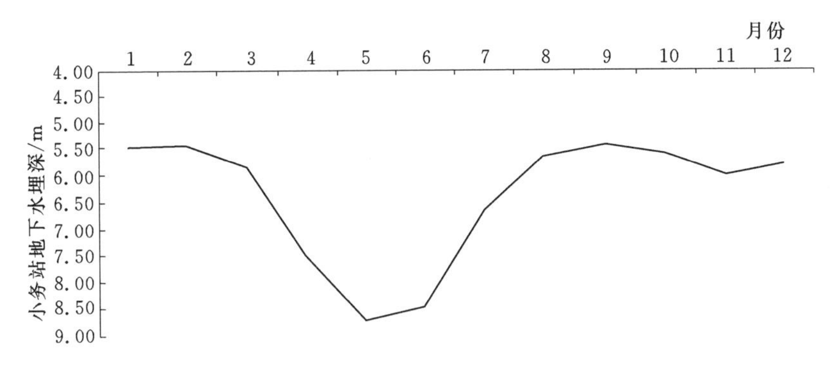

图 11-5 大厂县小务站地下水年内变化过程线

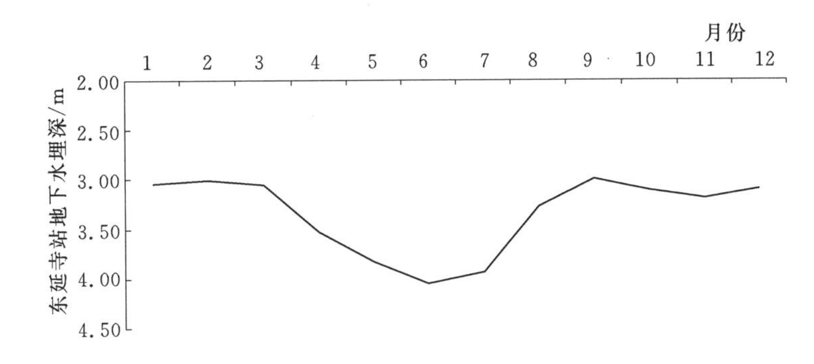

图 11-6 香河县东延寺站地下水年内变化过程线

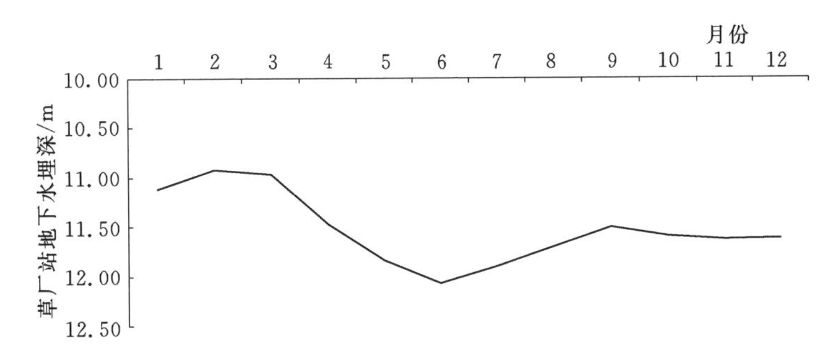

图 11-7 广阳区草厂站地下水年内变化过程线

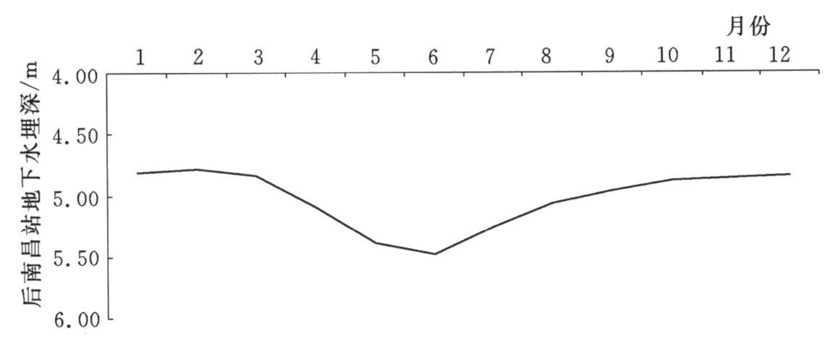

图 11-8 安次区后南昌站地下水年内变化过程线

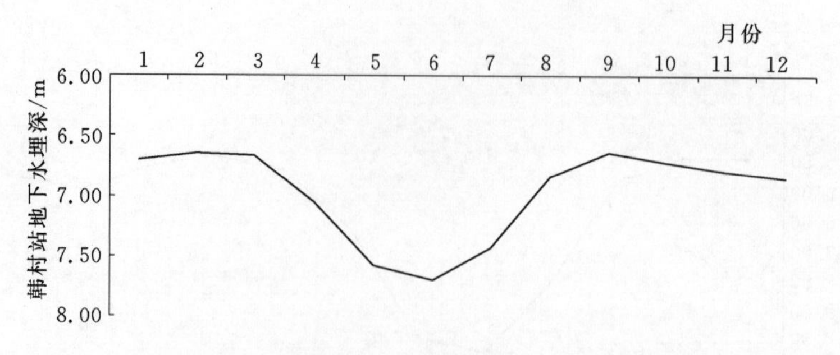

图 11-9　永清县韩村站地下水年内变化过程线

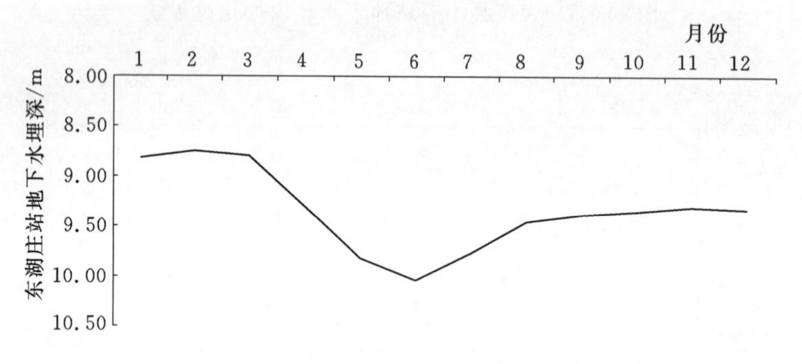

图 11-10　固安县东湖庄站地下水年内变化过程线

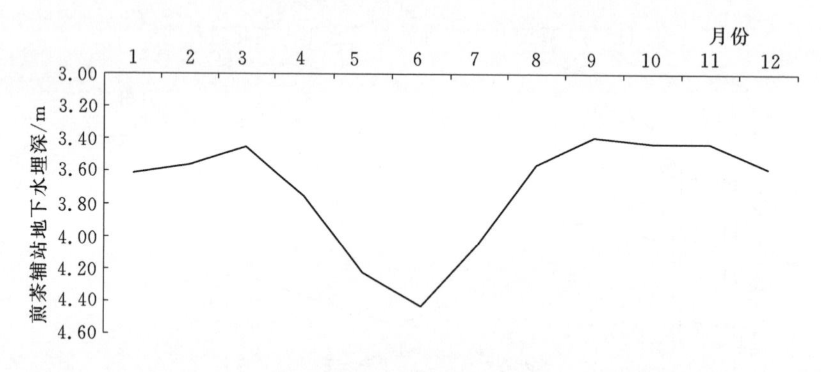

图 11-11　霸州市煎茶铺站地下水年内变化过程线

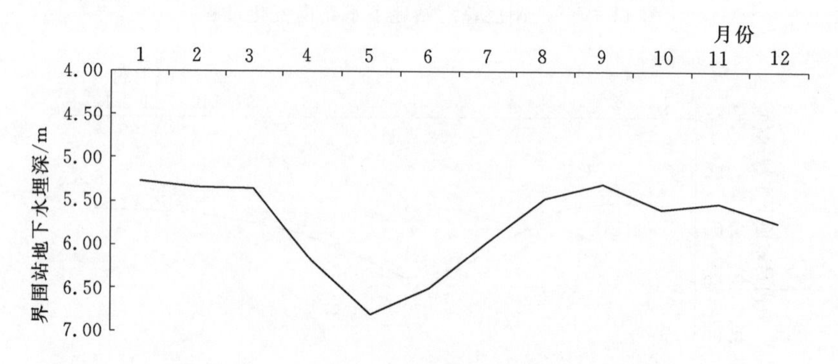

图 11-12　文安县界围站地下水年内变化过程线

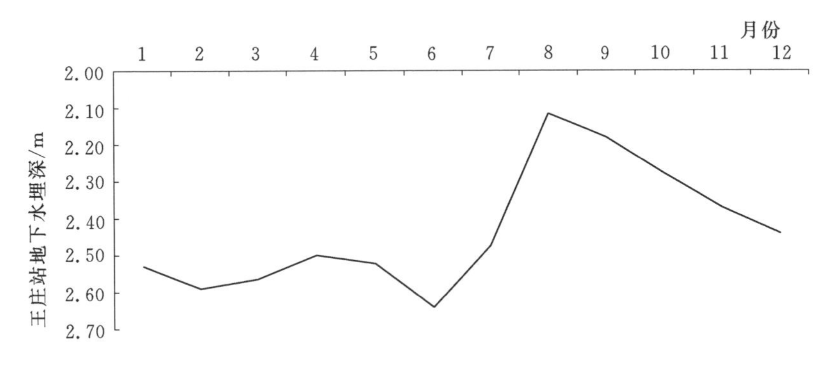

图 11-13 大城县王庄站地下水年内变化过程线

依据地下水水位监测点历年实测资料分析，可以看出，区内地下水年内动态变化特征分为两种类型：双峰双谷型、单峰单谷型。

双峰双谷型：一般出现在全淡水区，地下水水位动态与农业灌溉活动具有较明显的对应。从年初至春灌前，开采量主要为工业、生活用水，开采量不大，由于侧向径流补给量大于开采量，浅层地下水水位缓慢回升，春灌前地下水水位达到相对高峰值。3 月下旬至 6 月中旬为春灌期，农业灌溉集中开采地下水，形成以开采为主要消耗的水位下降动态，造成浅层地下水区域性水位下降，到 5 月底至 6 月上旬地下水进入一年中水位的最低时期；下降幅度因开采强度不同而异。6 月进入雨季，地下水开采量明显减少，地下水水位普遍回升，到 9 月中下旬，地下水水位进入一年中水位最高时期。汛期过后，进入冬小麦播种期及冬灌期，开采量增加，地下水水位再度下降。直到冬采停止，水位回升进入相对稳定期。一年中往往形成两个水位低谷期和两个高峰期。此种类型地下水水位动态多发生在北三县（市）及廊坊市中西北部地区，水位动态变化特征表现得较为明显。

单峰单谷型：主要出现在有咸水分布区。咸水区浅层地下水埋深一般小于 5.0m。从年初至 5 月为枯季，天气干旱少雨，有部分微咸水分布区开采浅层地下水用于农业灌溉，但开采量有限。在开采和潜水蒸发双重作用下，浅层地下水水位缓慢下降。总体上看，地下水水位在雨季来临前达到年度最低水位。到 6 月进入雨季，降水入渗补给地下水，使得浅层地下水水位回升，到 8 月下旬至 9 月上旬达到年度最高水位。地下水动态直接受降雨补给影响，外界影响较小。

廊坊市浅层地下水 1995 年年末地下水等水位线见附图 11-2。

廊坊市浅层地下水 2000 年年末地下水等水位线见附图 11-3。

廊坊市浅层地下水 2005 年年末地下水等水位线见附图 11-4。

廊坊市浅层地下水 2010 年年末地下水等水位线见附图 11-5。

三、矿化度分布

总矿化度又称为总溶解固体，指地下水中所含有的各种离子、分子与化合物的总量，以每升中所含克数（g/L）表示。

水的总固体含量不是水的总矿化度，水的总固体含量是指溶解在水中的无机盐和有机物的总称（不包括悬浮物和溶解气体等非固体成分）。溶解固体、总固体在数量上要比含盐量（矿化度）高。当水特别清澈的时候，悬浮固体的含量也比较少，因此有时也可以用总固体含量来近似表示水中的含盐量。

溶解性总固体指水中溶解组分的总量，包括溶解于水中的各种离子、分子、化合物的总量，但不包括悬浮物和溶解气体。溶解性总固体小于1.0g/L为淡水，1.0～3.0g/L为微咸水，3.0～10g/L为咸水，10～50g/L为盐水，大于50g/L为卤水。廊坊市地下水矿化度分布情况统计见表11-3。

表11-3　廊坊市地下水矿化度分布情况统计表

行政区	区域面积/km²	溶解性总固体分布面积/km²			
		$M\leqslant1.0$g/L	1.0g/L<$M\leqslant$.2.0g/L	2.0g/L<$M\leqslant$3.0g/L	3.0g/L<$M\leqslant$5.0g/L
三河	643	643	0	0	0
大厂	176	176	0	0	0
香河	458	458	0	0	0
广阳	423	280	143	0	0
安次	583	120	463	0	0
永清	774	330	362	82	0
固安	697	557	140	0	0
霸州	785	280	350	155	0
文安	980	130	404	360	86
大城	910		170	540	200
合计	6429	2974	2032	1137	286

廊坊市地下水矿化度分布见附图11-6。

第三节　深层地下水动态

深层地下水指在第一个不透水层以下含水层中的地下水。由于地层起伏不平，含水层内水位不同，某些深层地下水可以受到压力，凡受到压力的深层地下水又称为承压地下水。

一、深层地下水年际变化

据廊坊市10个县（市、区）1980—2010年有连续资料的深层地下水水位观测井资料统计，选取各县（市、区）典型站每年1月1日地下水埋深资料，分析其年际变化过程。表11-4为廊坊市典型站深层地下水埋深统计表。

表11-4　廊坊市典型站深层地下水埋深统计表

年份	各地下水监测井1月1日深层地下水埋深/m		
	广阳区物探所	大城县后烟村	大城县城
1980	24.19	—	33.32
1981	30.36	—	46.71

续表

年份	各地下水监测井1月1日深层地下水埋深/m		
	广阳区物探所	大城县后烟村	大城县城
1982	36.30	—	45.49
1983	42.00	—	51.97
1984	44.35	—	51.89
1985	45.05	—	56.88
1986	47.90		56.20
1987	52.00	33.80	57.72
1988	55.70	33.50	61.58
1989	59.10	32.29	60.40
1990	61.30	34.00	55.38
1991	62.75	33.75	61.10
1992	62.70	34.93	63.10
1993	63.84	37.06	73.24
1994	65.16	37.18	72.10
1995	67.50	36.50	46.58
1996	70.90	34.44	73.60
1997	73.18	33.46	66.90
1998	75.75	34.57	68.20
1999	77.59	34.55	76.73
2000	75.85	46.10	83.90
2001	76.33	58.39	90.47
2002	75.53	59.33	92.70
2003	75.24	61.63	77.16
2004	76.23	62.71	83.47
2005	76.30	61.15	85.00
2006	76.55	61.9	89.00
2007	75.84	60.57	70.20
2008	75.10	61.4	72.35
2009	74.10	61.46	68.60
2010	74.90	61.46	68.47
平均	62.89	46.09	66.46

据廊坊环境地质勘查院统计资料：廊坊市有3个深层地下水漏斗区，分别为廊坊漏斗区、霸州漏斗区和大城漏斗区，前两个漏斗区为工业生活开采型，后一个为农业开采型。

深层水位变化分析：根据深层地下水长系列资料分析，进入20世纪80年代，随着工农业发展，深层地下水开采量逐年增加，使得地下水水位发生较大变化，深层地下水处于持续下降状态，1980—2010 年 31 年间深层地下水水位平均下降 42.93m，平均每年下降 1.38m。

廊坊市城区及其外围，为城市工业、生活开采区漏斗，从廊坊市区深层地下水埋深过程可以看出，地下水水位动态曲线年际间处于逐年下降趋势，到 2000 年以后廊坊市区大工业向外搬迁或停产，用水量减少，地下水水位呈小的浮动，但总的趋势呈波状型下降。

图 11-14 为广阳区物探所站深层地下水埋深变化过程线。通过年际变化过程线可以看出，1980—2000 年地下水埋深持续下降，2000—2010 年处于相对稳定状态。

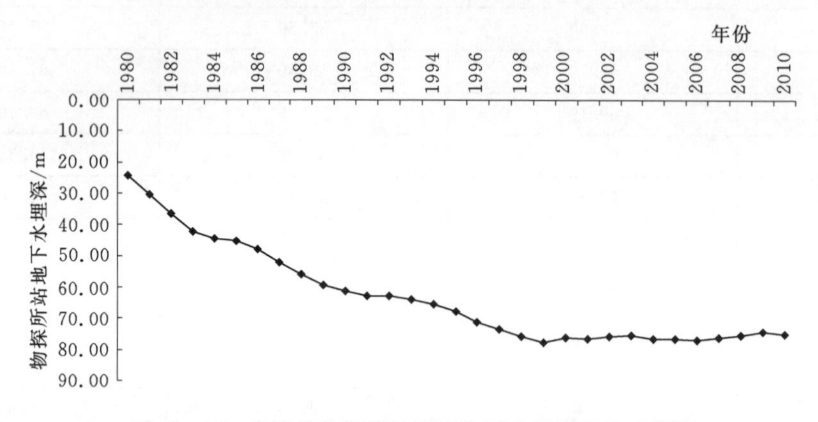

图 11-14　广阳区物探所站深层地下水埋深变化过程线

农业开采型主要与农业开采量关系密切，而农业开采量又受大气降水制约，1980—1985 年连续枯水年份，深层地下水开采量增加，水位变化曲线年内峰谷明显，年际间呈大幅度下降状态。1986 年以后丰枯交替，地下水开采量年际间变化较大，枯水年地下水水位大幅度下降，丰水年水位回升，到 2005 年以后，农作物种植减少，向工业上发展，总的开采量没有减少，但是与大气降水关系不明显，地下水水位处于相对稳定和缓慢下降趋势，此类型主要分布于大城县境内，尚包括文安县的部分地区。图 11-15 为大城县城关站深层地下水埋深变化过程线。通过过程线可以看出，地下水埋深呈持续下降的趋势。

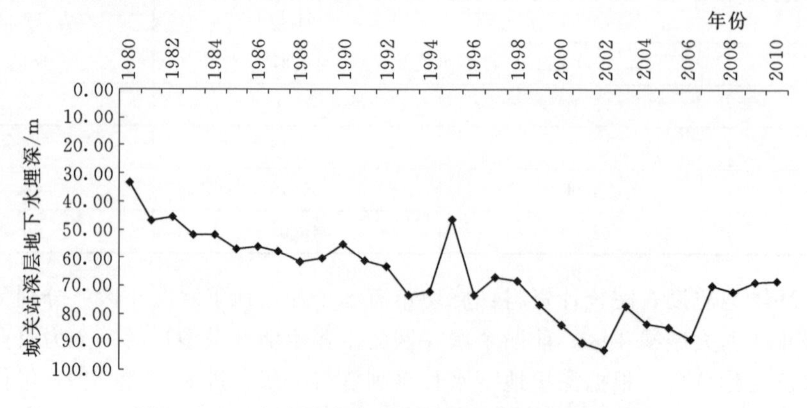

图 11-15　大城县城关站深层地下水埋深变化过程线

二、深层地下水年内变化

利用2008—2013年地下水水位资料，选择安次区西麻各庄站、霸州市霸州镇站、大城县后烟村站分别统计年内变化情况。表11-5～表11-7分别为安次区西麻各庄站、霸州市霸州镇站、大城县后烟村站地下水年内变化统计表。

表11-5　安次区西麻各庄站地下水年内变化统计表

年份	各月地下水埋深/m											
	1月	2月	3月	4月	5月	6月	7月	8月	9月	10月	11月	12月
2009	36.00	35.83	35.61	35.68	36.70	37.77	38.15	37.82	39.09	38.75	37.76	37.58
2010	37.33	37.04	36.91	37.01	38.45	40.54	40.46	41.11	41.11	40.54	40.07	39.75
2011	39.44	39.48	39.43	39.58	40.50	41.23	41.69	41.35	41.20	41.13	40.94	40.64
2012	40.49	40.25	40.18	40.60	41.46	42.68	43.15	43.00	42.83	42.52	42.02	41.36
2013	41.08	40.99	40.93	41.26	42.84	44.31	44.32	44.07	43.70	43.17	42.98	43.03
平均	38.87	38.72	38.61	38.83	39.99	41.31	41.55	41.47	41.59	41.22	40.75	40.47

表11-6　霸州市霸州镇站地下水年内变化统计表

年份	各月地下水埋深/m											
	1月	2月	3月	4月	5月	6月	7月	8月	9月	10月	11月	12月
2008	37.16	36.75	36.63	36.79	37.13	37.72	37.67	38.02	37.98	37.64	37.46	37.33
2009	37.16	36.96	36.74	37.04	37.67	38.26	38.81	39.03	39.23	39.02	38.78	38.50
2010	38.23	37.83	37.56	37.68	38.27	38.89	39.31	40.13	40.55	40.52	40.23	39.83
2011	39.46	39.08	38.97	39.07	39.23	39.43	39.77	39.54	39.82	39.78	39.59	39.78
2012	39.78	39.74	39.52	39.39	39.51	39.86	39.81	39.42	39.35	39.48	39.45	39.48
2013	39.63	40.17	41.05	42.68	43.72	44.35	44.02	43.71	44.06	43.93	43.74	43.38
平均	38.57	38.42	38.41	38.78	39.26	39.75	39.90	39.98	40.17	40.06	39.88	39.72

表11-7　大城县后烟村站地下水年内变化统计表

年份	各月地下水埋深/m											
	1月	2月	3月	4月	5月	6月	7月	8月	9月	10月	11月	12月
2008	61.44	61.42	61.43	61.47	61.52	61.50	61.44	61.33	61.32	61.36	61.41	61.45
2009	61.48	61.50	61.53	61.55	61.58	61.59	61.54	61.40	61.37	61.40	61.39	61.44
2010	61.46	61.58	61.67	61.71	61.76	61.88	61.91	61.49	61.20	61.23	61.29	61.25
2011	61.23	61.28	61.39	61.47	61.51	61.34	61.03	61.13	61.12	61.16	61.19	61.22
2012	61.26	61.33	61.37	61.42	61.43	61.38	61.38	61.25	61.29	61.30	61.32	61.34
2013	61.34	61.36	61.38	61.42	61.45	61.45	61.38	61.34	61.37	61.38	61.41	61.44
平均	61.37	61.41	61.46	61.51	61.54	61.52	61.45	61.32	61.28	61.31	61.34	61.36

依据地下水水位监测点实测资料分析，可以看出，一年内深层地下水水位最高时期一般出现在1—2月，从3月开始，工农业及生活用水量逐渐增加，直到7～8月达到最低水位时期，深层地下水水位与年内降雨关系不明显，从总体看，深层地下水水位逐年下降。

根据安次区西麻各庄站2009—2013年地下水埋深资料，分析地下水年内变化过程。图11-16为深层地下水年内埋深变化过程线。通过年内变化过程线可以看出，在农业用水期间地下水埋深较大，3月埋深为38.61m，9月埋深为41.59m，说明该区域用水量以农业开采为主。

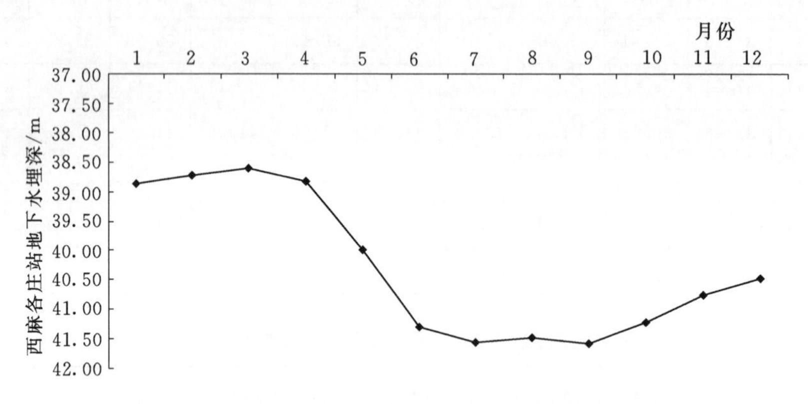

图11-16　安次区西麻各庄站深层地下水年内埋深变化过程线

根据霸州市霸州镇站2008—2013年地下水埋深资料，分析其年内变化情况。图11-17为深层地下水年内埋深变化过程线。通过年内变化过程线可以看出，地下水水位下降，主要受工业、生活用水开采影响，最小埋深出现在3月，为38.41m，最大埋深出现在9月，为40.17m。年内变化随着工业、生活用水开采量的增大而下降。

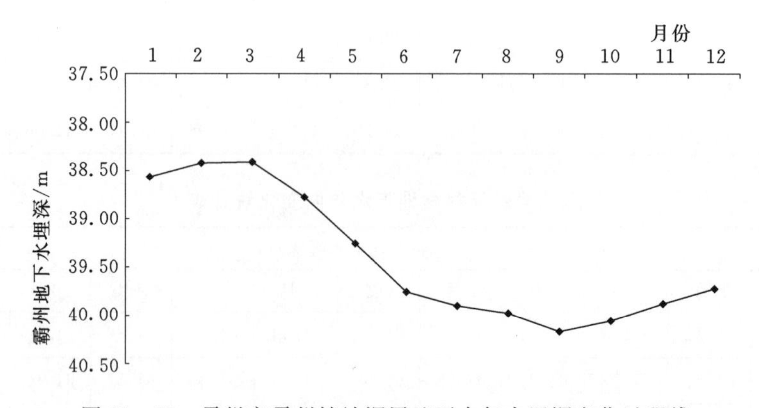

图11-17　霸州市霸州镇站深层地下水年内埋深变化过程线

根据大城县后烟村站2008—2013年地下水埋深资料，分析其年内变化情况。图11-18为深层地下水年内埋深变化过程线。通过年内变化过程线可以看出，地下水水位下降，主要受农业用水开采影响，最大埋深出现在5月，最小埋深出现在9月。年内变化随着农业用水开采量的增大而下降。

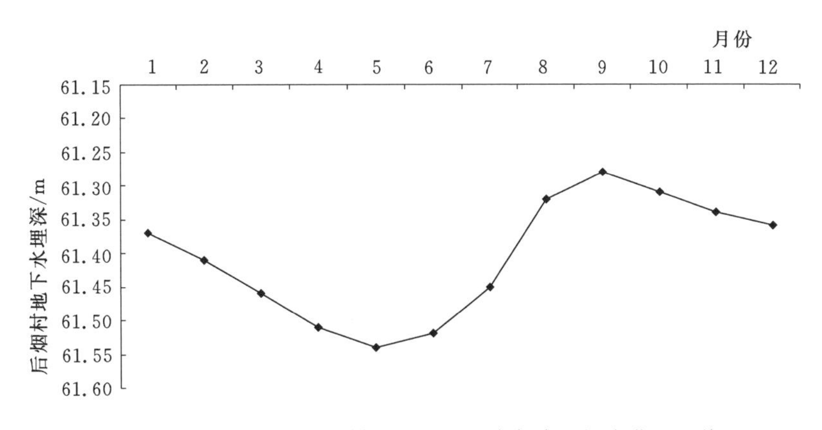

图 11-18　大城县后烟村站深层地下水年内埋深变化过程线

三、深层地下水开采量

开采深层地下水得到的水量主要来自于水位下降引起的含水层和弱透水土层压密、水体膨胀引起的弹性释放、侧向补给和越层补给，来自土层压密和弹性释放的水量均是动用储存量。在承压含水层以上有咸水覆盖的地区开采的越层补给的淡水量也是动用储存量，只有在无咸水覆盖的地区部分越层补给的水量来自潜水或浅层地下水。这部分水量虽然是可以持续利用的，但它来自浅层水的越层消耗量，并已计算在潜水（或浅层水）资源量中，属于浅层水和深层水资源的重复量。

（一）允许开采量

在远离山前的地区侧向补给十分微弱，由于地下水的开采水位下降而引起的侧向补给实际上也是动用邻区的地下水储存量。根据以上情况自深层承压水开采的水量，除山前地区有一定的侧向补给和在无咸水覆盖区有少量越层补给的水量外，几乎全部是动用储存量，而开采储存量是不可持续的。

根据廊坊市深层地下水开采状况及水文地质条件，选取均衡法计算深层地下水各项补给量，在保证深层地下水埋深变化为零的状态下，把深层地下水的补给量作为可开采量：

$$W_{可开采}=W_{补给}$$

对于廊坊市深层地下水补排情况，主要有侧向流入、侧向流出和越流补给等，则补给量为

$$W_{补给}=W_{侧补}-W_{测出}+W_{越流}$$

侧向补给和侧向流出用下式计算：

$$W_{测补(出)}=\Delta tJTL$$

式中：Δt 为计算时段，d；T 为导水系数，m^2/d；L 为侧向流入（流出）边界断面长度，m；J 为水力坡度，‰。

导水系数采用地下水勘测、野外抽水试验和《河北省廊坊市水资源调查与规划》数据，见表 11-8。

表 11-8　　廊坊市深层地下水导水系数表

行政区	广阳区	安次区	永清县	固安县	霸州市	文安县	大城县
导水系数/(m^2/d)	247	247	406	732	270	404	431

越流补给计算公式为

$$W_{越流}=K_e\Delta t\Delta HF$$

其中

$$K_e=\frac{S}{G}$$

式中：K_e 为越流系数；Δt 为计算时段，d；ΔH 为水头差，m；F 为越流区面积，m^2；S 为隔水层渗透系数，m/d；G 为隔水层厚度，m。

渗透系数采用《河北省中东部平原区深层地下水允许开采量评价》中的值。依据上述公式计算出各年侧向流入、流出、越流补给量，然后求出多年平均深层地下水补给量，以此作为深层淡水的允许开采量，见表 11-9。

表 11-9　　廊坊市深层淡水允许开采量成果表

行政区	计算面积/km^2	补给量/万 m^3		允许开采量/万 m^3
		侧向径流出入差	越流补给量	
广阳区	143	1892	625	2517
安次区	463	−721	1051	330
固安县	140	160	311	471
永清县	444	−593	957	364
霸州市	505	−276	1170	894
文安县	850	177	2028	2205
大城县	910	1178	3244	4422
合计	3455	1817	9386	11203

（二）微超采区

根据1980—2000年深层地下水资料统计分析，深层地下水微超采区平均地下水水位下降 27.23m，平均下降速率为 1.43m/a。20 世纪 80 年代初地下水下降速率较大，1980—1985 年水位下降 8.64m，平均下降速率为 1.73m/a；进入 80 年代中期，地下水下降速率比较稳定，1985—1990 年水位下降 6.74m，平均下降速率为 1.35m/a；1990—1995 年水位下降 5.57m，平均下降速率为 1.11m/a；1995 年地下水水位有所回升，1997 年以后，地下水水位下降速率又有所加大，1995—1999 年水位下降 6.28m，平均下降速率为 1.57m/a。2000 年以后，深层地下水水位停止下降，基本处于震荡稳定区，部分地区有小幅回升。微超采区状况见表 11-10。

表 11-10　　1980—2000 年廊坊市深层地下水微超区开采情况统计表

水资源分区	行政分区	开采面积/km^2	多年平均开采量/(万 m^3/a)
北系平原	广阳区	126.8	152
	永清县	191.9	384
	小计	318.7	536

续表

水资源分区	行政分区	开采面积/km²	多年平均开采量/(万 m³/a)
淀东清北	永清县	267.5	535
	固安县	697	72
	霸州市	88.8	111
	小计	1053.3	718
合计		1372	1254

（三）超采区

根据1980—2007年深层地下水开采资料，廊坊市深层地下水超采区（含严重超采区）主要分布于有咸水分布区，开采层组为第四系含水层第Ⅲ、Ⅳ含水组，位于霸州临津一永清北辛溜一广阳旧州一线东南，包括广阳区大部、安次区大部、永清县东南部、霸州市大部及文安县、大城县全部，面积为3790.0km²，属大型超采区，占中南部县（市、区）总面积的73%。深层地下水轻微超采区主要分布于固安县全部、永清县西北部、霸州市西北部及广阳区西部，面积为1372.0km²。超采区状况见表11-11。

表11-11　　廊坊市深层地下水超采区

行政区	统计年份	平均埋深/m	最大埋深/m	超采区		超采面积/km²
				超采	严重超采	
广阳区	1990—1999	46.52	55.14	全部	市区至万庄	423
安次区	1990—1999	26.81	28.35	全部		456
永清县	1990—1999	16.58	23.08	刘街、后奕、三圣口、里澜城、别古庄		305
霸州市	1990—1999	32.73	36.10	除南孟镇外全部	市区至临津	785
文安县	1990—1999	43.64	49.65	全部	孙氏南部	980
大城县	1990—1999	57.97	68.36	全部	城关、大尚屯、大广安	910
合计						3859

根据超采区水位连续下降速率和地下水埋深划分出严重超采区两处，即廊坊严重超采区和大城严重超采区。

廊坊严重超采区位于廊坊市城区至万庄一带，面积为86.0km²，主要为城市工业、生活用水，开采深度为200～500m，开采强度较大，开采系数为7.12（地下水开采系数=地下水开采量/可开采资源量），超采模数为23.3，1999年最大水位埋深为77.40m。1980—1989年水位下降速率为3.51m/a，1990—1995年水位下降速率为1.59m/a，1996—1999年水位下降速率为2.50m/a，2000年至今，水位停止下降，并逐步小幅回升。

大城严重超采区位于大城县境内，分布于大城县平舒镇、大广安乡、大尚屯乡大部，藏屯乡北部、北位乡东部，以及文安县孙氏乡南端，总面积为362km²，主要为农业开采型，开采深度为100～350m，开采强度较大，开采系数为11.5，超采模数为7.9，1999年最大水位埋深为76.73m。1980—1989年水位下降速率为2.71m/a，1990—1993年水位下降速率为3.21m/a，由于1994年海河南系大水，地下水水位有所回升。1996年后，由于超采区连年干旱少雨，1995—1999年水位下降速率较大，下降速率为3.48m/a。2000年至今，水位有升有降，但基本趋势是趋于稳定并逐渐回升。严重超采区状况见表11-12。

表11-12　　廊坊市深层地下水超采区超采状况计算表

北系平原		淀东平原		淀东清南	
行政区	水位下降速率/(m/a)	行政分区	水位下降速率/(m/a)	行政分区	水位下降速率/(m/a)
广阳区	1.73	永清县	0.65	文安县	1.20
安次区	0.67	霸州市	0.67	大城县	2.08
平均	1.20	平均	0.66	平均	1.64

第四节　地下水地质环境动态变化

地下水的超采对农业灌溉和生态环境造成了严重影响。主要表现在：地下水持续下降、形成大面积地下水漏斗，部分地区含水层被疏干；导致水质恶化；超采区发生地面沉降、裂缝和塌陷；致使提水费用增加、含水层枯竭、机井报废；天然植被衰退，生态环境恶化；由于超采区地下水水位低于临近地区，不仅灌区地表水带来的盐分无法外排，邻区地下水中的盐分也向超采区聚集，造成地下水矿化度增加、土壤盐渍化加剧等一系列生产和环境问题。

一、深层地下水水位降落漏斗

廊坊漏斗是廊坊供水区主要的深层地下水水位降落漏斗之一，位于廊坊市城区及其外围，为城市工业、生活开采型漏斗，开采深度为200～500m。该漏斗形成于1978年，随着城市迅速发展，深层地下水开采量逐年增加，水位持续下降，漏斗不断加深和扩大，至2000年漏斗面积扩大到362km^2，中心水位埋深75.85m，2007年年底漏斗面积为318km^2，中心水位埋深72.30m。该漏斗的发展大致可分为以下4个阶段。

(1) 1978—1981年漏斗形成初期阶段。此阶段漏斗发展迅速，3年时间漏斗面积由18km^{2}扩展到217.2km^2，平均每年扩大66.4km^2，中心水位埋深由14.55m降至30.36m，中心水位平均每年下降5.27m。

(2) 1981—1990年漏斗发展阶段。此阶段漏斗发展速度与初期相比有所减缓，漏斗面积平均每年扩大7.38km^2，中心水位平均每年下降3.44m。

(3) 1990—1999年漏斗发展减缓阶段。此阶段漏斗面积扩展速度虽与第二阶段相当，但中心水位降落速度明显减小，中心水位平均每年下降1.61m。

(4) 2000—2007年，漏斗中心水位停止下降，并震荡回升。2000年漏斗中心地下水埋深75.85m，2007年漏斗中心地下水埋深72.30m，中心水位平均每年回升0.50m。

到2010年年底漏斗面积为375.5km^2，中心水位埋深75.61m。

大城漏斗为农业开采型漏斗，开采深度为100～350m。漏斗区主要位于大城县境内，

尚包括文安县的部分地区，为常年性水位降落漏斗。该漏斗形成于1974年，漏斗面积为196.0km²。

二、地面沉降

地面沉降是供水区主要的环境地质问题之一，因其范围广，沉降速率小，不易察觉而被忽视。据国家地震局第一地形形变监测中心对天津市及其临近地区地面沉降监测资料，自20世纪60年代中期廊坊市开始出现地面沉降，沉降面积和沉降速率逐渐增大。

1965—1975年廊坊地区地面沉降微弱，以文安-大城一带稍大，沉降量为10～20mm，以后沉降区逐渐扩大，形成以大城、霸州、廊坊为中心的3个沉降区。大城沉降区始于20世纪60年代中期，70年代中后期沉降速率逐渐加大，一般大于2mm/a，到80年代沉降速率又继续加快为45.0mm/a，90年代以后沉降速率有所减缓，至1995年中心累计沉降量为731.40mm。霸州沉降区20世纪60年代沉降速率较小，只有0.89mm/a，70年代沉降速率迅速增大为20.61mm/a，到80年代沉降速率又继续加快为33.36mm/a，90年代以后沉降速率有所减缓，1990年沉降速率为1.29mm/a，1992年沉降速率为2.09mm/a，到1998年中心累计沉降量为559.83mm。廊坊沉降区自20世纪60年代发现沉降以来，沉降速率逐渐增大，60年代沉降速率为2.26mm/a，70年代沉降速率为5.23mm/a，80年代沉降速率加快为22.97mm/a，90年代沉降速率又继续加快为30.17mm/a，到1998年中心累计沉降量为548.23mm。随着沉降速率的加大，沉降区面积的增加，3个沉降区连为一体，沉降区范围扩大到整个地区，到2005年，廊坊沉降中心累计沉降量为845mm。

从以上3个沉降区的沉降状况分析可以看出，地面沉降中心与深层地下水水位漏斗基本吻合，充分说明深层地下水严重超采是造成地面沉降的主要原因。廊坊供水区地面沉降造成的地质灾害主要表现在地面标高降低，出现钻孔井管抬升现象，地面沉降使城市供排水系统受到严重影响，也使河道降低了泄水能力，20世纪80年代大清河千里堤文安段和中亭河中亭堤霸州段出现裂缝和沉降即是由地面沉降引起的。地面沉降情况统计详见表11-13。

表11-13　　廊坊市深层地下水超采区地面沉降情况统计表

沉降中心位置	起讫年份	累计沉降量/mm	地面沉降速率/(mm/a)
大城	1965—1995	731.40	23.6
霸州	1965—1998	559.83	16.5
廊坊	1961—1998	548.23	14.4

三、水利工程损坏

机井报废：由于地下水水位持续下降，造成机井单井出水量减少，甚至无水可抽直至机井报废。20世纪70年代以来，农用机井经历了离心泵更换成30～50m扬程的深井泵或潜水泵，后又改配60～80m继而90～100m扬程的潜水泵的过程，耗资以亿元计。

水源地产水量减少：由于地下水的严重超采，出现了水源地产水量下降。部分供水工程达不到原有供水规模，甚至有些水源地已无法继续使用，只能重新开辟新水源地。

四、地下水污染

由于深层地下水的严重超采，使得有咸水区的咸水层底板埋深增大，并对其下层水源造成了污染。地下水污染问题已逐渐凸显，并成为影响廊坊市深层地下水利用的一个不可忽视的重要因素。

河北省黑龙港地区地下水在垂直剖面上多为上咸下淡，由于地下水的超采，浅层咸水含水层与承压含水层之间的水头差增大，使一些地区咸水界面向淡水层移动。

由于大量开采深层地下水，水位下降，形成地下水水位降落漏斗，周围地下水向开采区补给，不仅灌溉用的地表水带来的盐分无法外排，逐步向深层入渗，灌区周围侧向补给的地下水中的盐分也在灌区聚集，使土壤含盐量和地下水的矿化度逐步增加，造成土壤盐渍化的面积增大。

第五节　防治盐渍化措施

一、盐渍化危害

防止农作物产生渍害的最小地下水埋深称为耐渍深度。在作物生长期间，允许地下水有短期升至耐渍深度以上，其持续时间以不危害作物正常生长为限度，该持续时间称为耐渍时间。由于各种作物在不同生育期的耐渍能力不同，如表 11-14 所列的几种主要农作物的耐渍深度那样，治渍标准应该是一个动态指标。

表 11-14　　主要农作物不同生育期的耐渍深度

项目	小麦			棉花			玉米	
生育期	播种-出苗	返青-分蘖	拔节-成熟	幼苗	现蕾	花铃-叶絮	幼苗	拔节-成熟
耐渍深度/m	0.5	0.5～0.8	1.0～1.2	0.6～0.8	1.2～1.5	1.5	0.5～0.6	1.0～1.3

在治渍设计中，通常以主要作物生长期内的最大耐渍深度为设计排渍深度指标，并应满足渍害敏感期或作物生长关键期的最小耐渍深度的控制要求。一般旱作物的渍害敏感期多为苗期，生长关键期则视渍害对产量影响的大小而定。

二、排水标准

农田排水标准可分为排涝、治渍和防治盐碱化 3 类，均应根据当地或临近类似地区排水试验资料或实践经验，按照治理区的作物种类、土壤特性、水文地质和气象条件等因素，并结合社会经济条件和农业发展水平，通过技术经济论证确定，并应符合本节有关规定。

（一）排涝标准

设计暴雨重现期可采用 5～10 年一遇；设计暴雨的历时和排出时间，应根据治理区的暴雨特性、汇流条件、河网湖泊调蓄能力、农作物的耐淹水深和耐淹历时及对农作物减产率的相关分析等条件确定。旱作区可采用 1～3d 暴雨 1～3d 排除。稻作区可采用 1～3d 暴

雨 3～5d 排至耐淹水深。排涝模数应根据近期内当地或邻近地区的实测资料确定。无实测资料时，可根据治理区的具体情况，采用所在流域机构认可的方法，选用适宜的公式计算确定。

（二）治渍排水标准

治渍排水工程应以满足农作物全生育期要求的最大排渍深度为工程控制标准，一般可视作物根深不同而选用 0.8～1.3m。旱作区在渍害敏感期间可采用 3～4d 内将地下水埋深降至 0.4～0.6m；稻作区在晒田期 3～5d 内降至 0.4～0.6m；淹灌期的适宜渗漏率可选用 2～8mm/d，黏性土取较小值，砂性土取较大值。

农业机械作业对排水要求的排渍深度，一般应控制在 0.6～0.8m，排渍时间可根据各地的耕作要求确定。

治渍排水模数可用下式计算：

$$q=\frac{\mu\Delta\bar{h}}{t}$$

式中：q 为调控地下水水位要求的治渍排水模数，m/d；$\Delta\bar{h}$ 为满足治渍要求的地下水水位平均降深值，m；t 为排水时间，d，应按治渍要求确定；μ 为地下水水位降深范围内的平均给水度。

三、盐渍化控制措施

地下水水位过高和土壤过湿将使土壤承载力降低，直接影响农业机械适时、高效地进行田间作业。据河北、黑龙江等地农场的实践资料，机耕和机收时的最小地下水埋深为 0.7～0.8m，若采用重型拖拉机带动联合收割机作业时则为 0.9～1.0m。另据国外资料介绍，满足拖拉机下田作业的最小地下水埋深一般是：履带式拖拉机为 0.4～0.5m，轮式拖拉机为 0.5～0.6m。因此，根据我国目前广泛使用的为中、小型拖拉机的情况，排渍深度一般为 0.6～0.8m，排渍时间可按照各地雨后的耕作要求确定。

调控地下水水位的排水流量，从降雨或灌溉开始，有一个变化过程和流量峰值，因而排渍模数也是一个变化值。在排水设计中，一般均采用雨后或灌后地下水从高水位降至设计排渍深度的平均排渍模数。需要特别指出的是，在排渍过程中存在着一定的地下水蒸发量，将使排渍模数有所减小，但考虑到雨后或灌后的土壤水分含量较大，对地下水蒸发有抑制作用，且要求排渍的时间一般较短，因而治渍排水模数计算式中不考虑蒸发影响，有利于工程安全。

防止土壤发生盐碱化的最小地下水埋深称为临界深度。在土壤、地下水矿化度和耕作措施等因素一定的条件下，地表的积盐速度和积盐总量取决于地下水的蒸发量。根据各地资料汇总的地下水临界深度表内，在蒸发强烈地区宜取较大值，反之宜取较小值。

降雨或灌溉虽会引起地下水水位升高，却能使土壤盐分得到淋洗；而蒸发虽能使地下水水位下降，却会造成土壤返盐。所以盐碱地区的土壤，一般在汛期处于淋洗脱盐状态，在春、秋干旱季节则处于蒸发积盐状态。因此，为防止土壤返盐而危害作物生长，我国通常将临界深度作为盐碱地区排水工程的设计标准。当采取小于地下水临界深度设计时，应通过水盐平衡论证确定。

在地下水由高水位降至临界深度的过程中，因地下水的蒸发积盐，可能使根层的土壤含盐量超过作物的耐盐能力，为防止此情况的发生，必须确定适宜的排水时间。根据我国一些盐碱地区的排水试验成果，采用8～15d将灌溉或降雨引起升高的地下水水位降至临界深度，一般可取得较好的防治效果。本书给出了确定排水时间的两项要求。可用下述方法近似确定。

在预防盐碱化地区，为保证蒸发积盐后耕作层的土壤含盐量不超过作物的耐盐能力，排水时间 t 可按耕作层的盐量平衡关系计算得到：

$$t=\frac{r(S_c-S_0)\Delta Z}{100\,\bar{\varepsilon}_k M_d}$$

式中：r 为耕作层土壤的容重，kg/m³；S_c 为耕作层土壤的允许含盐量（占干土重%），通常采用作物苗期的耐盐能力有利安全；S_0 为灌溉或降雨淋洗后的耕作层土壤含盐量，在改良后的正常耕作期一般 $S_0 \leqslant 0.05\%$；ΔZ 为耕作层厚度，m；M_d 为灌后或雨后的浅层地下水矿化度，g/L（即 kg/m³）；$\bar{\varepsilon}_k$ 为排水过程中的地下水平均蒸发强度，m/d。

在改良盐碱土地区，冲洗脱盐的设计土层深度一般为1.0m；若为盐碱荒地，为避免冲洗定额过大、减轻排水工程负担和缩短冲洗改良时间，宜分期改良逐步达到治理要求，因而也可采用0.6m。设计土层深度内的冲洗脱盐量可根据冲洗前的土壤含盐量、盐分组成、土壤质地等因素按冲洗改良要求确定。冲洗后设计土层内应达到的脱盐标准，一般可取全盐量为：氯化物盐土0.25%左右，硫酸盐氯化物盐土接近0.3%，氯化物硫酸盐盐土0.4%，硫酸盐盐土0.45%左右。以后在改良与利用结合的条件下，通过灌溉排水作用，使设计土层继续脱盐和防止盐分向表土集聚，并逐渐使脱盐深度增加和地下水淡化。因而保证冲洗效果的必要条件是通过排水工程将过多的盐量排出土体。考虑到盐碱地区一般地下水矿化度较高和蒸发量较大，排水工程的排盐能力通常应大于冲洗脱盐量。在冲洗过程中的排水时间，一般可采用两次冲洗的间隔时间减去为溶解盐分的浸泡时间，并应考虑尽量减少蒸发积盐的影响。因此宜结合不同排水规格的现场试验确定。不同作物苗期耐盐能力参考值见表11-15。

表11-15　　不同作物苗期耐盐能力参考值

作物名称	小麦	大麦	玉米	棉花	黑豆	高粱	甜菜	苜蓿
作物耕层含盐量/%	0.20	0.25	0.25	0.30	0.30	0.35	0.40	0.40

排水的控制时期多为蒸发较强烈季节，冲洗排水时其盐分溶解也快，因而在计算排水模数时应考虑地下水的蒸发作用。

参　考　文　献

[1]　中华人民共和国水利部．SL 183—2005　地下水监测规范［S］．北京：中国水利水电出版社，2006.

[2]　刘显峰，陈淑芬．地下水动态变化与分析［J］．中国科技信息，2010（7）：24-25.

[3]　张校玮．廊坊市地下水资源开采现状及环境地质问题浅析［J］．地下水，2014，36（3）：47-48.

[4]　李安娜，毕攀，许光明．廊坊地区地下水开采引起的环境地址问题及防止对策［J］．宁夏农林科技，2012，53（6）：115-117.

第十二章 水环境评价

第一节 污染源调查评价

一、点污染源

水污染点源是指以点状形式排放而使水体造成污染的发生源。一般工业污染源和生活污染源产生的工业废水和城市生活污水，经城市污水处理厂或经管渠输送到水体排放口，作为重要污染点源向水体排放。这种点源含污染物多，成分复杂，其变化规律依据工业废水和生活污水的排放规律，即有季节性和随机性。

（一）入河排污口

2010 年廊坊市共有入河排污口 56 处（含排污渠道），分别排入 12 条河道，其中中亭河 10 处，占总数的 17.9%，其次鲍邱河、泃河、牤牛河各 5 处，均占总数的 8.9%，详见表 12-1。

表 12-1　　廊坊市各行政区入河排污口统计表

行政区	总数/处	排污口结构/处			污水类型/处			排放时间/处	
		暗管	明渠	其他	工业为主	生活为主	混合型	常年	间断
三河市	9	4	5	0	2	3	4	9	0
大厂县	5	4	1	0	1	0	4	5	0
香河县	5	5	0	0	4	0	1	5	0
廊坊市区	8	6	1	1	3	1	4	8	0
固安县	4	3	1	0	0	2	2	4	0
永清县	8	5	2	1	8	0	0	3	5
霸州市	13	7	6	0	2	2	9	12	1
文安县	3	2	0	1	1	2	0	2	1
大城县	1	0	1	0	0	1	0	1	0
合计	56	36	17	3	21	11	24	49	7

从表 12-1 可以看出，按排污口结构类型分，暗管 36 处，明渠 17 处，分别占总数的 64.3%和 30.4%，结构不明者 3 处，占 5.3%；按排放污水类型分，工业废污水为主 21 处，生活废污水为主 11 处，工业、生活混合类 24 处，分别占 37.5%、19.6%和 42.9%；在全部排污口中，常年性排污口 49 处，间断性排污口 7 处，分别占总数的 87.5%和 12.5%。

排污口在廊坊市区域分布不太均匀，与各县（市、区）工矿企业、社会经济发达程度密切相关，县（市、区）政府所在地高度集中，一般乡、镇相对分散，广大农村明显稀少，密度最大的是霸州市城区、三河市城区、廊坊市城区和永清县城区。

从调查的废污水排污口概况可见，单独一个企业一个排污口所占比例甚少，廊坊市企、事业单位总数与废污水排污口总数相差甚远，绝大部分废污水排污属于混合型排污口，既有工业废水，又有生活污水，城镇工业、生活排污口废污水当中，又混掺入城镇近郊区农村生活、农村工业废污水，部分暗管排污口埋入渠道或河道较深，即被河、渠淤泥杂物埋没，难以测量流量和取样化验水质。实测废污水量合理性、代表性、科学性较差，并且城镇工业、城镇生活、农村工业、农村生活废污水排放量很难分开，仅能测部分或大部分排污口，尤其排污口密集区域难度极大，如廊坊市区，因此废污水排放量采用估算与实测相结合，一次性调查与再次校核相结合的方法。

（二）污水排放量

经计算廊坊市区 2010 年废污水排放量为 11902.0 万 m^3/a，其中主要城镇工业、生活废污水排放量为 5076.6 万 m^3/a，占 42.7%，农村工业、生活废污水排放量为 6825.4 万 m^3/a，占 57.3%。

废污水排放量最多的是三河市，为 3214.4 万 m^3/a，占廊坊市总量的 27.0%，其次是廊坊市区，为 2510.8 万 m^3/a，占廊坊市总量的 21.1%，详见表 12-2。

表 12-2　　廊坊市各行政区废污水排放量统计表

行政区	城市污水排放量/(万 m^3/a)			农村污水排放量/(万 m^3/a)			合计/(万 m^3/a)	占百分比/%
	工业	生活	小计	工业	生活	小计		
三河市	183.0	488.3	671.3	1575.1	968.0	2543.1	3214.4	27.0
大厂县	0	0	0	53.0	134.0	187.0	187.0	1.6
香河县	0	0	0	737.9	1105.4	1843.3	1843.3	15.4
廊坊市区	9.0	2375.5	2384.5	47.3	79.0	126.3	2510.8	21.1
固安县	0	375.8	375.8	15.4	76.3	91.7	467.5	3.9
永清县	203.3	0	203.3	176.5	0	176.5	379.8	3.2
霸州市	593.5	839.6	1433.1	68.4	756.4	824.9	2257.9	19.0
文安县	8.6	0	8.6	15.2	579.5	594.7	603.3	5.1
大城县	0	0	0	0	438.0	438.0	438.0	3.7
合计	997.4	4079.2	5076.6	2688.8	4136.6	6825.4	11902.0	100

（三）主要污染物

选取廊坊市 42 处具有代表性的入河排污口进行分析，按河流划分，纳入废污水量方面，最大的是龙河，主要承接廊坊市区企业排放的污水，实测年废污水汇入量 2267.9 万 t，占廊坊市总量的 23.8%；其次是中亭河，主要承接霸州市的污水，年废污水汇入量 2236.0 万 t，占廊坊市总量的 23.4%，再次是鲍邱河，年入河废污水量 1762.0 万 t，占廊坊市总量的 18.5%。各种污染物质纳入总量方面，排在前三位的分别是中亭河、鲍邱河和潮白河，各种污染物质纳入总量分别为 6972.2t/a、2624.7t/a、1411.6t/a，分别占廊坊市总量的 45.3%、17.1%、9.2%。2010 年廊坊市各行政区实测入河排污口汇总见表

12－3。

表 12－3　　2010 年廊坊市各行政区实测入河排污口汇总表

行政区	排污口/个	污水量/(万 t/a)	污染物量/(t/a)			污染物合计/(t/a)
			化学需氧量	氨氮	挥发酚	
三河市	9	3214.4	3251.3	1485.4	0.3	4737.0
大厂县	5	186.9	535.3	75.2	0.1	610.6
香河县	1	265.8	21.2	4.5	0.0	25.7
廊坊市区	3	2267.9	960.3	267.0	0.1	1227.4
固安县	3	91.7	71.8	7.3	0.0	79.1
永清县	4	220.0	981.4	18.6	0.0	1000.0
霸州市	13	2257.8	3694.3	3389.1	18.1	7101.5
文安县	3	603.2	255.5	151.7	0.1	407.3
大城县	1	438.0	197.1	3.8	0.0	200.9
合计	42	9545.7	9968.2	5402.6	18.7	15389.5

从表 12－3 可以看出，廊坊市污染物年入河总量为 15389.5t，以有机类污染物质为主，其中化学需氧量入河量最大，为 9968.2t，占污染物入河总量的 64.8%，其次为氨氮，年入河量 5402.6t，占污染物入河总量的 35.1%，挥发酚入河总量为 18.7t。

二、面污染源

对水污染而言，面源污染正是相对点源污染而言的，是指溶解的和固体的污染物从非特定的地点，在降水（或融雪）冲刷作用下，通过径流过程而汇入受纳水体（包括河流、湖泊、水库和海湾等）并引起水体的富营养化或其他形式的污染。相对于点源污染而言，面污染源有自己独特的特点。

首先是这类污染源的多样性。它们包括直接排入水体的城市废物、城市下水道和排水沟的雨水冲刷，以及非城市污染源，如来自农业和造林活动的侵蚀性物质、地面和浅层地表的采矿活动等。

其次是它的偶发性。它集中发生在降雨和积雪融化的时期。相反，点源污染是一个相对稳定得多的污染物质流动过程，主要由市政污水系统和工业生产过程导致。

再次是它的不易监测性。由于非点源污染涉及多个污染者，在给定的区域内它们的排放是相互交叉的，加之不同的地理、气象、水文条件对污染物的迁移转化影响很大，因此很难具体监测到单个污染者的排放量。

面源污染分布广泛、分散，无固定的入河排污口，在没有一定强度的降水致使形成地表径流的干旱时期是不会对河流产生污染威胁的。面源往往跟土地利用的活动方式有关。面污染源主要包括农村生活污水、化肥农药施用量及流失量、分散式畜禽废水排放物、固体废弃物污染物、城镇地表径流夹带物共 5 个方面。以 2012 年统计资料，分别计算各类面污染源的污染物及入河量。

(一) 农村生活污水排放量及入河量

农村生活污水：生活污水产生量按20L/(人·d)估算，农村人口以2012年统计。生活污水中的主要污染物包括化学需氧量、氨氮、总氮、总磷。根据河北省调查结果，其排放系数为：化学需氧量为300mg/L，氨氮为15mg/L，总氮为35mg/L，总磷为8mg/L。然后根据各计算单元的人口数推算污水量和污染物的排放量，计算廊坊市农村生活污水污染物总量。表12-4为廊坊市农村生活污水污染物总量计算成果表。

表12-4　　廊坊市农村生活污水污染物总量计算成果表

行政区	农村人口/万人	生活污水量/(万 m^3/a)	污染物含量/(t/a)				
			总氮	总磷	氨氮	化学需氧量	合计
三河市	56.1366	409.80	143.43	32.78	61.47	1229.39	1467.07
大厂县	12.1700	88.84	31.09	7.11	13.33	266.52	318.05
香河县	32.6089	238.04	83.32	19.04	35.71	714.13	852.20
广阳区	39.9212	291.42	102.00	23.31	43.71	874.27	1043.29
安次区	34.8992	254.76	89.17	20.38	38.21	764.29	912.05
固安县	43.9209	320.62	112.22	25.65	48.09	961.87	1147.83
永清县	38.8024	283.26	99.14	22.66	42.49	849.77	1014.06
霸州市	61.9613	452.32	158.31	36.19	67.85	1356.95	1619.30
文安县	49.5979	362.06	126.72	28.97	54.31	1086.19	1296.19
大城县	48.7691	356.01	124.61	28.48	53.40	1068.04	1274.53
合计	418.7875	3057.13	1070.01	244.57	458.57	9171.42	10944.57

根据河北省调查的经验值，污水量及其所含污染物的入河量按7.0%估算。污染物入河量计算结果见表12-5。

表12-5　　农村生活污水污染物入河量计算成果表

行政区	污染物入河量/(t/a)				合计/(t/a)
	总氮	总磷	氨氮	化学需氧量	
三河市	10.04	2.29	4.30	86.06	102.69
大厂县	2.18	0.50	0.93	18.66	22.27
香河县	5.83	1.33	2.50	49.99	59.65
广阳区	7.14	1.63	3.06	61.20	73.03
安次区	6.24	1.43	2.68	53.50	63.85
固安县	7.86	1.80	3.37	67.33	80.36
永清县	6.94	1.59	2.97	59.48	70.98
霸州市	11.08	2.53	4.75	94.99	113.35
文安县	8.87	2.03	3.80	76.03	90.73
大城县	8.72	1.99	3.74	74.76	89.21
合计	74.90	17.12	32.10	642.00	766.12

（二）化肥、农药施用量及流失量

化肥从农田流失到水域中的途径有径流、农田排水和渗漏淋洗等。天然降水和不适当的灌溉形式形成的地表径流，将农田氮素转移带入到地表水体中，造成氮素的大量损失，包括通过水土流失和农田径流所带走的养分。由于不利的地形、植被状况及不当的农业生产措施，养分流失量也会很大。

2012年廊坊市农药施用量为3020t，农用化肥施用量（折纯）为471491t，其中氮肥263286t，占施用化肥总量的55.8%；磷肥61609t，占施用化肥总量的13.1%；钾肥23699t，占施用化肥总量的5.0%；复合肥119877t，占施用化肥总量的25.4%。2012年廊坊市农药化肥施用量统计见表12-6。

表12-6　2012年廊坊市农药化肥施用量统计表

行政区	农药施用量/t	按折纯量计算/t				
		氮肥	磷肥	钾肥	复合肥	合计
三河市	541	42553	3931	2843	24984	74852
大厂县	66	8071	0	852	5121	14110
香河县	189	38450	312	3607	18869	61427
广阳区	130	14735	5471	1657	4569	26562
安次区	105	9062	3531	936	3909	17543
固安县	981	44454	16848	4945	14132	81360
永清县	260	31676	9095	3195	14055	58281
霸州市	240	41731	14292	1492	12810	70565
文安县	255	18336	1601	1098	16367	37657
大城县	253	14218	6528	3074	5061	29134
合计	3020	263286	61609	23699	119877	471491

氮肥流失系数：一般农作物对氮肥的吸收利用率为35%左右，65%通过挥发、淋失、渗漏而损失。有氮肥流失研究成果的地区按当地的流失系数进行估算，无研究成果的地区，按最低随水流失量20%进行测算。

$$总氮=(氮肥+复合肥\times0.3+磷肥\times0.185)\times20\%$$

磷肥流失系数：一般作物对磷肥的当季吸收利用率为20%左右，约15%随水流失。有磷肥流失研究成果的地区按当地的流失系数进行估算，无研究成果的地区，按15%进行估算。

$$总磷=(磷肥+复合肥\times0.3)\times15\%$$

氨氮流失量估算：氨氮是地表水水质的主要超标项目，氨氮流失量按照总氮流失量的10%估算。

$$氨氮=(氮肥+复合肥\times0.3+磷肥\times0.185)\times20\%\times10\%$$

化肥、农药施用量采用实际调查的折纯量。农药的流失量占农药各项有效成分的39%。

面污染源对主要河流的影响，主要来自流域面上的水土流失、农药及化肥施用等。在有条件的地区通过对控制站点进行监测，以研究主要河流受面污染影响的程度。表12-7为廊坊市农药化肥污染物入河量统计表。

表12-7　　廊坊市农药化肥污染物入河量统计表

行政区	农药化肥污染物入河量/t				
	总氮	总磷	氨氮	农药	合计
三河市	10155.09	1713.93	1015.51	210.99	13095.52
大厂县	1921.46	230.45	192.15	25.74	2369.80
香河县	8833.68	895.91	883.37	73.71	10686.67
广阳区	3423.57	1026.26	342.36	50.70	4842.89
安次区	2177.59	705.56	217.76	40.95	3141.86
固安县	10362.10	3163.14	1036.21	382.59	14944.04
永清县	7515.02	1996.73	751.50	101.40	10364.65
霸州市	9643.60	2720.25	964.36	93.60	13421.81
文安县	4708.46	976.67	470.85	99.45	6255.43
大城县	3388.80	1206.95	338.88	98.67	5033.30
合计	62129.37	14635.85	6212.95	1177.80	84155.97

（三）分散式畜禽废水排放量及入河量

1. 牲畜家禽污染物排放量

根据2012年廊坊市国民经济年鉴统计资料，廊坊市2012年年末大牲畜的存栏数为490700头，猪的存栏数为1549400头，羊的存栏数为1851100只，家禽的存栏数为23437700只。2012年廊坊市牲畜家禽存栏数量统计见表12-8。

表12-8　　2012年廊坊市牲畜家禽存栏数量统计表

行政区	牲畜家禽存栏数量			
	大牲畜/头	猪/头	羊/只	家禽/只
三河市	173800	409600	351200	5192400
大厂县	62200	59700	61300	579400
香河县	15600	83300	61200	550000
广阳区	18100	65000	44600	845700
安次区	26100	67000	50000	2360000
固安县	43400	282300	283500	1262900
永清县	53700	321600	460800	2610300
霸州市	4200	114700	109600	2063600
文安县	10300	59100	198500	2547400
大城县	83300	87100	230400	5426000
合计	490700	1549400	1851100	23437700

养殖业产生的污染物主要有3个方面：污水、粪便和恶臭。养殖业排放的污水、畜禽的粪尿排泄物及废水中含有大量的有机物、氮、磷、悬浮物及致病菌，并产生恶臭，污染物量大而集中。各类畜禽的排放量中有关计算参数按表12-9计算。

表12-9　　畜禽排泄量计算标准参考值及污染物含量

畜禽种类	猪	牛	鸡/鸭	羊	大牲畜
粪便排放量/[kg/(只·d)]	3.50	25.00	0.10	2.00	10.00
总氮/%	0.56	0.35	1.60	1.22	0.35
总磷/%	1.68	0.44	0.54	0.26	0.04
化学需氧量/%	3.90	2.40	3.90	3.90	2.40
氨氮/%	0.021	0.014	0.015	0.046	0.014

2. 养殖业污染物入河量

牲畜家禽产生的污染物，通过各种渠道进入河道，污染水体。牲畜家禽排放的污染物进入水体，与排放点、排放途径、距离河道的远近等多种因素有关，而且是一个非常复杂的排放过程，此次采用河北省经验系数近似计算。畜禽粪便污染物进入水体流失率按表12-10计算。

表12-10　　畜禽粪便污染物进入水体流失率

项目	猪	其他（禽类）	大牲畜	羊
总氮/%	5.25	8.47	5.68	5.3
总磷/%	5.25	8.42	5.50	5.2
化学需氧量/%	5.58	8.59	6.16	5.5
氨氮/%	3.04	4.15	2.22	4.1

根据不同牲畜粪便污染物排放量中总氮、总磷、化学需氧量和氨氮含量，计算出廊坊市各行政区主要污染物入河量，计算结果见表12-11。

表12-11　　廊坊市牲畜家禽污染物入河量计算结果

行政区	主要污染物入河量/(t/a)				污染物总量/(t/a)
	总氮	总磷	氨氮	化学需氧量	
三河市	702.57	596.31	11.33	3261.43	4571.64
大厂县	125.15	87.93	2.17	668.45	883.70
香河县	98.70	110.28	1.82	478.85	689.65
广阳区	100.43	93.13	1.54	451.62	646.72
安次区	184.44	121.69	2.07	693.98	1002.18
固安县	333.81	370.51	6.98	1617.36	2328.66
永清县	506.38	455.48	10.17	2224.58	3196.61
霸州市	199.94	174.64	2.96	765.49	1143.03
文安县	249.37	129.29	3.91	842.20	1224.77
大城县	470.31	217.62	6.06	1715.90	2409.89
合计	2971.10	2356.88	49.01	12719.86	18096.85

通过对廊坊市牲畜家禽污染物入河量计算，污染物总入河量为每年18096.85t。其中，总氮入河量为2971.10t，占污染物总量的16.4%；总磷入河量为2356.88t，占污染物总量的13.0%；氨氮入河量为49.01t，占污染物总量的0.3%；化学需氧量入河量为12719.86t，占污染物总量的70.3%。从分析结果可以看出，牲畜家禽饲养中主要污染物是化学需氧量。

3. 牲畜家禽污染物的危害

粪便对水体的污染方式：粪便和其他污染物质一样，需在一定条件下才能对水体产生污染。当排入水体中的粪便总量超过水体能够自然净化的能力时，就会改变水体的物理性质、化学性质和生物群落组成，使水质变坏，并使原有用途受到影响，给人和动物的健康造成危害。

水体的净化：水体受到粪便的污染后，经过水体自身的物理、化学、生物学等多种因素的综合作用而降低，逐步恢复到原来的状态和功能，消除污染和达到净化的过程称为水体的净化。水体自净是与污染相反的过程，是水体对抗污染的自我调节作用，对保护水体环境具有重要意义。水体自净是通过水体自发同时进行的物理净化过程、化学净化过程和生物学净化过程来实现的。

粪便污染对水体造成的危害：粪便污染导致水源水质和生活环境恶化。粪便污染的水体可能引起水体富营养化，加之粪便本身有机物的厌氧分解，两者共同的结果导致水的品质恶化，其主要危害有：①造成污染区水质恶化不能饮用，甚至水源污染不能使用，引起供水困难；②水体富营养化结果造成水生动植物死亡、腐烂、沉淀并导致污泥增多，使水的净化处理增加困难，自来水工厂的工作效果降低，供水能力降低，净化成本显著升高；③富营养化水体的表面水色污秽发黑，散发难闻的气味，造成不愉快的感觉，影响周围居民的精神和身心健康；④用富营养化水灌溉可致农作物发生烂秧倒苗、生育期出现倒伏和成熟不良等后果；⑤加速湖泊的衰退和经济价值的降低。

畜禽粪便对环境的危害：①对大气的危害，粪便堆积发酵后，会产生氨、硫化氢、甲基硫醇等有害气体，严重影响空气质量；②对水体的危害，粪便的淋溶性强，能通过地表径流污染地表水和地下水，使水体变黑发臭，导致水中的鱼类或其他生物的死亡；③对土壤的危害，粪便的大量堆积，不仅占据土地，还直接腐蚀农田，使其降低或失去生产能力；④对生物的危害，粪便含有大量的病原微生物和寄生虫卵，如不及时处理，会孳生蚊蝇，使环境中病原种类增多、菌量增大，使病原菌和寄生虫蔓延，尤其是人畜共患病的产生，从而危害人畜健康。

（四）固体废弃物污染物入河量

生活垃圾和固体废弃物对地下水和地表水有较大的影响，尤其是将生活垃圾和固体废弃物随意堆放到河边，会直接影响到地表水水质，水体超过自净能力后，会产生恶性循环，影响生态平衡。同样，长期堆放固体废弃物，其含有的各类有毒有害物质，随雨水的淋溶，入渗污染地下水，地下水水质受到污染，有毒有害物质超标，人类饮用后会直接影响身体健康。

固体废弃物主要包括农作物秸秆废弃物、城市生活废弃物和工业固体废弃物等。

1. 农作物秸秆废弃物

据有关资料介绍，生产每千克玉米籽产秸秆量为1.87kg，据2000年资料统计，全国每吨粮食产秸量为1.3t。根据河北省玉米种植的实际情况，秸秆产量系数选用1.5，来计算相应种植面积的秸秆产量。小麦秸秆的单位面积产量直接测定比较困难，故多采用小麦秸秆系数法进行估测。根据北京市顺义区测定结果，全株小麦的秸秆系数为1.339，机械收割的秸秆系数为1.039。根据近年来小麦收割情况，主要以机械收割为主，小麦秸秆系数采用1.039。表12-12为2012年廊坊市粮食产量及秸秆量统计表。

表12-12　　2012年廊坊市粮食产量及秸秆量统计表

行政区	主要农作物生产量/t		主要农作物秸秆生产量/t		主要农作物秸秆总量/t
	小麦	玉米	小麦	玉米	
三河市	90050	160113	93561.950	240169.5	333731
大厂县	32454	61272	33719.706	91908.0	125628
香河县	68726	105455	71406.314	158182.5	229589
广阳区	33376	41767	34677.664	62650.5	97328
安次区	4839	76440	5027.721	114660.0	119688
固安县	117569	146323	122154.191	219484.5	341639
永清县	32827	133404	34107.253	200106.0	234213
霸州市	47353	180380	49199.767	270570.0	319770
文安县	54032	199836	56139.248	299754.0	355893
大城县	33896	249789	35217.944	374683.5	409901
合计	515122	1354779	535211.758	2032168.5	2567380

农作物秸秆中，含有氮、磷、钾等物质，利用秸秆还田，可以增加农田庄稼所需的营养物质，但另一方面，未能被作物吸收的部分，将会造成污染。通过测定，玉米秸秆含氮量为0.61%，含磷量为0.27%，含钾量为2.28%。小麦秸秆含氮量为0.88%，含磷量为0.72%，含钾量为1.32%。根据试验结果，可分别计算出小麦和玉米秸秆的氮、磷污染物含量。秸秆的利用率一般达90%左右，入河流失量按10%计算，计算结果见表12-13和表12-14。

表12-13　　2012年廊坊市小麦秸秆污染物入河量计算结果

行政区	小麦秸秆总量/t	污染物含量/t		污染物入河量/t	
		总氮	总磷	总氮	总磷
三河市	93562.0	823.3	673.6	82.3	67.4
大厂县	33719.7	296.7	242.8	29.7	24.3
香河县	71406.3	628.4	514.1	62.8	51.4
广阳区	34677.7	305.2	249.7	30.5	25.0
安次区	5027.7	44.2	36.2	4.4	3.6
固安县	122154.2	1075.0	879.5	107.5	88.0

续表

行政区	小麦秸秆总量/t	污染物含量/t		污染物入河量/t	
		总氮	总磷	总氮	总磷
永清县	34107.3	300.1	245.6	30.0	24.6
霸州市	49199.8	433.0	354.2	43.3	35.4
文安县	56139.2	494.0	404.2	49.4	40.4
大城县	35217.9	309.9	253.6	31.0	25.4
合计	535211.8	4709.8	3853.5	470.9	385.5

表 12-14　2012 年廊坊市玉米秸秆污染物入河量计算结果

行政区	玉米秸秆总量/t	污染物含量/t		污染物入河量/t	
		总氮	总磷	总氮	总磷
三河市	240169.5	1465.0	648.5	146.5	64.8
大厂县	91908.0	560.6	248.2	56.1	24.8
香河县	158182.5	964.9	427.1	96.5	42.7
广阳区	62650.5	382.2	169.2	38.2	16.9
安次区	114660.0	699.4	309.6	69.9	31.0
固安县	219484.5	1338.9	592.6	133.9	59.3
永清县	200106.0	1220.6	540.3	122.1	54.0
霸州市	270570.0	1650.5	730.5	165.0	73.1
文安县	299754.0	1828.5	809.3	182.8	80.9
大城县	374683.5	2285.6	1011.6	228.6	101.2
合计	2032168.5	12396.2	5486.9	1239.6	548.7

受资料条件的限制，农业秸秆污染物入河量仅考虑冬小麦和玉米两种情况，冬小麦秸秆污染物总氮入河量为 470.9t，总磷入河量为 385.5t；玉米秸秆污染物总氮入河量为 1239.6t，总磷污入河量为 548.7t。农作物总氮污染物入河量为 1710.5t，总磷污染物入河量为 934.2t。

2. 城市生活废弃物

（1）城市固体废弃物的种类与特点。

1）城市生活垃圾指人们生活活动中所产生的固体废弃物，主要有居民生活垃圾、商业垃圾和清扫垃圾，另外还有粪便和污水厂污泥。城市生活垃圾中除了易腐烂的有机物和炉灰、灰土外，各种废品基本上可以回收利用。

2）城市建筑垃圾指城市建设工地上拆建和新建过程中产生的固体废弃物，主要有砖瓦块、渣土、碎石、混凝土块、废管道等。

3）一般工业固体废弃物指工业生产过程中和工业加工过程中产生的废渣、粉尘、碎屑、污泥等，主要有尾矿、煤干石、粉煤灰、炉渣、冶炼废油、化工废物、工业废物等。一般工业固体废弃物对环境产生的毒害比较小，基本上可以综合利用。

4）危险固体废弃物指具有腐蚀性、毒性、浸出毒性及反应性、传染性、放射性等一种或一种以上危害特性的固体废弃物，主要来源于冶炼、化工、制药等行业，以及医院、科研机构等。

城市垃圾是城市中固体废弃物的混合体，包括工业垃圾、建筑垃圾和生活垃圾。工业废渣的数量、性质及其对环境污染的程度差异很大，应统一管理，根据不同情况由各工厂直接或经过处理达到排放标准后，放置于划定的地区。建筑垃圾一般为无污染固体，可用填埋法处理。生活垃圾是人们在生活中产生的固体废渣，种类繁多，包括有机物与无机物，应进行分类、收集、清运和处理。

（2）城市垃圾污染物的计算。城市生活垃圾产量预测一般有人均指标法和递增系数法，规划时可以用两种方法，结合历史数据进行校核。

人均指标法：据统计，目前我国城市人均生活垃圾产量为0.6～1.2kg/(人·d)。这个值的变化幅度较大，主要受城市具体条件影响。例如，基础设施齐备的大城市的产量低，而中、小城市的产量高，南方地区的产量比北方地区的产量低。相比于世界发达国家城市生活垃圾的产量情况，我国城市生活垃圾的规划人均指标以0.9～1.4kg/(人·d）为宜。由人均指标乘以规划的人口数则可得到城市生活垃圾总量。

城市生活垃圾量预测方法：由递增系数，利用基准年数据算得规划年的城市生活垃圾总量，计算公式为

$$W_t = W_0(1+i)^t$$

式中：W_t 为预测年份城市生活垃圾产量，万 t；W_0 为基准年城市生活垃圾产量，万 t；i 为年增长率；t 为预测年限。

此种方法要求根据历史数据和城市发展的可能性，确定合理的增长率。它综合了人口增长、建成区的扩展、经济发展状况和煤气化进程等有关因素，但忽略了突变因素。

生活垃圾量和固体废弃物中污染物产生量分别按总氮0.21%、总磷0.22%、氨氮0.021%计算，由此计算出廊坊市生活垃圾每天的生产量和污染物含量。所含污染物的入河量按7%估算，分别计算出总氮污染物入河量为269.63t，总磷污染物入河量为282.49t，氨氮污染物入河量为26.96t，见表12-15。

表12-15　　廊坊市生活垃圾生产量计算表

行政区	城市人口/万人	生活垃圾生产量/万 t	污染物入河量/t		
			总氮	总磷	氨氮
三河市	56.137	24.588	36.14	37.87	3.61
大厂县	12.170	5.330	7.84	8.21	0.78
香河县	32.609	14.283	21.00	22.00	2.10
广阳区	39.921	17.485	25.70	26.93	2.57
安次区	34.899	15.286	22.47	23.54	2.25
固安县	43.921	19.237	28.28	29.63	2.83
永清县	38.802	16.995	24.98	26.17	2.50
霸州市	61.961	27.139	39.89	41.79	3.99

续表

行政区	城市人口/万人	生活垃圾生产量/万 t	污染物入河量/t		
			总氮	总磷	氨氮
文安县	49.598	21.724	31.93	33.45	3.19
大城县	48.769	21.361	31.40	32.90	3.14
合计	418.787	183.428	269.63	282.49	26.96

(3) 城市垃圾的危害。人类对自然资源的开发与利用在规模和强度上不断扩大，消耗资源的速度也在大大加快。这一方面给社会带来了文明，提高了人们生活质量，另一方面也意味着加速了垃圾的增长，而垃圾是环境污染的重要原因之一。如果放任自流，疏于管理和处理，那么它就会造成公害，破坏生态环境，危及人们的健康。大致有以下几个方面。

1) 垃圾堆放不仅占用耕地，还污染土壤及农作物。由于垃圾里化学产品含量越来越高，填埋后数十年甚至上百年都不会降解，加上有毒成分和重金属含在其中，这些耕地也就失去了使用价值。

2) 垃圾经雨水渗沥污染地下水或进入地表水，造成水体污染。80%的流行病是因此传播的，且导致江河湖泊严重缺氧富营养化，近海赤潮。

3) 垃圾在腐化过程中，产生大量热能，主要是氨、甲烷和硫化氢等有害气体，浓度过高形成恶臭，严重污染大气，散发热量，从空中包围城市。

4) 塑料袋、塑料杯、泡沫塑料制品等白色污染是不易分解的。不仅降低市容市貌、环境卫生水平，诱害动物，还影响土壤结构，致使土质劣化，遏制农作物生长，使植物减产30%。

5) 失控的垃圾场几乎是所有微生物孳生的温床，包括病毒、细菌、支原体和蚊蝇、蟑螂等疾病传播媒体，啮齿类动物（如老鼠）也在其中大肆繁衍，横行霸道，使人得病，有碍健康。

6) 危险废物直接或间接危害人体健康，如废灯管、废油漆，特别是废电池，因为电池中含有汞、镉、铅等重金属物质。汞具有强烈的毒性，铅能造成神经紊乱、肾炎等，镉主要造成肾、肝损伤和骨疾-骨质疏松、软骨症及骨折，放射性会致癌。

3. 工业固体废弃物

根据生产工艺和废弃物形态，工业固体废弃物的产生有连续产生、定期批量产生、一次性产生和事故性排放等多种方式。

连续产生：固体废弃物在整个生产过程中被连续不断地产生出来，通过输送泵站和管道、传送带等排出，如热电厂粉煤灰浆。这类废弃物在产生过程中，物理性质相对稳定，化学性质则有时呈现周期性变化。

定期批量产生：固体废弃物在某一相对固定的时间段内分批产生，如食品加工废弃物。这是比较常见的废弃物产生方式，通常定期批量产生的废弃物，批量大体相等。同批产生的废弃物，物理化学性质相近，但批间有可能存在着较大的差异。

一次性产生：多指产品更新或设备检修时产生废弃物的方式，如废催化剂、设备清洗废弃物等。这类废弃物的产生量大小不等，有时常混杂有相当数量的车间清扫废物和生活

垃圾等，所以组成成分复杂，污染物含量变化无规律。

事故性排放：指因突发性事故或因停水、停电使生产过程被迫中断而产生的报废原料，这类废弃物的污染物含量通常较高。

（1）工业废弃物计算。工业固体废弃物的产生量与城市的产业性质与产业结构、生产管理水平等有关系。其预测方法主要有以下几种。

1）单位产品法：即根据各行业的统计数据，得出每单位原料或产品的产废量。规划时，若明确了工业性质和计划产量，则可预测出产生的工业固体废弃物。

2）万元产值法：根据规划的工业产值乘以每万元的工业固体废弃物产生系数，则得出污染物含量。参照我国部分城市规划指标，可选用 0.04～0.1t/万元的指标。结合廊坊市情况，电力工业取 0.08t/万元，规模以上工业企业取 0.05t/万元，规模以下工业企业取 0.06t/万元。根据廊坊市 2012 年工业总产值，计算出廊坊市工业固体废弃物数量。

生活垃圾量和固体废弃物中污染物产生量分别按总氮 0.21%、总磷 0.22%、氨氮 0.021%计算。由此计算出廊坊市工业固体废弃物生产量和污染物含量，见表 12－16。

表 12－16　　　　廊坊市工业固体废弃物生产量和污染物含量

行政区	工业固体废弃物生产量/t	污染物含量/t		
		总氮	总磷	氨氮
三河市	349263	733.45	768.38	73.35
大厂县	66991	140.68	147.38	14.07
香河县	134013	281.43	294.83	28.14
广阳区	64003	134.41	140.81	13.44
安次区	105503	221.56	232.11	22.16
固安县	40873	85.83	89.92	8.58
永清县	43524	91.40	95.75	9.14
霸州市	486008	1020.62	1069.22	102.06
文安县	159294	334.52	350.45	33.45
大城县	57700	121.17	126.94	12.12
开发区	165631	347.82	364.39	34.78
合计	1672803	3512.89	3680.18	351.29

工业固体废弃物堆放相对集中，造成对水体的污染主要是通过雨水冲刷所致，所含污染物的入河量按 7%估算，分别计算出总氮污染物入河量为 245.9t，总磷污染物入河量为 257.6t，氨氮污染物入河量为 24.6t。

（2）对水体的污染。如果将有害废弃物直接排入江、河、湖、海等地，或是露天堆放的废弃物被地表径流携带进入水体，或是飘入空中的细小颗粒，通过降雨的冲洗沉积和凝雨沉积以及重力沉降和干沉积而落入地表水系，水体都可溶解出有害成分，毒害生物，造成水体严重缺氧，富营养化，导致鱼类死亡等。

有些未经处理的垃圾填埋场，或是垃圾箱，经雨水的淋滤作用，或废弃物的生化降解产生的沥滤液，含有高浓度悬浮固态物和各种有机与无机成分。如果这种沥滤液进入地下水或浅蓄水层，问题就变得难以控制。其稀释与清除地下水中的沥滤液比地表水要慢许多，它可以使地下水在不久的将来变得不能饮用，而使一个地区变得不能居住。

4. 固体污染物入河量

城市垃圾和工业废弃物，堆放在露天场地，遇到大雨或暴雨，随雨水冲刷进入水体，污染现象比较明显。而农业秸秆的污染，不像工业废弃物那样明显，现在，大部分农业废弃物直接秸秆还田，污染物分布在土壤中，一部分被作物吸收，一部分随雨水进入水体，其污染过程复杂，目前很少有这方面的实验资料。固体污染物入河量计算，采用河北省经验系数，考虑当地的具体情况而定。表 12-17 为廊坊市固体污染物入河量估算表。

表 12-17　　廊坊市固体污染物入河量估算表

污染物名称	污染物入河量/t		
	总氮	总磷	氨氮
农作物秸秆	1710.5	934.2	
城市垃圾	269.6	282.5	27.0
工业固体	245.9	257.6	24.6
合计	2226.0	1474.3	51.6

（五）城镇地表径流

由于城镇人类活动繁杂，导致城镇地表径流的污染负荷复杂，而且浓度变化幅度较大。不同城镇用地类型的地表径流面源污染浓度统计特征亦不同，降雨条件、城镇用地类型对城镇地表径流面源污染输出有较大影响。计算一般采用平均浓度。城镇地表径流的年污染负荷简易模型为

$$L=RCA\times10^{-6}$$

式中：L 为年负荷量，kg；R 为年径流深，mm；C 为径流污染物平均浓度，mg/L；A 为集水区面积，m^2。

不同土地利用类型的径流污染物平均浓度见表 12-18。河北省城镇地表平均径流系数为 0.50。

表 12-18　　不同土地利用类型的径流污染物平均浓度

污染物名称	总氮	总磷	化学需氧量	氨氮
平均浓度/(mg/L)	2.4	0.42	70.0	0.24

根据廊坊市城镇发展情况，采用 2012 年廊坊市城镇居民居住面积调查资料，廊坊市城镇居民居住面积，计算城镇径流污染物流失量，计算结果见表 12-19。

表 12-19　　廊坊市地表径流污染物计算成果

行政区	城镇面积/km^2	多年平均年降水量/mm	城镇径流系数	径流量/万 m^3	污染物流失量/t			
					总氮	总磷	氨氮	化学需氧量
三河市	643	605.7	0.078	3044	72.99	12.77	7.30	2128.97
大厂县	176	586.5	0.079	815	19.56	3.42	1.96	570.42

续表

行政区	城镇面积/km^2	多年平均年降水量/mm	城镇径流系数	径流量/万 m^3	污染物流失量/t			
					总氮	总磷	氨氮	化学需氧量
香河县	458	578.8	0.07	1867	44.85	7.85	4.48	1308.05
广阳区	423	549.0	0.034	781	18.78	3.29	1.88	547.79
安次区	583	538.3	0.036	1123	27.00	4.73	2.70	787.63
固安县	697	524.5	0.040	1472	35.30	6.18	3.53	1029.47
永清县	774	526.2	0.046	1859	44.58	7.80	4.46	1300.32
霸州市	785	517.0	0.063	2560	61.42	10.75	6.14	1791.37
文安县	980	520.7	0.084	4306	103.25	18.07	10.33	3011.54
大城县	910	524.2	0.081	3854	92.60	16.21	9.26	2700.88
合计	6429	539.7	0.062	21681	520.33	91.07	52.04	15176.44

通过对城镇居住地污染物流失量进行计算，可得廊坊市城镇居住地污染物流失量：总氮污染物入河量为 520.33t，总磷污染物入河量为 91.07t，氨氮污染物入河量为 52.04t，化学需氧量污染物入河量为 15176.44t。从分析结果可以看出，城镇地表径流中污染物主要是化学需氧量。

（六）面源成果分析

通过上述对生活污水、固体废弃物、农药化肥流失、畜禽养殖污染物、水土流失、城镇径流污染物等多项面源污染情况进行分析计算，廊坊市面污染总量达 122610.72t。表 12－20 为廊坊市各类面源污染入河量统计表。

表 12－20　　廊坊市各类面源污染入河量统计表

面源种类	不同污染物入河量/(t/a)					合计/(t/a)	占总量的百分数/%
	总氮	总磷	氨氮	化学需氧量	农药残留物		
生活污水	74.90	17.12	32.10	642.00	—	766.12	0.6
农药化肥流失	62129.37	14635.85	6212.95	—	1177.80	84155.97	68.6
畜禽养殖污染物	2971.10	2356.88	49.01	12719.86	—	18096.85	14.8
固体废弃物	2226.00	1474.30	51.60	—	—	3751.90	3.1
城镇径流污染物	520.33	91.07	52.04	15176.44	—	15839.88	12.9
总计	67921.70	18575.22	6397.70	28538.30	1177.80	122610.72	100
占总量的百分数/%	55.4	15.1	5.2	23.3	1.0	100	

从污染物类别分，化学需氧量占总污染物的 55.4%，其次是总氮，占总污染物的 23.3%。从污染种类分，农药化肥流失占总污染物的 68.6%，是面源污染的主要污染源，其次为畜禽养殖污染物，占总污染物的 14.8%。

三、点源与面源污染物比例分析

（一）农村面源污染

农村面源污染是指农村生活和农业生产活动中，溶解的或固体的污染物，如农田中的土粒、氮素、磷素、农药重金属、农村禽畜粪便与生活垃圾等有机或无机物质，从非特定的地域，在降水和径流冲刷作用下，通过农田地表径流、农田排水和地下渗漏，使大量污染物进入受纳水体（河流、湖泊、水库、海湾）所引起的污染。农村面源污染是目前主要污染源之一。

（1）面源污染产生量和排放量加大。随着经济的发展和生活水平的提高，人们对肉食品的需求日益增加。今后一段时间，是畜牧业、水产业生产方式转型的重要时期，农村分散养殖将进一步减少，规模化养殖场将大幅增加，种养业脱节更加严重，畜牧养殖污染将进一步加剧。未来几年，蔬果花产业将得到较大发展，种植面积将大幅提高，过量施肥的现象很难在短期内迅速扭转，土壤氮、磷养分富集还将继续，蔬果花农田对水体富营养化的潜在威胁将有增无减。

（2）面源污染的历史累积短期内难以实现生态修复。过去农业生产片面强调产量，追求规模效益，导致农药化肥的过量使用而沉积在土壤中，目前适用的政策措施和工程技术相对缺乏，污染的惯性作用将持续，短期内无法好转，已经污染的区域还将进一步加剧。

（二）城市面源污染

随着点源污染逐步得到治理，面源污染对于水环境的危害性受到人们的普遍关注，已成为影响环境的主要污染源之一。

城市河流的面源污染主要是以降雨引起的雨水径流的形式产生，径流中的污染物主要来自于雨水对河流周边道路表面的沉积物、无植被覆盖裸露的地面、垃圾等的冲刷，污染物的含量取决于城市河流的地形、地貌、植被的覆盖程度和污染物的分布情况。

城市河流面源污染的突出特征是：污染源分布存在分散性和不均匀性，污染途径存在随机性和多样性，污染成分存在复杂性和多变性。

（三）点污染源、面污染源比例分析

通过对廊坊市点、面污染源分析，点污染源年入河量为 15389.5t，面污染源年入河量为 187384.25t，污染源总量为 202773.75t。通过对廊坊市污染源调查分析，点污染源占总污染物的 7.6％左右，面污染源占总污染物的 92.4％左右。面污染源将是影响环境的主要污染源。

第二节　地表水水质评价

一、地表水水质监测站网

截至 2011 年，廊坊市水环境监测中心地表水监测站共 17 处，每年 2 月、4 月、6 月、8 月、10 月、12 月进行水质监测，其中潮白河赶水坝站、洵河双村站全年监测 12 次。监测项目有 34 项。表 12－21 为廊坊市地表水水质监测站网基本情况一览表。附图 12－1 为廊坊市地表水水质监测站网分布图。

表 12-21 廊坊市地表水水质监测站网基本情况一览表

序号	水系	河名	站名	站类	监测功能	监测断面位置	监测频率	监测项目	设站年份
1	北三河	泃河	三河	基本	排污控制	三河市泃阳镇	6	34	1972
2	北三河	潮白河	赶水坝	基本	干流控制	香河县大罗屯乡吴村	12	36	1963
3	北三河	北运河	土门楼	基本	干流控制	香河县李庄乡土门楼	6	34	1963
4	大清河	中亭河	胜芳	基本	入洼控制	霸州市胜芳镇胜芳	6	34	1986
5	大清河	赵王河	史各庄	基本	干流控制	文安县史各庄镇秦各庄	6	34	1961
6	北三河	泃河	双村	辅助站	入境控制	三河市灵山乡双村	12	24	1995
7	北三河	鲍邱河	白庄	辅助站	排污控制	三河市定福庄乡白庄	6	23	1986
8	永定河	永定河	固安	基本	入境控制	固安县固安镇	6	34	1977
9	永定河	永定河	王玛	辅助站	区间控制	廊坊市王玛	6	23	1987
10	永定河	天堂河	更生	辅助站	支流控制	廊坊市白家务	6	23	1987
11	永定河	龙河	北昌	基本	支流控制	廊坊市北昌	6	23	1974
12	永定河	龙河	永丰	辅助站	排污控制	安次区仇庄镇永丰大桥	6	23	1986
13	大清河	大清河	新镇	辅助站	干流控制	文安县新镇大桥	6	23	1986
14	大清河	排干三渠	康黄甫	基本	支流控制	文安县德归镇康黄甫村	6	34	1987
15	子牙河	任文干渠	八里庄	基本	入洼控制	文安县孙氏镇八里庄村	6	34	1985
16	子牙河	牤牛河	金各庄	基本	支流控制	霸州市南孟镇金各庄村	6	34	1974
17	子牙河	子牙河	南赵扶	基本	干流控制	大城县南赵扶镇	6	34	1988

二、河流水质变化过程

地表水水质监测起始于 20 世纪 80 年代，随着时间的推移，检测项目也逐渐增多。分别对 1986 年（1987 年或 1988 年）、1990 年、1995 年、2000 年、2005 年、2010 年各主要河道的监测结果进行统计，计算其年平均值，便于对照使用，同时也反映出各河道水质的变化过程，统计结果见表 12-22～表 12-26。

表 12-22 北三河水系潮白河赶水坝站水质变化过程统计表

序号	监测项目	1986 年	1987 年	1990 年	1995 年	2000 年	2005 年	2010 年
1	pH 值	7.7	8.3	8.4	8.4	8.0	7.9	8.0
2	电导率/(μS/cm)	—	773	650	495	1312	1231	1098
3	矿化度/(mg/L)	407	518	547	272	641	647	726
4	侵蚀二氧化碳/(mg/L)	—	—	—	0	0	0	0.7
5	游离二氧化碳/(mg/L)	—	—	—	5.69	22.40	17.70	23.00
6	钙离子/(mg/L)	47.6	53.0	60.5	31.0	69.3	69.9	68.1
7	镁离子/(mg/L)	19.1	30.6	27.6	19.1	29.3	29.9	28.0
8	钾离子/(mg/L)	4.26	5.03	5.80	4.16	5.25	6.34	12.5
9	钠离子/(mg/L)	38.3	45.3	52.2	28.4	65.2	102.0	122.0

续表

序号	监测项目	1986年	1987年	1990年	1995年	2000年	2005年	2010年
10	氯离子/(mg/L)	25.3	50.2	54.2	20.2	97.2	131.0	114.0
11	硫酸盐/(mg/L)	53.2	66.9	39.7	28.3	64.4	46.2	76.5
12	碳酸盐/(mg/L)	0	12.70	20.40	5.12	0	0	3.07
13	重碳酸盐/(mg/L)	232	254	283	165	408	388	392
14	离子总量/(mg/L)	420	518	543	301	739	773	816
15	总硬度/(mg/L)	11.1	145.0	148.0	87.4	165.0	167.0	166.0
16	总碱度/(mg/L)	106.0	128.0	149.0	80.7	187.0	178.0	183.0
17	溶解氧/(mg/L)	—	9.39	7.30	11.80	5.60	7.18	9.10
18	溶解氧饱和度/%	—	—	—	—	61.8	69.7	89.4
19	氨氮/(mg/L)	—	2.38	4.05	1.52	13.70	15.80	14.30
20	亚硝酸盐氮/(mg/L)	—	—	0.181	0.114	0.304	0.669	1.090
21	硝酸盐氮/(mg/L)	—	—	—	0.25	0.76	2.73	4.00
22	高锰酸盐指数/(mg/L)	—	9.91	11.80	6.63	10.90	9.20	10.80
23	氰化物/(mg/L)	—	0.006	0.004	0.002	0.004	0.008	0.011
24	砷化物/(mg/L)	—	0.0070	0.0100	0.0012	0.0015	0.0039	0.0046
25	挥发酚/(mg/L)	—	0.0005	0.0029	0.0002	0.0096	0.0008	0.0015
26	六价铬/(mg/L)	—	0.026	0.009	0.004	0.009	0.003	0.004
27	汞/(mg/L)	—	—	—	0.00006	0.00016	0.00001	0
28	镉/(mg/L)	—	—	—	0.001	—	0.003	0.001
29	铅/(mg/L)	—	—	—	0.01	—	0.01	0.01
30	铜/(mg/L)	—	—	—	0.006	—	0.009	0.002
31	铁/(mg/L)	—	—	—	0.60	—	0.26	0.04
32	总磷/(mg/L)	—	—	—	—	—	2.41	1.22
33	氟化物/(mg/L)	—	—	—	0.53	0.71	0.79	0.66

注　"—"表示该监测项目任务书中无监测任务或缺测。

表 12-23　　北三河水系北运河土门楼站水质变化过程统计表

序号	监测项目	1986年	1987年	1990年	1995年	2000年	2005年	2010年
1	pH值	7.5	8.0	7.8	7.5	8.1	7.8	8.1
2	电导率/(μS/cm)	—	1210	1146	1065	1277	1136	1147
3	矿化度/(mg/L)	732	871	824	649	621	642	664
4	侵蚀二氧化碳/(mg/L)	—	—	—	0	0	0	0
5	游离二氧化碳/(mg/L)	—	—	—	7.76	14.90	12.60	39.90
6	钙离子/(mg/L)	46.4	89.8	87.8	70.7	72.9	68.9	67.9
7	镁离子/(mg/L)	37.8	33.5	31.6	35.6	31.9	35.7	34.7
8	钾离子/(mg/L)	1.20	1.22	1.12	11.20	8.82	6.44	15.6

续表

序号	监 测 项 目	1986年	1987年	1990年	1995年	2000年	2005年	2010年
9	钠离子/(mg/L)	119.0	121.0	111.0	84.6	95.3	106.0	130.0
10	氯离子/(mg/L)	96.6	120.0	121.0	96.5	108.0	118.0	133.0
11	硫酸盐/(mg/L)	102.0	29.7	33.8	54.2	82.4	45.6	111.0
12	碳酸盐/(mg/L)	0	2.82	0	0	1.48	0	0
13	重碳酸盐/(mg/L)	340	461	446	444	378	410	429
14	离子总量/(mg/L)	743	859	832	797	779	791	921
15	总硬度/(mg/L)	152	203	196	181	176	179	180
16	总碱度/(mg/L)	156	215	205	204	175	188	197
17	溶解氧/(mg/L)	—	4.35	2.20	2.90	8.90	6.88	8.18
18	溶解氧饱和度/%	—	—	—	—	81.1	63.6	79.2
19	氨氮/(mg/L)	—	13.5	13.6	20.0	10.8	15.8	15.6
20	亚硝酸盐氮/(mg/L)	—	—	0.878	0.120	0.330	0.575	0.620
21	硝酸盐氮/(mg/L)	—	—	—	0.18	0.50	1.68	2.98
22	高锰酸盐指数/(mg/L)	—	22.8	23.6	12.9	12.1	7.5	11.4
23	氰化物/(mg/L)	—	0.009	0.007	0.004	0.006	0.008	0.007
24	砷化物/(mg/L)	—	0.0152	0.0151	0.0071	0.0029	0.0048	0.0054
25	挥发酚/(mg/L)	—	0.0144	0.0197	0.0145	0.0063	0.0025	0.0017
26	六价铬/(mg/L)	—	0.043	0.016	0.008	0.009	0.002	0.004
27	汞/(mg/L)	—	—	—	0.00008	0.00036	0.00008	0
28	镉/(mg/L)	—	—	—	0.001	—	0.001	0.001
29	铅/(mg/L)	—	—	—	0.01	—	0.01	0.02
30	铜/(mg/L)	—	—	—	0.013	—	0.002	0.002
31	铁/(mg/L)	—	—	—	1.19	0.85	0.25	0.10
32	总磷/(mg/L)	—	—	—	—	—	2.04	—
33	氟化物/(mg/L)	—	—	—	0.68	0.76	0.80	0.68

注　“—”表示该监测项目任务书中无监测任务或缺测。

表 12-24　　大清河水系赵王河史各庄站水质变化过程统计表

序号	监 测 项 目	1988年	1990年	1995年	1998年	2010年	2012年
1	pH值	8.0	8.5	8.2	8.2	8.2	8.0
2	电导率/(μS/cm)	407	351	784	760	1249	1075
3	矿化度/(mg/L)	319	328	510	564	755	907
4	侵蚀二氧化碳/(mg/L)	—	—	0	0	0	2.15
5	游离二氧化碳/(mg/L)	—	—	6.2	16.0	13.1	6.51
6	钙离子/(mg/L)	57.8	29.6	41.9	59.4	64.0	67.1
7	镁离子/(mg/L)	15.4	25.3	34.4	33.7	41.4	57.1

续表

序号	监 测 项 目	1988 年	1990 年	1995 年	1998 年	2010 年	2012 年
8	钾离子/(mg/L)	0.72	2.49	3.57	2.16	12.50	9.34
9	钠离子/(mg/L)	6.43	22.40	78.30	70.00	212.00	171.00
10	氯离子/(mg/L)	7.37	22.10	78.70	61.10	176.00	176.00
11	硫酸盐/(mg/L)	35.4	30.8	87.0	70.2	134	137.0
12	碳酸盐/(mg/L)	0	26.60	10.60	8.65	1.84	0
13	重碳酸盐/(mg/L)	216	150	200	246	292	298
14	离子总量/(mg/L)	339	309	534	551	934	916
15	总硬度/(mg/L)	116.0	99.8	138.0	161.0	185.0	226.0
16	总碱度/(mg/L)	99.4	93.7	102.0	121.0	136.0	137.0
17	溶解氧/(mg/L)	8.9	7.1	9.1	6.0	9.36	9.1
18	溶解氧饱和度/%	—	—		71.6	95.6	79.5
19	氨氮/(mg/L)	0.10	0.16	0.18	0.43	0.55	0.262
20	亚硝酸盐氮/(mg/L)	—	0.002	0.011	0.005	0.020	0.079
21	硝酸盐氮/(mg/L)	—	—	0.197	0.080	1.010	1.950
22	高锰酸盐指数/(mg/L)	6.0	5.9	4.97	6.2	10.0	7.0
23	氰化物/(mg/L)	0.002	0.002	0.002	0.002	0.003	0.008
24	砷化物/(mg/L)	0.0030	0.0112	0	0	0.0031	0.0012
25	挥发酚/(mg/L)	0.0010	0.0036	0.0003	0.0050	0.0029	0.0004
26	六价铬/(mg/L)	0.006	0.004	0.003	0.002	0.003	0.002
27	汞/(mg/L)	—	—	0.00003	0	0	0
28	镉/(mg/L)	—	—	0.001	0.001	0.001	0.001
29	铅/(mg/L)	—	—	0.01	0.04	0.01	0.01
30	铜/(mg/L)	—	—	0.005	0.010	0.002	0.002
31	铁/(mg/L)	—	—	0.50	0.12	0.02	0.02
32	总磷/(mg/L)	—	—	—	—	—	—
33	氟化物/(mg/L)	—	—	0.43	0.48	0.91	1.22

注　“—”表示该监测项目任务书中无监测任务或缺测。

表 12-25　大清河水系排干三渠康黄甫站水质变化过程统计表

序号	监 测 项 目	1988 年	1990 年	1991 年	1995 年	2010 年	2012 年
1	pH 值	7.8	7.9	8.0	7.8	8.2	7.7
2	电导率/(μS/cm)	2900	1512	1687	2954	2860	2164
3	矿化度/(mg/L)	1740	896	914	1720	1870	1112
4	侵蚀二氧化碳/(mg/L)	—	—	—	0	0	2.60
5	游离二氧化碳/(mg/L)	—	—	—	6.47	19.10	8.71
6	钙离子/(mg/L)	113.0	58.3	59.4	130.0	110.0	70.6

续表

序号	监测项目	1988年	1990年	1991年	1995年	2010年	2012年
7	镁离子/(mg/L)	116.0	70.5	64.4	110.0	86.0	95.5
8	钾离子/(mg/L)	2.23	9.32	1.10	8.07	11.40	8.18
9	钠离子/(mg/L)	221.0	83.9	109.0	335.0	429.0	81.0
10	氯离子/(mg/L)	437	238	236	488	384	260
11	硫酸盐/(mg/L)	332.0	55.1	132.0	299.0	467.0	154.0
12	碳酸盐/(mg/L)	3.68	0	0	0	0	0
13	重碳酸盐/(mg/L)	242	288	248	335	671	326
14	离子总量/(mg/L)	1470	803	850	1710	2160	995
15	总硬度/(mg/L)	426	244	232	437	352	319
16	总碱度/(mg/L)	115	132	114	154	308	150
17	溶解氧/(mg/L)	6.6	6.6	2.8	7.0	6.4	2.9
18	溶解氧饱和度/%	—	—	—		84.7	32.1
19	氨氮/(mg/L)	0.16	2.89	0.77	0.99	0.11	0.58
20	亚硝酸盐氮/(mg/L)	—	0.205	0.019	0.205	0.059	0.018
21	硝酸盐氮/(mg/L)	—	—	—	1.59	0.48	0.22
22	高锰酸盐指数/(mg/L)	8.6	9.3	13.3	7.7	20.3	9.1
23	氰化物/(mg/L)	0.002	0.002	0.002	0.002	0.002	0.002
24	砷化物/(mg/L)	0.0100	0.0070	0.0150	0.0058	0.0189	0.0057
25	挥发酚/(mg/L)	0.0010	0.0013	0.0010	0.0002	0.0002	0.0004
26	六价铬/(mg/L)	0.007	0.008	0.012	0.005	0.002	0.002
27	汞/(mg/L)	—	—	—	0.00016	0	0
28	镉/(mg/L)	—	—	—	0.006	0.001	0.001
29	铅/(mg/L)	—	—	—	0.08	0.01	0.01
30	铜/(mg/L)	—	—	—	0.011	0.002	0.002
31	铁/(mg/L)	—	—	—	0.28	0.02	0.02
32	总磷/(mg/L)	—	—	—	—	—	—
33	氟化物/(mg/L)	—	—	—	0.84	2.46	0.91

注 “—”表示该监测项目任务书中无监测任务或缺测。

表 12-26　　子牙河水系子牙河南赵扶站水质变化过程统计表

序号	监测项目	1987年	1989年	1990年	1991年	1995年	2012年
1	pH值	8.2	8.0	8.3	8.0	8.0	8.2
2	电导率/(μS/cm)	655	3175	1517	1553	1890	597
3	矿化度/(mg/L)	760	1760	886	799	1160	683
4	侵蚀二氧化碳/(mg/L)	—	—	—	—	0	0
5	游离二氧化碳/(mg/L)	—	—	—	—	10.4	10.3

续表

序号	监测项目	1987年	1989年	1990年	1991年	1995年	2012年
6	钙离子/(mg/L)	78.4	122.0	77.1	80.4	102.0	70.5
7	镁离子/(mg/L)	38.0	91.2	50.0	64.8	47.2	36.9
8	钾离子/(mg/L)	8.82	2.71	1.09	4.42	13.80	10.60
9	钠离子/(mg/L)	79.4	268.0	108.0	39.8	211.0	90.7
10	氯离子/(mg/L)	144	511	232	215	265	95.3
11	硫酸盐/(mg/L)	172.0	131.0	36.6	75.0	112.0	76.8
12	碳酸盐/(mg/L)	0	0	13.1	0	0	0
13	重碳酸盐/(mg/L)	182	312	279	190	429	242
14	离子总量/(mg/L)	703	1440	797	670	1180	623
15	总硬度/(mg/L)	197	382	223	262	252	184
16	总碱度/(mg/L)	83.6	144.0	141.0	87.6	197.0	111.0
17	溶解氧/(mg/L)	5.10	8.70	4.13	4.00	3.40	19.00
18	溶解氧饱和度/%	—	—	—	—	—	134
19	氨氮/(mg/L)	0.11	4.54	3.08	0.19	61.4	0.05
20	亚硝酸盐氮/(mg/L)		0.646	0.727	0.024	0.075	0.072
21	硝酸盐氮/(mg/L)					0.11	5.06
22	高锰酸盐指数/(mg/L)	3.9	6.8	13.0	7.8	16.4	3.1
23	氰化物/(mg/L)	0.002	0.002	0.008	0.002	0.002	0.002
24	砷化物/(mg/L)	0	0.0050	0.0123	0.0055	0.0090	0.0007
25	挥发酚/(mg/L)	0.0002	0.0020	0.0015	0.0002	0.0002	0.0002
26	六价铬/(mg/L)	0.002	0.005	0.008	0.016	0.005	0.002
27	汞/(mg/L)	—	—	—	—	0	0
28	镉/(mg/L)	—	—	—	—	—	0.001
29	铅/(mg/L)	—	—	—	—	0.002	0.010
30	铜/(mg/L)	—	—	—	—	0.010	0.020
31	铁/(mg/L)	—	—	—	—	1.87	0.02
32	总氮/(mg/L)	—	—	—	—	—	—
33	氟化物/(mg/L)	—	—	—	—	1.61	0.74

注　“—”表示该监测项目任务书中无监测任务或缺测。

三、水质评价

（一）单因子评价

评价方法采用单因子污染指数法，即将每个监测分析参数的监测值与各级水质标准对照，如监测值有一项或多项水质参数不符合某项水质标准，即为超过该等级水质标准，确定其水质类别，并计算其超标倍数：

$$B=\frac{C_i}{C_{si}}-1$$

式中：B 为超标倍数；C_{si} 为第 i 项污染物评价标准值（国家标准中Ⅲ类水质标准），mg/L；C_i 为第 i 项污染物实测浓度，mg/L。

（二）综合污染指数

对多项水质参数进行现状评价，一般按某种污染物浓度是否超过某一规定的水质标准，计算其超标率和超标倍数，然后进行评价。此评价适合计算出水库的综合污染指数。

单项污染指数表示某种污染物对水环境产生影响的程度，一般用该种污染物质在水中的实测浓度与其在水环境标准中的允许浓度（地表水水环境质量标准第Ⅲ类）的比值进行计算。

$$I_i=\frac{C_i}{C_{si}}$$

式中：I_i 为单项污染分指数；C_i 为评价项目的监测浓度；C_{si} 为评价项目的标准值，此次采用地表水环境质量标准第Ⅲ类。

污染危害程度随其浓度增加而降低的评价参数（如溶解氧），其单项污染指数按下式计算：

$$I_i=\frac{C_{i\max}-C_i}{C_{i\max}-C_{si}}$$

式中：$C_{i\max}$ 为该评价项目的最大值，溶解氧为该条件下的饱和浓度。

对具有最低和最高允许限度的评价参数（如 pH 值），单项污染指数按下式计算：

当 $C_i>C_{sip}$ 时：
$$I_i=\frac{C_i-C_{sip}}{C_{si\max}-C_{sip}}$$

当 $C_i<C_{sip}$ 时：
$$I_i=\frac{C_i-C_{sip}}{C_{sisma}-C_{sip}}$$

式中：C_{sip} 为容许值界限间平均值；$C_{si\max}$ 为最大容许值；C_{sisma} 为最小容许值。

C_{sip} 按下式计算：

$$C_{sip}=\frac{C_{si\max}+C_{sisma}}{2}$$

地表水环境质量标准中未列入的总硬度、溶解性总固体项目采用生活饮用水卫生标准进行评价。

综合污染指数的计算方法用算术平均法，即求各单项污染指数的算术平均值：

$$I=\frac{1}{n}\sum_{i=1}^{n}I_i$$

式中：I 为综合污染指数；I_i 为单项目污染分指数；n 为参加评价的项目数。

根据综合污染指数，划分为 6 个地表水环境质量分级标准，见表 12－27。

表 12－27　　地表水环境质量分级标准

综合污染指数	级 别	分 级 依 据
$I\leqslant 0.2$	清洁	多数项目未检出，个别项目虽检出但也在标准值之内
$0.2<I\leqslant 0.4$	尚清洁	检出值均在标准值内，个别接近标准值

续表

综合污染指数	级别	分级依据
$0.4<I\leqslant0.7$	轻污染	个别项目检出值超过标准值
$0.7<I\leqslant1.0$	中污染	有两项检出值超过标准值
$1.0<I\leqslant2.0$	重污染	相当部分检出值超过标准值
$I>2.0$	严重污染	相当一部分检出值超过标准值数倍或几十倍

（三）评价结果

分别对各地表水水质监测站监测项目进行评价，选择2000年和2010年两个年份进行评价，然后进行对照分析，评价水质变化情况。平原河道河干的时间较长，对于评价年份河干的情况，采用相邻年份的水质评价结果，便于对照分析。表12-28为2000年廊坊市地表水水质评价结果。表12-29为2010年廊坊市地表水水质评价结果。

表12-28　2000年廊坊市地表水水质评价结果

河名	站名	水质类别	评价结果	主要超标物质（超标倍数）
泃河	三河	劣Ⅴ	严重污染	铵（6.8）、高锰酸盐指数（0.6）、挥发酚（0.2）、汞（0.1）
潮白河	赶水坝	劣Ⅴ	严重污染	铵（12.7）、高锰酸盐指数（0.8）、挥发酚（0.9）、汞（0.6）
北运河	土门楼	劣Ⅴ	严重污染	铵（9.8）、高锰酸盐指数（1.0）、挥发酚（0.3）、汞（2.6）
中亭河	胜芳	Ⅳ（1995年）	轻污染	铵（0.8）、硫化物（0.01）
赵王河	史各庄	Ⅲ（1995年）	尚清洁	
泃河	双村	劣Ⅴ	严重污染	铵（6.8）、高锰酸盐指数（0.7）、挥发酚（0.2）、汞（1.4）
鲍邱河	白庄	Ⅲ（1995年）	尚清洁	
永定河	固安	劣Ⅴ（1990年）	严重污染	铵（18.9）、高锰酸盐指数（3.7）、挥发酚（10.2）
龙河	北昌	劣Ⅴ（2004年）	严重污染	铵（19.5）、高锰酸盐指数（3.9）、挥发酚（2.4）、砷（1.5）、硫化物（16.8）、溶解氧（DO<DL）
龙河	永丰			
排干三渠	康黄甫	Ⅳ（1995年）	中污染	高锰酸盐指数（0.3）、汞、（0.6）、镉（0.2）、铅（0.5）、溶解性总固体（0.7）
任文干渠	八里庄	劣Ⅴ（1995年）	严重污染	铵（28.3）、高锰酸盐指数（0.7）、溶解性总固体（0.04）
牤牛河	金各庄	Ⅲ（1990年）	轻污染	
子牙河	南赵扶	劣Ⅴ（1990年）	重污染	铵（2.08）、高锰酸盐指数（1.2）

表12-29　2010年廊坊市地表水水质评价结果

河名	站名	水质类别	评价结果	主要超标物质（超标倍数）
泃河	三河	劣Ⅴ	严重污染	铵（13.9）、高锰酸盐指数（1.0）、硫化物（0.6）
潮白河	赶水坝	劣Ⅴ	严重污染	铵（13.3）、高锰酸盐指数（0.8）、溶解性总固体（0.1）
北运河	土门楼	劣Ⅴ	严重污染	铵（14.6）、高锰酸盐指数（0.9）
中亭河	胜芳	劣Ⅴ	严重污染	挥发酚（281）、铵（13.6）、高锰酸盐指数（3.0）、汞（3.0）、氰化物（0.8）、氟化物（3.1）、溶解性总固体（3.5）

续表

河名	站名	水质类别	评价结果	主要超标物质（超标倍数）
赵王河	史各庄	Ⅳ	轻污染	硫化物（0.3）、高锰酸盐指数（0.7）
沟河	双村	劣Ⅴ	严重污染	铵（14.2）、高锰酸盐指数（0.9）
鲍邱河	白庄	劣Ⅴ	严重污染	铵（16.1）、高锰酸盐指数（1.9）、氟化物（0.9）、溶解性总固体（0.2）
永定河	固安	Ⅳ（1995年）	尚清洁	氟化物（0.1）
龙河	北昌	劣Ⅴ	重污染	铵（5.2）、高锰酸盐指数（1.3）
龙河	永丰	劣Ⅴ（2012年）	重污染	铵（6.9）、高锰酸盐指数（0.7）
排干三渠	康黄甫	劣Ⅴ	轻污染	高锰酸盐指数（2.4）、氟化物（1.5）、溶解性总固体（0.9）
任文干渠	八里庄	劣Ⅴ	中污染	铵（0.1）、高锰酸盐指数（2.0）、硫化物（2.8）、氟化物（0.4）
牤牛河	金各庄	Ⅲ（1995年）	尚清洁	
子牙河	南赵扶	劣Ⅴ（1995年）	严重污染	铵（60.4）、高锰酸盐指数（1.7）、硫化物（2.8）、氟化物（0.6）、溶解性总固体（0.2）

对廊坊市2000年和2010年地表水水质评价结果分析表明，地表水水质变化不明显。地表水水质受上游工农业生产和生活污水的影响，某种污染物的变化幅度较大，年与年之间的超标倍数相差几倍甚至几十倍。

四、水化学类型变化特征

（一）水化学类型分类

天然水的分类方法有多种，常用的有O.A.阿列金分类法。该分类法适用于大多数天然水，简明易记。将占多数的离子之间的对比恰当地结合，可用来判断水的成因、水的化学性质和质量。分类的方法是如下。

首先，按离子摩尔数占优势的阴离子将天然水分为3类：碳酸水（$HCO_3^- + CO_3^{2-}$最多）、硫酸水（SO_4^{2-}最多）、氯化物水（Cl^-最多）。其次，依阳离子摩尔数多少，在每一级中分为3组：钙质水（Ca^{2+}最多）、镁质水（Mg^{2+}最多）、钠质水（Na^+最多）。最后，依据阴、阳离子摩尔数的相互关系，在每一组内细分成以下4种类型。

Ⅰ型：特点是$HCO_3^- (CO_3^{2-}) > Ca^{2+} + Mg^{2+}$。Ⅰ型水是低矿化水，系由火成岩溶滤或离子交换作用形成的。

Ⅱ型：特点是$HCO_3^- < Ca^{2+} + Mg^{2+} < HCO_3^- + SO_4^{2-}$。Ⅱ型水是低矿化和中等矿化水，多由火成岩、沉积岩的风化物与水相互作用形成。河水、湖水、地下水大多属于这一类型。

Ⅲ型：特点是$HCO^3 + SO_4^{2-} < Ca^{2+} + Mg^{2+}$或者$Cl^- > Na^+$。Ⅲ型水包括高矿化度的地下水、湖水和海水。

Ⅳ型：特点是$HCO_3^- (CO_3^{2-}) = 0$。Ⅳ型水是酸性水，pH<4.5时，水中游离的CO_2和H_2CO_3、HCO_3^-、CO_3^{2-}的浓度为零。例如，沼泽水、硫化矿床水和煤田矿坑水。

按照这个分类系统，共划出27个天然水类型，见表12-30。

表 12-30　　天然水的 O. A. 阿列金分类系统

类	碳酸盐［C］			硫酸盐［S］			氯化物［Cl］		
组	钙（Ca）	镁（Mg）	钠（Na）	钙（Ca）	镁（Mg）	钠（Na）	钙（Ca）	镁（Mg）	钠（Na）
型	Ⅰ	Ⅰ	Ⅰ	Ⅱ	Ⅱ	Ⅰ	Ⅱ	Ⅱ	Ⅰ
	Ⅱ	Ⅱ	Ⅱ	Ⅲ	Ⅲ	Ⅱ	Ⅲ	Ⅲ	Ⅱ
	Ⅲ	Ⅲ	Ⅲ	Ⅳ	Ⅳ	Ⅲ	Ⅳ	Ⅳ	Ⅲ

水质分类可在一定程度上反映水质特点的规律性。首先是矿化度的变化。一般来说，矿化度逐渐增大的方向是

$$[C]<[S]<[Cl]$$

$$Ca<Mg<Na$$

$$Ⅰ型<Ⅱ型<Ⅲ型$$

因此，在表 12-30 中各类型的水，从左到右和从上到下一般意味着矿化度的增大，当然也不能把这作为一种定量规律来看待。其次，各类型的划分反映阴阳离子之间的相对关系，$Ca^{2+}+Mg^{2+}$ 为水的总硬度，HCO_3^- 为水的总碱度，两者的对比影响着水中发生沉淀的难易。一般从Ⅰ型到Ⅲ型，其沉淀性减弱，这对水的软化处理有意义。另外，从Ⅰ型到Ⅲ型，水的碱度降低，相应水的酸性增强，而Ⅳ型的水就是强酸性的水，属于酸性矿水，一般有较大污染性。

有时水中的阴离子或者阳离子中并不是一种离子独占绝对优势，这时的水质也有相应的变化，前述分类法并不能反映这种情况。在必要时也可以并列两种离子来作辅助说明，如可以用［C，S］$Ca_{Ⅱ}$ 型来表示阴离子 SO_4^{2-} 的数量和 HCO_3^- 相差不大，水质可能兼有碳酸盐和硫酸盐的特性。

（二）水化学类型分布

对廊坊市主要河道分别计算主要离子的多年平均值，按照 O. A. 阿列金分类法，计算其水化学类型。分别对 2000 年与 2010 年地表水水化学类型进行分析，然后进行对比，分析地表水水化学类型变化情况，根据其性质，探讨水质变化规律。表 12-31 和表 12-32 分别为 2000 年和 2010 年廊坊市主要河流水化学类型。

表 12-31　　2000 年廊坊市主要河流水化学类型

河名	站名	主要离子含量/(mg/L)								水化学类型
		钙离子	镁离子	钾离子	钠离子	氯离子	硫酸盐	碳酸盐	重碳酸盐	
洵河	三河	70.7	31.2	13.6	64.9	60.5	42.5	5.93	368	$C_{Ⅰ}^{Na}$
潮白河	赶水坝	69.3	29.3	5.25	65.2	97.2	64.4	0	408	$C_{Ⅰ}^{Na}$
北运河	土门楼	72.9	31.9	8.82	95.3	108.0	82.4	1.40	378	$C_{Ⅰ}^{Na}$
洵河	双村	73.6	35.7	11.4	429.0	58.9	34.7	0	412	$C_{Ⅰ}^{Na}$

表 12-32　　2010 年廊坊市主要河流水化学类型

河名	站名	主要离子含量/(mg/L)								水化学类型
		钙离子	镁离子	钾离子	钠离子	氯离子	硫酸盐	碳酸盐	重碳酸盐	
洵河	三河	63.6	53.7	15.1	136	275	69.5	0	373.0	$Cl_{Ⅰ}^{Na}$

续表

河名	站名	主要离子含量/(mg/L)								水化学类型
		钙离子	镁离子	钾离子	钠离子	氯离子	硫酸盐	碳酸盐	重碳酸盐	
潮白河	赶水坝	68.1	28.0	12.5	122	114	76.5	3.07	392.0	C_I^{Na}
北运河	土门楼	67.9	34.7	15.6	130	133	111	0	429.0	C_I^{Na}
中亭河	胜芳	696	62.1	13.8	559	2205	561	23.5	24.6	Cl_{III}^{Na}
赵王河	史各庄	64.0	41.4	12.5	212	176	134	1.84	292.0	Cl_I^{Na}
龙河	北昌	67.0	31.6	10.0	225	184	148	27.70	403.0	C_I^{Na}
排干三渠	康黄甫	110.0	86.0	11.4	429	384	467	0	671.0	C_I^{Na}
任文干渠	八里庄	42.5	38.9	14.4	268	154	194	0	535.0	C_I^{Na}

（三）水化学类型变化规律

淡水和微咸水常以 HCO_3^- 为主要成分，称为重碳酸水；咸水常以 SO_4^{2-} 为主要成分，称为硫酸盐水；盐水和卤水则往往以 Cl^- 为主要成分，称为氯化物水。通过对 2000 年和 2010 年廊坊市地表水水化学类型进行分析，重碳酸类型水呈较少趋势，而氯化物类型水呈增加趋势，从水化学类型分布变化趋势可以看出，地表水水质呈下降趋势。表 12－33 为廊坊市地表水水化学类型变化趋势分析计算表。

表 12－33　　　　廊坊市地表水水化学类型变化趋势分析计算表

年份	评价总数	重碳酸水		硫酸盐水		氯化物水	
		数量	百分数/%	数量	百分数/%	数量	百分数/%
2000	4	4	100	0	0	0	0
2010	8	5	62.5	0	0	3	37.5

第三节　地下水水质评价

一、地下水水质监测站网

截至 2010 年，廊坊市有地下水水质检测站 23 处，监测项目有 30 项，每年 5 月、9 月取样化验。主要对浅层地下水水质进行分析，有 5 处为混合型地下水。表 12－34 为廊坊市地下水水质监测站网基本情况一览表。附图 12－2 为廊坊市地下水水质监测站网分布图。

表 12－34　　　　廊坊市地下水水质监测站网基本情况一览表

序号	水系	河流	站名	测井位置	井深/m	地下水类型	附近地面高程/m
1	北三河	鲍邱河	大罗庄	三河市齐心庄乡大罗庄村内	18.7	潜水	22.00
2	北三河	鲍邱河	韩家庄	三河市高楼镇韩家庄村内	30.0	潜水	26.80
3	北三河	洵河	大枣林	三河市洵阳镇大枣林村南	125.0	混合水	18.30

续表

序号	水系	河流	站名	测井位置	井深/m	地下水类型	附近地面高程/m
4	北三河	鲍邱河	马坊	大厂县夏垫镇马坊村内	6.7	潜水	17.20
5	北三河	鲍邱河	小务	大厂县大厂镇小务村内	25.0	潜水	14.50
6	北三河	潮白河	大鲁口	香河县渠口镇大鲁口村内	19.0	潜水	6.10
7	北三河	潮白河	东延寺	香河县钳屯乡东延寺村南	17.6	潜水	9.40
8	永定河	龙河	草厂	安次区万庄镇草厂村内	100.0	混合水	20.40
9	永定河	龙河	白家务	安次区旧州乡白家务村东北	60.0	混合水	21.30
10	永定河	龙河	后南昌	安次区杨税务乡后南昌村内	20.0	潜水	14.20
11	永定河	永定河	西麻各庄	安次区仇庄乡西麻各庄村	20.0	潜水	12.40
12	永定河	永定河	曹家务	永清县曹家务乡曹家务村内	13.0	潜水	8.60
13	永定河	永定河	别古庄	永清县别古庄镇别古庄村内	16.0	潜水	16.30
14	永定河	永定河	辛立村	固安县固安镇辛立村	65.0	混合水	22.70
15	永定河	永定河	大留村	固安县固安镇大留村	70.0	混合水	16.00
16	大清河	大清河	杨家圈	固安县马庄镇杨家圈村	80.0	潜水	12.30
17	大清河	牤牛河	东沙城	霸州市南孟镇东沙城村西南	40.0	潜水	4.60
18	大清河	中亭河	西煎茶铺	霸州市煎茶铺镇西煎茶铺村西	13.6	潜水	4.60
19	大清河	大清河	秦各庄	文安县史各庄镇秦各庄村南	11.7	潜水	5.20
20	大清河	赵王新河	朱何村	文安县兴隆宫镇朱何村	50.0	潜水	5.60
21	大清河	任文干渠	八里庄	文安县文安镇八里庄村	28.0	潜水	2.90
22	子牙河	子牙河	王庄	大城县平舒镇王庄村内	14.1	潜水	5.30
23	子牙河	子牙河	后烟村	大城县权村乡后烟村内	9.0	潜水	13.80

二、地下水主要化学性质

（一）地下水化学类型变化特征

地下水化学类型不仅有助于了解天然水的成因条件，而且水化学类型的递变格局也时常成为圈化地下水系统、地表水系统，以及研究两者间水利联系的重要证据。

浅层地下水的化学类型，主要受补给源、气象、水文、土壤植被、地形地貌及水文地质等条件控制，并与地下水动态特征密切相关。

按主要离子成分的分类——O. A. 阿列金分类法。按照水中化学成分的天然水分类方法也有很多，其中较广为采用的是由苏联学者 O. A. 阿列金提出的。O. A. 阿列金分类法既考虑了占优势的离子，又考虑了离子含量之间的比例关系。

水化学类型分类按主要阴离子和阳离子将水分类和分组，然后再按主要离子间的对比关系划分为型。

天然水按阴离子划分为 3 类：重碳酸盐水（C）、硫酸盐水（S）和氯化物水（Cl）。每一类又根据阳离子划分为 3 组：Ca 组、Mg 组、Na 组。每一组又根据离子含量对比关

系划分为以下 4 种类型。

Ⅰ型：$HCO_3^- > (Ca^{2+} + Mg^{2+})$。

Ⅱ型：$HCO_3^- < (Ca^{2+} + Mg^{2+}) < (HCO_3^- + SO_4^{2-})$。

Ⅲ型：$(HCO_3^- + SO_4^{2-}) < (Ca^{2+} + Mg^{2+})$。

Ⅳ型：$HCO_3^- = 0$。

Ⅰ型水是弱矿化水，主要在含大量 Na^+ 与 HCO_3^- 的火成岩地区形成，水中含有相等数量的 $NaHCO_3$ 成分（即主要含有 Na^+ 与 HCO_3^-），在某些情况下也可能由 Ca^{2+} 换土壤和沉积物中的 Na^+ 而形成。此类型水多半是低矿化度水。Ⅱ型水为混合起源的水，形成与水和火成岩的作用有关，又与水和沉积岩的作用有关，属于中矿化度水。Ⅲ型水也是混合起源的水，但一般具有很高的矿化度。海水、受咸水影响的地区水和许多高矿化度水属于此类水。Ⅳ型水的特点是不含有 HCO_3^-，沼泽水、硫化矿床水和火山水属此型水。表 12-35 和表 12-36 分别为 2000 年和 2010 年廊坊市地下水水化学类型统计表。

表 12-35　　2000 年廊坊市地下水水化学类型统计表

序号	站名	主要离子含量/(mg/L)								水化学类型
		钙离子	镁离子	钾离子	钠离子	氯离子	硫酸盐	碳酸盐	重碳酸盐	
1	大罗庄	56.1	44.6	1.76	75.1	12.8	58.0	0	571	C_I^{Na}
2	韩家庄	55.8	111.0	0.68	53.8	24.5	273.0	0	454	C_I^{Mg}
3	大枣林	47.4	26.0	1.09	49.2	13.2	14.4	0	377	C_I^{Na}
4	马坊	152.0	121.0	2.38	574.0	412.0	498.0	0	1020	C_I^{Na}
5	小务	77.0	45.6	0.96	90.3	61.6	5.0	0	555	C_I^{Na}
6	大鲁口	29.4	18.0	0.37	63.4	16.4	33.0	0	277	C_I^{Na}
7	东延寺	90.4	42.3	7.52	86.6	109.0	95.4	0	393	C_I^{Na}
8	草厂	65.6	52.0	0.92	76.6	41.0	45.8	0	554	C_I^{Na}
9	白家务	71.6	83.6	0.58	150.0	61.6	194.0	0	700	C_I^{Na}
10	后南昌	70.0	88.6	0.52	190.0	96.6	208.0	29.4	671	C_I^{Na}
11	西麻各庄	127.0	168	5.37	330.0	204.0	268.0	0	1360	C_I^{Na}
12	曹家务	89.0	36.7	1.01	57.2	84.8	103.0	0	359	C_I^{Na}
13	别古庄	156.0	206.0	9.46	400.0	552.0	466.0	0	1060	C_I^{Na}
14	辛立村	108.0	83.8	1.40	75.2	80.0	112.0	0	706	C_I^{Na}
15	大留村	72.8	45.8	0.64	47.8	55.0	38.6	0	428	C_I^{Na}
16	杨家圈	49.0	44.2	1.42	88.7	58.2	63.4	0	442	C_I^{Na}
17	东沙城	128.0	66.8	16.60	124.0	105.0	208.0	0	674	C_I^{Na}
18	西煎茶铺	108.0	53.8	19.50	106.0	107.0	136.0	0	558	C_I^{Na}
19	秦各庄	89.0	40.3	2.03	114.0	62.4	82.2	0	552	C_I^{Na}
20	朱何村	116.0	130.0	0.78	146.0	206.0	222.0	0	784	C_I^{Na}
21	八里庄	107.0	55.6	0.54	152.0	218.0	215.0	0	480	C_I^{Na}
22	王庄	210.0	130.0	15.50	390.0	580.0	486.0	0	675	Cl_I^{Na}
23	后烟村	378.0	445.0	2.70	1160.0	1290.0	2360.0	0	811	Cl_{II}^{Na}

表 12－36　　2010 年廊坊市地下水水化学类型统计表

序号	站名	主要离子含量/(mg/L)								水化学类型
		钙离子	镁离子	钾离子	钠离子	氯离子	硫酸盐	碳酸盐	重碳酸盐	
1	大罗庄	45.7	64.0	0.90	114.0	5.0	6.3	0	706	C_{I}^{Na}
2	韩家庄	83.4	58.0	1.18	52.6	36.0	31.2	0	678	C_{I}^{Mg}
3	大枣林	30.5	23.3	0.64	80.1	12.9	27.2	0	490	C_{I}^{Na}
4	马坊	219.0	183.0	4.86	354.0	613.0	181.0	0	805	C_{I}^{Na}
5	小务	59.3	56.2	0.70	83.8	88.1	82.0	0	536	C_{I}^{Na}
6	大鲁口	23.4	19.2	2.24	102.0	18.2	66.7	0	308	C_{I}^{Na}
7	东延寺	116.0	56.6	6.92	93.8	114.0	182.0	0	468	C_{I}^{Na}
8	草厂	62.5	60.0	0.79	77.0	30.3	27.8	0	668	C_{I}^{Na}
9	白家务	63.7	100.0	1.73	115.0	56.4	120.0	0	898	C_{I}^{Na}
10	后南昌	128.0	256.0	0.94	216.0	542.0	191.0	0	897	Cl_{I}^{Mg}
11	西麻各庄	92.2	332.0	2.16	88.4	615.0	204.0	0	1490	C_{I}^{Mg}
12	曹家务	114.0	85.8	0.70	84.0	153.0	122.0	0	658	C_{I}^{Na}
13	别古庄	78.2	105.0	0.45	392.0	162.0	123.0	0	1110	C_{I}^{Na}
14	辛立村	56.1	31.8	0.96	58.0	43.9	37.4	0	392	C_{I}^{Na}
15	大留村	38.7	10.8	1.52	48.6	5.0	17.0	0	292	C_{I}^{Na}
16	杨家圈	18.0	6.8	1.18	71.9	5.0	45.6	0	242	C_{I}^{Na}
17	东沙城	94.2	57.2	0.84	82.5	146.0	68.7	0	510	C_{I}^{Na}
18	西煎茶铺	120.0	132.0	1.10	96.2	151.0	137.0	0	727	C_{I}^{Mg}
19	秦各庄	134.0	47.6	1.78	188.0	232.0	162.0	0	526	C_{I}^{Na}
20	朱何村	109.0	98.6	1.00	323.0	237.0	147.0	0	735	C_{I}^{Na}
21	八里庄	89.1	138.0	1.49	392.0	436.0	166.0	0	678	Cl_{I}^{Na}
22	王庄	232.0	231.0	7.32	340.0	921.0	200.0	0	735	Cl_{II}^{Na}
23	后烟村	375.0	592.0	3.78	1010.0	2020.0	1610.0	0	884	Cl_{II}^{Na}

水的矿化度与水的化学性质有着密切关系：淡水和微咸水常以 HCO_3^- 为主要成分，称为重碳酸水；咸水常以 SO_4^{2-} 为主要成分，称为硫酸盐水；盐水和卤水则往往以 Cl^- 为主要成分，称为氯化物水。表 12－37 为 2000 年和 2010 年廊坊市水化学类型变化统计表。

表 12－37　　2000 年和 2010 年廊坊市水化学类型变化统计表

年份	监测总数	重碳酸水		硫酸盐水		氯化物水	
		数量	百分数/%	数量	百分数/%	数量	百分数/%
2000	23	21	91.3	0		2	8.7
2010	23	19	82.6	0		4	17.4

通过对廊坊市 2000 年和 2010 年地下水水化学类型进行对比分析，可以看出重碳酸水比例减小，由 2000 年的 91.3%减少到 2010 年的 87.0%；而氯化物水由 2000 年的 82.6%

增加到2010年的17.4%。通过水化学类型变化趋势分析可知，水质呈变差趋势。

过度开采地下水会引起多种环境地质问题，如形成水位降落漏斗、地面沉降、形成地裂缝、水质变差等。在漏斗中被开采出来的地下水，在地下停留时间较长，溶解矿质成分较高；由于水力坡度的增加，地下水的流速和对地下岩土冲刷、溶蚀能力增加，也可以导致水中矿质成分增加。

造成这种现象的原因是，地下水超采，水位下降，使水的矿化度增加，水质呈下降趋势。由于大量开采地下水，水位下降，形成地下水位降落漏斗，周围地下水向灌区补给，不仅灌溉用的地表水带来的盐分无法外排，逐步向深层入渗，灌区周围侧向补给的地下水中的盐分也在灌区聚集。在长期大量利用地下水灌溉，又缺乏排水措施的情况下（所谓井灌井排或井灌代排，实际上只是内部循环，并无水盐自灌区排出）水分经蒸发而散失后，盐分大部分留在土壤中，使土壤含盐量和地下水的矿化度逐步增加，造成土壤盐渍化的面积增大。

部分地区由于单纯使用矿化度较高的地下水进行灌溉，致使土壤耕作层盐分积累，导致土壤盐渍化和农作物减产。由于地下水连年超采，灌区内形成地下水水位下降漏斗，不仅灌区地下水盐分不能向外排除，周边干旱地区地下水还要向灌区补给，由于开采高矿化度的地下水，大量的盐分进入灌区农田。根层和地下水中的盐分不能排除，造成地下水的矿化度进一步升高，而利用高矿化度地下水灌溉，又进一步增加土壤的含盐量和地下水的矿化度。

（二）地下水化学成分的形成作用

1．溶滤作用

在水与岩土相互作用下，岩土中一部分物质转入地下水中，这便是溶滤作用。结果：岩土失去一部分可溶物质，地下水则补充了新的组分。

影响溶滤作用的因素：岩土中矿物盐类的溶解度、岩土的空隙、水的矿化度（水中CO_2、O_2等气体成分）、水的流动状况。

地下水的径流与交替强度是决定溶滤作用强度的最活跃、最关键的因素。

2．浓缩作用

浓缩作用主要发生在干旱半干旱地区的平原与盆地的低洼处。当地下水水位埋藏较浅时，蒸发强烈，蒸发成为地下水的主要排泄去路。随着时间的增加，地下水溶液逐渐浓缩，矿化度增大。随着矿化度的上升，溶解度较小的盐类在水中相继达到饱和而沉淀析出，易溶盐类（如NaCl）的离子逐渐成为水中的主要成分。

3．脱碳酸作用

CO_2的溶解度随温度升高或压力降低而减小，一部分CO_2便成为游离CO_2从水中逸出，这便是脱碳酸作用。结果：地下水中HCO_3^-、Ca^{2+}、Mg^{2+}减少，矿化度降低。

4．脱硫酸作用

在还原环境中，当有有机质存在时，脱硫酸细菌使SO_4^{2+}还原为H_2S，这便是脱硫酸作用。结果：水中SO_4^{2+}减少以至消失；HCO_3^-增加，pH值变大。

5．阳离子交替吸附作用

岩土颗粒表面带有负电荷，能够吸附阳离子。一定条件下，颗粒将吸附地下水中某些阳离子，而将其原来吸附的部分阳离子转为地下水中的组分，这便是阳离子交替吸附作用。

不同阳离子吸附能力的大小：离子价愈高，离子半径愈大，则吸附能力也愈大，H^+例外；地下水中某种离子的相对浓度愈大，交替吸附作用也就愈强；颗粒愈细，表面积愈大，交替吸附作用也就愈强；黏土及黏土岩类最容易发生交替吸附作用。

6. 混合作用

成分不同的两种水汇合在一起，形成化学成分与原来两者都不相同的地下水便是混合作用。

7. 人类活动在地下水化学成分形成中的作用

污染地下水：工业三废（废气、废水、废渣）以及农业上大量使用的化肥、农药等，使地下水中含有原来含量很低的有害元素，改变地下水的形成条件，水质发生变化。此外，由于过量开采地下水引起海水入侵，不合理灌溉引起次生盐渍化，使浅层水变咸等，引淡补咸使地下水淡化。

三、地下水水质变化过程

分别对主要地下水监测站的1990年、1995年、2000年、2005年和2010年地下水水质监测结果进行统计，然后分析其变化过程和变化规律。表12-38～表12-46分别为典型站水质监测结果。

表12-38　　三河市大罗庄站地下水水质变化过程统计表

序号	监测项目	1990年		1995年		2000年		2005年		2010年	
		5月	9月	5月	9月	5月	9月	5月	9月	5月	9月
1	pH值	7.8	7.5	7.6	7.8	8.0	7.4	7.5	7.3	7.8	8.1
2	电导率/(μS/cm)	944	1013	—	—	922	659	924	869	918	791
3	总硬度/(mg/L)	215	247	252	220	380	268	350	364	376	378
4	钙离子/(mg/L)	56.1	78.6	—	—	47.0	65.2	49.7	49.7	44.9	46.5
5	镁离子/(mg/L)	59.3	59.5	—	—	63.7	25.5	54.9	58.3	64.2	63.7
6	钾离子/(mg/L)	1.02	1.07	—	—	0.86	2.67	0.43	0.19	1.54	0.27
7	钠离子/(mg/L)	92.0	95.9	—	—	83.2	67.0	91.9	86.9	145	82.7
8	总碱度/(mg/L)	314	328	—	—	519	417	500	634	521	636
9	氯离子/(mg/L)	3.9	17.0	32.4	26.1	12.0	13.6	<DL	12.5	<DL	<DL
10	硫酸盐/(mg/L)	17.3	28.8	22.2	7.0	<DL	111.0	30.7	32.7	7.59	<DL
11	碳酸盐/(mg/L)	0	0	—	—	0	0	0	0	0	0
12	重碳酸盐/(mg/L)	683	714	—	—	633	508	609	773	636	776
13	离子总量/(mg/L)	913	995	—	—	843	793	842	1010	904	977
14	溶解性总固体/(mg/L)	22.8	25.4	686.0	652.0	604.0	452.0	516.0	541.0	572.0	538.0
15	游离二氧化碳/(mg/L)	—	—	—	—	57.2	13.8	20.8	58.9	20.7	18.1
16	氨氮/(mg/L)	0.26	<DL	0.24	<DL	0.06	0.16	0.05	<DL	0.70	0.03

续表

序号	监测项目	1990年		1995年		2000年		2005年		2010年	
		5月	9月	5月	9月	5月	9月	5月	9月	5月	9月
17	亚硝酸盐氮/(mg/L)	0.001	0.004	0.014	<DL	0.007	0.601	<DL	<DL	0.006	0.012
18	硝酸盐氮/(mg/L)	—	—	0.08	0.08	0.02	0.47	<DL	<DL	0.11	0.62
19	高锰酸盐指数/(mg/L)	—	—	1.3	1.0	2.1	5.0	1.3	2.1	1.2	1.0
20	氰化物/(mg/L)	<DL	<DL	<DL	<DL	<DL	<DL	<DL	<DL	<DL	<DL
21	砷/(mg/L)	0.1110	<DL	0.0900	0.0410	0.1480	0.059	0.0053	0.0105	0.0097	0.0102
22	挥发酚/(mg/L)	0.007	<DL	<DL	<DL	<DL	<DL	<DL	<DL	<DL	<DL
23	铬（六价）/(mg/L)	<DL	<DL	0.004	0.005	<DL	<DL	<DL	<DL	<DL	<DL
24	汞/(mg/L)	—	—	<DL	<DL	<DL	<DL	0.00005	0.00001	<DL	<DL
25	镉/(mg/L)	—	—	<DL	<DL	0.003	<DL	<DL	<DL	<DL	<DL
26	铅/(mg/L)	—	—	<DL	0.01	<DL	0.03	<DL	<DL	<DL	<DL
27	铜/(mg/L)	—	—	0.003	0.111	0.003	0.007	<DL	<DL	<DL	<DL
28	铁/(mg/L)	—	—	0.13	0.27	0.05	0.08	<DL	0.18	<DL	<DL
29	锰/(mg/L)	—	—	0.05	0.32	0.01	0.01	0.31	0.37	0.24	0.10
30	氟化物/(mg/L)	2.91	2.90	2.20	1.79	3.71	0.64	2.81	2.41	2.10	2.10

注 “—”表示项目任务书中没有监测任务或缺测。

表12-39　　大厂县马坊站地下水水质变化过程统计表

序号	监测项目	1990年		1995年		2000年		2005年		2010年	
		5月	9月	5月	9月	5月	9月	5月	9月	5月	9月
1	pH值	7.2	7.5	—	—	7.2	7.1	7.4	7.2	7.4	7.9
2	电导率/(μS/cm)	3898	2201	—	—	3223	3837	3280	1785	4110	3600
3	总硬度/(mg/L)	580	239	950	151	854	907	741	450	1020	1580
4	钙离子/(mg/L)	220.0	78.8	—	—	115.0	190.0	128.0	80.2	188.0	250.0
5	镁离子/(mg/L)	118.0	57.8	—	—	137.0	105.0	102.0	60.8	134.0	232.0
6	钾离子/(mg/L)	2.10	1.70	—	—	2.25	2.50	2.26	0.65	0.78	8.94
7	钠离子/(mg/L)	296	247	—	—	553	594	435	256	151	556
8	总碱度/(mg/L)	387	328	—	—	829	834	741	589	636	685
9	氯离子/(mg/L)	642	211	954	15	421	404	272	64	328	898
10	硫酸盐/(mg/L)	49.5	34.1	540.0	15.8	441.0	554.0	370.0	110.0	199.0	163.0
11	碳酸盐/(mg/L)	0	0	—	—	0	0	0	0	0	0
12	重碳酸盐/(mg/L)	842	714	—	—	1010	1020	903	718	775	835
13	离子总量/(mg/L)	2170	1340	—	—	2680	2870	2210	1290	1780	2940
14	溶解性总固体/(mg/L)	65.2	37.0	4130.0	558.0	2410.0	2870.0	2100.0	1330.0	1780.0	3010.0
15	游离二氧化碳/(mg/L)	—	—	—	—	77.8	76.9	43.5	63.4	31.3	30.3
16	氨氮/(mg/L)	0.49	1.67	0.13	<DL	0.05	0.09	0.11	0.18	0.03	<DL

续表

序号	监测项目	1990年		1995年		2000年		2005年		2010年	
		5月	9月	5月	9月	5月	9月	5月	9月	5月	9月
17	亚硝酸盐氮/(mg/L)	0.046	0.127	0.022	0.006	0.009	0.026	0.015	0.033	0.030	0.016
18	硝酸盐氮/(mg/L)	—	—	2.00	0.28	4.61	56.40	9.76	46.5	131.00	8.18
19	高锰酸盐指数/(mg/L)	—	—	1.7	1.6	1.8	3.5	2.5	1.5	2.6	4.3
20	氰化物/(mg/L)	<DL	<DL	<DL	<DL	<DL	<DL	<DL	<DL	0.002	<DL
21	砷/(mg/L)	<DL	<DL	<DL	0.0450	<DL	<DL	0.0024	0.0023	0.0026	0.0218
22	挥发酚/(mg/L)	0.003	<DL	<DL	0.002	<DL	<DL	<DL	<DL	<DL	<DL
23	铬（六价）/(mg/L)	<DL	0.004	<DL	<DL	<DL	<DL	<DL	<DL	0.004	<DL
24	汞/(mg/L)	—	—	<DL	<DL	0.00044	0.00015	0.00003	<DL	<DL	<DL
25	镉/(mg/L)	—	—	0.013	<DL	0.008	0.005	<DL	<DL	<DL	<DL
26	铅/(mg/L)	—	—	0.10	0.01	0.03	<DL	<DL	<DL	<DL	<DL
27	铜/(mg/L)	—	—	0.017	<DL	0.009	0.007	<DL	<DL	<DL	<DL
28	铁/(mg/L)	—	—	0.07	0.06	<DL	0.15	<DL	<DL	<DL	<DL
29	锰/(mg/L)	—	—	0.02	0.02	<DL	0.14	<DL	<DL	0.29	<DL
30	氟化物/(mg/L)	1.54	1.40	0.68	0.97	0.99	1.15	1.24	1.25	1.00	1.47

注　“—”表示项目任务书中没有监测任务或缺测。

表12-40　　香河县东延寺站地下水水质变化过程统计表

序号	监测项目	1990年		1995年		2000年		2005年		2010年	
		5月	9月	5月	9月	5月	9月	5月	9月	5月	9月
1	pH值	8.0	7.5	—	—	7.8	7.5	7.4	7.8	7.6	7.7
2	电导率/(μS/cm)	1011	1027	—	—	1380	1151	1279	504	1501	1301
3	总硬度/(mg/L)	182	232	180	154	391	408	424	160	554	494
4	钙离子/(mg/L)	77.0	84.2	—	—	88.2	92.5	99.4	36.2	119.0	114.0
5	镁离子/(mg/L)	32.1	49.3	—	—	41.6	43.0	42.8	16.8	62.2	51.0
6	钾离子/(mg/L)	3.01	2.01	—	—	9.08	5.96	10.00	1.33	0.63	13.20
7	钠离子/(mg/L)	42.0	28.0	—	—	85.1	88.0	102.0	98.3	107.0	80.7
8	总碱度/(mg/L)	151	173	—	—	321	324	318	233	355	413
9	氯离子/(mg/L)	89.7	98.2	59.0	47.3	113.0	105.0	160.0	23.0	155.0	73.5
10	硫酸盐/(mg/L)	18.7	23.5	82.6	26.7	75.9	115.0	96.1	45.5	214.0	151.0
11	碳酸盐/(mg/L)	0	0	—	—	0	0	0	0	0	0
12	重碳酸盐/(mg/L)	328	376	—	—	391	395	388	284	433	504
13	离子总量/(mg/L)	590	661	—	—	804	844	898	505	1090	987
14	溶解性总固体/(mg/L)	16.6	18.9	688.0	434.0	712.0	588.0	771.0	654.0	1180.0	1000.0
15	游离二氧化碳/(mg/L)	—	—	—	—	30.0	33.5	18.1	12.7	11.5	10.3
16	氨氮/(mg/L)	0.24	0.24	0.21	<DL	<DL	0.13	0.23	5.62	0.06	<DL

续表

序号	监 测 项 目	1990 年		1995 年		2000 年		2005 年		2010 年	
		5 月	9 月	5 月	9 月	5 月	9 月	5 月	9 月	5 月	9 月
17	亚硝酸盐氮/(mg/L)	0.005	0.007	0.016	<DL	0.016	0.200	4.550	0.014	0.103	0.021
18	硝酸盐氮/(mg/L)	—	—	2.13	4.24	4.07	1.79	3.86	7.10	43.00	21.50
19	高锰酸盐指数/(mg/L)	—	—	1.3	1.2	2.0	2.9	2.4	1.8	2.8	1.2
20	氰化物/(mg/L)	<DL	<DL	<DL	<DL	<DL	<DL	<DL	<DL	<DL	<DL
21	砷/(mg/L)	<DL	0.0130	<DL	<DL	<DL	<DL	0.0003	0.0003	0.0014	0.0007
22	挥发酚/(mg/L)	<DL	<DL	0.003	<DL	<DL	<DL	<DL	<DL	<DL	<DL
23	铬（六价）/(mg/L)	<DL	<DL	<DL	<DL	<DL	<DL	<DL	<DL	<DL	<DL
24	汞/(mg/L)	—	—	<DL	<DL	0.00029	<DL	0.00012	0.00001	<DL	<DL
25	镉/(mg/L)	—	—	<DL	<DL	0.004	<DL	<DL	<DL	<DL	<DL
26	铅/(mg/L)	—	—	0.01	0.01	<DL	<DL	<DL	<DL	<DL	<DL
27	铜/(mg/L)	—	—	<DL	0.011	0.005	<DL	<DL	<DL	<DL	<DL
28	铁/(mg/L)	—	—	0.03	0.07	<DL	0.17	<DL	<DL	<DL	<DL
29	锰/(mg/L)	—	—	0.01	0.01	0.03	0.06	0.96	0.95	<DL	<DL
30	氟化物/(mg/L)	0.23	0.26	0.35	0.21	0.28	0.24	0.46	0.51	0.26	0.32

注　“—”表示项目任务书中没有监测任务或缺测。

表 12-41　　安次区西麻各庄站地下水水质变化过程统计表

序号	监 测 项 目	1990 年		1995 年		2000 年		2005 年		2010 年	
		5 月	9 月	5 月	9 月	5 月	9 月	5 月	9 月	5 月	9 月
1	pH 值	7.6	7.7	—	—	7.3	7.9	7.2	7.1	7.4	8.0
2	电导率/(μS/cm)	2235	1639	—	—	2595	2765	4230	3910	6110	5920
3	总硬度/(mg/L)	522	353	569	440	1010	1010	1480	1500	1550	1650
4	钙离子/(mg/L)	151.0	70.1	—	—	114.0	140.0	217.0	216.0	86.2	98.2
5	镁离子/(mg/L)	135	111	—	—	177	160	228	233	324	341
6	钾离子/(mg/L)	1.13	1.22	—	—	3.16	7.58	0.46	0.21	2.92	1.40
7	钠离子/(mg/L)	114.0	124.0	—	—	338.0	323.0	387.0	366.0	85.6	91.1
8	总碱度/(mg/L)	429	339	—	—	1260	956	864	850	1120	1320
9	氯离子/(mg/L)	259	160	250	212	220	189	515	515	625	605
10	硫酸盐/(mg/L)	49.5	48.0	384.0	307.0	159.0	376.0	524.0	668.0	228.0	181.0
11	碳酸盐/(mg/L)	0	0	—	—	0	0	0	0	0	0
12	重碳酸盐/(mg/L)	934	738	—	—	1540	1170	1050	1040	1370	1610
13	离子总量/(mg/L)	1640	1250	—	—	2550	2370	2920	3040	2720	2930
14	溶解性总固体/(mg/L)	46.4	35.2	1810.0	1580.0	2660.0	1820.0	2960.0	2970.0	2720.0	3500.0
15	游离二氧化碳/(mg/L)	—	—	—	—	69.6	15.8	64.4	67.1	57.0	55.7
16	氨氮/(mg/L)	1.37	0.22	0.79	0.11	0.06	5.71	<DL	<DL	0.05	0.14

续表

序号	监 测 项 目	1990年		1995年		2000年		2005年		2010年	
		5月	9月	5月	9月	5月	9月	5月	9月	5月	9月
17	亚硝酸盐氮/(mg/L)	0.093	0.004	0.011	0.223	<DL	0.202	<DL	<DL	0.010	0.003
18	硝酸盐氮/(mg/L)	—	—	0.18	0.67	0.03	0.10	0.63	0.46	0.47	0.56
19	高锰酸盐指数/(mg/L)	—	—	2.6	3.4	27.7	5.4	2.4	2.4	4.6	3.0
20	氰化物/(mg/L)	<DL	<DL	<DL	<DL	<DL	<DL	<DL	<DL	<DL	<DL
21	砷/(mg/L)	<DL	0.0410	<DL	<DL	<DL	0.0270	0.0013	0.0012	0.0018	0.0006
22	挥发酚/(mg/L)	0.004	0.002	0.002	<DL	0.003	<DL	<DL	<DL	<DL	<DL
23	铬（六价）/(mg/L)	<DL	<DL	<DL	<DL	<DL	<DL	<DL	<DL	<DL	<DL
24	汞/(mg/L)	—	—	<DL	<DL	<DL	<DL	<DL	<DL	<DL	<DL
25	镉/(mg/L)	—	—	0.004	<DL	0.006	<DL	<DL	<DL	<DL	<DL
26	铅/(mg/L)	—	—	0.05	0.05	0.03	0.02	<DL	<DL	<DL	<DL
27	铜/(mg/L)	—	—	0.002	<DL	0.007	<DL	<DL	<DL	<DL	<DL
28	铁/(mg/L)	—	—	0.17	0.11	0.03	0.18	0.15	0.09	<DL	<DL
29	锰/(mg/L)	—	—	0.25	0.01	0.28	0.20	1.03	0.86	0.26	0.22
30	氟化物/(mg/L)	0.80	0.32	0.77	0.53	0.77	0.70	0.77	0.57	2.98	2.88

注　“—”表示项目任务书中没有监测任务或缺测。

表12-42　　永清县曹家务站地下水水质变化过程统计表

序号	监 测 项 目	1990年		1995年		2000年		2005年		2010年	
		5月	9月	5月	9月	5月	9月	5月	9月	5月	9月
1	pH值	7.7	7.7	—	—	7.6	7.8	7.4	7.3	7.8	7.7
2	电导率/(μS/cm)	899	862	—	—	1115	924	1721	1713	1340	1229
3	总硬度/(mg/L)	208	251	227	243	400	346	677	701	577	697
4	钙离子/(mg/L)	74.7	58.9	—	—	92.0	85.9	133.0	136.0	108.0	119.0
5	镁离子/(mg/L)	44.7	73.1	—	—	41.4	32.0	83.6	87.5	74.4	97.2
6	钾离子/(mg/L)	0.84	0.35	—	—	0.85	1.17	0.79	0.27	0.53	0.87
7	钠离子/(mg/L)	104.0	43.2	—	—	64.0	50.3	130.0	147.0	83.9	84.0
8	总碱度/(mg/L)	199	237	—	—	324	265	533	560	502	578
9	氯离子/(mg/L)	65.2	51.4	79.7	113.0	86.0	83.5	160.0	166.0	141.0	165.0
10	硫酸盐/(mg/L)	157.0	24.0	75.8	77.1	119.0	87.1	57.6	111.0	96.5	148.0
11	碳酸盐/(mg/L)	0	0	—	—	0	0	0	0	0	0
12	重碳酸盐/(mg/L)	433	517	—	—	395	323	650	682	612	705
13	离子总量/(mg/L)	880	768	—	—	798	663	1210	1330	1120	1320
14	溶解性总固体/(mg/L)	23.2	21.4	522	748	680	538	1100	1060	956	1020
15	游离二氧化碳/(mg/L)	—	—	—	—	42.7	13.8	21.0	29.0	46.4	46.9
16	氨氮/(mg/L)	0.06	0.09	0.14	<DL	0.13	<DL	<DL	0.38	0.29	0.50

续表

序号	监测项目	1990年		1995年		2000年		2005年		2010年	
		5月	9月	5月	9月	5月	9月	5月	9月	5月	9月
17	亚硝酸盐氮/(mg/L)	0.010	0.001	<DL	0.007	0.003	0.004	0.020	0.023	0.006	0.003
18	硝酸盐氮/(mg/L)	—	—	0.07	<DL	0.05	0.14	3.82	3.80	0.33	0.41
19	高锰酸盐指数/(mg/L)	—	—	1.1	0.7	1.0	1.5	1.7	1.8	4.7	1.2
20	氰化物/(mg/L)	<DL	<DL	<DL	<DL	<DL	<DL	<DL	<DL	<DL	<DL
21	砷/(mg/L)	0.0140	<DL	0.010	<DL	<DL	<DL	0.0006	0.0012	0.0012	<DL
22	挥发酚/(mg/L)	<DL	<DL	0.002	0.002	<DL	<DL	<DL	<DL	<DL	<DL
23	铬（六价）/(mg/L)	<DL	<DL	<DL	0.004	<DL	<DL	<DL	<DL	<DL	<DL
24	汞/(mg/L)	—	—	<DL	<DL	<DL	<DL	0.00001	<DL	<DL	<DL
25	镉/(mg/L)	—	—	<DL	<DL	0.003	<DL	<DL	<DL	<DL	<DL
26	铅/(mg/L)	—	—	0.02	0.02	0.02	0.01	<DL	<DL	<DL	<DL
27	铜/(mg/L)	—	—	<DL	<DL	0.003	<DL	<DL	0.14	<DL	<DL
28	铁/(mg/L)	—	—	0.11	0.27	<DL	0.12	0.90	0.53	<DL	<DL
29	锰/(mg/L)	—	—	0.02	0.02	0.01	0.01	0.02	0.02	<DL	0.02
30	氟化物/(mg/L)	2.03	0.68	0.63	0.34	0.41	0.42	0.45	0.33	0.54	0.47

注 “—”表示项目任务书中没有监测任务或缺测。

表 12-43　　固安县辛立村站地下水水质变化过程统计表

序号	监测项目	1990年		1995年		2000年		2005年		2010年	
		5月	9月	5月	9月	5月	9月	5月	9月	5月	9月
1	pH值	7.2	7.3	—	—	7.3	7.3	7.8	7.7	8.0	8.1
2	电导率/(μS/cm)	1385	1286	—	—	1574	1326	908	895	894	552
3	总硬度/(mg/L)	603	546	189	186	673	557	365	380	338	204
4	钙离子/(mg/L)	158.0	80.1	—	—	130.0	85.9	59.4	65.7	60.1	52.1
5	镁离子/(mg/L)	86.8	78.2	—	—	84.6	83.1	52.6	52.5	45.7	18.0
6	钾离子/(mg/L)	1.58	1.10	—	—	1.70	1.09	0.73	0.23	0.89	1.04
7	钠离子/(mg/L)	75.5	70.0	—	—	82.3	68.0	56.1	63.0	64.1	51.8
8	总碱度/(mg/L)	658	595	—	—	603	554	402	404	369	273
9	氯离子/(mg/L)	78.6	98.5	24.8	19.8	94.0	66.1	51.1	57.0	73.9	13.9
10	硫酸盐/(mg/L)	126.0	86.0	18.3	24.5	133.0	91.0	35.2	25.0	26.6	48.3
11	碳酸盐/(mg/L)	0	0	—	—	0	0	0	0	0	0
12	重碳酸盐/(mg/L)	701	586	—	—	736	676	490	492	450	333
13	离子总量/(mg/L)	1140	980	—	—	1260	1070	745	755	721	518
14	溶解性总固体/(mg/L)	901	726	358	856	956	816	516	548	562	329
15	游离二氧化碳/(mg/L)	35.6	20.5	—	—	42.1	13.8	9.1	21.8	14.3	13.7
16	氨氮/(mg/L)	1.01	0.86	0.05	<DL	1.21	<DL	0.06	<DL	0.07	0.07

续表

序号	监测项目	1990年		1995年		2000年		2005年		2010年	
		5月	9月	5月	9月	5月	9月	5月	9月	5月	9月
17	亚硝酸盐氮/(mg/L)	0.014	0.028	<DL	<DL	0.005	0.061	0.054	<DL	0.005	0.001
18	硝酸盐氮/(mg/L)	0.94	0.35	0.03	0.12	1.14	0.12	<DL	<DL	0.14	0.52
19	高锰酸盐指数/(mg/L)	1.9	2.5	1.4	0.6	1.7	2.2	1.1	2.2	2.4	1.1
20	氰化物/(mg/L)	<DL	<DL	<DL	<DL	<DL	<DL	<DL	<DL	<DL	<DL
21	砷/(mg/L)	<DL	<DL	<DL	<DL	<DL	<DL	0.0001	0.0003	0.0018	0.0009
22	挥发酚/(mg/L)	<DL	<DL	<DL	<DL	<DL	<DL	<DL	<DL	<DL	<DL
23	铬（六价）/(mg/L)	<DL	<DL	<DL	<DL	<DL	<DL	<DL	<DL	<DL	<DL
24	汞/(mg/L)	<DL	<DL	<DL	<DL	<DL	<DL	0.00003	<DL	<DL	<DL
25	镉/(mg/L)	<DL	<DL	<DL	<DL	0.004	<DL	<DL	<DL	<DL	<DL
26	铅/(mg/L)	0.03	0.03	0.01	0.01	0.03	0.02	<DL	<DL	<DL	<DL
27	铜/(mg/L)	<DL	<DL	<DL	<DL	0.003	<DL	<DL	<DL	<DL	<DL
28	铁/(mg/L)	0.07	0.13	0.06	0.38	0.08	0.10	0.05	0.05	<DL	<DL
29	锰/(mg/L)	0.58	0.19	0.01	0.12	0.79	0.16	<DL	<DL	<DL	<DL
30	氟化物/(mg/L)	0.43	0.35	0.66	0.58	0.60	0.24	0.66	0.55	0.56	0.34

注　“—”表示项目任务书中没有监测任务或缺测。

表 12-44　　霸州市西煎茶铺站地下水水质变化过程统计表

序号	监测项目	1990年		1995年		2000年		2005年		2010年	
		5月	9月	5月	9月	5月	9月	5月	9月	5月	9月
1	pH值	7.5	7.7	—	—	7.2	7.9	7.6	7.4	7.7	7.5
2	电导率/(μS/cm)	1509	1396	—	—	1971	989	1096	1048	1748	1631
3	总硬度/(mg/L)	303	334	464	493	571	412	457	456	841	846
4	钙离子/(mg/L)	67.9	126.0	—	—	125.0	90.8	94.6	96.2	100.0	140.0
5	镁离子/(mg/L)	90.0	68.0	—	—	62.5	45.1	53.7	52.5	143.0	120.0
6	钾离子/(mg/L)	8.14	8.73	—	—	35.70	3.31	1.33	0.29	1.04	1.17
7	钠离子/(mg/L)	102	109	—	—	148	64.0	59.6	72.8	106	86.5
8	总碱度/(mg/L)	—	—	—	—	586	329	302	310	554	639
9	氯离子/(mg/L)	108.0	80.8	257.0	198.0	133.0	81.6	146.0	150.0	133.0	169.0
10	硫酸盐/(mg/L)	56.2	76.8	2.6	148.0	169.0	103.0	75.3	57.6	82.3	191.0
11	碳酸盐/(mg/L)	0	0	—	—	0	0	0	0	0	0
12	重碳酸盐/(mg/L)	690	787	—	—	714	401	368	378	675	779
13	离子总量/(mg/L)	1120	1260	—	—	1390	789	799	807	1240	1490
14	溶解性总固体/(mg/L)	30.4	33.2	1730	1350	1240	588	692	730	1000	1440
15	游离二氧化碳/(mg/L)	—	—	—	—	45.70	35.50	8.16	10.90	53.80	51.80
16	氨氮/(mg/L)	0.06	0.63	0.07	0.07	0.09	0.69	0.25	0.05	0.17	0.20

续表

序号	监测项目	1990年		1995年		2000年		2005年		2010年	
		5月	9月	5月	9月	5月	9月	5月	9月	5月	9月
17	亚硝酸盐氮/(mg/L)	—	—	0.049	0.011	0.062	0.006	0.011	0.033	<DL	0.029
18	硝酸盐氮/(mg/L)	—	—	0.31	0.16	<DL	0.26	0.08	0.17	3.73	0.45
19	高锰酸盐指数/(mg/L)	—	—	1.6	1.3	1.8	1.2	3.0	1.3	2.8	1.6
20	氰化物/(mg/L)	<DL	0.005	<DL	<DL	<DL	<DL	<DL	<DL	<DL	<DL
21	砷/(mg/L)	<DL	<DL	<DL	<DL	<DL	<DL	0.0108	0.0096	0.0046	0.0039
22	挥发酚/(mg/L)	0.007	0.025	0.002	<DL	<DL	<DL	<DL	<DL	<DL	<DL
23	铬（六价）/(mg/L)	<DL	<DL	<DL	<DL	<DL	<DL	<DL	<DL	<DL	<DL
24	汞/(mg/L)	—	—	<DL	<DL	<DL	<DL	0.00007	<DL	<DL	<DL
25	镉/(mg/L)	—	—	0.002	0.002	0.004	<DL	<DL	<DL	<DL	<DL
26	铅/(mg/L)	—	—	0.05	0.04	0.04	<DL	<DL	<DL	<DL	<DL
27	铜/(mg/L)	—	—	<DL	0.023	0.005	<DL	<DL	<DL	<DL	<DL
28	铁/(mg/L)	—	—	0.08	0.21	<DL	0.10	0.10	0.14	<DL	<DL
29	锰/(mg/L)	—	—	0.10	0.21	0.19	<DL	0.27	0.27	0.26	0.33
30	氟化物/(mg/L)	0.91	0.80	0.72	<DL	0.21	0.56	0.72	0.55	0.52	0.49

注　"—"表示项目任务书中没有监测任务或缺测。

表12-45　　文安县朱何村站地下水水质变化过程统计表

序号	监测项目	1990年		1995年		2000年		2005年		2010年	
		5月	9月	5月	9月	5月	9月	5月	9月	5月	9月
1	pH值	7.8	7.7	—	—	7.1	7.4	7.5	7.1	7.4	7.7
2	电导率/(μS/cm)	2340	1863	—	—	2195	1932	1974	1796	2440	2670
3	总硬度/(mg/L)	455	276	268	141	849	796	911	845	591	766
4	钙离子/(mg/L)	116	116	—	—	119	112	120	119	96.2	122
5	镁离子/(mg/L)	127	49.3	—	—	134	125	148	133	85.1	112
6	钾离子/(mg/L)	0.92	0.14	—	—	0.65	0.90	0.76	0.32	1.09	0.90
7	钠离子/(mg/L)	242.0	36.1	—	—	145.0	148.0	135.0	133.0	322.0	324.0
8	总碱度/(mg/L)	343.0	93.4	—	—	628.0	657.0	656.0	665.0	577.0	629.0
9	氯离子/(mg/L)	271	261	266	69.3	218	194	210	178	238	236
10	硫酸盐/(mg/L)	203.0	37.9	18.3	74.9	202.0	241.0	197.0	53.8	82.9	211.0
11	碳酸盐/(mg/L)	0	0	—	—	0	0	0	0	0	0
12	重碳酸盐/(mg/L)	747	203	—	—	766	801	800	811	703	767
13	离子总量/(mg/L)	1710	703	—	—	1580	1620	1610	1430	1530	1770
14	溶解性总固体/(mg/L)	51.9	22.6	1540.0	610.0	1570.0	1310.0	1270.0	1080.0	1910.0	1920.0
15	游离二氧化碳/(mg/L)	—	—	—	—	43.6	39.4	27.4	38.1	63.5	62.0
16	氨氮/(mg/L)	0.08	<DL	<DL	0.64	0.11	0.17	0.08	0.10	0.29	0.11

续表

序号	监测项目	1990年		1995年		2000年		2005年		2010年	
		5月	9月	5月	9月	5月	9月	5月	9月	5月	9月
17	亚硝酸盐氮/(mg/L)	—	—	0.055	0.035	<DL	<DL	<DL	<DL	0.004	<DL
18	硝酸盐氮/(mg/L)	—	—	0.40	0.37	0.04	0.13	<DL	<DL	0.41	12.5
19	高锰酸盐指数/(mg/L)	—	—	1.3	4.0	1.4	2.9	2.1	2.3	3.2	2.1
20	氰化物/(mg/L)	<DL	0.004	<DL	<DL	<DL	<DL	<DL	<DL	<DL	<DL
21	砷/(mg/L)	<DL	<DL	<DL	0.0070	<DL	<DL	0.0348	0.0015	0.0015	0.0004
22	挥发酚/(mg/L)	<DL	<DL	<DL	<DL	<DL	<DL	<DL	<DL	<DL	<DL
23	铬（六价）/(mg/L)	<DL	<DL	<DL	0.006	<DL	<DL	<DL	<DL	<DL	<DL
24	汞/(mg/L)	—	—	<DL	<DL	<DL	<DL	0.00004	0.00002	<DL	<DL
25	镉/(mg/L)	—	—	<DL	<DL	0.006	<DL	<DL	<DL	<DL	<DL
26	铅/(mg/L)	—	—	0.06	0.01	0.05	0.03	<DL	<DL	<DL	<DL
27	铜/(mg/L)	—	—	<DL	0.020	0.005	<DL	<DL	<DL	<DL	<DL
28	铁/(mg/L)	—	—	0.27	0.66	0.12	0.18	0.03	0.14	<DL	<DL
29	锰/(mg/L)	—	—	0.01	0.03	0.36	0.11	0.67	0.24	0.28	0.28
30	氟化物/(mg/L)	1.60	0.78	0.70	0.70	1.43	1.36	1.51	1.30	0.76	0.71

注 “—”表示项目任务书中没有监测任务或缺测。

表12-46　　大城县后烟村站地下水水质变化过程统计表

序号	监测项目	1990年		1995年		2000年		2005年		2010年	
		5月	9月	5月	9月	5月	9月	5月	9月	5月	9月
1	pH值	7.8	7.4	—	—	7.7	7.2	7.5	7.0	7.3	7.6
2	电导率/(μS/cm)	903	3129	—	—	6665	5996	10860	5970	10160	8870
3	总硬度/(mg/L)	477.0	454.0	19.1	14.3	3210.0	2340.0	3200.0	2340.0	2970.0	3770.0
4	钙离子/(mg/L)	115	129	—	—	351	405	410	409	349	401
5	镁离子/(mg/L)	136	119	—	—	567	323	529	321	510	673
6	钾离子/(mg/L)	0.12	0.75	—	—	3.63	1.77	4.40	0.38	2.61	4.94
7	钠离子/(mg/L)	38.4	234.0	—	—	1360.0	952.0	840.0	436.0	844.0	1170.0
8	总碱度/(mg/L)	204	345	—	—	742	589	683	550	692	757
9	氯离子/(mg/L)	372	432	133	89.6	1630	947	1660	1010	2110	1940
10	硫酸盐/(mg/L)	48.5	67.2	47.0	44.2	2390.0	2340.0	1700.0	879.0	1480.0	1740.0
11	碳酸盐/(mg/L)	0	0	—	—	0	0	0	0	0	0
12	重碳酸盐/(mg/L)	445	751	—	—	904	718	832	671	844	923
13	离子总量/(mg/L)	1160	1730	—	—	7210	5690	5980	3730	6140	6850
14	溶解性总固体/(mg/L)	37.0	51.2	648.0	424.0	7970.0	6140.0	5980.0	5040.0	6500.0	5110.0
15	游离二氧化碳/(mg/L)	—	—	—	—	52.6	47.3	27.2	54.4	77.7	77.7
16	氨氮/(mg/L)	0.53	9.17	<DL	<DL	0.06	0.06	0.52	<DL	0.17	0.06

续表

序号	监测项目	1990年		1995年		2000年		2005年		2010年	
		5月	9月	5月	9月	5月	9月	5月	9月	5月	9月
17	亚硝酸盐氮/(mg/L)	0.139	0.005	<DL	<DL	0.144	<DL	<DL	<DL	0.108	0.012
18	硝酸盐氮/(mg/L)	—	—	0.08	0.15	0.25	0.44	0.29	0.50	0.22	0.95
19	高锰酸盐指数/(mg/L)	—	—	0.9	0.8	1.7	2.9	5.3	3.8	3.8	3.0
20	氰化物/(mg/L)	<DL	<DL	<DL	<DL	<DL	<DL	<DL	<DL	<DL	<DL
21	砷/(mg/L)	0.0110	0.0290	<DL	<DL	<DL	<DL	0.044	0.0110	0.0026	0.0056
22	挥发酚/(mg/L)	0.002	0.006	<DL	0.002	<DL	<DL	<DL	<DL	<DL	<DL
23	铬（六价）/(mg/L)	0.005	0.012	<DL	<DL	<DL	<DL	<DL	<DL	<DL	<DL
24	汞/(mg/L)	—	—	<DL	<DL	<DL	<DL	0.00008	0.00001	<DL	<DL
25	镉/(mg/L)	—	—	<DL	<DL	0.023	0.015	0.114	<DL	<DL	<DL
26	铅/(mg/L)	—	—	<DL	<DL	0.19	0.14	<DL	<DL	<DL	<DL
27	铜/(mg/L)	—	—	<DL	0.005	0.027	0.019	<DL	<DL	<DL	<DL
28	铁/(mg/L)	—	—	0.58	0.23	<DL	0.24	0.34	0.17	<DL	<DL
29	锰/(mg/L)	—	—	0.01	0.04	0.42	0.45	1.76	2.23	0.96	0.88
30	氟化物/(mg/L)	0.53	0.73	1.78	0.98	0.77	0.61	0.87	0.35	0.83	0.71

注 “—”表示项目任务书中没有监测任务或缺测。

四、水质评价

内梅罗综合指数法评价步骤：首先进行单项组分评价，将地下水水质监测结果与地下水质量标准进行比较，确定其所属水质类别（当不同类别标准值相同时，从优不从劣），再根据类别与 F_i 的换算关系确定各单项指标的 F_i 值，见表 12-47。

表 12-47　　水质类别与 F_i 换算表

水质类别	Ⅰ类	Ⅱ类	Ⅲ类	Ⅳ类	Ⅴ类
F_i 值	0	1	3	6	10

按下式计算综合评价分值 F：

$$F=\sqrt{\frac{\overline{F}^2+F_{max}^2}{2}}$$

$$\overline{F}=\frac{1}{n}\sum_{i=1}^{n}F_i$$

式中：$\overline{F}$为各单项组分评分值 F_i 的平均值；F_{max} 为单项组分评价分值 F_i 中的最大值；n 为项数。

根据 F 值，按以下规定划分地下水质量级别，再将细菌学指标评价类别注在级别定名之后，如“良好（Ⅱ类）”“较好（Ⅲ类）”。水质评价结果指标值见表 12-48。

表 12-48　　水质评价结果指标值

级别	优良	良好	较好	较差	极差
F	≤0.80	0.80～≤2.50	2.50～≤4.25	4.25～≤7.20	＞7.20

分别对廊坊市地下水水质监测站按照上述方法进行评价。评价年份为 1990 年、1995 年、2000 年、2005 年和 2010 年。评价结果以指标值进行统计，然后计算其评价指标的多年平均值，便于分析对照。表 12-49 为廊坊市地下水水质评价结果。

表 12-49　　廊坊市地下水水质评价结果

站名	1990 年		1995 年		2000 年		2005 年		2010 年	
	5 月	9 月	5 月	9 月	5 月	9 月	5 月	9 月	5 月	9 月
大罗庄	极差	较差	较差	较差	较差	较差	较差	较差	极差	极差
韩家庄	极差	较差	较差	极差	较差	极差	较差	较差	较差	较差
大枣林	较差	较差	较差	较差	较差	良好	优良	良好	较差	良好
马坊	极差	较差	极差	良好	极差	极差	极差	较差	极差	极差
小务	极差	极差	较差	较差	较差	良好	较差	较差	良好	较差
大鲁口	较差	较差	较差	较差	良好	较差	较差	良好	较差	较差
东延寺	良好	良好	较差	良好	良好	良好	较差	较差	极差	较差
草厂	良好	良好	良好	良好	较差	良好	较差	良好	良好	较差
白家务	良好	较差	良好	较差	较差	较差	较差	较差	较差	较差
后南昌	良好	良好	较差	较差	较差	较差	极差	极差	较差	极差
西麻各庄	极差	良好	极差	极差	极差	极差	极差	极差	较差	极差
曹家务	极差	良好	良好	良好	良好	良好	较差	极差	较差	较差
别古庄	—	—	极差	较差	极差	极差	极差	极差	较差	极差
辛立村	—	—	良好	较差	极差	较差	较差	良好	良好	良好
大留村	—	—	良好	良好	较差	良好	良好	良好	较差	较差
杨家圈	优良	良好	较差	较差	较差	较差	较差	较差	较差	较差
东沙城	—	—	较差	较差	较差	较差	较差	较差	较差	良好
西煎茶铺	较差	较差	较差	较差	极差	较差	较差	较差	较差	极差
秦各庄	—	—	较差	较差	较差	较差	较差	较差	极差	极差
朱何村	较差	良好	较差	较差	极差	极差	极差	较差	较差	较差
麻各庄	较差	极差	极差	极差	较差	较差	极差	极差	极差	极差
王庄	极差	极差	极差	极差	极差	极差	极差	极差	极差	极差
后烟村	极差	较好	较差	良好	极差	极差	极差	极差	极差	极差

按时间分别对每次的监测结果进行趋势分析，分析其变化趋势。表 12-50 为地下水水质差评统计表。通过差评统计表可以看出，水质良好的评价结果呈递减趋势，而较差和极差的评价结果呈增加趋势，说明地下水水质呈逐渐变差趋势。

表 12-50　　地下水水质差评统计表

检测日期	评价数量/次	水质评价结果差评统计/%				
		优良	良好	较好	较差	极差
1990年5月	18	0.0	27.8	0.0	27.8	44.4
1990年9月	18	0.0	38.9	5.6	38.9	16.7
1995年5月	23	0.0	21.7	0.0	56.5	21.7
1995年9月	23	0.0	26.1	0.0	56.5	17.4
2000年5月	23	0.0	13.0	0.0	52.2	34.8
2000年9月	23	0.0	26.1	0.0	39.1	34.8
2005年5月	23	0.0	8.7	0.0	56.5	34.8
2005年9月	23	0.0	21.7	0.0	47.8	30.4
2010年5月	23	0.0	13.0	0.0	56.5	30.4
2010年9月	23	0.0	13.0	0.0	43.5	43.5

五、工业用水水质指标

工业用水水质指标规定了作为工业用水的再生水水质指标和再生水利用方式。该指标适用于以城市污水再生水为水源，作为工业用水的下列范围。

（1）冷却用水：包括直流式、循环式补充水。

（2）洗涤用水：包括冲渣、冲灰、消烟除尘、清洗等用水。

（3）锅炉用水：包括低压、中压锅炉补给水。

（4）工艺用水：包括溶料、水溶、蒸煮、漂洗、水力开采、水力输送、增湿、搅拌、选矿、油田回注等用水。

（5）产品用水：包括浆料、化工制剂、涂料等用水。

表 12-51 为工业用水水质指标。

表 12-51　　工业用水水质指标

序号	控制项目	冷却用水		洗涤用水	锅炉补给水	工艺与产品用水
		直流冷却水	敞开式循环冷却水系统补充水			
1	pH值	6.0～9.0	6.5～8.5	6.0～9.0	6.5～8.5	6.5～8.5
2	SS/(mg/L)	≤30	—	≤30	—	—
3	浊度/NTU	—	3	—	3	3
4	BOD_5/(mg/L)	≤30	≤10	≤30	≤10	≤10
5	COD_{Cr}/(mg/L)	—	≤50	—	≤60	≤60
6	铁/(mg/L)	—	≤0.3	≤0.3	≤0.3	≤0.3
7	锰/(mg/L)	—	≤0.1	≤0.1	≤0.1	≤0.1
8	氯离子/(mg/L)	≤250	≤250	≤250	≤250	≤250

续表

序号	控制项目	冷却用水		洗涤用水	锅炉补给水	工艺与产品用水
		直流冷却水	敞开式循环冷却水系统补充水			
9	总硬度（以 $CaCO_3$ 计）/(mg/L)	≤450	≤450	≤450	≤450	≤450
10	总碱度（以 $CaCO_3$ 计）/(mg/L)	≤500	≤350	≤350	≤350	≤350
11	硫酸盐/(mg/L)	≤600	≤250	≤250	≤250	≤250
12	氨氮（以N计）/(mg/L)	—	≤10	—	≤10	≤10
13	总磷（以P计）/(mg/L)	—	≤1	—	≤1	≤1
14	溶解性总固体/(mg/L)	≤1000	≤1000	≤1000	≤1000	≤1000
15	粪大肠菌群/(个/L)	≤2000	≤2000	≤2000	≤2000	≤2000
16	石油类/(mg/L)	—	≤1	—	≤1	≤1
17	阴离子表面活性剂/(mg/L)	—	≤0.5	—	≤0.5	≤0.5

六、地下水污染对环境的影响

（一）地下水污染对人体健康的影响

当地下水遭受污染后，往往引起水中“三氮”含量的变化。如果饮用水中硝酸盐或亚硝酸盐含量过高，就会对人体尤其是婴儿造成危害，引发硝酸盐急性中毒即正铁血红朊症。硝酸盐氮、亚硝酸盐氮在人体中特定条件下还会转化成致癌物——亚硝胺。此外，地下水受污染后硬度过高，作为饮用水源不仅苦涩难饮，而且会引起人体胃肠功能紊乱，出现呕吐、腹泻、胀气等症状。

地下水源如果受到严重的有机污染甚至重金属污染，那么对人体健康将造成更大的危害。

汞：食入后直接沉入肝脏，对大脑、神经、视力破坏极大。每升天然水中含0.01mg，就会导致人中毒。

镉：导致高血压，引起心脑血管疾病；破坏骨骼和肝肾，并引起肾衰竭。

铅：是重金属污染中毒性较大的一种，一旦进入人体将很难排除。能直接伤害人的脑细胞，特别是胎儿的神经系统，可造成先天智力低下。

钴：能对皮肤有放射性损伤。

钒：能伤人的心、肺，导致胆固醇代谢异常。

锑：与砷能使银首饰变成砖红色，对皮肤有放射性损伤。

铊：会使人患多发性神经炎。

锰：超量时会使人甲状腺机能亢进，也能伤害重要器官。

砷：是砒霜的组分之一，有剧毒，会致人迅速死亡。长期接触少量，会导致慢性中毒。此外还有致癌性。

这些重金属中任何一种都能引起人的头痛、头晕、失眠、健忘、神经错乱、关节疼痛、结石、癌症。

(二) 地下水污染对工业生产的影响

天然地下水的硬度，不同自然地理条件相差较大，但从时间上看变化较小，因此地下水硬度迅速上升一般系人为污染所引起。地下水中钙镁含量升高一般不是直接来自污水，污水中的硬度通常很低，而是由污水和地表组成物质发生化学作用所致。

在我国尤其是北方地区，工业生产用水中地下水占很大比重。地下水的污染将严重影响工业生产。首先地下水硬度增高，会使工业锅炉的炉内和管道上结垢，直接影响锅炉寿命甚至引起爆炸。同时锅炉内结1.0mm厚的水垢，大约要多消耗4%左右的燃料。就纺织印染行业而言，用高硬度浆洗产品，不仅会大量消耗洗剂，而且会产生次品或废品。此外，高硬度地下水还会对化工、制药、酿酒、发电、造纸等许多行业造成危害。由于受污染的地下水硬度过高，就迫使一些企业必须对硬水进行软化和纯化处理，从而增大了工业生产的成本。

(三) 地下水污染对农业生产的影响

地下水污染对农业生产的危害也是显而易见的。首先长期用pH值过高的井水灌溉农田，会改变土壤结构，使土壤板结，无法耕作。灌溉水中的硝酸盐含量过高，会减弱农作物的抗病力，降低作物的质量、等级。粮食作物吸收过量的硝酸盐会降低粮食中蛋白质的含量，营养价值下降；蔬菜作物则易腐烂，无法储存和运输。另外，如果受污染的井水中硫酸盐、氯离子含量过高，还会抑制农作物的生长，造成大面积减产，并且使农作物的质量大大降低。

第四节 水功能区划

水功能区划是根据流域或区域的水资源自然属性和社会属性，依据其水域定为具有某种应用功能和作用而划分的区域。为合理开发与有效保护水资源，依法加强水资源保护监督与管理，依照《中华人民共和国水法》和水利部《全国水功能区划技术大纲》，结合河北省地表水体功能和远期经济社会发展以及水生态环境保护需要，划定河北省水功能区划。

水功能区划是为结合水资源开发与保护，协调合理利用与有效保护之间的关系而做的一项重要工作，也是水资源开发利用和保护工作的重要依据。

区划原则有：可持续发展原则，统筹兼顾、突出重点原则，前瞻性原则，便于管理、实用可行原则，水质水量并重、注重水质原则，不得降低现状使用功能原则。

此次水功能区划采用两级体系，即一级水功能区划和二级水功能区划。一级水功能区划是宏观上解决水资源开发利用与保护的问题，主要协调地区间用水关系，长远上考虑可持续发展的需求；二级水功能区划主要协调用水部门之间的关系。

一、一级水功能区划

一级水功能区的划分对二级水功能区的划分具有宏观指导作用。一级水功能区分为4类，即保护区、保留区、开发利用区和缓冲区。

(一) 保护区

保护区指对水资源保护、自然生态及珍稀濒危物种保护有重要意义的水域。该区严格禁止进行其他开发活动，并不得进行二级水功能区划。

功能区水质标准：根据需要执行《地表水环境质量标准》（GB 3838—2002）Ⅰ类、Ⅱ类水质标准。

（二）保留区

保留区指目前开发利用程度不高的区域或者为今后开发利用和保护水资源而预留的水域。

功能区水质标准：按现状水质类别控制。

（三）开发利用区

开发利用区主要指具有满足工农业生产、城镇生活、渔业和景观娱乐等多种需水要求的水域。

功能区水质标准：按二级水功能区划分类执行相应的水质标准。

（四）缓冲区

缓冲区指为协调省际间、矛盾突出的地区间用水关系，以及在保护区与开发利用区相接时，为了满足保护水质要求而划定的水域。

功能区水质标准：按实际需要执行相关水质标准或按现状控制。

河北省一级水功能区划廊坊市区域功能区见表12-52。

表12-52　河北省一级水功能区划廊坊市区域功能区

河流	流入何处	功能区名称	起　讫　点	长度/km	水质目标	区划依据
潮白河	潮白新河	潮白河廊坊缓冲区	河北段	30	Ⅳ	河北—北京
潮白新河	渤海	潮白新河廊坊缓冲区	河北段	30	Ⅳ	河北—北京—天津
青龙湾减河	潮白新河	青龙湾减河廊坊缓冲区	土门楼—省界	10	Ⅲ	河北—天津
引泃入潮	潮白新河	引泃入潮廊坊缓冲区	河北段	0.5	Ⅲ	河北—天津
北运河	海河	北运河廊坊缓冲区	河北段	7	Ⅳ	河北—天津
泃河	蓟运河	泃河廊坊缓冲区	三河段	11	Ⅲ	北京—河北—天津
鲍邱河	泃河	鲍邱河廊坊开发利用区	源头—西定福	51		开发利用区
鲍邱河	泃河	鲍邱河廊坊缓冲区	西定福—省界	5	Ⅲ	河北—天津
永定河	永定新河	永定河廊坊缓冲区	河北段	30	Ⅳ	河北—北京—天津
龙河	永定河	龙河廊坊缓冲区	河北段	12	Ⅳ	北京—河北—天津
大清河	海河	大清河廊坊开发利用区	新盖房—左各庄	100		开发利用区
大清河	海河	大清河廊坊缓冲区	左各庄—省界	5	Ⅲ	河北—天津
牤牛河	大清河	牤牛河廊坊开发利用区	固安—霸县	36		开发利用区
中亭河	大清河	中亭河廊坊开发利用区	霸县—胜芳	50		开发利用区
中亭河	大清河	中亭河廊坊缓冲区	胜芳—省界	25	Ⅳ	河北—天津
任文干渠	大清河	任文干渠廊坊开发利用区	白洋淀—大清河	62		开发利用区
赵王新河	大清河	赵王新河沧州、廊坊开发利用区	白洋淀出口—入大清河口	40		开发利用区
任河大	任文干渠	任河大廊坊开发利用区	源头—入任文干渠口	75		开发利用区
子牙河	海河	子牙河廊坊开发利用区	献县—南赵扶	72		开发利用区
子牙河	海河	子牙河廊坊缓冲区	南赵扶—省界	14	Ⅳ	河北—天津

二、二级水功能区划

二级水功能区划分重点在一级水功能区划所划分的开发利用区内进行，分为7类，即饮用水源区、工业用水区、农业用水区、渔业用水区、景观娱乐用水区、过渡区和排污控制区。

（一）饮用水源区

饮用水源区指满足城镇生活用水需要的水域。

划区条件：①已有城市生活用水取水口分布较集中的水域；或根据规划水平年内城市的发展，需设置取水口，且具有取水条件的水域；②每个用水户取水量不小于有关水行政部门实施取水许可制度规定的取水限额。

划区指标：主要采用生活取水量、取水口位置等指标作为划分饮用水源区的重要依据。

功能区水质标准：执行《地表水环境质量标准》（GB 3838—2002）Ⅱ类、Ⅲ类水质标准。

（二）工业用水区

工业用水区指满足城镇工业用水需要的水域。

划区条件：①现有工矿企业生产用水的集中取水点水域；或根据工业布局，在规划水平年内需设置工矿企业生产用水取水点，且具备取水条件的水域；②每个用水户取水量不小于有关水行政部门实施取水许可制度细则规定的最小取水量。

划区指标：采用工业取水量、取水口位置等作为划分工业用水区的重要依据。

功能区水质标准：执行《地表水环境质量标准》（GB 3838—2002）Ⅳ类水质标准。

（三）农业用水区

农业用水区指满足农业灌溉用水需要的水域。

划区条件：①已有农业灌溉区用水集中取水点水域；或根据规划水平年内农业灌溉的发展，需要设置农业灌溉集中取水点，且具备取水条件的水域；②每个用水户取水量不小于有关水行政部门实施取水许可制度细则规定的取水限额。

划区指标：采取农业取水量、灌溉面积、取水口位置等指标作为划分农业用水区的重要依据。

功能区水质标准：执行《地表水环境质量标准》（GB 3838—2002）Ⅳ类或Ⅴ类水质标准。

（四）渔业用水区

渔业用水区指具有鱼、虾、蟹、贝类产卵场、索饵场、越冬场及洄游通道功能的水域，养殖鱼、虾、蟹、贝、藻类等水生动植物的水域。

划区条件：①主要经济鱼类的产卵、索饵、洄游通道，以及历史悠久或新辟人工放养和保护的渔业水域；②水文条件良好，水交换畅通；③有合适的地形、底质。

划区指标：采用产卵场、栖息地及养殖场规模等指标作为划分渔业用水区的重要依据。

功能区水质标准：执行《渔业水质标准》（GB 11607—89），并可参照《地表水环境质量标准》（GB 3838—2002）Ⅱ类水质标准。

（五）景观娱乐用水区

景观娱乐用水指以满足景观、疗养、度假和娱乐需要为目的的江河湖库等水域。

划区条件：①度假、娱乐、运动场涉及的水域；②水上运动场；③风景名胜区所涉及的水域。

划区指标：采用各类景观娱乐用水规模指标作为划分景观娱乐用水区的重要依据。

功能区水质标准：执行《地表水环境质量标准》（GB 3838—2002）Ⅲ类水质标准。

（六）过渡区

过渡区指为使水质要求有差异的相邻功能区顺利衔接而划定的区域。

划区条件：①下游用水要求高于上游水质状况；②有双向水流的水域，且水质要求不同的相邻功能区之间。

划区指标：采用水质类别指标作为划分过渡区的重要依据。

功能区水质标准：以满足出流断面所邻功能区水质要求选用相应控制标准。

（七）排污控制区

排污控制区指接纳生活、生产污废水比较集中，接纳的污废水对水环境无重大不利影响的区域。

划区条件：①接纳废水中污染物为可降解稀释的；②水域的稀释自净能力较强，其水文、生态特性适宜于作为排污区。

划区指标：采用排污量、排污口位置等指标作为划分排污控制区的重要依据。

功能区水质标准：暂不考虑水质控制标准。

河北省二级水功能区划廊坊市区域功能区见表12-53。

表12-53　河北省二级水功能区划廊坊市区域功能区

河流	流入何处	功能区名称	起　讫　点	长度/km	功能排序	水质目标	区划依据
鲍邱河	泃河	鲍邱河廊坊工业用水区	源头—西定福	51	工业	Ⅳ	工业
大清河	海河	大清河廊坊农业用水区	上游市界—左各庄	100	农业	Ⅳ	农业
牤牛河	大清河	牤牛河廊坊工业用水区	固安—霸县	36	工业	Ⅳ	工业
中亭河	大清河	中亭河廊坊工业用水区	霸县—胜芳	50	工业	Ⅳ	工业
任文干渠	大清河	任文干渠廊坊工业用水区	沧州、廊坊交界—大清河	29	工业	Ⅳ	工业
赵王新河	大清河	赵王新河廊坊工业用水区	沧州、廊坊交界—入大清河口	31	工业	Ⅳ	工业
任河大	任文干渠	任河大廊坊工业用水区	上游市界—入任文干渠口	75	工业	Ⅳ	工业
子牙河	海河	子牙河廊坊工业用水区	上游市界—南赵扶	75	工业	Ⅳ	工业

参　考　文　献

[1]　中华人民共和国水利部．入河排污口监督管理办法［R］．2005.

[2]　胡新锁，乔光建，邢威洲．邯郸生态水网建设与水环境修复［M］．北京：中国水利水电出版社，2013.

[3]　洪林，肖中新，蒯圣龙．水质监测与评价［M］．北京：中国水利水电出版社，2010.

[4]　河北省水利厅，河北省环保厅．河北省水功能区划［R］．2004.

第十三章 水资源量评价

第一节 水资源量

一、地表水资源量

（一）地表水资源量计算成果

对廊坊市1956—2000年45年地表水资源量系列进行频率计算，求得频率50%平水年地表水资源量为1.4841亿m^3，比多年平均值小42.0%；频率75%偏干旱年地表水资源量为0.4708亿m^3，比多年平均值小81.6%；频率95%干旱年地表水资源量为0.0410亿m^3，比多年平均值小98.4%。

由45年地表水资源量系列频率计算结果可知，廊坊市平水年、偏干旱年、干旱年地表水资源量分别为1.4841亿m^3、0.4708亿m^3、0.0410亿m^3。

廊坊市各行政区地表水资源量成果见表13-1。

表13-1 廊坊市各行政区地表水资源量成果表

行政区	计算面积/km^2	均值		参数		不同保证率年径流量/亿m^3			
		年径流深/mm	年径流量/亿m^3	C_v	C_s/C_v	20%	50%	75%	95%
廊坊市区	33	110	0.0363	0.53	2.0	0.0505	0.0328	0.0221	0.0117
三河市	643	57.3	0.3684	1.24	2.0	0.6060	0.2040	0.0623	0.0071
大厂县	176	56.2	0.0989	1.20	2.0	0.1630	0.0574	0.0182	0.0016
香河县	458	49.5	0.2267	1.24	2.0	0.3729	0.1255	0.0384	0.0043
广阳区	423	21.5	0.0909	2.00	2.0	0.1328	0.0126	0.0006	0.0000
安次区	583	22.7	0.1323	1.43	2.0	0.2157	0.0583	0.0131	0.0022
固安县	697	24.8	0.1729	1.90	2.0	0.2582	0.0349	0.0021	0.0001
永清县	774	27.4	0.2121	2.15	2.0	0.2896	0.0251	0.0014	0.0001
霸州市	785	36.3	0.2850	1.55	2.0	0.4616	0.1083	0.0199	0.0005
文安县	980	52.7	0.5165	1.20	2.0	0.8511	0.2995	0.0950	0.0083
大城县	910	49.8	0.4532	1.09	2.0	0.7347	0.2902	0.1074	0.0190
全市	6429	39.8	2.5569	1.20	2.0	4.2168	1.4841	0.4708	0.0410

（二）地表水资源量计算方法

根据降水径流特性的差异和资料实际情况，将廊坊市平原区划分为3个降雨径流关系分区，即燕山山前平原区（I_2），包括三河市、大厂县、香河县；中部平原地势较高区（II_1），包括广阳区、安次区、固安县、永清县、霸州市大部分；南部平原低洼易涝区（Ⅱ$_2$），包括文安县、大城县。计算时，首先计算各分区、县（市、区）面平均年降水量（或时段降水量），然后以相应年6月面平均地下水埋深 $h_{6月}$ 作参数，从 $P_{年}-h_{6月}-R_{年}$ 降水径流关系图查算出该区逐年地表水径流量。图13-1为河北中部平原区 $P_{年}-h_{6月}-R_{年}$ 相关图。

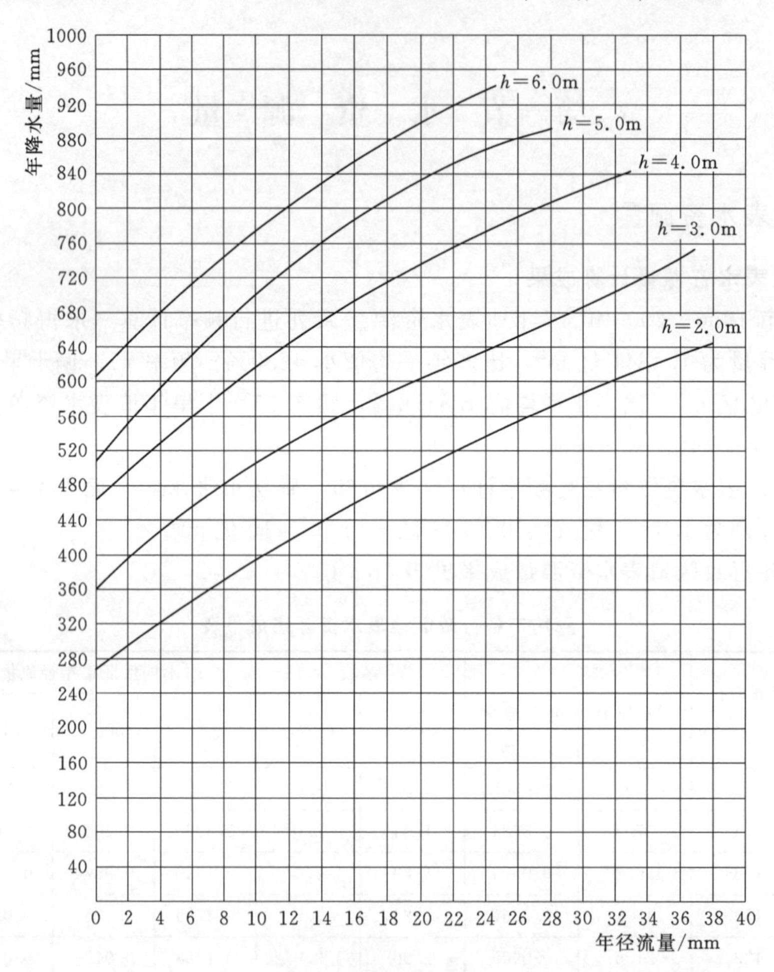

图13-1　河北省中部平原区 $P_{年}-h_{6月}-R_{年}$ 相关图

二、地下水资源量

（一）水文地质参数

地下水资源计算与评价中所必需的水文地质参数主要有：降水入渗补给系数、潜水变幅带给水度、潜水蒸发系数、河道损失补给系数、渠系渗漏补给系数、渠灌田间入渗补给系数、井灌回归系数、渗透系数等。参考河北省水资源第二次评价成果，廊坊市在现状埋深条件下的地质参数如下。

1. 降水入渗补给系数

降水入渗补给系数 α 值受多种因素影响，定量与分区都要综合考虑岩性、地下水埋

深、降水量、地形地貌、植被等因素。本书 α 值采用河北省第二次水资源评价成果，见表13－2和表13－3。

表13－2　　廊坊市山前平原区降水入渗补给系数 α 值表

岩性	降水量/mm	不同埋深情况下降水入渗补给系数				
		埋深2～3m	埋深3～4m	埋深4～5m	埋深5～6m	埋深＞6m
黏性土	＜400	0.14～0.18	0.18～0.15	0.15～0.13	0.13～0.11	0.11～0.11
	400～500	0.16～0.22	0.22～0.20	0.20～0.18	0.18～0.17	0.17～0.16
	500～600	0.20～0.26	0.26～0.24	0.24～0.22	0.22～0.21	0.21～0.20
	600～700	0.25～0.29	0.29～0.27	0.27～0.25	0.25～0.23	0.23～0.23
	＞700	0.29～0.33	0.33～0.31	0.31～0.27	0.27～0.25	0.25～0.24
砂性土	＜400	0.16～0.19	0.19～0.17	0.17～0.15	0.15～0.13	0.13～0.12
	400～500	0.20～0.24	0.24～0.22	0.22～0.20	0.20～0.18	0.18～0.17
	500～600	0.24～0.30	0.30～0.28	0.28～0.25	0.25～0.23	0.23～0.22
	600～700	0.28～0.33	0.33～0.31	0.31～0.28	0.28～0.26	0.26～0.25
	＞700	0.32～0.37	0.37～0.35	0.35～0.31	0.31～0.28	0.28～0.27
砂类土	＜400	0.17～0.23	0.23～0.22	0.22～0.20	0.20～0.18	0.18～0.17
	400～500	0.21～0.28	0.28～0.27	0.27～0.25	0.25～0.24	0.24～0.23
	500～600	0.25～0.32	0.32～0.31	0.31～0.29	0.29～0.28	0.28～0.27
	600～700	0.29～0.35	0.35～0.33	0.33～0.31	0.31～0.30	0.30～0.30
	＞700	0.32～0.38	0.38～0.36	0.36～0.33	0.33～0.32	0.32～0.31

表13－3　　廊坊市中部平原区降水入渗补给系数 α 值表

岩性	降水量/mm	不同埋深情况下降水入渗补给系数				
		埋深2～3m	埋深3～4m	埋深4～5m	埋深5～6m	埋深＞6m
黏性土	＜400	0.11～0.16	0.16～0.15	0.15～0.13	0.13～0.11	0.11～0.10
	400～500	0.13～0.18	0.18～0.18	0.18～0.16	0.16～0.15	0.15～0.15
	500～600	0.15～0.22	0.22～0.22	0.22～0.21	0.21～0.20	0.20～0.19
	600～700	0.17～0.26	0.26～0.27	0.27～0.25	0.25～0.23	0.23～0.22
	＞700	0.19～0.28	0.28～0.29	0.29～0.27	0.27～0.25	0.25～0.24
砂性土	＜400	0.12～0.17	0.17～0.16	0.16～0.14	0.14～0.12	0.12～0.12
	400～500	0.13～0.19	0.19～0.20	0.20～0.18	0.18～0.17	0.17～0.16
	500～600	0.15～0.23	0.23～0.24	0.24～0.23	0.23～0.21	0.21～0.21
	600～700	0.17～0.27	0.27～0.28	0.28～0.26	0.26～0.24	0.24～0.24
	＞700	0.19～0.29	0.29～0.31	0.31～0.29	0.29～0.27	0.27～0.26

2．潜水变幅带给水度

土壤给水度是指在重力作用下，从饱和的土壤中流出的最大水量与土体体积的比率，以小数或百分数表示。

给水度为饱和的土壤或岩层在重力作用下排出的水量与土壤或岩层体积的比值。在数值上它等于容水度减去持水度。影响给水度大小的因素有含水层的岩性、潜水面深以及地下水水位下降的速度等。当含水层为松散沉积物时，颗粒粗、大小均匀，给水度大。另外，当潜水面深小于岩土中毛细管水最大上升高度时，给水度是一个变数。潜水面深越浅，给水度越小。只有当潜水面较深时，给水度才是常数。试验还表明，地下水水位下降较大时给水度偏小，降速很小时给水度较稳定。

给水度 μ 采用河北省第二次水资源评价成果，取值范围见表 13-4。

表 13-4　廊坊市平原区潜水变幅带给水度表

岩性	给水度		岩性	给水度	
	山前平原区	中部平原区		山前平原区	中部平原区
黏土	0.03～0.04	0.03～0.04	粉细砂	0.10～0.15	
黏土、亚黏互层	0.048～0.05	0.03～0.045	细砂	0.08～0.17	0.06～0.08
亚黏土	0.03～0.06	0.035～0.05	中砂	0.09～0.18	0.075～0.12
亚砂黏土互层	0.045～0.065	0.035～0.055	粗砂	0.18～0.21	0.10～0.16
亚砂亚黏互层	0.045～0.07	0.035～0.06	砂砾石	0.21～0.23	
亚砂土	0.055～0.08	0.05～0.074	砂卵石	0.20～0.26	
粉 砂	0.06～0.08	0.05～0.07			

3. 河道损失补给系数

河道损失补给系数指河道损失水量中补给地下水的水量与河道渗漏损失量的比值，计算公式为

$$\gamma=\frac{Q_{补给}}{Q_{损失}}$$

自 20 世纪 80 年代以来，廊坊市南部各河道基本处于干涸状态，只是在大水年份河道才有过水，这样河道渗漏补给地下水的规律就与河道常年有水时的渗漏补给规律不同。根据廊坊市北部河道常年有水、南部河道常年干涸的特点，结合河北省第二次水资源评价成果资料分析，确定现状条件下的河道损失补给系数在 0.45～0.65 之间。

4. 渠系渗漏补给系数

渠系渗漏补给系数指渠系渗漏补给地下水量与渠首引水量的比值，即

$$m=\frac{Q_{渠系}}{Q_{渠首引}}$$

根据渠系有效利用系数 η 确定 m 值，分析确定方法为

$$m=\gamma(1-\eta)$$

式中：γ 为修正系数（无因次）；η 为渠系有效利用系数，即田间灌溉用水量与渠首引水量的比值，在数值上等于各级渠道有效利用系数的连乘积。

渠道的引水量与进入田间的水量之差为渠系引水损失的水量。损失水量中有一部分消耗于湿润土壤和浸润带蒸发、渠系水面蒸发、渠系退水和排水。引入修正系数 γ 为实际入渗补给地下水的水量与渠系损失水量的比值，取 m 值为 0.16～0.25。

5. 灌溉入渗补给系数

灌溉入渗补给系数 β（包括渠灌田间入渗补给系数 $\beta_{渠}$ 和井灌回归系数 $\beta_{井}$），是指田间

灌溉水入渗补给地下水的水量 h_r 与灌溉水量 $h_{灌}$ 的比值。

$\beta_{渠}$ 和 $\beta_{井}$ 根据不同岩性、不同地下水埋深、不同灌水定额时的灌溉试验资料确定。灌溉入渗补给系数 β 取值范围见表 13－5。

表 13－5　　廊坊市平原区灌溉入渗补给系数 β 取值表

分区	岩性	灌水定额 /(m³/亩)	灌溉入渗补给系数				
			埋深 2～3m	埋深 3～4m	埋深 4～5m	埋深 5～6m	埋深>6m
燕山山前平原区	亚黏土	50～70（渠灌）	0.23～0.18	0.18～0.15	0.15～0.12	0.12～0.11	0.11
		40～50（井灌）	0.22～0.17	0.17～0.13	0.13～0.09	0.09～0.08	0.07
	亚砂土	50～70（渠灌）	0.26～0.21	0.21～0.18	0.18～0.15	0.15～0.13	0.13
		40—50（井灌）	0.25～0.20	0.20～0.15	0.15～0.11	0.11～0.09	0.08
	粉细砂	50～70（渠灌）	0.30～0.25	0.25～0.21	0.21～0.18	0.18～0.155	0.15
		40～50（井灌）	0.27～0.22	0.22～0.17	0.17～0.13	0.13～0.11	0.10
中东部平原区	亚黏土	50～70（渠灌）	0.20～0.16	0.16～0.13	0.13～0.105	0.105～0.09	0.09
		40～50（井灌）	0.19～0.15	0.15～0.11	0.11～0.09	0.09～0.07	0.07
	亚砂土	50～70（渠灌）	0.23～0.20	0.20～0.16	0.16～0.132	0.132～0.11	0.11
		40～50（井灌）	0.23～0.19	0.19～0.15	0.15～0.11	0.11～0.09	0.08

（二）地下水资源量计算方法

根据水均衡原理，在某一时段内地下水的补排平衡式为

$$Q_{总补}=Q_{总排}\pm Q_{蓄水变量}$$

式中：$Q_{总补}$ 为地下水总补给量，万 m³；$Q_{总排}$ 为地下水总排泄量，万 m³；$Q_{蓄水变量}$ 为蓄水变量，万 m³。

分项计算地下水的总补给量、总排泄量和蓄水变量，并进行水平衡分析。

廊坊市地下水补给量包括降水入渗补给量、侧向径流补给量、地表水体入渗补给量（洼淀渗漏补给量、河道渗漏补给量、渠系渗漏补给量、渠灌田间入渗补给量和人工回灌补给量等）和井灌回归补给量等，各项补给量之和为总补给量，即

$$Q_{总补}=P_r+Q_{侧}+Q_{地表}+Q_{井}$$

$$Q_{地表}=Q_{河}+Q_{渠系}+Q_{灌}+Q_{洼}+Q_{回}$$

$$Q_{资源}=Q_{总补}$$

式中：$Q_{总补}$ 为地下水总补给量，万 m³；P_r 为降水入渗补给量，万 m³；$Q_{侧}$ 为侧向径流补给量；$Q_{地表}$ 为地表水体入渗补给量，万 m³；$Q_{井}$ 为井灌回归补给量，万 m³；$Q_{回}$ 为人工回灌补给量，万 m³；$Q_{河}$ 为河道渗漏补给量，万 m³；$Q_{渠系}$ 为渠系渗漏补给量，万 m³；$Q_{灌}$ 为渠灌田间入渗补给量，万 m³；$Q_{洼}$ 为洼淀渗漏补给量，万 m³。

1. 降水入渗补给量

降水入渗补给量是指降水在重力作用下渗透补给地下水之水量。年降水入渗补给量计算公式：

$$P_r=kP\alpha F$$

式中：P_r 为降水入渗补给量，万 m³；k 为单位换算系数；P 为年降水量，mm；α 为年降

水入渗补给系数；F 为计算区面积，km^2。

2. 河道渗漏补给量

现状条件下，廊坊市境内河道全部补给地下水。河道渗漏补给量的计算方法很多，根据廊坊过境河道河段短、测站少的特点采用以下方法计算。

当计算河段仅有上断面测验资料时，选择各河道历史上的上下游实测径流量资料，对河道渗漏损失量进行分析，建立上游断面实测径流量 $Q_{上}$ 与单位河长渗漏损失量 ΔQ 的关系线 $Q_{上}-\Delta Q$，然后根据计算年份的河道上游实测来水量，由 $Q_{上}-\Delta Q$ 关系线查算计算河段的单位河长渗漏损失量，由下式计算河道渗漏补给量：

$$Q_{河}=k\Delta Q\gamma L$$

式中：$Q_{河}$ 为河道渗漏补给量，万 m^3；k 为单位换算系数；ΔQ 为单位河长渗漏损失量；γ 为河道损失补给系数，指河道输水损失量中补给地下水的比例；L 为计算河道或河段长度，km。

如果只有单站资料，则采用水文预报方案中的相关系数，即河道损失量等于河道径流量乘以损失系数再乘以河道损失补给系数。

3. 侧向径流补给量

侧向径流补给量指山区地下水以地下径流或河道前流形式补给平原区浅层地下水的水量。因廊坊市山前平原区面积比较小，且自 20 世纪 80 年代以来，廊坊市及周边地区地下水开采利用程度较高，地下水的相互补给关系相当紊乱。所以为了计算方便，可以近似地认为侧向补给量等于侧向流出量。补排相当，不予计算。

4. 渠系渗漏补给量

渠系渗漏补给量一般计算到干、支两级。利用渠系渗漏补给系数法进行计算，计算公式为

$$Q_{渠系}=mQ_{渠首引}$$

式中：$Q_{渠系}$ 为渠系渗漏补给量，万 m^3；m 为 渠系渗漏补给系数；$Q_{渠首引}$ 为渠首引水量，万 m^3。

廊坊市境内计算的渠道是十大灌区，即引潮灌区、谭台灌区、潮南灌区、潮北灌区、永南灌区、永北灌区、太平庄灌区、清北灌区、清南灌区、子牙灌区。

5. 渠灌田间入渗补给量及井灌回归补给量

渠灌田间入渗补给量为田间渠道（一般指斗渠以下各级渠道）的渗漏补给量，井灌回归补给量为井水输水渠道的渗漏补给量。一般用下式计算：

$$Q_{灌}=\beta_{渠}\ Q_{渠田}$$

$$Q_{井}=\beta_{井}\ Q_{井田}$$

式中：$Q_{灌}$ 为渠灌田间入渗补给量，万 m^3；$Q_{井}$ 为井灌回归补给量，万 m^3；$Q_{渠田}$ 为渠灌进入田间的水量，万 m^3；$Q_{井田}$ 为由井泵提水用于农田灌溉的水量，万 m^3；$\beta_{渠}$、$\beta_{井}$ 为渠灌田间入渗补给系数和井灌回归系数。

6. 洼淀渗漏补给量

廊坊市共有四大洼淀蓄滞洪区，分别是永定河泛区、东淀、文安洼、贾口洼。这些洼淀在防汛抗洪工作中，担负着缓洪、滞洪的任务，在十年九涝的年代经常启用。但是，自

20 世纪 80 年代以来，由于连年干旱，除 1996 年启用东淀以外，其他洼淀从未启用。

（三）地下水资源量计算成果

浅层地下水指与当地大气降水、地表水体有直接补排关系，具有自由水位的潜水和与当地潜水具有较密切水力联系的微承压水。地下水资源量是指地下水中参与现状水循环且可以更新的动态水量。矿化度不大于 2.0g/L 的浅层地下水是地下水资源评价的重点，对平原区矿化度大于 2.0g/L 的地下水资源量同时做出评价。根据廊坊市实际情况，参考河北省地下水资源评价方法，以现状条件为评价基础，采用水均衡原理对廊坊市的地下水资源进行评价。

廊坊市地下水资源评价系列为 1980—2000 年系列，进行水资源总量综合时，降水入渗补给量计算系列与地表水资源评价系列同步，系列长度为 1956—2000 年共 45 年，其他各项补给量和排泄量的计算系列为 1980—2000 年系列。以 1980—2000 年期间平均的地下水资源量作为多年平均地下水资源量。

廊坊市平原区 1980—2000 年多年平均浅层地下水资源量（矿化度不大于 2.0g/L）为 59255 万 m^3，其中矿化度不大于 1.0g/ L 的地下水资源量为 38565 万 m^3。此外，矿化度为 2.0～3.0g/L 的地下水资源量为 10467 万 m^3，矿化度为 3.0～5.0g/L 的地下水资源量为 2510 万 m^3。

表 13－6 和表 13－7 分别为廊坊市各行政区不同矿化度多年平均地下水资源量汇总表。

表 13－6　廊坊市各行政区多年平均地下水资源量汇总表（矿化度不大于 1.0g/L）

行政区	降水入渗补给量/万 m^3	地表水体入渗补给量/万 m^3				井灌回归补给量/万 m^3	地下水补给量/万 m^3	地下水资源量/万 m^3
		河道渗漏补给量	渠系渗补给量	渠灌入补给量	合计			
三河市	7186	903	1019	852	2774	1088	11048	9960
大厂县	2247	164	142	130	436	455	3138	2683
香河县	5628	502	959	484	1945	887	8460	7573
广阳区	2476	0	171	72	243	325	3044	2719
安次区	1098	0	31	19	50	138	1286	1148
永清县	2967	0	145	50	195	371	3533	3162
固安县	4892	17	1717	455	2189	733	7814	7081
霸州市	2522	31	267	104	402	344	3268	2924
文安县	1144	95	43	33	171	88	1403	1315
大城县	0	0	0	0	0	0	0	0
合计	30160	1712	4494	2199	8405	4429	42994	38565

表 13－7　廊坊市各行政区多年平均地下水资源量汇总表（矿化度不大于 2.0g/L）

行政区	降水入渗补给量/万 m^3	地表水体入渗补给量/万 m^3				井灌回归补给量/万 m^3	地下水补给量/万 m^3	地下水资源量/万 m^3
		河道渗漏补给量	渠系渗漏补给量	渠灌入渗补给量	合计			
三河市	7187	903	1019	852	2774	1088	11049	9961
大厂县	2247	164	142	130	436	455	3138	2683
香河县	5628	502	959	484	1945	887	8460	7573

续表

行政区	降水入渗补给量/万 m^3	地表水体入渗补给量/万 m^3				井灌回归补给量/万 m^3	地下水补给量/万 m^3	地下水资源量/万 m^3
		河道渗漏补给量	渠系渗漏补给量	渠灌入渗补给量	合计			
广阳区	3759	0	258	109	367	495	4621	4126
安次区	5393	43	152	92	287	681	6361	5680
永清县	6284	17	303	107	427	799	7510	6711
固安县	6121	17	2149	569	2735	918	9774	8856
霸州市	5603	52	601	229	882	745	7230	6485
文安县	4644	718	178	133	1029	344	6017	5673
大城县	1439	22	32	14	68	149	1656	1507
合计	48305	2438	5793	2719	10950	6561	65816	59255

三、水资源总量

（一）多年（1956—2000年）平均水资源量

水资源总量是按照水利部颁发的《水资源评价导则》《河北省水资源评价大纲》及《河北省水资源评价技术细则》要求的方法进行计算的。水资源总量计算方法，因水资源分区内包括的地下水评价的类型区不同而有所不同。

平原区水资源总量表达式为：平原水资源总量等于平原地表水资源量与降水入渗补给量之和减去区内降水形成的河川基流量。

水资源总量为山区水资源量与平原水资源量之和。

按上面所述水资源总量的计算方法，对廊坊市水资源总量进行了计算。平原区按矿化度 $m\leqslant1.0$g/L 与 $m\leqslant2.0$g/L 计算分区的降水入渗补给量，因山区面积小，其资源量并入平原区一起参加汇总。

依据廊坊市1956—2000年地表水资源量和地下水资源量成果，计算得到1956—2000年廊坊市及各分区水资源总量，并采用皮-尔逊Ⅲ型曲线对廊坊市及各分区系列进行了频率计算和适线，得出不同保证率的水资源总量。

1. 矿化度不大于1.0g/L的水资源总量

廊坊市多年平均水资源总量（$m\leqslant1.0$g/L）为5.998亿 m^3，折合产水深为93.3mm。平水年、偏干旱年、干旱年的水资源总量分别为4.55亿 m^3、2.68亿 m^3 和1.56亿 m^3。廊坊市水资源总量见表13-8和表13-9。

表13-8　　廊坊市水资源分区水资源总量成果表（$m\leqslant1.0$g/L）

分　区	区域面积/km^2	水资源总量		不同频率水资源总量/万 m^3			
		均值/mm	均值/万 m^3	20%	50%	75%	95%
北四河下游平原	2463	130.2	32071	46439	25785	15907	9172
大清河淀东平原	3966	70.4	27906	42333	18987	9806	5635
全市	6429	93.3	59976	88513	45474	26761	15581

表 13-9　　廊坊市各行政区水资源总量成果表（$m \leqslant 1.0g/L$）

行政区	区域面积/km²	水资源总量		不同频率水资源总量/万 m³			
		均值/mm	均值/万 m³	20%	50%	75%	95%
三河市	643	193.9	12468	17981	10212	6453	3613
大厂县	176	195.5	3440	4984	2808	1756	960
香河县	458	185.4	8493	12304	6934	4335	2371
广阳区	423	87.8	3716	5601	2625	1401	809
安次区	583	43.4	2530	3846	1556	793	520
永清县	774	69.2	5353	8110	3313	1714	1141
固安县	697	104.7	7299	10918	5203	2853	1717
霸州市	785	72.4	5684	8583	3539	1858	1255
文安县	980	65.9	6462	10142	4852	2321	596
大城县	910	49.8	4532	7348	2902	1074	190
全市	6429	93.3	59976	88513	45474	26761	15581

2. 矿化度不大于 2.0g/L 的水资源总量

廊坊市多年平均水资源总量（$m \leqslant 2.0g/L$）为 8.041 亿 m³，折合产水深为 125.1mm。

平水年、偏干旱年、干旱年的水资源总量分别为 6.42 亿 m³、3.87 亿 m³ 和 2.14 亿 m³。廊坊市的水资源总量见表 13-10 和表 13-11。

表 13-10　　廊坊市水资源分区水资源总量成果表（$m \leqslant 2.0g/L$）

分　区	区域面积/km³	水资源总量		不同频率水资源总量/万 m³			
		均值/mm	均值/万 m³	20%	50%	75%	95%
北四河下游平原	2463	157.9	38880	55816	31952	20404	11680
大清河淀东平原	3966	104.7	41531	61869	30500	17057	10128
全市	6429	125.1	80411	117464	64200	38726	21357

表 13-11　　廊坊市行政分区水资源总量成果表（$m \leqslant 2.0g/L$）

行　政　区	区域面积/km²	水资源总量		不同频率水资源总量/万 m³			
		均值/mm	均值/万 m³	20%	50%	75%	95%
三河市	643	193.9	12468	17981	10212	6453	3613
大厂县	176	195.5	3440	4984	2808	1756	960
香河县	458	185.4	8493	12304	6934	4335	2371
广阳区	423	122.2	5170	7678	4016	2304	1269
安次区	583	124.3	7247	10452	5936	3751	2100
永清县	774	115.9	8969	13361	6587	3684	2187
固安县	697	124.8	8699	12908	6416	3634	2201

续表

行政区	区域面积/km²	水资源总量		不同频率水资源总量/万 m³			
		均值/mm	均值/万 m³	20%	50%	75%	95%
霸州市	785	116.6	9152	13795	6464	3450	1992
文安县	980	106.6	10445	16127	8356	4345	1253
大城县	910	69.5	6328	10115	4585	2000	437
全市	6429	125.1	80411	117464	64200	38726	21357

廊坊市的水资源总量（$m \leqslant 2.0$g/L）比自产径流量多了 5.488 亿 m³，这些水量主要是平原区的降水入渗补给量，通过地下水开采大部分可以截取利用。这部分水量占水资源总量的 68.3%，是廊坊市的主要水源。

（二）廊坊市 2001—2015 年水资源变化情况

廊坊市第二次水资源评价成果采用的是 1956—2000 年间的资料系列。第二次水资源评价完成后至今又过去了 15 年，通过对 2001—2015 年的降水量、水资源量以及产水模数等水文要素进行分析计算，研究其变化趋势。表 13-12 为廊坊市 2001—2015 年水资源变化情况统计表。

表 13-12　廊坊市 2001—2015 年水资源变化情况统计表

年份	降水量/亿 m³	地表水资源量/亿 m³	地下水资源量/亿 m³	水资源总量/亿 m³	产水系数	产水模数/(万 m³/km²)
2001	29.10	0.25	3.86	4.06	0.14	6.32
2002	25.93	0.20	3.41	3.43	0.13	5.34
2003	34.58	0.88	5.52	6.29	0.18	9.78
2004	36.86	0.58	6.40	6.63	0.18	10.31
2005	30.32	0.14	4.28	4.30	0.14	6.69
2006	24.22	0.35	2.79	3.03	0.13	4.71
2007	36.01	0.82	6.08	6.82	0.19	10.61
2008	38.17	1.60	6.27	7.77	0.20	12.09
2009	32.99	0.82	5.31	6.05	0.18	9.41
2010	30.90	0.44	4.54	4.88	0.16	7.59
2011	34.45	0.18	5.74	5.86	0.17	9.11
2012	51.36	3.29	11.00	14.19	0.28	22.07
2013	33.08	1.18	5.24	6.32	0.19	9.83
2014	24.46	0.17	3.46	3.63	0.15	5.64
2015	34.83	0.38	5.73	6.10	0.18	9.49

（三）廊坊市 1956—2015 年水资源总量

廊坊市 1956—2015 年多年平均水资源总量（$m \leqslant 2.0$g/L）为 7.52 亿 m³。较 1956—2000 年多年平均水资源总量减少 0.52 亿 m³，偏少 6.47%。主要由于 2001—2015 年多年平均年降水量为 515.6mm，较 1956—2000 年多年平均年降水量偏少 6.97%。

第二节　水资源可利用量

一、地表水资源可利用量

（一）地表水资源可利用量的影响因素

廊坊市位于海河流域，主要有潮白蓟运、北运、永定、大清、子牙五大水系（河）。不同的下垫面情况，众多的水利工程设施，构成了一个复杂的供、用水系统。《水资源评价导则》对地表水资源可利用量定义为："地表水资源可利用量，是指在经济上合理，技术上可能，以及满足河道内生态用水，并兼顾下游地区用水的前提下，通过地表水工程措施（蓄、引、提）可以控制利用的河道外一次性最大水量（不包括回归水的重复利用）"。

地表水资源可利用量的影响因素为：自产年径流量；入境水量；出境水量；同样的地表水蓄、引、提工程措施，采用不同的调度运用方案，可以控制利用的地表水量有所不同；河道内生态用水。

1. 自产年径流量

自产年径流量是分析地表水资源可利用量的重要因素之一，通过对 1990—2000 年自产年径流量及相应频率分析可以看出，11 年的资料中丰水年为 1 年，偏丰水年为 3 年，平水年为 2 年，偏枯水年为 4 年，枯水年为 1 年。丰枯分配比较均匀，具有一定的代表性。

2. 入境水量

此次廊坊市地表水资源可利用量计算采用河北省第二次水资源评价所分析研究的地表水供水系数经验公式，根据廊坊市的实际情况，计算不同保证率的地表水供水系数，计算地表水资源可利用量。计算公式为

$$\beta=\frac{W_{供水量}}{W_{自产量}+W''_{入境}}$$

其中
$$W''_{入境}=W_{入境}-W''_{出境}$$

式中：β 为不同保证率的地表水利用系数；$W_{供水量}$ 为不同保证率的地表水供水量；$W_{入境}$ 为不同保证率的地表入境水量；$W_{自产量}$ 为不同保证率的地表自产水量；$W''_{出境}$ 为兼顾下游地区用水的出境水量，指潮白蓟运、北运、永定、大清、子牙五大水系（河）的出境水量之和。

入境水量是廊坊市可利用水资源量的重要组成部分。由于上游邻市工农业生产的高速发展，用水量增多，流入廊坊市的水量呈急剧减少的趋势。据资料分析，廊坊市多年平均入境水量（1956—2000 年）为 38.54 亿 m^3，1990—2000 年平均入境水量为 26.17 亿 m^3。表 13－13 为廊坊市地表水可利用率分析表。

表 13－13　　廊坊市地表水可利用率分析表

年份	入境、出境、自产水量/亿 m^3					自产水量＋"入境水量"相应频率/%	出入境水量/亿 m^3		地表水利用系数
	自产水量	入境水量	"入境水量"	自产水量＋入境水量	地表供水量		五河出境水量	自产水量＋入境水量－出境水量	
1990	2.520	14.214	5.339	16.735	4.530	33.2	8.875	7.859	0.5764

续表

年份	入境、出境、自产水量/亿 m^3					自产水量＋“入境水量”相应频率/%	出入境水量/亿 m^3		地表水利用系数
	自产水量	入境水量	“入境水量”	自产水量＋入境水量	地表供水量		五河出境水量	自产水量＋入境水量－出境水量	
1991	1.946	18.040	5.529	19.986	3.753	35.0	12.511	7.475	0.5020
1992	0.579	9.005	3.867	9.584	2.121	52.5	5.137	4.447	0.4770
1993	0.330	6.648	2.377	6.978	1.613	92.5	4.271	2.707	0.5957
1994—1996	6.149	55.493	21.052	61.642	4.098	4.80	34.440	27.202	0.1507
1997	0.475	21.696	7.861	22.171	3.403	30.0	13.835	8.336	0.4083
1998	1.128	21.354	5.446	22.482	3.231	37.6	15.908	6.574	0.4915
1999	0.009	11.102	3.390	11.111	2.071	67.5	7.712	3.399	0.6092
2000	0.170	7.414	2.663	7.584	2.500	85.0	4.750	2.834	0.8821

注 1. 五河指潮白蓟运、北运、永定河、大清河、子牙河。
2. “入境水量”指五河入境水量－五河出境水量。
3. 1994年河北北部发生大水，1996年河北南部发生大水，受此影响廊坊市全区在1994年、1995年和1996年自产水量和“入境水量”偏向两个极端，且相差悬殊，为反映自产水量和入境水量相关关系的一般规律，将1994—1996年各项资料合并处理，以此建立廊坊市自产水量-自产水量＋“入境水量”相关图。

3. 出境水量

廊坊市出境水量主要是潮白蓟运、北运、永定、大清、子牙五大水系（河），分别向天津供水。多年平均出境水量为27.37亿 m^3，1990—2000年平均出境水量为16.74亿 m^3。

综上所述，廊坊市出境水量主要是向天津供水。这部分水量是兼顾下游地区用水量，也是廊坊市不可利用的水量。随着天津市国民经济的发展，供水式和补水式出境水量还会继续增加。

（二）地表水资源可利用量计算

根据《河北省水资源评价大纲》的要求，不同水平年地表水资源可利用量只计算 $P_{50\%}$ 和 $P_{75\%}$ 两种保证率。此外，海河流域由于过量开发利用水资源，生态环境破坏比较严重，恢复流域的生态环境，需要全流域统一行动，相互协调。目前对于恢复流域的生态环境尚无明确的目标，这里对于现状生态环境的用水量暂不考虑。因此，依据本书提出的经验公式和相关图，估算廊坊市地表水资源可利用量。

1. 现状水平年（$P=50\%$）地表水资源可利用量

依据现状条件下的产流量系列（1956—2000年）进行频率计算，求得平水年（$P_{50\%}$）自产水量为1.484亿 m^3，通过图13-2查算，自产水量＋“入境水量”为6.016亿 m^3。由地表水利用率（β）-频率（%）的关系方程（图13-3），可求出 $P_{50\%}$ 保证率相应的利用系数 $\beta=0.5292$。现状水平年 $P_{50\%}$ 保证率地表资源水可利用量为3.184亿 m^3。

2. 现状水平年（$P=75\%$）地表水资源可利用量

依据现状条件下的产流量系列，求得偏枯水年（$P_{75\%}$）自产水量为0.471亿 m^3，通过图13-2查算，自产水量＋“入境水量”为4.292亿 m^3。由地表水利用率（β）-频率

（%）的关系方程（图 13-3），可求出 $P_{75\%}$ 保证率相应的利用系数 $\beta=0.6692$。现状水平年 $P_{75\%}$ 保证率地表资源水可利用量为 2.872 亿 m^3。廊坊市各行政区地表水资源可利用量见表 13-14。

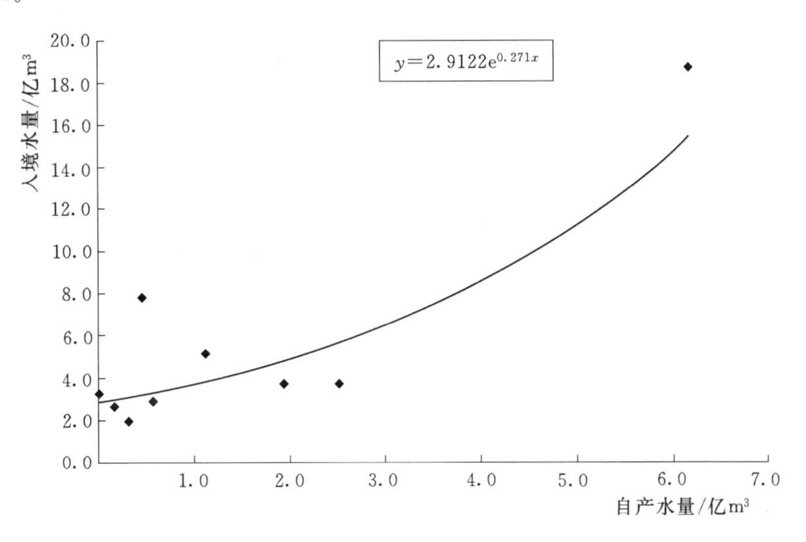

图 13-2 廊坊市自产水量-入境水量相关图

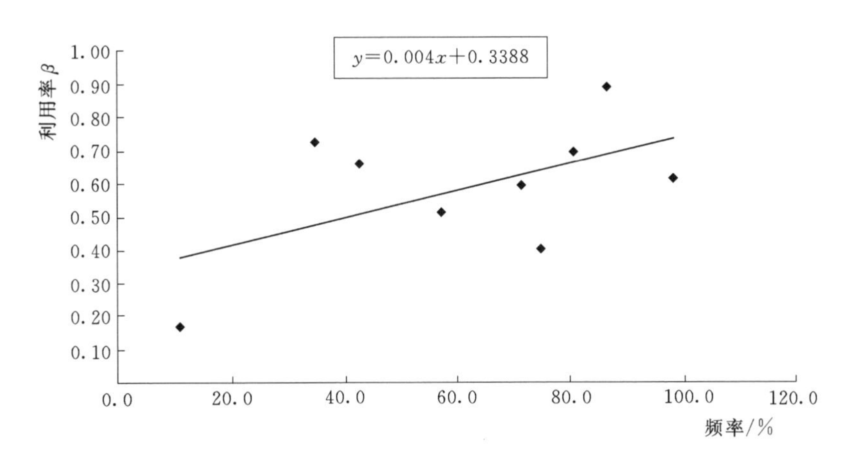

图 13-3 地表水利用率-频率相关图

表 13-14　　廊坊市各行政区地表水资源量可利用量

行政区	面积/km²	年径流量/亿 m³	年径流量/亿 m³		自产水量+"入境水量"/亿 m³		地表水利用率/%		地表水可利用量/亿 m³	
			50%	75%	50%	75%	50%	75%	50%	75%
三河市	643	0.3684	0.2040	0.0623	1.3602	1.0392	0.5900	0.6900	0.8025	0.7171
大厂县	176	0.0989	0.0574	0.0182	0.1500	0.1050	0.5952	0.6500	0.0893	0.0683
香河县	458	0.2267	0.1255	0.0384	1.5050	1.2383	0.5500	0.6600	0.8278	0.8173
广阳区	423	0.0909	0.0126	0.0006	0.2866	0.1330	0.3250	0.6000	0.0932	0.0798
安次区	583	0.1323	0.0583	0.0131	0.3482	0.1392	0.3000	0.6000	0.1045	0.0835

续表

行政区	面积 /km^2	年径流量 /亿 m^3	年径流量 /亿 m^3		自产水量+“入境水量” /亿 m^3		地表水利用率 /%		地表水可利用量 /亿 m^3	
			50%	75%	50%	75%	50%	75%	50%	75%
固安县	697	0.1729	0.0349	0.0021	0.4767	0.2594	0.5150	0.6850	0.2455	0.1777
永清县	774	0.2121	0.0251	0.0014	0.2710	0.1155	0.5350	0.6850	0.1450	0.0791
霸州市	785	0.2850	0.1083	0.0199	0.4808	0.3658	0.5521	0.6500	0.2654	0.2377
文安县	980	0.5165	0.2995	0.0950	0.5802	0.4560	0.5415	0.6400	0.3142	0.2918
大城县	910	0.4532	0.2902	0.1074	0.5565	0.4408	0.5320	0.6350	0.2961	0.2799
全市	6429	2.5587	1.4841	0.4708	6.0158	4.2917	0.5292	0.6692	3.1836	2.8720

二、地下水资源可开采量

（一）地下水资源可开采量计算方法

浅层地下水资源可开采量是指在经济合理、技术可行且利用后不会造成地下水水位持续下降、水质恶化、海水入侵、地面沉降等环境地质问题和不对生态环境造成不良影响的情况下，允许从地下含水层中取出的最大水量。

以现状条件下浅层地下水资源量、开发利用水平及技术水平为基础，根据评价区浅层地下水含水层的开采条件，在多年平均地下水总补给量的基础上，合理确定现状条件下的浅层地下水资源可开采量。

1. 可开采系数法

在浅层地下水资源已经开发利用的地区，多年平均浅层地下水资源实际开采量、地下水水位动态特征、现状条件下总补给量等三者之间关系密切、互为平衡。首先，通过对区域水文地质条件进行分析，依据地下水总补给量、地下水水位观测、实际开采量等系列资料，进行模拟操作演算，确定出可开采系数，然后，再用类似水文比拟的方法，确定不同类型水文地质分区可采用的经验值。进而计算评价区的地下水资源可开采量计算式：

$$Q_{可采}=\rho Q_{总补}$$

式中：$Q_{可采}$为地下水资源可开采量，万 m^3；ρ 为可开采系数（$\rho\leqslant1$）；$Q_{总补}$为地下水总补给量，万 m^3。

对于开采条件良好［单井单位降深出水量大于 20m/(h·m)］，地下水埋深大、水位连年下降的超采区，ρ 的参考取值范围为 0.875～1.0；对于开采条件一般［单井单位降深出水量在 5～10m/(h·m)］，地下水埋深大、实际开采程度较高地区或地下水埋深较小、实际开采程度较低地区，ρ 的参考取值范围为 0.75～0.95；对于开采条件较差［单井单位降深出水量小于 2.5m/(h·m)］，地下水埋深较小、开采程度低、开采困难的地区，ρ 的参考取值范围为 0.6～0.7。

2. 典型年实际开采量法

据实测的地下水水位动态资料与调查核实的开采量资料分析，若某一年的地下水经开

采后，其年末的地下水水位与年初保持不变或十分接近，则该年的实际开采量即为区域开采量。具体计算时，可在允许范围内多选几年，对求出的$Q_{可采}$经分析后合理取值。

3. 扣除不可夺取的天然消耗量法

浅层地下水补给量和消耗量是在地下水的交替转换过程中形成的，且随着自然和人为因素的影响，地下水各均衡项在不断的变化中。充分发挥地下水库的多年调节作用，尽最大可能地把地下水资源提取出来，物尽其用是水资源管理的目的。但是，受水文地质条件的限制和大自然平衡的需要，必有一部分水量被消耗掉，地下水资源量扣除天然净消耗量即为地下水资源可开采量。天然净消耗量包括潜水蒸发量、河道排泄量、地下水溢出量和由于下部承压水开采而形成的向下越流排出量等。将现状条件下的多年平均地下水总补给量扣除天然消耗量，即可得到多年平均地下水资源可开采量。

（二）地下水资源开发利用程度

廊坊市浅层地下水资源开发利用程度较高，而有咸水区和地表水灌溉条件较好的地区，地下水资源开采率较低。表 13－15 为廊坊市浅层地下水资源开采率成果表。

表 13－15　　廊坊市浅层地下水资源开采率成果表

行政区	平均开采量/万 m³	总补给量/万 m³	开采率/%	行政区	平均开采量/万 m³	总补给量/万 m³	开采率/%
三河市	11796	11049	107	永清县	5495	7510	73
大厂县	3111	3084	101	固安县	11374	9774	116
香河县	6958	8460	82	霸州市	4709	7230	65
广安区	3693	4621	80	文安县	3458	6017	57
安次区	4846	6361	76	大城县	902	1656	54

第三节　外流域调水

一、南水北调中线供水工程

南水北调中线工程从长江最大支流汉江中上游的丹江口水库东岸岸边引水，经长江流域与淮河流域的分水岭南阳方城垭口，沿唐白河流域和黄淮海平原西部边缘开挖渠道，在河南荥阳市王村通过隧道穿过黄河，沿京广铁路西侧北上，自流到北京颐和园的团城湖。供水范围主要是唐白河平原和黄淮海平原的西中部，供水区总面积约 15.5 万 km²，工程重点为河南、河北、天津、北京 4 省（直辖市），沿线 20 多座大中城市提供生活和生产用水，并兼顾沿线地区的生态环境和农业用水。中线工程输水干渠总长 1432km。

中线工程可调水量按丹江口水库后期规模完建，正常蓄水位 170.00m 条件下，考虑 2020 年发展水平在汉江中下游适当做些补偿工程，保证调出区工农业发展、航运及环境用水后，多年平均可调出水量为 141.4 亿 m³，一般枯水年（保证率 75%）可调出水量约 110 亿 m³。

根据中线工程沿线受水区的缺水状况和需求，考虑到水源地丹江口水库的供水能力，按照丹江口水库北调水量与受水区当地地表水、地下水联合调度运用规则，中线一期工程经陶岔多年平均调出水量为95.0亿m^3，其中河南省37.7亿m^3、河北省34.7亿m^3、北京市12.4亿m^3、天津市10.2亿m^3。以上水量为分配给各省（直辖市）的毛水量，扣除沿途的蒸发渗漏损失，实际收水总量为85.3亿m^3，其中河南省35.8亿m^3、河北省30.4亿m^3、北京市10.5亿m^3、天津市8.6亿m^3。

（一）河北省南水北调工程

南水北调中线一期工程建成后，河北省分配水量为34.7亿m^3。长江水到来后，通过置换城镇、工业长期挤占的农业用水，可有效解决河北省受水区农村安全饮水问题，有效改善受水区农业生产条件。同时，中线工程向城镇供水量的65%用后经处理也可用于农业灌溉，可促进河北省农业的可持续发展。南水北调工程还可显著改善受水区的生态环境，可减少或避免对地下水的超采，大大改善地下水生态环境。

南水北调中线一期总干渠工程穿越漳河后进入河北省，河北省境内工程全长596km，包括京石段应急供水工程（古运河至北拒马河段）、邯石段工程（漳河北至古运河段）和天津干线工程。

京石段应急供水工程：河北省境内工程起点为石家庄市西郊的田庄分水闸，终点为涿州市冀京交界处的北拒马河，途经石家庄、保定2市12个县（市、区），全长227km。

邯石段工程：邯石段工程全长238km，涉及河北省邯郸、邢台、石家庄3市17个县（市、区）。邯石段委托河北省建设管理工程共133km。

天津干线工程：天津干线工程是南水北调中线一期工程的组成部分之一，采用暗涵输水形式，起点为中线总干渠西黑山分水口（徐水县境内），经河北省保定、廊坊2市8县（市、区）进入天津市。河北省境内工程长131km。

（二）河北省南水北调配套工程

河北省南水北调供水范围包括京津以南的邯郸、邢台、石家庄、保定、廊坊、衡水、沧州7个市、92个县（市、区）、26个工业园区。配套工程分为水厂以上输水工程和水厂、配水管网以及调蓄工程。

水厂以上输水工程分4条大型输水干渠和7个市水厂以上输水管道工程共11个单项工程，主要建设内容包括：新建和改造石津、廊涿、保沧、邢清4条大型输水干渠，输水形式除石津干渠利用部分现有渠道外全部为管道、暗涵，总长759km；新建邯郸、邢台、石家庄、保定、廊坊、沧州、衡水7个市境内从干渠到各供水目标的输水管道，总长1310km，泵站共65处。

廊涿干渠：廊涿干渠承担着向保定市的涿州、松林店和廊坊市的固安、固安工业园区、永清及廊坊市区的供水任务，年输送引江水量为2.51亿m^3。

邢清干渠：邢清干渠承担着向邢台市的11个县（市）13个供水目标的输水任务，年输送引江水量约1.20亿m^3。工程全长169km。

保沧干渠：保沧干渠承担着向沧州、保定和廊坊市的12个县（市、区）15个供水目标的输水任务，年输送引江水量为2.65亿m^3。工程全长243km。

石津干渠：石津干渠承担着向石家庄市、衡水市、沧州市以及干渠沿线和大浪淀、衡水西湖调蓄工程周边等35个县（市、区）的供水任务，同时仍担负着岗南、黄壁庄水库

向下游灌区的输水任务，年输送引江水量为10.64亿m^3。工程全长276km。

（三）廊坊市南水北调输水工程

按照河北省批准的南水北调总体规划，廊坊市南水北调配套工程承担着向廊坊市南部7个县（市、区）8个供水目标的输水任务，包括廊坊市区、固安县、永清县、霸州市、文安县、大城县等县（市、区），其中固安县分为固安县城和固安工业园区，霸州市分为霸州市区和胜芳开发区。南水北调工程实施后，每年将为廊坊市引蓄2.5843亿m^3优质长江水，使工业和城镇生活用水矛盾得到缓解，减少地下水超采。表13-15为廊坊市南水北调工程各行政区分配水量统计表。

表13-16　　廊坊市南水北调工程各行政区分配水量统计表

行政区	分配水量/亿m^3	行政区	分配水量/亿m^3	行政区	分配水量/亿m^3
廊坊市区	1.5166	固安县	0.1418	文安县	0.0754
永清县	0.1874	霸州市	0.5794	大城县	0.0837

廊涿干渠是河北省南水北调配套工程的重要组成部分，是南水北调中线工程向廊坊引水的通道，从南水北调中线总干渠涿州三岔沟分水口门经涿州、固安、永清向廊坊市区供水。干渠最大输水流量为11.0m^3/s，总长度为80km，采用双排直径1.6～2.4m的预应力钢筒混凝土管道（简称PCCP管道）输水。

二、引黄入冀供水工程

为缓解华北东南部平原地区水资源短缺状况，1991年国家农业开发办公室和水利部决定实施华北地区跨流域、跨省大型调水工程。此项工程为引黄专用输水工程，工程包括3个部分，即山东省境内工程、立交穿卫工程和河北省境内工程。

国家农业综合开发领导小组对该项目明确指出：引黄入卫工程是一次利用当地灌溉设施，跨流域、跨省的大型调水工程，各方面的矛盾比较复杂，有关各方一定要从全局利益出发，在引黄入卫工程领导小组的统一领导下，紧密配合，保证按时、高质量地完成各项工程，及早缓解河北省东南部地区农业严重缺水的状况，为农业综合开发创造良好的外部条件。要求水利部在批准了山东省引黄入卫初步设计的基础上，及早研究、明确卫运河输水及河北省接水、输水方案，以保证整个工程按期实施。

引黄入冀总干渠山东省境内线路总长度为105km，自黄河下游左岸聊城市境内的位山闸，经西输沙渠至西沉沙池，沉沙后进入总干渠，接三干渠、小运河到立交穿卫枢纽；立交穿卫枢纽由左右堤穿堤涵洞、左右滩地明渠和主槽倒虹吸组成。在临西县刘口村附近由左堤涵洞进入河北省境内。自河北省临西县刘口涵洞至泊头八里庄闸，其后北路至沧县东关闸，南路至南皮县代庄闸，流经河北省14县（市），1994年正式投入使用。

2000年，为缓解天津市严重缺水状况，国务院实施了引黄济津应急调水。引黄济津线路，在八里庄节制闸以上仍用原引黄入冀总干渠，局部河段和部分闸、涵、堤工程进行加固整修及提高标准，在八里庄闸前右岸汇集于闸下，扩挖清南连接渠，入南运河，局部整修南运河河槽及堤防，北行至冀津交界处，于九宣闸入天津市。

河北省境内引黄入冀线路总长335km，输水能力为60～65m^3/s，分以下4个部分。

第一部分：临西县刘口涵洞至张二庄闸为人工渠道。自刘口左堤涵洞出口起，在临西县经新开渠、二支渠、东干渠，至新清临渠牛庄闸入清河县，一路北上，于南宫市张二庄闸上入骨干排沥河道清凉江，以下即以清凉江为总干渠，直至乔官屯。河段长4km，输水能力为$80m^3/s$。

第二部分：张二庄闸至泊头市八里庄闸为整修过的清凉江，北行15km到达衡水湖引水口——油故枢纽。衡水湖引水闸——小油故闸位于枢纽节制闸前（左）岸。自油故枢纽以下至八里庄，此间，清凉江作为沿途各县（市）界河，其左岸经过南宫市、枣强县和武邑县，右岸经过故城县、景县和阜城县，直至泊头八里庄闸。此段河长140km，输水能力为$65\sim80m^3/s$。

第三部分：八里庄闸至杨圈闸为清凉江入南运河的连接渠，总干渠自八里庄闸前输水线路分两路：一路沿清凉江下行，至乔官屯闸入南排河，止于沧县东关闸，向沧县、黄骅市、中捷农场、南大港农场供水；一路经绘彩于闸入清南连渠，在泊头杨圈闸穿左堤进入南运河，长22km，输水能力为$65m^3/s$。清南连渠由大树闫干渠、绛河、江江河、杨圈干渠4段组成。

第四部分：杨圈闸至冀津界九宣闸为南运河段，总干渠自杨圈闸北行20km，到达代庄枢纽。枢纽由运河节制闸与代庄引水闸组成，由此经代庄引渠东行19km，向大浪淀水库引水。运河节制闸北行34km到达捷地枢纽。捷地枢纽是南运河向捷地减河分洪的控制工程，也是引黄济津输水工程的重要安全口门。南运河出沧州市区于沧县兴济镇北到达子牙新河穿运枢纽，以渡槽形式跨越北排河及子牙新河深槽，继续北行至青县。经流河节制闸，至冀津交界处九宣闸，入天津市。河段长132km，输水能力为$60\sim65m^3/s$。

天津市境内引黄输水线路分为两路：一路经南运河至西河闸入海河干流；一路经九宣闸入马厂减河，进北大港水库。

河北省水利勘测设计研究院于1992年4—11月完成了此项目的可行性研究报告，1992年12月至1993年4月在衡水、沧州、邢台地区配合下，仅用不足半年时间完成了《河北省位山引黄入冀工程初步设计说明书》。该工程按设计要求已按期实施。

该工程分两期实施，一期工程于1993年完成，二期工程于1994年完成。在工程实施过程中，为解决河北省沧州、衡水地区严重干旱，还于1993年2月、1994年1月进行了两次引黄应急供水，从1994年11月至目前，基本每年按期进行引黄输水。

位山引黄入冀工程位山—临清山东段由山东省水利勘测设计院设计，当黄河来水75%保证率时，冬季4个月中引水90d，年引水量为6.22亿m^3，渠首引黄设计流量为$80m^3/s$，穿卫运河采用立交形式，穿越徒骇、马颊河也采用渡槽立交，山东省内渠线总长105km，在临西县刘口村附近入河北省境内。河北省境内渠首设计流量为$65m^3/s$，校核流量为$75m^3/s$，由刘口村—南排河东关闸，渠线全长257.186km，沿线除利用已建渠线、闸涵、倒虹吸外，尚有新建闸涵、倒虹吸及新开渠道等工程设计，工程建成后要求在黄河来水75%保证率条件下，冬季4个月中引水90d内达到引黄水量5.0亿m^3。

引黄入冀总干渠设计流量为$65m^3/s$，加大设计流量为$75m^3/s$，沿途设置9处进出口控制断面，即刘口、张二庄、油故、连村、八里庄、小园、肖家楼、东关和代庄。其中，刘口涵洞为河北省接水口，张二庄测流断面测控邢台、衡水两市的水量，连村断面测控入

沧州市的水量。随着需水结构的变化，引黄入冀总干渠的功能逐渐演变，目前以满足衡水湖和大浪淀水库蓄水为主，兼顾农业用水。

引黄入冀供水工程从1993年、1994年试送水，试送水水量为10268万m^3。从1994年引黄入冀开始引水，到2014年1月止，共引水19次，渠首引水量为73.1397亿m^3。表13－17为河北省引黄入冀及廊坊市历年水量统计表。

表13－17　　河北省引黄入冀及廊坊市历年水量统计表

序号	引　水　时　间	渠首引水量/万m^3	输沙量/万t	廊坊市收水量/万m^3
试送水	1993年2月	3162	—	—
试送水	1994年1月6日至1994年2月1日	7106	—	—
1	1994年11月11日至1995年1月21日	35432	36.526	—
2	1995年11月3日至1995年12月8日	20102	58.938	—
3	1997年1月1日至1997年2月18日	8731	10.840	—
4	1997年9月21日至1997年10月4日	1475	—	—
	1997年12月12日至1998年1月22	21258	63.735	
	1998年2月23日至1998年3月1日	661	0.471	
5	1998年12月3日至1999年1月26日	27369	101.634	—
6	1999年12月4日至2000年1月17日	21860	70.001	—
7	2000年10月13日至2001年1月31日	74290	176.000	—
8	2001年12月至2002年1月	13377	29.100	—
9	2002年10月31日至2003年1月23日	50230	69.788	—
10	2003年9月12日至2004年1月6日	87332	453.000	—
11	2004年10月9日至2005年1月25日	71080	75.600	—
12	2006年11月24日至2007年2月28日	34000	23.100	—
13	2008年1月25日至2008年6月17日	48400	53.500	—
14	2008年12月30日至2009年2月5日	14242	12.400	—
15	2009年10月1日至2010年2月28日	80500	59.100	8000
16	2010年12月13日至2011年5月10日	27800	14.600	2238
17	2011年11月15日至2012年2月26日	41800	37.400	12000
18	2012年11月16日至2013年3月3日	21600	20.000	—
19	2013年11月6日至2014年1月11日	19590	5.790	—
合计		731397	1265.219	22238

自引黄入冀供水工程实施至2013年以来，廊坊市共引黄河水2.2238亿m^3，引水主要用于补充地下水。

“引黄调水”工作是廊坊市开展生态修复、打造廊南森林湿地走廊的实际举措。黄河水的到来，在廊坊市南部文安、大城两县深渠河网形成广阔水面，充分涵养地下水资源，有效改善当地水生态环境，并为廊坊市引黄沿线120余万亩耕地抗旱保春播提供优质充足水源保障，对促进粮食增产增收起到积极作用。

参　考　文　献

[1]　河北省水利厅．河北省水资源评价［R］．2003．

[2]　廊坊市水文水资源勘测局．廊坊市水资源评价［R］．2007．

[3]　肖长来，梁秀娟，王彪．水文地质学［M］．北京：清华大学出版社，2010．

第十四章　雨 洪 资 源 利 用

第一节　城 市 雨 水 利 用

城市雨水利用的技术措施可分为直接利用、间接利用和综合利用几类。一般首先考虑补充地下水、涵养地表水，其次再考虑园林绿化、冲洗街道、公园景观、建筑工地、工业冷却、消防灭火、家庭洗衣、冲刷厕所等。

一、雨水利用可行性分析

（一）降水量较大

廊坊市城区位于华北平原东北部，处于冲积平原区，地貌类型平缓单一。高程在6.00～25.00m之间，坡度为1/2500～1/10000。受大气环流天气系统和地形条件的影响，年降水量为566.2mm，略高于廊坊市平均值，较为丰沛的降水量是雨水资源利用的重要保障。

（二）雨水资源相对充足

随着城市建设的高速发展，廊坊市城区的人口高度集中，楼、堂、馆、所密布，区内道路及房屋等地面建筑物形成的不透水面积占城区面积的比例越来越大，由此引起城区的降水径流及地下水的补给均发生明显变化。据实验数据显示，城区降水超过15mm即产生径流，为城市雨水的积蓄提供了充足的雨水资源。

（三）可利用的蓄水工程较多

廊坊市城区同时具有两条主要行洪河流，即龙河、凤河。廊坊市北有凤河，西、南有龙河环绕城区，一次蓄水能力为841万m^3；有廊西排干、八干渠、九干渠等主要排沥蓄水渠道，蓄水能力为1334万m^3；有景观公园、湖面等坑塘，蓄水能力为1090万m^3。这些为雨水集蓄利用等集雨工程的规划建设提供了基础。

二、雨水利用方法

（一）利用大面积集蓄

城市的建筑屋顶、大型广场、小区庭院、城市的不透水地面都可大面积地汇集雨水，是良好的雨水收集面。降雨产生的地面径流，只要修建一些简单的雨水收集和储存工程，就可将城市雨水资源化，用于城市清洁、绿地灌溉、维持城市水体景观等，由于雨水污染并不严重，可经过简单的处理用于生活洗涤用水、工业用水等。如果在贮留池基础上建造美丽的音乐喷泉，可解决喷泉用水和绿地用水的矛盾。

（二）利用渗透设施集雨

利用各种人工设施强化雨水渗透是城市雨水利用的重要途径。雨水渗透设施主要有渗透集水井、透水性铺装、渗透管、渗透沟、渗透池等。对必须改造和新建的下水道工程，一次性采用渗透设施，更能达到节省投资的目的。

(1) 地面渗透。渗透地面可分为天然渗透地面和人工渗透地面两大类，前者以城区绿地为主。绿地透水性较好，便于雨水入渗，可涵养水分减少绿化用水、改善城市生活环境。后者指城区中人工铺设的透水地面，多采用多孔草砖、碎石地面、透水混凝土、粉煤灰气砖等。

(2) 管沟渗透。管沟渗透一般将多孔管材埋入地下，管周填入一定厚度的碎石或其他透水材料，也可采用多孔材料做成植物浅沟，底部铺设透水性较好的碎石层；在道路和广场四周开挖渗沟，沟底铺设透水材料，将雨水引入沟内进行过滤渗透。这种渗沟可储存暴雨径流，充分渗透土壤滋养沟边树木花草。

(3) 渗透井。渗透井包括深井和浅井两类，前者适用水量大而集中，水质好的情况。城区内多采用浅井，井管为渗水管，井管四周填入透水碎石，雨水通过井壁和井底向四周入渗，涵养土壤，增加土壤水。

(4) 渗透坑池。在城区内有较宽阔的生活小区、新开发区和有景观要求的地段、广场和绿地内，开挖一定面积的渗水坑塘和渗水池，坑池的大小和深浅，根据集水面积和周围建筑物的多少以及小区设计要求而定。

(5) 综合渗透设施。根据工程具体条件和要求，在一个小区内将渗透地面、绿地、渗水坑池，渗水井和渗水沟管，分别不同地段、不同情况进行组合。渗透地面和绿地可截留净化部分杂质，将多余的雨水流入坑池和渗水井、渗水沟进行入渗。这种综合渗水系统可充分发挥各种渗透设施的渗水作用，效果更好。

(三) 对收集的雨水和降雨就地利用

贮留池是将收集的雨水积蓄起来的重要设施。贮留池的面积要根据当地集雨面积、降雨量以及用水方式来进行设计和建造。对于降雨利用，在德国，雨水屋顶花园利用系统就是削减城市雨洪径流量的重要途径之一。该系统在屋顶铺盖土壤，种植植物，配套防水和排水措施，可使屋面系统径流系数减少到 0.3，有效地削减了雨水数量，同时美化了环境，净化了城市空气，降低了城市的热岛效应，逐步改善了城市环境。

(四) 对城市雨污分流

雨污分流，建立单独的城市雨水系统。目前，我国很多城市都是实行合流制的排水系统，这种排水系统有两个弊端：一是将雨水和污水在一个排水系统中排放，并且排到同一条河道和海域，这些河道得不到足够的清水补充，在源源不断的污水排入后变得又脏又臭；二是雨水的水质较污水好，而合流制的排水系统将其和污水一同排放，使较清洁的雨水白白浪费和流失。

(五) 雨水是城市生态环境用水的理想水源

城市绿地、园林、花坛和一些湿地、河道、湖泊都是现代化城市基础设施的重要组成部分，随着居民生活水平的提高和环保意识的加强，城市绿化建设不仅可为居民提供娱乐、休闲、游览和观光的场所，而且是改善和美化城市环境的重要措施。

河道的景观建设也已提上日程，这其中水的利用是不可缺少的，雨水对河道的补充也是十分重要的一部分。因为降雨不仅在空间分布是分散的，而且水质清洁，没有异味，弥

补了再生水的不足。所以，城市雨水是城市生态环境用水的理想水源。

三、雨水资源量分析计算

（一）年降水量

廊坊市城区西部设有北昌雨量站，该站有较完整的降水观测资料。其降水资料基本可作为廊坊市城区的降水量资料进行分析计算。

由1956—2008年降水量计算结果可知，廊坊市城区多年平均年降水量为556.2mm，折合降水量5006万m^3。廊坊市城区年降水量成果见表14-1。

表14-1　　廊坊市城区年降水量成果表

分区名称	参数			不同保证率年降水量/mm			
	均值	C_v	C_s/C_v	20%	50%	75%	95%
廊坊市城区	556.2	0.33	2.5	699.4	532.3	422.1	303.0

（二）降水量的年内分配

该区域降水量具有年内分配非常集中、年际变化大、地区分布不均等特点。由多年平均最大4个月降水量占年降水量的百分数可以看出，大部分站点全年降水量的80%集中在汛期（6—9月），个别站点集中程度高达90%以上。非汛期8个月的降水量占年降水量的20%，而汛期的降水量又主要集中在7月、8月两个月，甚至更短时间。特别是一些大水年份，降水更加集中。

平水年以1985年为典型年，年降水量为531.7mm，汛期（6—9月）为437.1mm，占全年降水量的82.2%；偏枯年以1997年为典型年，年降水量为438.2mm，汛期（6—9月）为307.3mm，占全年降水量的70.1%；枯水年以1995年为典型年，年降水量为309.4mm，汛期（6—9月）为281.0mm，占全年降水量的90.8%。廊坊市城区代表站典型年降水量月分配见表14-2。

表14-2　　廊坊市城区代表站典型年降水量月分配

月份	平水年（P=50%）		偏枯年（P=50%）		枯水年（P=50%）		多年平均年降水量/mm	平均百分比/%
	降水量/mm	百分比/%	降水量/mm	百分比/%	降水量/mm	百分比/%		
1	0.6	0.11	11.4	2.60	0.0	0	2.8	0.49
2	2.6	0.49	1.3	0.30	0.0	0	5.5	0.96
3	13.6	2.56	19.9	4.54	1.1	0.36	8.0	1.39
4	7.2	1.35	11.4	2.60	1.4	0.45	24.3	4.24
5	48.5	9.12	48.4	11.05	23.4	7.56	29.8	5.19
6	16.1	3.03	27.6	6.30	50.4	16.29	70.7	12.32
7	148.3	27.89	180.0	41.08	170.4	55.07	186.4	32.49
8	215.7	40.57	83.8	19.12	32.7	10.57	167.7	29.23
9	57.0	10.72	15.9	3.63	27.5	8.89	45.5	7.93

续表

月份	平水年（$P=50\%$）		偏枯年（$P=50\%$）		枯水年（$P=50\%$）		多年平均年降水量/mm	平均百分比/%
	降水量/mm	百分比/%	降水量/mm	百分比/%	降水量/mm	百分比/%		
10	10.4	1.96	25.3	5.77	0.8	0.26	22.0	3.83
11	10.4	1.96	3.2	0.73	0.9	0.29	8.3	1.45
12	1.3	0.24	10.0	2.28	0.8	0.26	2.7	0.47
合计	531.7	100.0	438.2	100.0	309.4	100	573.7	100.0

廊坊市城区地表水资源量系列计算，采用《北京市实验小区雨洪关系的分析研究》成果。根据廊坊市城区的实际情况，用水文比拟法借用北京市的 $P-R$ 综合经验公式，计算廊坊市城区的地表水资源量系列。借用计算公式为

$$R=0.527PI^{0.886}-4.5I^{4.4}-1.07$$

式中：R 为时段径流深，mm；I 为不透水面积比例，%；P 为时段降水量，mm。

公式的适用范围为：$15\%\leqslant I\leqslant 86\%$，$15\text{mm}<P<100\text{mm}$。

廊坊市城区的地表水资源量计算步骤是：首先调查或量算城区内 1998—2004 年的不透水面积，并用 5 年的平均不透水面积比例作为现状水资源评价参数；其次整理分析城区 1956—2000 年 45 年系列年降水量的逐年逐日降水量资料（日降水量大于 15mm 时即参加统计计算）；然后计算年内各日降水产生的径流深，累加得月年径流量，由此便可得到城区的年径流量系列。

经分析计算，现状条件下廊坊市城区多年平均径流深为 97.5mm，折合径流量为 887.5 万 m^3，多年平均径流系数为 0.18。

（三）可集雨水量

在自然降雨条件下，自然集水面的径流产生过程十分复杂，与降雨量、降雨强度、雨型、前期土壤含水量、植被覆盖率和坡度等都有关系。采用年平均径流系数作为坡面集流面集流效率。不同保证率降水情况下单位面积集水量计算见表 14－3。

表 14－3　廊坊市单位面积集水量计算

典型年	年降水量/mm	集流效率	单位面积产水量/mm	单位面积集水量/(m^3/hm^2)
平水年（$P=50\%$）	532.3	0.18	95.8	958
偏枯年（$P=70\%$）	422.1	0.18	76.0	760

（四）措施与建议

1. 发挥水利工程效益

充分利用现有水利工程，通过对河道、洼淀泥沙进行清淤，在雨水资源时空分布比较集中的区域，采用较大的水利工程拦蓄雨水，充分积蓄雨水。在公路两旁规划绿色植物景观带，既可拦蓄雨水，涵养水源，又可防止水土流失，形成良好的水循环环境。

2. 建立有效的资金投入机制

雨水利用需要全社会共同参与，可采取政府投资、企业投入、用水户参与相结合的方

法，多渠道解决雨水利用的资金投入。

政府投资：可以在城市建设环城水系、景观带，修建道路应有渗透雨水设计，使雨水能渗入地下或进行地下雨水储蓄；在农村，建设蔬菜大棚应有集雨配套设施，不要让棚上雨水白白流失。

企业投入：可以鼓励建筑规模较大的企业或住宅小区建设湖面、集水池等，确保雨水资源科学利用，以造福人类。

城市雨水利用在技术层面上的节水方式，往往体现出技术与文化的结合，科学与管理的互融，并将此途径变成“留住雨水，科学利用”的行动。加大科学利用雨水宣传，普及雨水利用知识，制定雨水利用规划，积极探索、因地制宜地开发雨水利用的模式，有计划地推进雨水利用行动。

第二节　洪水资源利用

人类对洪水资源的利用是有其历史过程的。洪水资源利用自人类对水资源有规模地开发利用以来就存在，只是洪水资源利用一词的明确提出，是随着近十余年来水资源供需矛盾的日益突出、生态环境问题备受关注，以及防御洪水由控制洪水向洪水管理转变的新要求而产生的。当然，在不同的历史阶段洪水资源利用的表现形式是不完全相同的。在没有防洪工程或防洪标准低下的地区，通常，洪水给人类造成的灾害远大于洪水所提供的资源利益。高标准的防洪工程则为洪水的安全利用提供了条件，但有时也会降低洪水资源利用程度。

一、洪水资源利用潜力分析

洪水资源化是指在不成灾的情况下，尽量利用水库、拦河闸坝、自然洼地、人工湖泊、地下水库等蓄水工程拦蓄洪水，以及延长洪水在河道、蓄滞洪区等的滞留时间，恢复河流及湖泊、洼地的生态环境，以及最大可能补充地下水。主要途径：在充分论证的基础上，提高水库汛限水位或蓄洪水位，多蓄洪水；在洪水发生时，利用洪水前峰清洗河道污染物；建设洪水利用工程，引洪水于田间，回灌地下水；在不淹耕地、不淹村、不增加淹没损失的前提下，利用洼淀存蓄洪水；利用流域河网的调蓄功能，使洪水在平原区滞留更长的时间。

从广义上讲，洪水资源利用就是人类通过各种措施让洪水发挥有益效果的功能。如发挥冲污功能：改善水环境恶化河道的水质、引洪淤灌、减少河口淤积等。再如通过拦蓄，增加水资源可利用量和河道内生态用水功能：一是利用水库调蓄洪水，将汛期洪水转化为非汛期供水，适当抬高水库的汛限水位，多蓄汛期洪水；二是利用河道引蓄洪水，主要为河系沟通，以丰补歉；三是利用蓄滞洪区或地下水超采区滞蓄洪水；四是城市雨洪资源利用，通过积蓄措施改善城市生态环境用水。

从狭义上讲，针对水资源短缺，洪水资源利用就是通过各种措施利用洪水资源，以提高河道内外水资源的可利用量（或可供水量），进一步满足生态、生产和生活的需要。简单地讲就是利用洪水资源提高陆域内的用水保证率。在全国流域水资源综合规划中，水资源可利用量是指："在可预见期内，以流域水系为单元，在维持特定的生态与环境目标和保障水资源可持续利用的前期下，通过经济合理、技术可行的措施，在水资源量中可供河道外一次性利用的最大水量"。从水资源配置的角度来看，是先确定河道内生态环境用水量，然后是河道外用水量，但是并没有保障河道内生态用水的措施。这就需要通过工程和管理措施，提高河道内生态环境用水量的保障率，并将部分入海的洪水资源量转化成河道内生态环境用水量或河道外可利用的水资源量。

决定洪水资源利用潜力的因素主要有尚待利用的洪水资源量、支撑洪水资源利用可能采用的工程措施以及非工程措施等方面。为此从以下几方面进行分析。

（一）洪水资源量分析

廊坊市洪水资源利用以洪水期的入境水量作为最大洪水资源可利用量的阈值，因为非洪水期的入境水量仅占全年入境水量的10%～20%，并且这一时期往往是污水下泄，其中的洪水资源量也很小，故选取汛期洪水入海量作为潜力分析对象。又因较大洪水难以控制，故选取的洪水量级为中小洪水。表14－4为廊坊市入境水量统计表。

表14－4　　廊坊市入境水量统计表

年　份	平均值/亿 m^3	北四河下游平原/亿 m^3	大清河淀东平原/亿 m^3
1980—1989	10.154	8.620	1.534
1990—1999	26.854	15.135	11.718
2000—2009	8.017	7.955	0.062

（二）洪水资源利用工程措施分析

廊坊市洪水资源利用的主要工程措施为蓄滞洪区分蓄部分洪水，利用河网将汛期洪水用于补源和灌溉用水等。

1. 蓄滞洪区主动分洪蓄水

对流域内蓄滞洪区实施分区利用和分类管理，针对常年蓄水区，在条件允许地区，退田还湖，开辟洼淀常年蓄水区，恢复湿地；针对常遇洪水蓄滞洪区，如5～10年一遇洪水启用区，增加运用概率，回补地下水，改善生态环境；针对标准及超标准洪水运用的蓄滞洪区，以防洪为主，按正常蓄滞洪区的标准使用。

2. 增建河系连通工程

利用流域中下游网状的河渠系统，实施河、渠、湖、库连通工程，最大限度地把洪水蓄留在河道中，调引到河、湖、洼淀和田间，改善生态环境，回灌地下水。

通过小清河和白洋淀，把永定河与大清河联系起来，实施中小洪水两条河流的联合调度，用永定河多余洪水改善大清河以及沿河文安洼和贾口洼，乃至天津市的生态环境。

用运潮减河把北运河和潮白河联系起来，用曾口河、卫星引河、西关引河把潮白河和蓟运河联系起来。

以上工程已具备一定的连通通水条件，经过进一步的建设完善，在流域范围内加大调配洪水资源成为可能，同时河道内通过利用闸、坝拦蓄洪水，也将会提高洪水资源利用量。

廊坊市原有灌区10处，后增加龙河灌区，又把太平庄灌区分为固安太平庄灌区、永

清太平庄灌区和霸州太平庄灌区。廊坊市大中型灌区基本情况和支渠分布情况统计见表14－5、表14－6。

表14－5　　廊坊市大中型灌区基本情况统计表

灌区名称	所属县（市、区）	水源	设计灌区面积/万亩	有效灌溉面积/万亩	设计引水能力/(m^3/s)	扬水站提水能力/(m^3/s)
引潮灌区	三河市	潮白沟河	33.0	20.0	15.0	8.70
谭台灌区	大厂县	潮白河	15.0	10.8	15.0	1.00
潮北灌区	香河县	潮白河	13.5	7.8	13.5	35.10
潮南灌区	香河县	潮白河	20.0	17.0	20.0	46.50
永北灌区	安次区	龙凤河	16.5	10.6	43.0	3.88
永南灌区	安次区	永定河	10.5	7.0	0.5	8.50
太平庄灌区	固安县、永清县、霸州市	小清河	71.0	37.8	25.0	14.65
清北灌区	霸州市	大清河	33.0	14.0	12.0	204.30
清南灌区	文安县	大清河	50.0	22.0	17.0	244.30
子牙灌区	大城县	子牙河	30.0	14.0	10.0	94.00
合计			292.5	161.0	171.0	660.93

表14－6　　廊坊市大中型灌区支渠分布情况统计表

灌区名称	干渠		支渠		斗渠	
	条数	长度/km	条数	长度/km	条数	长度/km
引潮灌区	7	56.3	220	150.0	650	170.0
谭台灌区	3	32.7	35	108.6	278	300.0
潮北灌区	11	86.0	59	135.8	132	114.0
潮南灌区	11	122.5	51	144.9	139	184.0
永北灌区	13	189.0	78	50.0	120	150.0
永南灌区	6	81.5	45	110.0	120	90.0
太平庄灌区	12	210.7	100	577.8	307	476.8
清北灌区	20	92.1	48	79.9	208	265.8
清南灌区	21	209	415	1159.3	1043	521.5
子牙灌区	19	161.5	51	126.5	153	183.6
合计	123	1241.3	1102	2642.8	3150	2455.7

3．其他措施

例如城市化进程中的城市绿地建设、透水路面改造、雨水集流工程等雨洪利用，田间工程的集雨蓄水，水土保持，调整种植结构等。为解决城市水资源危机问题，通过雨水集流、入渗回灌、雨水储存、管网运输及调蓄利用等措施，城市洪水资源利用已收到良好功效。

（三）防洪调度分析

洪水资源利用对防洪调度提出了更高的要求，洪水资源利用的实现使得防洪调度将要承受更大的风险，这就需要在调度上达到兴利与防洪的统一，尽可能多利用洪水资源，并把风险降到最小。

从来水的量级来分析，现有的流域防洪骨干工程基本能够承担20年一遇的洪水。因此，对于超过20年一遇的大洪水，防洪调度时应侧重防洪安全，在可能的条件下与补源用水相结合；对于10年一遇、20年一遇的中等洪水，防洪调度时应以行洪与水资源利用兼顾；对于10年一遇以下的小洪水，尽可能拦蓄。

从洪水发生的时间点上分析，7月、8月尤其是7月下旬到8月上旬是海河流域发生大洪水概率的最高时期，这一时期的防洪调度还应以防御大洪水为主。8月下旬到10月，洪水相对较小，这时要以蓄洪为主防洪为辅，尽量为非汛期多蓄水，缓解下游水资源短缺的局面。从单个河系来讲，要在主汛期以后蓄水，而对于河系之间可适当尝试丰枯调水。

此外，在防洪调度中，不仅要考虑水量的调度，还要考虑污水的调度、沙量的调度。由于海河流域内河道污染严重、水质较差，需要先冲污后蓄、调水；对不同的库区淤积、不同的下游河道情况应有不同的洪水调度方式。

二、雨洪资源利用量

廊坊市雨洪资源利用有3种蓄水方式：渠道蓄水、坑塘蓄水和河道蓄水。而且廊坊市入境水量较多，有条件的情况下，可以利用坑塘、渠道、河道多蓄水，以备枯水期。

对廊坊市2001—2013年雨洪资源蓄水量进行统计，多年平均渠道蓄水710.2万m^3、坑塘蓄水29.9万m^3、河道蓄水1761.7万m^3。廊坊市以河道蓄水为主。表14-7为廊坊市雨洪资源蓄水量统计表。

表14-7　廊坊市雨洪资源蓄水量统计表

年份	年降水量/mm	入境水量/万m^3	蓄水工程蓄水量/万m^3			合计/万m^3
			渠道蓄水量	坑塘蓄水量	河道蓄水量	
2001	452.6	—	472	47	1841	2360
2002	385.1	—	566	57	2207	2830
2003	537.9	—	778	78	3032	3888
2004	545.7	78040	238.6	29.9	846.5	1115
2005	441.0	93320	122.25	19.25	180.5	322
2006	392.0	86830	328.5	36.5	400	765
2007	573.7	82520	608.5	36.5	395	1040
2008	548.1	89760	180	0	1060	1240
2009	510.2	97650	180	0	1938	2118
2010	489.8	107900	180	0	1890	2070
2011	531.2	135800	1138	21	1690	2849
2012	801.2	142100	1326	19	2216	3561
2013	498.9	141800	3115	45	5206	8365
平均	516.0		710.2	29.9	1761.7	2501.8

根据廊坊市2001—2013年资料统计，廊坊市平均入境水量为105572万m^3，蓄水工程存蓄量为2501.8万m^3，仅占入境水量的2.37%。因此，廊坊市雨洪资源利用的潜力巨大。

三、洪水资源利用保障措施

（一）防洪调度方案与洪水资源利用相结合

尽快完善各河系洪水调度方案，并使其成为流域内合法调度利用汛期洪水资源的依据。在国务院已批复的《海河流域防洪规划》和国家防总批复的有关河系调度方案的基础上，加快流域内各河系洪水调度方案的编制或修订，并抓紧批复、颁发施行。调度方案要从防洪和水资源利用有机结合上考虑，细化部分河系调度方案，或适当修改由单河系调度转为多河系联合调度；要针对不同的来水情况制定不同的防洪调度原则，要有放、有调、有蓄，做到汛期洪水的“综合利用”。

（二）提高调度水平和洪水预见期

为了避免新的防洪风险，多考虑使用非工程措施。完成水库设计洪水的全面复核，改一级控制为多级控制，实施水库初汛、主汛、后汛分时段汛限水位；利用卫星云图、雨水情遥测系统等现代化手段，实施分期抬高汛期水位、预报调度、考虑天气预报延长预见期等水库调度方式，在保证安全的前提下多蓄水，提高洪水资源利用。

（三）工程建设中要突出综合性

在工程规划、设计中注重将工程防洪的单一功能转变为防洪与水资源利用等综合功能。加快流域内的病险水库除险加固治理；完善蓄滞洪区的分区运用和进退水工程建设；在防洪河道整治中要考虑有利于水资源调度和水生态环境改善。加快编制河系沟通规划，在系统分析的基础上提出工程规模，为工程建设提供依据。

（四）建立动态的防洪能力评估体系

要对流域内的防洪工程建立档案，对工程现状防洪能力及时动态修正，做到洪水调度方案与防洪工程安全相统一。

通过水库、河道、蓄滞洪区等工程措施和洪水调度中与水量调度、污染物调度、沙量调度相结合的非工程措施，能够将部分过境洪水资源转变成可利用的水资源，既保证本流域的防洪安全，又能充分利用洪水缓解水资源问题和生态环境问题。实现本流域洪水资源利用需要完善河系洪水调度方案、提高调度水平和洪水预见期、突出防洪工程的综合功能和建立动态防洪能力评估体系作为支撑。

参　考　文　献

[1]　河北省城乡规划设计研究院．廊坊市城市总体规划（2007—2020年）[R]．2007.
[2]　廊坊市水务局．廊坊市水资源评价[R]．2007.
[3]　廊坊市水务局．廊坊市水资源开发利用评价[R]．2009.
[4]　乔光建．区域水文水资源问题研究[M]．北京：中国水利水电出版社，2010.

第十五章　土壤墒情监测与预报

第一节　土壤墒情监测与土壤特性

在建立各地方墒情站和区域站网时，一定要考虑墒情和旱情监测不仅是对水资源的合理利用，同时也是实现对水资源科学管理和抗旱救灾决策的最重要的措施和依据。

一、土壤墒情监测方法

土壤监测采用烘干称重的方法，将所取的土样进行称重，放入烘干箱中加热到100～105℃持续4h，加盖冷却，再进行称重，分别计算出重量含水量和体积含水量。

廊坊市从2003年开始旱情监测，设有10处墒情监测站，每站按水浇作物地、水浇白地、旱地作物地、旱地白地分别监测，监测内容包括降水量、地下水埋深、土壤墒情等内容。土壤含水量测定：在10cm、20cm、50cm 3个深度分别取样，测定不同深度的土壤含水量。监测时间为每旬监测一次，每年3—6月、9—11月监测。表15-1为廊坊市土壤墒情监测站网一览表。附图15-1为廊坊市土壤墒情监测站网分布图。

表15-1　　廊坊市土壤墒情监测站网一览表

序号	监测站名称	监测地块位置	土壤类型	体积含水量/%	重量含水量/%	干容重/(g/cm³)
1	三河	三河市泃阳镇大枣林村南300m	重壤土	39.0	27.1	1.44
2	大厂	大厂县大厂镇小务村北100m	重壤土	38.0	27.0	1.41
3	赶水坝	香河县淑阳镇程辛庄东200m	重壤土	41.0	27.9	1.48
4	固安	固安县固安镇大留村南300m	砂壤土	38.0	25.8	1.47
5	永清	永清县永清镇韩城村北500m	重壤土	37.0	25.5	1.46
6	金各庄	霸州市南孟镇香营村北2000m	重壤土	37.3	26.8	1.40
7	史各庄	文安县史各庄镇秦各庄南900m	重壤土	38.7	26.4	1.47
8	西滩里	文安县滩里乡西滩里村南2500m	轻黏土	47.0	32.1	1.47
9	王文	大城县旺村镇王王文村西300m	重壤土	42.7	26.6	1.60
10	九高庄	大城县权村乡九高庄村南200m	重壤土	37.0	25.0	1.48

在7—8月，由于降水量较大，大部分时间土壤处于饱和状态，根据具体情况进行加测和抽测。

由于北方气候特点，在12月至次年2月，土壤表面处于结冰状态。土壤中的冰将减少雨水和融雪水的下渗量，当冰的含水量足够高时，土壤几乎没有透水性。冻土在冬季也储存较多的水分，使其无法排出或蒸发。因此，该时段冻土区域水分含量相对比较稳定，

结冻前的土壤含水量对整个冬季都有影响。

二、土壤含水量计算

土壤容量又称为土壤的假比重，是指田间自然状态下，每单位体积土壤的干重，单位通常为 g/cm³。用一定容积的钢制环刀，切割自然状态下的土壤，使土壤恰好充满环刀容积，然后称量并根据土壤自然含水量计算每单位体积的烘干土重即土壤容重。由下式计算土壤容重：

$$\gamma = \frac{W_{土}}{V}$$

式中：γ 为土壤容重，g/cm³；$W_{土}$ 为干土重，g；V 为环刀容积，cm³。

土壤含水量可用重量含水量和体积含水量表示。

重量含水量：指单位土壤中水分所占的比例，无量纲，常用 θ_m 表示。在自然条件下，土壤含水量的变化范围较大，为便于比较，常采用烘干土作为基数。重量含水量常用百分数表示，计算公式为

$$\theta_m = \frac{W_{水}}{W_{土}} \times 100\%$$

式中：θ_m 为土壤重量含水量，%；$W_{水}$ 为单位体积中土壤含水量，g；$W_{土}$ 为单位体积烘干土重量，g。

体积含水量：指单位容积土壤水所占的比例，无纲量，常用 θ_v 表示。体积含水量可以表示土壤水占据土壤，尤其是土壤孔隙的容积比例，克服了重量含水量的不便之处。孔隙体积含水量用百分数表示，计算公式为

$$\theta_v = \frac{W_{水}}{W_{土}} \times \gamma_d \times 100\%$$

式中：θ_v 为土壤体积含水量，%；γ_d 为土壤干容重，g/cm³；其他符号意义同前。

在墒情监测点对不同深度的土壤干容重、体积含水量、重量含水量进行测定，计算结果见表 15-2。

表 15-2　廊坊市土壤墒情监测站基本特征统计表

站名	深度/cm	干容重/(g/cm³)	体积含水量/%	重量含水量/%	土壤类型
赶水坝	10	1.54	40.0	26.0	重壤土
	20	1.50	40.0	26.7	重壤土
	50	1.39	43.0	30.9	轻黏土
三河	10	1.41	37.0	26.2	重壤土
	20	1.45	40.0	27.6	重壤土
	50	1.45	40.0	27.6	重壤土
大厂	10	1.48	37.0	25.0	重壤土
	20	1.34	37.0	27.6	重壤土
	50	1.41	40.0	28.4	重壤土

续表

站名	深度/cm	干容重/(g/cm^3)	体积含水量/%	重量含水量/%	土壤类型
固安	10	1.48	38.0	25.7	砂壤土
	20	1.50	38.0	25.3	砂壤土
	50	1.44	38.0	26.4	砂壤土
金各庄	10	1.37	35.0	25.5	重壤土
	20	1.48	37.0	25.0	重壤土
	50	1.34	40.0	29.9	轻黏土
永清	10	1.50	37.0	24.7	重壤土
	20	1.53	37.0	24.2	重壤土
	50	1.34	37.0	27.6	重壤土
史各庄	10	1.43	36.0	25.2	重壤土
	20	1.52	40.0	26.3	重壤土
	50	1.45	40.0	27.6	重壤土
西滩里	10	1.38	43.0	31.2	轻黏土
	20	1.46	48.0	32.9	重黏土
	50	1.56	50.0	32.1	重黏土
王文	10	1.61	40.0	24.8	重壤土
	20	1.56	40.0	25.6	重壤土
	50	1.63	48.0	29.4	轻黏土
九高庄	10	1.53	37.0	24.2	重壤土
	20	1.48	37.0	25.0	重壤土
	50	1.44	37.0	25.7	重壤土

三、土壤水分常数与适宜土壤含水率

（一）不同土壤水分常数特征

在缺少仪器设备的情况下也可直接用浸泡称重烘干法来取得饱和土壤含水量的值，但在测验过程中要防止土壤中水分的流出。也可采用孔隙度的值来作为饱和含水量值。

田间持水量的野外测定法可在长期降水和饱和灌溉后，用地膜或秸秆及土壤覆盖测验地块的表面以防土壤蒸发。在自然排水 48h 后，按饱和含水量采样布置，用环刀采样并加盖，装入塑料袋中，用称重烘干法测出其重量含水量和体积含水量。

在有条件的情况下也可在测验饱和含水量的同时用离心机法和压力板仪法测定田间持水量。

凋萎含水量的野外观测可在作物发生凋萎的情况发生时去施测。也可以在实验室通过种植实验来测定，即在不大的容器中种植作物，待其根系完全发育时，让其自然消耗土壤中的水分，当叶片发生枯萎时测其土壤含水量。表 15－3 为各类土壤水分常数特征值。

表 15-3　　各类土壤水分常数特征值

土壤类型	容重/(g/cm³)	重量含水量/%		体积含水量/%	
		田间持水量	凋萎含水量	田间持水量	凋萎含水量
砂土	1.60	5	2	8	3.2
壤砂土	1.55	8	4	12.4	6.2
砂壤土	1.50	14	5	21.0	7.5
壤土	1.40	18	8	25.2	11.2
黏壤土	1.30	30	22	39.0	28.6
黏土	1.20	40	30	48	36.0

有条件的地方可对土样测定土壤水分特性曲线，确定土壤含水量和土壤吸力（基模势）的关系，并由土壤水分特性曲线来确定饱和含水量、田间持水量和凋萎含水量。

在无法测定上述土壤水分常数时，要采用已有的研究成果，根据土壤质地和土壤容重来判断土壤的田间持水量和凋萎含水量。

饱和土壤含水量计算公式为

$$W_b=\frac{A-W}{W-W_{环}}\times100\%$$

毛管持水量计算公式为

$$W_m=\frac{B-W}{W-W_{环}}\times100\%$$

田间持水量计算公式为

$$W_t=\frac{C-W}{W-W_{环}}\times100\%$$

式中：A 为浸润 12h 后环刀＋湿土重，g；B 为在干砂上放置 12h 后环刀＋湿土重，g；C 为在干砂上放置 24h 以上后环刀＋湿土重，g；W 为环刀和干土总重，g；$W_{环}$ 为环刀重，g。

对代表性地块和巡测点需测验其饱和含水量，土样的采样方法同土壤干容重测量。田间用环刀采取原状土壤，在实验室中用滤纸和吸水石板扎住环刀上下侧防止土壤的遗失，置入冷开水中浸泡 48h 后取出用离心机法、压力板仪法或烘干称重法测出其饱和含水量。

（二）主要农作物适宜土壤含水率

各种作物的土壤含水量下限值用土壤相对湿度表示，可取用已有的研究成果。当土壤相对湿度低于下限值时应给予灌溉，当无灌溉时可判断作物缺水，开始发展旱情。

各种作物的适宜土壤含水量应对不同作物不同生育期进行实验研究来确定，可选用已有的研究成果作为监测点的适宜土壤含水量，以指导灌区科学用水灌溉。表 15-4 为主要作物适宜土壤含水率范围。

表 15-4　　主要作物适宜土壤含水率范围

	生育期	播种期	幼苗期	返青期	拔节孕穗期	抽穗扬花期	成熟期
冬小麦	土层深度/cm	0～20	0～20	0～40	0～80	0～80	0～80
	土壤相对湿度/%	70～80	65～85	60～80	65～85	60～80	65～80

续表

	生育期	播种期	苗期	拔节期	抽穗期	灌浆期	成熟期
夏玉米	土层深度/cm	0～20	0～40	0～50	0～60	0～80	0～80
	土壤相对湿度/%	75～85	65～80	70～90	65～90	65～85	60～70
棉花	生育期	苗期	蕾期	花铃期	吐絮期		
	土层深度/cm	0～20	0～40	0～60	0～60		
	土壤相对湿度/%	55～60	60～70	70～80	55～70		
夏大豆	生育期	播种-分枝期	分枝-始花期	始花-结荚期	结浆-鼓粒期	鼓粒-成熟期	
	土层深度/cm	0～20	0～40	0～60	0～60	0～60	
	土壤相对湿度/%	65～75	70～80	75～85	70～80	70～80	
夏花生	生育期	播种-出苗期	齐苗-开花期	开花-结荚期	结荚-成熟期		
	土层深度/cm	0～20	0～30	0～30	0～30		
	土壤相对湿度/%	60～70	55～70	65～75	60～70		
马铃薯	生育期	苗期	现蕾期	块茎形成期	块茎膨大期	成熟期	
	土层深度/cm	0～20	0～40	0～40	0～40	0～40	
	土壤相对湿度/%	60～70	70～80	70～80	70～85	60～70	

第二节 土壤墒情变化特征

一、墒情监测结果分析

根据廊坊市各墒情监测站的监测资料，分析其不同时期墒情变化情况。利用2004—2013年监测资料，分别计算不同时段监测结果的多年平均值。对水浇地作物、水浇地白地、旱地作物、旱地白地4种情况分别进行计算，表15-5～表15-11分别为廊坊市不同时期墒情多年平均值。

表15-5　　廊坊市3月土壤墒情多年平均值统计表

站名	土壤体积含水率/%											
	水浇地作物			水浇地白地			旱地作物			旱地白地		
	上旬	中旬	下旬	上旬	中旬	下旬	上旬	中旬	下旬	上旬	中旬	下旬
三河	封冻	封冻	27.0	封冻	封冻	24.8	封冻	封冻	22.9	封冻	封冻	25.0
大厂	封冻	封冻	28.2	—	—	—	封冻	封冻	24.8	封冻	封冻	26.5
赶水坝	封冻	封冻	30.4	—	—	—	封冻	封冻	23.5	封冻	封冻	23.3
固安	封冻	封冻	25.1	—	—	—	封冻	封冻	17.7	—	—	—
永清	封冻	封冻	24.9	封冻	封冻	21.7	封冻	封冻	21.0	—	—	—
金各庄	封冻	封冻	29.6	封冻	封冻	25.9	封冻	封冻	18.1	—	—	—
史各庄	封冻	封冻	24.4	封冻	封冻	25.5	封冻	封冻	23.3	封冻	封冻	21.3

续表

站名	土壤体积含水率/%											
	水浇地作物			水浇地白地			旱地作物			旱地白地		
	上旬	中旬	下旬	上旬	中旬	下旬	上旬	中旬	下旬	上旬	中旬	下旬
西滩里	封冻	封冻	26.7	封冻	封冻	27.2	封冻	封冻	27.4	封冻	封冻	26.3
王文	封冻	封冻	24.4	封冻	封冻	26.9	封冻	封冻	25.7	封冻	封冻	27.4
九高庄	封冻	封冻	23.6	封冻	封冻	22.3	封冻	封冻	22.4	封冻	封冻	20.1

表 15-6　　廊坊市4月土壤墒情多年平均值统计表

站名	土壤体积含水率/%											
	水浇地作物			水浇地白地			旱地作物			旱地白地		
	上旬	中旬	下旬	上旬	中旬	下旬	上旬	中旬	下旬	上旬	中旬	下旬
三河	24.9	27.0	28.3	23.9	23.5	24.3	21.6	21.1	21.7	24.3	22.9	23.7
大厂	26.1	27.4	26.9	—	—	—	23.9	24.3	24.0	25.4	25.4	24.9
赶水坝	27.8	28.7	30.0	—	—	—	21.9	21.7	23.7	22.3	22.2	23.7
固安	23.2	24.5	25.4	—	—	—	17.1	15.3	17.9	—	—	—
永清	23.5	19.6	26.6	21.6	19.8	22.4	20.2	19.1	19.8	—	—	—
金各庄	26.3	25.7	30.8	24.7	23.1	24.0	18.9	18.0	19.9	—	—	—
史各庄	23.5	22.3	24.3	24.8	23.4	24.3	22.7	20.9	22.3	22.9	21.3	21.6
西滩里	26.3	27.3	26.5	26.5	27.5	26.6	26.3	27.1	26.3	26.4	27.0	26.3
王文	23.9	23.1	24.9	27.2	25.3	28.0	25.3	24.1	26.5	27.7	26.4	28.3
九高庄	22.9	22.6	24.5	20.6	19.9	21.1	21.4	20.4	22.1	19.3	18.0	18.0

表 15-7　　廊坊市5月土壤墒情多年平均值统计表

站名	土壤体积含水率/%											
	水浇地作物			水浇地白地			旱地作物			旱地白地		
	上旬	中旬	下旬	上旬	中旬	下旬	上旬	中旬	下旬	上旬	中旬	下旬
三河	21.9	21.4	21.8	22.8	22.4	21.5	20.6	19.4	18.8	22.5	20.6	20.5
大厂	22.0	17.4	25.5	—	—	—	23.2	21.7	20.6	24.1	22.9	22.2
赶水坝	27.5	23.4	22.3	—	—	—	21.3	21.2	20.7	21.5	21.3	21.4
固安	24.7	24.0	24.0	—	—	—	16.3	15.4	14.1	—	—	—
永清	22.0	26.2	20.4	21.6	21.4	19.1	19.3	18.8	17.9	—	—	—
金各庄	24.4	29.6	23.6	25.4	23.3	22.2	18.9	16.6	14.8	—	—	—
史各庄	22.5	21.7	20.8	22.7	22.9	20.7	22.3	20.7	20.0	20.8	20.5	20.0
西滩里	30.6	29.8	27.4	30.4	28.9	27.8	28.0	27.7	27.1	29.7	27.8	27.3
王文	24.7	25.8	26.1	27.5	27.1	27.0	24.6	25.5	25.4	25.5	26.2	25.4
九高庄	22.7	23.7	23.8	20.8	20.2	21.1	20.9	20.8	21.8	17.9	18.8	19.2

表 15-8　　廊坊市6月土壤墒情多年平均值统计表

站名	土壤体积含水率/%											
	水浇地作物			水浇地白地			旱地作物			旱地白地		
	上旬	中旬	下旬	上旬	中旬	下旬	上旬	中旬	下旬	上旬	中旬	下旬
三河	24.4	20.5	25.2	23.5	24.2	25.8	20.6	21.4	22.3	21.8	22.5	24.3
大厂	20.3	20.0	23.2	—	—	—	21.3	21.3	22.4	22.6	22.8	23.9
赶水坝	23.3	23.6	22.7	—	—	—	20.2	20.6	20.7	20.2	20.6	20.9
固安	21.6	21.4	23.7	—	—	—	14.7	15.9	16.2	—	—	—
永清	18.5	21.0	24.8	19.1	21.7	22.4	17.2	19.0	19.3	—	—	—
金各庄	27.8	27.0	29.4	24.3	28.0	28.8	13.5	16.1	16.8	—	—	—
史各庄	21.3	21.1	21.6	21.6	19.9	21.5	20.9	20.8	22.0	19.9	21.2	20.0
西滩里	27.4	28.0	26.4	28.1	27.6	25.5	26.1	26.2	24.5	26.3	27.5	25.0
王文	25.9	25.3	23.7	28.5	26.1	27.4	26.3	26.4	25.4	26.2	25.5	24.7
九高庄	22.1	22.6	20.2	20.8	21.6	19.6	22.1	22.0	21.0	19.5	19.6	17.5

表 15-9　　廊坊市9月土壤墒情多年平均值统计表

站名	土壤体积含水率/%											
	水浇地作物			水浇地白地			旱地作物			旱地白地		
	上旬	中旬	下旬	上旬	中旬	下旬	上旬	中旬	下旬	上旬	中旬	下旬
三河	24.7	24.8	25.6	25.3	25.8	26.8	24.0	24.3	25.5	25.9	26.0	26.5
大厂	24.7	24.8	27.0	—	—	—	24.7	24.1	26.5	26.3	25.6	28.0
赶水坝	26.2	27.3	28.1	—	—	—	23.9	25.1	24.4	23.9	25.3	24.4
固安	22.2	22.5	24.3	—	—	—	19.4	20.9	22.1	—	—	—
永清	21.1	22.4	21.6	23.4	23.2	24.3	20.6	21.9	22.2	—	—	—
金各庄	27.0	27.3	27.5	27.7	27.3	28.2	17.6	18.9	18.9	—	—	—
史各庄	25.4	25.5	26.3	23.8	23.7	25.5	24.5	25.2	25.2	21.0	21.3	23.1
西滩里	25.7	25.7	26.0	28.5	27.4	29.1	26.2	26.9	26.7	27.1	25.4	27.8
王文	24.1	24.5	24.2	27.0	27.5	26.4	27.1	26.6	28.1	27.9	27.0	27.9
九高庄	25.4	26.1	26.2	22.8	23.1	24.2	25.8	25.0	25.2	25.5	24.8	24.1

表 15-10　　廊坊市10月土壤墒情多年平均值统计表

站名	土壤体积含水率/%											
	水浇地作物			水浇地白地			旱地作物			旱地白地		
	上旬	中旬	下旬	上旬	中旬	下旬	上旬	中旬	下旬	上旬	中旬	下旬
三河	24.5	25.8	25.1	26.2	26.8	25.1	24.7	24.2	23.0	26.5	26.5	24.8
大厂	24.8	25.9	27.3	—	—	—	23.8	24.2	24.1	25.0	25.4	25.6
赶水坝	26.5	26.8	27.7	—	—	—	21.6	22.1	22.6	22.3	22.5	23.1
固安	23.4	25.7	23.6	—	—	—	20.6	21.0	20.3	—	—	—

续表

站名	土壤体积含水率/%											
	水浇地作物			水浇地白地			旱地作物			旱地白地		
	上旬	中旬	下旬	上旬	中旬	下旬	上旬	中旬	下旬	上旬	中旬	下旬
永清	20.4	23.1	22.6	22.9	23.1	21.3	21.2	18.9	19.6	—	—	—
金各庄	27.9	28.9	28.3	28.4	27.0	27.1	18.6	18.8	15.9	—	—	—
史各庄	25.0	24.3	24.2	24.9	23.1	20.9	25.0	23.5	22.7	22.1	22.7	21.4
西滩里	27.2	25.9	26.6	29.4	28.4	27.0	28.5	29.6	28.1	28.0	27.5	25.9
王文	23.1	25.0	24.2	26.1	27.2	26.7	27.4	27.9	26.8	27.8	28.0	27.1
九高庄	26.1	24.2	24.0	24.4	23.5	22.4	25.1	24.0	22.5	24.2	24.0	23.0

表 15－11　　廊坊市 11 月土壤墒情多年平均值统计表

站名	土壤体积含水率/%											
	水浇地作物			水浇地白地			旱地作物			旱地白地		
	上旬	中旬	下旬	上旬	中旬	下旬	上旬	中旬	下旬	上旬	中旬	下旬
三河	25.3	25.9	26.4	24.9	25.8	25.2	22.9	22.6	22.4	24.7	25.5	24.8
大厂	26.6	25.9	26.1	—	—	—	24.0	23.9	23.7	25.1	25.1	24.9
赶水坝	27.3	25.2	29.8	—	—	—	21.5	21.8	23.2	21.6	21.8	23.2
固安	23.7	23.1	24.2	—	—	—	20.4	19.2	20.1	—	—	—
永清	23.1	22.9	24.5	23.4	23.1	22.2	20.6	20.3	19.8	—	—	—
金各庄	27.7	28.4	29.3	26.1	26.7	26.6	17.0	17.0	18.1	—	—	—
史各庄	24.0	24.1	23.4	23.4	23.6	23.6	22.3	23.6	23.0	20.8	21.7	21.4
西滩里	25.4	26.4	27.1	26.8	27.9	27.6	27.3	27.0	26.1	26.7	27.7	26.2
王文	25.1	25.1	25.1	28.1	26.6	26.1	26.5	26.8	27.6	28.2	26.7	26.8
九高庄	23.6	22.3	24.0	21.5	21.3	21.8	22.0	21.7	22.9	22.6	21.7	21.8

通过以上数据分析，水浇地作物地块土壤墒情受降雨、作物生长和灌溉的共同影响。北三县一般 3 月中下旬开始解冻，最低值出现在 6 月上中旬，高值出现在解冻和春灌期。中部固安县、永清县、霸州市一般 3 月中下旬开始解冻，最低值出现在 6 月中上旬，高值出现在春灌期。南部文安县、大城县一般 3 月中旬开始解冻，最低值出现在 6 月下旬，由于灌溉逐渐减少，高值变化不是很明显，一般出现在 4—5 月。

二、墒情变化特征

土壤含水量可以反映土壤墒情变化的大小及范围，可以作为测定土壤墒情好坏的指标。土壤含水量的变化，取决于气象条件的改变。决定土壤含水量变化的主要因素有降水量、气温、蒸发、地温、相对湿度、饱和差、风速、日照等。现就对廊坊市水浇地作物、水浇地白地、旱地作物、旱地白地等 4 种情况的土壤墒情进行分析。

（一）水浇地作物

水浇地是指可以利用灌溉系统浇水的耕地。在有灌溉能力的土地上种植作物，当作物生长中缺少水分时，可以灌溉补充水源。土壤墒情变化除受自然因素影响外，还受人为因素的影响。

利用廊坊市10处土壤墒情监测站对水浇地作物种植类型的多年监测资料，分析其墒情变化特征。图15－1为水浇地作物类型土壤体积含水率墒情变化过程线。

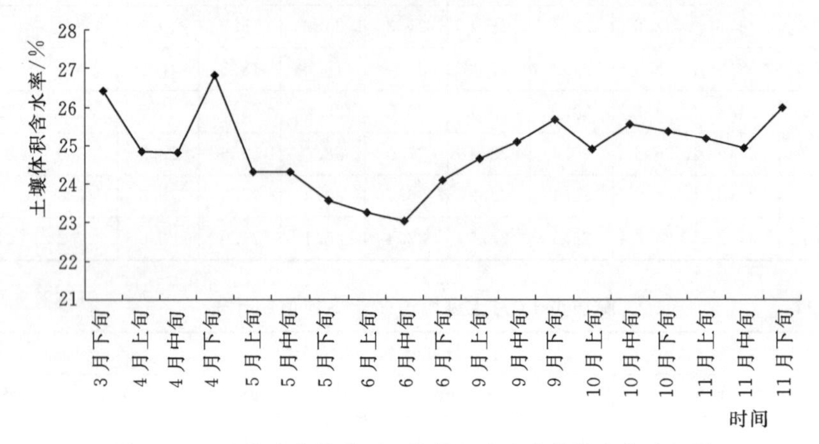

图15－1　水浇地作物类型土壤体积含水率墒情变化过程线

3月上中旬为封冻期，从3月下旬开始观测。通过过程线可以看出，3月至6月中旬土壤体积含水率呈下降趋势，6月中旬土壤体积含水率最低，仅为23.05%，到6月下旬达到高点；9月呈上升趋势，10月、11月基本维持在一个相对稳定的水平。

（二）水浇地白地

水浇地是指可以利用灌溉系统浇水的耕地，白地是指无庄稼的田地。水浇地白地是指该土地有灌溉能力，本季节（或年）没有种植农作物。在该地块上进行墒情监测，墒情监测结果不受农作物的影响。

利用廊坊市10处墒情监测资料多年平均值，绘制土壤体积含水率墒情变化过程线，见图15－2。土壤体积含水率最低点出现在5月下旬，土壤体积含水率为22.8%；次低点出现在4月中旬，土壤体积含水率为23.2%；最高点出现在9月下旬，为26.4%，9月以后呈逐渐下降趋势。

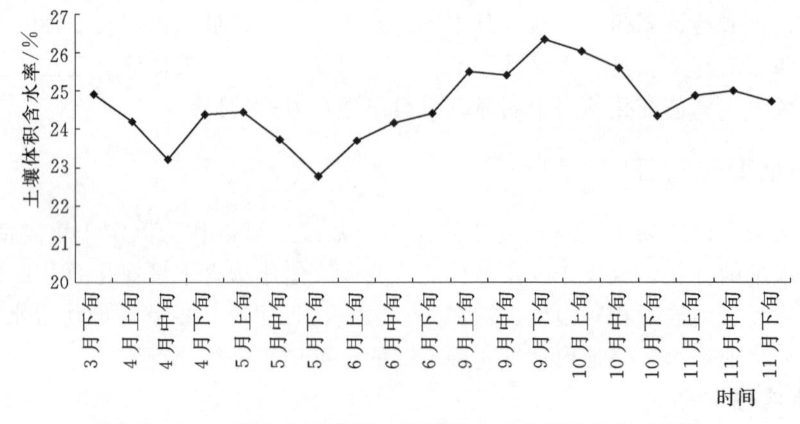

图15－2　水浇地白地类型土壤体积含水率墒情变化过程线

(三) 旱地作物

旱地是指无灌溉设施，一般降水量大于 250～400mm 以上地区而靠天然降水种植旱作物可以获得一定产量的耕地，即常称的雨养农业耕地。旱地墒情主要影响因素有降水、蒸发等自然因素，还与农作物的生长影响有关。

旱地作物土壤体积含水率变化受天然降水量和农作物生长的影响。利用廊坊市 10 处土壤墒情多年平均监测资料，绘制土壤体积含水率墒情变化过程线，见图 15－3。土壤体积含水率最低点出现在 5 月下旬，为 20.1%；最高点出现在 9 月下旬，为 24.5%，9 月以后呈下降趋势。

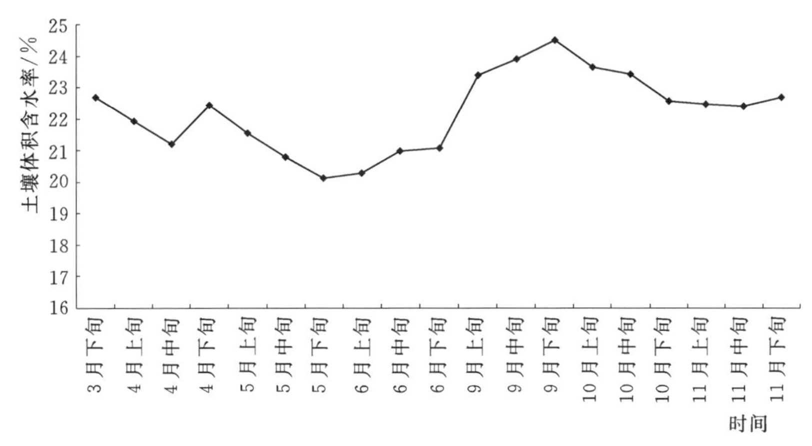

图 15－3 旱地作物类型土壤体积含水率墒情变化过程线

(四) 旱地白地

旱地白地是指既无灌溉能力，又没有种植农作物的土地。在该地块监测土壤墒情，完全受自然因素的影响。

旱地白地土壤体积含水率仅受天然降水量的影响。土壤体积含水率的变化分两个时段：从 3 月下旬至 6 月下旬，土壤体积含水率逐渐变小；从 9 月上旬至 11 月下旬，也是呈递减趋势。由于经过汛期降水量补充，第二个时段土壤体积含水率远大于第一个时段。变化过程见图 15－4。

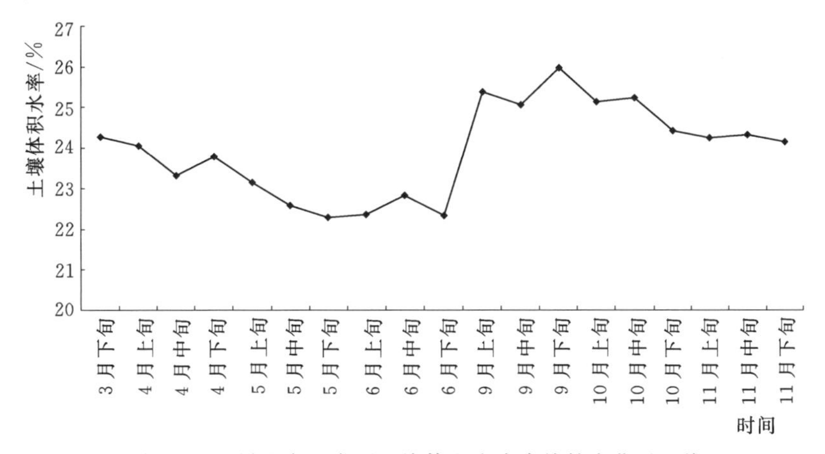

图 15－4 旱地白地类型土壤体积含水率墒情变化过程线

第三节　土壤墒情预报方法及模型

一、土壤墒情消退系数

土壤墒情消退系数 K 是墒情预报模型中的重要参数之一，它反映了土壤特性、下垫面、农作物生长阶段和需水、气象等综合因素。

选择时段两测次中无降水且退墒较明显的时段，选取不同土深的垂线平均时段初土壤含水率 θ_1 和时段末土壤含水率 θ_2 以及时段初与时段末的间隔天数 t，按下式计算土壤墒情消退系数：

$$K=\left(\frac{\theta_2}{\theta_1}\right)^{\frac{1}{t}}$$

式中：K 为土壤墒情消退系数；θ_1 为时段初不同深度平均土壤含水率；θ_2 为时段末不同深度平均土壤含水率；t 为时段间隔天数。

在确定资料时，通过分析，对数据异常的资料不予采用，这是因为在实际观测中，由于采用人工取土，难免会存在误差，还有可能是地面积水等使土壤含水率过大，都会导致资料失真。通过分析筛选后，以达到去伪存真的目的。根据廊坊市 2003—2011 年商情监测资料，分别对廊坊市和县（市）农业种植的水浇地作物、水浇地白地、旱地作物、旱地白地不同种植情况下的土壤墒情消退系数进行分析计算。

二、农作物需灌溉的土壤水分下限指标

表层土壤中的水分，由于不断蒸散发，使土壤逐渐干燥。一般情况下，蒸发是在一次降水或灌溉之后开始的，而降水或灌溉终结时，典型的土壤水剖面是（在地下水埋深较大时）上层含水率比下层含水率大。在这种情况下，有两个过程同时在剖面的不同部位进行：一是地表面的蒸散发，使土壤中水分向上流动；二是湿润层中的水分在重力作用下继续向下移动(渗透)。这两个过程，虽在剖面的不同部位进行，但关系密切，蒸散发不但使向下渗透的水量减少，而且会使下层土壤逐渐干燥，当蒸散发使土壤中的水分不能满足作物的需要时，作物便会呈现凋萎状态。当作物呈现凋萎后，即使灌溉也不能使其恢复生命活动，这种凋萎称为永久凋萎，此时的土壤含水量称为凋萎含水量。实践证明，当土壤水分处在凋萎含水量时，作物吸收不到水分。因此，凋萎含水量应是土壤有效水分的下限。

作物直接吸收的水分主要来自土壤。土壤缺水，作物吸收不到足够的水分去补偿蒸腾的消耗，就会发生干旱。当土壤含水量减少到一定限度时，水分移动变得非常慢，毛管水的连续状态开始断裂，是作物适宜土壤含水量的下限，当土壤含水量低于毛管联系断裂湿度时，作物开始缺水，生长受阻。土壤含水量进一步减少，土壤对水分的束缚力逐渐增强，土壤水分运动受到的阻力更大，作物吸水更加困难。当作物吸收的水分不足以补偿蒸腾耗水时，作物就会因不能维持膨压而开始凋萎。土壤水分再继续减少，当减少到作物在夜间或补充水分后也不能恢复膨压而表现出永久凋萎时，这时的土壤含水量称为永久凋萎系数。它是土壤有效水分的下限，在这样的土壤水分条件下，作物会严重受旱并逐渐死亡。

在旱地土壤中，土壤的田间持水量和凋萎含水量确定以后，土壤供作物需要的最大有效水量为田间持水量减去凋萎含水量。表15－12～表15－14分别为小麦、玉米、棉花需要灌溉的土壤水分下限指标。

表15－12　　小麦需要灌溉的土壤水分下限指标

生育阶段	播种期	越冬期	返青期	拔节孕穗开花期	成熟期
土层深度/cm	0～20	0～30	0～40	0～50	0～50
土壤含水率/%	21.2～21.8	18.2～19.7	19.7～21.2	21.2	16.7～18.2
占田间持水率/%	70～72	60～65	65～70	70	55～60

表15－13　　玉米需要灌溉的土壤水分下限指标

生育阶段	播种期	苗期	抽雄-灌浆期	抽穗期
土层深度/cm	0～20	0～30	0～50	0～50
土壤含水率/%	21.2～21.8	15.8～17.0	19.7～21.2	21.2～22.8
占田间持水率/%	70～72	52～56	65～70	70～75

表15－14　　棉花需要灌溉的土壤水分下限指标

生育阶段	播种期	苗期	蕾期	花期	吐絮成熟期
土层深度/cm	0～20	0～30	0～50	0～50	0～50
土壤含水率/%	22.8	19.7～21.2	21.2～22.8	22.8～24.3	18.2～18.8
占田间持水率/%	75	65～70	70～75	75～80	60～62

三、土壤墒情预报模型

墒情预报是农田用水和区域水资源管理的一种基础工作，对于农田灌溉排水的合理实施和提高水资源的利用率等有重要作用。墒情预报主要是田间含水率的预报。以节水为目的的土壤水调节，就是要使灌溉既能满足土壤水向根系活动层及时供应，又不产生深层渗漏造成灌溉水的浪费，还要尽量减少地表无效蒸发的转化效率。

土壤水调节问题实质上是要寻找一种投资少、技术简单，且又能节省用水的灌溉方案，其特点是通过土壤水分监测和预报，严格按照墒情浇关键水，按调蓄原则浇足水，使灌溉水得到有效利用，以达到节水高产的目的。所以，要达到土壤水调节的目的，必须加强田间土壤水分的监测预报。

对作物耕作层土壤水分的增长和消退程度进行预报，是制定合理的灌溉制度、进行适量灌溉、提高土壤水分利用效率的基础和关键。田间土壤水分的变化过程不仅与土壤特性有关，而且还涉及根系层与环境之间的水分交换（如降水、灌溉、蒸腾蒸发、根系层下边界水分通量等）。根据该区现有资料情况以及观测技术等方面的原因，采用消退系数法进行土壤墒情预报。

消退系数法是指根据土壤水垂向变化规律应用水文预报的方法推求逐日土壤墒情消退系数 K 值来预测土壤水变化情况的方法。

表层土壤含水量随着降水、灌溉、径流、下渗、蒸发等因素的变化而变化。根据降雨

产流理论和包气带水运移理论，对于一次降水而言，降水量为 P，产流量为 R，初损水量为 I，则三者关系为

$$R=P-I$$

而在降雨初损历时中，表层土壤与地面的水量平衡关系为

$$I=I_m-P_a$$

式中：I_m 为流域中的最大亏损，实际上也间接代表土壤最大的蓄水量，在一定的区域认为是固定值；P_a 为次降水开始时的前期影响雨量。

影响损失（或产流量）的最主要因素是前期影响雨量（即前期土壤含水量），当 $t_i=1d$，并且前、后两日连续晴天无雨时，用下式计算：

$$P_{a,t+1}=KP_{a,t}$$

如果 t 日有降雨，但未产流，则

$$P_{a,t+1}=K(P_{a,t}+P_t)$$

式中：K 为土壤含水量的土壤墒情消退系数；$P_{a,t}$、$P_{a,t+1}$分别为 t 时刻的和 t 时刻后一日的前期影响雨量；P_t 为 t 时刻降水量，mm。

当 $P_{a,t}+P_t\geqslant I_m$ 时，以 I_m 值作为 P_a 的上限值计算。

考虑灌溉和农作物根系分布特点，其研究的目标层是敏感层（0～20cm）和根系发育层（0～50cm）。依据上述降雨径流预报理论，把表示根系发育层土壤水分的量化指标称为墒情指标，则墒情指标计算公式可表示为

$$\theta_{a,t+1}=K_t(\theta_{a,t}+P_t+q_t)$$

式中：$\theta_{a,t+1}$、$\theta_{a,t}$分别为（$t+1$）日和 t 日的墒情指数，mm；P_t 为第 t 日的降水量（雨量较小不产流的情况下）；q_t 为第 t 日的灌水量，mm；K_t 为第 t 日的土壤墒情消退系数。

根据河北省实验站的实验资料，结合廊坊市墒情监测资料，建立黑龙港平原区的墒情预报模型，表 15-15 为黑龙港平原区土壤墒情消退系数计算成果表。

表 15-15　黑龙港平原区土壤墒情消退系数计算成果表

月份	不同深度土壤墒情消退系数												垂线平均
	10cm			20cm			50cm			80cm			
	上旬	中旬	下旬	上旬	中旬	下旬	上旬	中旬	下旬	上旬	中旬	下旬	
3	0.985	0.980	0.974	0.985	0.982	0.979	0.985	0.986	0.987	0.988	0.989	0.990	0.984
4	0.970	0.963	0.960	0.976	0.973	0.970	0.988	0.988	0.987	0.991	0.990	0.987	0.979
5	0.957	0.954	0.955	0.967	0.964	0.966	0.986	0.985	0.984	0.987	0.990	0.988	0.974
6	0.957	0.958	0.961	0.967	0.969	0.970	0.983	0.983	0.984	0.986	0.986	0.987	0.974
7	0.964	0.966	0.966	0.971	0.971	0.972	0.985	0.986	0.987	0.988	0.989	0.990	0.978
8	0.967	0.968	0.971	0.973	0.975	0.977	0.988	0.990	0.990	0.992	0.993	0.992	0.981
9	0.974	0.978	0.977	0.978	0.980	0.980	0.991	0.991	0.990	0.991	0.991	0.990	0.984
10	0.975	0.974	0.977	0.980	0.980	0.982	0.989	0.989	0.990	0.989	0.989	0.990	0.984
11	0.980	0.984	0.986	0.984	0.987	0.989	0.991	0.991	0.991	0.991	0.991	0.991	0.988

第四节　土壤墒情实施预报

墒情预报是对作物根系层土壤水分增长和消退过程进行预报，是进行适时适量灌水的基础。影响土壤水分状况的因素很多，有气象、土壤、作物和田间用水管理等。土壤墒情实施预报从土壤含水率、灌水时间、灌水定额等3个方面进行预报。

一、土壤含水率预报

根据每旬的土壤墒情消退系数，由 t 日的土壤含水量，预测（$t+n$）日的土壤含水量。计算公式为

$$\theta_{a,t+n}=K_t^n(\theta_{a,t}+P_t+Q_t)$$

式中：$\theta_{a,t}$ 为第 t 日的墒情指数计算值，mm；$\theta_{a,t+n}$ 为第（$t+n$）日的墒情指数计算值，mm；P_t 为预测 t 日的降水量，mm；Q_t 为 t 日的灌溉水量，mm；K_t 为 t 日的土壤墒情消退系数，根据不同时段取不同的 K 值。

如果预测时段跨旬，说明 K 值不同，则要根据不同天数进行计算。例如，根据3月18日土壤墒情指数，预测3月22日的土壤墒情指数，时间在3月中旬和下旬两个时段，则计算公式为

$$\theta_{a,t+5}=K_1^3K_2^2\theta_{a,t}$$

在预测时段内，如果遇到降水（或灌溉），则要对降水前后段分开计算。例如，根据5月11日土壤墒情指标，预测5月18日土壤含水量。在5月15日发生降水，则计算方法为：先计算5月15日降水前5d的土壤含水量，然后根据该时期的土壤含水量和降水量，计算5月18日的土壤含水量。

$$\theta_{a,t+5}=K_1^5\theta_{a,t}$$

$$\theta_{a,t+8}=K_2^3(\theta_{a,t+5}+P_{t+5})$$

土壤体积含水量与土壤含水量换算公式为

$$\theta=\frac{w}{h}\times100\%$$

式中：θ 为土壤体积含水量，%；w 为土壤含水量，mm；h 为计算的土层厚度，mm。

举例：5月11日测得大城县九高庄墒情站土壤体积含水率为22.6%，土层厚度按20cm深度计算，土壤含水量为45.2mm。5月中旬土壤墒情消退系数为0.964。首先计算5月11—15日的土壤含水量：

$$\theta_{a,t+5}=K_1^5\theta_{a,t}=0.964^5\times45.2=37.6(\text{mm})$$

5月15日降水量为3.8mm，则5月18日的土壤含水量为

$$\theta_{a,t+8}=K_2^3(\theta_{a,t+5}+P_{t+5})=0.964^3\times(37.6+3.8)=37.1(\text{mm})$$

按土壤深度20cm计算，换算成体积含水量为

$$\theta=\frac{w}{h}\times100\%=\frac{37.1}{200}\times100\%=18.6\%$$

通过计算可知，到5月18日土壤体积含水量为18.6%。

二、灌水时间预测预报

用灌水时间模型预测旱情发生的时间，以便实施灌溉。根据 t 日的土壤含水量 $\theta_{a,t}$ 和作物生长需要的最低土壤含水量 $\theta_{a,t+n}$，如果土壤含水量低于 $\theta_{a,t+n}$ 时，就要及时灌溉，预测期间的实际间隔天数（即灌水时间）。计算公式为

$$n=\frac{\lg(\theta_{a,t+n})-\lg(\theta_{a,t}+P_t)}{\lg K_t}$$

式中：$\theta_{a,t}$ 为第 t 日的墒情指数，%；$\theta_{a,t+n}$ 为保持作物生长的土壤墒情指数，%；K_t 为土壤含水量日消退系数；P_t 为第 t 日的降水量产生的土壤体积含水量，%。

为计算方便，把降水量单位毫米换算成体积含水量，用百分数表示。计算土层厚度用 h 表示，则降雨量的土壤体积含水量计算公式为

$$P_t=\frac{P}{h}\times 100\%$$

式中：P 为降水量，mm；h 为计算土层厚度，mm。

如土层厚度为 500mm，时段降水量为 6mm，则该降水量产生的土壤体积含水量为 1.2%。

举例：2009 年 4 月 1 日测得永清县韩城村墒情站土壤体积含水量为 22.6%，作物生长期，要求土壤含水量不低于 21%，预测需要几天后进行灌溉？

实测土壤体积含水量为 22.6%，4 月中旬的土壤墒情消退系数为 0.991，预测土壤体积含水量下降到 21%时的时间，求灌溉时间：

$$n=(\lg 0.21-\lg 0.226)/\lg 0.991=8(\mathrm{d})$$

要保持土壤体积含水量不低于 21%，8d 后需要对农田进行灌溉。

三、灌水定额预测预报

根据监测的土壤墒情资料，可以预测不同作物灌溉定额。如果灌水量过大，则会造成水资源浪费，也会导致灌溉水下渗；如果灌溉水量过小，则达不到作物生长需要的水量，会影响作物正常生长。灌水定额可按下式计算：

$$q=10^4 H(\theta_{上}-\theta_t)r_d$$

式中：q 为实施灌水定额，$\mathrm{m^3/hm^2}$；10^4 为单位换算系数；H 为计划湿润层厚度，m；$\theta_{上}$ 为适宜作物生长的土壤含水量上限，%；θ_t 为开始 t 时间的土壤含水率，%；r_d 为土壤干容重，$\mathrm{g/cm^3}$。

对于作物适宜生长的土壤需水量，不同农作物、不同时期是不同的，一般作物适宜的相对含水量为田间持水量的 70%～80%。因此，作物适宜水量常用田间持水量的相对含水量表示。

廊坊市各参数取值范围：土壤容重按各县（市、区）测量结果选取；作物适宜生长土壤含水量为 22%～28%；计划湿润层厚度，在作物苗期取 $H=0.2\mathrm{m}$，在作物生长期取 $H=0.5\mathrm{m}$。

例如，永清县永清镇韩城村监测的土壤（重量）含水量为 12.8%，小麦生长期适宜

的土壤含水率按田间持水量的75%计算（重壤土田间持水量取26%），换算成重量含水量为19.5%。苗期取土层厚度 $H=0.2\text{m}$，土壤干容重 $\gamma_d=1.4\text{g/cm}^3$。按照上述公式计算灌溉定额：

$$q=10000\times0.2\times(0.195-0.128)\times1.4=188(\text{m}^3/\text{hm}^2)$$

则该时期的灌溉定额为 $188\text{m}^3/\text{hm}^2$，可达到田间持水量的75%的要求。按照灌溉定额进行灌溉，可以减少灌溉水下渗造成的浪费，节约用水。

使用灌溉定额确定灌溉水量后，对灌溉技术有一定要求。如采用微灌、喷灌等能控制灌溉水量的节水灌溉技术。如果节水灌溉技术跟不上，无法调节控制水量，则达不到节水的目的。

参 考 文 献

[1] 中华人民共和国水利部．SL 000—2005 土壤墒情监测规范［S］．北京：中国水利水电出版社，2005.

[2] 中华人民共和国水利部．SL 424—2008 旱情等级标准［S］．北京：中国水利水电出版社，2008.

[3] 施成熙，粟宗嵩．农业水文学［M］．北京：农业出版社，1982.

[4] 陈菊英．中国旱涝的分析和长期预报研究［M］．北京：农业出版社，1991.

[5] 刘昌明，魏忠义．华北平原农业水文及水资源［M］．北京：科学出版社，1989.

[6] 王振龙，高建峰．实用土壤墒情检测预报技术［M］．北京：中国水利水电出版社，2006.

[7] 乔光建．北方干旱地区土壤墒情预测模型［J］．南水北调与水利科技，2009（1）：39-42.

[8] 关连珠．普通土壤学［M］．北京：中国农业大学出版社，2007.

第十六章　水资源利用评价及节水措施与效益

第一节　行业用水量分析

要弄清各行业用水量，首先要开展对各行业的用水量调查。用水量调查的目标是，为制定我国节水型社会建设规划、完善流域和区域水资源管理体制、推进水资源合理配置和高效利用、实行水资源总量控制和定额管理以及实施最严格的水资源管理制度等方面提供基础与支撑。

通过对城乡居民生活用水、农业用水、工业用水、城镇公共用水、生态环境用水等国民经济各行业用水以及河道外生态环境用水进行调查，统计分析流域和区域分区的经济社会主要指标，全面准确地掌握各行业用水户的供用水情况及其分布，为水资源规划和合理利用水资源提供科学依据。

一、农业用水量

农业用水量受用水水平、气候、土壤、作物、耕作方法、灌溉技术以及渠系利用系数等因素的影响，存在明显的地域差异。由于各地水源条件、作物品种、耕植面积不同，用水量也不尽相同。农业用水量包括水田、水浇地和菜田用水量。廊坊市没有水田。

水浇地是指水田、菜田以外，有水源保证和灌溉设施，在一般年景能正常灌溉的耕地。根据廊坊市 2001—2013 年资料统计，廊坊市水浇地用水量多年平均值为 41976 万 m^3。表 16－1 为廊坊市水浇地用水量统计表。

表 16－1　　廊坊市水浇地用水量统计表

年份	水浇地用水量/万 m^3										合计/万 m^3
	三河市	大厂县	香河县	广阳区	安次区	固安县	永清县	霸州市	文安县	大城县	
2001	9076	2089	2294	4155	1329	8775	4321	8566	6357	2430	49392
2002	8615	1904	1706	3555	1614	8456	4231	8838	5675	2331	46925
2003	7073	1904	2104	5223	1517	8352	4029	8593	6029	2241	47065
2004	5345	1947	1013	2575	1277	7120	3826	7181	7066	2381	39731
2005	5998	912	254	1916	1291	7980	3926	12379	7623	1307	43586
2006	5510	3160	1203	3295	1410	7112	3870	6409	6982	2214	41165
2007	6245	3229	1262	2909	1493	7193	4046	6333	6712	2240	41662
2008	6710	2635	1256	2941	1294	7149	4016	4242	8301	2352	40896
2009	6760	2595	1278	3010	1223	7275	4081	4469	8165	2322	41178
2010	7307	2710	1377	3588	1106	7721	4380	4083	6740	2503	41515

续表

年份	水浇地用水量/万 m³										合计/万 m³
	三河市	大厂县	香河县	广阳区	安次区	固安县	永清县	霸州市	文安县	大城县	
2011	8261	2834	1235	3754	1032	7572	4567	4356	5123	2783	41517
2012	6178	2653	4289	2832	742	5955	3322	4660	3370	1452	35453
2013	5701	2711	4270	2799	808	5659	3366	4500	4335	1458	35607
平均	6829	2406	1811	3273	1241	7409	3999	6508	6344	2155	41976

菜田即种植蔬菜的土地。根据2001—2013年资料统计，廊坊市菜田用水量多年平均值为22931万 m³。表16-2为廊坊市菜田用水量统计表。

表16-2　　廊坊市菜田用水量统计表

年份	菜田用水量/万 m³										合计/万 m³
	三河市	大厂县	香河县	广阳区	安次区	固安县	永清县	霸州市	文安县	大城县	
2001	2853	388	1579	3770	4343	2598	3399	2366	589	1051	22936
2002	2795	365	1212	3330	5436	2583	3433	2519	542	1041	23256
2003	2200	350	1433	4688	4900	2446	3134	2348	552	959	23010
2004	2414	519	1003	3359	5996	3029	4324	2849	939	1480	25912
2005	2599	234	242	2397	5808	3255	4255	4713	972	780	25255
2006	2395	810	1145	4134	6363	2911	4209	2447	894	1324	26632
2007	2509	766	1109	3373	6232	2721	4067	2236	795	1237	25045
2008	2761	640	1132	3494	5530	2770	4136	1533	1006	1331	24333
2009	2590	587	1072	3330	4866	2624	3912	1504	922	1223	22630
2010	2268	497	935	3214	3561	2256	3401	1113	616	1068	18929
2011	2526	512	826	3314	3274	2180	3494	1170	462	1170	18928
2012	2490	631	3786	3295	3106	2260	3350	1650	400	805	21773
2013	2353	610	3727	2233	2511	2260	3051	1305	650	758	19458
平均	2519	531	1477	3379	4764	2607	3705	2135	718	1094	22931

二、林牧渔畜用水量

林牧渔畜用水量包括林果灌溉用水量、草场灌溉用水量、鱼塘补水量和牲畜用水量等。

根据廊坊市2001—2013年资料统计，廊坊市林果灌溉用水量多年平均值为6931万 m³。表16-3为廊坊市林果灌溉用水量统计表。

表16-3　　廊坊市林果灌溉用水量统计表

年份	林果灌溉用水量/万 m³										合计/万 m³
	三河市	大厂县	香河县	广阳区	安次区	固安县	永清县	霸州市	文安县	大城县	
2001	1110	17	237	511	595	0	873	2234	176	879	6632

续表

年份	林果灌溉用水量/万 m³										合计/万 m³
	三河市	大厂县	香河县	广阳区	安次区	固安县	永清县	霸州市	文安县	大城县	
2002	1254	19	210	521	860	0	1018	2745	186	1004	7817
2003	929	17	234	690	730	0	874	2407	178	870	6929
2004	878	22	141	425	769	0	1039	2517	262	1157	7210
2005	951	10	33	305	749	0	1028	4185	273	613	8147
2006	662	25	122	398	620	0	768	1641	189	786	5211
2007	756	26	129	354	662	0	809	1635	183	801	5355
2008	1166	32	184	514	823	0	1153	1572	326	1209	6979
2009	1235	32	197	554	819	0	1232	1742	336	1254	7401
2010	1353	34	215	669	750	0	1341	1613	282	1371	7628
2011	1440	33	182	658	658	0	1316	1619	202	1433	7541
2012	1032	30	605	476	454	0	917	1660	127	717	6018
2013	970	128	638	689	1391	0	885	1580	230	719	7230
平均	1057	33	241	520	760	0	1019	2088	227	986	6931

廊坊市境内河流众多，池塘养鱼历时悠久。随着水资源量的减少以及河流水质受到污染，鱼塘养殖比原来少了许多。根据廊坊市 2001—2013 年资料统计，廊坊市鱼塘补水量多年平均值为 1536 万 m³。表 16-4 为廊坊市鱼塘补水量统计表。

表 16-4　　廊坊市鱼塘补水量统计表

年份	鱼塘补水量/万 m³										合计/万 m³
	三河市	大厂县	香河县	广阳区	安次区	固安县	永清县	霸州市	文安县	大城县	
2001	1044	9	69	0	0	0	0	639	45	0	1806
2002	807	7	42	0	0	0	0	536	33	0	1425
2003	666	7	52	0	0	0	0	525	34	0	1284
2004	749	10	38	0	0	0	0	653	61	0	1511
2005	560	3	6	0	0	0	0	750	43	0	1362
2006	799	16	46	0	0	0	0	603	62	0	1526
2007	614	12	33	0	0	0	0	404	40	0	1103
2008	1061	14	53	0	0	0	0	435	80	0	1643
2009	1140	16	57	0	0	0	0	489	84	0	1786
2010	1139	16	57	0	0	0	0	413	64	0	1689
2011	1156	15	45	0	0	0	0	395	44	0	1655
2012	900	14	164	0	0	0	0	440	30	0	1548
2013	890	13	292	0	0	0	0	400	35	0	1630
平均	887	12	73	0	0	0	0	514	50	0	1536

牲畜用水量包括牲畜、家禽用水量。根据廊坊市2001—2013年资料统计，廊坊市牲畜用水量多年平均值为1981万m^3。表16-5为廊坊市牲畜用水量统计表。

表16-5　　　　廊坊市牲畜用水量统计表

年份	牲畜用水量/万m^3										合计/万m^3
	三河市	大厂县	香河县	广阳区	安次区	固安县	永清县	霸州市	文安县	大城县	
2001	797	67	64	166	157	76	0	148	38	370	1883
2002	893	72	57	167	225	87	0	180	40	418	2139
2003	858	84	81	286	248	100	0	205	49	471	2382
2004	594	79	36	129	191	78	0	156	54	458	1775
2005	801	45	11	115	232	104	0	324	69	302	2003
2006	595	125	42	160	205	75	0	135	51	414	1802
2007	634	120	41	134	204	72	0	126	46	393	1770
2008	673	97	40	134	175	71	0	84	57	408	1739
2009	814	115	49	164	198	86	0	105	67	484	2082
2010	877	119	52	195	179	91	0	96	55	520	2184
2011	859	108	41	177	145	77	0	89	36	501	2033
2012	810	127	180	168	131	77	0	120	30	330	1973
2013	720	120	170	167	135	77	125	140	0	332	1986
平均	763	98	66	166	187	82	10	147	46	415	1981

根据廊坊市2001—2013年资料统计，廊坊市草场灌溉用水量多年平均值为79万m^3。表16-6为廊坊市草场灌溉用水量统计表。

表16-6　　　　廊坊市草场灌溉用水量统计表

年份	草场灌溉用水量/万m^3	年份	草场灌溉用水量/万m^3	年份	草场灌溉用水量/万m^3
2001	86	2006	100	2011	81
2002	90	2007	105	2012	28
2003	89	2008	105	2013	29
2004	72	2009	81	平均	79
2005	80	2010	81		

三、工业用水量

工业用水量包括火电（核电）用水量、国有及规模以上工业企业和规模以下工业企业用水量。

根据廊坊市2001—2013年资料统计，廊坊市火电用水量多年平均值为1337万m^3。表16-7为廊坊市火电用水量统计表。

表 16-7　　廊坊市火电用水量统计表

年份	火电用水量/万 m^3	年份	火电用水量/万 m^3	年份	火电用水量/万 m^3
2001	660	2006	980	2011	2009
2002	1774	2007	970	2012	1970
2003	920	2008	980	2013	1851
2004	980	2009	1630	平均	1337
2005	1000	2010	1661		

根据廊坊市 2001—2013 年资料统计，廊坊市国有及规模以上工业企业用水量多年平均值为 6934 万 m^3。表 16-8 为廊坊市国有及规模以上工业企业用水量统计表。

表 16-8　　廊坊市国有及规模以上工业企业用水量统计表

年份	国有及规模以上工业企业用水量/亿 m^3										合计/亿 m^3
	三河市	大厂县	香河县	广阳区	安次区	固安县	永清县	霸州市	文安县	大城县	
2001	285	96	553	2485	1348	0	170	635	381	12	5965
2002	342	102	878	3593	1559	0	176	746	757	15	8168
2003	368	121	677	3717	1705	0	188	1091	442	16	8325
2004	474	91	342	2920	1050	0	187	639	452	45	6200
2005	568	302	417	1816	1217	0	229	949	524	51	6073
2006	577	304	415	2026	715	0	271	1034	531	51	5924
2007	744	362	478	1789	464	0	314	1434	614	59	6258
2008	762	325	505	2041	602	0	337	1226	674	63	6535
2009	552	1019	510	279	1118	403	1633	563	0	282	6359
2010	561	909	729	312	1135	444	1612	712	0	314	6728
2011	588	1264	958	399	1189	628	1444	855	0	401	7726
2012	1078	391	585	1924	865	0	359	1780	848	68	7898
2013	1209	414	669	1345	814	0	368	2100	980	80	7979
平均	624	438	594	1896	1060	113	561	1059	477	112	6934

根据廊坊市 2001—2013 年资料统计，廊坊市规模以下工业企业用水量多年平均值为 4209 万 m^3。表 16-9 为廊坊市规模以下工业企业用水量统计表。

表 16-9　　廊坊市规模以下工业企业用水量统计表

年份	规模以下工业企业用水量/万 m^3										合计/万 m^3
	三河市	大厂县	香河县	广阳区	安次区	固安县	永清县	霸州市	文安县	大城县	
2001	441	125	821	540	690	440	321	632	44	105	4159
2002	353	89	871	521	534	330	223	497	58	90	3566
2003	408	113	720	578	626	377	255	779	36	101	3993
2004	1061	172	734	918	779	584	514	922	76	557	6317

续表

年份	规模以下工业企业用水量/万 m^3										合计/万 m^3
	三河市	大厂县	香河县	广阳区	安次区	固安县	永清县	霸州市	文安县	大城县	
2005	759	341	535	341	540	434	375	818	53	384	4580
2006	786	350	543	386	323	396	451	907	54	389	4585
2007	730	301	451	247	152	366	378	909	45	326	3905
2008	686	248	437	257	179	356	372	712	45	317	3609
2009	455	541	140	195	921	319	189	35	285	285	3365
2010	490	512	211	230	990	372	198	46	459	334	3842
2011	414	574	223	238	839	424	143	45	504	347	3751
2012	863	265	450	216	229	543	352	919	51	305	4193
2013	955	276	481	358	349	572	352	1065	90	355	4853
平均	646	301	509	387	550	424	317	637	138	300	4209

四、城镇公共用水量

城镇公共用水量包括建筑业和服务业用水量。

建筑业是专门从事土木工程、房屋建设和设备安装以及工程勘察设计工作的生产部门。建筑业是国民经济的重要物质生产部门，它与整个国家经济的发展、人民生活的改善有着密切的关系。根据廊坊市 2001—2013 年资料统计，廊坊市建筑业用水量多年平均值为 1008 万 m^3。表 16-10 为廊坊市建筑业用水量统计表。

表 16-10　　廊坊市建筑业用水量统计表

年份	建筑业用水量/万 m^3										合计/万 m^3
	三河市	大厂县	香河县	广阳区	安次区	固安县	永清县	霸州市	文安县	大城县	
2001	283	28	161	39	142	42	17	86	36	19	853
2002	287	31	177	56	158	53	17	124	37	23	963
2003	226	36	210	62	136	45	21	143	55	29	963
2004	178	22	159	32	109	31	27	89	11	29	687
2005	172	17	223	33	125	31	25	88	19	24	757
2006	198	22	227	48	132	36	36	107	25	27	858
2007	182	28	228	51	164	35	37	149	31	33	938
2008	154	24	210	68	158	32	32	148	20	31	877
2009	185	68	300	30	99	50	81	163	48	32	1056
2010	220	29	367	70	218	91	44	228	68	37	1372
2011	223	19	266	45	219	97	45	124	2	29	1069
2012	117	18	270	32	130	52	22	140	20	54	855
2013	95	21	830	419	150	52	32	180	22	55	1856
平均	194	28	279	76	149	50	34	136	30	32	1008

服务业即指生产和销售服务商品的生产部门和企业的集合。服务业产品与其他产业产品相比，具有非实物性、不可储存性和生产与消费同时性等特征。如住宿和餐饮业，信息传输、软件和信息技术服务业，金融业，租赁和商务服务业等。根据廊坊市2001—2013年资料统计，廊坊市服务业用水量多年平均值为1826万m^3。表16-11为廊坊市服务业用水量统计表。

表16-11　　廊坊市服务业用水量统计表

年份	服务业用水量/万m^3										合计/万m^3
	三河市	大厂县	香河县	广阳区	安次区	固安县	永清县	霸州市	文安县	大城县	
2001	274	32	156	618	320	43	13	52	18	19	1545
2002	254	33	157	807	323	49	12	70	16	22	1743
2003	195	39	184	867	275	41	15	77	23	28	1744
2004	160	25	145	478	230	29	17	51	5	30	1170
2005	152	19	198	473	259	28	17	48	8	24	1226
2006	183	26	212	710	284	34	25	62	11	28	1575
2007	162	31	204	747	339	32	24	84	14	32	1669
2008	149	27	202	1062	349	32	22	88	10	32	1973
2009	195	88	319	515	246	54	64	109	26	37	1653
2010	166	28	279	852	380	72	25	108	25	31	1966
2011	242	27	290	713	553	110	36	85	60	35	2151
2012	213	40	495	942	550	98	30	160	18	109	2655
2013	235	45	505	1123	300	98	37	200	13	110	2666
平均	198	35	257	762	339	55	26	92	19	41	1826

五、居民生活用水量

居民生活用水量包括城镇居民生活用水量和农村居民生活用水量。

城镇居民生活用水指使用公共供水设施或自建供水设施供水的，满足城市居民家庭日常生活的用水。根据廊坊市2001—2013年资料统计，廊坊市城镇居民生活用水量多年平均值为5184万m^3。表16-12为廊坊市城镇居民生活用水量统计表。

表16-12　　廊坊市城镇居民生活用水量统计表

年份	城镇居民生活用水量/万m^3										合计/万m^3
	三河市	大厂县	香河县	广阳区	安次区	固安县	永清县	霸州市	文安县	大城县	
2001	1255	61	45	457	139	84	46	316	203	37	2643
2002	1352	71	52	694	163	110	49	494	224	50	3259
2003	1432	116	84	1027	192	127	84	760	437	88	4347
2004	2005	128	113	965	273	156	173	856	168	157	4994
2005	2042	104	165	1026	329	157	176	874	292	134	5299

续表

年份	城镇居民生活用水量/万 m³										合计/万 m³
	三河市	大厂县	香河县	广阳区	安次区	固安县	永清县	霸州市	文安县	大城县	
2006	2078	119	150	1302	305	163	223	950	335	133	5758
2007	1561	121	122	1167	310	132	182	1086	352	130	5163
2008	1495	110	126	1727	334	137	179	1197	247	134	5686
2009	1599	292	163	679	190	188	415	1195	544	127	5392
2010	1495	100	156	1238	324	276	178	1311	587	117	5782
2011	1499	125	594	944	411	327	180	1443	330	289	6142
2012	1515	116	219	1082	371	297	168	1530	332	325	5955
2013	1717	116	522	1222	455	357	208	1720	305	350	6972
平均	1619	121	193	1041	292	193	174	1056	335	159	5184

随着农村自来水普及率和供水设施的不断完善，农村居民生活用水量会随着人们生活水平的提高而增加。根据廊坊市 2001—2013 年资料统计，廊坊市农村民生活用水量多年平均值为 7137 万 m³。表 16-13 为廊坊市农村居民生活用水量统计表。

表 16-13　廊坊市农村居民生活用水量统计表

年份	农村居民生活用水量/万 m³										合计/万 m³
	三河市	大厂县	香河县	广阳区	安次区	固安县	永清县	霸州市	文安县	大城县	
2001	1432	306	873	373	554	612	574	658	732	778	6892
2002	1517	145	1127	262	537	596	564	594	715	750	6807
2003	1563	149	1980	246	633	612	581	601	1232	900	8497
2004	1689	160	1364	440	442	631	613	603	545	726	7213
2005	1524	307	1276	466	383	619	659	722	151	905	7012
2006	1601	287	1106	390	407	651	675	778	154	926	6975
2007	1692	299	1508	384	387	660	709	886	267	1000	7792
2008	1256	259	1419	360	452	621	563	831	151	739	6651
2009	1408	259	1223	392	490	608	557	811	214	925	6887
2010	1491	285	1200	478	649	665	375	862	235	923	7163
2011	1009	178	1439	285	762	640	354	765	929	639	7000
2012	1135	184	591	364	766	646	370	903	1040	800	6799
2013	1174	206	526	501	725	675	426	990	1060	810	7093
平均	1422	233	1202	380	553	634	540	770	571	832	7137

六、生态环境用水量

生态环境用水量包括城镇环境用水量和农村生态用水量。

城镇环境用水分为城镇绿地灌溉用水和环境卫生清洁用水，城镇河湖补水分为补水类型河湖补水和换水类型河湖补水。根据廊坊市2001—2013年资料统计，廊坊市城镇环境用水量多年平均值为985万m^3。

根据廊坊市2001—2013年资料统计，廊坊市农村生态用水量多年平均值为874万m^3。

七、总用水量

总用水量包括农业用水量、林牧渔畜用水量、工业用水量、城镇公共用水量、居民生活用水量、生态环境用水量等6项内容。根据廊坊市2001—2013年资料统计，廊坊市不同行业用水量多年平均值为10.4928亿m^3。表16-14为廊坊市不同行业用水量统计表。

表16-14　廊坊市不同行业用水量统计表

年份	不同行业用水量/亿m^3						合计/亿m^3
	农业	林牧渔畜	工业	城镇公共	居民生活	生态环境	
2001	7.2328	1.0406	1.0784	0.2398	0.9534	0.0004	10.5454
2002	7.0179	1.1469	1.3508	0.2705	1.0067	0.0005	10.7933
2003	7.0074	1.0685	1.3238	0.2706	1.2844	0.0030	10.9577
2004	6.5643	1.0570	1.3497	0.1858	1.2207	0.0924	10.4699
2005	6.8841	1.1594	1.1653	0.1984	1.2312	0.2026	10.8410
2006	6.7796	0.8640	1.1489	0.2432	1.2733	0.1976	10.5066
2007	6.6708	0.8331	1.1133	0.2607	1.2955	0.1714	10.3448
2008	6.5230	1.0464	1.1124	0.2850	1.2337	0.1796	10.3801
2009	6.3808	1.1352	1.1354	0.2709	1.2279	0.2123	10.3625
2010	6.0444	1.1582	1.2231	0.3339	1.2945	0.2604	10.3145
2011	6.0445	1.1310	1.3486	0.3221	1.3143	0.1923	10.3528
2012	5.7225	0.9566	1.4061	0.3509	1.2754	0.5549	10.2664
2013	5.5063	1.0875	1.4683	0.4522	1.4066	0.3502	10.2711
平均	6.4906	1.0526	1.2480	0.2834	1.2321	0.1860	10.4928

第二节　水资源供需平衡分析

一、供水水源分析

水源类型分为地表水和地下水，地表水分为江河、湖泊、水库、沟塘，地下水分为深井、泉水、浅井。利用廊坊市2001—2013年用水量资料分析，廊坊市多年平均用水量为10.4928亿m^3，其中地表水用水量为1.3305m^3，占总用水量的12.68%；地下水用水量为9.1623亿m^3，占总用水量的87.32%。表16-15为廊坊市用水水源特征分析表。

表 16-15　　　　　　　　　　　　　廊坊市用水水源特征分析表

年份	用水量/亿 m³	地表水		地下水	
		用水量/亿 m³	比例/%	用水量/亿 m³	比例/%
2001	10.5454	1.3867	13.15	9.1587	86.85
2002	10.7933	1.2434	11.52	9.5499	88.48
2003	10.9577	1.0673	9.74	9.8904	90.26
2004	10.4699	1.0386	9.92	9.4313	90.08
2005	10.8410	0.9995	9.22	9.8415	90.78
2006	10.5066	0.9361	8.91	9.5705	91.09
2007	10.3448	0.9310	9.00	9.4138	91.00
2008	10.3801	1.2518	12.06	9.1283	87.94
2009	10.3625	1.3233	12.77	9.0392	87.23
2010	10.3145	1.4554	14.11	8.8591	85.89
2011	10.3528	1.6554	15.99	8.6974	84.01
2012	10.2664	1.7853	17.39	8.4811	82.61
2013	10.2711	2.2114	21.53	8.0597	78.47
平均	10.4928	1.3305	12.68	9.1623	87.32

通过对廊坊市用水水源特征进行分析，廊坊市用水水源主要以开采地下水为主。长期超采地下水，造成地面沉降，不仅会导致高层建筑的倾斜，而且加重了城市防洪、排涝的负担。在咸水区，咸水下渗使淡水咸化，造成机井报废、人畜饮水困难、土壤盐碱化、地下水水质恶化等。

根据廊坊市 2001—2013 年降水量资料与水资源量资料，建立起相关图，其相关系数为 0.9898。图 16-1 为廊坊市年降水量与水资源量关系曲线。

二、水量供需平衡分析

水资源供需平衡分析是指在一定范围内不同时期的可供水量和需水量的供求关系分析。对于某一区域，某一水平年的供需平衡计算式为

$$\sum_{i=1}^{n} W_{供i} - \sum_{i=1}^{m} W_{需i} = \pm \Delta W$$

式中：$W_{供i}$为计算单元内分项供水量，m³/a；n 为计算单元内可供水量的分项数；$W_{需i}$为计算单元内分项需水量，m³/a；m 为计算单元内需水量的分项数；W 为余缺水量，m³/a。

通过对可供水量和需水量进行分析，弄清水资源总量的供需现状，了解水资源余缺时空分布，针对水资源供需矛盾，进行水资源总体规划。

利用廊坊市 2001—2013 年水资源量和用水量资料分析，多年平均水资源量为 6.20 亿 m³，其中地表水资源量为 0.78 亿 m³，地下水资源量为 5.42 亿 m³；多年平均用水量为 10.4928 亿 m³，其中地表水用水量为 1.3296 亿 m³，地下水用水量为 9.1632 亿 m³。表 16-16 为廊坊市水资源供需平衡分析表。

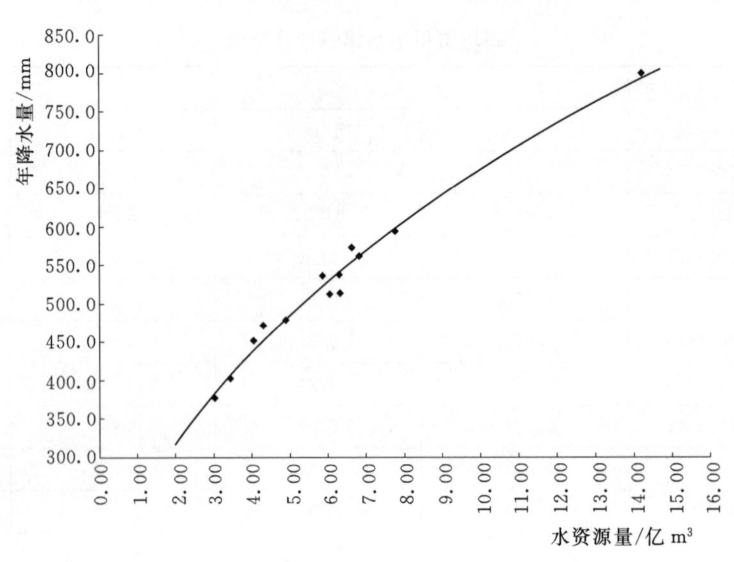

图 16-1　廊坊市年降水量与水资源量关系曲线

表 16-16　　　　廊坊市水资源供需平衡分析表

年份	年降水量/mm	水资源量/亿 m³			用水量/亿 m³			供需平衡/亿 m³
		地表水	地下水	总量	地表水	地下水	总量	
2001	452.6	0.25	3.86	4.11	1.3867	9.1587	10.5454	−6.4354
2002	403.3	0.20	3.41	3.61	1.2434	9.5499	10.7933	−7.1833
2003	537.9	0.88	5.52	6.40	1.0673	9.8904	10.9577	−4.5577
2004	573.2	0.58	6.40	6.98	1.0386	9.4313	10.4699	−3.4899
2005	471.6	0.14	4.28	4.42	0.9995	9.8415	10.8410	−6.4210
2006	376.7	0.35	2.79	3.14	0.9361	9.5705	10.5066	−7.3666
2007	561.0	0.28	6.08	6.36	0.9310	9.4138	10.3448	−3.9848
2008	593.7	1.60	6.27	7.87	1.2518	9.1283	10.3801	−2.5101
2009	513.1	0.82	5.31	6.13	1.3233	9.0392	10.3625	−4.2325
2010	479.2	0.44	4.54	4.98	1.4554	8.8591	10.3145	−5.3345
2011	535.9	0.18	5.74	5.92	1.6554	8.6974	10.3528	−4.4328
2012	798.9	3.29	11.00	14.29	1.7853	8.4811	10.2664	4.0236
2013	514.5	1.18	5.24	6.42	2.2114	8.0597	10.2711	−3.8511
平均	524.0	0.78	5.42	6.20	1.3296	9.1632	10.4928	−4.2905

通过对廊坊市用水量进行分析可以看出，地表水用水量大于地表水水资源量，是由于地表用水大部分是取用上游入境水和引黄河水所致的。地下水用水量远大于地下水资源量，主要是超采地下水维持正常的生产和生活。通过 2001—2013 年水资源供需平衡分析可知，平均每年缺水量为 4.2905 亿 m³。

三、行业用水比重变化

设在一定时间尺度内，共有 n 种用水户类型 $\{X_1, X_2, \cdots, X_n\}$，每个用水户用水量可表示为 $\{W_1, W_2, \cdots, W_n\}$，各部门用水量比例为

$$P_i=\frac{W_i}{W}\times 100\%$$

其中
$$W=\sum_{i=1}^{n}W_i$$

式中：P_i 为第 i 种行业用水量占总用水量的比例，%；W_i 为第 i 种行业用水量，万 m^3；W 为各用水行业总用水量，万 m^3。

用水比重从一个方面可以反映一个地区的经济与文明程度，也是科技水平的反映标志之一。如工业用水比重大说明工业程度发达，生活用水比重大说明生活质量提高，农业用水比重大说明以农业为主导产业。

廊坊市用水分为农业用水、林牧渔畜用水、工业用水、城镇公共用水、居民生活用水和生态环境用水等。表 16－17 为廊坊市不同行业用水比重计算成果表。

表 16－17　　廊坊市不同行业用水比重计算成果表

年份	行业用水比重变化/%					
	农业	林牧渔畜	工业	城镇公共	居民生活	生态环境
2001	68.6	9.9	10.2	2.3	9.0	0.0
2002	65.0	10.6	12.5	2.5	9.3	0.0
2003	63.9	9.8	12.1	2.5	11.7	0.0
2004	62.7	10.1	12.9	1.8	11.7	0.9
2005	63.5	10.7	10.7	1.8	11.4	1.9
2006	64.5	8.2	10.9	2.3	12.1	1.9
2007	64.5	8.1	10.8	2.5	12.5	1.7
2008	62.8	10.1	10.7	2.7	11.9	1.7
2009	61.6	11.0	11.0	2.6	11.8	2.0
2010	58.6	11.2	11.9	3.2	12.6	2.5
2011	58.4	10.9	13.0	3.1	12.7	1.9
2012	55.7	9.3	13.7	3.4	12.4	5.4
2013	53.6	10.6	14.3	4.4	13.7	3.4
平均	61.9	10.0	11.9	2.7	11.7	1.8

根据廊坊市 2001—2013 年用水量资料，计算各行业用水量多年平均值，分析各行业用水结构情况。农业用水量占总用水量的 61.9%，林牧渔畜用水量占总用水量的 10.0%，工业用水量占总用水量的 11.9%，居民生活用水量占总用水量的 11.7%，城镇公共用水量占总用水量的 2.7%，生态环境用水量占总用水量的 1.8%。图 16－

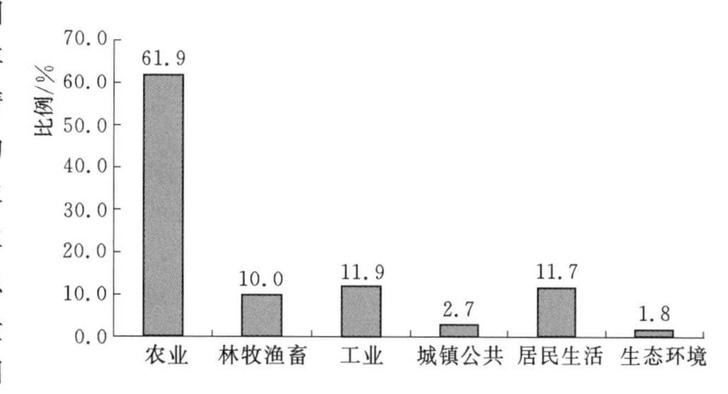

图 16－2　廊坊市各用水行业用水结构柱状图

2为廊坊市各用水行业用水结构柱状图。

第三节　用水量变化趋势

要对现象变动趋势进行动态分析，就要建立与长期趋势相适应的数学模型。最常用的一种配合直线趋势模型的方法是最小平方法，又称为最小二乘法。其变化趋势直线方程为

$$Y_t = a + bt$$

式中：Y_t 为时间序列的趋势值；a 为截距项；b 为趋势线斜率；t 为时间。

用水量变化，受多种因素影响。分析用水量变化趋势，掌握其变化规律，对合理开发利用水资源有重要意义。以下对农业用水量、工业用水量等变化情况进行分析，为今后开展节水措施与合理分配水资源提供科学依据。

一、农业用水量变化趋势

根据廊坊市2001—2013年农业用水量资料，绘制用水量过程线，分析其变化趋势。通过用水量过程线可以看出，水浇地用水量和菜田用水量年际变化均呈下降趋势。由2001—2013年农业用水量资料分析可知，多年平均农业用水量为6.4906亿m^3，其中水浇地用水量多年平均值为4.1976亿m^3，占农业用水量的64.7%；菜田用水量为2.2931亿m^3，占农业用水量的35.3%。图16-3为廊坊市水浇地用水量和菜田用水量年际变化过程线。

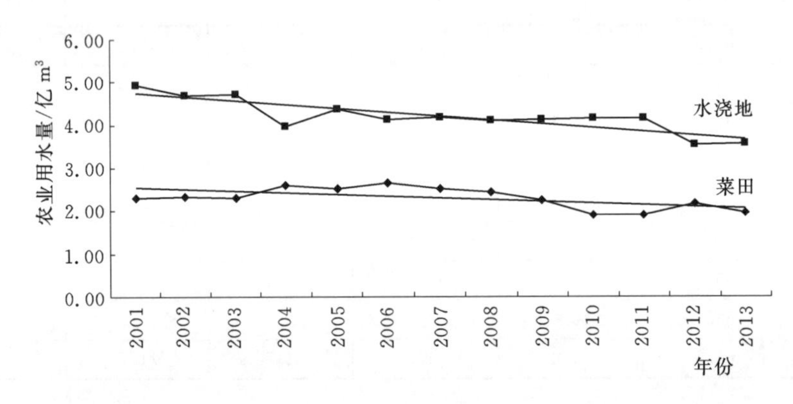

图16-3　廊坊市水浇地用水量和菜田用水量年际变化过程线

二、林牧渔畜用水量变化趋势

在以前的统计中，林牧渔畜用水量为农业用水量的一部分。为便于计算，此次把林牧渔畜用水量单独列出。林牧渔畜用水量包括林果灌溉用水量、草场灌溉用水量、鱼塘补水量和牲畜用水量等。

根据廊坊市2001—2013年资料统计，林果灌溉用水变化幅度较大，多年平均值为0.6931亿m^3，总体呈递减趋势；草场灌溉用水量很小，多年平均值为0.0079亿m^3；牲畜用水量变化与农村养殖业关系密切，也受市场变化因素影响，廊坊市牲畜用水量和鱼塘

补水量维持在一个相对稳定的水平，而且年际变化不大，多年平均值分别为 0.1981 亿 m^3 和 0.1536 亿 m^3。图 16－4 为廊坊市林牧渔畜用水量年际变化过程线。

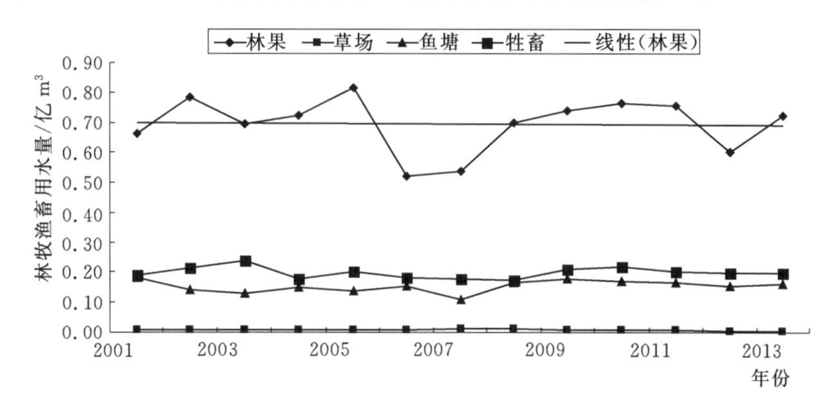

图 16－4　廊坊市林牧渔畜用水量年际变化过程线

三、工业用水量变化趋势

2010 年以前，规模以上工业企业指年主营业务收入 500 万元及以上的法人工业企业；2011 年开始，调整为年主营业务收入 2000 万元及以上的法人工业企业。

工业用水量包括火电（核电）用水量、国有及规模以上工业企业和规模以下工业企业用水量。火电用水量多年平均值为 0.1337 亿 m^3，占工业用水量的 10.7%；国有及规模以上工业企业用水量多年平均值为 0.6934 亿 m^3，占工业用水量的 55.6%；规模以下工业企业用水量多年平均值为 0.4209 亿 m^3，占工业用水量的 33.7%。

国有及规模以上工业企业用水量呈递增趋势，规模以下工业企业用水量呈递减增趋势，发电用水量呈递增趋势。图 16－5 为廊坊市工业用水量年际变化过程线。

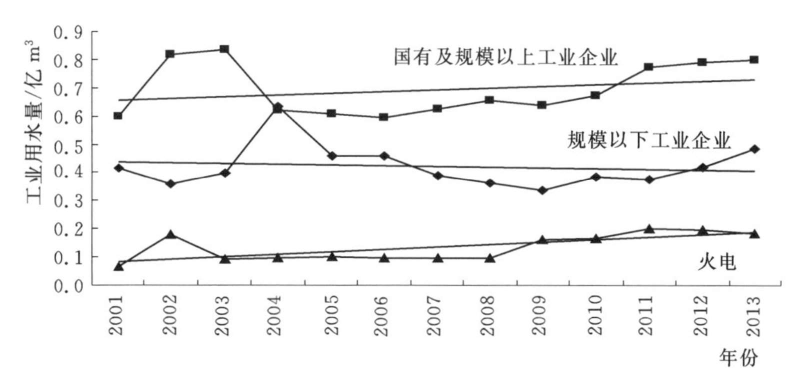

图 16－5　廊坊市工业用水量年际变化过程线

四、城镇公共用水量变化趋势

城镇公共用水量包括建筑业用水量和服务业用水量。根据廊坊市 2001—2013 年资料统计，建筑业用水量多年平均值为 0.1008 亿 m^3，占城镇公共用水量的 35.6%；服务业用水量多年平均值为 0.1826 亿 m^3，占城镇公共用水量的 64.4%。

建筑业和服务业用水量受市场影响因素较大，变化幅度也较大，但总体均呈上升趋势。图 16-6 为廊坊市城镇公共用水量年际变化过程线。

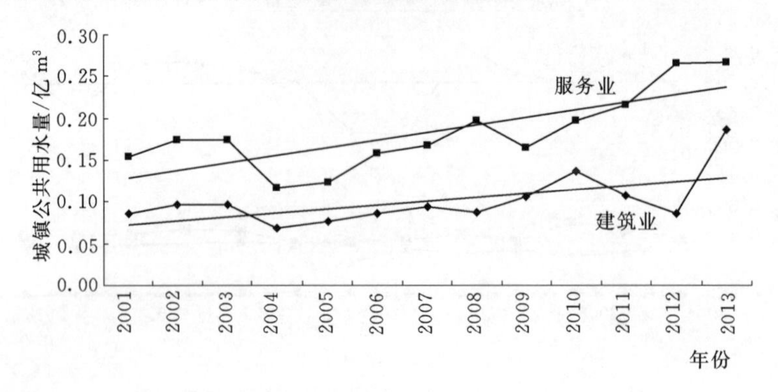

图 16-6　廊坊市城镇公共用水量年际变化过程线

五、居民生活用水量变化趋势

居民生活用水量分为城镇居民生活用水量和农村居民生活用水量。根据廊坊市 2001—2013 年资料统计，城镇居民生活用水量多年平均值为 0.5184 亿 m^3，占居民生活用水量的 42.1%；农村居民生活用水量多年平均值为 0.7137 亿 m^3，占居民生活用水量的 57.9%。

居民生活用水量变化受人口数量和生活质量的影响。廊坊市城镇居民生活用水量呈上升趋势，农村居民生活用水量变化幅度较大，年际变化总体呈减小趋势。图 16-7 为廊坊市居民生活用水量年际变化过程线。

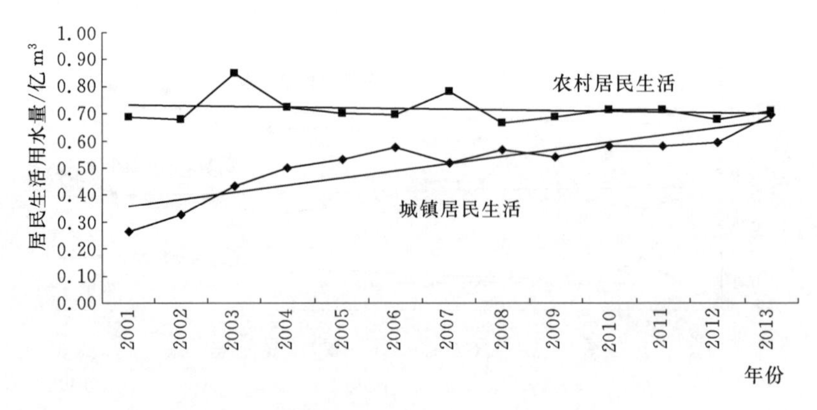

图 16-7　廊坊市居民生活用水量年际变化过程线

六、生态环境用水量变化趋势

生态环境用水量分为城镇环境用水量和农村生态用水量。城镇环境用水量分为城镇绿地灌溉用水量和环境卫生清洁用水量。根据廊坊市 2001—2013 年资料统计，城镇环境用

水量多年平均值为 0.0985 亿 m^3，占生态环境用水量的 53.0%；农村生态用水量多年平均值为 0.0874 亿 m^3，占生态环境用水量的 47.0%。图 16-8 为廊坊市生态环境用水量年际变化过程线。

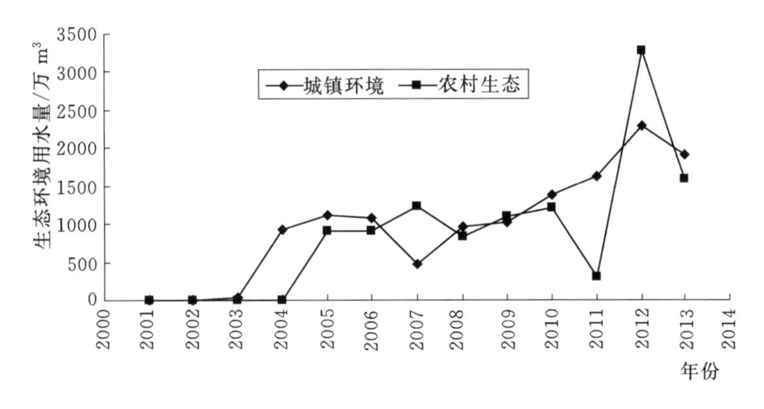

图 16-8　廊坊市生态环境用水量年际变化过程线

七、总用水量变化趋势

利用廊坊市 2001—2013 年总用水量资料，分析其变化趋势。图 16-9 为廊坊市总用水量年际变化过程线。

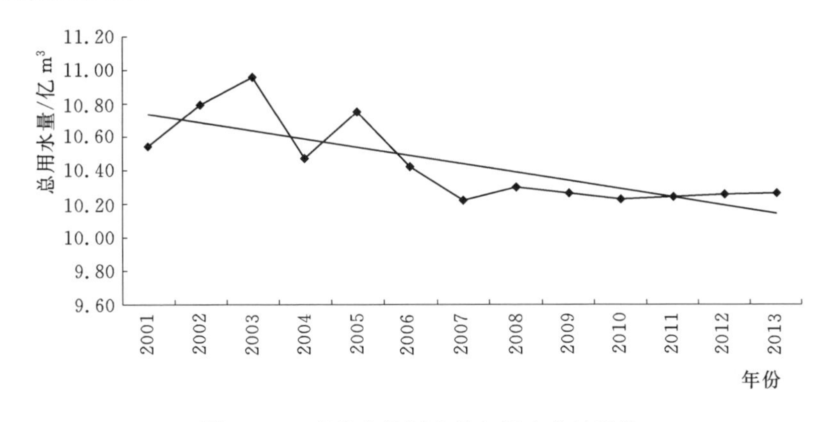

图 16-9　廊坊市总用水量年际变化过程线

通过过程线可以看出，2007 年以前用水量年际变化幅度较大，与农业用水量和年降水量有关，在降水量少的年份，农业用水量大；2007 年以后总用水量基本上维持在一个较低水平。从整体来讲，廊坊市总用水量呈下降趋势。

第四节　廊坊市节水型社会建设创建

一、节水型社会建设创建过程

2005 年 2 月 25 日，水利部办公厅印发了《关于做好南水北调东中线受水区全国节水型社会建设试点前期工作的通知》（办资源〔2005〕43号），确定廊坊市为南水北调东中线受水区全国节水型社会建设试点市。

2005年10月29日，《廊坊市节水型社会建设试点规划》顺利通过水利部组织的专家评审。

2006年5月23日，水利部办公厅印发了《关于同意廊坊市节水型社会建设试点规划的函》（办资源函〔2006〕242号）。

2006年8月1日，河北省水利厅代表省政府印发了《河北省水利厅关于同意廊坊市节水型社会建设试点规划的函》（冀水资〔2006〕89号）。

2010年5月25—26日，水利部节水型社会建设试点专家评估组对廊坊市节水型社会建设试点情况进行评估。

2010年8月19日，南水北调东中线规划区全国节水型社会建设试点工作验收会在江苏省徐州市召开，廊坊市节水型社会建设试点工作通过水利部验收。

2010年9月21日，全国节水型社会建设经验交流会在河南省郑州市召开，廊坊市被水利部授予"全国节水型社会建设示范市"荣誉称号。

二、节水措施与实施方案

（一）制定节水方案

科学规划是做好节水型社会试点建设的基础和保障，按照国家确定的南水北调受水区"先节水后调水，先治污后通水，先环保后用水"的原则，紧密结合廊坊市实际，与河北省水利科学研究院共同编制了《廊坊市节水型社会建设试点规划》，该规划在征求多方意见的基础上，于2005年10月29日顺利地通过了以中国工程院院士陈志恺为组长的专家组的评审。

在此基础上，廊坊市水务局积极组织技术人员，编制完成了《廊坊市节水型社会建设试点实施方案》，并将建设任务分解到相关市直部门和各县（市、区）政府，做到了"五明确"，即明确责任部门、明确专人、明确任务、明确完成时间和明确取得成效，齐心协力建设好廊坊市的节水型社会试点。各县（市、区）政府在依据全市总体规划的基础上，编制了《节水型社会建设试点实施方案》。

（二）加强节水制度管理

一是建立用水者协会。按照"用水自愿、民主管理"的原则，积极引导和推动用水者协会制度的建立，充分体现公众参与、用水"双控"（定额管理、总量控制）等民主管理制度，通过节奖超罚等措施达到节约用水的目的，廊坊市共成立用水者协会200余处。

二是坚持取水许可制度。凡是取用水单位和个人都要按照《中华人民共和国水法》和《取水许可和水资源费征收管理条例》进行申请和审批。为优化配置和合理利用廊坊市水资源，按照河北省政府的要求，结合本地实际逐渐关闭自备水源井。廊坊市政府决定3年内（2006—2008年）关闭市区公共供水管网覆盖范围内的所有自备井，同期三河、大厂等市（县）也正在进行自备井关停工作。

三是坚持水资源论证制度，对廊坊市新建建设项目全都进行水资源的论证工作，严格控制对水资源的开采。

（三）做好节水的基础工作

1. 抓计量设施安装

2006年年底前除农业用水外廊坊市所有单位和个人全部完成计量设施安装和更新任务。截至2006年9月共安装水表19.7万块（其中IC卡智能水表达10151块），其中农村饮水7.13万块、居民生活12.5万块、工业700块，完成安装任务的96%。农业用水计量设施的安装也在按计划有序地进行，要求凡是新发展的节水工程及各类节水示范区必须完成计量设施的安装，然后全市范围内分步实施、逐步推广。

2. 抓用水价格调整

2006年年初，廊坊市政府组织市物价、建设、水务等部门，按照廊坊市和河北省政府有关文件的要求，对廊坊市城区水价进行了调整，根据不同行业、不同类别确定了不同的水价标准，将居民生活用水、特殊行业用水价格进行了调整。自9月20日开始，廊坊市城区执行新的水价，居民用水3元/t、行政事业单位用水4.2元/t、宾馆餐饮用水7.4元/t、特殊行业用水29.2元/t，且开征水资源费（居民0.05元/t、非居民0.10元/t）。同时抓好各县（市、区）的水价调整，本着因地制宜、城乡不同的原则，搞好水价改革，充分发挥了经济杠杆的作用，提高了人们的节水意识。

3. 抓法规政策完善

市、县相继出台政策法规，收效明显。廊坊市政府制定出台了《廊坊市市区水资源费征收管理办法（试行）》，起草了《廊坊市建设项目水资源论证制度实施细则》《廊坊市水资源管理办法》《廊坊市用水定额管理办法》《廊坊市水资源费征收管理使用暂行规定》《廊坊市节约用水管理办法》和《廊坊市城乡供水管理办法》等规范性文件。三河市制定出台了《三河市节水型社会宣传工作实施方案》《三河市节约用水管理办法》和《三河市水权水市场运行管理办法》等制度。大厂县制定出台了《大厂县开展自备井安装智能量水设施与城镇自备井关停工作的实施方案》《大厂县城乡统一供水工程施工管理办法》和《大厂县城乡统一供水用水管理办法》等制度。文安县制定出台了《文安县水资源管理办法》和《城区供水管理办法》等一系列节水规章及制度。随着节水型社会建设的不断深入，还要制定更多的相关法规和政策。

三、节水型社会建设创建成效

自廊坊市创建节水型社会多年来，在水利部和河北省水利厅的大力支持和帮助下，在廊坊市委、市政府的正确领导下，按照《廊坊市节水型社会建设试点规划》的要求，经过廊坊市上下各级各部门的共同努力，较好完成了节水型社会试点各项建设任务。廊坊市已形成“政府主导、部门协作、公众参与”的节水型社会运行机制，并针对廊坊市资源型缺水的这一实际，采取有力措施控制地下水的开采和超采，有效缓解了廊坊市水资源严重紧缺状况，保障了经济社会可持续发展。

廊坊市于2005年被列为全国南水北调东中线受水区试点城市以来，节水型社会建设工作取得了一定成绩：一是地下漏斗中心水位明显回升，地下水水位下降得到遏制；二是促进企业技术改造，进一步提高了水资源利用效率；三是用水总量得到控制，有效缓解了全市用水矛盾，在保障全市经济社会较快发展的情况下，廊坊市用水总量不但没增加，反而呈逐年下降态势；四是节水意识得到增强，节约用水已成为自觉行为；五是用水安全得到保障，社会效果明显。

自2006年以来，廊坊市共投入资金3.2亿元，建成农村集中供水工程83处，解决了178.28万人的饮用水问题。同时建设了一大批高标准的污水处理厂，城市污水集中处理率达到83.01%，并率先成为河北省第一个县县都有污水处理厂的设区市。

第五节　节水措施与节水效益

一、农业节水措施与效益

（一）农业节水措施

目前，廊坊市农业节水灌溉措施主要有微灌、低压管道输水设施等。

微灌是利用微灌设备组装成微灌系统，将有压水输送分配到田间，通过灌水器以微小的流量湿润作物根部附近土壤的一种灌水技术。微灌按灌水器及出流形式的不同，主要有滴灌、微喷灌、小管出流、渗灌等形式。

管道输水灌溉是以管道代替明渠输水灌溉的一种工程形式，水由分水设施输送到田间，直接由管道分水口分水进入田间沟、畦。管道输水有多种使用范围，大中型灌区可以采用明渠水与管道有压输水相结合，有专门为喷灌供水的压力输水管道，还有为田间沟畦灌的低压输水管道。管道输水可减少渗漏损失和蒸发损失，与土垄沟相比，低压管道输水损失可减少5%，水的利用率比土渠可提高30%～40%，而且投资少，施工简便，深受农民欢迎。

根据廊坊市2011年农业节水灌溉资料统计，廊坊市有效灌溉面积为371.99万亩，其中节水灌溉面积为175.17万亩，节水灌溉面积占有效灌溉面积的47.1%。而廊坊市节水灌溉面积主要是低压管道输水措施，永清县有微灌面积0.08万亩、喷灌面积0.05万亩，三河市有喷灌面积0.47万亩，其他全部是低压管道输水措施。在各行政区，节水灌溉比例相差较大，如广阳区节水灌溉面积达到87.0%，而永清县节水灌溉面积仅4.1%。表16－18为廊坊市农业节水灌溉面积统计表。

表16－18　　　　廊坊市农业节水灌溉面积统计表

行政区	有效灌溉面积/万亩	节水灌溉面积/万亩				节水灌溉率/%
		低压管道输水	喷灌	微灌	合计	
三河市	37.11	27.86	0.47	0	28.33	76.3
大厂县	12.04	9.46	0	0	9.46	78.6
香河县	31.51	12.19	0	0	12.19	38.7
广阳区	22.92	19.94	0	0	19.94	87.0
安次区	22.36	12.79	0	0	12.79	57.2
固安县	60.05	11.95	0	0	11.95	19.9
永清县	49.74	1.91	0.05	0.08	2.04	4.1

续表

行政区	有效灌溉面积/万亩	节水灌溉面积/万亩				节水灌溉率/%
		低压管道输水	喷灌	微灌	合计	
霸州市	40.07	18.56	0	0.38	18.94	47.3
文安县	49.09	27.32	0	0	27.32	55.7
大城县	47.10	32.21	0	0	32.21	68.4
合计	371.99	174.19	0.52	0.46	175.17	47.1

（二）农业用水效益

农业发展是在节水和内部挖潜的基础上稳定发展的。随着农业产业结构的大调整和高科技高附加值产品的提高，农业用水可望在稳定现状的前提下，保持农业产值的稳定提高。但农业依然是廊坊市的第一用水大户。必须依靠节水灌溉措施来实现灌溉发展。根据廊坊市2001—2013年粮食产量统计，采用趋势法分别对农业用水量和粮食产量进行趋势分析。图16-10为廊坊市粮食产量与灌溉用水量变化过程线。

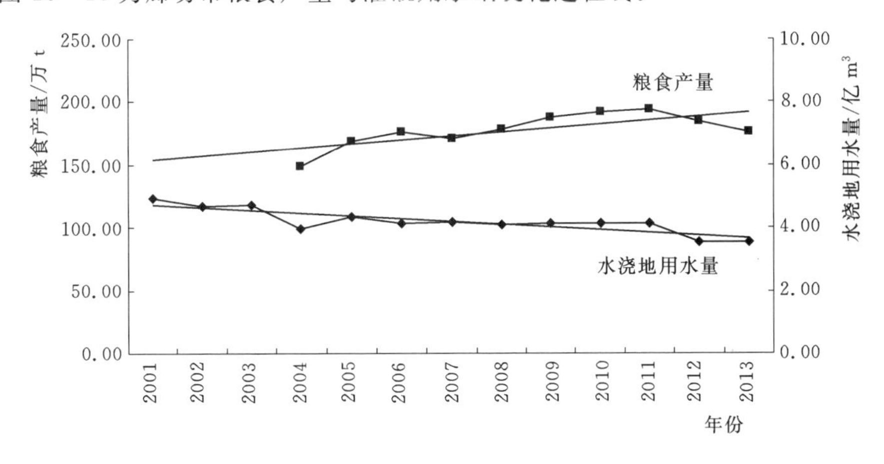

图16-10　廊坊市粮食产量与灌溉用水量变化过程线

由于开展各种节水措施，使得在用水量减小的情况下，粮食稳步增产。通过廊坊市2004—2013年粮食产量资料分析，多年平均粮食产量为117.7万t。利用变化趋势方程分析，廊坊市粮食产量平均每年增加3.1527万t，粮食产量增长率为1.77%，而用水量呈减少趋势，这主要源于农业节水措施和采用农作物优良品种和先进的耕作措施等。

（三）农业需水预测

农业灌溉用水是指为满足作物生育期的需水要求，除天然降水供给部分外，通过各种水利设施补给到农田的水量，与灌溉面积、作物组成、有效降雨、土壤性质、田间工程配套、渠系渗漏、灌溉方式以及管理水平等密切相关。其用水指标可用作物灌水定额与灌溉定额，以及区域综合灌水定额和综合灌溉定额表示。

农业需水预测涉及两个关键指标：各种作物的灌溉水利用系数和净灌溉定额。

1. 渠系水利用系数

渠系水利用系数指从渠首引入总干渠的阶段总用水量与经过各级渠道，包括末级固定渠道的渗漏、蒸发、漏水、跑水、泄水等各种工程和管理损失后进入田间的总水量的比值。它的数值等于各级渠道水利用系数的乘积，即

$$\eta_q = \eta_{干}\ \eta_{支}\ \eta_{斗}\ \eta_{农}$$

式中：η_q 为灌区渠系水利用系数；$\eta_{干}$ 为干渠渠道水利用系数；$\eta_{支}$ 为支渠渠道水利用系数；$\eta_{斗}$ 为斗渠渠道水利用系数；$\eta_{农}$ 为农渠渠道水利用系数。

渠系水利用系数主要决定于各灌区渠道级数的多少、各级渠道的长度及输水流量的大小，可用各灌区实际运行中的水量统计法和流量测定法等求得。渠系水利用系数主要与各级渠道的质量、衬砌材料、建筑物完整与否等因素有关。

2. 田间水利用系数

田间水利用系数是指实际灌入田间的有效水量和末级固定渠道引进的水量的比值。

$$\eta_t = \frac{AM}{W}$$

式中：η_t 为田间水利用系数；A 为末级固定渠道的灌溉面积，hm^2；M 为净灌水定额或有效灌水定额（对水田不包括深层渗漏和田面泄水），m^3/hm^2；W 为末级固定渠道引进的总水量，m^3。

此式所指的净灌水定额或有效灌水定额，是旱作物有效土层深度内由灌溉临界最小持水量达到最大持水量的单位面积灌水量。对有效土层深度的确定，以不产生无法再被作物利用的深层渗漏为准，亦即渗到作物根层以下的水量仍能向上转移被作物利用的深度。

3. 灌溉水利用系数

灌溉水利用系数是指在某一时段内田间实灌水量与渠首引水总量的比值，用来反映灌溉水的用水效率。灌溉水利用系数可分解为渠系水利用系数和田间水利用系数两部分。表达式为

$$\eta_g = \frac{W_{田间}}{W_{渠首}} = \eta_q \eta_t$$

式中：η_g 为灌溉水利用系数；$W_{田间}$ 为农田灌溉用水量，万 m^3；$W_{渠首}$ 为灌渠渠首引水量，万 m^3；其他符号意义同前。

灌溉水利用系数与灌区工程管护、用水组织健全程度、水的合理运用以及田间灌水技术等有密切关系。我国目前已建灌区灌溉水利用系数 η 值为 0.45 ～ 0.60。

4. 灌溉定额

灌溉定额指主要作物在不同气候区、不同水文年情况下的全生育期灌溉用水量，可用下式表示：

$$M = E - P_0 - \Delta W$$

式中：M 为生育期灌溉定额，m^3/hm^2；E 为作物需水量，m^3/hm^2；P_0 为作物生长期内的有效降雨量，m^3/hm^2；ΔW 为生育期内作物自土壤中获得的水量，m^3/hm^2。

相对于基准定额而言，不同的水源类型、灌溉形式和灌区规模等因素，对作物灌溉用水定额有一定影响，应用时可用调节系数进行调节。

根据河北省的农业综合区划、水资源条件和现有的行政分区，灌溉分区分为坝上内陆河区（Ⅰ）、冀西北山间盆地区（Ⅱ）、燕山山区（Ⅲ）、太行山山区（Ⅳ）、太行山山前平

原区（Ⅴ）、燕山丘陵平原区（Ⅵ区）和黑龙港低平原区（Ⅶ区）。廊坊市的三河市、大厂县、香河市属于燕山丘陵平原区（Ⅵ区），安次区、广阳区、固安县、永清县、霸州市、文安县、大城县属于黑龙港低平原区（Ⅶ区）。河北省灌溉用水基准定额调节系数见表16-19。

表16-19　河北省灌溉用水基准定额调节系数

分区编号	规模调节系数						工程形式调节系数					水源调节系数	
	地表水			地下水			地表水		地下水				
	大于30万亩	1～30万亩	小于1万亩	大于200亩	100～200亩	小于100亩	防渗	地面灌溉	小畦灌溉	管道灌溉	微灌	地表水	地下水
Ⅰ		1.00		1.10	1.05	1.00	0.95	1.00	0.95	0.75	0.50	1.06	1.00
Ⅱ		1.04		1.10	1.06	1.00	0.91	1.00	0.94	0.80	0.50	1.02	1.00
Ⅲ	1.06	1.05	1.00	1.12	1.06	1.00	0.98	1.00	0.93	0.90	0.50	1.12	1.00
Ⅳ	1.12	1.05	1.00	1.12	1.05	1.00	0.95	1.00	0.94	0.92	0.50	1.06	1.00
Ⅴ	1.12	1.05	1.00	1.09	1.04	1.00	0.95	1.00	0.91	0.92	0.50	1.06	1.00
Ⅵ	1.11	1.10	1.00	1.10	1.06	1.00	0.95	1.00	0.91	0.92	0.50	1.06	1.00
Ⅶ	1.12	1.05	1.00	1.15	1.07	1.00	0.92	1.00	0.95	0.88	0.50	1.05	1.00

常用的农业灌溉水利用系数与渠系水利用系数和田间水利用系数的高低有关。根据各种类型的农作物的需水特性，确定其净耗水定额，然后分析灌溉水利用系数，可用下式计算毛用水定额，进而根据每种类型的作物预测指标进行需水量预测。

$$W_{灌溉}=\frac{1}{\eta}\times MA_{灌溉}$$

式中：$W_{灌溉}$为灌溉用水，万m^3；η为灌溉水利用系数；M为农田灌溉定额，m^3/hm^2；$A_{灌溉}$为农田灌溉面积，hm^2。

5. 不同水平年不同保证率灌溉用水

未来不同水平年的灌溉用水预测，主要考虑因素有灌溉面积的发展速度、不同保证率情况下的不同灌溉方式、不同作物的灌溉定额及组成、渠系水利用系数提高程度等。

（1）不同水平年的灌溉面积。农业部门根据农业发展需要与可能提出规划方案，但供水条件是限制灌溉面积发展的主要因素。不同保证率的来水量与可供水量是不同的，某一枯水年的可供水量在不能同时满足工业、生活和灌溉用水需要时，一般优先满足生活和工业用水，限制灌溉面积的发展，限制面积计算公式为

$$\omega=\frac{W_{供}}{W_{综}}$$

式中：ω为不同水平年某一保证率的灌溉面积，hm^2；$W_{供}$为不同水平年某一保证率的可供水量，m^3；$W_{综}$为不同水平年某一保证率的综合毛灌溉定额，m^3/hm^2。

（2）不同灌溉方式。不同水平年不同保证率条件下，确定不同作物组成和不同灌溉方式的净灌溉定额，可根据当地灌溉情况在分析历年资料的基础上确定。由于先进灌水技术不断推广应用，综合灌溉定额将呈现下降的趋势。

(3) 作物种植结构。作物组成和调整，由农业部门根据需要与可能提供。当受水源条件限制时，经过用水水量平衡分析，有必要进行作物组成调整，限制耗水量多的作物，调整后的作物组成都会影响总灌溉定额。

(4) 渠系水利用系数。渠系水利用系数与工程配套、防渗措施、用水管理、输水方式等有关。不同水平年渠系利用系数提高程度应该根据具体措施调查分析。

(四) 农业节水潜力

农业节水潜力计算以现状年为基础，考虑不同水平年的灌溉用水定额，可计算出不同水平年的农业节水潜力，计算公式为

$$W_{农潜}=A_0Q_0(1-\mu_0)-A_0Q_t(1-\mu_t)$$

式中：$W_{农潜}$为农业灌溉通过工程措施后所产生的节水潜力；A_0为现状农田有效灌溉面积；Q_0为现状农田灌溉用水定额；μ_0为现状农业灌溉水利用系数；μ_t为未来节水指标条件下农业灌溉水利用系数；Q_t为未来节水指标条件下农田灌溉用水定额。

二、工业节水措施与效益

(一) 工业节水措施

廊坊市工业用水量基本上维持在一个相对稳定的水平，而工业增加值呈递增趋势，主要源于开展工业节水以及相应的管理措施。主要有以下几个方面。

加强对节水型企业建设的政策引导和支持，加力推进节水技术、装备和产品在工业领域的广泛应用和工业用水的循环利用。各级工业企业技术改造资金加大了对企业节水技术改造的支持力度，并优先支持节水型企业。同等条件下，优先保证节水型企业新建、改建、扩建项目用水需求，优先支持节水标杆企业组织实施节水示范工程。支持产业园区探索污水集中处理回用的第三方节水服务模式，实现不同行业间的循环用水，提高节水管理水平。

严格实行建设项目水资源论证制度，提高水资源承载能力。2002年10月以来，为支持项目建设，认真开展了建设项目水资源论证制度，在实践中总结出“非节水项目不上，非节水工艺不上和工业用水少用或不用地下淡水”三点基本要求，显著提高了水资源的承载能力。近年来，通过水资源论证，在条件许可情况下尽量采用中水、咸水和微咸水，节约淡水资源，在保障项目用水需求的同时，优化了产业结构。

(二) 工业用水效益

1. 行业用水比较

万元产值用水量指标被广泛应用于工业耗水水平的评估中。万元产值用水量是指生产1万元产值需用的水量。计算公式为

$$H=\frac{W}{G}$$

式中：H为万元产值用水量，m^3/万元；W为工业用水量，m^3；G为工业产值，万元。

由于各工业用水企业用水量相差很大，对万元产值净用水量统计时按高用水工业和一般工业划分。高用水工业是指工业增长率是靠大量消耗水资源来支撑的企业，主要行业有电力、钢铁、有机化工、石油化工、氮肥等。一般工业包括水利水电、矿山、冶炼、化工

石油、通信工程的机械、电子、轻工、纺织及其他工业机电安装工程等。

2. 节水效益

工业增加值是指工业企业在报告期内以货币形式表现的工业生产活动的最终成果，即企业全部生产活动的总成果扣除了在生产过程中消耗或转移的物质产品和劳务价值后的余额，是企业生产过程中新增加的价值。

工业增加值有以下两种计算方法。

生产法：即从工业生产过程中产品和劳务价值形成的角度入手，剔除生产环节中间投入的价值，从而得到新增价值的方法。计算公式为

$$Z=N-T+S$$

式中：Z 为工业增加值，万元；N 为工业总产值，万元；T 为工业生产中间投入，万元；S 为生产期间应交增值税，万元。

收入法：即从工业生产过程中创造的原始收入初次分配的角度，对工业生产活动最终成果进行核算的一种方法。计算公式为

$$N=G+L+S+Y$$

式中：N 为工业增加值，万元；G 为固定资产折旧费，万元；L 为生产者劳动报酬，万元；S 为生产税净值，万元；Y 为经营盈余，万元。

根据廊坊市国民经济和社会发展统计公报（2001—2013 年）统计资料，廊坊市国有及规模以上工业增加值呈逐年增加趋势，平均每年增加 45.1110 亿元。而工业用水量增加幅度远小于工业增加值。工业用水量每年平均增加 0.0061 亿 m^3。图 16－11 为廊坊国有及规模以上企业工业增加值和工业用水量变化过程线。

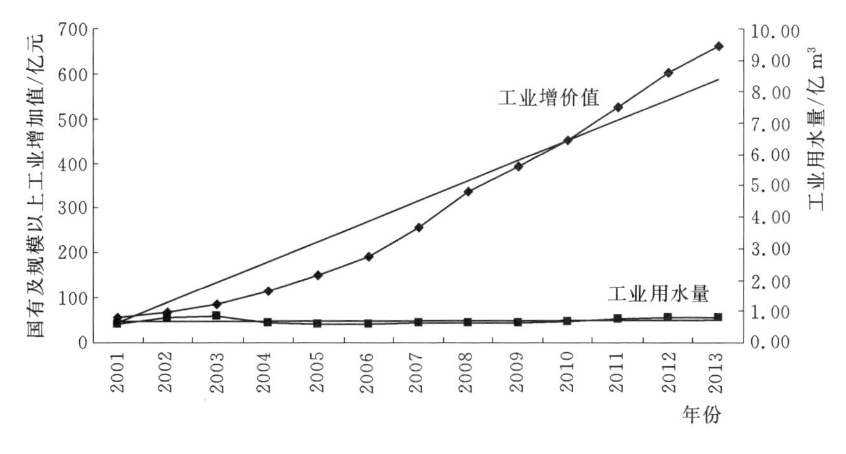

图 16－11　廊坊市国有及规模以上企业工业增加值和工业用水量变化过程线

平均增长率是指从第 1 年到第 n 年（产值、用水量、利润等）的每一年的平均增长比率。我国计算平均增长率有两种方法：一种是习惯上经常使用的水平法，又称为几何平均法，是以间隔期最后一年的水平同基期水平对比来计算平均增长（或下降）率；另一种是累积法，又称为代数平均法或方程法，是以间隔期内各年水平的总和同基期水平对比来计算平均增长（或下降）率。在一般情况下，两种方法计算的平均增长率比较接近。但在发展比平衡、出现大起大落时，两种方法计算的结果差别较大。累积法计算平均增长率公

式为

$$Z=\frac{V}{U}\times 100\%$$

式中：Z 为某一种物质（产品、产量等）平均增长率，%；V 为某一物质多年平均增加值，可通过建立方程或模型计算；U 为某一物质多年平均值。

V 值计算方法：首先根据某一物质（产品、产量等）系列资料，建立趋势方程：

$$Y=aX+b$$

式中：X 为时间系列，可为年或月等；Y 为趋势方程计算值；a、b 为系数。

取 $X=1$，$X=2$，…，$X=n$，可分别计算出 Y_1，Y_2，…，Y_n。

若 $Y_n>Y_1$，则趋势为递增，系列平均增加值：

$$V=Y_2-Y_1=Y_3-Y_2=\cdots=Y_n-Y_{n-1}$$

若 $Y_n<Y_1$，则趋势为递减，系列平均减小值：

$$V=Y_1-Y_2=Y_2-Y_3=\cdots=Y_{n-1}-Y_n$$

例如，廊坊市国有及规模以上工业增加值趋势方程为

$$Y=45.111X$$

分别计算 Y 值：$X_1=1$，$Y_1=45.111$；$X_2=2$，$Y_2=90.222$；$X_3=3$，$Y_3=135.333$。$Y_3>Y_2>Y_1$，趋势变化为递增。平均增加值：

$$V=Y_2-Y_1=Y_3-Y_2=90.222-45.111=135.333-90.222=45.111\text{（亿元）}$$

计算工业产值平均增长率：

$$Z=\frac{V}{U}\times 100\%=\frac{45.111}{299.34}\times 100\%=15.1\%$$

工业用水量平均增长率：

$$Z=\frac{V}{U}\times 100\%=\frac{0.0061}{0.6943}\times 100\%=0.88\%$$

由上述计算结果可以看出，工业产值平均增长率为 15.1%，而工业用水量平均增长率为 0.88%。通过工业用水量和工业增加值两种情况的增长率比较，15.1%远远大于 0.88%，工业增加值比工业用水量高出 17 倍多，节水效益明显。

（三）工业用水预测

工业用水一般可划分为生产用水、空调用水、冷却用水和环境生活用水。工业用水预测与单纯考虑用水数据跟时间之间的联系不同，结构分析法具体分析工业需水量与各种相关因素之间的联系，试图揭示工业需水量的真正内含。其方法主要有以下几种。

1. 回归分析法

该方法选取若干影响因素，对城市用水与这些因素之间的关系进行大致判断后，列出含未知参数的模型方程，代入实际数据，求出各参数。现有的回归分析法又可分为许多种，如经验回归法、线性回归法、指数回归法等。所选参数主要有人口、产值等。采用此种方法可进行中长期需水量预测，并具有一定的精度。但由于数学方法的局限，因素宜少不宜多。对应不同回归方法，存在不同的回归方程，如线性回归方程：

$$V_t=a_0+a_1x_1+a_2x_2+\cdots+a_nx_n$$

式中：V_t 为预测年需水量；a_0～a_n 为未知参数；x_1～x_n 为相关因子。

2. 弹性系数法

该方法只用于工业用水需水量预测。工业用水弹性系数，在数值上等于工业用水增长率与工业产值增长率之比，即

$$\varepsilon=\frac{\alpha}{\beta}$$

式中：ε 为工业用水弹性系数；α 为工业用水增长率；β 为工业产值增长率。

弹性系数法就是利用工业用水弹性系数基本不变这一规律来进行未来需水量的预测。在工业结构基本不变的情况下，使用该方法可得到比较符合实际的数值，用于中长期需水预测。

3. 用水增长系数法

该方法主要用于工业用水分行业预测。就某一行业而言，其用水增长系数可用下面方法求得：

$$r_1=(V_2-V_1)/(Z_2-Z_1)$$
$$r_2=(V_3-V_2)/(Z_3-Z_2)$$
$$\vdots$$
$$r_n=(V_{n+1}-V_n)/(Z_{n+1}-Z_n)$$
$$r=(r_1+r_2+\cdots+r_n)/n$$

式中：V 为工业产值，万元；Z 为工业用水量，万 m^3；r 为用水增长系数；n 为计算时间，a。

求出用水增长系数后，即可代入未来的规划产值，反推求出未来的需水量。采用此法原理简单，计算量少。但由于工业结构的变动、节水措施的采用，会使得出的数值产生误差，有时误差会达到很高的程度。

4. 用水定额法

工业用水预测可按一般工业和乡镇工业分别计算，预测工业用水定额法计算公式为

$$W_{工业}=VD(1-\alpha)$$

式中：$W_{工业}$ 为工业需水量，万 m^3；V 为工业产值，万元；D 为万元产值用水定额，m^3/万元；α 为工业用水重复利用率。

5. 趋势法

用历年工业用水增长率推算未来工业用水量。预测不同水平年的蓄水量计算公式为

$$S_i=S_0(1+d)^n$$

式中：S_i 为预测的某 i 水平年工业需水量；S_0 为基准年（起始年份）工业用水量；d 为工业用水年平均增长率；n 为从起始年份至预测 i 水平年所间隔的时间，a。

6. 重复利用率提高法

万元产值用水量和重复利用率是衡量工业用水水平的两个综合指标。

万元产值用水量是指生产 1 万元产值需用的水量。用水量为取水量与重复利用水量之和。计算公式为

$$W_{万元}=\frac{W_{总}}{G}$$

式中：$W_{万元}$为万元产值用水量，m³；$W_{总}$为工业总用水量，m³；G为工业总产值，万元。

重复利用率为重复用水量在总用水量中所占的百分比数。计算公式为

$$\eta=\frac{W_{重复}}{W_{总}}\times100\%$$

式中：η为重复利用率，%；$W_{重复}$为重复用水量，m³；$W_{总}$为总用水量，m³。

对于同一行业，只要设备和工艺流程不变，生产相应数量的产品，所需的总用水量不变。所以，当两个不同时期，重复利用率分别为η_1和η_2时，有如下关系式：

$$\frac{1-\eta_1}{1-\eta_2}=\frac{W_{1,补}}{W_{2,补}}=\frac{W_{1,万元}}{W_{2,万元}}$$

式中：η_1为某一时段重复利用率；$W_{1,补}$为某一时段补充水量，m³；$W_{1,万元}$为某一时段万元产值用水量，m³；η_2为另一时段重复利用率；$W_{2,补}$为另一时段补充水量，m³；$W_{2,万元}$为另一时段万元产值用水量，m³。

一个行业，如果已知现状用水重复利用率和万元产值用水量，根据该地水源条件、工业用水水平等，如能提出将来可达到的重复利用率，则可根据上式求出将来万元产值用水量，从而比较准确地推求将来的工业用水量。

（四）工业节水潜力

根据以下公式（海委提供）计算工业节水潜力：

$$W_{工潜}=W_{yt}[(1-\eta_0)-(1-\eta_t)]+W_{q0}(L_0-L_t)$$
$$=W_{yt}(\eta_t-\eta_0)+W_{q0}(L_0-L_t)$$

其中

$$W_{yt}=P_0Q_t/(1-\eta_t)$$

式中：$W_{工潜}$为工业通过工程措施后所产生的节水潜力；W_{yt}为未来节水指标条件下用水量（等于取水量加重复利用水量，这里取水量相当于水资源综合规划中的需用水量）；η_0为现状工业用水重复利用率；η_t为未来节水指标条件下工业用水重复利用率；P_0为现状工业增加值；Q_t为未来节水指标条件下工业用水定额（万元增加值取水量）；W_{q0}为现状非自备水源工业取水量；L_0为现状工业管网漏失率；L_t为未来节水指标条件下工业管网漏失率。

三、生活节水措施与节水潜力

（一）生活节水措施

影响生活用水定额的因素很多，如当地的水资源和气候条件、人民的生活水平和生活习惯、收费标准及办法、管理水平、水质和水压等。

1. 节水型器具

节水型器具的推广应用，是生活节水的重要技术保障。节水型器具包括节水型水嘴、节水型便器、节水型便器系统、节水型便器冲洗阀、节水型淋浴设施、节水型洗衣机等。大力倡导使用节水型器具，提高节水型器具的普及率，是节约生活用水方面的一项重要措施。

（1）推广节水型水龙头。推广非接触自动控制式、延时自闭、停水自闭、脚踏式、陶瓷磨片密封式等节水型水龙头。淘汰建筑内铸铁螺旋升降式水龙头、铸铁螺旋升降式截

止阀。

(2) 推广节水型便器系统。推广使用两档式便器，新建住宅便器使用小于6L、公共建筑和公共场所使用6L的两档式便器，小便器推广非接触式控制开关装置。淘汰进水口低于水面的卫生洁具水箱配件、上导向直落式便器水箱配件和冲洗水量大于9L的便器及水箱。

(3) 推广节水型淋浴设施。集中浴室普及使用冷热水混合淋浴装置，推广使用卡式智能、非接触自动控制、延时自闭、脚踏式等淋浴装置；宾馆、饭店、医院等用水量较大的公共建筑推广采用淋浴器的限流装置。

2. 城市供水管网防渗

目前城市供水管网水漏损比较严重，已成为当前城市供水中的突出问题。积极采用城市供水管网的检漏和防渗技术，不仅是节约城市水资源的重要技术措施，而且对于提高城市供水服务水平、保障供水水质安全等也具有重要意义。

(1) 推广预定位检漏技术和精确定点检漏技术。推广应用预定位检漏技术和精确定点检漏技术，并根据供水管网的不同铺设条件，优化检漏方法。埋在泥土中的供水管网，应当以被动检漏法为主，主动检漏法为辅；上覆城市道路的供水管网，应以主动检漏法为主，被动检漏法为辅。鼓励在建立供水管网GIS、GPS系统的基础上，采用区域泄漏普查系统技术和智能精定点检漏技术。

(2) 推广应用新型管材。大口径管材（$DN>1200$）优先考虑预应力钢筒混凝土管；中等口径管材（$DN=300\sim1200$）优先采用塑料管和球墨铸铁管，逐步淘汰灰口铸铁管；小口径管材（$DN<300$）优先采用塑料管，逐步淘汰镀锌铁管。

(3) 推广应用供水管道连接、防腐等方面的先进施工技术。一般情况下，承插接口应采用橡胶圈密封的柔性接口技术，金属管内壁采用涂水泥砂浆或树脂的防腐技术；焊接、黏接的管道应考虑涨缩性问题，采用相应的施工技术，如适当距离安装柔性接口、伸缩器或U形弯管。

(4) 减少管网的漏损率。供水管网的漏损是城市供水过程中水损失的一个重要方面，由于城市管网老旧，漏损严重，既会造成水的损失，同时有可能会对地质环境造成安全事故。通过对城市供水管网的更新改造，减少供水管道漏损率。

3. 调整水价

2006年9月20日起，廊坊市城区水价、污水处理费、水资源费进行了调整，居民生活用水实行阶梯式计量水价制度，水量用得越多水价也就越高。第一级基本水价为1.90元/m^3（含水资源费），实收总价为3元/m^3（含水资源费、污水处理费和南水北调基金），比原水价增长了1.30元。调整后的居民用水价格由1.30元/m^3（含水厂建设基金0.20元）上调到1.85元/m^3，其他行业用水价格按相应比价关系执行。污水处理费标准也作相应调整，居民生活用水由0.40元/m^3调到0.70元/m^3，非居民用水由0.60元/m^3调到0.90元/m^3。自备井采水的水资源费，由0.50元/m^3调到居民生活用水1.70元/m^3（包含0.70元的南水北调基金，下同），非居民用水3.60元/m^3，特殊行业用水7.20元/m^3。对公共供水用户征收水资源费，居民用户为0.05元/m^3，非居民用户为0.10元/m^3。另外，按照河北省政府相关规定，随水费征收南水北调干渠工程基金，标准为城市供水

0.40 元/m^3，自备井 0.70 元/m^3。

2000 年，廊坊市决定从 10 月起提高市区供水价格。廊坊市这次提高水价，采取了不同行业实行不同上调幅度的政策。对饮食服务业和特殊行业（含洗浴、洗车和纯净水、饮料、酿酒生产及特殊制造业）实行高水价政策。饮食服务业到户水价为 6.6 元/m^3，调幅为 98%；特殊行业到户水价为 10.6 元/m^3，调幅为 218%。对居民生活用水实行低水价政策，到户水价为 1.5 元/m^3，调幅仅为 28%。

2013 年，据河北省《关于调整水资源费征收标准的通知》（冀价经费〔2013〕33 号）的规定，价格调整后，廊坊市区直取地表水由 0.4 元/m^3 调整为 0.5 元/m^3；自备井水、地热水、矿泉水由 1.3 元/m^3 调整为 2.0 元/m^3。县级直取地表水由 0.2 元/m^3 调整为 0.3 元/m^3；自备井水由 0.8 元/m^3 调整为 1.4 元/m^3，地热水、矿泉水由 0.7 元/m^3 调整为 1.4 元/m^3。

根据家庭用水的特点，城市家庭用水需求价格弹性可以表述为：水价的相对变动所引起的需水量的相对变动，即需水量的变化率与水价变化率之比：

$$P_e=\frac{q_2-q_1}{p_2-p_1}\times\frac{p}{q}$$

式中：P_e 为城市家庭用水需求价格弹性；q_2-q_1 为需水量的变动量；p_2-p_1 为水价的变动量；p 为水价的绝对量；q 为需水量的绝对量。

按照需求法则，需水量与水价成反向变动，P_e 为负值。根据需求价格弹性为缺乏弹性的特点，其绝对值 $0<|P_e|<1$。随着水价增加，需求价格弹性逐渐增大。

按照市场供求法则，水价上升，需水量将下降，收入增加需水量将增加。利用价格杠杆，调整水价，促进节水工作。合理调整城市供水价格，在满足居民的基本用水要求的前提下超定额用水实行累进加价，鼓励居民选用节水型器具，提高废水再利用的自觉性。

（二）生活用水预测

1. 人口预测

在城市进行总体规划时，对人口规模预测的常见方法之一为平均增长率法，计算时应分析近年来人口的变化情况，确定每年的人口增长率。人口规模预测公式为

$$P=P_0(1+k_1+k_2)^n$$

式中：P 为规划期末城市人口数量，万人；P_0 为基础年份的人口总数，万人；k_1 为城市人口年平均自然增长率，‰；k_2 为城市人口年平均机械增长率，‰；n 为预测年限，a。

人口增长率：一定时期内（通常为一年）人口增长数量与该时期内平均人口总数之比。人口增长率用千分数表示。

人口自然增长率指一定时期内人口自然增长数（出生人数减死亡人数）与该时期内平均人口数之比，通常以年为单位计算，用千分比来表示，计算公式为

$$k_1=\frac{P_{年出生}-P_{年死亡}}{P_{年平均}}\times 1000‰$$

式中：$P_{年出生}$ 为年内出生人数，万人；$P_{年死亡}$ 为年内死亡人数，万人；$P_{年平均}$ 为年内平均人数，万人。

机械人口：外地流入人口或流入外地人口。城市人口机械增长率是指一年内城市人口

因迁入和迁出导致人口增减的绝对数量与同期该城市年平均总人口数之比。计算公式为

$$k_2=\frac{P_{流入人口}-P_{流出人口}}{P_{年平均}}\times1000‰$$

式中：$P_{流入人口}$为年内流入人数，万人；$P_{流出人口}$为年内流出人数，万人；$P_{年平均}$为年内平均人数，万人。

2. 居民用水定额

2009年，河北省颁发了《河北省用水定额》，居民生活用水定额见表16－20。

表16－20　　河北省居民生活用水定额

用　水　单　位	供水条件和设施	用水定额/[L/(人·d)]
城镇居民	室内无给排水、卫生设施	50.0
	室内有给排水设施，无卫生设施	80.0
	室内有给排水、卫生设施和淋浴设备	110.0
	室内有给排水、卫生设施和淋浴设备及24h热水	140.0
农村居民		10.0～60.0

生活需水分为居民生活需水和公共事业需水两部分。根据各年的生活用水情况，在现状年的基础上，综合本地的经济条件、居民生活水平、节水型器具普及等因素，参照《河北省用水定额》中采用的城镇生活用水定额。

根据预测规划年的人口数量，结合城市供水条件以及相应的用水定额，计算城镇生活需水量：

$$W_{城镇生活}=365\times10^{-3}\times P_{城镇人口}R$$

式中：$W_{城镇生活}$为预测年的城镇居民生活需水量，万m^3；$P_{城镇人口}$为预测年的城镇居民人口数量，万人；R为城镇居民生活用水定额，L/(人·d)。

农村生活需水量采用定额法。由于农村养殖习惯的影响，农村居民用水与牲畜用水之间存在一定的重复量，综合考虑农村生活水平的提高和养殖技术的发展等，拟定农村生活用水定额。农村生活需水量预测公式为

$$W_{农村生活}=365\times10^{-3}\times P_{农村人口}R$$

式中：$W_{农村生活}$为预测年的农村居民生活需水量，万m^3；$P_{农村人口}$为预测年的农村居民人口数量，万人；R为城镇居民生活用水定额，L/(人·d)。

（三）生活节水潜力

水作为一种特殊的商品，其生产者和消费者构成市场的供方和需方，故商品水理应符合一般经济规律。按上述理论，可将水资源需求减少的幅度与水价提高的幅度之比称为水价弹性系数。其表达式为

$$E=\frac{\Delta Q}{Q}/\frac{\Delta P}{P}$$

式中：E为生活用水弹性系数；Q为需求量；ΔQ为需求量的变动量；P为价格；ΔP为价格的变动量。

当水价标准较低时，水价弹性系数较小，此时小幅度提高水价对水资源产生影响也很

小；当水价标准提高到一定程度（如实现节水水价）后，水价弹性系数随水价的提高将增大，表现为水价提高对水资源需求影响加大；当水价标准达到相当高的水平时，水价弹性系数随水价的提高增长逐步趋缓，表现为水价提高对水资源需求影响逐步减小。水价对供求变化的作用，使我们可通过制定合理的节水水价，达到节约用水的目的。根据河北省各市调整水价与相应用水量变化情况，进行综合分析计算，河北省生活用水的水价弹性系数为0.225。

在水权交易中，水权的合理定价对促进水权交易顺利进行具有重大意义，而明确水权价格的影响因素是合理定价的保障。水权价格的主要影响因素包括供求因素、工程因素、经济因素、交易期限因素、生态与环境因素、政策体制因素等六大因素。参考美国经济学家 Robert. R. Lee 提出的水供求定价模型进行计算。

$$Q_2 = Q_1 \left(\frac{P_1}{P_2} \right)^E$$

式中：Q_2为调整价格后的用水量；Q_1 为调整价格前的用水量；P_1 为原水价；P_2 为调整后的水价；E 为供水需求价格弹性系数，即供水价格的变化量与需水量的变化量的比值。

四、生态环境用水分析

（一）用水指标

目前，廊坊市生态环境用水主要包括城镇绿地用水、城镇环境卫生清洁用水和河湖补水等。根据廊坊市 2011 年生态环境用水资料统计，城镇绿地面积为 1939 万 m^2，用水量为 836 万 m^3，用水指标为 0.43 m^3/m^2；城镇环境卫生清洁面积为 1499 万 m^3，用水量为 435 万 m^3，用水指标为 0.29 m^3/m^2；三河市河湖补水量为 350 万 m^3。廊坊市生态环境用水量为 1621 万 m^3。

（二）生态环境用水预测

广义的生态用水包括水土保持生态环境用水、林业生态工程用水、维持河流水沙平衡用水、保护和维持河流生态系统的生态基流、回补超采地下水所需生态水量以及城市生态用水等。狭义的生态用水是指本流域一定时期内天然绿洲、河岸生态体系以及人工绿洲内防护植被体系为维持其正常的生长和繁衍所需的最低水量。

城市生态环境需水量由绿地系统生态环境需水量和河湖系统生态环境需水量组成。绿地系统生态环境需水量包括植被蒸散发需水量、植被生长制造有机物需水量以及维持植被生存的土壤含水量。而河湖系统生态环境需水量的计算分为水面蒸发需水量、换水需水量、渗漏需水量、水体自身存在的需水量、污染物稀释净化需水量和河道基流需水量等。

1. 城市绿地系统生态环境需水量

城市绿地有园林、道路绿化带、河岸生态林、风景区林地等。

（1）植被蒸散发需水量。植被蒸散发需水量计算公式为

$$W_E = kAE_p$$

式中：W_E 为植被蒸散发需水量，万 m^3（或亿 m^3）/a；k 为单位换算系数，随 W_E 单位的不同而变化；A 为城市绿地面积，hm^2；E_p 为植被蒸散发量，mm/a。

由于不同植被的蒸散发量不同，精确计算时可根据城市主要绿化植被类型所占面积及蒸散发量，分别求需水量后，再求总和。

（2）植被生长制造有机物需水量。从植物生理角度看，植物在生命活动中所吸收的大量水分中，仅有小部分用于制造有机物，其余绝大部分用于蒸腾及棵间蒸发。研究表明：植被自身的含水量和植被蒸散发量的比例大约为1∶99，于是取植被生长制造有机物需水量与植被蒸散发需水量的比例为1∶99，则有

$$W_p=\frac{W_E}{99}$$

式中：W_p 为植被生长制造有机物需水量，万 m^3（或亿 m^3）/a；W_E 为植被蒸散发需水量，万 m^3（或亿 m^3）/a。

（3）维持植被生存的土壤含水量。当土壤含水量在凋萎系数以下时，土壤含水量不能补偿植物的耗水量，植物将产生永久凋萎，通常把它作为植物可利用土壤水分的下限。如果土壤含水量达到植物生长阻滞含水量，植物虽然还能从土壤吸收水分，但因供给不足，只能维持生命，生长受到阻滞。当灌溉超过田间持水量时，只能加深土壤的湿润深度，而不能增加土层中含水量的百分数。因此，田间持水量是土壤中作物有效含水量的上限值，常作为灌溉上限和计算灌水定额的依据和标准。计算公式为

$$W_s=kA_sH_s\rho\xi$$

式中：W_s 为维持植被生存的土壤含水量，万 m^3（或亿 m^3）；k 为单位换算系数；A_s 为植被覆盖土壤面积，hm^2；H_s 为土壤深度，cm；ρ 为土壤容重，g/cm^3；ξ 为土壤含水量系数，%。

2. 城市河湖系统生态环境需水量

此处所指的河湖是城区内河流和湖泊，其需水量是指城区内河流基流和河湖一定水面面积，满足景观条件及水上航运、保护生物多样性所需要的水量。

（1）水面蒸发需水量。水面蒸发是水分的消耗项，无论是湖泊还是河流，都必须将这部分水进行补充，才能保证在入水和出水平衡的情况下，水位保持基本不变，水量不至于减少或干涸。计算公式为

$$W_e=kA_wE_w$$

式中：W_e 为水面蒸发需水量，万 m^3（或亿 m^3）/a；k 为单位换算系数；A_w 为河湖水面面积，hm^2；E_w 为河湖水面蒸发量，mm/a。

（2）渗漏需水量。河湖渗漏需水量是指当河湖水位高于地下水位时，通过河湖底部渗漏和岸边侧渗向地下水补充的水量，计算公式为

$$W_l=kITw$$

式中：W_l 为渗漏需水量，万 m^3（或亿 m^3）；k 为含水层平均渗透系数，mm/d；I 为水力坡度；w 为过水断面面积，m^2；T 为补给时间，d。

（3）水体自身存在的需水量。水体自身存在的需水量是指维持河流湖泊正常存在及发挥功能的需水量，是水体发挥生物栖息地和娱乐场所功能存在的前提条件，属于生态环境需水量的重要组成部分，计算公式为

$$W_{自身}=kA_1H_1$$

式中：$W_{自身}$ 为水体自身存在的需水量，万 m^3（亿 m^3）；k 为单位换算系数；A_1 为河湖面积，hm^2；H_1 为河湖平均深度，m。

（4）污染物稀释净化需水量。污染物稀释净化需水量计算公式为

$$Q=\frac{C_i}{C_{oi}}Q_i$$

式中：Q 为污染物稀释净化需水量，m^3/s；C_{oi} 为达到用水水质标准规定的第 i 种污染物浓度，mg/L；C_i 为实测河流第 i 种污染物浓度，mg/L；Q_i 为 90%保证率最枯月平均流量，m^3/s。

另外，利用有限的水资源进行污染物稀释不符合城市水资源可持续利用的原则，应尽量推行达标排放，从根本上解决水污染问题。

（5）换水需水量。当城市河湖自身不能净化输入的污染物时，人工换水成为一种解决办法，实质是促进水体流动起来，换水量和次数由相关部门规划而来，模拟河湖自身换水周期达到最佳效果。换水的实施应同清淤、疏浚结合起来，做到标本兼治。每年的换水需水量为

$$W_{换}=k\frac{A_c h_c}{T}$$

式中：$W_{换}$ 为换水需水量，万 m^3（或亿 m^3）；k 为单位换算系数；A_c 为城市河湖面积，hm^2；h_c 为城市河湖平均深度，m；T 为城市河湖换水周期，d。

城市生态环境需水量是指为了改善城市环境而人为补充的水量，它是以改善城市环境为目的的。

第六节　水平衡测试

水平衡测试是实施最严格水资源管理制度的重要内容，也是创建节水型社会的主要工作。水平衡测试的目的是摸清用水户的用水现状，加强用水科学管理，提高用水户的用水管理水平，促进用水户合理用水，节约用水，保护水资源。

一、廊坊市水平衡测试概况

廊坊市水平衡测试工作在 1999 年以前归经贸委系统管理，从 1999 年开始以成立河北省水平衡测试中心，同时在廊坊市成立河北省廊坊水平衡测试中心为标志，明确水平衡测试工作从此由各级水行政主管部门管理至今。

1999 年开始明确水平衡测试工作由水行政主管部门管理后，廊坊市开展的第一个水平衡测试项目是在 2000 年，被测试单位是廊坊市冶炼厂。从那时算起到 2012 年，13 年内共完成水平衡测试项目近 30 家，测试涉及冶金、发电、食品化工、机械制造、宾馆、学校、酿酒等行业。

二、河北省廊坊水平衡测试中心

1999 年经河北省机构编制委员会冀机编办〔1999〕101 号文批准，河北省在河北省水文水资源勘测局挂牌成立河北省水平衡测试中心。相对应在廊坊市成立河北省廊坊水平衡测试中心，同时廊坊市也配套成立了廊坊市水平衡测试中心，办公地点均设在河北省廊坊

水文水资源勘测局。河北省廊坊水平衡测试中心（廊坊市水平衡测试中心）现有职工79人，其中管理干部11人，技术干部36人，工人32人；大专以上学历37人；专业技术系列正高级职称4人、高级职称14人、中级职称11人；技术工人系列工人技师7人、高级工22人。拥有水资源评价、建设项目水资源论证、水平衡测试、水质监测分析等资质。

三、廊坊市水平衡测试的组织实施

廊坊市水行政主管部门是水平衡测试的管理机关，河北省廊坊水平衡测试中心（廊坊市水平衡测试中心）是廊坊市一家成立最早、测试人员素质最高、测试仪器和设备最先进的水平衡测试机构。根据用水户的管理层次和用水量大小，每年由河北省水行政主管部门会同廊坊市水行政主管部门或廊坊市水行政主管部门单独下达水平衡测试计划，计划中所列的用水户要配合水行政主管部门和水平衡测试机构完成水平衡测试工作。没有列入计划的用水户也可主动找当地水行政主管部门和水平衡测试机构，可采用以下3种方式开展水平衡测试工作：一是用水户自己有条件、有能力开展测试并且能编写测试报告的，可请水平衡测试机构把关；二是用水户自己有条件、有能力开展测试但不能编制测试报告的，可请水平衡测试机构帮助编写报告；三是用水户完全委托水平衡测试机构完成测试及报告的编写。

四、水平衡的基本概念

（一）水平衡方程

输入表达式为

$$V_f+V_s+V_{cy}+V_{ru}=V_t$$

输出表达式为

$$V_t=V'_{cy}+V_{co}+V'_s+V_{re}+V_d+V_l$$

输入输出平衡方程式为

$$V_f+V_s+V_{cy}+V_{ru}+V'_{cy}+V_{co}+V'_s+V_{re}+V_d+V_l$$

式中：V_f 为新水量，m^3/d；V_{cy} 为输入的循环水量，m^3/d；V_{ru} 为回用水量，m^3/d；V_{re} 为回收水量，m^3/d；V_s 为输入的串联水量，m^3/d；V'_{cy} 为输出的循环水量，m^3/d；V'_s 为输出的串联水量，m^3/d；V_t 为用水量，m^3/d；V_{co} 为耗水量，m^3/d；V_d 为排水量，m^3/d；V_l 为漏失水量，m^3/d。

（二）各种水量定义

为了规范水量统计和水平衡测试工作的开展，必须对各种水量的含义进行规范、统一的解释。为此，在《企业水平衡测试通则》（GB/T 12452—2008）、《节水型企业评价导则》（GB/T 7119—2006）和《工业用水节水术语》（GB/T 21534—2008）中对各种水量都给出了明确的定义。

1. 取水量 V_i

取水量是指用水单位直接取自地表、地下的淡水资源（含盐量小于1 g/L）和取自城镇供水管网的水量以及用水单位从市场购得的其他水或水的产品的总量，用符号 V_i 表示。也就是说，用水单位的取水量既包括水源取水量，也包括外购水量。

2. 新水量 V_f

新水量是指用水单位取自任何水源（地表水、地下水、自来水、外购水、再生水、雨水积蓄水、矿井水、海水淡化、苦咸水等）被该用水单位第一次利用的水量，用符号 V_f 表示。

3. 用水量 V_t

用水量是指在确定的用水单元或系统内使用的各种水量的总和，即新水量和重复利用水量之和，用符号 V_t 表示。

用水量的大小取决于用水单位的生产工艺和生产规模。对于一个企业或一个车间来讲，当生产工艺一定、生产规模不变时，在相应的统计期间内，用水量应基本稳定。也就是说，只要产品结构和生产工艺不发生变化，用水量的大小与生产规模的大小有关。当生产规模扩大时，企业用水量增大；当生产规模缩小时，企业用水量减小。当然，生产工艺的更改，产品结构的变化，都将影响企业用水量的大小。

用水量与新水量、重复利用水量之间存在着一定的数学关系，即 $V_t=V_f+V_r$。

4. 循环水量 V_{cy}

循环水量是指在确定的用水单元或系统内，生产过程中已用过的水，再循环用于同一过程的水量，以符号 V_{cy} 表示。

5. 串联用水量 V_s

串联用水量（即以串联方式复用的水量）是指在确定的用水单元或系统中，生产过程中产生的或使用后的水量，再用于另一单元或系统的水量，以符号 V_s 表示。

6. 回用水量 V_{ru}

回用水量是指用水单位产生的排水，直接或经处理后再利用于某一用水单元或系统的水量。根据《水务统计技术规程》（SL 477—2010），回用水量指工业排水以回用为目的进行适度处理，达到《再生水水质标准》（SL 368—2006）规定，可以被再次利用的水。因此，本书中的回用水量主要界定为达标出水，用符号 V_{ru} 表示。

7. 重复利用水量 V_r

重复利用水量简称复用水量，是指在确定的用水单元或系统内，经二次或二次以上重复使用的所有未经处理或处理后再生回用水量的总和，用符号 V_r 表示。

8. 消耗水量 V_{co}

消耗水量是指在确定的用水单元或系统内，生产过程中进入产品、蒸发、飞溅、生活饮用以及通过产品、工件、物料、污泥等携带而直接损失的水量，用符号 V_{co} 表示。这部分水量是无法回收和利用的。

消耗水量的大小与用水单位的生产工艺与规模的大小有直接的关系，在企业生产状况相对稳定的情况下，消耗水量也应该是基本稳定的。消耗水量虽无法回收利用，但随着节水新技术的推广与应用，可以减少或消除消耗水量，如用低耗水或不耗水的工艺或设备代替高耗水的工艺或设备，给凉水塔加收水器，等等。

9. 排水量 V_d

排水量是指对于确定的用水单元或系统完成生产过程和生产活动之后排出用水单位之外以及排出该单元或系统进入污水系统的水量，用符号 V_d 表示。

新水量的大小，与排水量有很大关系。一般来讲，排水量越大，节水潜力越大。从污

水资源化的角度出发，应对用水单位排放的污废水进行有针对性的处理并再利用。

10. 漏失水量 V_l

漏失水量是指用水单位内供水及用水管网和用水设备漏失的水量，用符号 V_l 表示。

容易产生漏失水量的部位多数是用水设备、阀门、管网、水箱、水池等处，因此用水单位要加强用水设备、输水管网、储水设施的检查和维修，杜绝溢漏水事件的发生，以达到节水、减少开支的目的。

11. 非常规水源 V_{ih}

非常规水源即是除地表水和地下水的淡水资源（含盐量小于 1g/L）之外的其他水资源，包括海水、苦咸水、矿井水和城镇污水再生水等，用符号 V_{ih} 表示。

利用非常规水源，减少对常规水资源的开采，这是节水型社会建设的方向。随着人们节水意识的进一步增强和水处理技术的发展，非常规水源的开发利用大有潜力可挖，前景广阔。

12. 串联排水量 V_{sd}

按新的国家标准，在输入项中加入了串联用水量，引起了在水平衡方块图和平衡表中难以平衡的问题，因此，引入串联排水量 V_{sd} 的概念。串联排水量系指某个确定的用水体系排向其他用水体系的水量。串联排水量是相对于串联复用水量而言的，对整个企业来讲，两者是相等的，但对企业中的某个用水体系（如车间、设备等）来讲，却并非如此。

（三）各种水量之间的关系

用水量＝新水量＋重复利用水量

新水量＝消耗水量＋排水量＋漏失水量

重复利用水量＝串联用水量＋回用水量＋循环水量

如果考虑到用水性能（用途），各水量之间还存在如下平衡关系：

总新水量＝间接冷却水新水量＋工艺水新水量＋锅炉用水新水量＋生活用水新水量

总复用水量＝间接冷却水复用水量＋工艺水复用水量＋锅炉蒸汽冷凝水复用水量＋生活水复用水量

总用水量＝间接冷却水用水量＋工艺用水量＋锅炉用水量＋生活用水量

五、水平衡测试步骤

水平衡测试工作的全过程可以分为准备阶段、实测阶段、汇总阶段和分析阶段 4 个阶段，以及测试成果验收，具体见表 16-21。

表 16-21　　水平衡测试工作步骤与内容

工作阶段	工作项目	工作内容与成果
准备阶段	情况调查	企业（用水户）基本概况，用水特征、人口、服务类型、规模、产品、产量、产值；历史用水情况表，用水水源情况调查表，给排水管网图，计量设备配备情况、完好程度、计量范围，主要用水环节、用水工艺，水质资料，用水、节水相关规章制度，采取的节水措施，近年开展的水平衡测试成果，等等
	制订方案	方案总体说明，确定测试方法，划分不同层次的用水（测试）单元，确定测试时段，选择水量测试点位置，拟定水量计量方法
	组织、技术准备	测试机构和用户分别安排工作人员，测试器材与设备，安全教育，完善计量仪表，使其符合测试要求

续表

工作阶段	工作项目	工作内容与成果
实测阶段	现场测试	采集水量、水质、水温数据，填写有关水平衡测试表
汇总阶段	汇总测试数据	用水单元水平衡测试表、企业（用水户）水平衡测试统计表、企业（用水户）用水分析表
	水平衡图	重点设备水平衡方框图、用水单元水平衡方框图、企业（用水户）水平衡方框图
分析阶段	用水合理性分析	各项用水考核评价指标，对企（用水户）业用水合理性进行分析
	节水潜力分析	查找企业节水潜力、提出节水建议和整改措施
	报告编制	编制水平衡测试报告、撰写水平衡测试工作总结
测试成果验收	评审验收	水平衡测试报告书评审，节水整改措施验收，核发验收合格证明文件

六、水平衡测试要素

水平衡测试的要素首先是水量，如取水量（包括新水量、常规水资源量、非常规水源）、用水量、重复利用水量（包括循环水量、串联水量、回用水量等）、消耗水量（包括漏失水量等）、排水量。另外水质、水温也是水平衡测试的两个要素。

七、水平衡测试考核指标

（一）用水评价指标体系

为了如实地反映用水单位的用水情况和用水管理水平，对其用水的合理性进行科学评价，必须要制定一套科学的考核指标。根据《节水型企业评价导则》（GB/T 7119—2006）等有关标准的要求，对于工业企业最常用的用水考核指标主要有单位产品取水量、单位产值取水量、单位增加值取水量、企业职工生活人均日取水量、重复利用率、废水回用率、冷却水循环率、冷凝水回用率、漏失率、达标排放率、非常规水源替代率等评价指标。此外，被列入国家相关标准的用水考核指标还有万元产值用水量、单位产品用水量、新水利用系数等。

第三产业的用水一般比较简单，除在上述考核指标内选择评价指标外，可结合用水单位的用水特点、功能和取（用）水定额来确定用水评价指标。第三产业主要为流通业和服务业，包括交通运输、邮电通信、餐饮、宾馆、金融、教育、医院、机关、洗浴、洗车等。其取（用）水定额可规定为在一定时间内用水单位按照相应的核算单元确定的用水量（指取水量）的限额。核算单元是指核定用水单位所选取的与用水量关系密切的计算单位，如人数、面积、床位数等，现分别以宾馆、医院、学校为例说明计算单位的核定。

宾馆为住宿业，按名称可分为宾馆、酒店、饭店、度假村、招待所等，按服务标准可分为无星级的旅馆、招待所以及一、二、三、四、五星级宾馆。宾馆的用水主要影响因素是：硬件设施（星级）、建筑年代、床位密度等。用水评价指标单位可定为 $m^3/($床$\cdot a)$。

医院为卫生服务业，按医院级别可分为一、二、三级医院及各种专业医疗机构。医院的用水主要影响因素是：医院性质、医院规模、职工人数、病床数等。用水评价指标单位

可定为 $m^3/(m^2 \cdot a)$，也可定为 $m^3/(床 \cdot a)$ 或 $m^3/(人 \cdot a)$。

学校为教育服务业，包括学前教育、初等教育、中等教育、高等教育、职业技能培训等。学校用水的主要影响因素是：学校类型、学生人数（包括住宿生、走读生）、教职工人数等。用水评价指标单位可定为 $m^3/(人 \cdot 月)$ 或 $m^3/(人 \cdot d)$。

（二）评价指标的计算方法

1. 单位产品取水量与新水量

单位产品取水量就是用水单位在一定时期内生产单位产品所需的取水量。单位产品取水量的计算公式为

$$V_{ui}=\frac{V_i}{Q}$$

式中：V_{ui} 为单位产品取水量，m^3/产品计量单位；V_i 为一定计量时间内用水单位的取水量，m^3；Q 为一定计量时间内的产品产量。

单位产品新水量是指用水单位在一定时期内生产单位产品所需的新水量。单位产品新水量的计算公式为

$$V_{uf}=\frac{V_f}{Q}$$

式中：V_{uf} 为单位产品新水量，m^3/产品计量单位；V_f 为一定计量时间内用水单位的新水量，m^3；Q 为一定计量时间内的产品产量。

2. 万元产值取水量与新水量

万元产值取水量是指用水单位在一定时期内生产 1 万元产值的产品所需的取水量。万元产值取水量的计算公式为

$$V_{wi}=\frac{V_{yi}}{Z}$$

式中：V_{wi} 为万元产值取水量，m^3/万元；V_{yi} 为一定计量时间内工业取水量的总和，m^3；Z 为一定计量时间内的产值，万元。

万元产值新水量是指用水单位在一定时期内生产 1 万元产值的产品所需的新水量。万元产值新水量的计算公式为

$$V_{wf}=\frac{V_{yf}}{Z}$$

式中：V_{wf} 为万元产值新水量，m^3/万元；V_{yf} 为一定计量时间内工业新水量的总和，m^3；Z 为一定计量时间内的产值，万元。

需要说明的是，此考核指标对于不同性质的企业，不同的行业可比性不大；但对于不同地区或同行业之间，有一定的可比性，特别是对于该地区不同年份的比较，可比性较大。当进行不同年份的比较时要将各个时期产值计为同一标准价。

3. 万元工业增加值取水量

工业增加值是指在一定的时期内（一般为年）用水单位在生产过程中新增加的价值，等于总产值扣除中间投入价值后的余额。目前，工业增加值已成为我国考核国民经济各部门生产成果的代表性指标，并作为分析产业结构和计算经济效益指标的重要依据。万元工业增加值取水量是指在一定的计量时间内的生产中，每生产 1 万元增加值需要的取水量。

万元工业增加值取水量的计算公式为

$$V_{wi}=\frac{V_i}{V_A}$$

式中：V_{wi} 为万元工业增加值取水量，m^3/万元；V_i 为一定计量时间内用水单位的取水量，m^3；V_A 为一定计量时间内的工业增加值，万元。

4. 单位产品用水量

单位产品用水量是指用水单位在一定时期内生产单位产品所需的用水量。单位产品用水量的计算公式为

$$V_{ut}=\frac{V_{yf}+V_r}{Q}$$

式中：V_{ut} 为单位产品用水量，m^3/产品计量单位；V_{yf} 为一定计量时间内用水单位生产某产品所取用的总新水量，m^3；V_r 为一定计量时间内用水单位生产某产品重复利用的总水量（包括循环用水量和串联用水量），m^3；Q 为一定计量时间内的产品总量。

5. 万元产值用水量

万元产值用水量是指用水单位在一定时期内生产 1 万元产值的产品所需的用水量。万元产值用水量的计算公式为

$$V_{wt}=\frac{V_{yf}+V_r}{Z}$$

式中：V_{wt} 为万元产值用水量；其他符号意义同前。

万元产值用水量是反映用水单位水的利用效率高低、工艺是否合理、设备先进与否的重要考核指标。它同重复利用率、万元产值取水量相互配合考核，就能较全面地反映企业的用水水平。如不进行这方面的考核就会促使一些企业为了提高水的重复利用率而无效扩大重复利用水量，出现两率（间接冷却水循环率、复用率）高、单耗（万元产值取水量）也高的怪现象，结果造成能源浪费，万元产值取水量却降不下来。如由于过去忽视了对于该项指标的考核，太原市万元产值用水量曾经是北京市的 4.7 倍、天津市的 7.3 倍、徐州市的 3.4 倍、大连市的 13 倍。1993 年，我国已将此项考核指标正式列入国家标准。

6. 职工生活人均日用取水量和新水量

职工生活人均日用取水量是指在一定的时期内用水单位每位职工在生产（经营或实现其功能）中每天用于生活的取水量。职工生活人均日用取水量的计算公式为

$$V_{li}=\frac{V_{yli}}{nd}$$

式中：V_{li} 为职工生活人均日用取水量，m^3/(人·d)；V_{yli} 为一定计量时间内用于职工生活的取水量，m^3；n 为一定计量时间内用水单位参与生产（经营或实现其功能）的职工人数，人；d 为一定计量时间内的工作日数，d。

职工生活人均日用新水量是指在一定的计量时间内，用水单位每位职工在生产（经营或实现其功能）中每天用于生活的新水量。职工生活人均日用新水量的计算公式为

$$V_{lf}=\frac{V_{ylf}}{nd}$$

式中：V_{lf} 为职工生活人均日用新水量，m^3/(人·d)；V_{ylf} 为一定计量时间内用于职工生

活的新水量，m^3；n 为一定计量时间内用水单位参与生产（经营或实现其功能）的职工人数，人；d 为一定计量时间内的工作日数，d。

7. 重复利用率

重复利用率是反映用水单位用水水平的一项主要指标。它是指用水单位在生产（或实现其功能）过程中，在一定时期内，重复利用的水量与总用水量之比。也就是说，重复利用率是指重复利用的水量在总用水量中所占的比例。重复利用率的计算公式为

$$R=\frac{V_r}{V_f+V_r}\times 100\%$$

式中：R 为重复利用率，%；V_r 为一定计量时间内用水单位重复利用的水量，m^3；V_f 为一定计量时间内用水单位的新水量，m^3。

重复利用率是一个综合指标，其中包括废水回用率、间接冷却水循环率、工艺水回用率、蒸汽冷凝水回用率等。

（1）废水回用率。废水回用率是指在一定时期内，用水单位对外排放的废水经处理后的回用水量与所要向外排放的废水总量之比。废水回用率的计算公式为

$$K_w=\frac{V_w}{V_d+V_w}\times 100\%$$

式中：K_w 为废水回用率，%；V_w 为一定计量时间内用水单位对外排放的废水经处理后的回用水量，m^3；V_d 为一定计量时间内用水单位向外排放的废水量，m^3。

（2）间接冷却水循环率。间接冷却水循环率是指在一定时期内，用水单位在生产（或实现其功能）过程中所使用的间接冷却水循环量与间接冷却水用水总量之比。由于间接冷却水水量大，水质好，便于循环利用，所以循环利用率就作为间接冷却水循环利用程度的考核指标。

间接冷却水循环率的计算公式为

$$R_c=\frac{V_{cr}}{V_{cr}+V_{cf}}\times 100\%$$

式中：R_c 为间接冷却水循环率，%；V_{cr} 为间接冷却水循环量，m^3/h；V_{cf} 为间接冷却水循环系统补充水量，m^3/h。

（3）工艺水回用率。工艺水回用率是指在一定时期内工艺水中的回用量与工艺水总用水量之比。工艺水回用率的计算公式为

$$r_p=\frac{V_{pr}}{V_{pt}}\times 100\%$$

式中：r_p 为工艺水回用率，%；V_{pr} 为工艺水回用量，m^3；V_{pt} 为工艺水总用水量，等于 V_{pr} 与 V_{pf} 之和，m^3；V_{pf} 为该工艺用水中取用的新水量，m^3。

在工业生产中，工艺用水范围较广，不同的工艺对水质的要求不同，对水的污染程度也不同。在生产过程中可根据对水质的不同要求，采用一水多用、串联复用等方法综合利用，尽量扩大复用水量，提高重复利用率，达到节水的目的。

工艺用水有一部分是直接加在产品中的，消耗比较大，特别是食品行业，回用率一般都不会很高。

（4）蒸汽冷凝水回用率。蒸汽冷凝水回用率是指在一定时期内，蒸汽冷凝水回用量与

锅炉蒸汽量之比。蒸汽冷凝水回用率的计算公式为

$$R_b=\frac{V_{br}}{Dt}\times\rho\times100\%$$

式中：R_b 为蒸汽冷凝水回用率，%；V_{br} 为蒸汽冷凝水回用量，m^3；ρ 为标准状态下水的密度，t/m^3；D 为单位时间内产汽设备的产汽量，t/h；t 为一定计量时间内产汽设备的运行时间，h。

8. 漏失率

漏失率是指在一定时期内用水单位的漏失水量与新水量之比。漏失率的计算公式为

$$K_l=\frac{V_l}{V_f}\times100\%$$

式中：K_l 为漏失率，%；V_l 为一定计量时间内用水单位的漏失水量，m^3；V_f 为一定计量时间内用水单位取用的新水量，m^3。

9. 排水率

排水率是指在一定时期内用水单位外排的水量与新水量之比。排水率的计算公式为

$$r_d=\frac{V_d}{V_f}\times100\%$$

式中：K_d 为排水率，%；V_d 为一定计量时间内用水单位外排的水量，m^3；V_f 为一定计量时间内用水单位取用的新水量，m^3。

10. 达标排放率

达标排放率是指在一定时期内，用水单位达到排放标准的排水量与总外排水量之比。达标排放率的计算公式为

$$r_{ds}=\frac{V_{ds}}{V_d}\times100\%$$

式中：r_{ds} 为达标排放率，%；V_{ds} 为一定计量时间内用水单位达到排放标准的排水量，m^3；V_d 为一定计量时间内用水单位的总排水量，m^3。

11. 非常规水源替代率

非常规水源替代率是指在一定时期内，非常规水源替代的常规水资源取水量与总取水量之比。非常规水源替代率已作为考核节水型企业和节水型城市建设的鼓励性指标。

非常规水源替代率的计算公式为

$$K_h=\frac{V_{ih}}{V_i+V_{ih}}\times100\%$$

式中：K_h 为非常规水源替代率，%；V_{ih} 为一定计量时间内非常规水源替代的常规水资源取水量，m^3；V_i 为一定计量时间内用水单位的常规水资源取水量，m^3。

12. 水计量率

水计量率是指在一定时期内，用水单位水计量器具计量的水量与总水量之比。水计量率的计算公式为

$$K_m=\frac{V_{mi}}{V_i}\times100\%$$

式中：K_m 为水计量率，%；V_{mi} 为一定计量时间内水计量器具计量的水量，m^3；V_i 为一定

计量时间内的总水量，m³。

13. 新水利用系数

新水利用系数是指在一定的时期内，生产过程中使用的新水量与外排水量之差同新水量之比。新水利用系数的计算公式为

$$K_f = \frac{V_f - V_a}{V_f}$$

式中：K_f为新水利用系数，$K_f \leqslant 1.0$；V_f为生产过程中取用的新水量（取水量），m³；V_a为生产过程中的外排水量（包括外排废水、冷却水和漏溢水量等），m³。

八、水平衡测试报告

水平衡测试报告是测试工作完成后所形成的技术性文件，是对一次水平衡测试工作的技术总结，通过文字叙述、各种表格和图件，介绍用水单位的基本情况及用水工艺等情况，全面概括水平衡测试的最终结果，提出中肯的节水整改意见和建议。

水平衡测试报告应包括：用水单位基本情况、水平衡测试的依据、用水单位用水的基本情况、水平衡测试方案、水平衡测试结果（主要包括水平衡图和水平衡测试统计表）、水平衡测试后评估，用水单位用水评价、节水潜力分析、节水建议等内容。

参　考　文　献

[1] 柴文豪，吴兴国，等．第三产业纳入水平衡测试范围后的测试评价体系探讨［J］．中国水利，2012（19）：32-33.

[2] 柴文豪，刘同僧，等．对水平衡测试工作的认识和思考［J］．水科学与工程技术，2012（S0）：14-15.

[3] 柴文豪，宋弘东．对水平衡测试过程进行后评估的探讨［J］．中国水利，2014（9）：4-6.

[4] 韩红兵，柴文豪，等．水平衡测试有关技术问题的探讨［J］．水文，2013（增刊1）．

[5] 柴文豪，宋弘东，等．对国标《企业水平衡测试通则》部分条款的解读［J］．水文，2013（增刊1）．

[6] 北京市大兴区水务局．节水知识读本［M］．北京：中国科学技术出版社，2012.

[7] 王晓贞，聂欣岩．河北省城镇居民水价承受能力分析［J］．城镇供水，2008（2）：71-73.

[8] 陈积敏，温作民．城市生态环境用水量的测算与调整［J］．南京林业大学学报，2013，37（2）：123-129.

[9] 王玉宝，吴普特，赵西宁．我国农业用水结构演变态势分析［J］．中国生态农业学报，2010，18（2）：399-404.

[10] 杨旭．城市用水量变化影响因素及其预测方法［J］．黑龙江科技信息，2008（18）：63-64.

[11] 河北省水利厅．河北省水资源公报［R］．2001—2012.

[12] 刘孝玲，王玲．降低与控制供水管网漏损率的措施［J］．江苏建筑，2011，28（4）：53-54.

[13] 刘俊萍，畅明琦．生活用水定额的变化对需水量预测的影响［J］．水利发展研究，2007（1）：40-42.

附　　图

附图 1－1　廊坊市河流洼淀分布图

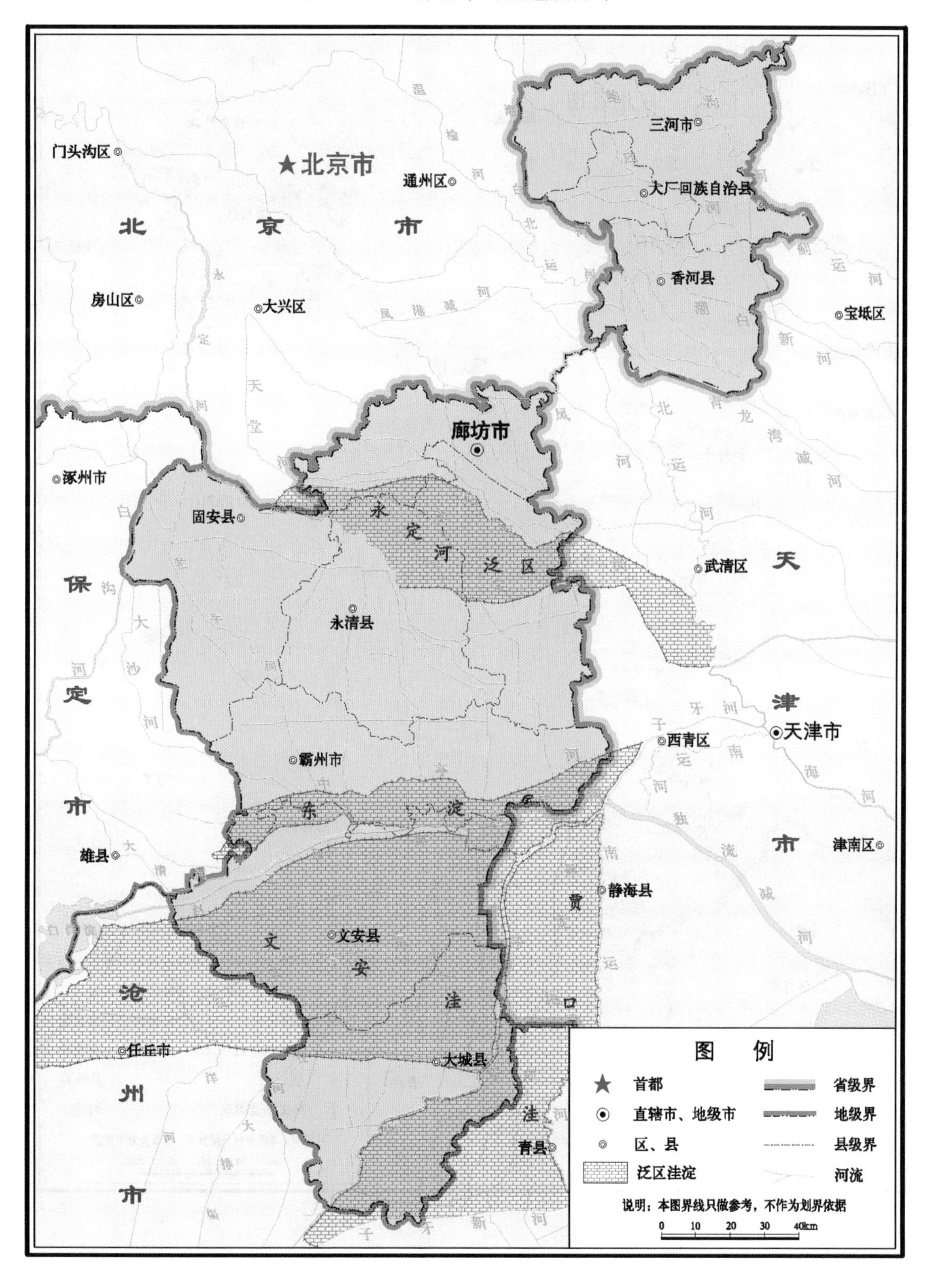

附图 1－2　廊坊市水文站网分布图

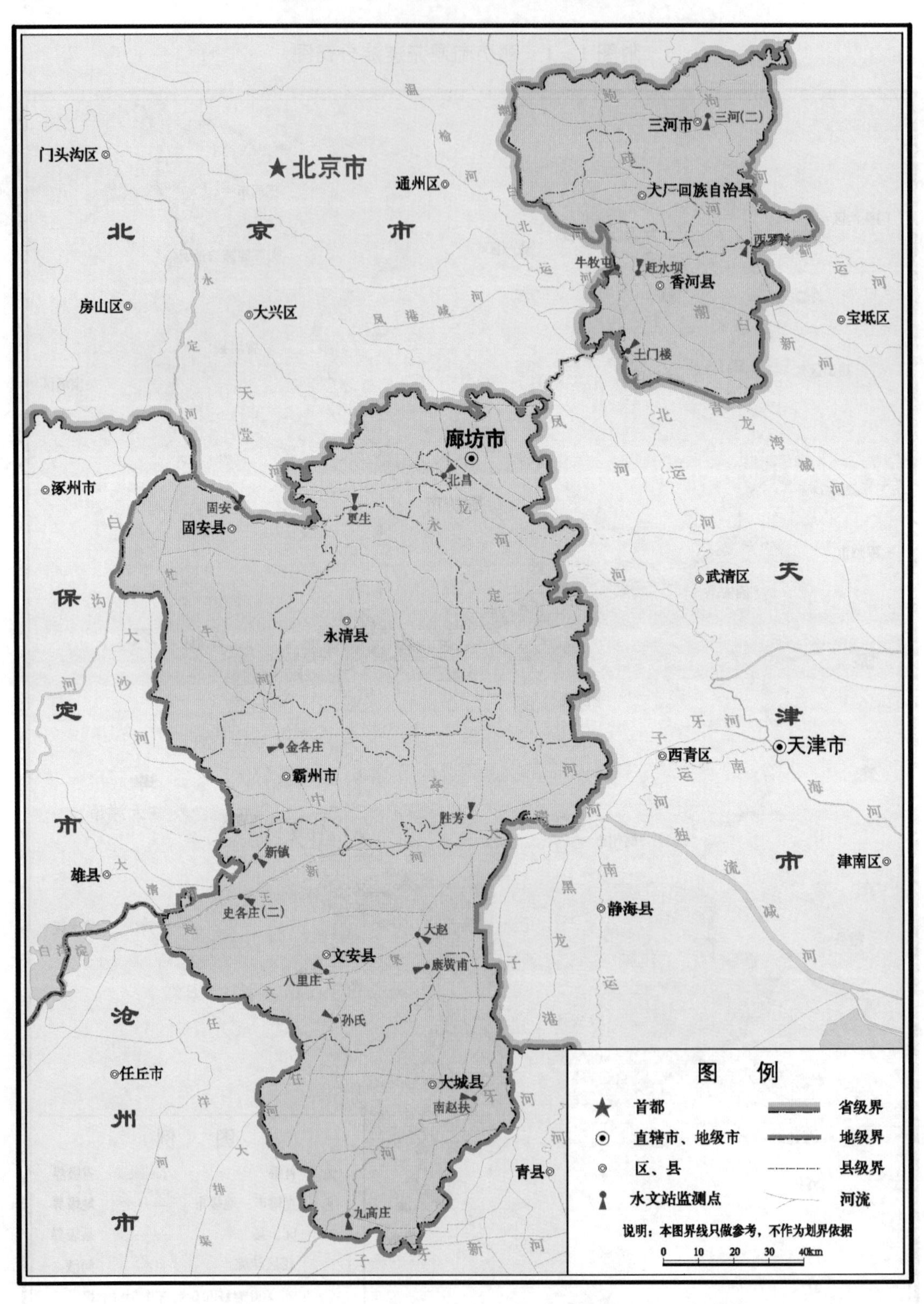

附图 2－1　廊坊市多年平均年降水量等值线图

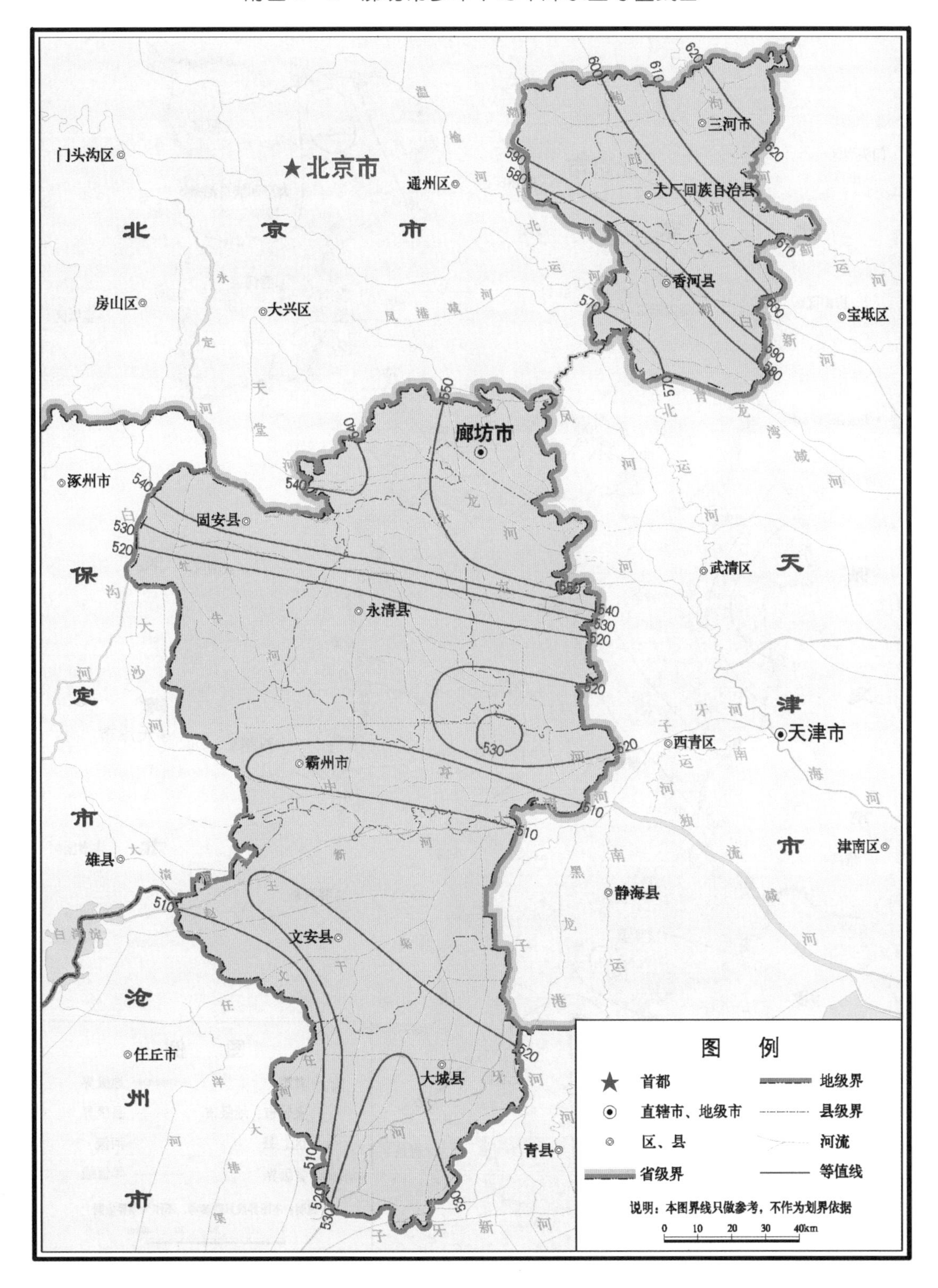

附图 2-2　廊坊市多年平均年降水量变差系数 C_v 等值线图

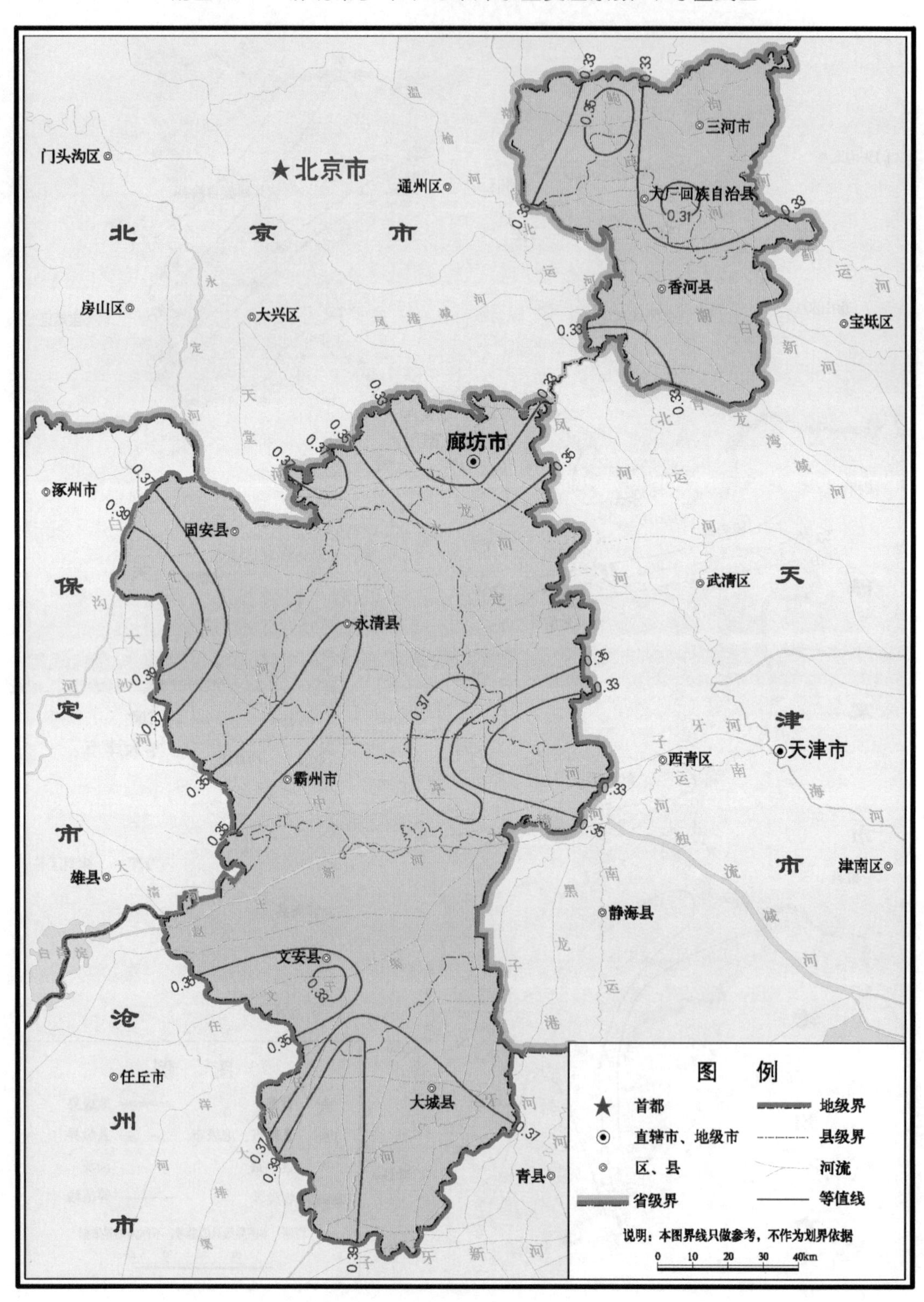

附图 2－3 廊坊市多年平均年降水量 C_s/C_v 分区图

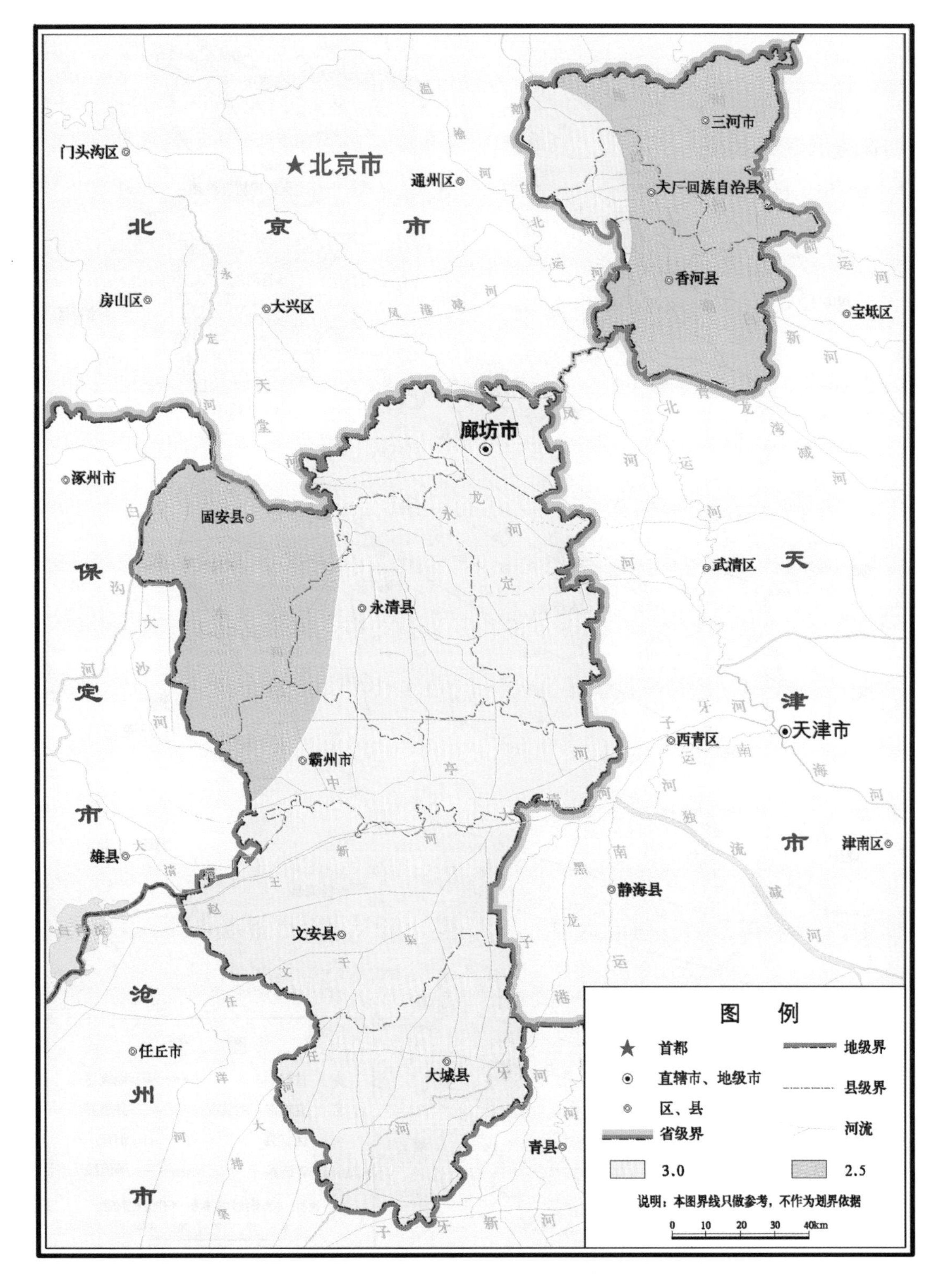

附图 3－1　廊坊市多年平均水面蒸发量等值线图

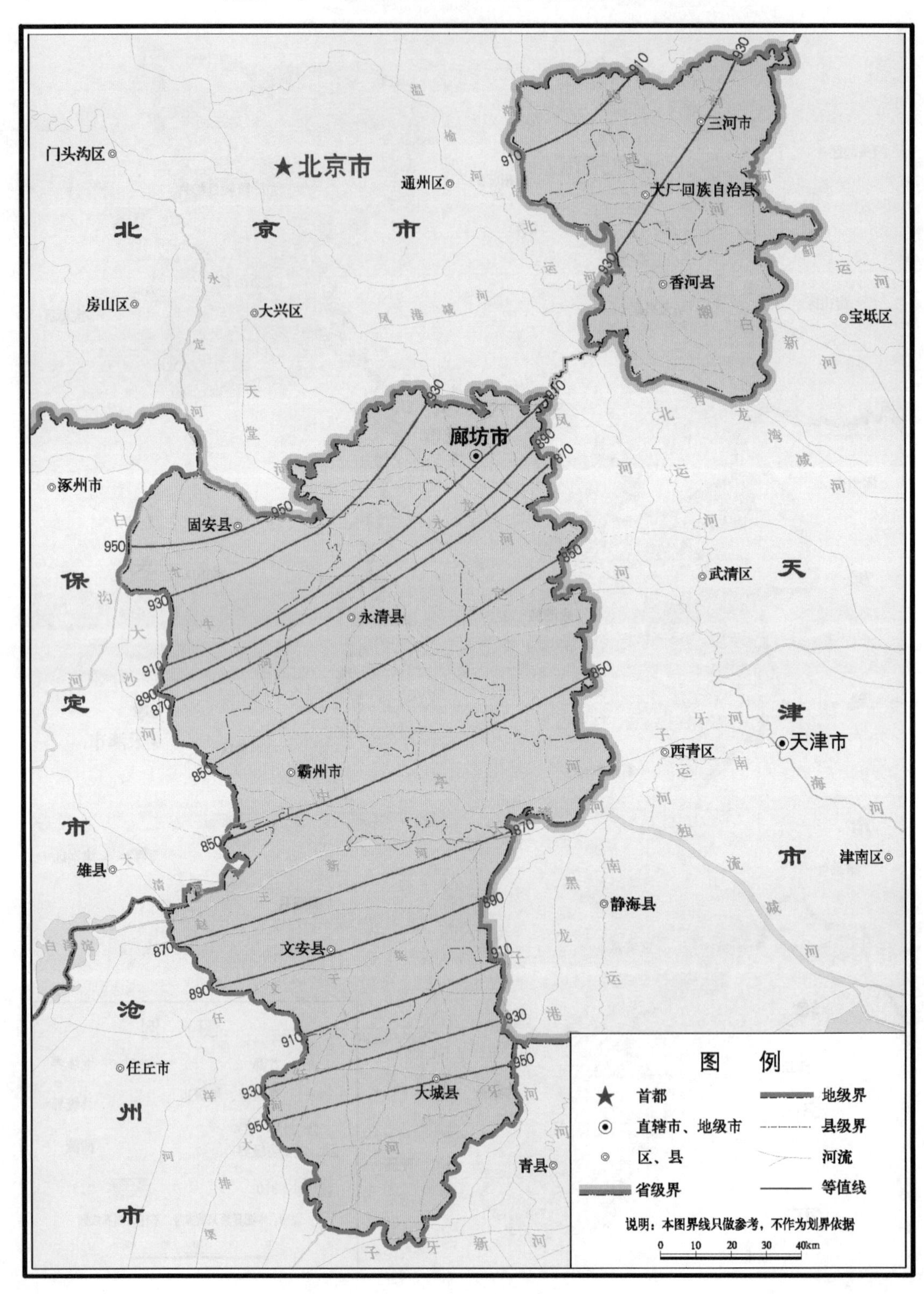

附图 3-2　廊坊市多年平均干旱指数分区图

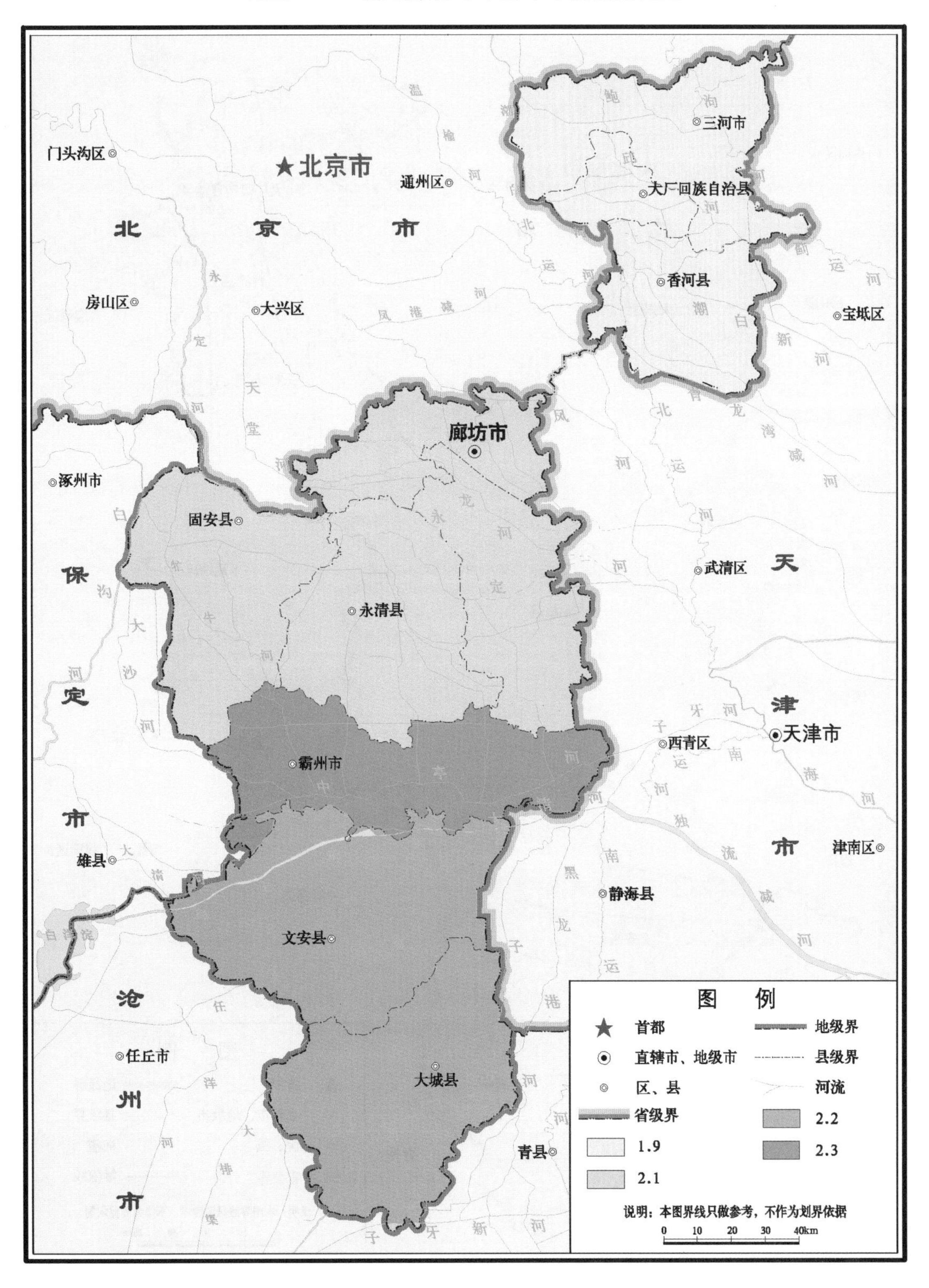

附图 4－1　廊坊市多年平均径流深等值线图

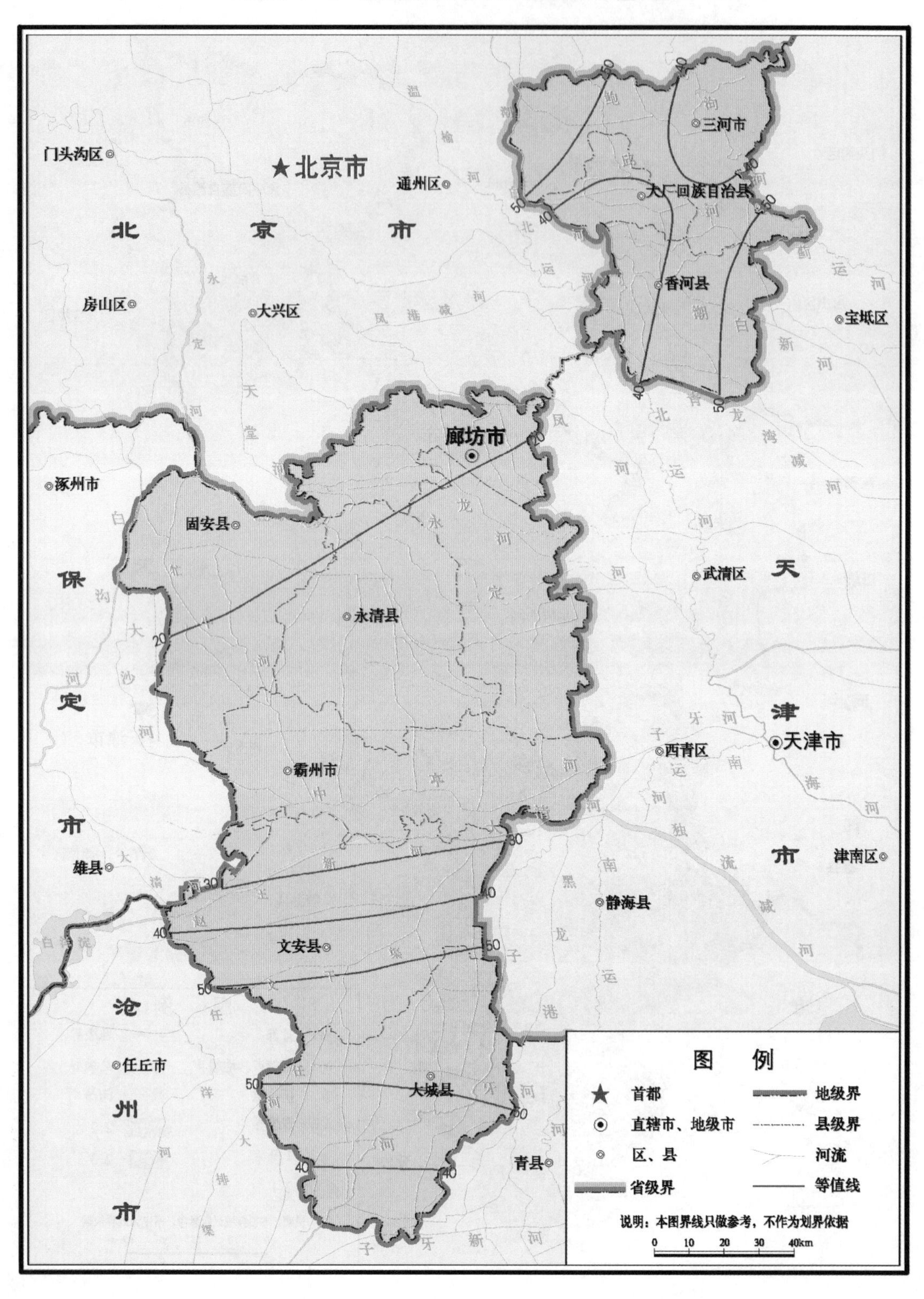

附图 4－2　廊坊市多年平均径流深变差系数 C_v 等值线图

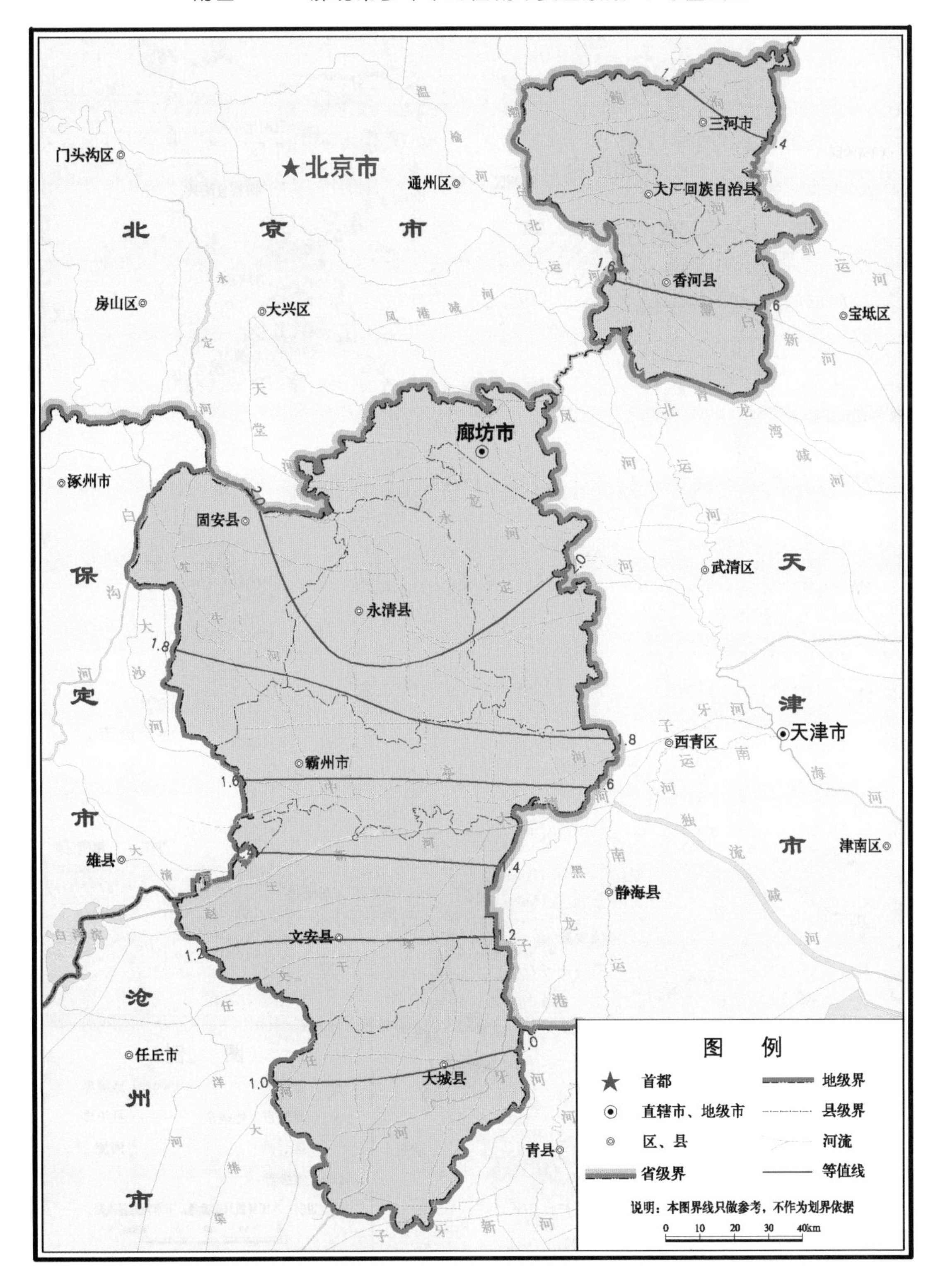

附图 5－1 廊坊市设计暴雨径流（平原区除涝）计算分区图

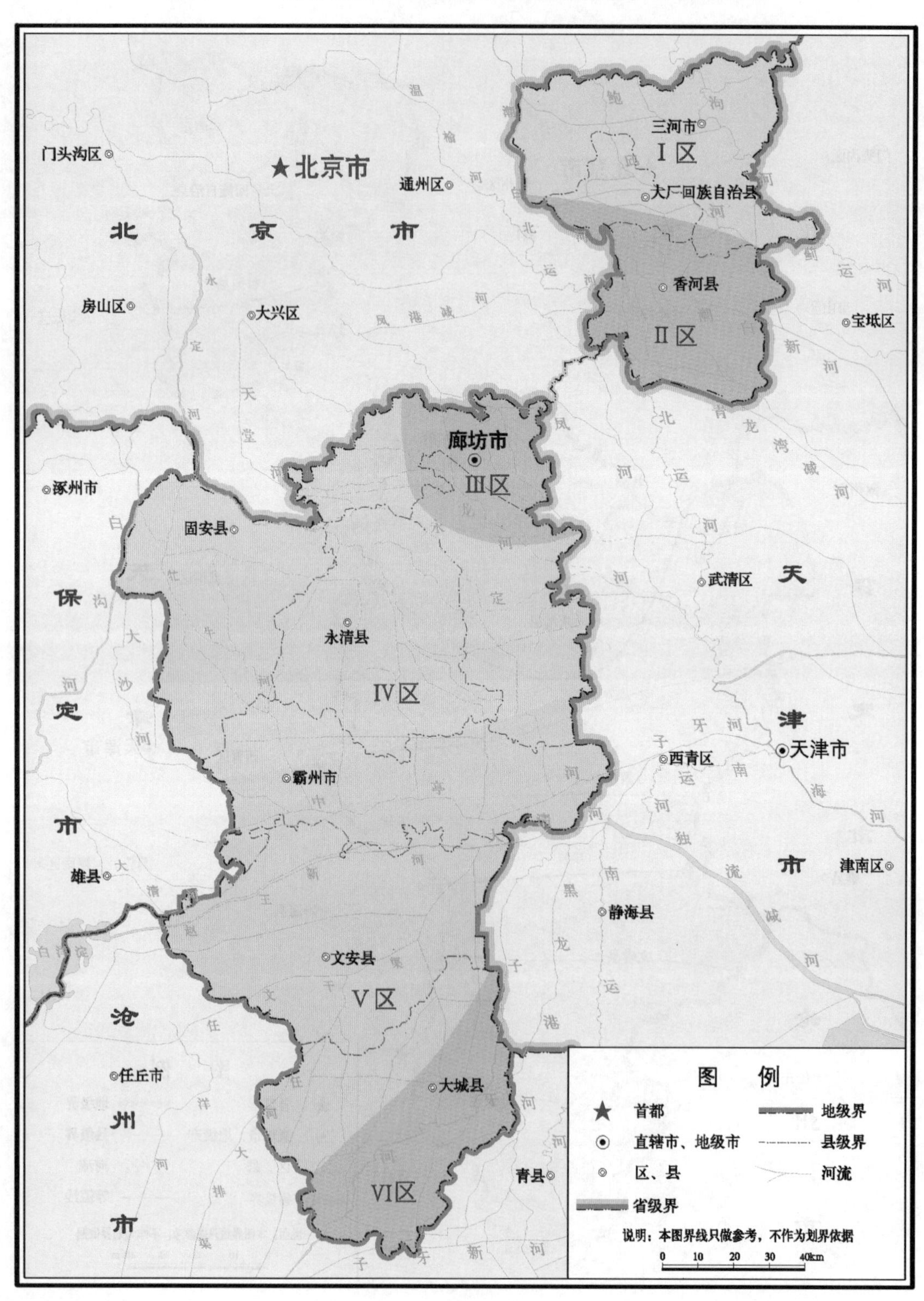

附图 5－2　廊坊市多年平均最大 7d 暴雨量等值线图

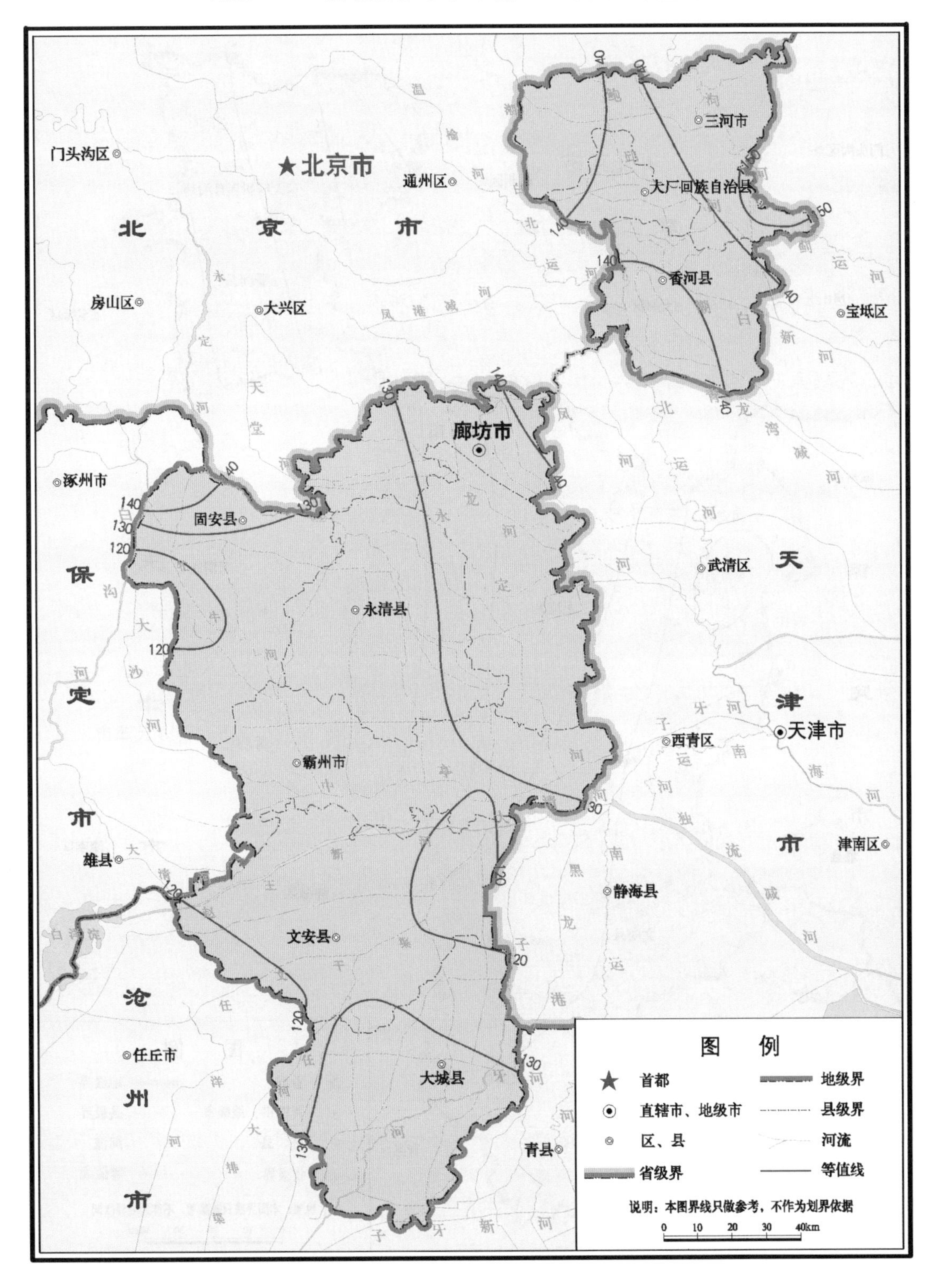

附图 5-3　廊坊市多年平均最大 7d 暴雨量变差系数 C_v 等值线图

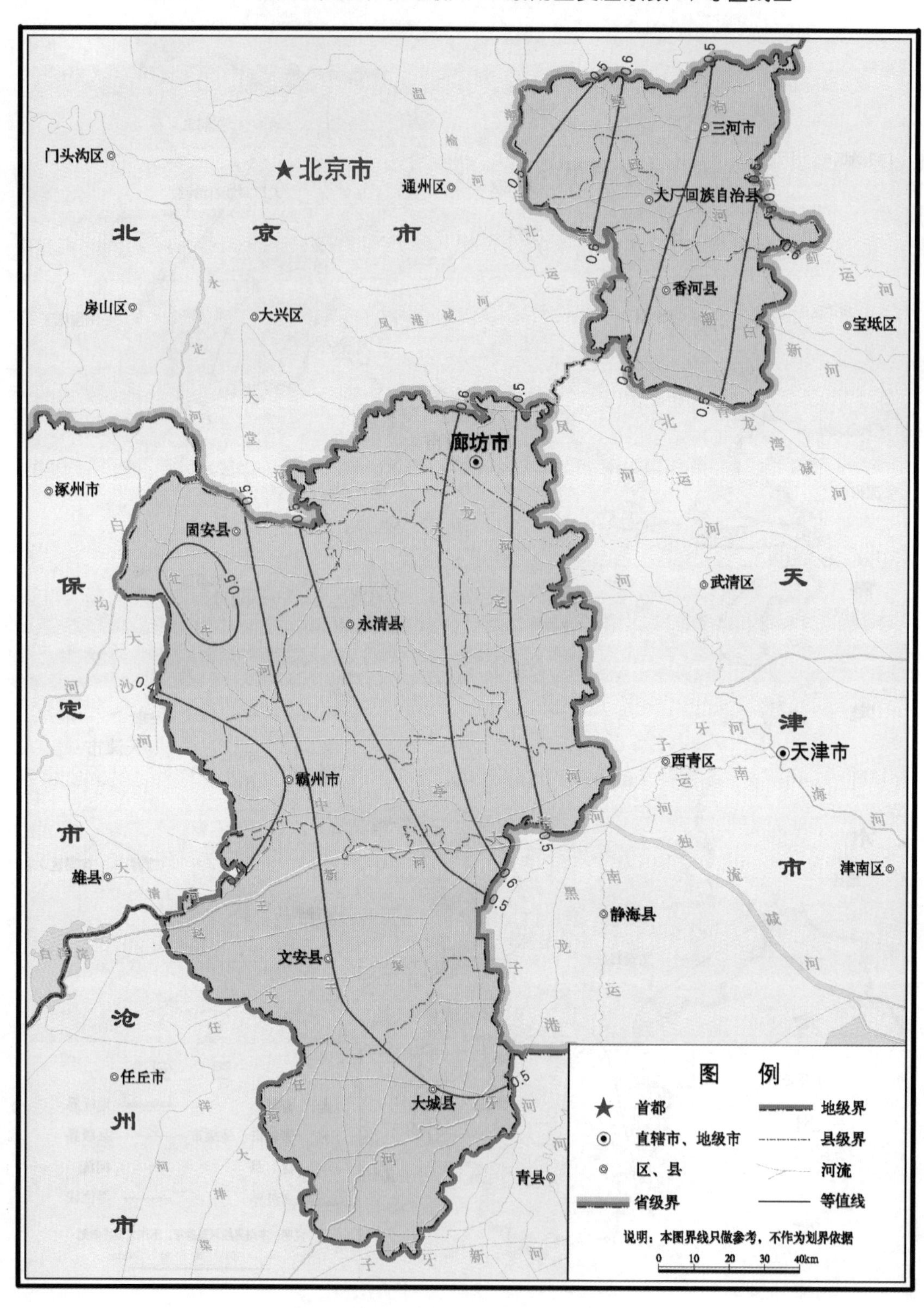

附图 5－4　廊坊市多年平均最大 3d 暴雨量等值线图

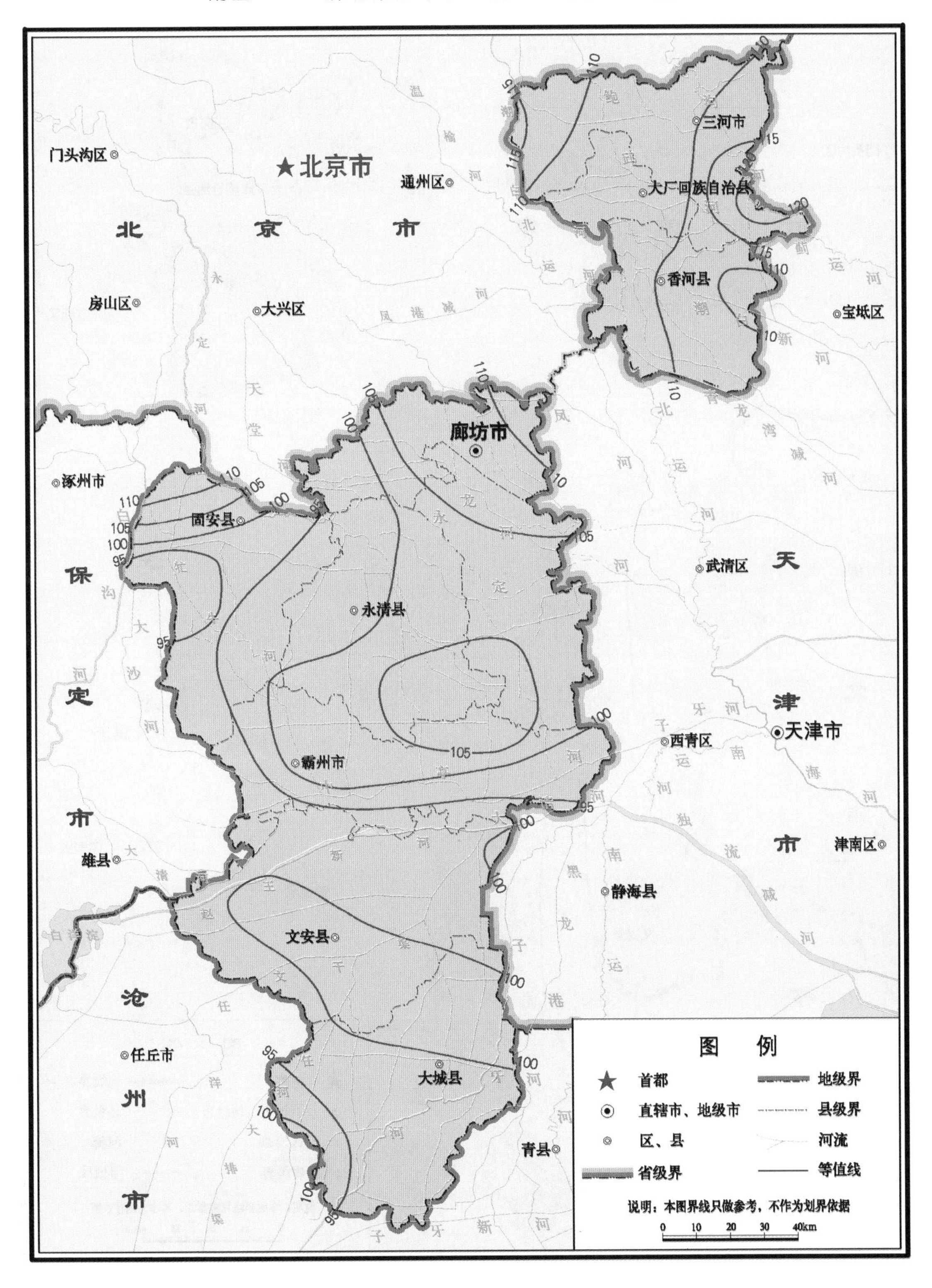

附图 5－5　廊坊市多年平均最大 3d 暴雨量变差系数 C_v 等值线图

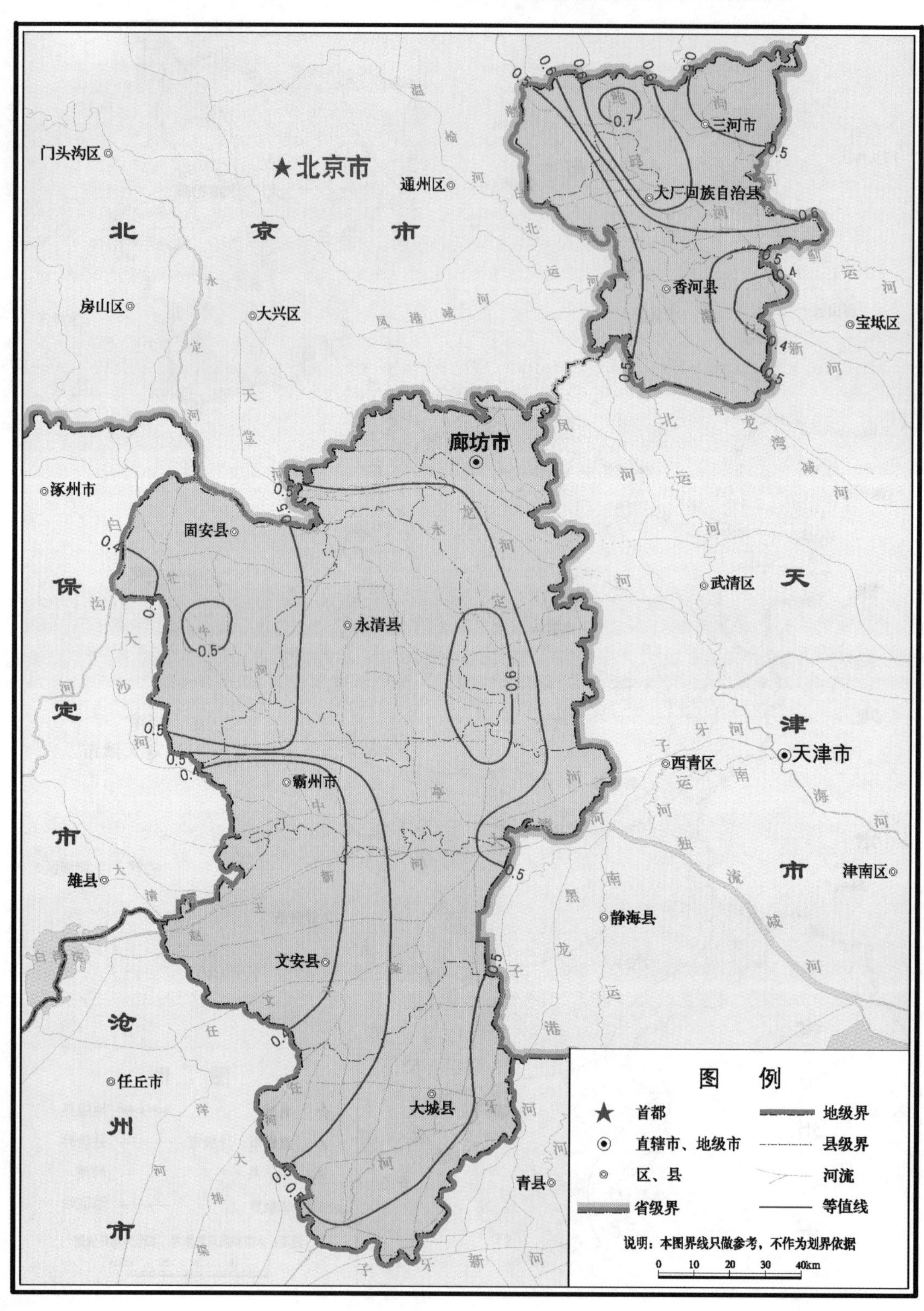

附图 5－6　廊坊市多年平均最大 24h 暴雨量等值线图

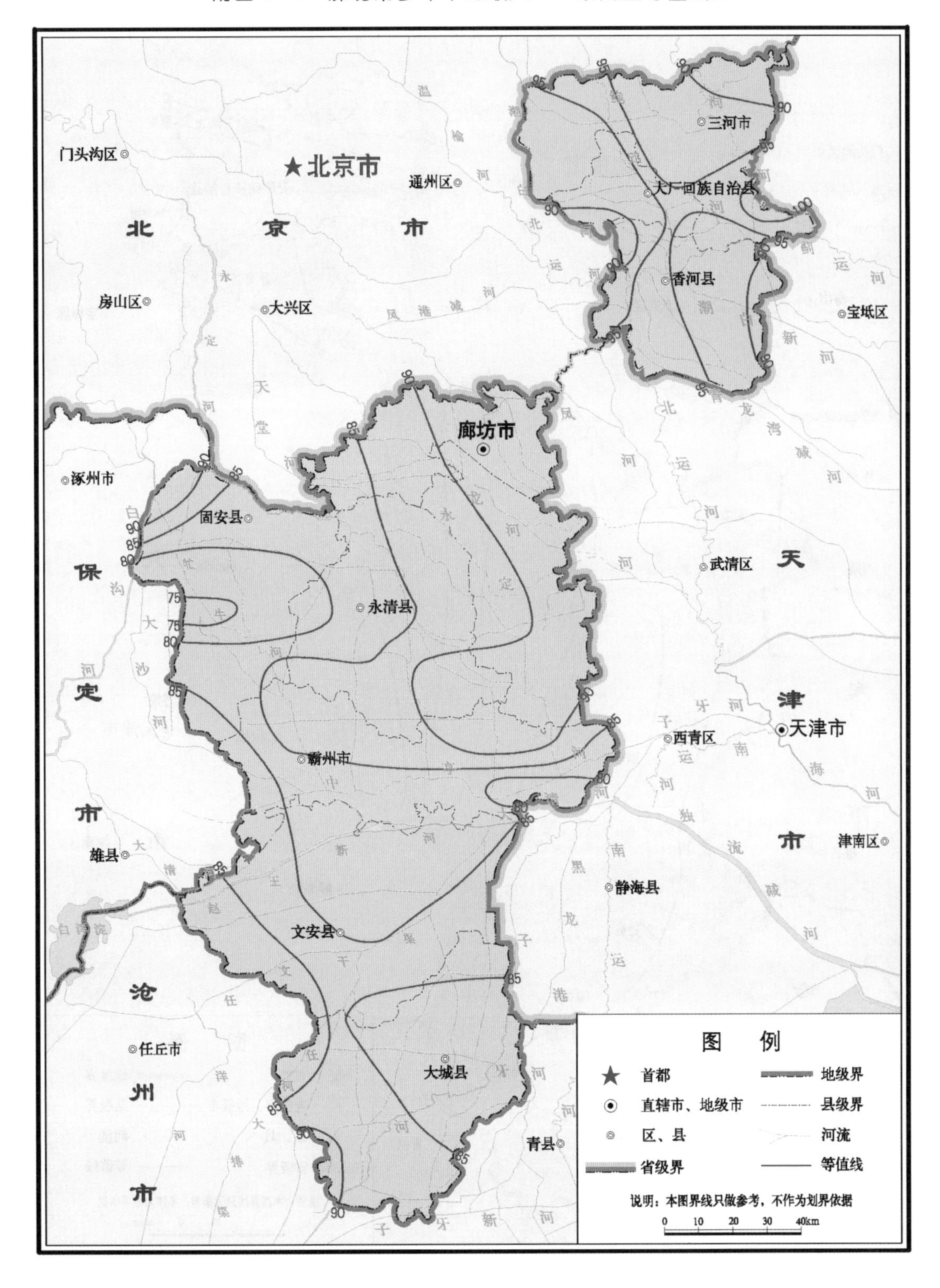

附图 5-7　廊坊市多年平均最大 24h 暴雨量变差系数 C_v 等值线图

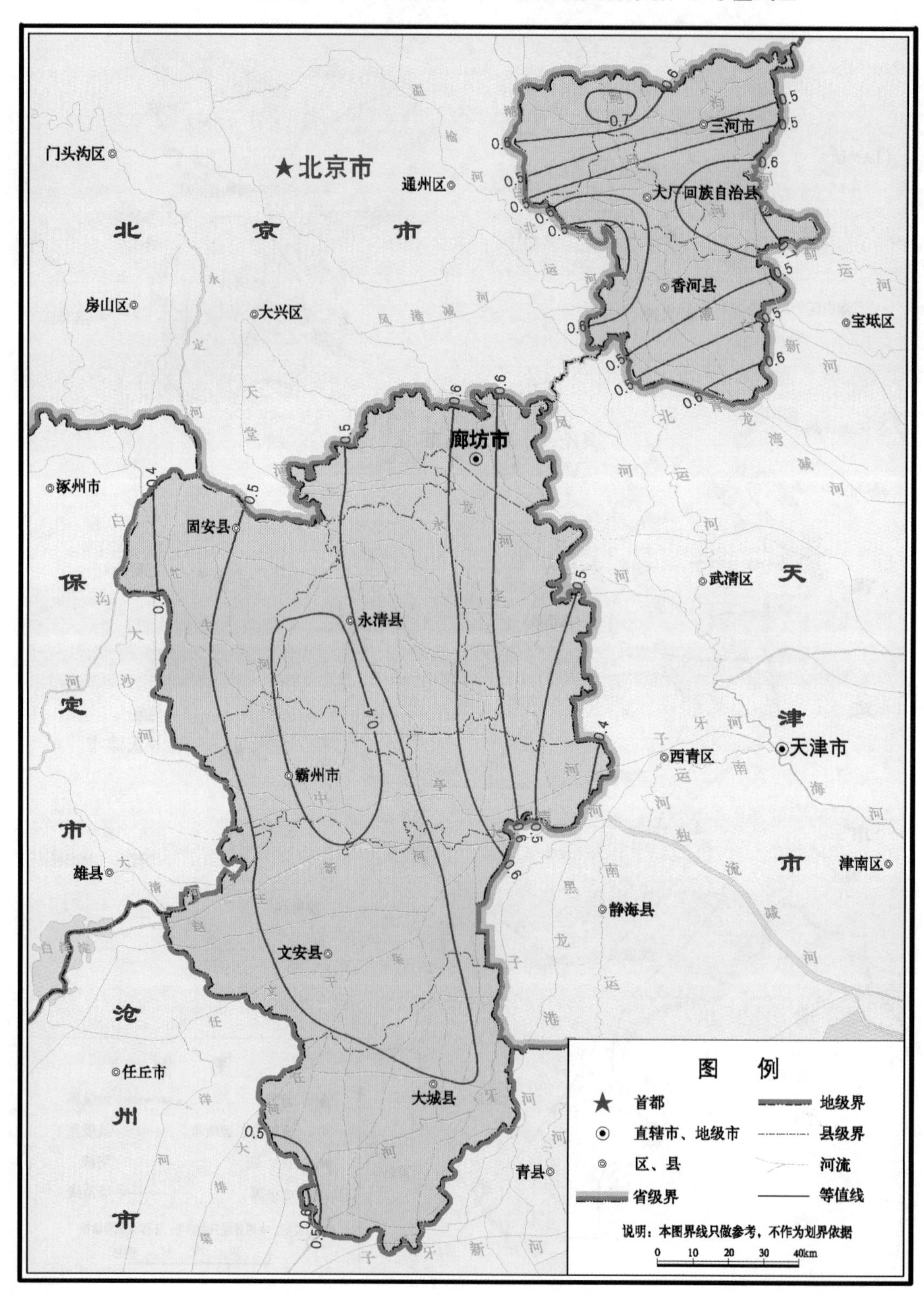

附图 5-8　廊坊市多年平均最大 12h 暴雨量等值线图

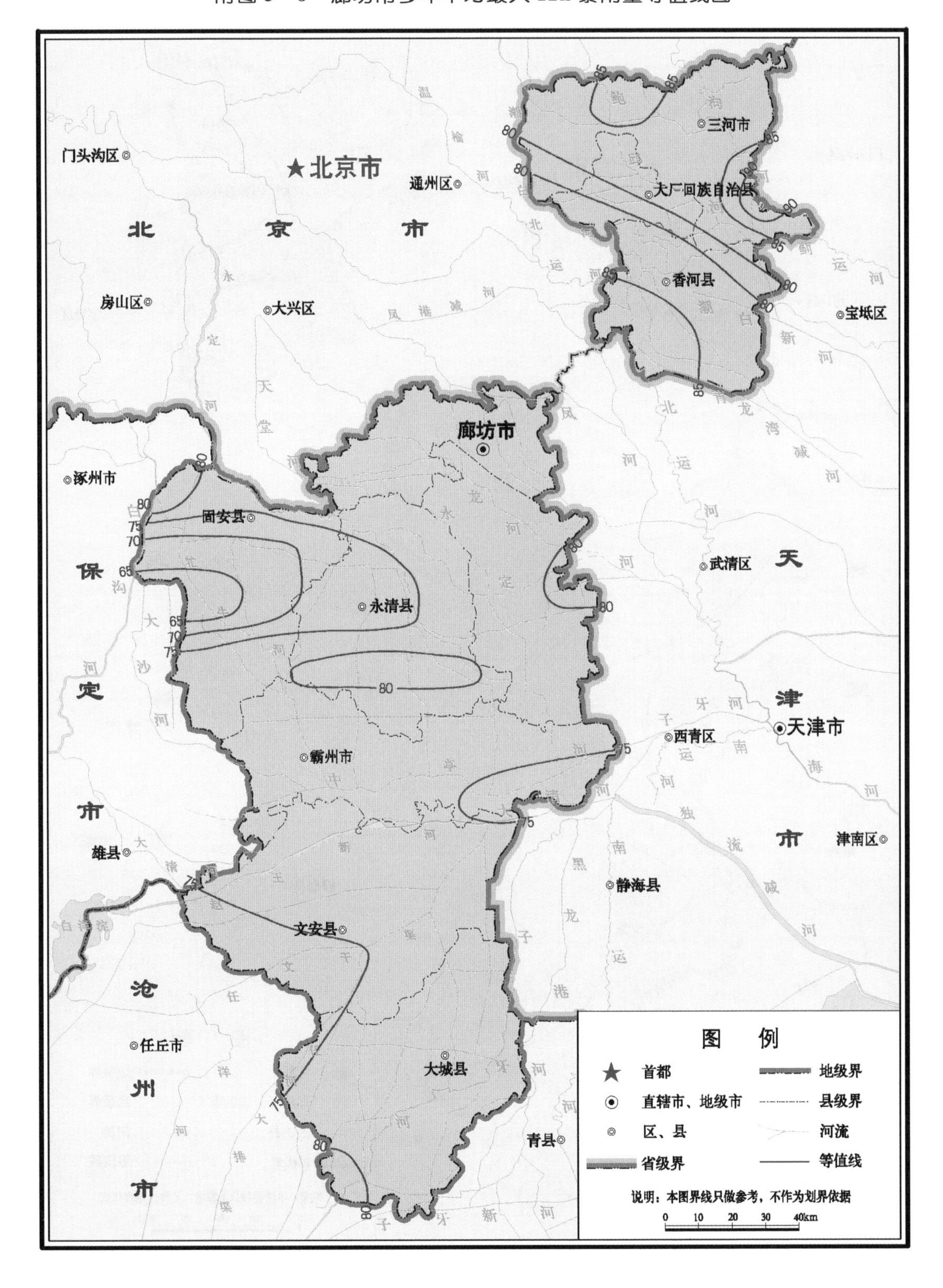

附图 5-9　廊坊市多年平均最大 12h 暴雨量变差系数 C_v 等值线图

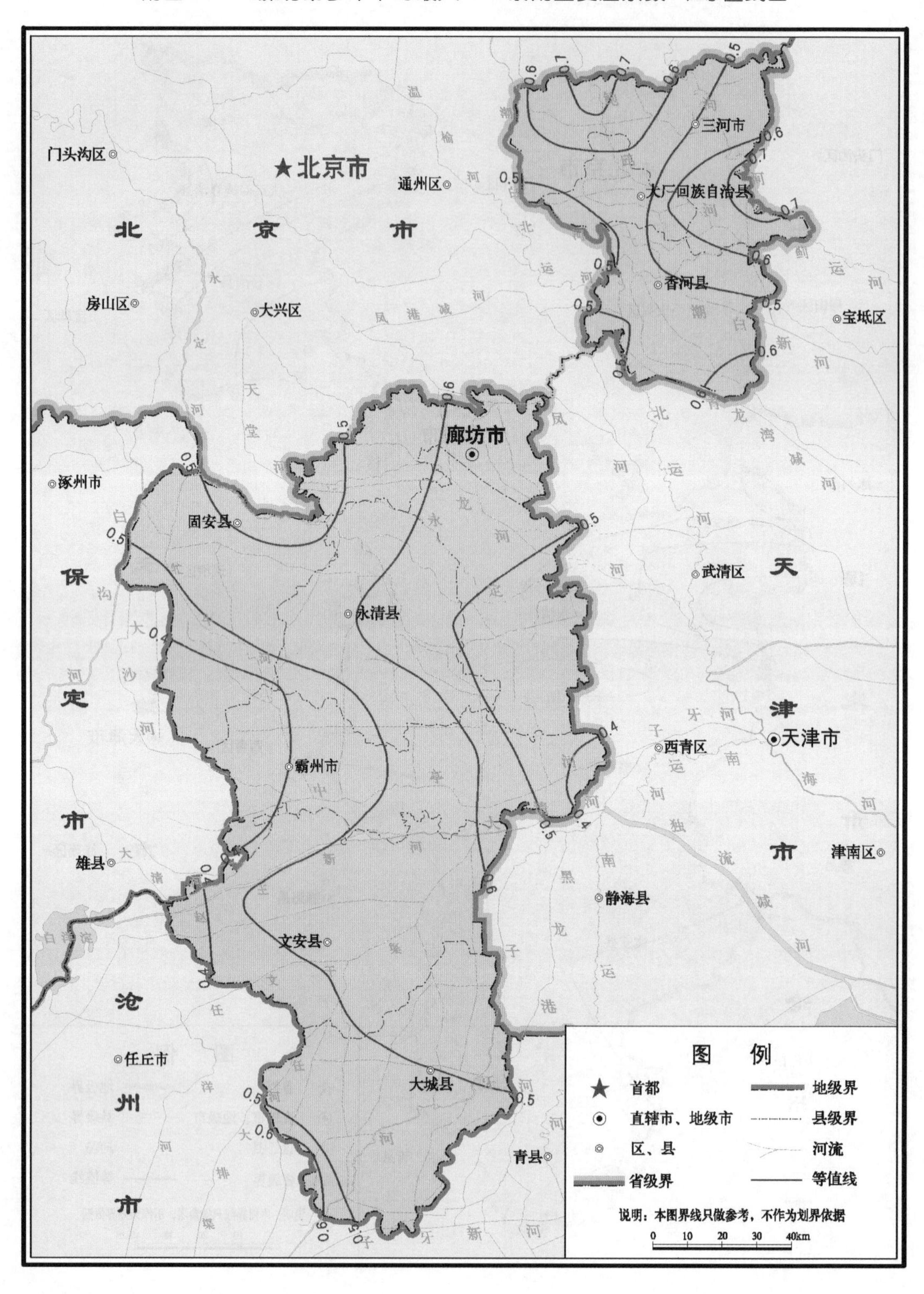

附图 5－10　廊坊市多年平均最大 6h 暴雨量等值线图

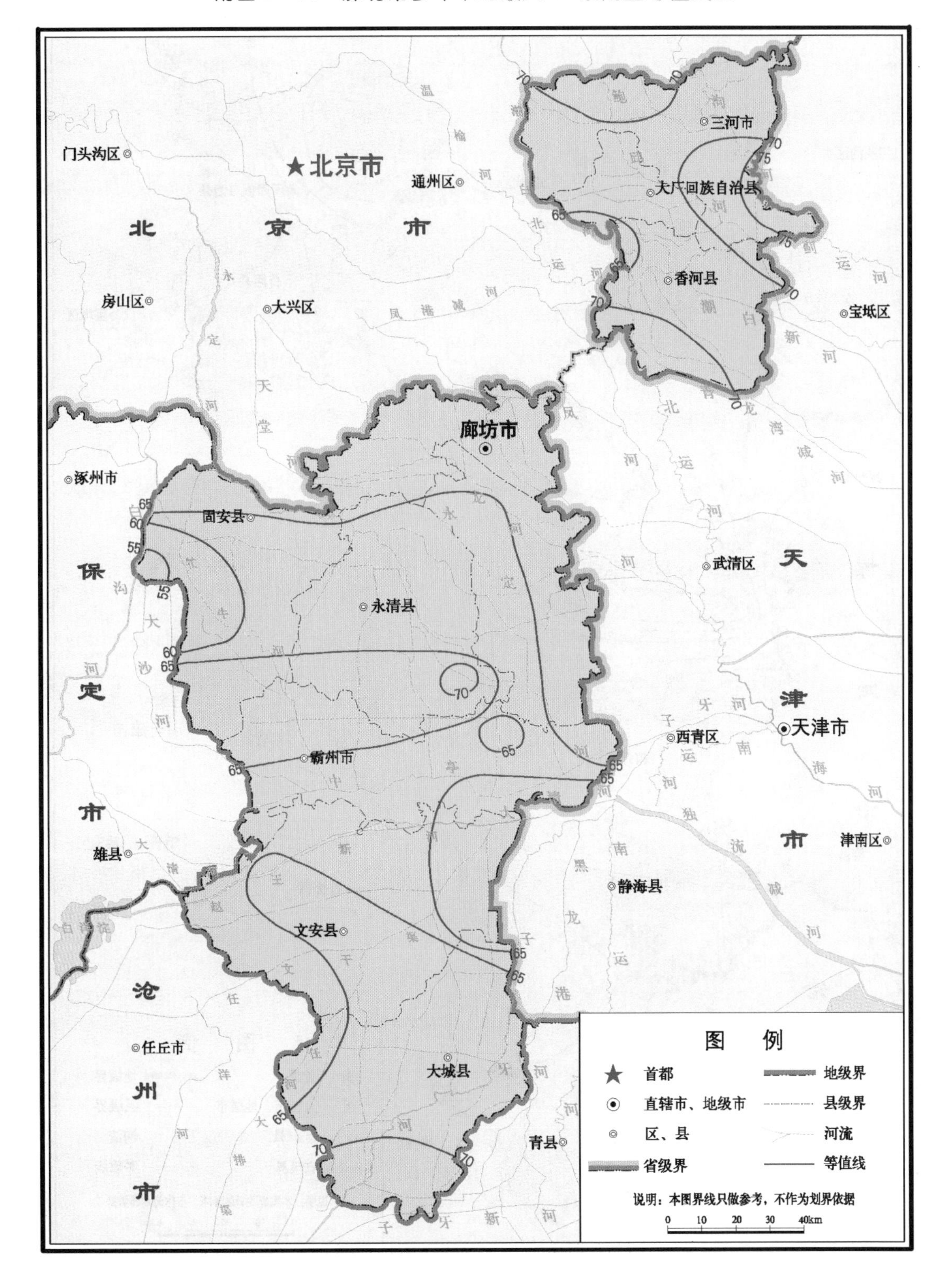

附图 5－11 廊坊市多年平均最大 6h 暴雨量变差系数 C_v 等值线图

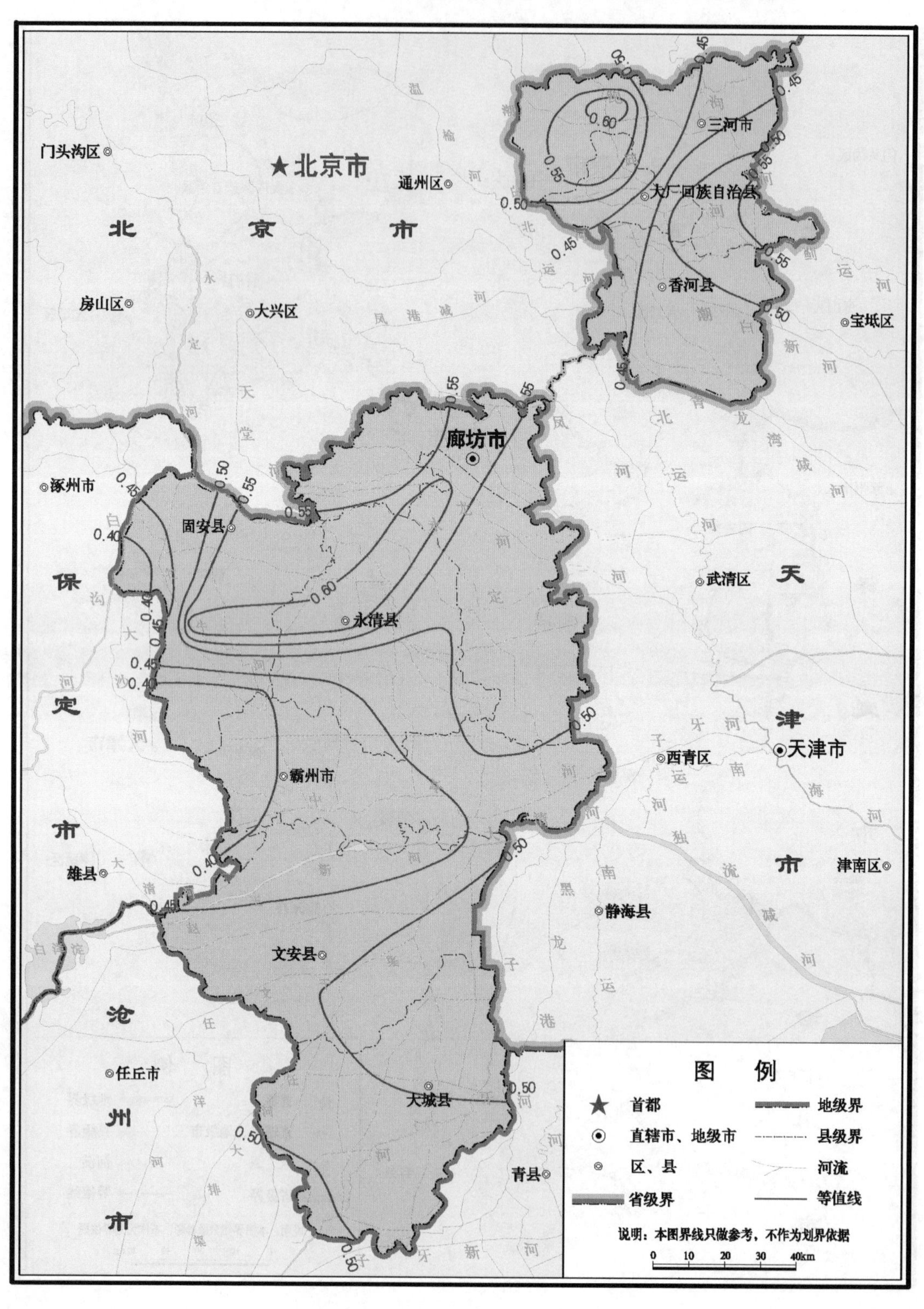

附图 5－12　廊坊市多年平均最大 3h 暴雨量等值线图

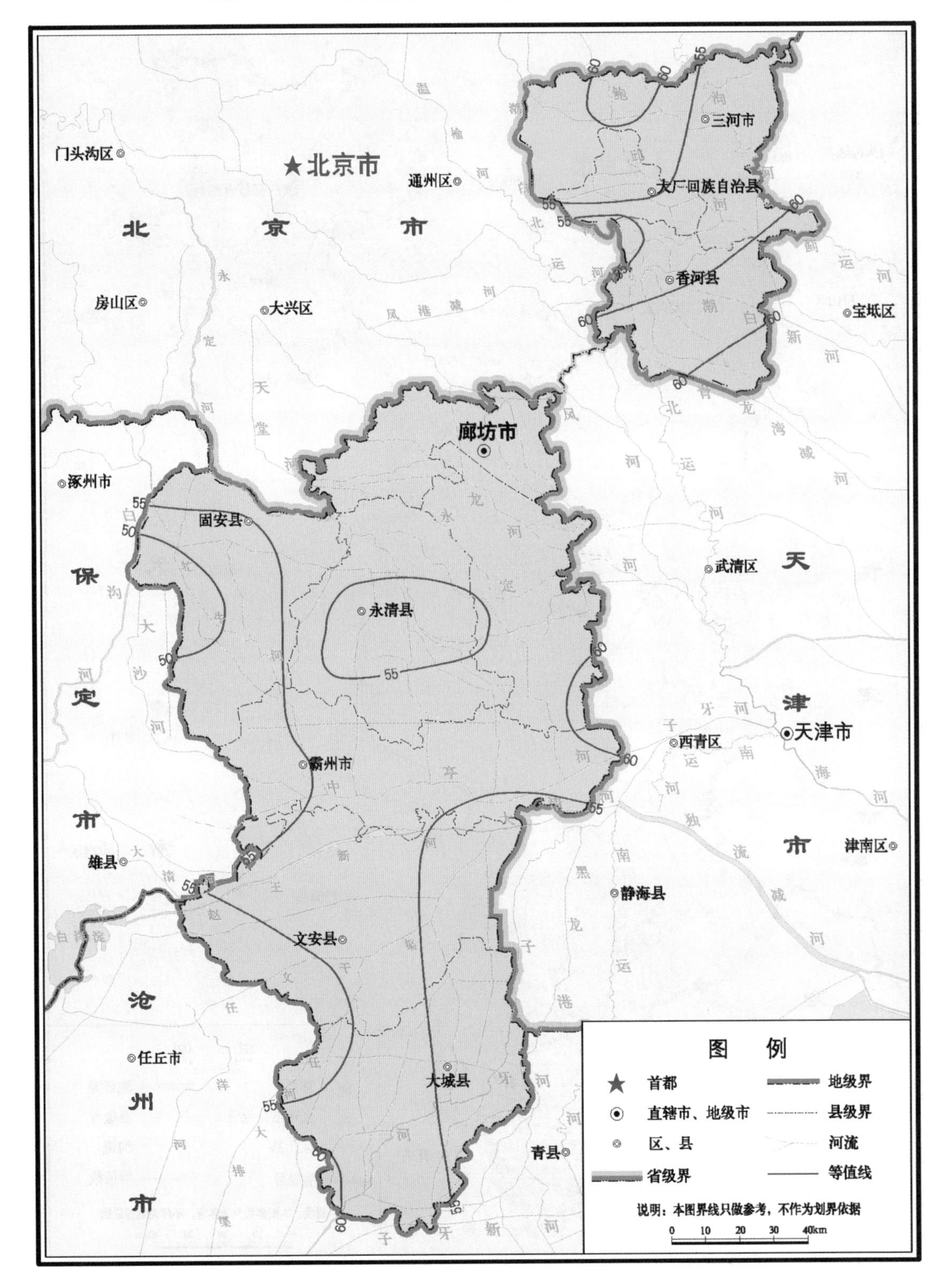

附图 5－13　廊坊市多年平均最大 3h 暴雨量变差系数 C_v 等值线图

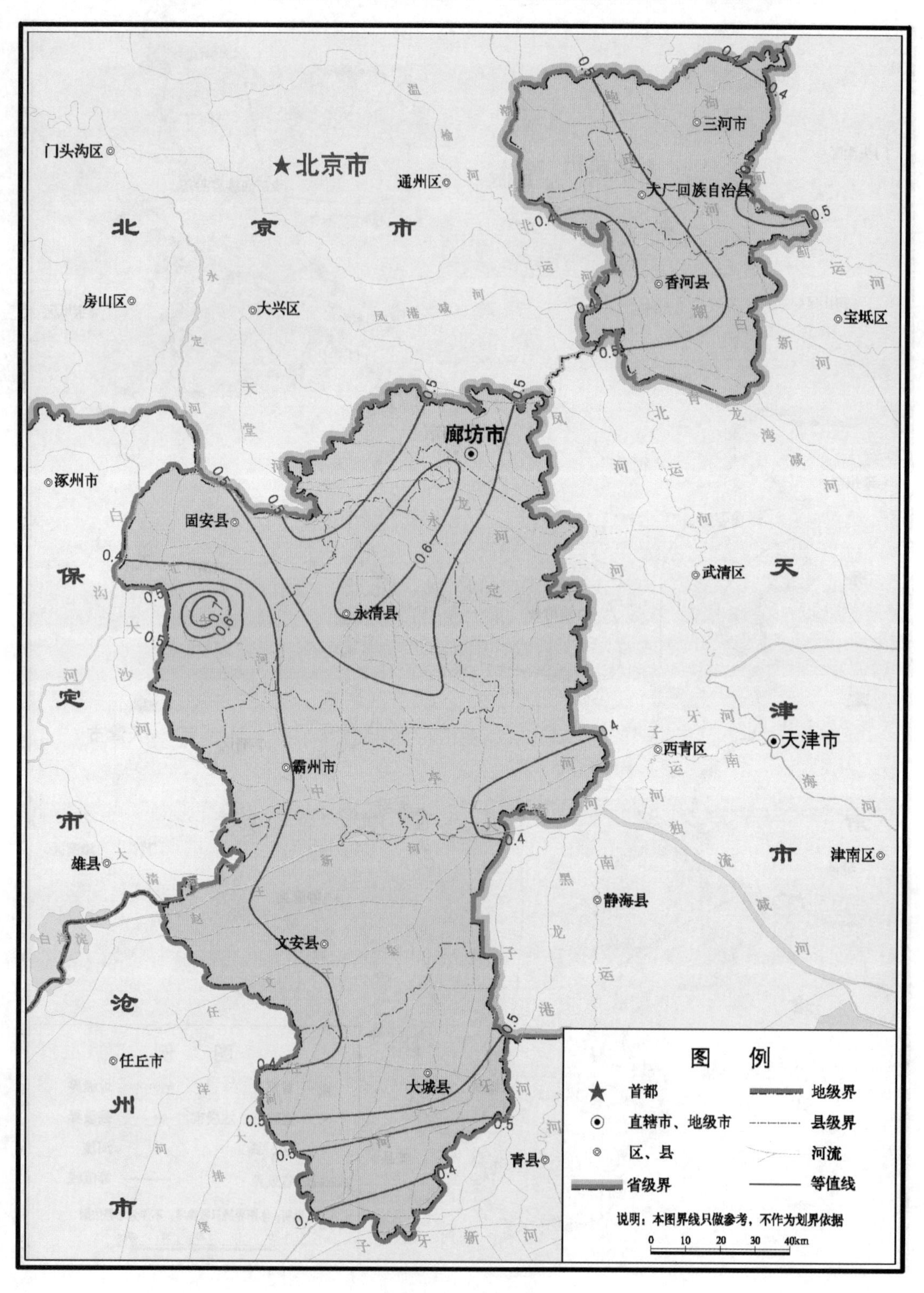

附图 5－14　廊坊市多年平均最大 1h 暴雨量等值线图

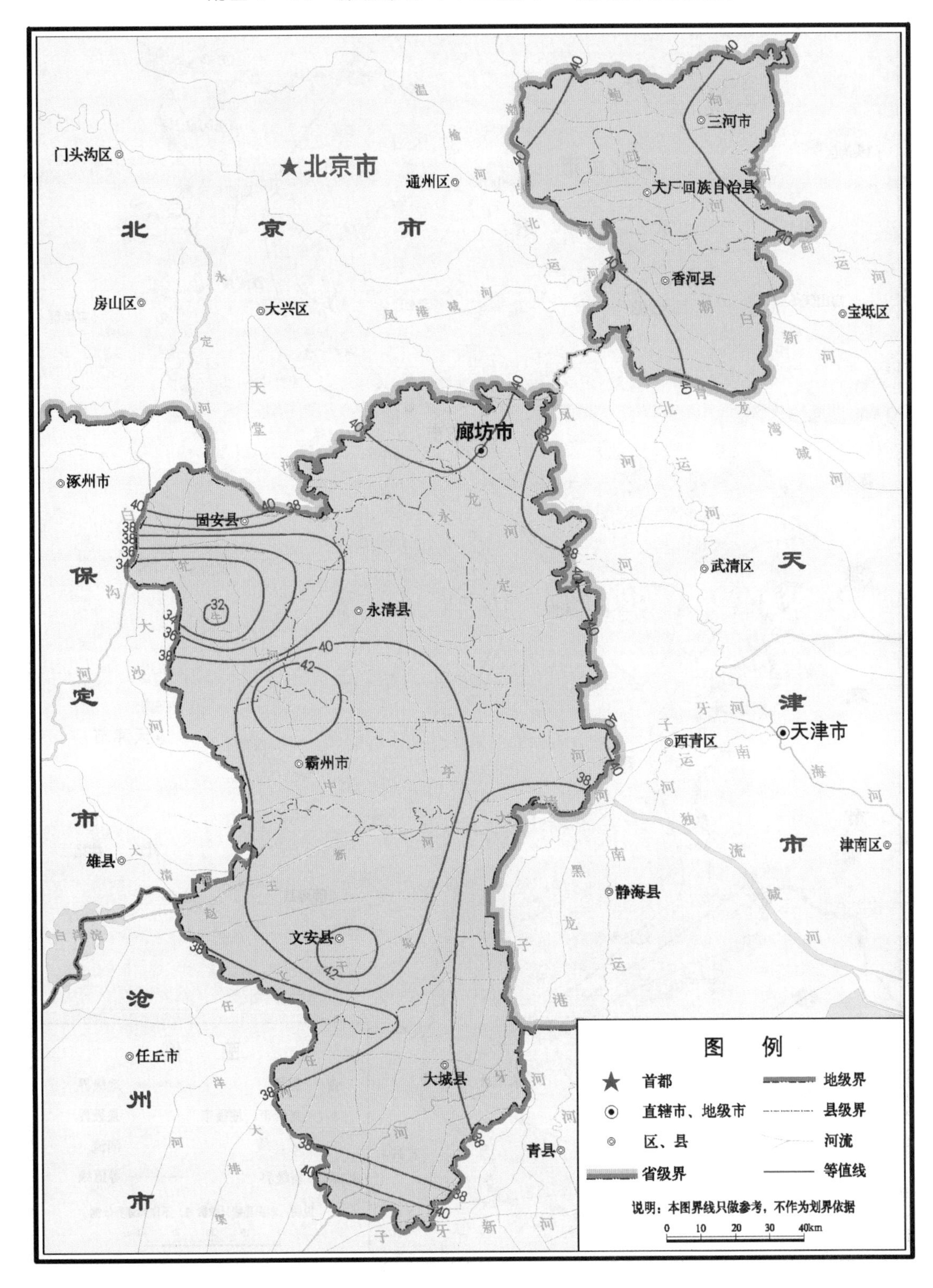

附图 5－15　廊坊市多年平均最大 1h 暴雨量变差系数 C_v 等值线图

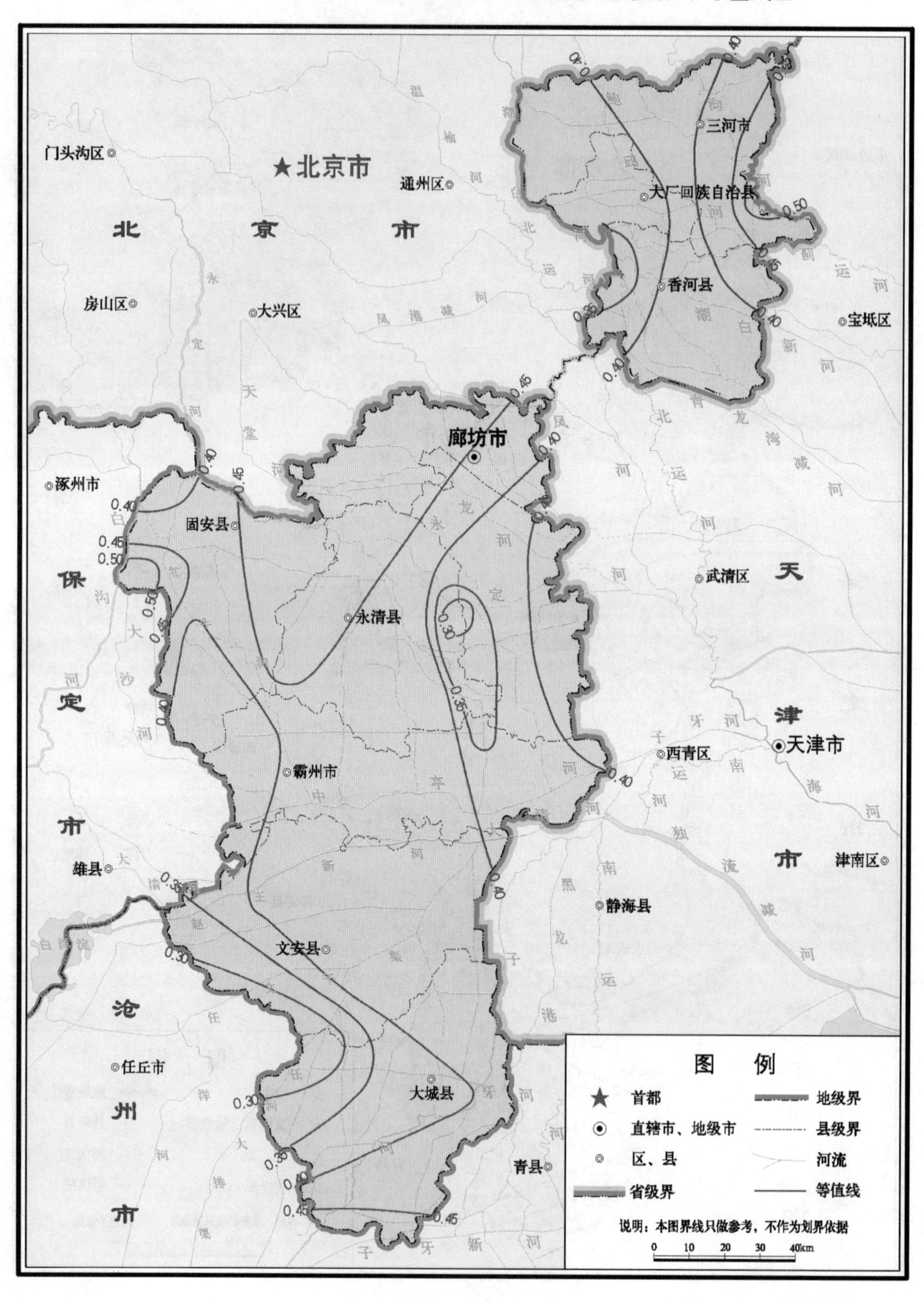

附图 11－1　廊坊市地下水监测站网分布图

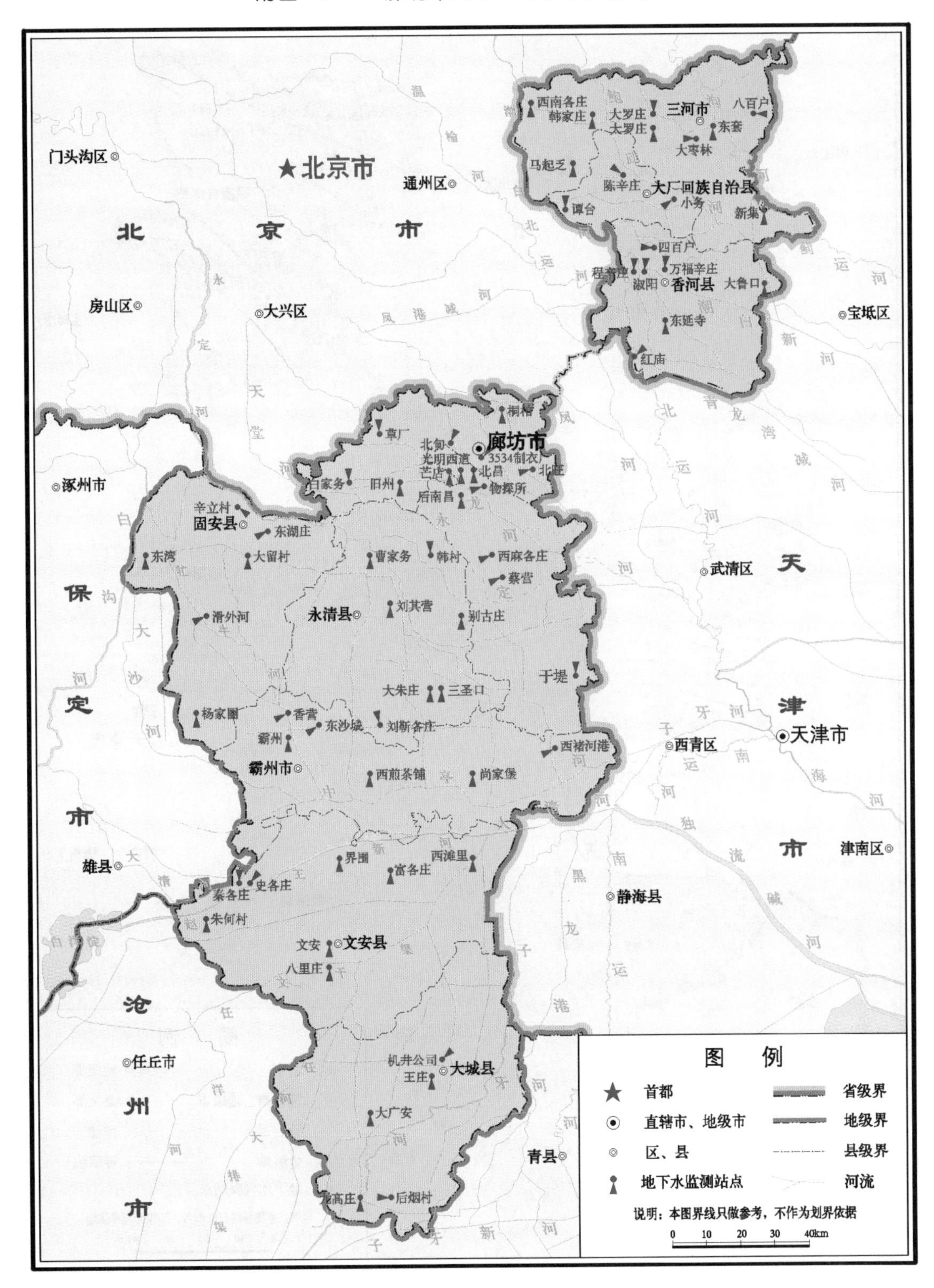

附图 11－2　廊坊市浅层地下水 1995 年年末地下水等水位线图

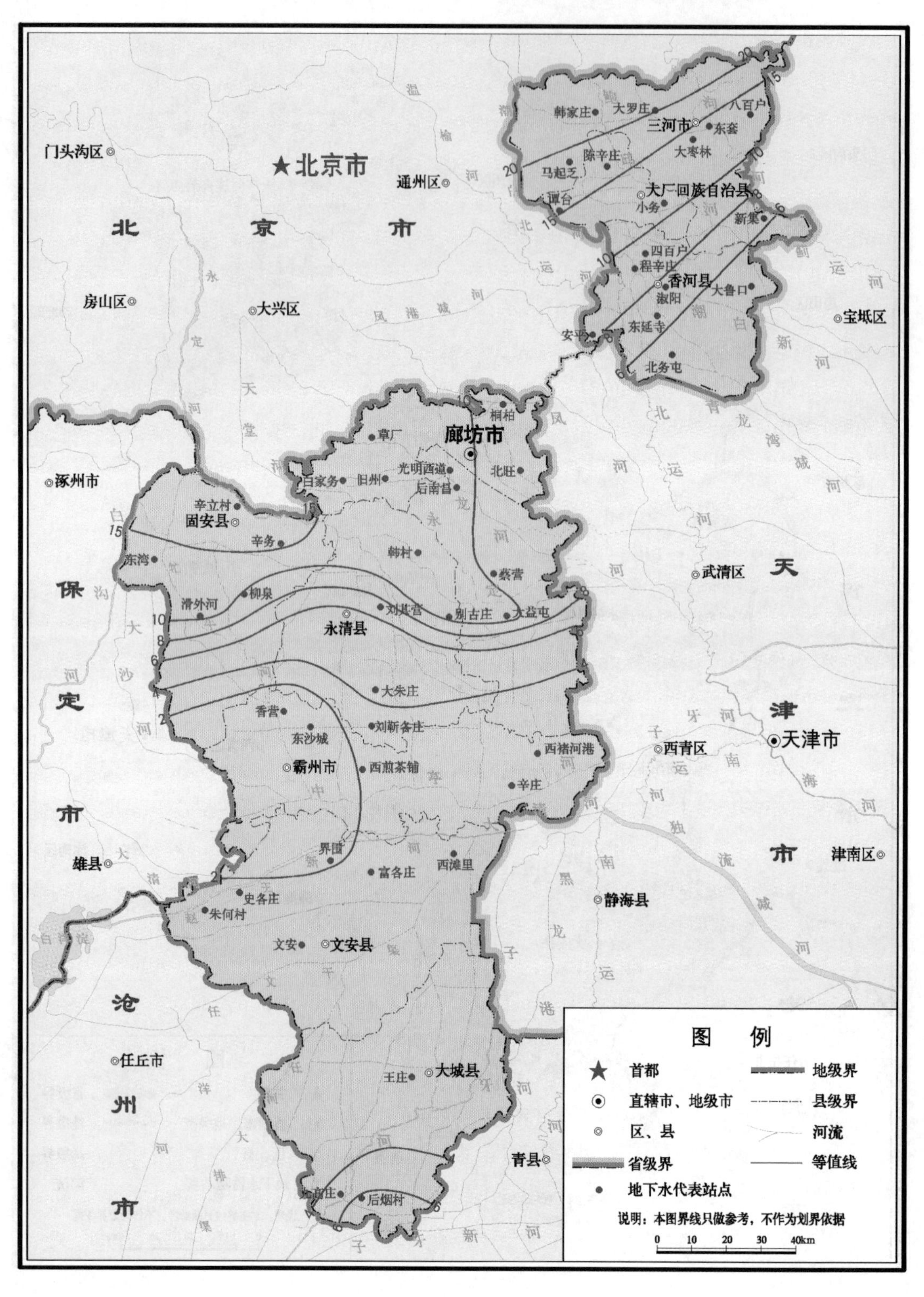

附图 11-3　廊坊市浅层地下水 2000 年年末地下水等水位线图

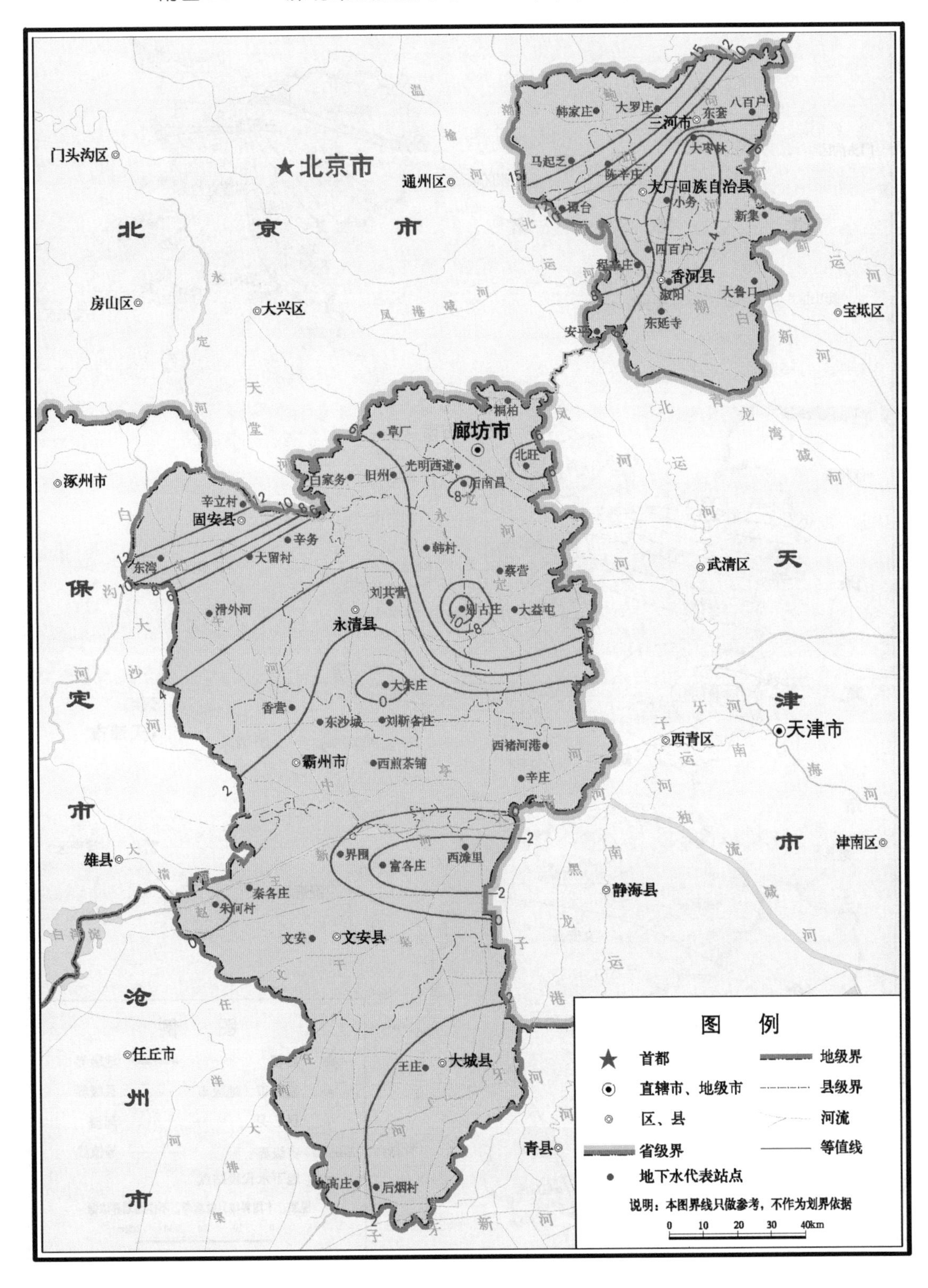

附图 11－4　廊坊市浅层地下水 2005 年年末地下水等水位线图

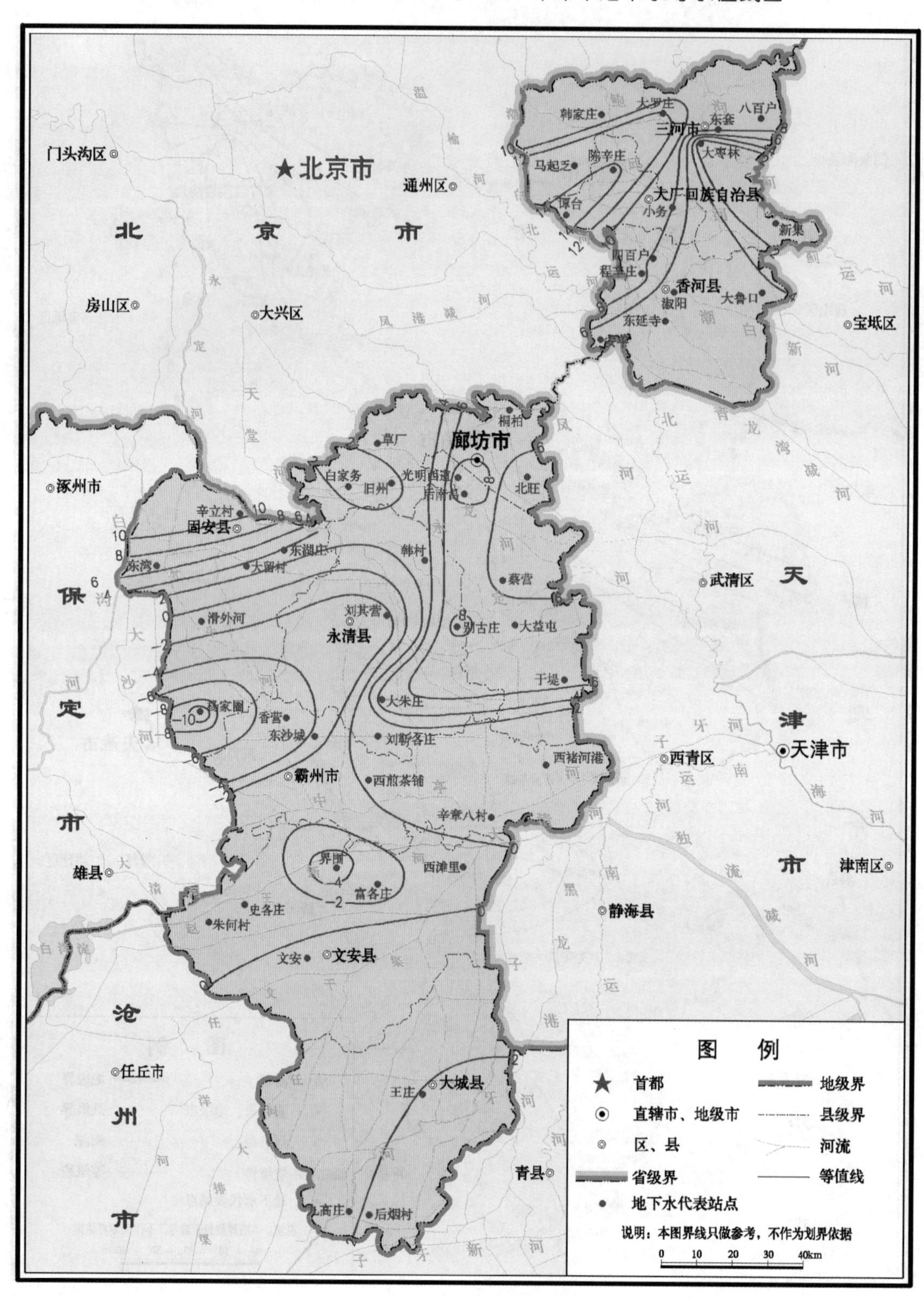

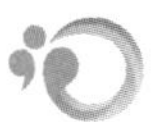

附图 11－5　廊坊市浅层地下水 2010 年年末地下水等水位线图

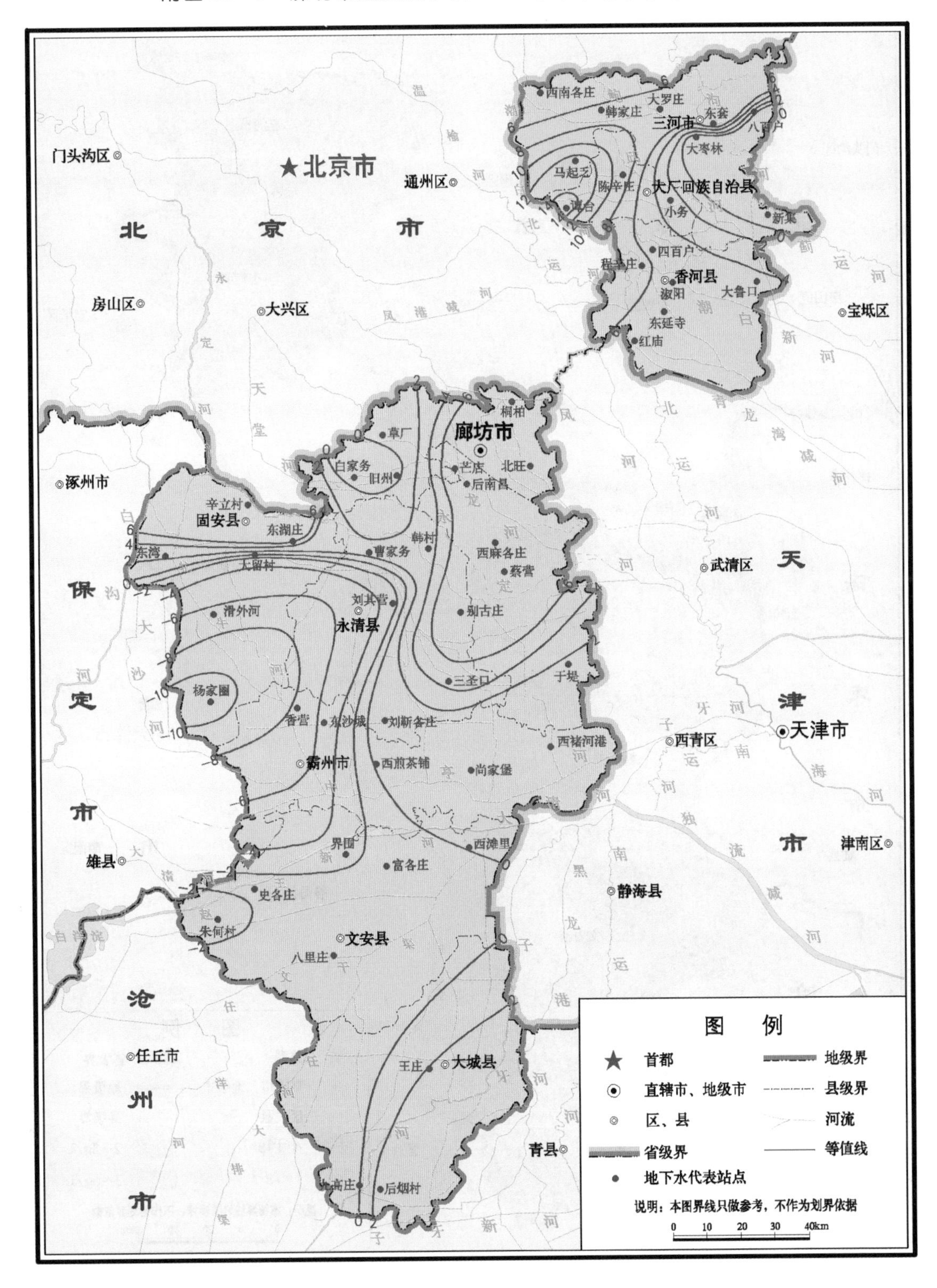

附图 11-6　廊坊市地下水矿化度分布图

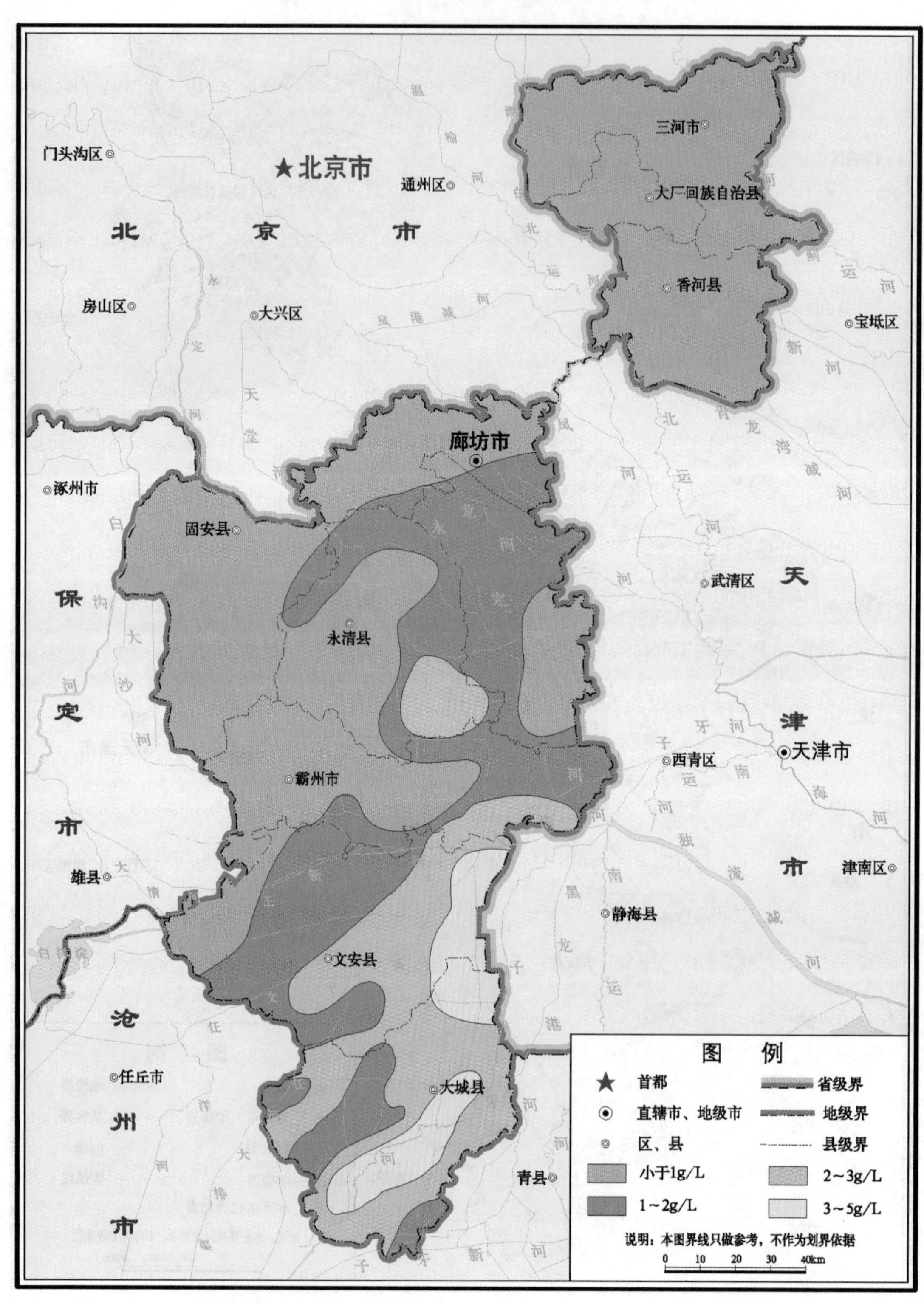

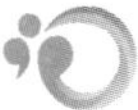

附图 12-1　廊坊市地表水水质监测站网分布图

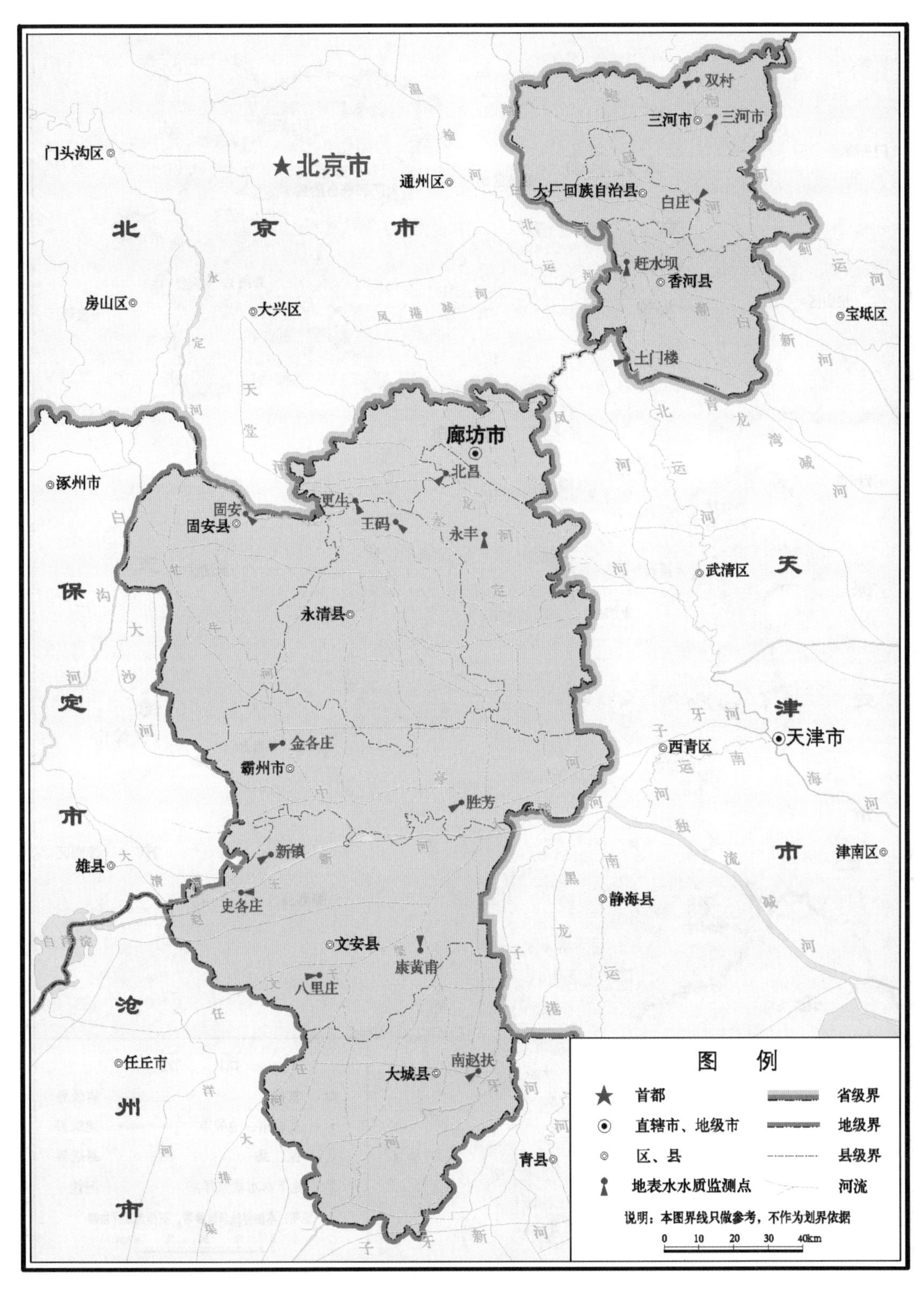

附图 12－2　廊坊市地下水水质监测站网分布图

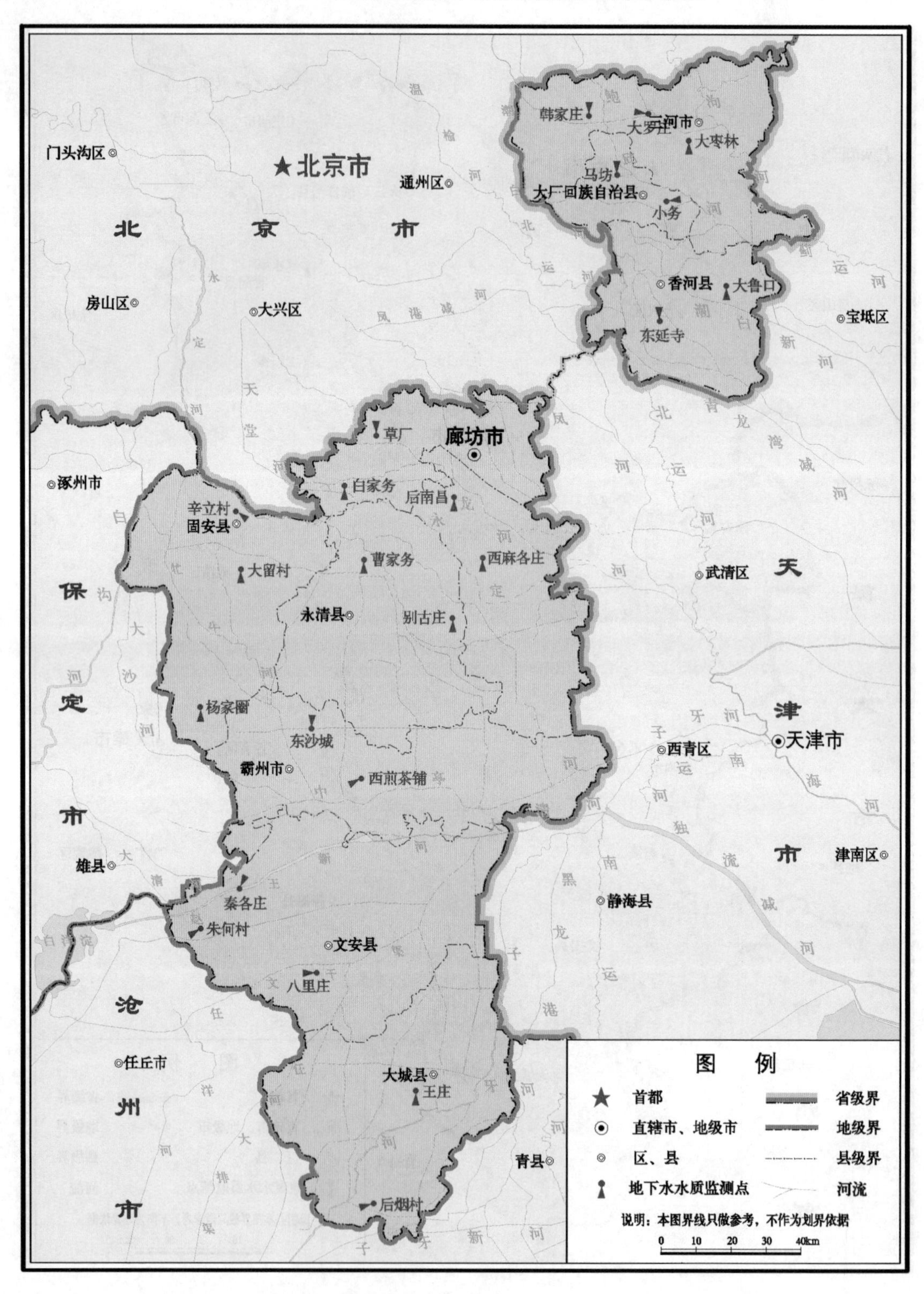